D1693963

Ralf Th. Kersten

Einführung in die Optische Nachrichten-technik

Physikalische Grundlagen, Einzelelemente und Systeme

Mit 206 Abbildungen

Springer-Verlag
Berlin Heidelberg New York 1983

Dr. Ralf Thomas KERSTEN
Professor im Fachbereich 19/Elektrotechnik
der Technischen Universität Berlin
und
Abteilungsleiter im Fraunhofer-Institut
für Physikalische Meßtechnik,
Freiburg/Br.

CIP-Kurztitelaufnahme der Deutschen Bibliothek
Kersten, Ralf:
Einführung in die Optische Nachrichtentechnik/
Ralf Th. Kersten. –
Berlin; Heidelberg; New York: Springer. 1983.

ISBN 3-540-11923-X Springer-Verlag Berlin Heidelberg New York
ISBN 0-387-11923-X Springer-Verlag New York Heidelberg Berlin

Das Werk ist urheberrechtlich geschützt. Die dadurch begründeten Rechte, insbesondere die der Übersetzung, des Nachdrucks, der Entnahme von Abbildungen, der Funksendung, der Wiedergabe auf photomechanischem oder ähnlichem Wege und der Speicherung in Datenverarbeitungsanlagen bleiben, auch bei nur auszugsweiser Verwertung, vorbehalten.

Die Vergütungsansprüche des § 54, Abs. 2 UrhG werden durch die 'Verwertungsgesellschaft Wort', München, wahrgenommen.

© Springer-Verlag Berlin/Heidelberg 1983
Printed in Germany.

Die Wiedergabe von Gebrauchsnamen, Handelsnamen, Warenbezeichnungen usw. in diesem Buch berechtigt auch ohne besondere Kennzeichnung nicht zu der Annahme, daß solche Namen im Sinne der Warenzeichen- und Markenschutz-Gesetzgebung als frei zu betrachten wären und daher von jedermann benutzt werden dürften.

Druck- und Bindearbeiten: fotokop wilhelm weihert KG Darmstadt.
2060/3020 - 5 4 3 2 1 0

Vorwort

Mit der schnellen Entwicklung und dem fortschreitenden Einsatz optischer Nachrichtensysteme werden mehr und mehr Ingenieure und Naturwissenschaftler benötigt, die mit diesem Gebiet vertraut sind. Dies hat bereits in einigen Universitäten und Hochschulen zur Einführung entsprechender Lehrveranstaltungen und Praktika geführt. Zu diesem Thema sind in den letzten Jahren zahlreiche Bücher erschienen – bevorzugt in englischer Sprache –, die in den meisten Fällen für den Fachmann zur Fortbildung oder als Nachschlagewerke geeignet sind. Daher und aufgrund der Erfahrungen in der Lehre an der Technischen Universität Berlin für das Fach »Optische Übertragungssysteme« ist dieses Buch als Grundlage für die Ausbildung in diesem Gebiet gedacht.

Um den Vorkenntnissen vor allem von Studenten der Elektrotechnik (in dieses Fachgebiet wird sich diese neue Technik am ehesten integrieren lassen) gerecht zu werden, wird anfangs ein relativ weiter Raum der geometrischen Optik und der Wellenoptik gewidmet. Es werden einige Gebiete gestreift, die für die Grundlagen nicht unbedingt notwendig erscheinen, jedoch für eine spätere Vertiefung wichtig sind. Obwohl die Stufenprofil-Lichtwellenleiter kaum mehr von praktischer Bedeutung sind, sind sie doch als Einführung in die komplexen Zusammenhänge geeignet. Daher wurde der theoretischen Behandlung des Stufenprofil-Lichtwellenleiters ähnlich viel Raum gegeben wie dem Gradientenprofil-Lichtwellenleiter, dessen praktische Bedeutung wesentlich größer ist. Da die Monomode-Lichtwellenleiter gerade in letzter Zeit wieder auf großes Interesse stoßen, werden sie in einem eigenen Kapitel behandelt.

Es wird immer versucht, das Verständnis der mathematischen Zusammenhänge durch anschauliche Erklärungen zu erleichtern. Ein typisches Beispiel ist das Phasenraumdiagramm, das bildlich die sehr komplexen Eigenschaften von Lichtwellenleitern darstellt. Da die moderne Nachrichtentechnik immer stärker durch technologische Aspekte bestimmt wird, werden auch technologische Verfahren zur Herstellung von Lichtwellenleitern und Lichtwellenleiterkabeln behandelt.

Innerhalb der Kapitel über Lichtemitter wird stärker auf physikalische Zusammenhänge eingegangen. Der Schwerpunkt liegt jedoch bei den

Eigenschaften von Streifenlasern. Die Beschreibung von Photodetektoren konnte kurz gehalten werden, da sie wegen vieler anderer Einsatzgebiete bereits weit verbreitet und bekannt sind.

Die Behandlung des gesamten optischen Übertragungssystems bereitete die größten Schwierigkeiten, da es unübersehbar wird, sofern nicht einige Kenntnisse vorausgesetzt werden. Diese Darstellungen können daher nur einen Ausschnitt der gesamten Problematik wiedergeben und sollen als Fundament für eine weitere Vertiefung dienen. Der Vollständigkeit halber werden am Schluß spezielle Anwendungen und Systeme behandelt. Hervorzuheben ist das sehr zukunftsträchtige Gebiet des optischen Heterodyn-Empfangs. Zu allen Themenkreisen sind Hinweise auf Meßverfahren und deren Probleme gegeben, da dies für eine spätere praktische Beschäftigung sehr wichtig ist.

Hinsichtlich der Verwendung bestimmter Buchstaben und Symbole wird auf eine Übereinstimmung mit der englischsprachigen Literatur geachtet, was jedoch wegen der auch dort z.T. fehlenden Einheitlichkeit nicht konsequent durchgeführt werden kann.

Ich hoffe, daß dieses Buch allen Studierenden und Interessenten dieses neuen, sich rasch entwickelnden Fachgebietes eine Hilfe sein kann, um sich einzuarbeiten oder um es als zusätzliches Lehrmaterial zu verwenden.

An dieser Stelle möchte ich allen Kollegen für wertvolle Hinweise und die Mithilfe danken. Zu besonderem Dank bin ich meinem Vater verpflichtet, der mich bei der Korrektur der Manuskripte immer wieder mit seiner Erfahrung unterstützte. Das Buch wäre jedoch ohne den großen Einsatz von Frau A. Apitz niemals fertig geworden; sie übernahm nicht nur das Schreiben der Entwürfe und des druckreifen Manuskripts, sondern auch den Kampf mit einer tückischen, elektronischen Schreibmaschine. Dem Springer-Verlag und seinen Mitarbeitern sei für das Interesse und die aktive Mitarbeit bei der Gestaltung des Buches gedankt.

Berlin/Freiburg, im Mai 1982

Ralf Th. Kersten

Inhaltsverzeichnis

Zusammenstellung der verwendeten Symbole X

0   Einleitung 1
0.1 Historischer Überblick 3
0.2 Vektorfelder 9
0.3 Radiometrische Einheiten 14

1   Die wichtigsten optischen Grundgesetze 18
1.1 Mathematische Darstellung einer ebenen Welle 20
1.2 Phasen- und Gruppengeschwindigkeit 22
1.3 Maxwell-Gleichungen 24
1.4 Ableitung der Wellengleichung 28
1.5 Snellius'sches Brechungsgesetz 30
1.6 Reflexionsgesetz und Totalreflexion 31
1.7 Begriff der Polarisation 46
1.8 Kohärenz 50

2   Übertragungsmedium 52
2.1 Schichtwellenleiter 52
2.2 Stufenprofil-Lichtwellenleiter 68
2.3 Monomode-Lichtwellenleiter 112
2.4 Gradientenprofil-Lichtwellenleiter 119
2.5 Leckwellen 139
2.6 Lichtwellenleiter-Dämpfung 140
2.7 Phasenraumdiagramm .149
2.8 Technologie 157
2.9 Zusammenfassung 164
2.10 Aufbau und Eigenschaften von Lichtwellenleiter-Kabeln . .164

3   Messungen an Vorformen und Lichtwellenleitern 172
3.1 Messungen an Vorformen 172
3.2 Messungen an Lichtwellenleitern 177
3.3 Messungen an LWL-Kabeln 207

4	Sendeelemente	211
4.1	Grundlagen	211
4.2	Lumineszenzdioden	226
4.3	Halbleiterlaser	239
4.4	Technologie	270
5	Messungen an Halbleiterlichtemittern	279
5.1	Bestimmung der P/i-Kennlinie	279
5.2	Modulationsbandbreite	285
5.3	Harmonische Verzerrungen und Intermodulation	287
5.4	Abstrahlcharakteristik	288
5.5	Rauschen von Halbleiterlasern	291
5.6	Statisches und dynamisches spektrales Verhalten	294
5.7	Alterungsmessungen	300
6	Detektoren	302
6.1	Grundlagen	303
6.2	pn-Diode	305
6.3	pin-Photodiode	306
6.4	Lawinenphotodiode	309
6.5	Rauschen von Photodetektoren	315
6.6	Verschiedene Detektortypen	318
6.7	Messungen	320
7	Kopplung zwischen Einzelkomponenten	326
7.1	Kopplung Sender-Lichtwellenleiter	326
7.2	Kopplung zwischen Lichtwellenleiter und Lichtwellenleiter	333
7.3	Modenrauschen	346
8	Empfänger	349
8.1	Grenzempfindlichkeit	349
8.2	Rauschbetrachtungen	350
8.3	Gesamtaufbau	358
9	Modulations- und Codierungsverfahren	362
9.1	Zeit- und wertkontinuierliche Modulation	363
9.2	Zeitdiskrete und wertkontinuierliche Modulation	365
9.3	Zeit- und wertdiskrete Modulation	366
9.4	Quellencodierung	366
9.5	Leitungscodierung	368

10	Spezielle Systeme	376
10.1	Multiplexsysteme	376
10.2	Heterodyn-Empfang	383
10.3	Datenbussysteme	391
11	Einsatzmöglichkeiten	402
	Literaturverzeichnis	405
	Sachverzeichnis	451

Zusammenstellung der verwendeten Symbole

A	allgemeiner Vektor (Kap. 0)
	Amplitudenvektor
A	Betrag von **A**; mit Index: Komponente von **A**
	Feldamplitude
	Rekombinationsrate für die spontane Emission (Kap. 4)
A_E	empfindliche Fläche eines Detektors
A_S	strahlende Fläche eines Senders
A_i	Sellmeier-Koeffizient
$A_{p,s}$	Feldamplitude der auffallenden Welle parallel/senkrecht zur Einfallsebene
B	allgemeiner Vektor (Kap. 0)
	magnetische Induktion
B	Betrag von **B** (Kap. 0)
	Feldamplitude
	Übertragungsbandbreite
	Rekombinationsrate für die Absorption (Kap. 4)
B'	Rekombinationsrate für die induzierte Emission
BER	Bitfehlerquote
B_R	Rauschbandbreite
C	allgemeiner Vektor
C	Betrag von **C**
	Feldamplitude
C_1	Abkürzung nach (2-219)

Zusammenstellung der verwendeten Symbole XI

D	dielektrische Verschiebung
D	Feldamplitude
	modenbeschreibende Größe ((2-246) in Kap. 2.7)
	Manteldicke des LWL
	Dämpfungsbelag (Abschnitt 3.2.3)
D_{opt}	optimale Schwelle
$D_{p,s}$	Feldamplitude der durchgehenden Welle parallel/senkrecht zur Einfallsebene
E	elektrischer Feldstärkevektor
E	mit Index: Komponenten von **E**
	Bestrahlungsstärke
F	allgemeiner Vektor
F	mit Index: Komponenten von **F**
	Feldamplitude
F(M)	Zusatzrauschfaktor einer APD
$F(V,\sigma)$	Darstellung der Weibull-Verteilung
$F_{1,2}$	Abkürzung nach (2-78), (2-79)
$F_{c,s}$	Abkürzung nach (2-116)
F_r	reduzierte Bruchwahrscheinlichkeit
G	Stromdichtevektor
G	Feldamplitude
$G_{s,g}$	Proportionalitätsfaktor für Stufen-/Gradientenprofil-LWL
G_V	äquivalenter Eingangsleitwert
H	magnetischer Feldstärkevektor
H	mit Index: Konponente von **H**
	Bestrahlung
$H(f_e)$	Übertragungsfunktion
$H(\sigma)$	Kräfteverteilung

$H(\omega)$	Übertragungsfunktion
I	Strahlstärke (z.T. mit Index)
$I_p(t)$	Impulsantwort
J	Stromdichte
J_{th}	Schwellenstromdichte
$J_{p,s}$	Energiedichte parallel/senkrecht zur Einfallsebene
$J_\nu(q)$	Besselfunktion der Ordnung ν mit dem Argument q
$K_\nu(p)$	Modifizierte Besselfunktion zweiter Art der Ordnung ν mit dem Argument p
L	Strahldichte (Kap. 0, Kap. 4, Kap. 7)
	Länge eines LWL
	mit Index: Verlust (Kap. 10)
L_R	Resonatorlänge
L_c	Kopplungslänge
M	spezifische Ausstrahlung (Kap. 0, Kap. 7)
	Anzahl der ausbreitungsfähigen Moden
	Multiplikationsfaktor einer APD
M_0	Gleichstrommultiplikation einer APD
M_{opt}	optimaler Verstärkungsfaktor
$M(\omega)$	frequenzabhängiger Verstärkungsfaktor
N	Spaltzahl (Kap. 5)
	materialabhängige Größe (Kap. 6)
NA	numerische Apertur
NEP	äquivalente Rauschleistung
N_i	Besetzungsdichten (Kap. 4)
	Gruppenbrechzahl des Mediums i

Zusammenstellung der verwendeten Symbole   XIII

P	Strahlungsleistung (z.T. mit Index)
	Materialkonstante (Gleichung (2-216)ff)
P_{LO}	Leistung des lokalen Oszillators
P_{LWL}	in den LWL eingekoppelte Lichtleistung
P_S	vom Sender abgestrahlte Leistung
$\langle P_{opt} \rangle$	mittlere optische Lichtleistung
P_{sub}	optische Leistung des Subträgers
P_θ	in Richtung des Winkels θ gestreute Lichtleistung
Q	Strahlungsenergie (Kap. 0)
	Ladung eines Atoms (Kap. 4)
R	Reflexionskoeffizient
$\mathrm{Re}\{\}$	Realteil einer komplexen Größe
R_L	Lastwiderstand
R_p	Pumprate (Kap. 4)
$R_{p,s}$	Feldamplitude des reflektierten Lichtes parallel/senkrecht zur Einfallsebene
R_{sp}	spektrale Empfindlichkeit
$\mathbf{S}$	Poyntingvektor
S_z	Komponente von $\mathbf{S}$ in z-Richtung
S	winkelgleichverteilte, eingestrahle Lichtleistung
S/N	Signal-Rauschverhältnis
$S(r)$	Proportionalitätsfaktor
S_{ph}	Strahlungsdichte
$S_a(\omega)$	Fouriertransformierte von $s_a(t)$
$S_e(\omega)$	Fouriertransformierte von $s_e(t)$
T	Temperatur
	Impulsabstand (Kap. 9)

T_0	spezifische Temperatur
T_j	Temperatur am pn-übergang
U	Modenparameter
U_B	Durchbruchspannung
U_a	angelegte Spannung
U_j	Spannung am pn-Übergang
$U_{\nu\mu}^0$	cutoff-Wert für einen Modus der Ordnung ν,μ
V	Strukturkonstante
	Volumen (Kap. 2.10)
$\underline{V}$	Volumeneinheit
V_0	empirische Konstante
V_{Vol}	Volumen eines Teilchens
$V(r)$	ortsabhängiges Potential
W	Energie
	Modenparameter (Kap. 2)
$W_{1,2}$	Energieniveaus
W_F	Energie eines Ferminiveaus
W_{Fn}	Quasi-Ferminiveau des Leitungsbandes
W_{Fp}	Quasi-Ferminiveau des Valenzbandes
W_L	Energieniveau des Leitungsbandes
W_V	Energieniveau des Valenzbandes
W_a	Aktivierungsenergie
$Y_{1...4}$	Abkürzungen nach (2-88), (2-89), (2-91) und (2-92)
Z	Parameter zur Bestimmung der Modenart nach (2-73)

Zusammenstellung der verwendeten Symbole XV

a	Amplitude, z.T. mit Index (Kap. 0, Kap. 1)
	Kernradius des LWL
	empirische Konstante (Kap. 2.10, Kap. 6.4)
a_R	Extinktionskoeffizient der Rayleigh-Streuung
a_S	Extinktionskoeffizient der Streuung (2-242)
b	empirische Konstante
b(V)	Abkürzung nach (2-134)
c_0	Vakuumlichtgeschwindigkeit
c_i	Phasengeschwindigkeit des Lichtes im Medium i
d	Dicke des Schichtwellenleiters
	Dicke der aktiven Zone (Kap. 4)
	Gitterabstand (Kap. 5)
d(ρ)	Amplitudenverteilung
e	Einsvektor; Index gibt Koordinatenrichtung an
e(r,ϕ)	Feldamplitudenvektor
erfc	komplementäre Gaußsche Fehlerfunktion
f	allgemeine Funktion (Kap. 0)
	Lichtfrequenz
f(r)	Profilfunktion
f_{mod}	Modulationsfrequenz
g	Verstärkungskoeffizient
g(t)	Zeitfunktion
h(r,ϕ)	Feldamplitudenvektor
h	Planck'sches Wirkungsquantum
$\hbar$	= h/2π
h(t)	Impulsantwort

i	Strom
i_D	Dunkelstrom
i_{DO}	Oberflächen-Dunkelstrom
i_{DV}	Volumen-Dunkelstrom
i_E	Entscheiderschwellenstrom
i_H	durch Hintergrundlicht erzeugter Strom
$\langle i_{N0}^2 \rangle$	mittleres Rauschstromquadrat bei der Übertragung einer "0"
$\langle i_{N1}^2 \rangle$	mittleres Rauschstromquadrat bei der Übertragung einer "1"
$\langle i_{ND}^2 \rangle$	mittleres Rauschstromquadrat hervorgerufen durch Dunkelstrom
$\langle i_{NT}^2 \rangle$	mittleres Rauschstromquadrat des thermischen Rauschens
$\langle i_{NDM}^2 \rangle$	mittleres Rauschstromquadrat hervorgerufen durch den Dunkelstrom unter Beachtung der inneren Verstärkung
$\langle i_{NSM}^2 \rangle$	mittleres Rauschstromquadrat des durch den Signalstrom hervorgerufenen Schrotrauschens unter Berücksichtigung der inneren Verstärkung
i_S	Signalstrom
i_{SR}	Signalstrom einer geeichten Referenzphotodiode
$i_{m,mod}$	Modulationsstrom
i_{th}	Schwellenstrom
i_{vor}	Vorstrom
j	$\sqrt{-1}$
$\mathbf{k}_i$	Wellenvektor im Medium i
k	Boltzmannkonstante Ionisationsverhältnis (Kap. 6)
$k(r)$	radiusabhängige Ausbreitungskonstante
k_i	Wellenzahl im Medium i

Zusammenstellung der verwendeten Symbole   XVII

$k_r(r)$	radiale Komponente von $k(r)$
k_ϕ	azimutale Komponente von $k(r)$
l	materialabhängige Größe (Kap. 6)
	Koppellänge (Kap. 10)
$l(T)$	materialabhängige Größe als Funktion der Temperatur (Kap. 6)
l_K	Kohärenzlänge
m	Masse
m_{Ph}	Photonenmasse
n	Exponent zur Beschreibung der Abstrahlcharakteristik (Kap. 7)
$n(r)$	radiusabhängige Brechzahl
n_L	Anzahl der generierten Ladungsträger
n_{Ph}	Anzahl der eingestrahlten Photonen
n_R	Brechzahl im Laserresonator
n_e	Elektronendichte
n_{eff}	effektive Brechzahl
n_i	Brechzahl im Medium i
p	Abkürzung nach (2-50)
	photoelastischer Koeffizient (2-241)
	Impuls (Kap. 4)
$p(m)$	Wahrscheinlichkeit
q	Elementarladung
	Abkürzung nach (2-39)
q_i	Variable zur Unterscheidung von TE-/TM-Wellen
r	Radiusvektor
r	Zylinderkoordinate
$r_{1,2}$	innerer/äußerer Kaustikradius

r_H	Kaustikradius für den Helixstrahl
r_M	Kaustikradius für den Meridionalstrahl
$r_{p,s}$	Reflexionskoeffizient parallel/senkrecht zur Einfallsebene
$\mathbf{s}$	Vektor
s	Anzahl der Teilchen in der Volumeneinheit $\underline{V}$
$s(t)$	Zeitfunktion
$s_a(t)$	Zeitverlauf des übertragenen Signals
$s_e(t)$	Zeitverlauf des eingespeisten Signals
s_{ph}	Photonendichte
t	Zeit
t_0	empirische Konstante
t_1	Laufzeit von Ladungsträgern durch die Lawinenzone
t_a	Breite des Ausgangsimpulses
t_e	Breite des Eingangsimpulses
t_{gr}	Gruppenlaufzeit eines geführten Modus
t_K	Kohärenzzeit
t_{mat}	Gruppenlaufzeit einer sich frei ausbreitenden Welle
t_n	Laufzeit von Elektronen
t_p	Laufzeit von Löchern
	Periodendauer (Kap. 1)
$t_{p,s}$	Transmissionskoeffizient parallel/senkrecht zur Einfallsebene
v_{gr}	Gruppengeschwindigkeit
$w, \underline{w}, w'$	Hilfsgrößen in (2-187), (2-189) und (2-191)
x	kartesische Koordinate
	Exponent zur Beschreibung des Zusatzrauschens einer APD (6-17)
y	kartesische Koordinate

Zusammenstellung der verwendeten Symbole   XIX

z	kartesische Koordinate
	Zylinderkoordinate
	Proportionalitätskonstante (Kap. 8)
Γ	Symmetriepunkt im Kristallgitter
Δ	Laplace-Operator
ΔP	Abnahme der Lichtleistung
Δt	Laufzeitdifferenz bezogen auf den Grundmodus
Δt_{gr}	Laufzeitdifferenz zwischen schnellstem und langsamstem Modus
Δt_{sp}	Gruppenlaufzeitdifferenz durch Materialdispersion
$\Delta \lambda_O$	spektrale Breite
$\Delta \nu$	Frequenzbandbreite
Δ_n	normierte Brechzahldifferenz
Δ_{ph}	Phasengang
Θ	Streuwinkel
Λ	Gitterperiode
Ψ	Funktion des Raumes (und der Zeit)
Ω	Raumwinkel
Ω_O	Raumwinkeleinheit 1 sr
α	Abkürzung nach (2-10); Kap. 2
	Profilexponent
	Extinktionskoeffizient (Kap. 3)
	Winkel in (3-1)
	Ionisationskoeffizient für Elektronen (Kap. 6)
α_D	Extinktionskoeffizient
α_R	Extinktionskoeffizient des Laserresonators

α_p	Profilexponent (Kap. 3)
β	Ausbreitungskonstante einer geführten Welle in Ausbreitungsrichtung
	Ionisationskoeffizient für Löcher (Kap. 6)
β_L	Verstärkungsfaktor
β_T	isothermische Kompressibilität
γ	Abkürzung nach (2-8)
	Winkel in Bild 2.21
$\gamma(r)$	Blochfunktion (z.T. mit Index)
δ	Phasengang
	Phasendifferenz (Kap. 1, Kap. 2.1, Kap. 5)
	normierte Ausbreitungskonstante (Kap. 2.4)
δn	Schwankung der Brechzahl
δ_F	Flächenelement
δ_i	Anfangsphase
$\delta_{p,s}$	Phasensprung bei Totalreflexion parallel/senkrecht zur Einfallsebene
ε	Permittivität
	Winkel (Kap. 0)
ε_0	elektrische Feldkonstante
ε_r	relative Dielektrizitätskonstante
$\zeta_{1,2}$	Abkürzung nach (2-113)
$\eta_{1,2}$	Abkürzung nach (2-61), (2-62)
η_K	Kopplungswirkungsgrad
η_{LWL}	Kopplungswirkungsgrad zwischen zwei LWL
η_Q	Quantenausbeute
η_{QR}	Quantenausbeute einer Referenzphotodiode

Zusammenstellung der verwendeten Symbole XXI

η_R	Rekombinationsquantenwirkungsgrad
θ	Winkel (z.T. mit Index)
θ_c	kritischer Winkel der Totalreflexion
$\theta_{p,s}$	Öffnungswinkel parallel/senkrecht zum pn-Übergang
κ	spezifische Leitfähigkeit
	Anteil der spontanen Rekombination (Kap. 4)
κ_R	Streukoeffizient
κ_{in}	Koeffizient der Materialhomogenität
λ_O	Lichtwellenlänge im Vakuum
ω	Kreisfrequenz
ω_M	Modulationskreisfrequenz
ω_R	Resonanzkreisfrequenz
ω_{Ro}	Resonanzkreisfrequenz an der Laserschwelle
ω_{sub}	Kreisfrequenz des Subträgers
λ_i	Lichtwellenlänge im Medium i
	Sellmeier-Koeffizient
λ_ϕ	azimutale Wellenlänge
μ	relative Permeabilität (Kap. 1)
	Modenzahl (radial)
μ_O	magnetische Feldkonstante
μ_r	relative Permeabilität
ν	Modenzahl (azimutal)
ξ	Abkürzung nach (2-95)
ρ	Volumendichte der elektrischen Ladungen
	Abstand (Kap. 3)

σ	Abkürzung nach (2-9)
	mechanische Spannung (Kap. 2.10)
σ_0	empirische Konstante
σ_D	Breite der Wahrscheinlichkeitsdichtefunktion bei Direktempfang
σ_H	Breite der Wahrscheinlichkeitsdichtefunktion bei Heterodynempfang
τ	variable Phase
	Impulsdauer (Kap. 9)
$\tau_{1,2}$	Lebensdauer
τ_s	Aufenthaltsdauer eines Photons im laseraktiven Bereich
τ_{sp}	Zeitkonstante der spontanen Rekombination
ϕ	Zylinderkoordinate
	Winkel (z.T. mit Index)
ϕ_B	Brewsterwinkel
ϕ_{ij}	Phasensprung bei Totalreflexion zwischen Medium i und Medium j
ψ	Winkel

0 Einleitung

Die optische Nachrichtentechnik hat in relativ kurzer Zeit (ca. zehn Jahre) eine große Bedeutung für die allgemeine Nachrichtentechnik erlangt. Besonders auffallend ist bei der optischen Nachrichtentechnik der direkte Übergang vom Forschungstadium in die kommerzielle Anwendung hinein. Die grundlegende Bedeutung der optischen Nachrichtentechnik liegt auf dem Sektor der (bei uns) staatlich verwalteten öffentlichen Nachrichtenübertragung; jedoch auch spezielle Systeme, z.B. Datenbussysteme, spielen eine nicht zu unterschätzende Rolle. Das Beispiel Telefon (Bild 0.1) zeigt, wie wesentlich und weitverbreitet heute bereits dieser Teil des Nachrichtennetzes ist. Dabei ist das Telefon nicht nur recht angenehm für den privaten Gebrauch, sondern es stellt eine wesentliche ökonomische Grundlage für die Entwicklung der Wirtschaft dar. Dies wird besonders deutlich durch die Investitionen, die in diesem Bereich getätigt wurden: Das gesamte Investitionsvolumen für den Telefonmarkt beträgt weltweit ca. 300 Billionen DM (= $3 \cdot 10^{14}$ DM).

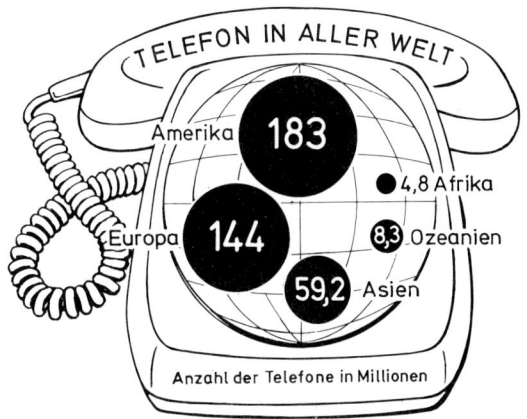

Bild 0.1
Weltweite Verbreitung des Telefons (Siemens Pressebild, 1980)

Die jüngsten Entwicklungen auf dem Gebiet der Nachrichtenübertragung führten zu einer merklichen Qualitätsverbesserung, aber auch zu der Forderung nach immer mehr Übertragungskapazität. Mit der herkömmlichen Technologie ist diese Forderung zwar noch zu erfüllen, doch die finanziellen Aufwendungen dafür sind hoch. Eine Lösung dieses Problems stellt die optische Nachrichtentechnik dar. Sie kommt mit relativ einfachen Technologien aus und ermöglicht dennoch derart hohe Übertragungsbandbreiten, für die augenblicklich gar keine Verwendungsmöglichkeit besteht. Daher kann man in der optischen Nachrichtentechnik eine extrem zukunftsorientierte Übertragungstechnik sehen, die nicht nur den derzeitigen Bandbreitebedarf deckt, sondern darüber hinaus die Einführung neuer Nachrichtendienste (Bildtelefon, Bildschirmzeitung, Kabelfernsehen etc. [0.1]) ermöglichen wird.

Zwei wesentliche Entwicklungen trugen zum Durchbruch der optischen Nachrichtentechnik bei: die Entwicklung des Halbleiterlasers und die Herstellung eines extrem dämpfungsarmen Lichtwellenleiters (LWL). Von einem herkömmlichen, elektrisch arbeitenden Übertragungssystem unterscheidet sich die optische Nachrichtentechnik durch einige zusätzliche Komponenten und das dielektrische, also nichtmetallische Übertragungsmedium. Eine schematische Übersicht über den Aufbau eines solchen Systems ist in Bild 0.2 gegeben. Das elektrische Signal - Codierung und Modulation sollen hier zunächst keine Rolle spielen - wird mit einem elektrooptischen Wandler in ein üblicherweise leistungsmoduliertes Lichtsignal umgesetzt, das über den LWL übertragen und an dessen Ende mit einem optoelektrischen Wandler in ein elektrisches Signal zurückverwandelt wird. Da die Übertragungsstrecke nicht frei von Dämpfung und Signalverzerrung ist, kann ein

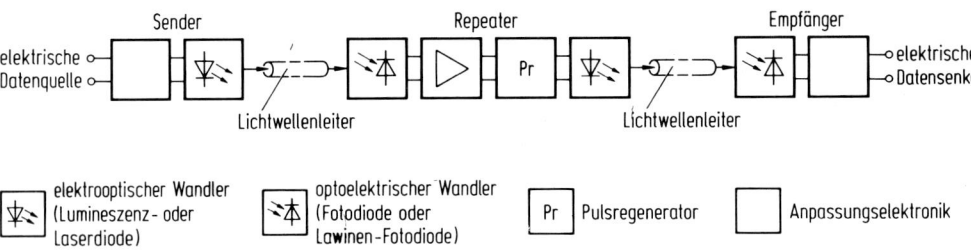

Bild 0.2
Schematische Darstellung eines optischen Übertragungssystems

sog. Repeater, der das Signal wieder aufbereitet, notwendig werden (Bild 0.2).

Im folgenden sollen vor allem die Eigenschaften der für die optische Übertragungsstrecke typischen Bauelemente betrachtet werden; die in den Endgeräten eines optischen Nachrichtensystems eingesetzten elektronischen Schaltungen unterscheiden sich meist nicht von sonst in der elektrischen Nachrichtentechnik verwendeten Schaltungen. Wegen der Besonderheit der Leistungsmodulation - es sind also keine negativen Signalwerte wie in der elektrischen Übertragungstechnik möglich - sind allerdings auch Codierungs- und Modulationsverfahren von Bedeutung.

0.1 Historischer Überblick

Um einen Eindruck über die Entwicklung der optischen Nachrichtentechnik in den letzten Jahrhunderten zu erhalten, soll ein kurzer und sicherlich nicht vollständiger historischer Überblick vorangestellt werden [0.2, 0.3]. In diesem Abschnitt sind unter optischer Nachrichtenübertragung alle jene Methoden zusammengefaßt, mit denen mit Hilfe optischer (sichtbarer oder unsichtbarer) Signale Nachrichten über größere Entfernungen übertragen wurden. Die optische Nachrichtentechnik im Altertum unterscheidet sich von der modernen dadurch, daß in modernen optischen Nachrichtensystemen Licht verwendet wird, das für das menschliche Auge nicht wahrnehmbar ist; im Altertum diente meist das Auge als Empfänger, so daß sichtbare Lichtquellen verwendet werden mußten.

Die ersten optischen Übertragungen waren - auch wenn sie sich historisch nicht belegen lassen - bereits in grauer Vorzeit im Einsatz, denn schon sehr früh verständigte man sich mit Hilfe von Rauchzeichen oder Feuerzeichen miteinander. Bei dieser Nachrichtenübertragung handelte es sich bereits um ein digitales System.

Der erste uns überlieferte schriftliche Nachweis über ein optisches Nachrichtensystem ist bei Aischylos enthalten [0.4]: In seiner Tragödie Agamemnon beschreibt er, wie Agamemnon seiner Frau Klytämnestra die Einnahme Trojas mit Hilfe von Feuerzeichen übermitteln ließ. Um die große Distanz nach Athen überwinden zu können, mußten einige Relaisstationen eingesetzt werden. Die Beschreibung der Nachrichtenübertragung ist so detailliert, daß man noch heute die Strecke rekonstruieren kann [0.2]. Allerdings konnte damals nur eine vorher vereinbarte Nachricht bestätigt oder widerrufen werden.

Einige Jahrhunderte später beschreibt der Grieche Polybios ein wesentlich verfeinertes Nachrichtensystem, bei dem mit Hilfe von Fackeln die Nachricht übermittelt wird [0.5]. Es war nun möglich, das gesamte griechische Alphabet zu übertragen und somit beliebige Informationen mitzuteilen. Bei diesem Verfahren fand ein zweistelliger, fünfwertiger Parallelcode Anwendung: Das griechische Alphabet wurde in einen Block von fünf Reihen mit fünf Spalten unterteilt (Bild 0.3). Mit zwei Gruppen von je fünf Fackeln konnte jeder Buchstabe einzeln übertragen werden. Brannten z.B. zwei Fackeln links und drei Fackeln rechts, so bedeutete dies den Buchstaben µ. Da die Übertragungsgeschwindigkeit mit Hilfe dieses Systems nicht bekannt war, wurden kürzlich dazu Versuche angestellt [0.6]. Man ermittelte eine Übertragungsgeschwindigkeit von etwa acht Buchstaben pro Minute. Die Entfernungen zwischen den Relaisstationen bei diesem System waren gering (ca. 1 km bis 2 km), so daß für die Bedienung dieser Telegrafieeinrichtung viel Personal benötigt wurde.

	rechts 1	2	3	4	5		Anzahl der Fackeln links	rechts
1	α	ζ	λ	π	φ	α:	1	1
2	β	η	µ	ϱ	χ	ϰ:	5	2
links 3	γ	ϑ	ν	σ	ψ	µ:	2	3
4	δ	ι	ξ	τ	ω	ω:	4	5
5	ε	ϰ	ο	υ		υ:	5	4

Bild 0.3
Codebuch für die Fackeltelegrafie

Während bei den Griechen optische Nachrichtensysteme eingesetzt wurden, sind aus der Zeit des römischen Reiches keinerlei Hinweise auf deren Verwendung vorhanden. Dies mag darauf zurückzuführen sein, daß im römischen Weltreich ein weitverzweigtes Straßennetz vorhanden war, so daß Botschaften mit Hilfe von Läufern oder Reitern übermittelt werden konnten. Nicht einmal für den Limes, bei dem in Abständen von 500 m bis 1 km Wachtürme errichtet worden waren und der damit besonders für eine

0.1 Historischer Überblick

derartige Nachrichtenübertragung geeignet gewesen wäre, sind Hinweise auf Informationsübertragung auf optischen Wege zu finden.

Ca. um 400 nach Christus wird berichtet, daß senkrecht bzw. waagerecht an Häuser und Pfähle genagelte Balken Informationen weitergeben sollten. Allerdings konnten auch hier nur bestimmte, vorher vereinbarte Informationen übermittelt werden [0.7]. Erst 1300 Jahre später wird dieses Verfahren neu aufgegriffen. Bis dahin sind auch keine weiteren Berichte über andere optische Nachrichtensysteme bekannt.

Der französiche Abbé Claude Chappe schuf in den Jahren 1791 bis 1792 eine neue Möglichkeit, Informationen auf optischem Wege zu übertragen: den Balkentelegrafen [0.8]. Dieser Balkentelegraf bestand aus einem um die Mitte drehbaren, langen Flügel (3,75 m), an dessen Enden wiederum drehbare, kurze Arme (1,88 m) angebracht waren (Bild 0.4). Da mit Hilfe

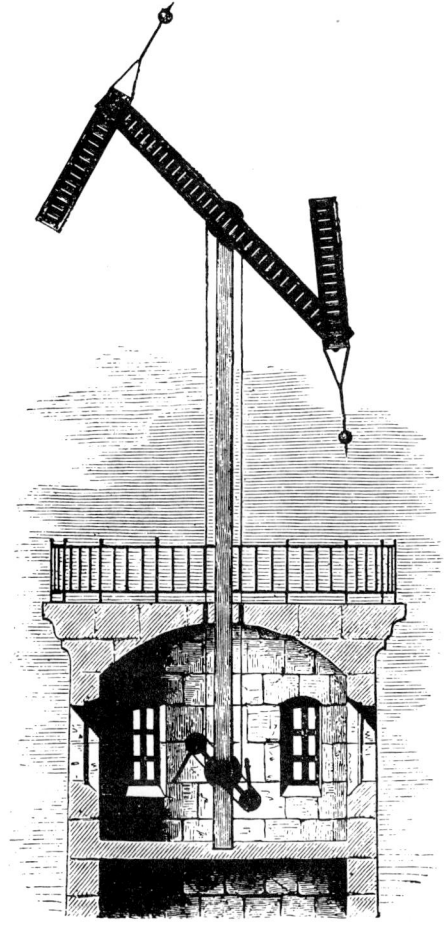

Bild 0.4
Der Balkentelegraf nach C. Chappe

dieses Apparates insgesamt 256 verschiedene Informationsinhalte zu übertragen waren, konnte man nicht nur einzelne Buchstaben, sondern sich oft wiederholende Informationen durch die Vielzahl von Sonderzeichen rasch übertragen. Die erste Nachrichtenstrecke, die mit Balkentelegrafen arbeitete, wurde 1793 von Paris nach Lille gebaut und war für militärische Zwecke gedacht. Auf dieser 225 km langen Strecke waren 22 Relaisstationen aufgestellt. Am 15.8.1794 wurde damit die erste Nachricht nach Paris durchgegeben. Sie meldete die Zurückeroberung von Quesnoy und traf eine Stunde nach der Einnahme der Stadt in Paris ein. Die Übermittlungsgeschwindigkeit dieses Balkentelegrafen betrug etwa zwei Zeichen pro Minute. In Preußen wurde eine Balkentelegrafielinie 1832/33 von Berlin über Köln nach Koblenz gebaut. Die 587 km lange Strecke hatte 60 Stationen. Übertragen wurden ausschließlich militärische oder staatspolitische Informationen. Kurz nach der Mitte des 19. Jahrhunderts wurden die optischen Strecken eingestellt; an ihre Stelle traten elektrische Telegrafenleitungen. Diese neue Technik konnte den größten Nachteil der optischen Telegrafieeinrichtungen, nämlich daß man sowohl auf gutes Wetter als auch auf gute Sicht angewiesen war, vermeiden.

Ende des 19. Jahrhunderts kommt die optische Nachrichtentechnik wieder ins Gespräch. Anlaß dafür ist die Entdeckung des photovoltaischen Effektes. Man sah darin eine Möglichkeit, mit Hilfe von leistungsmoduliertem Licht Informationen zu übertragen und sie anschließend wieder in elektrische Signale umzusetzen [0.9]. Hierzu werden um 1900 einige recht abenteuerliche Vorschläge gemacht (Bild 0.5) [0.10]. Die Abhängigkeit der optischen

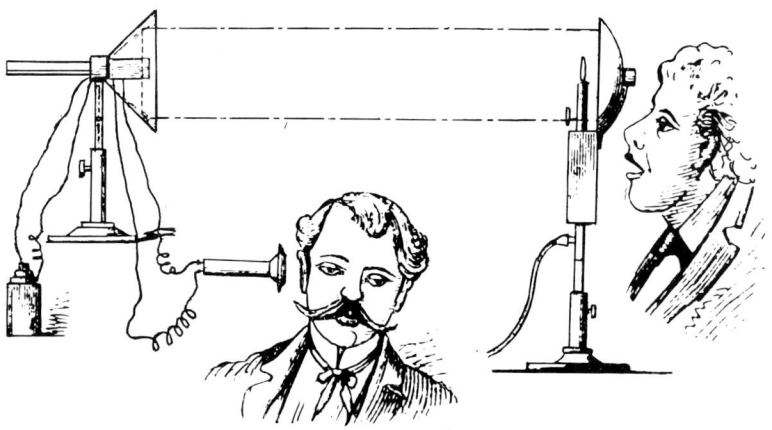

Bild 0.5
Optische Nachrichtentechnik um die Jahrhundertwende

Nachrichtenübertragung von der Umwelt (Nebel, Regen, Schnee usw.) war wohlbekannt. Daher wurde vorgeschlagen, das leistungsmodulierte Licht einer Kohlebogenlampe durch ein innen verspiegeltes Metallrohr zum Empfänger zu führen und damit die Übertragungsstrecke von der Umgebung unabhängig zu machen (Bild 0.6) [0.10]. Doch die zur Verfügung stehende Technik ließ eine Realisierung dieses Vorschlages nicht zu. Immerhin sind dies die ersten Ansätze, von der optischen Nachrichtentechnik mit sich frei ausbreitenden Wellen überzugehen auf eine optische Nachrichtentechnik mit geführten Wellen, wie sie heute ausschließlich für erdgebundene optische Nachrichtensysteme eingesetzt wird. Dabei hatte Tyndall bereits im Jahre 1870 die grundlegende Möglichkeit entdeckt, Licht ohne große Verluste - auch im Bogen - zu führen. Tyndall erkannte allerdings weder die Tragweite seiner Entdeckung noch ihre Ursache. Während seiner physikalischen Vorlesungen führte Tyndall seinen Studenten vor, wie das in einen Wasserstrahl eingespeiste Licht im Wasserstrahl selbst geführt wird [0.11].

Somit waren die grundlegenden Ideen für die Realisierung eines optischen Nachrichtensystems schon lange im Prinzip vorhanden.

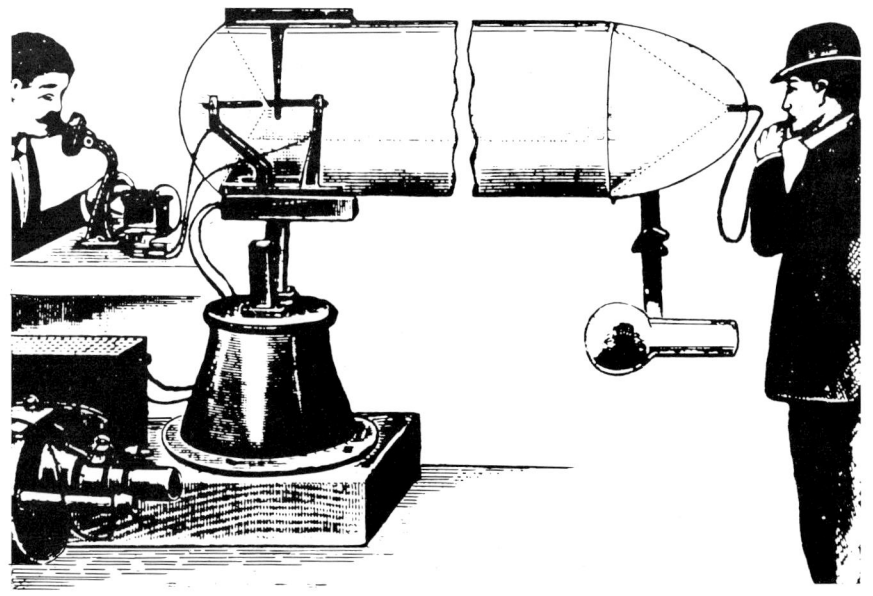

Bild 0.6
Erste Versuche zur optischen Nachrichtentechnik mit geführten Wellen (um 1900)

Eine Ursache für die Schwierigkeit bei der Realisierung solcher Systeme war das Fehlen einer geeigneten Lichtquelle. Obwohl bereits 1917 Einstein den Effekt der stimulierten Emission vorausgesagt und damit den Grundstein für die Realisierung des Lasers gelegt hatte [0.12], dauerte es dennoch bis 1960, bevor der erste Festkörperlaser experimentell verwirklicht werden konnte [0.13, 0.14]. Einige Eigenschaften des Lasers, so seine große Kohärenz, seine Monochromasie und vor allem seine minimale Strahldivergenz, sorgten zunächst dafür, daß man wiederum an eine optische Nachrichtentechnik mit sich frei ausbreitenden Wellen dachte [0.15]. Hierzu wurde auch eine Reihe von Versuchen unternommen. Allerdings zeigte sich wiederum, daß trotz dieses ungewöhnlich leistungsstarken und gut gebündelten Lichtes eine Informationsübertragung durch die Atmosphäre großen Störungen unterworfen ist [0.16]. So wurde im Jahre 1966 erstmals der Vorschlag gemacht, sog. Lichtwellenleiter für die Übertragung von optischen Signalen zu verwenden [0.17]. Der Vorschlag zu diesem Zeitpunkt war allerdings unpraktikabel, da solche Lichtwellenleiter zwar hergestellt werden konnten, aber mit Verlusten von 1000 dB/km für eine Nachrichtenübertragung unbrauchbar waren.

Neben der Realisierung des Halbleiterlasers im Jahre 1962 [0.18-0.21] kann die Herstellung eines Lichtwellenleiters mit nur 20 dB/km Dämpfung im Jahre 1970 durch die Corning Glass Works, USA, als weiterer Durchbruch für die optische Nachrichtentechnik gekennzeichnet werden [0.22]. Von diesem Zeitpunkt an zeigt die optische Nachrichtentechnik eine geradezu stürmische Entwicklung. Bereits einige Jahre später konnte die Dämpfung auf wenige dB/km gesenkt werden; heute (1982) sind Dämpfungen von 0,2 dB/km bei einer Wellenlänge von 1,55 µm erreicht [0.23]. Eine ähnliche Entwicklung erfolgte auch auf dem Gebiet der Sendeelemente, besonders des Halbleiterlasers. 1973 hatte man eine Lebensdauer von 1000 h bei 30 °C erreicht [0.24]. Während selbst 1977 noch große Bedenken hinsichtlich der Lebensdauer und damit der Einsetzbarkeit von Halbleiterlaserdioden bestanden [0.25], ist man heute in der schwierigen Lage, die tatsächliche Lebensdauer von Halbleiterlasern, die auf mehr als 10^5 Stunden (entspricht 12 Jahren) geschätzt wird, geeignet nachzuweisen.

0.2 Vektorfelder

Da für die Beschreibung der Wellenausbreitung die Vektoralgebra benötigt wird, soll im folgenden eine kurze Zusammenfassung der wichtigsten Beziehungen gegeben werden [0.26].

Das skalare Produkt zwischen den Vektoren **A** und **B** ist gegeben durch

$$\mathbf{A} \circ \mathbf{B} = AB \cos(\sphericalangle \mathbf{A}, \mathbf{B}) = \mathbf{B} \cdot \mathbf{A} \quad . \tag{0-1}$$

Darin sind A bzw. B die Beträge der Vektoren **A** bzw. **B**. (0-1) kann man graphisch darstellen mit Bild 0.7. Danach ist das skalare Produkt nichts anderes als das Produkt aus der Projektion von **B** auf **A** mit **A** selbst. Daher muß auch gelten

$$\mathbf{A} \cdot \mathbf{A} = A^2 \quad .$$

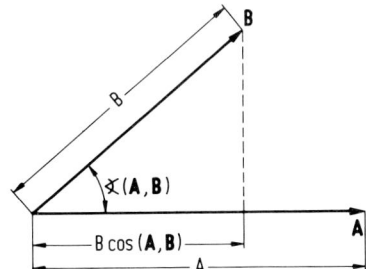

Bild 0.7
Geometrische Interpretation des skalaren Produkts zweier Vektoren **A** und **B**

Wenn **A** senkrecht auf **B** steht, so gilt

$$\mathbf{A} \cdot \mathbf{B} = 0 \quad . \tag{0-2}$$

Das Vektorprodukt zwischen den Vektoren **A** und **B** ergibt sich zu

$$\mathbf{A} \times \mathbf{B} = -[\mathbf{B} \times \mathbf{A}] = \mathbf{C} \quad , \qquad C = AB \sin(\sphericalangle \mathbf{A}, \mathbf{B}) \quad . \tag{0-3}$$

Der aus dem Vektorprodukt entstehende Vektor **C** steht sowohl senkrecht auf **A** als auch auf **B** (Bild 0.8), und sein Betrag ist gleich dem Flächeninhalt, der durch das von **A**, **B** aufgespannte Parallelogramm gegeben ist. Hierbei sind einige Sonderfälle zu betrachten: Sind $\mathbf{e}_x$, $\mathbf{e}_y$, $\mathbf{e}_z$ die Einsvektoren eines kartesischen Koordinatensystems, so gilt

$$\mathbf{e}_x \times \mathbf{e}_y = \mathbf{e}_z \quad , \qquad \mathbf{e}_y \times \mathbf{e}_z = \mathbf{e}_x \quad , \qquad \mathbf{e}_z \times \mathbf{e}_x = \mathbf{e}_y \quad . \tag{0-4}$$

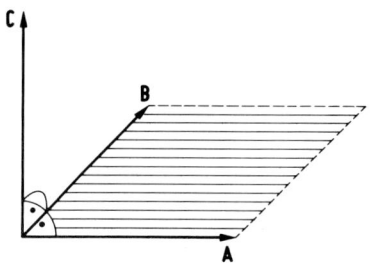

Bild 0.8
Geometrische Darstellung des Vektorprodukts zwischen **A** und **B**

Andererseits folgt aus (0-3)

$$\mathbf{e}_x \times \mathbf{e}_x = \mathbf{0} \quad . \tag{0-5}$$

Neben diesen fundamentalen Vektoroperationen gibt es weitere Vektoren oder auf Vektoren angewandte Operatoren, die im folgenden näher beschrieben werden.

Die Temperatur T sei an einem bestimmten Punkt P mit den Koordinaten x, y, z durch die Funktion $f(\mathbf{r}) = f(x, y, z)$ gegeben. Es ist nun die Temperatur $T+\Delta T$ am Punkte $\mathbf{r}+\mathbf{dr}$ zu bestimmen. Ist **dr** gegeben durch

$$\mathbf{ds} = dx\, \mathbf{e}_x + dy\, \mathbf{e}_y + dz\, \mathbf{e}_z \quad , \tag{0-6}$$

so ändert sich f um df beim Übergang vom Punkt mit den Koordinaten **r** zum Punkt mit den Koordinaten **r**+**dr**. Man erhält df aus

$$df = \frac{\partial f}{\partial x} dx + \frac{\partial f}{\partial y} dy + \frac{\partial f}{\partial z} dz \quad . \tag{0-7}$$

Man definiert nun einen neuen Vektor, den Gradienten von f:

$$\mathbf{grad}\, f = \frac{\partial f}{\partial x} \mathbf{e}_x + \frac{\partial f}{\partial y} \mathbf{e}_y + \frac{\partial f}{\partial z} \mathbf{e}_z \quad . \tag{0-8}$$

Mit (0-8) kann (0-6) und (0-7) zusammengefaßt werden zu

$$df = \mathbf{grad}\, f \cdot \mathbf{dr} \quad . \tag{0-9}$$

Durch f = const. sind Flächen, sog. Niveauflächen, gegeben, auf denen die gleiche Temperatur herrscht. Für solche Niveauflächen gilt df = 0. Liegt **dr** in einer solchen Niveaufläche, so gilt gemäß (0-9)

$$\mathbf{grad}\, f \cdot \mathbf{dr} = 0 \quad . \tag{0-10}$$

0.2 Vektorfelder

Nach (0-2) bedeutet dies, daß der Gradient von f senkrecht auf **dr** und damit senkrecht auf den Niveauflächen steht. Er zeigt außerdem in die Richtung der größten Änderung von f.

Eine andere differentielle Größe ist die Divergenz. Die Divergenz stellt einen Skalar dar und wird auf einen Vektor angewandt. Sie ist gegeben durch

$$\text{div } \mathbf{A} = \frac{\partial A_x}{\partial x} + \frac{\partial A_y}{\partial y} + \frac{\partial A_z}{\partial z} \, . \tag{0-11}$$

Die Divergenz von **A** gibt die Ergiebigkeit eines Feldes **A** an. Ist die Divergenz gleich Null, so ist der Gesamtfluß durch jede geschlossene Fläche Null. Das heißt, daß es in einem Gebiet, für das div **A** = 0 gilt, weder Quellen noch Senken gibt.

Ein weiterer Vektor ist durch die Rotation definiert. Die Rotation eines Vektors **A** läßt sich in Komponentenschreibweise darstellen durch

$$\text{rot}_x \mathbf{A} = \frac{\partial A_z}{\partial y} - \frac{\partial A_y}{\partial z} \, , \tag{0-12a}$$

$$\text{rot}_y \mathbf{A} = \frac{\partial A_x}{\partial z} - \frac{\partial A_z}{\partial x} \, , \tag{0-12b}$$

$$\text{rot}_z \mathbf{A} = \frac{\partial A_y}{\partial x} - \frac{\partial A_x}{\partial y} \, . \tag{0-12c}$$

Neben diesen Grunddefinitionen gibt es noch eine Reihe von Verbindungen zwischen den Vektoren. Eine Übersicht der verschiedenen Zusammenhänge ist in Tabelle 0.1 [0.27] enthalten. Dabei werden bereits die später benötigten Zylinderkoordinaten berücksichtigt.

Tabelle 0.1: Zusammenstellung zur Vektoralgebra

Allgemeine Vektorrechnung

$\mathbf{A}[\mathbf{B} \times \mathbf{C}] = \mathbf{C}[\mathbf{A} \times \mathbf{B}] = \mathbf{B}[\mathbf{C} \times \mathbf{A}]$

$\mathbf{A} \times [\mathbf{B} \times \mathbf{C}] = \mathbf{B}(\mathbf{A}\mathbf{C}) - \mathbf{C}(\mathbf{A}\mathbf{B})$

$[\mathbf{A} \times \mathbf{B}][\mathbf{C} \times \mathbf{D}] = (\mathbf{A}\mathbf{C})(\mathbf{B}\mathbf{D}) - (\mathbf{A}\mathbf{D})(\mathbf{B}\mathbf{C})$

$\mathbf{C} = \mathbf{e}(\mathbf{e}\mathbf{C}) - \mathbf{e} \times [\mathbf{e} \times \mathbf{C}]$

$\mathbf{s} = \mathbf{e}_x x + \mathbf{e}_y y + \mathbf{e}_z z \qquad s = |\mathbf{s}| = x^2 + y^2 + z^2$

(in dieser Tabelle enspricht **s** immer dieser Definition!)

Vektoroperationen in KARTESISCHEN KOORDINATEN (x,y,z)

$d\mathbf{s} = \mathbf{e}_x dx + \mathbf{e}_y dy + \mathbf{e}_z dz$

$dv = dx\, dy\, dz$

$\mathbf{grad}\, V = \mathbf{e}_x \frac{\partial V}{\partial x} + \mathbf{e}_y \frac{\partial V}{\partial y} + \mathbf{e}_z \frac{\partial V}{\partial z}$

$\operatorname{div} \mathbf{A} = \frac{\partial A_x}{\partial x} + \frac{\partial A_y}{\partial y} + \frac{\partial A_z}{\partial z}$

$\mathbf{rot}\, \mathbf{A} = \mathbf{e}_x \left(\frac{\partial A_z}{\partial y} - \frac{\partial A_y}{\partial z}\right) + \mathbf{e}_y \left(\frac{\partial A_x}{\partial z} - \frac{\partial A_z}{\partial x}\right) + \mathbf{e}_z \left(\frac{\partial A_y}{\partial x} - \frac{\partial A_x}{\partial y}\right)$

$\Delta V = \frac{\partial^2 V}{\partial x^2} + \frac{\partial^2 V}{\partial y^2} + \frac{\partial^2 V}{\partial z^2}$

Vektoroperationen in ZYLINDERKOORDINATEN (r,φ,z)

$x = r \cos \phi \qquad 0 \leq \phi \leq 2\pi$

$y = r \sin \phi \qquad 0 \leq r \leq \infty$

$z = z$

$d\mathbf{s} = \mathbf{e}_r dr + \mathbf{e}_\phi r d\phi + \mathbf{e}_z dz$

$dv = r dr\, d\phi\, dz$

$\mathbf{grad}\, V = \mathbf{e}_r \frac{\partial V}{\partial r} + \mathbf{e}_\phi \frac{1}{r} \frac{\partial V}{\partial \phi} + \mathbf{e}_z \frac{\partial V}{\partial z}$

$\operatorname{div} \mathbf{A} = \frac{1}{r} \frac{\partial}{\partial r}(r A_r) + \frac{1}{r} \frac{\partial A_\phi}{\partial \phi} + \frac{\partial A_z}{\partial z}$

$\mathbf{rot}\, \mathbf{A} = \mathbf{e}_r \left(\frac{1}{r} \frac{\partial A_z}{\partial \phi} - \frac{\partial A_\phi}{\partial z}\right) + \mathbf{e}_\phi \left(\frac{\partial A_r}{\partial z} - \frac{\partial A_z}{\partial r}\right) + \frac{\mathbf{e}_z}{r} \left(\frac{\partial (r A_\phi)}{\partial r} - \frac{\partial A_r}{\partial \phi}\right)$

$\Delta V = \frac{\partial^2 V}{\partial r^2} + \frac{1}{r} \frac{\partial V}{\partial r} + \frac{1}{r^2} \frac{\partial^2 V}{\partial \phi^2} + \frac{\partial^2 V}{\partial z^2}$

0.2 Vektorfelder

$$\text{rot rot}\,(\mathbf{e}_\phi U(r,z)) = -\mathbf{e}_\phi \left(\frac{\partial^2 U}{\partial r^2} + \frac{1}{r}\frac{\partial U}{\partial r} - \frac{U}{r^2} + \frac{\partial^2 U}{\partial z^2} \right)$$

Umformungen des GRADIENTEN

$\text{grad}\,(\phi\psi) = \phi\,\text{grad}\,\psi + \psi\,\text{grad}\,\phi$

$\text{grad}\,(\mathbf{AB}) = (\mathbf{A}\,\text{grad})\mathbf{B} + (\mathbf{B}\,\text{grad})\mathbf{A} + [\mathbf{A} \times \text{rot}\,\mathbf{B}] + [\mathbf{B} \times \text{rot}\,\mathbf{A}]$

$\text{grad}\,(\mathbf{cs}) = \mathbf{c} \qquad \mathbf{c} = \text{const. Vektor}$

$\text{grad}\,[\phi(s)] = \dfrac{\mathbf{s}}{s}\dfrac{d\phi}{ds}$

$d\mathbf{s}\,\text{grad}\,\phi = d\phi$

$(\mathbf{A}\,\text{grad})\mathbf{s} = \mathbf{A}$

Umformungen der DIVERGENZ

$\text{div}\,(\phi\mathbf{A}) = \phi\,\text{div}\,\mathbf{A} + \mathbf{A}\,\text{grad}\,\phi$

$\text{div}\,[\mathbf{A}\times\mathbf{B}] = \mathbf{B}\,\text{rot}\,\mathbf{A} - \mathbf{A}\,\text{rot}\,\mathbf{B}$

$\text{div}\,(\mathbf{s}\phi(s)) = 3\,\phi(s) + r\dfrac{d\phi}{ds}$

$\text{div}\,\text{grad}\,\phi = \Delta\phi$

$\text{div}\,\text{rot}\,\mathbf{A} = 0$

Umformungen der ROTATION

$\text{rot}\,(\phi\mathbf{A}) = \phi\,\text{rot}\,\mathbf{A} - [\mathbf{A} \times \text{grad}\,\phi]$

$\text{rot}\,[\mathbf{A}\times\mathbf{B}] = (\mathbf{B}\,\text{grad})\mathbf{A} - (\mathbf{A}\,\text{grad})\mathbf{B} + \mathbf{A}\,\text{div}\,\mathbf{B} - \mathbf{B}\,\text{div}\,\mathbf{A}$

$\text{rot}\,\mathbf{s} = 0$

$\text{rot}\,[\mathbf{c}\times\mathbf{s}] = 2\,\mathbf{c} \qquad \mathbf{c} = \text{const. Vektor}$

$\text{rot}\,\text{grad}\,\phi = 0$

$\text{rot}\,\text{rot}\,\mathbf{A} = \text{grad}\,\text{div}\,\mathbf{A} - \Delta\mathbf{A}$

$\text{rot}\,(\Delta\mathbf{A}) = \Delta(\text{rot}\,\mathbf{A})$

$\text{rot}\,\text{rot}\,\text{rot}\,(\mathbf{c}\phi) = [\mathbf{c} \times \text{grad}\,(\Delta\phi)] \qquad \mathbf{c} = \text{const. Vektor}$

$\text{rot}\,\text{rot}\,\text{rot}\,(\mathbf{s}\phi) = [\mathbf{s} \times \text{grad}\,(\Delta\phi)]$

Umformungen des LAPLACE OPERATORS

$\Delta V = \text{div}\,\text{grad}\,V$

$\Delta(\mathbf{s}\phi) = 2\,\text{grad}\,\phi + \mathbf{s}\Delta\psi$

$\Delta\mathbf{A} = \mathbf{e}_x \Delta A_x + \mathbf{e}_y \Delta A_y + \mathbf{e}_z \Delta A_z$

0.3 Radiometrische Einheiten

Für die Beschreibung der optischen Eigenschaften von Sende- und Empfangselementen werden die radiometrischen Einheiten verwendet [0.28], da sie – im Gegensatz zu den photometrischen Einheiten, die die Strahlung mit der Augenempfindlichkeitskurve bewerten und daher als physiologische Einheiten anzusehen sind – die wellenlängenunabhängige Kennzeichnung erlauben und somit eine absolute Vergleichsmöglichkeit zulassen. Im einzelnen sind folgende Größen wichtig

Strahlungsenergie $\quad Q \quad$ in Ws, (0-13)

Strahlungsleistung $\quad P = \dfrac{dQ}{dt} \quad$ in W, (0-14)

spezifische Ausstrahlung $\quad M = \dfrac{dP}{dA_S} \quad$ in $\dfrac{\mathrm{W}}{\mathrm{m}^2}$, (0-15)

Strahlstärke $\quad I = \dfrac{dP}{d\Omega} \quad$ in $\dfrac{\mathrm{W}}{\mathrm{sr}}$, (0-16)

mit A_S als strahlende Fläche des Senders.

Bei der Strahlstärke I kommt die neue Einheit Sterradiant (sr) für den Raumwinkel vor. Der Raumwinkel ist gegeben durch

$$\Omega = \frac{\text{abgegrenzte Kugelfläche (F)}}{\text{Quadrat des Kugelradius } (r^2)} \Omega_0 \quad . \tag{0-17}$$

Nach (0-17) hätte der Raumwinkel eine dimensionslose Einheit. Man führt jedoch die Einheit Sterradiant ein und bezeichnet mit Ω_0 einen Raumwinkel von 1 Sterradiant. Darunter ist jener Raumwinkel zu verstehen, der auf einer Kugel mit dem Radius 1 cm eine Fläche von 1 cm^2 abgrenzt (siehe Bild 0.9). Der Raumwinkel einer geschlossenen Kugel – von ihrem Zentrum aus gesehen – ist dann nach (0-17) gegeben als

$$\Omega_{\text{Kugel}} = \frac{\text{gesamte Kugeloberfläche}}{\text{Quadrat des Kugelradius}} \Omega_0 = \frac{4\pi r^2}{r^2} \Omega_0 = 4\pi \Omega_0 \quad . \tag{0-18}$$

0.3 Radiometrische Einheiten

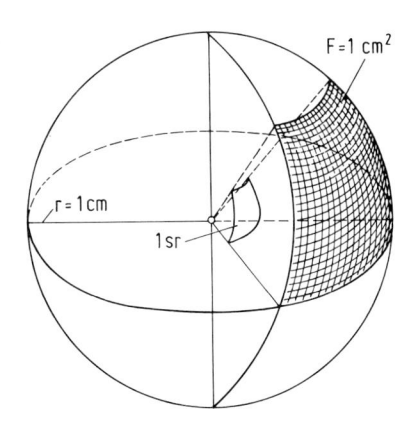

Bild 0.9
Zur Definition des Raumwinkels

Sofern es sich um kleine Raumwinkel handelt, kann die in der Definition (0-17) des Raumwinkels verwendete Kugeloberfläche F durch eine ebene Fläche F_n angenähert werden, was für die Berechnung eine wesentliche Vereinfachung darstellt. Zu (0-17) analog erhält man dann

$$\Omega \approx \frac{\text{abgegrenzte ebene Fläche } (F_n)}{\text{Quadrat des Abstands } (r_n^2)} \Omega_0 \qquad \text{mit } \Omega \ll \Omega_0 \ . \qquad (0\text{-}19)$$

Für kegelförmig abstrahlende Lichtemitter läßt sich der durch den Strahlkegel gebildete Raumwinkel wiederum mit der Annahme $\Omega \ll \Omega_0$ berechnen aus

$$\Omega \approx 2\pi(1 - \cos \varepsilon)\Omega_0 \ , \qquad (0\text{-}20)$$

wobei ε der halbe Öffnungswinkel des Strahlkegels ist.

Es sei ausdrücklich darauf hingewiesen, daß der Wert des Raumwinkels ausschließlich durch die Fläche F bzw. F_n und den Abstand r bzw. r_n des Beobachters gegeben ist und unabhängig von der Form der Berandung der Fläche ist.

Neben den bisher genannten Größen ist weiterhin die Strahldichte zu nennen, die gegeben ist durch

$$L = \frac{dI}{dA_S \cos \theta} \qquad \text{in } \frac{W}{m^2 sr}. \qquad (0\text{-}21)$$

Sie gibt die ausgesandte Lichtleistung pro Raumwinkel und projizierte

Flächeneinheit an. Dies bedeutet, daß $dA_S \cos\theta$ die strahlende Fläche darstellt, wie sie vom Beobachter aus unter dem jeweiligen Betrachtungswinkel θ erscheint (siehe Bild 0.10).

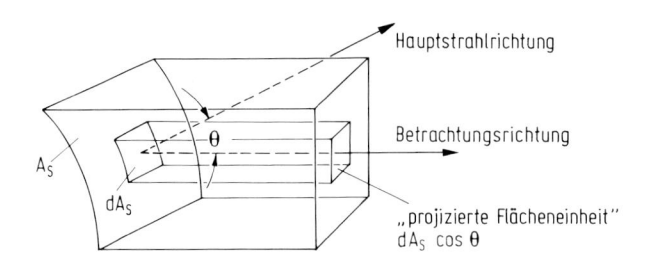

Bild 0.10
Projektion einer räumlichen Fläche bezogen auf einen Beobachter für die Ableitung der Strahldichte

Eine Besonderheit stellt der Fall L = const. dar. Gemäß (0-21) gilt dann

$$I(\theta) = I_{max} \cos\theta \quad , \tag{0-22}$$

wobei θ der Winkel zur Hauptstrahlrichtung und I_{max} die in Hauptstrahlrichtung ausgesandte Strahlstärke sind. Solche Strahler werden Lambert-Strahler genannt.

Für optische Empfänger führt man in Analogie zur spezifischen Ausstrahlung M die einfallende Lichtleistung pro Flächeneinheit des Empfängers ein, die gegeben ist durch

$$E = \frac{dP}{dA_E} \quad \text{in} \quad \frac{W}{m^2} \tag{0-23}$$

und als Bestrahlungsstärke bezeichnet wird. Die über eine bestimmte Zeitspanne T auf den Empfänger gesendete Bestrahlungsstärke ist gegeben durch die Bestrahlung

$$H = \int_0^T E \, dt \quad \text{in} \quad \frac{Ws}{m^2} \quad . \tag{0-24}$$

Die radiometrischen Größen sind nochmals in Tabelle 0.2 zusammengefaßt.

0.3 Radiometrische Einheiten

Tabelle 0.2: Zusammenstellung radiometrischer Einheiten

Definition	Formelzeichen und Gleichung	radiometrische Größen deutsche Bezeichnung englische Bezeichn.	SI-Einheiten
Energie	Q	Strahlungsenergie, Strahlungsmenge radiant energy	Ws
Energie je Zeiteinheit (Leistung)	$P = \dfrac{dQ}{dt}$	Strahlungsleistung, Strahlungsfluß radiant power, radiant flux	W
senderseitige Größen			
ausgesandte Leistung je Flächeneinheit	$M = \dfrac{dP}{dA_S}$	spezifische Ausstrahlung radiant exitance	$\dfrac{W}{m^2}$
ausgesandte Leistung je Raumwinkeleinheit	$I = \dfrac{dP}{d\Omega}$	Strahlstärke radiant intensity	$\dfrac{W}{sr}$
ausgesandte Leistung je Raumwinkel und projizierte Flächeneinheit	$L = \dfrac{dI}{dA_S \cos\theta}$ $= \dfrac{d^2P}{d\Omega dA_S \cos\theta}$	Strahldichte radiance	$\dfrac{W}{m^2 sr}$
empfängerseitige Größen			
einfallende Leistung je Flächeneinheit	$E = \dfrac{dP}{dA_E}$	Bestrahlungsstärke irradiance	$\dfrac{W}{m^2}$
Zeitintegral der einfallenden Leistung je Flächeneinheit	$H = \int E dt$	Bestrahlung radiant exposure	$\dfrac{Ws}{m^2}$

1 Die wichtigsten optischen Grundgesetze

Obwohl das Licht als elektromagnetische Welle allen elektromagnetischen Gesetzen gehorcht, gibt es bei der Erklärung einiger optischer Phänomene, z.B. dem photoelektrischen Effekt, dessen Ursprung zufällig von Heinrich Hertz entdeckt, aber erst durch Einstein erklärt werden konnte [1.1], Schwierigkeiten. Dies rührt vom Doppelcharakter des Lichtes her: Das Licht kann nicht ausschließlich als elektromagnetische Welle (Wellentheorie) verstanden werden, sondern muß in manchen Fällen als Teilchen (Korpuskulartheorie) angesehen werden (siehe z.B. [1.2, 1.3]). Dieser Dualismus des Lichtes fand seine Bestätigung durch die Kombination zweier grundlegender physikalischer Gesetze; danach kann die Energie W eines Photons durch seine Frequenz f [1.4] oder seine Masse m_P ausgedrückt werden:

$$W = h\,f \quad \text{(Planck)}, \tag{1-1}$$

$$W = m_P c_0^2 \quad \text{(Einstein)}. \tag{1-2}$$

Darin sind

c_0 Lichtgeschwindigkeit im Vakuum,
h   Planck'sches Wirkungsquantum.

Die Kombination von (1-1) und (1-2) führt auf die sog. de-Broglie-Wellenlänge [1.5], die jedem Teilchen mit der Masse m und der Geschwindigkeit v eine äquivalente Wellenlänge λ_0 zuordnet:

$$\lambda_0 = h/(m\,v). \tag{1-3}$$

Für Photonen - also Lichtteilchen, die sich mit Lichtgeschwindigkeit c_0 ausbreiten - ist der direkte Zusammenhang zwischen den Formeln (1-1) bis (1-3) sofort ersichtlich.

1 Die wichtigsten optischen Grundgesetze

Zur Beschreibung optischer Phänomene müßten entweder die Korpuskulartheorie oder die Wellentheorie herangezogen werden. Beide sind wenig anschaulich. Für die Behandlung vieler Probleme verwendet man daher strahlengeometrische Gesetze, d.h. das Licht wird als Lichtstrahl dargestellt. Dies ist immer dann erlaubt, wenn die mit dem Problem zusammenhängenden geometrischen Werte sehr groß verglichen mit der Wellenlänge λ_0 des Lichtes sind. Durch strahlengeometrische Überlegungen läßt sich eine große Anschaulichkeit erreichen.

Bevor auf einzelne optische Gesetze eingegangen wird, soll an Hand von Bild 1.1 ein Überblick über das Spektrum der elektromagnetischen Wellen gegeben werden. Der Bereich des sichtbaren Lichtes nimmt nur einen kleinen Teil des elektromagnetischen Wellenspektrums ein, das man physikalisch gesehen unter dem Begriff "Licht" (Bereich von 1 mm bis 1 nm Wellenlänge) einordnet. In der optischen Nachrichtentechnik wird vorzugsweise Licht im Wellenlängenbereich von 0,8 µm bis 1,6 µm eingesetzt, das außerhalb des sichtbaren Spektrums im sog. nahen infraroten Bereich (abgekürzt NIR) liegt.

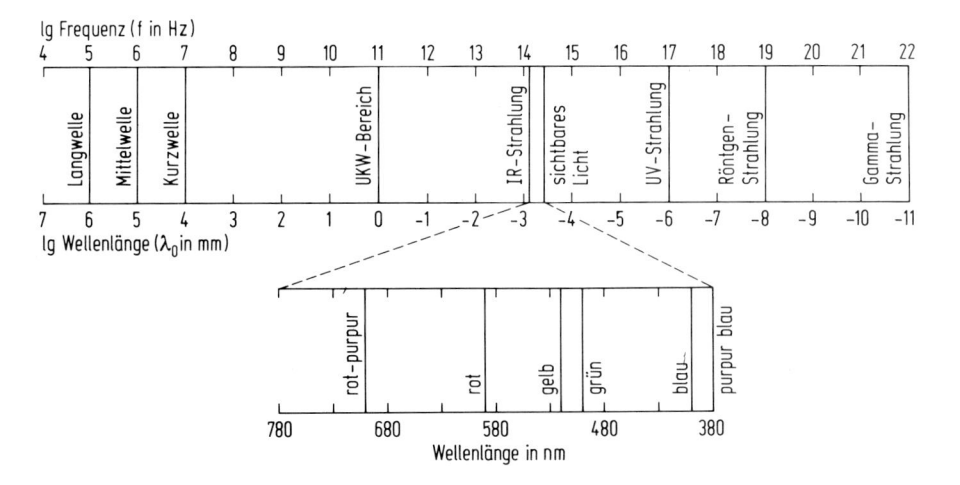

Bild 1.1
Ausschnitt aus dem Spektrum der elektromagnetischen Wellen; der Bereich des sichtbaren Lichtes ist herausgezeichnet

1.1 Mathematische Darstellung einer ebenen Welle

Unter einer Welle versteht man eine Schwingung, die sich mathematisch z.B. durch Sinus- oder Cosinusfunktionen darstellen läßt. Für die Darstellung einer Welle wählt man zunächst eine ortsfeste, zeitabhängige Betrachtung. In diesem Falle läßt sich eine Schwingung darstellen durch die Funktion $g(t)$:

$$g(t) = a \cos(2\pi f t + \delta) \ . \qquad (1\text{-}4)$$

Amplitude ↗ Phase (fest und veränderlich)

Mit (1-4) lassen sich noch weitere optische Größen in Zusammenhang bringen:

$\omega = 2\pi f$ \qquad Kreisfrequenz,

$t_p = 1/f$ \qquad Periodendauer,

$\lambda_1 = c_1 t_p = c_1/f$ \qquad Wellenlänge im Medium 1,

$c_1 = c_0/n_1$ \qquad Lichtgeschwindigkeit im Medium 1,

$n_1 = c_0/c_1$ \qquad Brechzahl im Medium 1,

$k_1 = k_0 n_1 = 2\pi n_1/\lambda_0$ \qquad Phasenausbreitungskonstante im Medium 1,

$\mathbf{k}_1 = k_1 \mathbf{e} = n_1 k_0 \mathbf{e}$ \qquad Wellenvektor im Medium 1.

Die Phase in (1-4) besteht aus einem variablen, zeitabhängigen Teil $\tau = 2\pi f t$ und einem festen, zeitunabhängigen Teil δ (auch als Phasenkonstante bezeichnet). Neben der Phasenkonstanten δ wird auch der Phasengang Δ_{Ph} benötigt:

$$\Delta_{Ph} = \delta/k_1 = \lambda_0 \delta/(2\pi n_1) \ . \qquad (1\text{-}5)$$

Dabei ist unter Δ_{Ph} jener geometrische Weg im Medium 1 zu verstehen, den die Welle zurücklegen muß, damit sich die Phase um δ ändert.

Der Schreibweise nach (1-4) zieht man häufig die komplexe Schreibweise für die Darstellung einer Welle vor:

$$g(t) = a \cos(\tau + \delta) = a \ \text{Re}\{e^{j(\tau+\delta)}\} = \text{Re}\{A \ e^{j\tau}\} \qquad (1\text{-}6)$$

mit der komplexen Amplitude

$A = a \ e^{j\delta}$.

1.1 Mathematische Darstellung einer ebenen Welle

Zur Vereinfachung wird später der Hinweis, daß nur der Realteil der in geschweiften Klammern stehenden, komplexen Größe von (1-6) zu verwenden ist, weggelassen. Damit ergeben sich einfachere mathematische Rechenmöglichkeiten.

In (1-6) ist nur die Abhängigkeit der Welle von der Zeit berücksichtigt. Da sich die Welle auch räumlich ausbreitet, muß die Ortsabhängigkeit eingeführt werden. Der einfachste Fall einer sich ausbreitenden Welle ist die ebene Welle. Bei einer ebenen Welle kann man drei Grundgrößen unterscheiden: die Ausbreitungsrichtung **e**, die Amplitude und die Phase. Die Ausbreitungsrichtung **e** kann zunächst beliebig liegen; das Koordinatensystem wird jedoch so gewählt, daß **e** mit der z-Richtung zusammenfällt. Genügen beliebige Punkte P, die gegeben sind durch ihre jeweiligen Radiusvektoren **r** = (x, y, z), der Bedingung

$$\mathbf{r} \cdot \mathbf{e} = r \cos(\sphericalangle \mathbf{r},\mathbf{e}) = \text{const.} ,$$

so spannen sie eine Ebene auf, die auf der Ausbreitungsrichtung **e** senkrecht steht (siehe (0-1)). Dieser Zusammenhang wird in Bild 1.2 dargestellt.

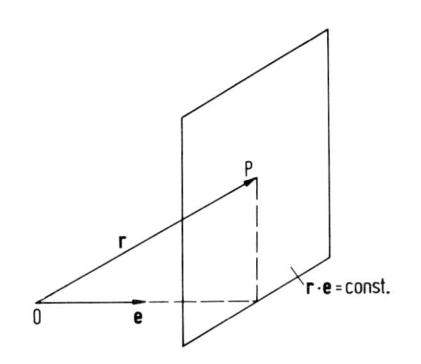

Bild 1.2
Aufspannen einer Ebene im Raum durch das skalare Produkt **r**·**e** = const.

Bei einer ebenen Welle ist daher die Phase der Feldvektoren innerhalb einer orts- oder zeitfesten Ebene konstant. Diese Ebene steht auf **e** senkrecht und heißt Phasenebene. Sie bewegt sich in einem Medium 1 mit der Phasengeschwindigkeit c_1. Die Verbindung zwischen Orts- und Zeitkoordinate läßt sich durch

$$c_1 t \pm (\mathbf{r} \cdot \mathbf{e}) = \text{const.} \tag{1-7}$$

herstellen. (1-7) bezeichnet alle Punkte der ebenen Welle in Abhängigkeit von Zeit und Raum mit gleicher Phase. Wählt man das untere, negative Vorzeichen, so breitet sich die ebene Welle in Richtung des **e**-Vektors aus, anderenfalls handelt es sich um eine rücklaufende Welle. (1-7) ist als allgemeine Lösung der Wellengleichung (1-33) nach d'Alembert bekannt und läßt sich umformen in (im folgenden wird nur eine in Vorwärtsrichtung laufende Welle betrachtet)

$$t - (\mathbf{r} \cdot \mathbf{e})/c_1 = \text{const.} \tag{1-8}$$

Zur Darstellung einer elektromagnetischen Welle wird üblicherweise der Vektor **E** der elektrischen Feldstärke verwendet. Entsprechend der komplexen Darstellung nach (1-6) erhält man mit dem Amplitudenvektor **A**

$$\mathbf{E} = \mathbf{A}\, e^{j\tau}. \tag{1-9}$$

In der Definition (1-4) ist in der Phase nur die Zeitabhängigkeit enthalten. Die Ortsabhängigkeit kann durch die neue Phase (1-8) berücksichtigt werden. Aus (1-9) ergibt sich

$$\mathbf{E} = \mathbf{A}\, \exp\{j\omega[t - (\mathbf{r} \cdot \mathbf{e})/c_1]\}\,. \tag{1-10}$$

(1-10) läßt sich umformen in die bekanntere Schreibweise

$$\mathbf{E} = \mathbf{A}\, \exp\{j(\omega t - \mathbf{r} \cdot \mathbf{k}_1)\}\,, \tag{1-11}$$

denn es gilt

$$\frac{\omega}{c_1}\mathbf{e} = \frac{2\pi f}{c_1}\mathbf{e} = \frac{2\pi}{\lambda_1}\mathbf{e} = \mathbf{k}_1\,.$$

(1-11) ist die allgemeine Beschreibung für den Vektor **E** der elektrischen Feldstärke einer ebenen Welle mit Orts- und Zeitabhängigkeit. Der Vektor **H** der magnetischen Feldstärke läßt sich auf die gleiche Art beschreiben.

1.2 Phasen- und Gruppengeschwindigkeit

Bei der Definition der ebenen Welle wurde festgestellt, daß sich die Phasenebene im Medium 1 mit der Phasengeschwindigkeit c_1 in Richtung von **e** bewegt.

Das Verhältnis der Lichtgeschwindigkeit im Vakuum zur Lichtgeschwindigkeit im Medium ergibt die Brechzahl. Die Brechzahl ist also eine nur von der Phasengeschwindigkeit abhängige Größe.

1.2 Phasen- und Gruppengeschwindigkeit

Da in der optischen Nachrichtentechnik zur Informationsübertragung Lichtleistung verwendet wird, ist die Gruppengeschwindigkeit maßgebend (hinsichtlich der verschiedenen Geschwindigkeiten, z.B. Phasen-, Front-, Signal-, Energie-, Gruppengeschwindigkeit, siehe z.B. [1.6]; in der optischen Nachrichtentechnik muß nur zwischen Phasengeschwindigkeit und Gruppengeschwindigkeit unterschieden werden). Eine einfache unendlich dauernde Sinuswelle beinhaltet keine veränderliche Amplitudeninformation; die Gruppengeschwindigkeit läßt sich jedoch nur aus einer Welle mit einer veränderlichen Amplitude ableiten. Die Überlagerung zweier Wellen mit gleicher komplexer Amplitude **A**, jedoch mit leicht unterschiedlichen Kreisfrequenzen bzw. Wellenvektoren führt zu einer Schwebung und damit zu einer Amplitudenänderung. Mit (1-11) erhält man (**e** bzw. k_1 gleichgerichtet mit der z-Achse des kartesischen Koordinatensystems)

$$\mathbf{E} = \mathbf{A}\,\exp\{j(\omega t - k_1 z)\} + \mathbf{A}\,\exp\{j[(\omega + \delta\omega)t - (k_1 + \delta k_1)z]\} \; . \tag{1-12}$$

Zur Vereinfachung ist vorausgesetzt, daß die beiden superponierten Wellen die gleiche feste Anfangsphase (siehe (1-4)) besitzen. Der Unterschied der Kreisfrequenzen sowie der Phasenausbreitungskonstanten sind durch $\delta\omega$ bzw. δk_1 ausgedrückt. Mit den Abkürzungen

$$\underline{\omega} = \omega + \delta\omega/2 \qquad \underline{k}_1 = k_1 + \delta k_1/2 \tag{1-13}$$

kann man (1-12) umschreiben in

$$\mathbf{E} = \mathbf{A}\,\{\exp[j(\omega t - k_1 z) - j(\underline{\omega}t - \underline{k}_1 z)] + \\ + \exp\{j[(\omega + \delta\omega)t - (k_1 + \delta k_1)z] - j(\underline{\omega}t - \underline{k}z)\}\}\,\exp[j(\underline{\omega}t - \underline{k}_1 z)] \; . \tag{1-14}$$

Mit Hilfe der Eulerschen Formel [1.7]

$$2\cos\alpha = e^{j\alpha} + e^{-j\alpha} \tag{1-15}$$

führt (1-14) zu dem einfachen Ausdruck

$$\mathbf{E} = 2\,\mathbf{A}\,\cos[(\delta\omega t - \delta k_1 z)/2]\,\exp\{j(\underline{\omega}t - \underline{k}_1 z)\} \; . \tag{1-16}$$

(1-16) stellt eine Welle mit der Kreisfrequenz $\underline{\omega}$ und der Ausbreitungskonstanten $\underline{k}_1$ dar, wobei die Amplitude $\mathbf{A}_{ges}$ nun sowohl zeitlich als auch örtlich abhängig ist und durch

$$\mathbf{A}_{ges} = 2\,\mathbf{A}\,\cos[(\delta\omega t - \delta k_1 z)/2] \; . \tag{1-17}$$

gegeben ist. Der kleinste zeitliche Abstand δt zweier <u>gleicher</u> Amplituden bezogen auf einen festen Ort läßt sich berechnen zu

$$\delta t = \frac{4\pi}{\delta\omega} \; . \tag{1-18}$$

In gleicher Weise erhält man den kleinsten örtlichen Abstand δz zweier gleicher Amplituden bezogen auf einen festen Zeitpunkt:

$$\delta z = \frac{4\pi}{\delta k_1} \; . \tag{1-19}$$

Aus (1-18) und (1-19) läßt sich die Geschwindigkeit der Amplitude, die Gruppengeschwindigkeit v_{gr}, darstellen:

$$v_{gr} = \frac{\partial z}{\partial t} = \frac{d\omega}{dk_1} \; . \tag{1-20}$$

Zusammenfassend erhält man die Phasengeschwindigkeit also aus

$$c_1 = \frac{\omega}{k_1} \; ,$$

die Gruppengeschwindigkeit dagegen aus

$$v_{gr} = \frac{d\omega}{dk_1} \; .$$

Der Unterschied zwischen Gruppengeschwindigkeit und Phasengeschwindigkeit ist anschaulich in Bild 1.3 dargestellt. Die Pfeile weisen auf die Ausbreitung gleicher Amplituden, die Kreise auf die Ausbreitung gleicher Phasen hin.

1.3 Maxwell-Gleichungen

Eine Übersicht über die Maxwell'sche Theorie geben [1.8-1.14]. Die Maxwell-Gleichungen setzen sich aus den vier Grundgleichungen (1-21) bis (1-24) zusammen und werden durch die Materialgleichungen (1-25) bis (1-27) ergänzt.

Die Grundgleichungen lauten

$$\mathbf{rot}\;\mathbf{E} = -\frac{\partial \mathbf{B}}{\partial t} \tag{1-21}$$

1.3 Maxwell-Gleichungen

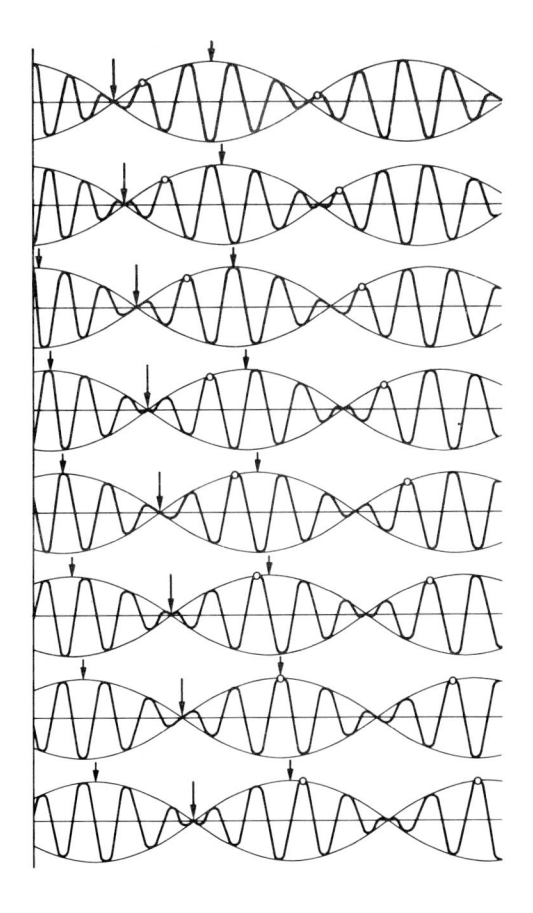

Bild 1.3
Unterscheidung von Gruppen- und Phasengeschwindigkeit; die Pfeile bezeichnen die Bewegung einer konstanten Amplitude (Gruppengeschwindigkeit), die Kreise die einer konstanten Phase (Phasengeschwindigkeit)

$$\mathbf{rot}\ H = \frac{\partial D}{\partial t} + G\ , \tag{1-22}$$

$$\text{div}\ D = \rho\ , \tag{1-23}$$

$$\text{div}\ B = 0\ , \tag{1-24}$$

dabei bedeuten:

- **E** elektrische Feldstärke,
- **H** magnetische Feldstärke,
- **B** magnetische Induktion,
- **D** dielektrische Verschiebung,
- **G** Stromdichte,
- ρ Volumendichte der elektrischen Ladungen.

Es soll kurz versucht werden, die Aussage dieser vier Gleichungen in Worte zu fassen:

(1-21) Ein zeitlich veränderliches magnetisches Feld verursacht ein elektrisches Wirbelfeld.

(1-22) Ein zeitlich veränderliches elektrisches Feld und/oder ein elektrischer Stromfluß können ein magnetisches Wirbelfeld verursachen (trifft nicht zu, wenn $-\partial \mathbf{D}/\partial t = \mathbf{G}$).

(1-23) Die dielektrische Verschiebung wird durch elektrische Ladungen hervorgerufen.

(1-24) Wahre magnetische Ladungen gibt es nicht.

Die zugehörigen drei Materialgleichungen lauten (die Indizierung der materialabhängigen Größen bezüglich eines Mediums unterbleibt hier der Übersichtlichkeit halber):

$$\mathbf{D} = \varepsilon_r \varepsilon_0 \mathbf{E} ,\qquad(1\text{-}25)$$

$$\mathbf{B} = \mu_r \mu_0 \mathbf{H} ,\qquad(1\text{-}26)$$

$$\mathbf{G} = \kappa \mathbf{E} ,\qquad(1\text{-}27)$$

mit ε_r relative Dielektrizitätskonstante,
ε_0 elektrische Feldkonstante,
$\varepsilon = \varepsilon_r \varepsilon_0$ Dielektrizitätskonstante (Permittivität),
μ_r relative Permeabilität,
μ_0 magnetische Feldkonstante,
$\mu = \mu_r \mu_0$ Permeabilität,
κ spezifische Leitfähigkeit.

Diese allgemein gültigen Formeln können für die Optik, speziell aber für die optische Nachrichtentechnik vereinfacht werden, da besondere Annahmen zulässig sind: Bei der Übertragung der Information mit Licht wird angestrebt, daß das Licht auf dem Übertragungsweg möglichst wenig gedämpft wird, d.h. daß die verwendeten Materialien durchsichtig, also absorptionsfrei sind. Daraus folgt, daß nur elektrisch nichtleitende Materialien eingesetzt werden können, so daß $\kappa = 0$ gesetzt werden kann.

Begründung: Wäre $\kappa \neq 0$, so würden innerhalb des Materials elektrische

1.3 Maxwell-Gleichungen

Ströme fließen können. Dadurch wird unvermeidlich Joule'sche Wärme erzeugt. Dies ist jedoch eine andere Energieform als die Wellenenergie, was gleichbedeutend mit einem Verlust der Wellenenergie ist, d.h. es findet Absorption statt.

Mit dieser ersten Annahme geht Gleichung (1-27) über in

$$G = 0 . \qquad (1\text{-}27a)$$

Gleichzeitig erhält man für (1-22)

$$\mathbf{rot}\ \mathbf{H} = \frac{\partial \mathbf{D}}{\partial t} . \qquad (1\text{-}22a)$$

Da nun sowohl $\kappa = 0$ und $G = 0$ gelten, kann innerhalb des betrachteten Materials kein Stromfluß stattfinden. Eventuell vorhandene elektrische Ladungen können sich nicht bewegen, so daß nur konstante elektrische Felder erzeugt werden können. Da konstante Felder in dieser Betrachtung nebensächlich sind, können sie gleich Null gesetzt werden, so daß unter dieser Voraussetzung keine elektrischen Ladungen vorhanden sind. Damit geht (1-23) über in

$$\mathrm{div}\ \mathbf{D} = 0 . \qquad (1\text{-}23a)$$

Aus diesen Gleichungen läßt sich die Wellengleichung ableiten. Man macht noch eine weitere Voraussetzung: Das betrachtete Material, in dem sich das Licht ausbreitet, sei isotrop. Das heißt, daß die Materialkonstanten ε_r und μ_r von der Richtung der Feldstärkevektoren der Welle unabhängig sind. Da außerdem für Dielektrika allgemein $\mu_r = 1$ gilt, wird μ_r im weiteren weggelassen.

Für spätere Berechnungen benötigt man die Maxwell-Gleichungen in Komponentenschreibweise, wobei man von der Zeit- und Ortsabhängigkeit einer ebenen Welle ausgeht, wie sie durch (1-11) gegeben ist. Die Ausbreitungsrichtung der Welle wird in z-Richtung des kartesischen Koordinatensystems gelegt. Die Ausbreitungskonstante der geführten Welle wird im weiteren mit ß bezeichnet, um sie gegen die Ausbreitungskonstante eines Lichtstrahles bzw. einer sich frei ausbreitenden Welle (weiterhin durch k dargestellt) abzugrenzen. (1-22a) kann unter diesen Voraussetzungen geschrieben werden

$$\frac{\partial H_z}{\partial y} + j\beta H_y = j\omega\varepsilon_r\varepsilon_0 E_x \quad , \tag{1-28a}$$

$$-j\beta H_x - \frac{\partial H_z}{\partial x} = j\omega\varepsilon_r\varepsilon_0 E_y \quad , \tag{1-28b}$$

$$\frac{\partial H_y}{\partial x} - \frac{\partial H_x}{\partial y} = j\omega\varepsilon_r\varepsilon_0 E_z \quad , \tag{1-28c}$$

und aus (1-21) erhält man

$$\frac{\partial E_z}{\partial y} + j\beta E_y = -j\omega\mu_0 H_x \quad , \tag{1-29a}$$

$$j\beta E_x + \frac{\partial E_z}{\partial x} = j\omega\mu_0 H_y \quad , \tag{1-29b}$$

$$\frac{\partial E_y}{\partial x} - \frac{\partial E_x}{\partial y} = -j\omega\mu_0 H_z \quad . \tag{1-29c}$$

1.4 Ableitung der Wellengleichung

Die Anwendung der Rotation auf (1-21) führt auf

$$\mathbf{rot\ rot\ E} = -\operatorname{rot}\frac{\partial \mathbf{B}}{\partial t} \quad . \tag{1-30}$$

Für die weitere Betrachtung wird der Zusammenhang nach Tabelle 0.1 beachtet:

$$\mathbf{rot\ rot\ A} = \mathbf{grad}\operatorname{div}\mathbf{A} - \Delta\mathbf{A} \quad . \tag{1-31}$$

Hierin ist Δ der Laplace-Operator. Der Laplace-Operator läßt sich sowohl auf einen Skalar als auch auf einen Vektor anwenden; gemäß Tabelle 0.1 gilt

$$\Delta\mathbf{A} = (\Delta A_x)\,\mathbf{e}_x + (\Delta A_y)\,\mathbf{e}_y + (\Delta A_z)\,\mathbf{e}_z \quad , \tag{1-32a}$$

1.4 Ableitung der Wellengleichung

$$\Delta A_x = \text{div}\, \mathbf{grad}\, A_x = \frac{\partial^2 A_x}{\partial x^2} + \frac{\partial^2 A_x}{\partial y^2} + \frac{\partial^2 A_x}{\partial z^2} \,. \tag{1-32b}$$

(1-31) in (1-30) beachtet führt auf

$$\mathbf{grad}\, \text{div}\, \mathbf{E} - \Delta \mathbf{E} = -\mathbf{rot}\, \frac{\partial \mathbf{B}}{\partial t} \,. \tag{1-33}$$

Mit (1-25), (1-26) und (1-23a) folgt daraus

$$\Delta \mathbf{E} = \mu_0 \frac{\partial}{\partial t}\, \mathbf{rot}\, \mathbf{H} \,. \tag{1-34}$$

Setzt man (1-22a) und (1-25) in (1-34) ein, so erhält man die unter den oben gemachten speziellen Annahmen gültige Wellengleichung

$$\Delta \mathbf{E} - \mu_0 \varepsilon_r \varepsilon_0 \frac{\partial^2 \mathbf{E}}{\partial t^2} = 0 \,. \tag{1-35}$$

Mit den folgenden beiden Identitäten

$$\mu_0 \varepsilon_0 = 1/c_0^2$$

$$\varepsilon_{r,i} = n_i^2$$

erhält man den Zusammenhang:

$$\mu_0 \varepsilon_0 \varepsilon_{r,i} = \frac{n_i^2}{c_0^2} = \frac{k_i^2}{\omega^2} = \frac{n_i^2 k_0^2}{\omega^2} \,. \tag{1-36}$$

Der Index i bezeichnet ein bestimmtes Material. Die Wellengleichung läßt sich auf die gleiche Art für die magnetische Feldstärke **H** ableiten, und man erhält

$$\Delta \mathbf{H} - \frac{n_i^2}{c_0^2} \frac{\partial^2 \mathbf{H}}{\partial t^2} = 0 \,. \tag{1-37}$$

Allgemein kann man daher schreiben

$$\Delta \mathbf{A} - \frac{n_i^2}{c_0^2} \frac{\partial^2 \mathbf{A}}{\partial t^2} = 0 \;. \tag{1-38}$$

Die allgemeine Lösung von (1-38) ist nach d'Alembert gegeben durch

$$\mathbf{A}(\mathbf{r},t) = \mathbf{A}_1(f_1) + \mathbf{A}_2(f_2) \qquad \text{mit} \quad f_m = c_i t + (-1)^m \mathbf{e} \cdot \mathbf{r} \;, \tag{1-39}$$

wobei $\mathbf{A}_1$ und $\mathbf{A}_2$ aus den Anfangs- und Randbedingungen bestimmt werden. Ein Vergleich mit (1-7) zeigt den Zusammenhang zwischen der Lösung der Wellengleichung und der Darstellung ebener Wellen.

1.5 Snellius'sches Brechungsgesetz

Bisher wurde die Welle innerhalb eines einzelnen, isotropen, absorptionsfreien Mediums betrachtet. Für die Beschreibung einer Lichtwelle beim Übergang von einem Medium 1 in ein anderes Medium 2 lassen sich - da die geometrischen Abmessungen der Grenzfläche gegenüber der Wellenlänge beliebig groß gewählt werden können - die Gesetze der Strahlenoptik anwenden; der Wellencharakter muß jedoch beachtet werden. Eine ausführliche Darstellung dieser und der im folgenden diskutierten Fragen ist in [1.2, 1.3, 1.6, 1.15-1.20] enthalten.

In Bild 1.4 ist der Übergang einer ebenen Welle, dargestellt durch die Lichtstrahlen 1 und 2 sowie die auf ihnen senkrecht stehenden Phasenebenen (gestrichelt gezeichnet), von einem Medium 1 mit der Brechzahl n_1 in das Medium 2 mit der Brechzahl n_2 gezeigt. Die Trennfläche zwischen beiden Medien ist als eben und unendlich ausgedehnt angenommen.

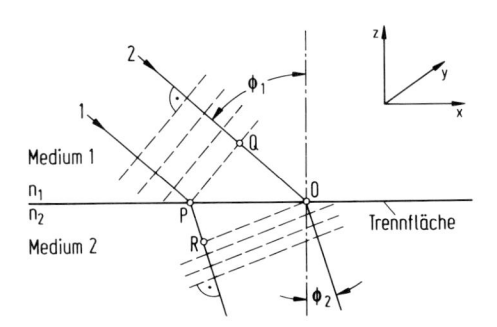

Bild 1.4
Zur Ableitung des Snellius'schen Brechungsgesetzes; die gestrichelten Linien deuten die zu den Strahlen 1 und 2 gehörenden Phasenfronten an

1.6 Reflexionsgesetze und Totalreflexion

$\overline{PQ}$ ist eine Phasenfront im Medium 1, während $\overline{RO}$ eine Phasenfront im Medium 2 darstellt. Für die Winkel ϕ_1 und ϕ_2 gelten folgende Beziehungen:

$$\sin \phi_1 = \frac{\overline{QO}}{\overline{PO}} = \frac{c_1 t}{\overline{PO}} \quad ,$$

$$\sin \phi_2 = \frac{\overline{PR}}{\overline{PO}} = \frac{c_2 t}{\overline{PO}} \quad .$$

Wie in Bild 1.4 gezeigt, werden in der Optik die Einfalls- und Ausfallswinkel immer zur Normalen der Trennfläche gemessen. Eine einfache Umformung führt auf

$$n_1 \sin \phi_1 = n_2 \sin \phi_2 \quad . \tag{1-40}$$

(1-40) ist unter dem Namen Snellius'sches Brechungsgesetz bekannt. Qualitativ können folgende Aussagen gemacht werden:

- Ist $n_1 > n_2$, so wird der Strahl von der Normalen weg gebrochen; man spricht hierbei auch vom Übergang von einem optisch dichteren in ein optisch dünneres Medium.

- Ist $n_1 < n_2$, so wird der Strahl zur Normalen hin gebrochen; man spricht hierbei vom Übergang von einem optisch dünneren zu einem optisch dichteren Medium.

Ein Lichtstrahl ändert jedoch beim Übergang von einem Medium zum anderen nicht nur seine Strahlrichtung, sondern ein Teil des Lichtes wird auch reflektiert, so daß eine Berechnung der Amplituden erforderlich ist.

1.6 Reflexionsgesetze und Totalreflexion

Für die Behandlung dieses Problems wird Bild 1.5 verwendet. Die Medien 1 und 2 werden durch die x-y Ebene getrennt. Der auffallende Strahl habe die Richtung e^a, der reflektierte Strahl die Richtung e^r und der durchgehende

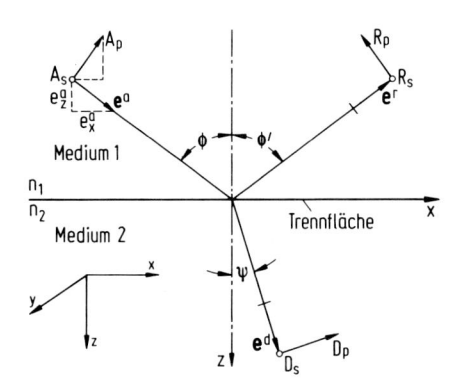

Bild 1.5

Zur Ableitung der Fresnel'schen Gleichungen; Erklärung siehe Text

Strahl die Richtung e^d. Im weiteren werden die schon hier verwendeten Indizes

    a   <u>a</u>uffallend,

    r   <u>r</u>eflektiert,

    d   <u>d</u>urchgehend

auch auf alle anderen Größen angewandt. Im Schema nach Bild 1.5 ist vorausgesetzt, daß e^a keine y-Komponente besitzt. Da die Wahl des Koordinatensystems beliebig ist, ist dies jederzeit zu realisieren. Die Einsvektoren, die die Strahlrichtungen festlegen, lassen sich in Komponenten aufteilen. Man erhält

$$e^a_x = \sin\phi, \quad e^a_y = 0, \quad e^a_z = \cos\phi;$$

$$e^r_x = \sin\phi', \quad e^r_y = 0, \quad e^r_z = -\cos\phi'; \quad (1\text{-}41)$$

$$e^d_x = \sin\psi, \quad e^d_y = 0, \quad e^d_z = \cos\psi.$$

Bei ebenen Wellen stehen sowohl die Vektoren der elektrischen als auch der magnetischen Feldstärke jeweils senkrecht zu den Ausbreitungsrichtungen. Für die Benennung der Amplituden werden folgende Abkürzungen eingeführt:

    A   Amplitude des <u>a</u>uffallenden Strahles,

    R   Amplitude des <u>r</u>eflektierten Strahles,

    D   Amplitude des <u>d</u>urchgehenden Strahles.

Nach Bild 1.5 läßt sich jede Amplitude in zwei Komponenten zerlegen, wobei die eine <u>p</u>arallel (bezeichnet mit Index p) zur Zeichenebene und die andere

1.6 Reflexionsgesetze und Totalreflexion

senkrecht (bezeichnet mit Index s) dazu verläuft. Dabei ist die Zeichenebene identisch mit der sog. Einfallsebene: Die Einfallsebene wird gebildet durch den einfallenden Strahl und die Normale auf die Trennfläche im Einfallspunkt (in Bild 1.5 Ursprung des Koordinatensystems). Mit dieser Bezeichnung, den Brechzahlen n_1 und n_2 sowie dem Einfallswinkel ϕ, dem Reflexionswinkel ϕ' und dem Winkel des durchgehenden Strahles ψ sind alle Größen gekennzeichnet. Man geht von der strahlengeometrischen Darstellung über zur Wellendarstellung und verwendet dazu (1-9). Die verschiedenen Amplituden setzt man als bekannt voraus und fragt nach der Phase τ, wie sie in (1-10) explizit angegeben ist. Für den auffallenden Strahl erhält man

$$\tau^a = \omega(t - \frac{\mathbf{r} \cdot \mathbf{e}^a}{c_1}) = \omega(t - \frac{x \sin \phi + z \cos \phi}{c_1}) \, , \tag{1-42}$$

denn es gilt

$$\mathbf{r} = \begin{pmatrix} x \\ y \\ z \end{pmatrix} \qquad \mathbf{e}^a = \begin{pmatrix} \sin \phi \\ 0 \\ \cos \phi \end{pmatrix} \, ,$$

$$\mathbf{r} \cdot \mathbf{e}^a = x \sin \phi + z \cos \phi \, .$$

Die gleiche Rechnung läßt sich für die Phasen des reflektierten und des durchgehenden Lichtes ausführen; man erhält

$$\tau^r = \omega(t - \frac{\mathbf{r} \cdot \mathbf{e}^r}{c_1}) = \omega(t - \frac{x \sin \phi' - z \cos \phi'}{c_1}) \, , \tag{1-43}$$

$$\tau^d = \omega(t - \frac{\mathbf{r} \cdot \mathbf{e}^d}{c_2}) = \omega(t - \frac{x \sin \psi + z \cos \psi}{c_2}) \, . \tag{1-44}$$

Am Übergang vom Medium 1 zum Medium 2 ($z = 0$) ist die Stetigkeit der variablen Phase vorauszusetzen. Damit erhält man aus (1-42) bis (1-44) die Beziehung

$$\frac{\sin \phi}{c_1} = \frac{\sin \phi'}{c_1} = \frac{\sin \psi}{c_2} \, , \tag{1-45}$$

in der das Snellius'sche Brechungsgesetz wiederum enthalten ist. Der Schluß, daß $\phi = \phi'$ gesetzt werden muß, ist voreilig, denn (1-45) wäre auch erfüllt durch

$$\pi - \phi = \phi' \ . \tag{1-46}$$

Da jedoch nach Bild 1.5 ϕ kleiner als 90° ist, müßte - sofern (1-46) gültig wäre - ϕ' größer als 90° sein, was jedoch zu einem Widerspruch führt. Somit läßt sich aus (1-45) folgern:

Einfallswinkel ist gleich Ausfallswinkel.

Für die weitere Rechnung wird die Komponentendarstellung der elektrischen Feldstärke **E** und der magnetischen Feldstärke **H** verwendet. Für die elektrische Feldstärke ergibt sich

$$\begin{aligned} E_x^a &= A_p \, e^{j\tau^a} \cos \phi \ , \\ E_y^a &= A_s \, e^{j\tau^a} \ , \\ E_z^a &= -A_p \, e^{j\tau^a} \sin \phi \ ; \end{aligned} \tag{1-47a}$$

$$\begin{aligned} E_x^r &= -R_p \, e^{j\tau^r} \cos \phi \ , \\ E_y^r &= R_s \, e^{j\tau^r} \ , \\ E_z^r &= -R_p \, e^{j\tau^r} \sin \phi \ ; \end{aligned} \tag{1-47b}$$

$$\begin{aligned} E_x^d &= D_p \, e^{j\tau^d} \cos \psi \ , \\ E_y^d &= D_s \, e^{j\tau^d} \ , \\ E_z^d &= -D_p \, e^{j\tau^d} \sin \psi \ . \end{aligned} \tag{1-47c}$$

1.6 Reflexionsgesetze und Totalreflexion

Aus (1-47) läßt sich die magnetische Feldstärke berechnen. Aus den Maxwell-Gleichungen kann man die Beziehung

$$\mathbf{H} = \sqrt{(\varepsilon_{r,i}\varepsilon_0)/\mu_0}\,[\mathbf{e} \times \mathbf{E}] = s_i[\mathbf{e} \times \mathbf{E}] \tag{1-48}$$

ableiten, wobei sich der Index i auf das jeweilige Medium (1, 2) bezieht. Man erhält dann aus (1-47)

$$\begin{aligned}
H_x^a &= -s_1\,A_s\,e^{j\tau^a}\cos\phi \;, \\
H_y^a &= s_1\,A_p\,e^{j\tau^a} \;, \\
H_z^a &= s_1\,A_s\,e^{j\tau^a}\sin\phi \;;
\end{aligned} \tag{1-49a}$$

$$\begin{aligned}
H_x^r &= s_1\,R_s\,e^{j\tau^r}\cos\phi \;, \\
H_y^r &= s_1\,R_p\,e^{j\tau^r} \;, \\
H_z^r &= s_1\,R_s\,e^{j\tau^r}\sin\phi \;;
\end{aligned} \tag{1-49b}$$

$$\begin{aligned}
H_x^d &= -s_2\,D_s\,e^{j\tau^d}\cos\psi \;, \\
H_y^d &= s_2\,D_p\,e^{j\tau^d} \;, \\
H_z^d &= s_2\,D_s\,e^{j\tau^d}\sin\psi \;.
\end{aligned} \tag{1-49c}$$

An der Grenzfläche $z = 0$ müssen die Tangentialkomponenten der elektrischen und der magnetischen Feldstärke stetig sein, was auf vier Gleichungen führt:

$$\begin{aligned}
E_x^a + E_x^r &= E_x^d \;, & H_x^a + H_x^r &= H_x^d \;, \\
E_y^a + E_y^r &= E_y^d \;, & H_y^a + H_y^r &= H_y^d \;.
\end{aligned} \tag{1-50}$$

Setzt man in (1-50) die Komponenten aus (1-47) bzw. (1-49) ein, so erhält man

$$(A_p - R_p) \cos \phi = D_p \cos \psi \quad ,$$
$$A_s + R_s = D_s \quad ; \tag{1-51}$$

$$s_1 (A_s - R_s) \cos \phi = s_2 D_s \cos \psi \quad ,$$
$$s_1 (A_p + R_p) = s_2 D_p \quad . \tag{1-52}$$

Indem man s_i aus (1-48) in (1-52) einsetzt, folgt

$$n_1 (A_s - R_s) \cos \phi = n_2 D_s \cos \psi \quad ,$$
$$n_1 (A_p + R_p) = n_2 D_p \quad . \tag{1-53}$$

(1-51) und (1-53) lassen sich mit Hilfe des Snellius'schen Brechungsgesetzes und einiger trigonometrischer Formeln so umformen, daß die Amplitude sowohl des reflektierten als auch des durchgehenden Strahles in Abhängigkeit von der Amplitude des auffallenden Strahles dargestellt werden kann. Im einzelnen erhält man

$$R_p = \frac{\tan(\phi - \psi)}{\tan(\phi + \psi)} A_p \quad , \tag{1-54a}$$

$$R_s = - \frac{\sin(\phi - \psi)}{\sin(\phi + \psi)} A_s \quad , \tag{1-54b}$$

$$D_p = \frac{2 \cos \phi \sin \psi}{\sin(\phi + \psi) \cos(\phi - \psi)} A_p \quad , \tag{1-54c}$$

$$D_s = \frac{2 \cos \phi \sin \psi}{\sin(\phi + \psi)} A_s \quad . \tag{1-54d}$$

1.6 Reflexionsgesetze und Totalreflexion

(1-54a) bis (1-54d) sind als Fresnel'sche Gleichungen für die Reflexion und Transmission bekannt. Wichtig ist, daß die parallelen Komponenten des reflektierten und des durchgehenden Strahles nur von der parallelen Komponente des auffallenden Strahles abhängig sind. Das gleiche gilt für die senkrechten Komponenten. Senkrechte und parallele Komponenten sind somit voneinander unabhängig. Eine quantitative Auswertung von (1-54a) und (1-54b) ist in den Bildern 1.6a und 1.6b gezeigt. Als Brechzahlen wurden dabei $n_1 = 1$ (Luft bzw. Vakuum) und $n_2 = 1,5$, was der Brechzahl von normalem Glas entspricht (Bild 1.6a), bzw. $n_2 = 3,5$ entsprechend der Brechzahl von Galliumarsenid (GaAs) verwendet (Bild 1.6b). A_p und A_s wurden in beiden Fällen gleich 1 gesetzt. Die Bilder 1.6a und 1.6b machen den Unterschied hinsichtlich der Reflexionsverhältnisse für die senkrechte und die parallele Komponente sehr deutlich.

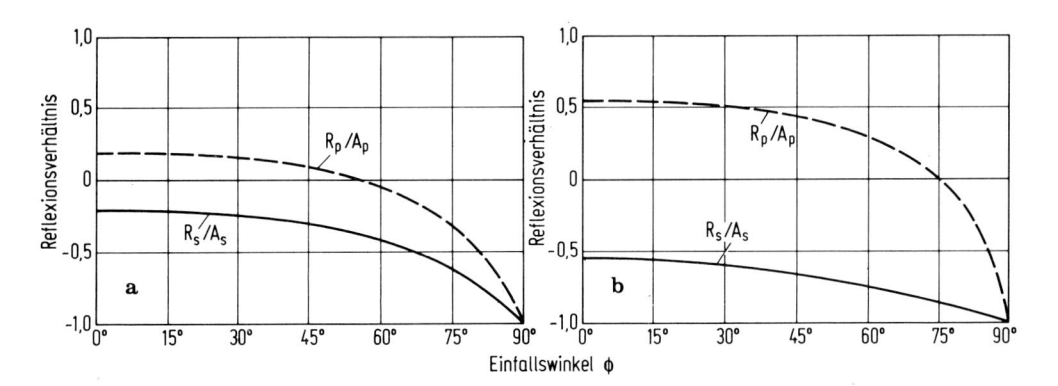

Bild 1.6
Die Reflexionsverhältnisse R_p/A_p und R_s/A_s als Funktion des Einfallswinkels ϕ; (a) für $n_1 = 1$ (Luft) und $n_2 = 1,5$ (Glas); (b) für $n_1 = 1$ und $n_2 = 3,5$ (GaAs)

Statt der Amplituden kann man auch die Lichtenergie betrachten, die proportional dem Quadrat der Amplituden ist. Man erhält statt der Bilder 1.6a und 1.6b die Bilder 1.7a bzw. 1.7b. Für den Anteil der Lichtenergie, dessen elektrische Feldstärke parallel zur Einfallsebene liegt, erhält man bei einem bestimmten Einfallswinkel keine Reflexion. Dieser Umstand läßt sich aus Gleichung (1-54a) ableiten, denn dann muß gelten

$$\frac{\tan(\phi - \psi)}{\tan(\phi + \psi)} = 0 \;. \tag{1-55}$$

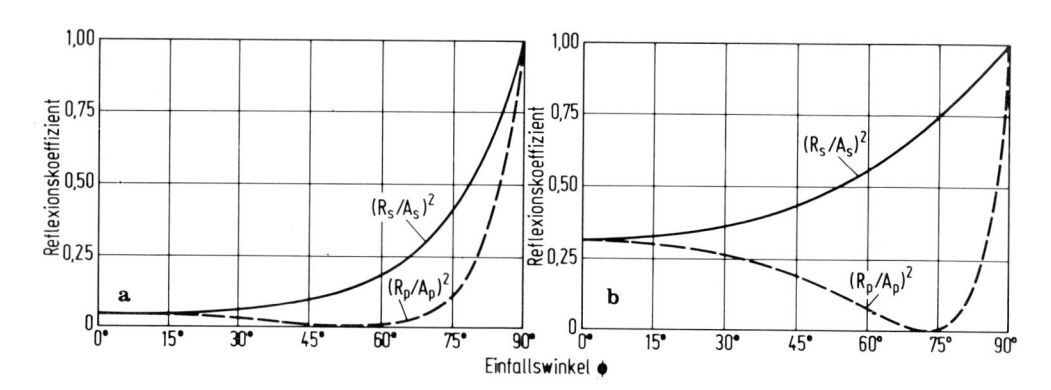

Bild 1.7
Die Reflexionskoeffizienten $(R_s/A_s)^2$ und $(R_p/A_p)^2$ als Funktion des Einfallswinkels ϕ; (a) für $n_1 = 1$ (Luft) und $n_2 = 1,5$ (Glas); (b) für $n_1 = 1$ und $n_2 = 3,5$ (GaAs)

(1-55) ist nur dann erfüllt, wenn $\phi + \psi = \pi/2$ ist. Unter dieser Voraussetzung gilt zwischen ϕ und ψ folgender Zusammenhang:

$$\sin \psi = \sin(\pi/2 - \phi) = \cos \phi \ . \tag{1-56}$$

Mit Hilfe des Snellius'schen Brechungsgesetzes folgt

$$\tan \phi_B = n_2/n_1 \ . \tag{1-57}$$

(1-57) ist als Brewster'sches Gesetz bekannt, der Einfallswinkel ϕ_B heißt Brewsterwinkel; Licht, dessen elektrische Feldstärke parallel zur Einfallsebene liegt, wird bei Auftreffen auf eine Grenzschicht unter dem Brewsterwinkel nicht reflektiert. Gemäß (1-56) würden in diesem speziellen Fall reflektierter und durchgehender Strahl einen rechten Winkel bilden.

Die Fresnel'schen Gleichungen in (1-54) sind für einen senkrechten Auffall $\phi = 0°$ unbestimmt. Für diesen Spezialfall erhält man aus (1-51) und (1-53) zu den Formeln (1-54) äquivalente Ausdrücke:

$$R_p = \frac{n_2 - n_1}{n_1 + n_2} A_p \ , \tag{1-58a}$$

$$R_s = - \frac{n_2 - n_1}{n_1 + n_2} A_s \ , \tag{1-58b}$$

1.6 Reflexionsgesetze und Totalreflexion

$$D_p = \frac{2 n_1}{n_1 + n_2} A_p , \qquad (1\text{-}58\text{c})$$

$$D_s = \frac{2 n_1}{n_1 + n_2} A_s . \qquad (1\text{-}58\text{d})$$

Hinsichtlich der Lichtenergie (proportional dem Quadrat der Feldstärken) unterscheiden diese Gleichungen nicht zwischen den parallelen und den senkrechten Komponenten, wie dies aus den Bildern 1.7 für den Einfallswinkel von 0° deutlich wird.

Von Interesse ist nicht nur die Amplitude, sondern auch die Intensität. Die Energiedichte $J^a_{p,s}$ der auffallenden Welle ist gegeben durch

$$J^a_{p,s} = n_1 \cos \phi \, |A_{p,s}|^2 .$$

Die Energiedichten der reflektierten bzw. durchgehenden Welle können ähnlich dargestellt werden:

$$J^r_{p,s} = n_1 \cos \phi \, |R_{p,s}|^2 ,$$

$$J^d_{p,s} = n_2 \cos \psi \, |D_{p,s}|^2 .$$

Unter dem Transmissionskoeffizienten $t_{p,s}$ versteht man

$$t_{p,s} = J^d_{p,s} / J^a_{p,s} = (n_2 \cos \psi \, |D_{p,s}|^2)/(n_1 \cos \phi \, |A_{p,s}|^2)$$

und unter dem Reflexionskoeffizienten $r_{p,s}$

$$r_{p,s} = J^r_{p,s} / J^a_{p,s} = (n_1 \cos \phi \, |R_{p,s}|^2)/(n_1 \cos \phi \, |A_{p,s}|^2) .$$

Da die p- und s-Orientierungen unabhängig voneinander sind (siehe (1-54)), gilt allgemein

$$r_p + t_p = 1, \qquad r_s + t_s = 1. \tag{1-59}$$

$r_{p,s}$ und $t_{p,s}$ lassen sich nach einigen Umformungen ähnlich den Gleichungen (1-58) darstellen; man erhält

$$r_p = \frac{\tan^2(\phi - \psi)}{\tan^2(\phi + \psi)}, \tag{1-60a}$$

$$r_s = \frac{\sin^2(\phi - \psi)}{\sin^2(\phi + \psi)}, \tag{1-60b}$$

bzw.

$$t_p = \frac{\sin(2\phi)\sin(2\psi)}{\sin^2(\phi + \psi)\cos^2(\phi - \psi)}, \tag{1-60c}$$

$$t_s = \frac{\sin(2\phi)\sin(2\psi)}{\sin^2(\phi + \psi)}. \tag{1-60d}$$

Für den Reflexions- und Transmissionskoeffizienten bei senkrechtem Einfall (die Unterscheidung zwischen senkrechter und paralleler Komponente entfällt dann) erhält man

$$r = \frac{(n_2 - n_1)^2}{(n_1 + n_2)^2}, \qquad t = \frac{(2 n_2)^2}{(n_2 + n_1)^2}. \tag{1-61}$$

Beim Übergang von Luft ($n_1 = 1$) zu Glas ($n_2 = 1,5$) ergibt sich aus (1-61) ein Reflexionskoeffizient von 4%; 33% sind es beim Übergang von Luft zu GaAs ($n_2 = 3,5$).

Bisher trat der betrachtete Lichtstrahl vom optisch dünneren in das optisch dichtere Medium über ($n_1 < n_2$). Im folgenden soll jedoch der

1.6 Reflexionsgesetze und Totalreflexion

Lichtstrahl vom optisch dichteren in das optisch dünnere Medium ($n_1 > n_2$) einfallen, wie es die Skizze nach Bild 1.8 zeigt. Mit Hilfe des Snellius'schen Brechungsgesetzes können sowohl $\sin \psi$ als auch $\cos \psi$ im Medium 2 in Abhängigkeit vom Einfallswinkel ϕ im Medium 1 ausgedrückt werden. Man erhält

$$\sin \psi = (n_1/n_2) \sin \phi \, , \tag{1-62}$$

$$\cos \psi = \pm \sqrt{1 - [(n_1/n_2) \sin \phi]^2} \, . \tag{1-63}$$

Da $n_1 > n_2$ gilt, kann auch die Ungleichung

$$(n_1/n_2) \sin \phi > 1 \tag{1-64}$$

vorkommen. Dann sind $\sin \psi$ in (1-62) bzw. $\cos \psi$ in (1-63) nicht mehr definiert. Die daraus entstehenden Folgerungen sollen im weiteren untersucht werden.

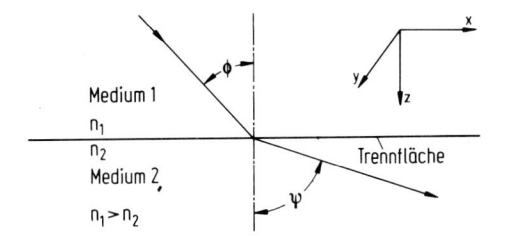

Bild 1.8
Übergang eines Lichtstrahles von einem optisch dichteren in ein optisch dünneres Medium

Die elektrische Feldstärke der durchgehenden Welle kann mit Hilfe von (1-9) dargestellt werden durch

$$\mathbf{E}^d = \mathbf{A}^d e^{j\tau^d} \, . \tag{1-65}$$

Die Phase τ^d wurde mit (1-44) berechnet:

$$\tau^d = \omega(t - \frac{x \sin \psi + z \cos \psi}{c_2}) \, .$$

Unter Zuhilfenahme von (1-62) und (1-63) geht τ^d über in

$$\tau^d = \omega\left[t - \frac{n_1 x \sin\phi / n_2 \pm z\sqrt{1 - [(n_1/n_2)\sin\phi]^2}}{c_2}\right]. \qquad (1-66)$$

Da im folgenden angenommen wird, daß die Ungleichung (1-64) gültig ist, wird der Wurzelausdruck in (1-66) imaginär. Um dies zu vermeiden, wird (1-66) umgeändert in

$$\tau^d = \omega\left[t - \frac{n_1 x \sin\phi / n_2 \pm jz\sqrt{[(n_1/n_2)\sin\phi]^2 - 1}}{c_2}\right]. \qquad (1-67)$$

(1-67) in die Ausgangsgleichung eingesetzt führt auf

$$\mathbf{E}^d = \mathbf{A}^d \exp\{j\omega[t - n_1 x \sin\phi/(n_2 c_2)]\} \cdot$$

$$\cdot \exp\{\pm z\sqrt{[(n_1/n_2)\sin\phi]^2 - 1}\;\omega/c_2\}. \qquad (1-68)$$

Dabei ist zu beachten:

$$(n_1/n_2)\sin\phi/c_2 = \sin\phi/c_1.$$

Die elektrische Feldstärke des durchgehenden Lichtes läßt sich in zwei Anteile zerlegen: Der erste Exponentialterm in (1-68) stellt eine ebene Welle dar, die sich ausschließlich in x-Richtung, also entlang der Trennfläche zwischen Medium 1 und Medium 2 (siehe Bild 1.5) mit der Phasengeschwindigkeit c_1 ausbreitet. Der zweite Term aus (1-68) stellt ein in z-Richtung exponentiell gedämpftes Feld dar (nur das negative Vorzeichen ist hier physikalisch sinnvoll).

Für die weitere Betrachtung wählt man die Fresnel'schen Gleichungen (1-54a), (1-54b) in abgeänderter Form:

$$R_p = \frac{\sin\phi\cos\phi - \sin\psi\cos\psi}{\sin\phi\cos\phi + \sin\psi\cos\psi} A_p, \qquad (1-69a)$$

1.6 Reflexionsgesetze und Totalreflexion

$$R_s = -\frac{\sin\phi\cos\psi - \sin\phi\cos\psi}{\sin\phi\cos\psi + \sin\phi\cos\psi} A_s \quad . \tag{1-69b}$$

Wird der Winkel ψ durch den Einfallswinkel ϕ ausgedrückt, so erhält man aus (1-69a)

$$\frac{R_p}{A_p} = \frac{\cos\phi - n_1/n_2 \sqrt{1 - [(n_1/n_2)\sin\phi]^2}}{\cos\phi + n_1/n_2 \sqrt{1 - [(n_1/n_2)\sin\phi]^2}} \quad ,$$

bzw. durch Erweitern um $(n_2/n_1)^2$

$$\frac{R_p}{A_p} = \frac{(n_2/n_1)^2 \cos\phi - j\sqrt{\sin^2\phi - (n_2/n_1)^2}}{(n_2/n_1)^2 \cos\phi + j\sqrt{\sin^2\phi - (n_2/n_1)^2}} \quad . \tag{1-70a}$$

Auf ganz ähnliche Weise kann (1-69b) umgeformt werden in

$$\frac{R_s}{A_s} = \frac{\cos\phi - j\sqrt{\sin^2\phi - (n_2/n_1)^2}}{\cos\phi + j\sqrt{\sin^2\phi - (n_2/n_1)^2}} \quad . \tag{1-70b}$$

Durch Verwendung entsprechender Abkürzungen

$$a = (n_2/n_1)^2 \cos\phi \ , \qquad b = \sqrt{\sin^2\phi - (n_2/n_1)^2} \ , \tag{1-71}$$

ist folgende Darstellung von (1-70a) möglich (Entsprechendes gilt auch für (1-70b)):

$$\frac{R_p}{A_p} = \frac{a - jb}{a + jb} = \frac{z^*}{z} \quad .$$

Da $|z| = |z^*|$ gilt, folgt daraus allgemein

$$|R_p| = |A_p| \; , \qquad |R_s| = |A_s| \; . \qquad (1\text{-}72)$$

Dies bedeutet, daß die gesamte Lichtintensität reflektiert und keine Lichtenergie in das Medium 2 übertragen wird. Dieser Vorgang heißt <u>Totalreflexion</u>. Da jedoch ein Imaginärteil verbleibt, muß zwischen der auffallenden Welle und der reflektierten Welle ein Phasensprung auftreten, der berechnet werden soll. Da die Realteile von (1-70a) bzw. (1-70b) gleich 1 sind, kann folgender Ansatz gewählt werden:

$$\frac{R_p}{A_p} = \exp(j\delta_p) \; , \qquad \frac{R_s}{A_s} = \exp(j\delta_s) \; , \qquad (1\text{-}73)$$

darin sind δ_p und δ_s die jeweiligen, zu berechnenden Phasensprünge. Setzt man R_p als komplexe Größe an

$$R_p = c\, e^{-j\xi} \; ,$$

wobei der Zusammenhang mit (1-71) gegeben ist durch

$$c = \sqrt{a^2 + b^2} \; ,$$
$$\xi = \arctan(b/a) \; , \qquad (1\text{-}74)$$

so geht (1-73) über in

$$\frac{R_p}{A_p} = \frac{c\, e^{-j\xi}}{c\, e^{j\xi}} = e^{-2j\xi} = \exp(j\delta_p) \; . \qquad (1\text{-}75)$$

Mit (1-75) und (1-74) läßt sich die Phasendifferenz δ_p berechnen aus

$$\tan(\delta_p/2) = -\frac{\sqrt{\sin^2\phi - (n_2/n_1)^2}}{(n_2/n_1)^2 \cos\phi} \; . \qquad (1\text{-}76)$$

1.6 Reflexionsgesetze und Totalreflexion

Für die senkrechte Komponente kann die Rechnung auf gleiche Weise durchgeführt werden, und man erhält

$$\tan(\delta_s/2) = -\frac{\sqrt{\sin^2\phi - (n_2/n_1)^2}}{\cos\phi}. \qquad (1-77)$$

Zusammenfassung: Sobald die Bedingung $(n_1/n_2)\sin\phi > 1$ erfüllt ist, tritt Totalreflexion auf. In diesem Fall wird keine Lichtenergie in das zweite Medium übertragen. Außerdem erleidet der reflektierte Strahl gegenüber dem auffallenden Strahl einen Phasensprung, der für die senkrechte und für die parallele Komponente unterschiedlich ist.

Zur Veranschaulichung sind für den Übergang vom dichteren Medium (n_1 = 1,5) zum dünneren Medium (n_2 = 1) sowohl für die parallele als auch für die senkrechte Komponente neben dem Reflexionskoeffizienten auch die jeweiligen Phasensprünge in den Bildern 1.9a und 1.9b dargestellt. Der konstante Phasensprung von 180° im Bereich von 0° bis zum Brewsterwinkel bei der parallelen Komponente (Bild 1.9b) ist durch die Wahl von R_p in Bild 1.5 (entgegengerichtet zu A_p) bedingt.

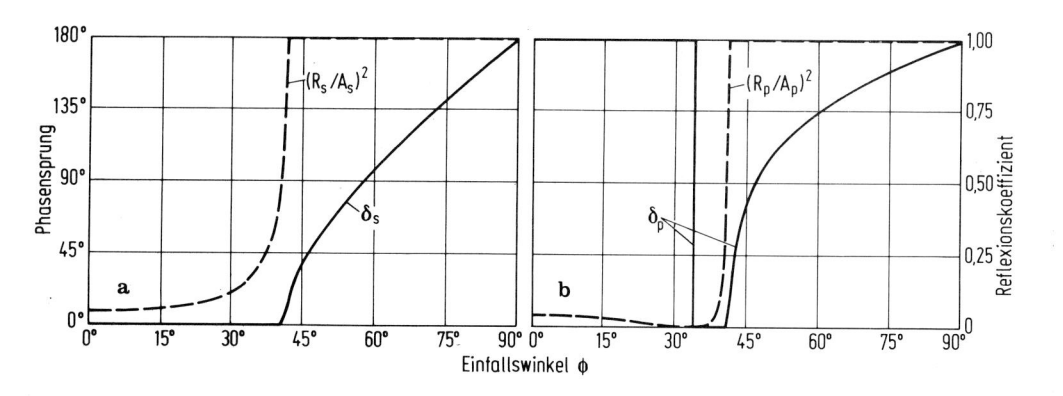

Bild 1.9
Reflexionskoeffizient und Phasensprung beim Übergang vom dichteren zum dünneren Medium als Funktion des Einfallswinkels ϕ; (a) für die senkrechte und (b) für die parallele Komponente; in beiden Fällen ist n_1 = 1,5 und n_2 = 1

1.7 Begriff der Polarisation

Entsprechend (1-47) wurde der Begriff "parallel bzw. senkrecht zur Einfallsebene" mit den Komponenten der elektrischen Feldstärke in Verbindung gebracht. Der Vektor der elektrischen Feldstärke einer sich frei ausbreitenden ebenen Welle steht senkrecht auf der Ausbreitungsrichtung **e**; weitere Annahmen über seine sonstige Lage und seine Amplitude können zunächst nicht gemacht werden.

Das räumliche Verhalten des elektrischen Feldstärkevektors einer optischen Welle wird durch die Polarisation beschrieben. Dazu betrachtet man jene Kurve, die die Spitze des elektrischen Feldvektors bei der Ausbreitung einer ebenen Welle beschreibt. Die Ausbreitungsrichtung der ebenen Welle sei wieder die z-Richtung. Daher verschwinden E_z und H_z (dies gilt nur für die sich frei ausbreitende Welle!). Die Komponenten der elektrischen Feldstärke lassen sich dann - unter Verwendung der reellen Schreibweise nach (1-4) - darstellen durch

$$E_x = a_1 \cos(\tau + \delta_1) \; , \qquad (1\text{-}78a)$$

$$E_y = a_2 \cos(\tau + \delta_2) \; , \qquad (1\text{-}78b)$$

$$E_z = 0 \; , \qquad (1\text{-}78c)$$

wobei gemäß Bild 1.5 E_x der parallelen und E_y der senkrechten Komponente entsprechen.

Über das Additionstheorem der Cosinusfunktion erhält man

$$\frac{E_x}{a_1} = \cos \tau \cos \delta_1 - \sin \tau \sin \delta_1 \; , \qquad (1\text{-}79a)$$

$$\frac{E_y}{a_2} = \cos \tau \cos \delta_2 - \sin \tau \sin \delta_2 \; . \qquad (1\text{-}79b)$$

(1-79a) mit $\sin \delta_2$ und (1-79b) mit $-\sin \delta_1$ multipliziert und beide Gleichungen addiert führt auf

1.7 Begriff der Polarisation

$$\frac{E_x}{a_1} \sin \delta_2 - \frac{E_y}{a_2} \sin \delta_1 = \cos \tau \underbrace{(\cos \delta_1 \sin \delta_2 - \cos \delta_2 \sin \delta_1)}_{= \sin(\delta_1 - \delta_2)} . \qquad (1\text{-}80)$$

Die gleiche Rechnung führt man unter Verwendung der Cosinusfunktion - statt der Sinusfunktion - durch. Es ergibt sich

$$\frac{E_x}{a_1} \cos \delta_2 - \frac{E_y}{a_2} \cos \delta_1 = -\sin \tau \sin(\delta_1 - \delta_2) . \qquad (1\text{-}81)$$

Quadrieren und Addieren der Gleichungen (1-80) und (1-81) führt auf

$$(\frac{E_x}{a_1})^2 + (\frac{E_y}{a_2})^2 - 2 \frac{E_x E_y}{a_1 a_2} \underbrace{(\sin \delta_1 \sin \delta_2 + \cos \delta_1 \cos \delta_2)}_{= \cos(\delta_1 - \delta_2)} = \sin^2(\delta_1 - \delta_2) .$$

Mit $\delta = \delta_1 - \delta_2$ geht dies über in

$$(\frac{E_x}{a_1})^2 + (\frac{E_y}{a_2})^2 - 2 \frac{E_x E_y}{a_1 a_2} \cos \delta = \sin^2 \delta . \qquad (1\text{-}82)$$

Für beliebige Größen a_1, a_2 und δ stellt (1-82) eine Ellipse dar, da die zugehörige Determinante größer bzw. gleich Null ist:

$$\begin{vmatrix} (\frac{1}{a_1})^2 & -\frac{\cos \delta}{a_1 a_2} \\ -\frac{\cos \delta}{a_1 a_2} & (\frac{1}{a_2})^2 \end{vmatrix} = \frac{1}{(a_1 a_2)^2} (1 - \cos^2 \delta) =$$

$$= \frac{\sin^2 \delta}{(a_1 a_2)^2} > 0 .$$

Diese Ellipse liegt in einem Rechteck (Bild 1.10) mit den Seitenkanten der Länge $2a_1$ bzw. $2a_2$. Die Ellipse berührt das Rechteck an den Punkten ($\pm a_1$,

∓$a_2 \cos \delta$) bzw. (±$a_1 \cos \delta$, ∓a_2). Für $\delta = (2u+1)\pi/2$ (u = 0, 1, 2, ...) nimmt die Ellipse die Hauptlage ein.

Die Spitze des Vektors der elektrischen Feldstärke beschreibt in diesem allgemeinen Fall eine Ellipse; man spricht von einer <u>elliptisch</u> polarisierten, elektromagnetischen Welle.

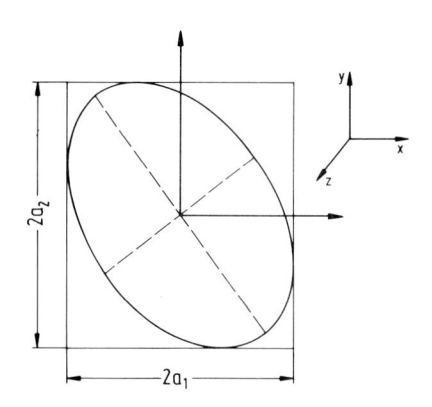

Bild 1.10
Polarisations-Ellipse in allgemeiner Lage (Ausbreitungsrichtung der Lichtwelle in z-Richtung)

Aus (1-82) lassen sich noch zwei Spezialfälle ableiten:

a) Ist die Differenz δ der Anfangsphasen δ_1 und δ_2 des **E**-Vektors ein ganzzahliges Vielfaches von π, also

$$\delta = \delta_1 - \delta_2 = u\pi \qquad \text{mit} \qquad u = 0, 1, 2, \ldots ,$$

so geht (1-82) über in

$$E_x/E_y = (-1)^u \, a_1/a_2 \,. \tag{1-83}$$

(1-83) ist die Gleichung für eine Gerade. Der Vektor der elektrischen Feldstärke bewegt sich daher ausschließlich auf einer Geraden; man spricht von <u>linear</u> polarisiertem Licht.

b) Ist die Differenz der Anfangsphasen jedoch ein ungradzahliges Vielfaches von $\pi/2$ und sind außerdem die Amplituden a_1 und a_2 der parallelen bzw. senkrechten Komponente der elektrischen Feldstärke gleich, also

$$\delta = (2u+1)\pi/2 \qquad \underline{\text{und}} \qquad a_1 = a_2 = a ,$$

1.7 Begriff der Polarisation

so geht (1-82) über in

$$E_x^2 + E_y^2 = a^2 \ . \tag{1-84}$$

(1-84) ist die Gleichung für einen Kreis; man spricht in diesem Falle von <u>zirkular</u> polarisiertem Licht.

Um die verschiedenen Möglichkeiten der Polarisation noch einmal zu veranschaulichen, dient Bild 1.11, in dem der Verlauf des Vektors der elektrischen Feldstärke einer ebenen Welle angedeutet ist. Deutlich zu

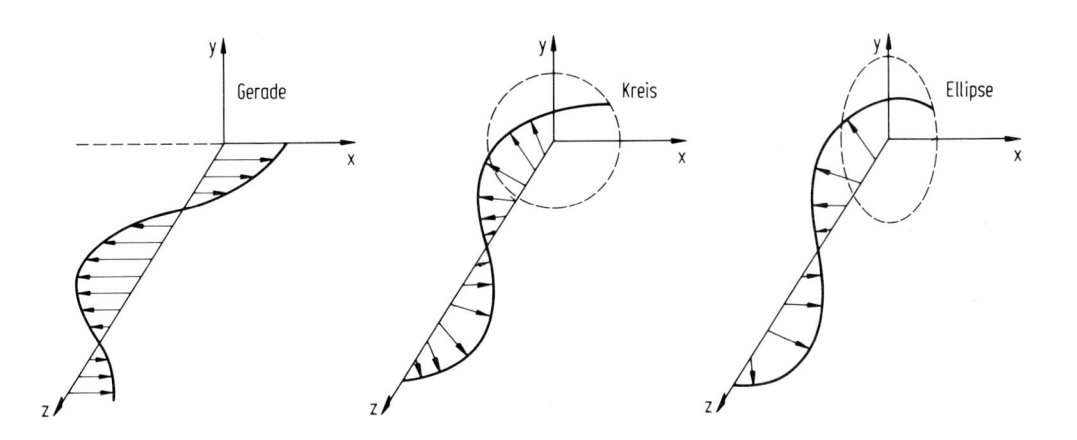

Bild 1.11
Veranschaulichung der verschiedenen Polarisationsarten

erkennen sind die Unterschiede zwischen linear, zirkular und elliptisch polarisiertem Licht. Die Drehrichtung des elektrischen Feldstärkevektors kann ebenfalls eine Rolle spielen; man unterscheidet daher noch links- bzw. rechtsdrehend zirkular (oder elliptisch) polarisierte Wellen. Die verschiedenen Polarisationsmöglichkeiten in Abhängigkeit von δ sind in der Bildfolge 1.12 gezeigt.

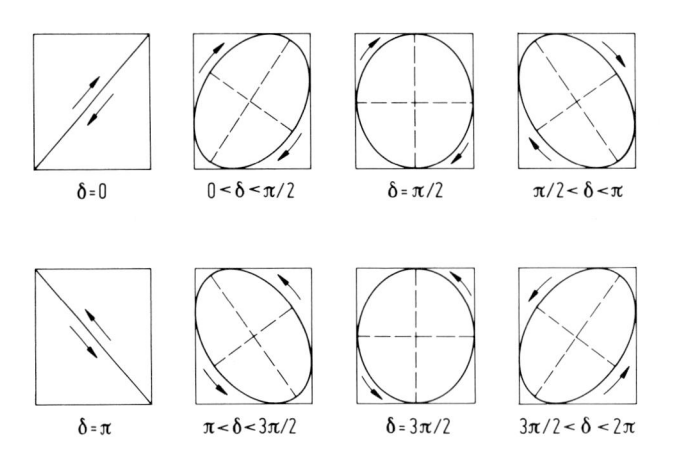

Bild 1.12
Polarisationszustände in Abhängigkeit von δ (siehe (1-82)) mit $a_1 \neq a_2$; links- und rechtsdrehende Polarisationszustände sind zu unterscheiden

1.8 Kohärenz

Beim Einsatz des Lasers als Lichtquelle in der optischen Nachrichtentechnik spielt die Kohärenz des Lichtes eine wesentliche Rolle; es soll darauf kurz eingegangen werden.

Teilt man das Licht einer punktförmigen, monochromatischen (also nur bei einer Wellenlänge strahlenden) Quelle gleichmäßig in zwei Strahlen auf, erzeugt zwischen ihnen einen Wegunterschied von $\lambda_0/2$ und bringt beide Strahlen wieder zusammen, so wird wegen der Phasenverschiebung um π destruktive Interferenz auftreten. Prinzipiell müßte dieser Effekt auch für Phasenverschiebungen von $(2u+1)\pi$ ($u = 0, \pm 1, \pm 2, \ldots$) zu beobachten sein, d.h. der Wegunterschied könnte beliebig groß gemacht werden. Experimentell zeigt sich jedoch, daß mit zunehmendem u, also größer werdendem Wegunterschied, die destruktive Interferenz immer unvollständiger wird. Dies läßt sich dadurch erklären, daß von der Lichtquelle nicht ein einziger, unendlich langer Wellenzug ausgesendet wird, sondern kürzere Wellenpakete, die sich in unregelmäßiger Folge aneinander reihen. Ist der Wegunterschied zwischen den beiden Strahlen relativ klein, so gehört das interferierende Licht einem einzigen Wellenzug an. Ist der Wegunterschied jedoch größer als die Länge der abgestrahlten Wellenzüge, so wird das

1.8 Kohärenz

Licht zweier unterschiedlicher Wellenzüge vereinigt, die zueinander keine Phasenbeziehung haben; es tritt dann keine Interferenz, sondern nur eine Überlagerung beider Intensitäten auf. Setzt man voraus, daß alle Wellenzüge die gleiche Länge l_k haben (l_k heißt Kohärenzlänge), so kann man die Kohärenzzeit t_k daraus berechnen zu

$$l_k = c_0 t_k \simeq \frac{c_0}{\Delta \nu} = \frac{\lambda_0^2}{\Delta \lambda_0} \quad . \tag{1-85}$$

Darin sind λ_0 die mittlere Wellenlänge der Quelle und $\Delta \lambda_0$ ihre spektrale Breite; $\Delta \nu$ drückt die spektrale Breite im Frequenzbereich aus. Je kleiner daher die spektrale Breite einer Quelle ist, desto größer ist ihre Kohärenzzeit t_k. Interferenzphänomene zwischen zwei Wellenzügen, die zueinander einen Laufzeitunterschied größer als die Kohärenzzeit aufweisen, können nicht mehr auftreten (siehe Kap. 7.3).

2 Übertragungsmedium

Um in der optischen Nachrichtentechnik Informationen in Form von modulierter Lichtleistung von einem Punkt zum anderen zu übertragen, kann das Licht durch die freie Atmosphäre oder durch ein lichtleitendes Medium gesendet werden. Bei der Übertragung durch die freie Atmosphäre sind besonders zwei Nachteile zu beachten: Durch Umwelteinflüsse, wie Regen, Schnee, Staub etc., können Störungen auf der Übertragungsstrecke auftreten; eine Übertragung ist nur zwischen Punkten möglich, zwischen denen Sichtverbindung besteht. Diese Nachteile vermeidet die optische Nachrichtentechnik mit geführten Wellen. Allerdings muß ein geeignetes wellenleitendes Medium gefunden werden, das Licht zwischen zwei möglichst weit entfernten Orten verlust- und störungsfrei bzw. -arm überträgt.

Neben diesen nachrichtentechnischen Anforderungen an das wellenleitende Medium müssen noch weitere Bedingungen erfüllt werden: Das Übertragungsmedium soll möglichst gut zu handhaben, robust und mechanisch stabil sein; es soll eine hohe Lebensdauer haben, einfach zu verlegen und möglichst billig sein.

Da die mathematische und physikalische Beschreibung der Eigenschaften von Lichtwellenleitern (LWL) zum Teil sehr kompliziert ist, soll - zum besseren Verständnis - zunächst mit einem sehr einfachen Wellenleiter begonnen werden, der als Modell dient und von dem aus bereits auf die wesentlichen Eigenschaften von LWL geschlossen werden kann.

2.1 Schichtwellenleiter

Zunächst muß eine möglichst verlustarme Wellenführung realisiert werden. Man vermutet, daß dies mit Hilfe gut reflektierender Spiegel möglich ist, zwischen denen die Welle zickzackförmig hin und her reflektiert und dadurch geführt wird. Setzt man einen Reflexionsgrad von ca. 99% an (das ist technologisch bereits sehr aufwendig), so sind von der ursprünglichen

2.1 Schichtwellenleiter

Lichtleistung nach 1000 Reflexionen nur noch 0,004% übrig. Dabei ist zu beachten, daß mit 1000 Reflexionen - sofern man die Abmessungen der lichtführenden Leitung (z.B. ein innen hochverspiegeltes Rohr) nicht unhandlich groß machen will - nur kleine Strecken zu überbrücken sind. Man benötigt daher eine 100%ige Reflexion: die Totalreflexion.

2.1.1 Aufbau

Das einfachste Modell für ein wellenleitendes Medium ist der Schichtwellenleiter, der aus drei verschiedenen, absorptionsarmen Medien besteht (siehe z.B. [2.1]). Der Aufbau ist in Bild 2.1 schematisch gezeigt. Der

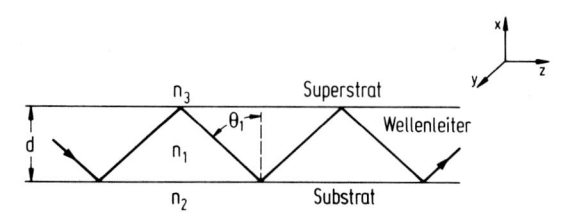

Bild 2.1
Schematischer Aufbau eines Schichtwellenleiters
mit Zick-Zack-Ausbreitung eines Lichtstrahles

Schichtwellenleiter besteht aus dem wellenleitenden Medium mit der Brechzahl n_1, aus dem Substrat mit der Brechzahl n_2 und dem Superstrat mit der Brechzahl n_3. Die Dicke des Wellenleiters sei d; die Medien 2 und 3 werden als unendlich ausgedehnt angenommen. Um eine Wellenführung durch Totalreflexion im Medium 1 ermöglichen zu können, muß gelten

$$n_1 > n_2, n_3 \quad .$$

Ohne Einschränkung der Allgemeingültigkeit wird im weiteren vorausgesetzt:

$$n_2 > n_3 \quad .$$

Entsprechend Bild 2.2 kann man bei diesem Schichtaufbau drei verschiedene Fälle unterscheiden, wobei der Winkel θ_1 des Lichtstrahles innerhalb des Mediums 1 betrachtet wird. Gilt

$$\theta_1 < \arcsin(n_2/n_1), \arcsin(n_3/n_1) \quad ,$$

so wird der Lichtstrahl sowohl in das Medium 2 als auch in das Medium 3 übergehen; es handelt sich um eine sich frei ausbreitende Welle, die an den beiden Grenzschichten gebrochen wird. Gilt

$$\arcsin(n_3/n_1) < \theta_1 < \arcsin(n_2/n_1) \quad,$$

so erfolgt Totalreflexion an der Grenzschicht 1/3, so daß die Welle hauptsächlich im Medium 2 verbleibt; man spricht von Substratwellen. Im dritten Fall soll gelten

$$\arcsin(n_3/n_1), \arcsin(n_2/n_1) < \theta_1 \quad.$$

Der Lichtstrahl wird sowohl an der Grenzfläche 1/3 als auch an der Grenzfläche 1/2 totalreflektiert und verbleibt im Medium 1. In diesem Fall liegt eine geführte Welle vor, wobei die Wellenleitung verlustfrei ist, falls man absorptionsfreie Medien und ideale Grenzflächen voraussetzt. Die Verwendung der Strahlenoptik dient hierbei nur der Anschauung; wegen der in der optischen Nachrichtentechnik verwendeten kleinen Wellenlängen von ca. 1 µm muß der Wellencharakter des Lichtes in Betracht gezogen werden, da auch die Abmessungen, d.h. hier die Wellenleiterdicke d, in der gleichen Größenordnung liegen können wie die Lichtwellenlänge.

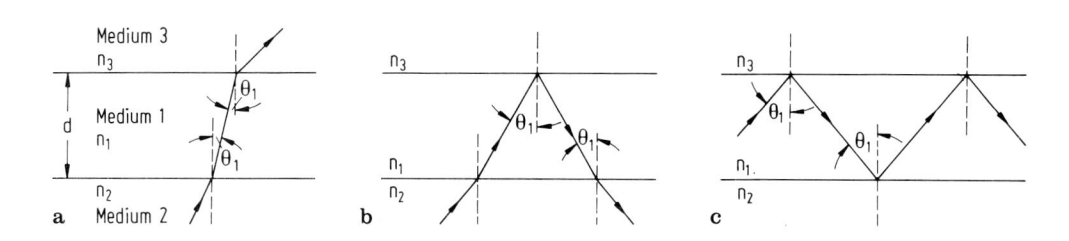

Bild 2.2
Möglichkeiten der Wellenausbreitung in einem dielektrischen Schichtwellenleiter; (a) frei ausbreitende Welle; (b) Substratwelle; (c) geführte Welle

So liefert auch das Bild einer zickzackförmigen Strahlausbreitung – wie im folgenden gezeigt werden wird – eine falsche Vorstellung von der Lichtausbreitung in einem Schichtwellenleiter. In Bild 2.3a ist nochmals das Zickzackmodell dargestellt, während in Bild 2.3b neben den Lichtstrahlen auch der Wellencharakter des Lichtes durch die Phasenfronten (z.B. $\overline{CF}$ oder $\overline{BD}$) einer ebenen Welle berücksichtigt wird.

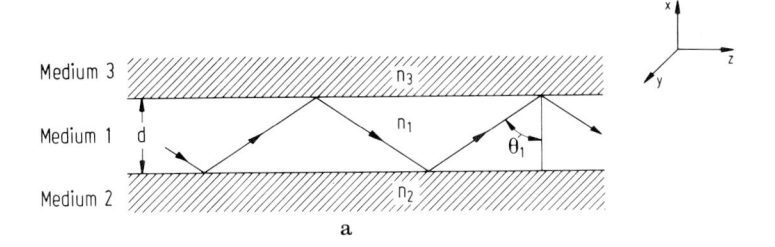

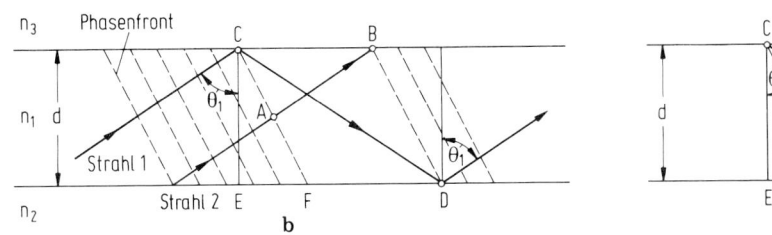

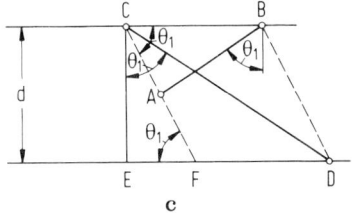

2.1 Schichtwellenleiter   55

Bild 2.3
Darstellung zur anschaulichen Ableitung der Eigenwertgleichung für einen Schichtwellenleiter; (a) Zick-Zack-Modell; (b) Berücksichtigung der Phasenfronten; (c) geometrische Zusammenhänge

2.1.2 Anschauliche Ableitung der Eigenwertgleichung

Die beiden Strahlen in Bild 2.3b (Strahl 1 und Strahl 2) gehören zu einer bestimmten Phasenfront, d.h. sie stehen senkrecht auf dieser Phasenfront. Beim Übergang der Phasenfront $\overline{CF}$ nach $\overline{BD}$ legen die beiden Strahlen 1 und 2 jeweils verschiedene Wege zurück. Andererseits haben beide Strahlen in den Punkten C bzw. A die gleiche Phasenlage; dies gilt ebenfalls für die Punkte B bzw. D. Daher muß beim Übergang der Strahlen von der Phasenfront $\overline{CF}$ nach $\overline{BD}$ zwischen den beiden Strahlen eine Phasendifferenz auftreten, die entweder Null oder ein ganzzahliges Vielfaches von 2π ist, da anderenfalls die Bedingung gleicher Phase nicht erfüllt wird.

Bei der Berechnung der Phasendifferenz müssen zwei Effekte beachtet werden: Beide Strahlen erleiden eine Phasendifferenz, die gegeben ist durch den Wegunterschied ($\overline{CD}-\overline{AB}$) der von ihnen zurückgelegten Strecken. Strahl 1 wird sowohl im Punkt C als auch im Punkt D totalreflektiert, so daß dort jeweils ein Phasensprung auftritt.

Zur Berechnung des Wegunterschiedes dient Bild 2.3c:

$$\overline{CD} = d/\cos\theta_1 \quad,$$

$$\overline{DE} = d\tan\theta_1 \quad,$$

$$\overline{EF} = d/\tan\theta_1 \quad,$$

$$\overline{BC} = \overline{DE} - \overline{EF} = d\tan\theta_1 - d/\tan\theta_1 \quad,$$

$$\overline{AB} = \overline{BC}\sin\theta_1 = d(\tan\theta_1 - 1/\tan\theta_1)\sin\theta_1 \quad,$$

$$\overline{CD} - \overline{AB} = d/\cos\theta_1 - d(\tan\theta_1 - 1/\tan\theta_1)\sin\theta_1 =$$

$$= d/\cos\theta_1 - d\sin^2\theta_1/\cos\theta_1 - d\cos\theta_1 =$$

$$= d(1 + \cos^2\theta_1 - \sin^2\theta_1)/\cos\theta_1 \quad,$$

$$\overline{CD} - \overline{AB} = 2d\sqrt{1 - \sin^2\theta_1} \quad. \tag{2-1}$$

Der Zusammenhang zwischen der geometrischen Wegdifferenz und der dabei auftretenden Phasendifferenz einer ebenen Welle ist mit (1-5) gegeben. Daraus erhält man mit (2-1) die durch den geometrischen Wegunterschied bedingte Phasendifferenz δ zu

$$\delta = \frac{2\pi n_1}{\lambda_0}\Delta_{Ph} = \frac{2\pi n_1}{\lambda_0} 2d\sqrt{1 - \sin^2\theta_1} \quad. \tag{2-2}$$

Bei der Berechnung des durch die Totalreflexion in den Punkten C und D für den Strahl 1 bedingten Phasensprunges muß gemäß (1-76) bzw. (1-77) unterschieden werden, ob der Vektor der elektrischen Feldstärke parallel (dann gilt (1-76)) oder aber senkrecht (dann gilt (1-77)) zur Einfallsebene steht (d.h. polarisiert ist). Da die durch Totalreflexion bedingte

2.1 Schichtwellenleiter

Phasendifferenz für die senkrecht zur Einfallsebene polarisierte Welle mathematisch etwas einfacher auszudrücken ist (siehe (1-77)), wird dieser spezielle Fall für die weitere Rechnung verwendet.

Die Grundformel für eine ausbreitungsfähige Welle lautet – nach dem Vorhergesagten –

$$\delta + \phi_{12} + \phi_{13} = 2\mu\pi \quad \text{mit} \quad \mu = 0, 1, 2, \ldots \quad , \tag{2-3}$$

dabei ist δ durch (2-2) gegeben, während ϕ_{12} und ϕ_{13} die durch Totalreflexion bedingten Phasensprünge am Punkt C (also bei der Totalreflexion zwischen den Medien 1 und 2) bzw. Punkt D (Totalreflexion zwischen den Medien 1 und 3) sind. Unter Verwendung von (2-2) erhält man mit (1-77) für die senkrecht polarisierte Welle

$$2dk_0\sqrt{n_1^2 - n_2^2\sin^2\theta_1} - 2\arctan\frac{\sqrt{\sin^2\theta_1 - (n_2/n_1)^2}}{\cos\theta_1} -$$

$$- 2\arctan\frac{\sqrt{\sin^2\theta_1 - (n_3/n_1)^2}}{\cos\theta_1} = 2\mu\pi \quad . \tag{2-4}$$

Um (2-4) zu vereinfachen, wird die Phasenausbreitungskonstante β der Welle in z-Richtung eingeführt. Während k_1 die Phasenausbreitungskonstante des Lichtstrahles in Strahlrichtung ist, stellt β die Phasenausbreitungskonstante in Richtung der Wellenausbreitung dar und hängt mit k_1 zusammen über (siehe Bild 2.4)

$$\beta = k_1 \sin\theta_1 = k_0 n_1 \sin\theta_1 \quad . \tag{2-5}$$

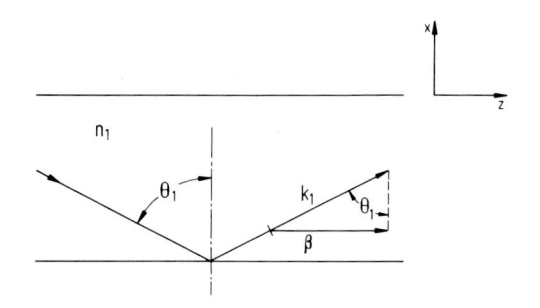

Bild 2.4
Zusammenhang zwischen Zick-Zack-Winkel θ_1 und den Phasenausbreitungskonstanten k_1 und β

Eine weitere Größe, die sog. effektive Brechzahl n_{eff}, ist gegeben durch

$$n_{eff} = \beta/k_0 = n_1 \sin\theta_1 \quad . \qquad (2\text{-}6)$$

Mit (2-6) läßt sich (2-4) ausdrücken durch

$$dk_0\sqrt{n_1^2 - n_{eff}^2} - \arctan\left(\frac{n_{eff}^2 - n_2^2}{n_1^2 - n_{eff}^2}\right)^{1/2} -$$

$$- \arctan\left(\frac{n_{eff}^2 - n_3^2}{n_1^2 - n_{eff}^2}\right)^{1/2} = \mu\pi \quad . \qquad (2\text{-}7)$$

Zur weiteren Vereinfachung dienen folgende Abkürzungen:

$$\gamma = \sqrt{n_1^2 - n_{eff}^2} \quad , \qquad (2\text{-}8)$$

$$\sigma = \sqrt{n_{eff}^2 - n_2^2} \quad , \qquad (2\text{-}9)$$

$$\alpha = \sqrt{n_{eff}^2 - n_3^2} \quad . \qquad (2\text{-}10)$$

Für die Ausbreitung einer senkrecht zur Einfallsebene polarisierten Welle muß die Bedingung ((2-8) bis (2-10) in (2-7) eingesetzt)

$$dk_0\gamma - \arctan(\sigma/\gamma) - \arctan(\alpha/\gamma) = \mu\pi \quad \text{mit} \quad \mu = 0, 1, 2, \ldots \qquad (2\text{-}11)$$

erfüllt sein. (2-11) ist als Eigenwertgleichung für den Schichtwellenleiter bekannt. Es lassen sich daraus entweder n_{eff} oder die Phasenausbreitungskonstante ß in z-Richtung der Welle berechnen. (2-11) ist eine transzendente Gleichung und läßt sich analytisch nicht lösen. Man muß daher zu einem numerischen oder einem graphischen Lösungsverfahren greifen.

Wählt man als Beispiel folgende typischen Parameter

$n_1 = 1{,}515$ (Glas), $\qquad d = 5\ \mu m$,

2.1 Schichtwellenleiter

$n_2 = 1{,}465$ (Quarzglas), $\lambda_0 = 0{,}85\ \mu m$ ((AlGa)As-Halbleiterlaser),
$n_3 = 1$ (Luft),

so können die beiden Funktionen

$$f_1 = \mu\pi + \arctan(\sigma/\gamma) + \arctan(\alpha/\gamma)\ ,$$

$$f_2 = d k_0 \gamma$$

in Abhängigkeit von n_{eff} (siehe (2-8) bis (2-10)) graphisch dargestellt werden (Bild 2.5). Schnittpunkte zwischen f_1 und f_2 ergeben die Lösungen für (2-11).

Bild 2.5 zeigt, daß bei diesem Beispiel fünf verschiedene Wellentypen (nur senkrechte Polarisation ist berücksichtigt) ausbreitungsfähig sind. Für die Ordnungszahl $\mu = 0$ erhält man die Welle mit der höchsten effektiven Brechzahl, also auch mit der höchsten Phasenausbreitungskonstante ß. Diese Welle wird Grundwelle oder auch Grundmodus genannt. Ebene, ausbreitungsfähige Wellen eines Schichtwellenleiters, die senkrecht zur Einfallsebene polarisiert sind, werden als TE_μ-Wellen bezeichnet, wobei TE für transversal-elektrisch steht (immer ungebräuchlicher wird die deutsche Bezeichnung H-Welle). Beachtet man (1-47a), so ist allein die y-Komponente des Vektors der elektrischen Feldstärke ungleich Null, d.h. es gibt nur den zur Ausbreitungsrichtung transversalen elektrischen Feldvektor.

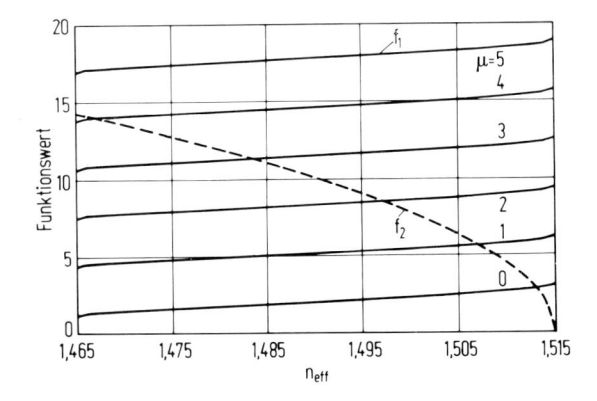

Bild 2.5
Graphische Lösung der Eigenwertgleichung (2-11) für den dielektrischen Schichtwellenleiter für TE_μ-Wellen; Schnittpunkte zwischen f_1 und f_2 sind Lösungen von (2-11)

Entsprechend (1-47a) und (1-49a) hat eine transversal-elektrische Welle die Feldkomponenten

$$E_y, H_x, H_z.$$

Ist eine ebene Welle parallel zur Einfallsebene polarisiert, erhält man eine <u>t</u>ransversal-<u>m</u>agnetische Welle oder TM_μ-Welle (alte deutsche Bezeichnung: E-Welle). Sie hat die Feldvektorkomponenten

$$E_x, E_z, H_y.$$

Damit (2-11) auch für TM-Wellen gültig ist, ist für die Herleitung der Eigenwertgleichung statt (1-77) nun (1-76) zu berücksichtigen. Durch Einführen einer neuen Größe q_i läßt sich (2-11) verallgemeinern, und man erhält

$$dk_0\gamma - \arctan(q_2\sigma/\gamma) - \arctan(q_3\alpha/\gamma) = \mu\pi \qquad (2\text{-}12)$$

mit

$$q_i = \begin{cases} 1 & \text{für TE-Wellen} \\ (n_1/n_i)^2 & \text{für TM-Wellen} \end{cases} \quad \text{mit } i = 2, 3.$$

2.1.3 Mathematische Ableitung der Eigenwertgleichung

Neben dieser anschaulichen Herleitung der Eigenwertgleichung läßt sich (2-12) exakt aus der Wellengleichung (1-35) ableiten (siehe z.B. [2.2]). Dabei geht man von einer ebenen, in z-Richtung sich mit der Phasenausbreitungskonstante ß bewegenden Welle aus. Die Zeit- und Ortsabhängigkeit des elektrischen Feldes lassen sich in Analogie zu (1-11) darstellen durch

$$\mathbf{E} = \mathbf{A}\, \exp[j(\omega t - \beta z)] \; . \qquad (2\text{-}13)$$

Entsprechend der Wahl des Koordinatensystems in Bild 2.1 ist der Schichtwellenleiter in y-Richtung unendlich ausgedehnt, so daß das Feld in dieser Koordinate keine Änderung erfährt und $\partial/\partial y = 0$ gilt.

Die Wellengleichung für den Schichtwellenleiter ergibt sich aus (1-35), wenn die Komponentendarstellung gewählt wird. Unter Verwendung von (1-32)

2.1 Schichtwellenleiter

und (1-36) berechnet sich die y-Komponente zu (betrachtet man die TE-Welle, so ist nur die E_y-Komponente vorhanden)

$$\frac{\partial^2 E_y}{\partial x^2} + \frac{\partial^2 E_y}{\partial z^2} - \frac{(k_0 n_i)^2}{\omega^2} \frac{\partial^2 E_y}{\partial t^2} = 0 \quad \text{mit} \quad i = 1, 2, 3 \quad . \tag{2-14}$$

Die Wellengleichung muß für alle drei Medien erfüllt sein, daher wird für diese allgemeine Darstellung n_i verwendet, wobei i das jeweilige Medium bezeichnet.

Berücksichtigt man die z- und t-Abhängigkeit von E_y nach (2-13), so geht (2-14) über in

$$\frac{\partial^2 E_y}{\partial x^2} + [(n_i k_0)^2 - \beta^2] E_y = 0 \quad \text{mit} \quad i = 1, 2, 3 \quad . \tag{2-15}$$

Für das Medium 1 wählt man eine Lösung in der Form (γ zunächst beliebig)

$$E_y = A \cos(k_0 \gamma x) + B \sin(k_0 \gamma x) \quad \text{für} \quad 0 \geq x \geq -d \quad .$$

In (2-15) eingesetzt folgt daraus

$$-k_0^2 \gamma^2 E_y + [(n_1 k_0)^2 - \beta^2] E_y = 0 \quad .$$

Der gewählte Ansatz erfüllt die Wellengleichung; außerdem ist γ mit der in (2-8) gewählten Abkürzung identisch.

Für Medium 2 muß ein mit x abfallendes Feld erwartet werden. Man setzt daher als Lösung an:

$$E_y = F \exp(\sigma k_0 x) \quad \text{für} \quad -d \geq x \quad .$$

In (2-15) eingesetzt ergibt sich

$$k_0^2 \sigma^2 E_y + [(n_2 k_0)^2 - \beta^2] E_y = 0 \quad ,$$

wobei σ sich mit (2-9) identisch erweist.

Für das Medium 3 macht man einen entsprechenden Ansatz:

$$E_y = G \exp(-\alpha k_0 x) \quad .$$

In (2-15) eingesetzt folgt

$$k_0^2 \alpha^2 E_y + [(n_3 k_0)^2 - \beta^2] E_y = 0 \quad,$$

wobei α gleich ist der Definition nach (2-10).

Wegen der Stetigkeitsbedingung der Tangentialkomponente E_y an der Stelle $x = 0$ gilt

$$G = A \quad.$$

Aus der Stetigkeit für $E_y(-d)$ erhält man

$$A \cos(-k_0 \gamma d) + B \sin(-k_0 \gamma d) = F \exp(-\sigma k_0 d) \quad,$$

$$F = [A \cos(k_0 \gamma d) - B \sin(k_0 \gamma d)] \exp(\sigma k_0 d) \quad.$$

Die Lösungen für die E_y-Komponente einer TE-Welle lauten für alle drei Medien des Schichtwellenleiters

$$E_y = A \exp(-\alpha k_0 x) \qquad \text{für } 0 \leq x \quad,$$

$$E_y = A \cos(k_0 \gamma x) + B \sin(k_0 \gamma x) \qquad \text{für } -d \leq x \leq 0 \quad, \qquad (2\text{-}16)$$

$$E_y = [A \cos(k_0 \gamma x) - B \sin(k_0 \gamma x)] \exp\{\alpha k_0 (x + d)\} \qquad \text{für } x \leq -d \quad.$$

Aus den Gleichungen (2-16) läßt sich die tangentiale Komponente H_z der magnetischen Feldstärke H aus der z-Komponentendarstellung von (1-21) (siehe auch (1-29c)) bestimmen, die gegeben ist durch

$$\frac{\partial E_y}{\partial x} = -j \omega \mu_0 H_z \qquad (2\text{-}17)$$

($\partial/\partial y) = 0$ beachten!). Dies ergibt

$$H_z = \frac{-j \alpha k_0}{\omega \mu_0} A \exp(-\alpha k_0 x) \qquad \text{für } 0 \leq x \quad,$$

2.1 Schichtwellenleiter

$$H_z = \frac{-j\gamma k_0}{\omega\mu_0} [A \sin(k_0\gamma x) - B \cos(k_0\gamma x)] \quad \text{für} \quad -d \leq x \leq 0 \quad,$$

$$H_z = \frac{j\sigma k_0}{\omega\mu_0} [A \cos(k_0\gamma d) - B \sin(k_0\gamma d)] \exp\{\sigma k_0 (x + d)\} \quad \text{für} \quad x \leq -d \quad.$$

Da auch H_z eine Tangentialkomponente ist und an den Grenzflächen stetig sein muß, folgt für $x = 0$

$$\frac{j\gamma k_0}{\omega\mu_0} B = \frac{-j\alpha k_0}{\omega\mu_0} A \quad,$$

$$B/A = -\alpha/\gamma \quad. \tag{2-18}$$

Für $x = -d$ erhält man

$$\frac{j\sigma k_0}{\omega\mu_0} [A \cos(k_0\gamma d) - B \sin(k_0\gamma d)] =$$

$$= \frac{-j\gamma k_0}{\omega\mu_0} [A \sin(-k_0\gamma d) - B \cos(k_0\gamma d)] \quad,$$

$$A[\sigma \cos(k_0\gamma d) - \gamma \sin(k_0\gamma d)] - B[\sigma \sin(k_0\gamma d) + \cos(k_0\gamma d)] = 0 \quad. \tag{2-19}$$

Teilt man (2-19) durch $A \cos(k_0\gamma d)$ und berücksichtigt (2-18), so folgt

$$[\sigma - \gamma \tan(k_0\gamma d)] + \alpha[\sigma \tan(k_0\gamma d) + \gamma]/\gamma = 0 \quad,$$

$$\sigma\gamma - \gamma^2 \tan(k_0\gamma d) + \alpha\sigma \tan(k_0\gamma d) + \alpha\gamma = 0 \quad,$$

$$\tan(k_0\gamma d) = \frac{\gamma(\alpha + \sigma)}{\gamma^2 - \sigma\alpha} \quad,$$

$$(k_0\gamma d) = \arctan \frac{\gamma(\alpha + \sigma)}{\gamma^2 - \sigma\alpha} \quad,$$

$$\arctan \frac{\alpha/\gamma + \sigma/\gamma}{1 - \sigma\alpha/\gamma^2} = \arctan(\alpha/\gamma) + \arctan(\sigma/\gamma) + \mu\pi \quad,$$

$$k_0 \gamma d - \arctan(\sigma/\gamma) - \arctan(\alpha/\gamma) = \mu \pi \quad . \tag{2-20}$$

Bei der Umformung des arctan wurde das Glied $\mu\pi$ addiert, um die Periodizität des arctan zu berücksichtigen.

(2-20) ist mit (2-11) identisch, so daß sich die zunächst anschauliche Ableitung der Wellengleichung für den Schichtwellenleiter als richtig erwiesen hat.

Verwendet man für diese Ableitung statt der E_y-Komponente die H_y-Komponente, wie sie aus (1-37) abzuleiten ist, in (2-14), so erhält man die Lösung für die TM-Welle.

2.1.4 Feldverteilung

Da durch die Formeln (2-16) bereits die Ausdrücke für die Feldamplituden der elektrischen Feldstärke in einem Schichtwellenleiter für die TE-Welle gegeben sind, soll mit den Parametern aus Abschnitt 2.1.2 ein Beispiel berechnet werden. Die normierten Ausbreitungskonstanten β/k_0 ergeben sich zu

μ	Mode	$\beta/k_0 = n_{eff}$	θ_1
0	TE_0	1.51301	87,1°
1	TE_1	1.50704	84,1°
2	TE_2	1.49713	81,2°
3	TE_3	1.48344	78,3°
4	TE_4	1.46693	75,5°

Um den Zusammenhang zwischen Wellen- und Strahlenoptik herzustellen, ist auch der Zickzackwinkel θ_1 angegeben, der aus (2-6) berechnet ist.

Die Größen A und B in (2-16) sind nicht unabhängig, sondern durch (2-18) miteinander verknüpft, so daß nur eine Größe frei wählbar ist. Normiert man die Amplitude, so ergeben sich die in Bild 2.6 gezeigten Feldverteilungen für TE-Moden verschiedener Ordnung μ. Danach gibt die Modenordnungszahl μ die Anzahl der Feldnullstellen bzw. $\mu+1$ die Anzahl der Feldextrema an.

2.1 Schichtwellenleiter

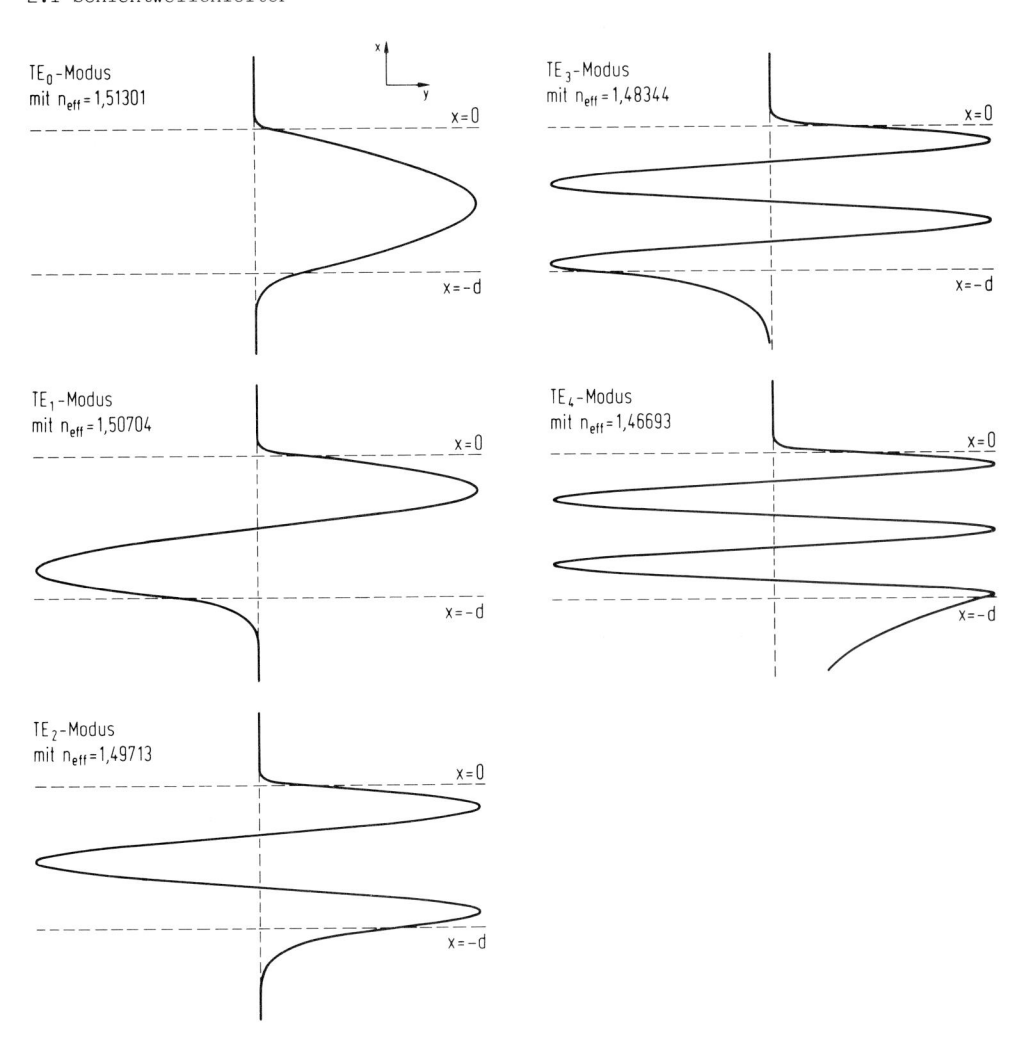

TE$_0$-Modus
mit n$_{eff}$=1,51301

TE$_3$-Modus
mit n$_{eff}$=1,48344

TE$_1$-Modus
mit n$_{eff}$=1,50704

TE$_4$-Modus
mit n$_{eff}$=1,46693

TE$_2$-Modus
mit n$_{eff}$=1,49713

Bild 2.6
Verteilung der Feldstärkekomponente E$_y$ in einem Schichtwellenleiter für verschiedene TE-Moden der Ordnung μ

2.1.5 Spezielle Eigenschaften

Löst man (2-12) nach der Schichtdicke d auf, so ergibt sich

$$d = [\arctan(q_2\sigma/\gamma) + \arctan(q_3\alpha/\gamma) + \mu\pi]/(k_0\gamma) \; .$$

Damit (2-8) bis (2-10) reell bleiben, muß die Ungleichung gelten

$$n_1 \geqq n_{eff} \geqq n_2, n_3 \; .$$

Daher kann die effektive Brechzahl n_{eff}, die in γ, σ, α enthalten ist, nicht kleiner werden als n_2 bzw. n_3. Ohne Verletzung der Allgemeingültigkeit ist wiederum $n_3 < n_2$ angenommen. Damit ist für eine ausbreitungsfähige Welle die kleinstmögliche effektive Brechzahl $n_{eff} = n_2$. Ersetzt man n_{eff} durch n_2, so erhält man eine minimale Schichtdicke d_{min}, die gegeben ist durch

$$d_{min} = \frac{\arctan[q_3 \sqrt{(n_2^2 - n_3^2)/(n_1^2 - n_2^2)}] + \mu\pi}{k_0 \sqrt{n_1^2 - n_2^2}} \quad . \tag{2-21a}$$

Nach (2-21a) gibt es für jeden Modus – auch den Grundmodus ($\mu = 0$) – eine minimale Schichtdicke d_{min}, die der Schichtwellenleiter aufweisen muß, damit dieser Modus ausbreitungsfähig ist. Diese minimale Schichtdicke wird cutoff-Dicke des Wellenleiters, bezogen auf einen speziellen Modentyp, genannt. Gemäß (2-21a) gibt es eine Ausnahme: Gilt $n_2 = n_3$ und $\mu = 0$, so wird $d_{min} = 0$. Ein solcher Wellenleiter, bei dem das Substrat und das Superstrat (Medien 2 und 3) aus dem gleichen Material bestehen, heißt symmetrischer Wellenleiter (sonst spricht man von einem asymmetrischen Wellenleiter). Der Grundmodus (TE_0 bzw. TM_0) ist unabhängig von der Schichtdicke bei einem symmetrischen Wellenleiter immer ausbreitungsfähig.

In ähnlicher Weise kann (2-12) nach der Wellenlänge λ_0, die in k_0 enthalten ist, aufgelöst werden:

$$\lambda_{0,max} = \frac{2\pi d \sqrt{n_1^2 - n_2^2}}{\mu\pi + \arctan[q_3 \sqrt{(n_2^2 - n_3^2)/(n_1^2 - n_2^2)}]} \quad . \tag{2-21b}$$

(2-21b) besagt – analog zu (2-21a) –, daß es für einen gegebenen Wellenleiter eine maximale Lichtwellenlänge $\lambda_{0,max}$ gibt, bei der eine Welle der Ordnung μ noch ausbreitungsfähig ist. $\lambda_{0,max}$ wird cutoff-Wellenlänge genannt. Auch hier bildet der symmetrische Wellenleiter eine Ausnahme: Für den Grundmodus existiert <u>keine</u> cutoff-Wellenlänge.

2.1.6 Zusammenfassung

Aus den vorangegangenen Abschnitten lassen sich zum Thema Schichtwellenleiter folgende Schlußfolgerungen ziehen:

a) Es gibt <u>nicht</u> beliebige, ausbreitungsfähige Wellen in einem Schichtwellenleiter. Es sind nur ganz bestimmte Wellentypen (= Moden) ausbreitungsfähig, deren Phasenausbreitungskonstanten ß die Eigenwertgleichung (2-12) erfüllen.

b) Die Anzahl der ausbreitungsfähigen Wellentypen ist begrenzt.

c) Es lassen sich aus (2-7) folgende zwei Ungleichungen ableiten, die im Falle einer ausbreitungsfähigen Welle erfüllt sein müssen:

$$n_1 \geq n_{eff} \geq n_2, n_3 ,$$
$$k_1 \geq \beta \geq k_2, k_3 .$$
(2-22)

d) Man unterscheidet hinsichtlich der Polarisation zwei verschiedene Wellentypen: die TE-Welle (transversal-elektrisch) und die TM-Welle (transversal-magnetisch); die TE-Welle besitzt die Komponenten E_y, H_x, H_z, die TM-Welle die Komponenten H_y, E_x, E_z.

e) Die Modenzahl µ gibt die Ordnung des Wellentyps an; µ = 0 bezeichnet den Grundmodus. Der Grundmodus weist die höchste Phasenausbreitungskonstante ß aller ausbreitungsfähigen Moden auf; dies entspricht dem größten Zickzackwinkel θ_1 (gemessen zur Normalen, siehe Bild 2.1).

f) Auch in den angrenzenden Medien 2 und 3 ist Wellenenergie vorhanden; die Welle dringt umso stärker in das benachbarte Medium ein, je kleiner der Brechzahlunterschied ist bzw. wenn die Wellenlänge bei gleichbleibender Brechzahldifferenz erhöht wird (siehe Bild 2.6).

g) Für jeden Modus gibt es eine minimale cutoff-Dicke d_{min}, die für die Ausbreitungsfähigkeit notwendig ist (Ausnahme: Grundmodus bei symmetrischem Wellenleiter).

h) Für jeden Modus gibt es eine maximale cutoff-Wellenlänge $\lambda_{0,max}$, die für die Ausbreitungsfähigkeit nicht überschritten werden darf (Ausnahme wiederum symmetrischer Wellenleiter).

2.2 Stufenprofil-Lichtwellenleiter

Der in Kap. 2.1 behandelte Schichtwellenleiter erfüllt nicht die gestellten Anforderungen, da er in y-Richtung unendlich ausgedehnt ist und die Welle in y-Richtung nicht führen kann. Man spricht daher von einer eindimensionalen Wellenleitung.

Um auch in y-Richtung eine Wellenleitung zu erreichen, könnte man zu einem rechteckförmigen, d.h. auch in y-Richtung begrenzten, wellenleitenden Gebiet übergehen. Technologisch wesentlich einfacher ist jedoch die Herstellung eines zylindersymmetrischen Wellenleiters.

Ein solcher, in Bild 2.7 gezeigter zylindersymmetrischer Wellenleiter wird Stufenprofil-Lichtwellenleiter (LWL) genannt. Er besteht aus dem wellenleitenden Kerngebiet mit dem Radius a und der konstanten Brechzahl n_1.

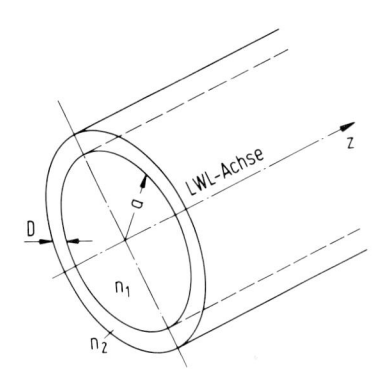

Bild 2.7
Schematische Darstellung eines zylindersymmetrischen Lichtwellenleiters (LWL)

Darum angeordnet ist das Mantelgebiet der Dicke D mit der konstanten Brechzahl n_2. Wegen des abrupten Überganges von der Kernbrechzahl zur Mantelbrechzahl spricht man von einem Stufenprofil. Damit innerhalb des wellenleitenden Kerns Totalreflexion auftreten kann, muß die Ungleichung erfüllt sein. Der Gesamtradius des LWL beträgt R = a+D. Um diese neue wellenleitende Struktur berechnen zu können, müssen einige mathematische Voraussetzungen geschaffen werden [2.3, 2.4]. Die für diesen Wellenleiter grundlegenden Theorien wurden bereits erarbeitet, als eine praktische Anwendung gar nicht denkbar war [2.5-2.7]. Zusammenfassende Arbeiten sind [2.8-2.10].

2.2 Stufenprofil-Lichtwellenleiter

2.2.1 Übergang auf Zylinderkoordinaten

Um das Problem der Wellenausbreitung in einem runden dielektrischen Wellenleiter beschreiben zu können, benutzt man Zylinderkoordinaten. Die rechtwinkligen Koordinaten x, y, z (Bild 2.8) können ausgedrückt werden durch die Zylinderkoordinaten r, ϕ, z:

$$\begin{aligned} x &= r \cos \phi \ , \\ y &= r \sin \phi \ , \\ z &= z \ . \end{aligned} \qquad (2-23)$$

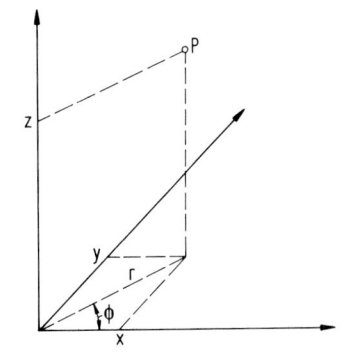

Bild 2.8
Kartesische Koordinaten und Zylinderkoordinaten

Ein in rechtwinkligen Koordinaten gegebener Vektor $\mathbf{F} = (F_x, F_y, F_z)$ geht dabei über in den Vektor $\mathbf{F} = (F_r, F_\phi, F_z)$. Diese Transformation läßt sich in Matrixschreibweise darstellen durch

$$\begin{pmatrix} \cos \phi & \sin \phi \\ -\sin \phi & \cos \phi \end{pmatrix} \begin{pmatrix} F_x \\ F_y \end{pmatrix} = \begin{pmatrix} F_r \\ F_\phi \end{pmatrix} \ . \qquad (2-24)$$

Formel (2-24) läßt sich aus Bild 2.9 sofort entnehmen.
Die Ableitung einer Funktion f(x,y) nach den Koordinaten r und ϕ erhält man aus

$$\begin{aligned} \frac{df}{dr} &= \frac{df}{dx}\frac{dx}{dr} + \frac{df}{dy}\frac{dy}{dr} = \frac{df}{dx} \cos \phi + \frac{df}{dy} \sin \phi \ , \\ \frac{df}{d\phi} &= \frac{df}{dx}\frac{dx}{d\phi} + \frac{df}{dy}\frac{dy}{d\phi} = -r \frac{df}{dx} \sin \phi + r \frac{df}{dy} \cos \phi \ . \end{aligned} \qquad (2-25)$$

Bild 2.9

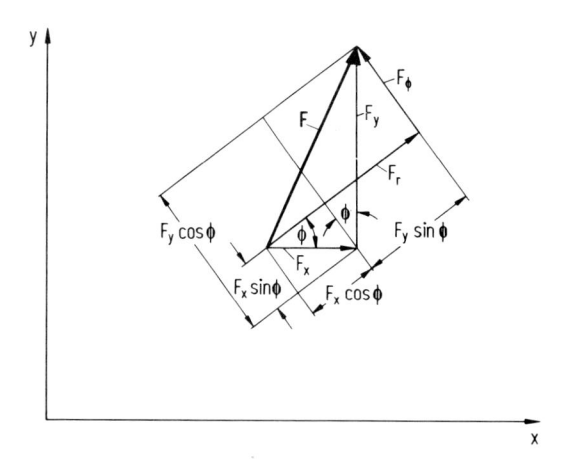

Zusammenhang zwischen den Komponenten des Vektors **F** in kartesischen Koordinaten (F_x, F_y) und in Zylinderkoordinaten (F_r, F_ϕ)

Der skalare Laplace-Operator Δ, wie er für die Komponentendarstellung der allgemeinen Wellengleichung (1-38) benötigt wird (siehe auch (1-32b)), nimmt in Zylinderkoordinaten folgende Form an (siehe Tabelle 0.1):

$$\Delta = \frac{\partial^2}{\partial r^2} + \frac{1}{r^2}\frac{\partial^2}{\partial \phi^2} + \frac{1}{r}\frac{\partial}{\partial r} + \frac{\partial^2}{\partial z^2} \quad . \tag{2-26}$$

Im folgenden werden alle Materialkonstanten des LWL-Kerns mit 1 indiziert; der Index 2 steht für das Mantelgebiet.

Faßt man (1-28a) und (1-29b) zusammen und eliminiert dadurch H_y, so kann man daraus E_x berechnen zu

$$E_x = \frac{-j}{(\gamma k_0)^2} (\beta \frac{\partial E_z}{\partial x} + \omega\mu_0 \frac{\partial H_z}{\partial y}) \tag{2-27}$$

mit der bereits definierten Abkürzung

$$\gamma = \sqrt{n_1^2 - (\beta/k_0)^2} \quad . \tag{2-28}$$

2.2 Stufenprofil-Lichtwellenleiter

Eliminiert man dagegen aus (1-28a) und (1-29b) E_x und löst nach H_y auf, so bekommt man

$$H_y = \frac{-j}{(\gamma k_0)^2} \left(\beta \frac{\partial H_z}{\partial y} + \omega n_1^2 \varepsilon_0 \frac{\partial E_z}{\partial x} \right) \ . \tag{2-29}$$

Auf ähnliche Weise erhält man aus (1-28b) und (1-29a) die beiden Beziehungen

$$E_y = \frac{-j}{(\gamma k_0)^2} \left(\beta \frac{\partial E_z}{\partial y} + \omega \mu_0 \frac{\partial H_z}{\partial x} \right) \ , \tag{2-30}$$

$$H_x = \frac{-j}{(\gamma k_0)^2} \left(\beta \frac{\partial H_z}{\partial x} - \omega n_1^2 \varepsilon_0 \frac{\partial E_z}{\partial y} \right) \ . \tag{2-31}$$

Nach (2-24) erhält man nach Übergang zu Zylinderkoordinaten

$$E_r = \frac{-j}{(\gamma k_0)^2} \left[\left(\beta \frac{\partial E_z}{\partial x} + \omega \mu_0 \frac{\partial H_z}{\partial y} \right) \cos \phi + \left(\beta \frac{\partial E_z}{\partial y} - \omega \mu_0 \frac{\partial H_z}{\partial x} \right) \sin \phi \right] \ ,$$

$$E_r = \frac{-j}{(\gamma k_0)^2} \left[\beta \left(\frac{\partial E_z}{\partial x} \cos \phi + \frac{\partial E_z}{\partial y} \sin \phi \right) + \omega \mu_0 \left(\frac{\partial H_z}{\partial y} \cos \phi - \frac{\partial H_z}{\partial x} \sin \phi \right) \right] \ .$$

Mit (2-25) ist dies

$$E_r = \frac{-j}{(\gamma k_0)^2} \left(\beta \frac{\partial E_z}{\partial r} + \frac{\omega \mu_0}{r} \frac{\partial H_z}{\partial \phi} \right) \ . \tag{2-32a}$$

Auf gleiche Art folgen die weiteren Komponenten

$$E_\phi = \frac{-j}{(\gamma k_0)^2} \left(\beta \frac{1}{r} \frac{\partial E_z}{\partial \phi} - \omega \mu_0 \frac{\partial H_z}{\partial r} \right) \ , \tag{2-32b}$$

$$H_r = \frac{-j}{(\gamma k_0)^2} \left(\beta \frac{\partial H_z}{\partial r} - \omega n_1^2 \varepsilon_0 \frac{1}{r} \frac{\partial E_z}{\partial \varphi} \right) \ , \tag{2-32c}$$

$$H_\phi = \frac{-j}{(\gamma k_0)^2} (\beta \frac{1}{r} \frac{\partial H_z}{\partial \phi} + \omega n_1^2 \epsilon_0 \frac{\partial E_z}{\partial r}) \quad . \tag{2-32d}$$

Nach (2-32) hängen alle Komponenten nur von E_z und H_z und deren Ableitungen ab, so daß nur diese beiden Komponenten zu berechnen sind.

2.2.2 Lösung der Wellengleichung für E_z und H_z

Zunächst soll eine Lösung für den Innenraum - also den Kern mit Brechzahl n_1 - gefunden werden. Die beiden Komponenten E_z und H_z müssen die Wellengleichung (1-35) erfüllen; sie lautet für den Innenraum mit (2-26) in Zylinderkoordinaten für die Komponente E_z

$$\frac{\partial^2 E_z}{\partial r^2} + \frac{1}{r} \frac{\partial E_z}{\partial r} + \frac{1}{r^2} \frac{\partial^2 E_z}{\partial \phi^2} + \frac{\partial^2 E_z}{\partial z^2} - \frac{n_1^2}{c_0^2} \frac{\partial^2 E_z}{\partial t^2} = 0 \quad . \tag{2-33}$$

Unter Berücksichtigung der Zeit- und Ortsabhängigkeit (2-13) einer ebenen Welle in z-Richtung folgt

$$\frac{\partial^2 E_z}{\partial r^2} + \frac{1}{r} \frac{\partial E_z}{\partial r} + \frac{1}{r^2} \frac{\partial^2 E_z}{\partial \phi^2} + (\gamma k_0)^2 E_z = 0 \quad . \tag{2-34}$$

In (2-34) kann statt E_z auch H_z eingesetzt werden.

Das elektrische Feld setze sich aus einer beliebigen koordinatenunabhängigen konstanten Größe A, multipliziert mit einer noch unbekannten Funktion F(r), zusammen. Für das magnetische Feld wählt man statt A die konstante Größe B; die azimutale Feldabhängigkeit wird durch eine Exponentialfunktion beschrieben:

$$E_z = A\, F(r) \exp(j\nu\phi) \quad , $$
$$\text{mit } r \leq a \tag{2-35}$$
$$H_z = B\, F(r) \exp(j\nu\phi) \quad .$$

Durchläuft ϕ alle möglichen Werte von Null bis 2π, so müssen für eine geschlossene Lösung die Werte von E_z an der Stelle $\phi = 0$ und an der Stelle

2.2 Stufenprofil-Lichtwellenleiter

$\phi = 2\pi$ gleich sein, d.h.

$$e^0 = e^{j\nu 2\pi} = 1 \quad .$$

Dies ist nur dann der Fall, wenn ν ganzzahlig ist [2.8].

Auch ein Ansatz mit der azimutalen Abhängigkeit in Form von

$$E_z(\phi) \sim \exp(-j\nu\phi) \qquad (2-36)$$

führt zum gleichen Ergebnis wie der entsprechende Ansatz mit (2-35). Durch diese unterschiedliche Felddarstellung werden zwei unabhängige, orthogonale Wellentypen beschrieben. Folgt man der reellen Schreibweise nach (1-6), so unterscheiden sich die beiden mit (2-35) und (2-36) gegebenen Wellen dadurch, daß die azimutale Abhängigkeit in einem Falle einer Cosinusfunktion (2-35) folgt, im anderen einer Sinusfunktion (2-36). Ausgeschrieben gehen in der reellen Schreibweise (2-35) und (2-36) über in

$$E_z = \text{Re}\{A\} \, F(r) \, \cos(\nu\phi) \quad ,$$
$$E_z = \text{Re}\{A\} \, F(r) \, \sin(\nu\phi) \quad . \qquad (2-37)$$

Im weiteren wird der Ansatz (2-35) verwendet. Es ist jedoch immer zu beachten, daß auch die zum betrachteten Wellentyp orthogonalen Moden ausbreitungsfähig sind.

(2-35) in (2-34) eingesetzt führt auf

$$r^2 \frac{\partial^2 F(r)}{\partial r^2} + r \frac{\partial F(r)}{\partial r} + [(\gamma k_0 r)^2 - \nu^2] F(r) = 0 \quad . \qquad (2-38)$$

Diese Gleichung ist als Besselsche Differentialgleichung der Ordnung ν mit dem Parameter $(\gamma k_0 r)$ [2.11] bekannt, die mit der Substitution

$$q = \gamma k_0 r \qquad (2-39)$$

und daraus abgeleitet

$$\frac{\partial}{\partial r} = (\gamma k_0) \frac{\partial}{\partial q} \qquad \qquad \frac{\partial^2}{\partial r^2} = (\gamma k_0)^2 \frac{\partial^2}{\partial q^2}$$

in die allgemeine Besselsche Differentialgleichung der Ordnung ν übergeht:

$$q^2 \frac{\partial^2 F(q)}{\partial q^2} + q \frac{\partial F(q)}{\partial q} + (q^2 - \nu^2)F(q) = 0 \quad . \tag{2-40}$$

Lösungen der Gleichung (2-40) für F(q) sind die unter die Zylinderfunktionen zählenden Besselschen Funktionen $J_\nu(q)$.

Die Besselfunktionen $J_\nu(q)$ sind durch die unendliche Reihe

$$J_\nu(q) = \sum_{l=0}^{\infty} \frac{(-1)^l (q/2)^{2l+\nu}}{l!(\nu + l)!} \tag{2-41}$$

definiert. Für sehr große q ist die Näherung

$$J_\nu(q) \simeq \sqrt{\frac{2}{\pi q}} \left[\cos(q - \frac{\pi}{4} - \frac{\nu\pi}{4}) + O(1/q) \right] \quad \text{mit } q \gg 0 \tag{2-42}$$

anwendbar. Der Ausdruck O(1/q) in (2-42) bezeichnet Restglieder (= Fehler), die in der Größenordnung von 1/q liegen. Der Verlauf der Besselfunktionen nullter bis dritter Ordnung für $0 \leq q \leq 10$ ist in Bild 2.10 graphisch dargestellt.

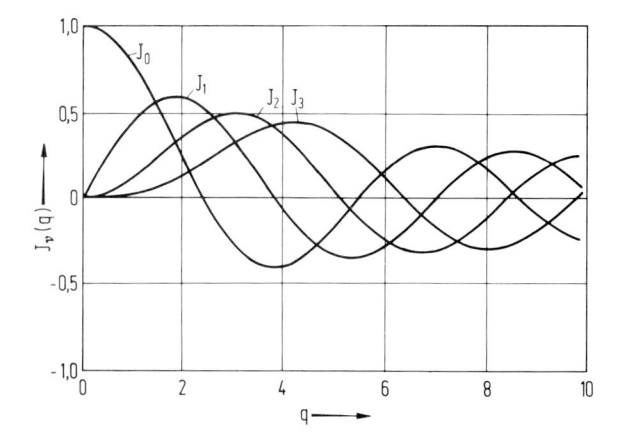

Bild 2.10
Funktionswerte der Besselfunktionen $J_\nu(q)$ der nullten bis dritten Ordnung für die Argumente $0 \leq q \leq 10$

2.2 Stufenprofil-Lichtwellenleiter

Da die Besselfunktionen für die Beschreibung einer Welle in einem runden dielektrischen Wellenleiter wichtig sind, sollen weitere Eigenschaften der Besselfunktionen erwähnt werden. Aus Bild 2.10 ist ersichtlich, daß

- es sich um eine das Vorzeichen wechselnde Funktion handelt,
- sie auf den Bereich $-1 < J_\nu(q) \leq 1$ beschränkt ist,
- es für jede Funktion $J_\nu(q)$ unendlich viele q gibt, so daß $J_\nu(q) = 0$ ist,
- für $q \to \infty$ man $J_\nu(q) \to 0$ erhält,
- für $q = 0$ und $\nu \neq 0$ auch $J_\nu(0) = 0$ ist und
- für $q = 0$ und $\nu = 0$ man $J_0(0) = 1$ bekommt.

Es bestehen folgende Zusammenhänge zwischen Besselfunktionen verschiedener Ordnungen [2.12]:

$$J_{\nu \pm 1}(q) = \frac{2\nu}{q} J_\nu(q) - J_{\nu \mp 1}(q) \quad , \tag{2-43}$$

$$J_\nu'(q) = \pm \frac{\nu}{q} J_\nu(q) \mp J_{\nu \pm 1}(q) \quad , \tag{2-44}$$

wobei unter

$$J_\nu'(q) = \frac{dJ_\nu(q)}{dq} \tag{2-45}$$

zu verstehen ist. In (2-43) und (2-44) gelten <u>entweder</u> die oberen <u>oder</u> die unteren Vorzeichen. Beide Formeln lassen sich mit Hilfe der Reihenentwicklung (2-41) ableiten.

E_z und H_z müssen die Wellengleichung (1-35) auch für den Außenraum (Materialkonstanten mit 2 indiziert) erfüllen. E_z muß ähnlich (2-34) nun der folgenden Bedingung genügen:

$$\frac{\partial^2 E_z}{\partial r^2} + \frac{1}{r} \frac{\partial E_z}{\partial r} + \frac{1}{r^2} \frac{\partial^2 E_z}{\partial \phi^2} - [\beta^2 - (n_2 k_0)^2] E_z = 0 \quad . \tag{2-46}$$

Zur Lösung von (2-46) verwendet man entsprechend (2-35) einen Ansatz

$$E_z = C\, G(r)\, \exp(j\nu\phi)$$
$$\text{mit } \nu = 0, 1, 2, \ldots \text{ und } r \geq a \quad , \tag{2-47}$$
$$H_z = D\, G(r)\, \exp(j\nu\phi)$$

wobei ν wiederum entsprechend den bereits dargelegten Überlegungen ganzzahlig sein muß. (2-47) in (2-46) eingesetzt führt auf

$$\frac{\partial^2 G(r)}{\partial r^2} + \frac{1}{r}\frac{\partial G(r)}{\partial r} - [(\sigma k_0)^2 + (\nu/r)^2]G(r) = 0 \quad , \tag{2-48}$$

wobei σ durch (2-9) gegeben ist. (2-48) läßt sich umformen in

$$r^2 \frac{\partial^2 G(r)}{\partial r^2} + r \frac{\partial G(r)}{\partial r} - [(\sigma k_0 r)^2 + \nu^2]G(r) = 0 \quad . \tag{2-49}$$

Über die Substitution (siehe auch (2-39))

$$p = \sigma k_0 r \tag{2-50}$$

geht dies über in

$$p^2 \frac{\partial^2 G(p)}{\partial p^2} + p \frac{\partial G(p)}{\partial p} - (p^2 + \nu^2)G(p) = 0 \quad . \tag{2-51}$$

(2-51) ist unter dem Namen modifizierte Besselsche Differentialgleichung der Ordnung ν bekannt. Lösungen dieser Gleichung für $G(p)$ sind die modifizierten Besselfunktionen zweiter Art der Ordnung ν, die allgemein durch $K_\nu(p)$ bezeichnet werden. Eine Darstellung dieser Funktion mit einer einzelnen Reihe, wie für die Besselfunktionen nach (2-41), ist nicht möglich. Vielmehr werden die modifizierten Besselfunktionen zweiter Art durch die Kombination mehrerer anderer Zylinderfunktionen gebildet. Wegen der Komplexität der mathematischen Darstellung soll darauf nicht näher eingegangen werden; zur Veranschaulichung ist in Bild 2.11 der Funktionswert $K_\nu(p)$ für die Ordnungen $0 \leq \nu \leq 3$ im Intervall $0 \leq p \leq 2$ aufgezeichnet. Daraus lassen sich folgende Schlüsse ziehen:

- Die modifizierten Besselfunktionen zweiter Art haben ausschließlich positive Funktionswerte.
- Sie besitzen keine Nullstellen.
- Für $p \to 0$ wird $K_\nu(p) \to \infty$.
- Für $p \to \infty$ wird $K_\nu(p) \to 0$.

2.2 Stufenprofil-Lichtwellenleiter

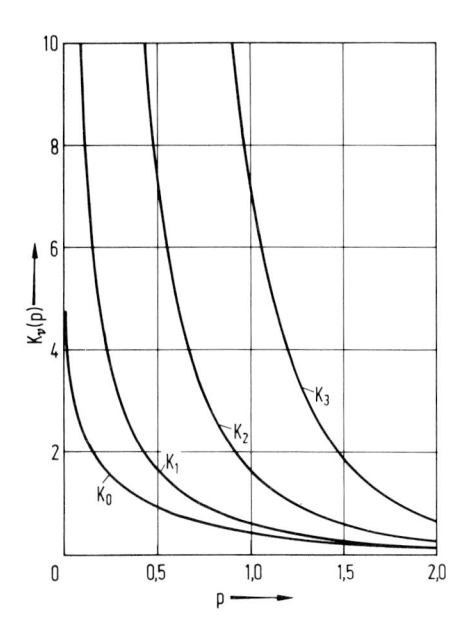

Bild 2.11
Verlauf der modifizierten Besselfunktionen zweiter Art $K_\nu(p)$ für Argumente $0 \leq p \leq 2$

Da die modifizierten Besselfunktionen zweiter Art aus anderen Zylinderfunktionen abgeleitet werden, gibt es entsprechend den Rekursionsformeln (2-43) und (2-44) ähnliche Zusammenhänge [2.13]:

$$K_{\nu \pm 1}(p) = K_{\nu \mp 1}(p) \pm \frac{2\nu}{p} K_\nu(p) \quad , \qquad (2\text{-}52)$$

$$K'_\nu(p) = -K_{\nu \pm 1}(p) \pm \frac{\nu}{p} K_\nu(p) \quad , \qquad (2\text{-}53)$$

wobei unter

$$K'_\nu(p) = \frac{dK_\nu(p)}{dp}$$

zu verstehen ist. In (2-52) und (2-53) gelten wiederum <u>entweder</u> die oberen <u>oder</u> die unteren Vorzeichen.

2.2.3 Feldberechnungen im Innen- und Außenraum

Unter Verwendung der bisher erzielten Ergebnisse erhält man für die Felder im Innenraum eines zylindersymmetrischen Lichtwellenleiters nach Bild 2.7 die folgenden Ausdrücke:

$$E_z = A\, J_\nu(q)\, \exp(j\nu\phi) \qquad \text{für } r \leq a \; . \tag{2-54a}$$

$$H_z = B\, J_\nu(q)\, \exp(j\nu\phi) \qquad \text{für } r \leq a \; . \tag{2-54b}$$

Die anderen Feldkomponenten, die durch die Formeln (2-32) bestimmt sind, ergeben sich mit (2-54a) bzw. (2-54b) zu

$$E_r = \frac{-jr}{q^2}\, [\beta q A J_\nu'(q) + j\omega\mu_0 \nu B J_\nu(q)]\, e^{j\nu\phi} \; , \tag{2-54c}$$

$$E_\phi = \frac{-jr}{q^2}\, [j\beta\nu A J_\nu(q) - \omega\mu_0 q B J_\nu'(q)]\, e^{j\nu\phi} \; , \tag{2-54d}$$

$$H_r = \frac{-jr}{q^2}\, [\beta q B J_\nu'(q) - j\omega n_1^2 \varepsilon_0 \nu A J_\nu(q)]\, e^{j\nu\phi} \; , \tag{2-54e}$$

$$H_\phi = \frac{-jr}{q^2}\, [j\beta\nu B J_\nu(q) + \omega n_1^2 \varepsilon_0 q A J_\nu'(q)]\, e^{j\nu\phi} \; . \tag{2-54f}$$

Im Außenraum ergeben sich für E_z und H_z mit den modifizierten Besselfunktionen zweiter Art nach (2-47) die Lösungen

$$E_z = C\, K_\nu(p)\, \exp(j\nu\phi) \qquad \text{für } r \geq a \; , \tag{2-55a}$$

$$H_z = D\, K_\nu(p)\, \exp(j\nu\phi) \qquad \text{für } r \geq a \; . \tag{2-55b}$$

In ähnlicher Weise erhält man aus den Gleichungen (2-32), in denen man nun n_1 durch n_2 ersetzen muß, die restlichen Komponenten für den Außenraum:

$$E_r = \frac{jr}{p^2}\, [\beta p K_\nu'(p) + j\omega\mu_0 \nu D K_\nu(p)]\, e^{j\nu\phi} \; , \tag{2-55c}$$

2.2 Stufenprofil-Lichtwellenleiter

$$E_\phi = \frac{jr}{p^2}[j\beta\nu CK_\nu(p) - \omega\mu_0 p D K_\nu'(p)]e^{j\nu\phi} \quad , \tag{2-55d}$$

$$H_r = \frac{jr}{p^2}[\beta p D K_\nu'(p) - j\omega n_2^2 \varepsilon_0 \nu C K_\nu(p)]e^{j\nu\phi} \quad , \tag{2-55e}$$

$$H_\phi = \frac{jr}{p^2}[j\beta\nu D K_\nu(p) + \omega n_2^2 \varepsilon_0 p C K_\nu'(p)]e^{j\nu\phi} \quad . \tag{2-55f}$$

In (2-55c) bis (2-55f) haben sich im Vergleich zu den äquivalenten Gleichungen (2-54c) bis (2-54f) für den Innenraum die Vorzeichen verändert. Bei den Ableitungen der Gleichungen (2-27), (2-29) bis (2-31) wurde die Abkürzung (2-28) verwendet; für den Außenraum muß n_1 durch n_2 ersetzt werden, so daß sich die Abkürzung (2-9) ergibt zu

$$n_2^2 - (\beta/k_0)^2 = -\sigma^2 \quad ,$$

die in p^2, das q^2 ersetzt, enthalten ist.

2.2.4 Eigenwertgleichung für den Stufenprofil-Lichtwellenleiter

Um die weitere Rechnung nicht unnötig zu komplizieren, wird der Mantel des Lichtwellenleiters als unendlich ausgedehnt angenommen, was bereits erfüllt ist für $D \gg \lambda_0$. Damit hat der LWL nur eine Grenzfläche bei $r = a$ (Kern/Mantel-Übergang), an der die Stetigkeit der Tangentialkomponenten der Felder erfüllt sein muß: E_z, E_ϕ, H_z, H_ϕ müssen bei $r = a$ stetig sein. Da die Variable r durch die konstante Größe a ersetzt wird, müssen die Parameter q und p aus (2-39) bzw. (2-50) substituiert werden. Dazu dienen die ebenfalls dimensionslosen Modenparameter U und W, die definiert sind durch

$$U = \gamma k_0 a = k_0 a \sqrt{n_1^2 - (\beta/k_0)^2} = a\sqrt{k_1^2 - \beta^2} \quad , \tag{2-56}$$

$$W = \sigma k_0 a = k_0 a \sqrt{(\beta/k_0)^2 - n_2^2} = a\sqrt{\beta^2 - k_2^2} \quad . \tag{2-57}$$

Die neuen Parameter müssen in den Argumenten der Besselfunktionen J_ν und der modifizierten Besselfunktionen zweiter Art K_ν berücksichtigt werden. Aus den Stetigkeitsbedingungen läßt sich mit Hilfe der Gleichungen (2-54a), (2-54b), (2-54d), (2-54f) sowie (2-55a), (2-55b), (2-55d), (2-55f) unter Berücksichtigung von (2-56) und (2-57) ein lineares, homogenes Gleichungssystem in A, B, C und D aufstellen, das lautet

$$\begin{pmatrix} J_\nu & 0 & -K_\nu & 0 \\ \dfrac{a\beta\nu}{U^2} J_\nu & \dfrac{j a \omega \mu_0}{U} J'_\nu & \dfrac{a\beta\nu}{W^2} K_\nu & \dfrac{j a \omega \mu_0}{W} K'_\nu \\ 0 & J_\nu & 0 & -K_\nu \\ \dfrac{-j a \omega n_1^2 \varepsilon_0}{U} J'_\nu & \dfrac{a\beta\nu}{U^2} J_\nu & \dfrac{-j a \omega n_2^2 \varepsilon_0}{W} K'_\nu & \dfrac{a\beta\nu}{W^2} K_\nu \end{pmatrix} \begin{pmatrix} A \\ B \\ C \\ D \end{pmatrix} = \begin{pmatrix} 0 \\ 0 \\ 0 \\ 0 \end{pmatrix}$$

(2-58)

Die Ableitungen der Besselfunktionen bzw. der modifizierten Besselfunktionen zweiter Art sind nun nach U bzw. W durchzuführen.

Das Gleichungssystem (2-58) in A, B, C und D hat dann eine nichttriviale Lösung, wenn die Determinante der Koeffizientenmatrix verschwindet. Um die Determinante zu entwickeln, wird eine vereinfachte Schreibweise verwendet (die a_i sind aus dem Vergleich mit (2-58) zu entnehmen), und man erhält

$$\begin{vmatrix} a_1 & 0 & a_2 & 0 \\ a_3 & a_4 & a_5 & a_6 \\ 0 & a_1 & 0 & a_2 \\ a_7 & a_3 & a_8 & a_5 \end{vmatrix} = 0 \quad .$$

(2-59)

2.2 Stufenprofil-Lichtwellenleiter

Die Entwicklung der Determinante erfolgt nach den üblichen Regeln [2.14]:

$$a_1 \begin{vmatrix} a_4 & a_5 & a_6 \\ a_1 & 0 & a_2 \\ a_3 & a_8 & a_5 \end{vmatrix} + a_2 \begin{vmatrix} a_3 & a_4 & a_6 \\ 0 & a_1 & a_2 \\ a_7 & a_3 & a_5 \end{vmatrix} =$$

$$= a_1 \left[-a_1 \begin{vmatrix} a_5 & a_6 \\ a_8 & a_5 \end{vmatrix} - a_2 \begin{vmatrix} a_4 & a_5 \\ a_3 & a_8 \end{vmatrix} \right] +$$

$$+ a_2 \left[a_1 \begin{vmatrix} a_3 & a_6 \\ a_7 & a_5 \end{vmatrix} - a_2 \begin{vmatrix} a_3 & a_4 \\ a_7 & a_3 \end{vmatrix} \right] =$$

$$= -a_1^2 a_5^2 + a_1^2 a_8 a_6 - a_1 a_2 a_4 a_8 + 2 a_1 a_2 a_3 a_5 - a_1 a_2 a_6 a_7 - a_2^2 a_3^2 + a_2^2 a_4 a_7 =$$

$$= a_6 a_8 / a_2^2 - a_5^2 / a_2^2 + a_4 a_7 / a_1^2 - a_3^2 / a_1^2 + (2 a_3 a_5 - a_6 a_7 - a_4 a_8)/a_1 a_2 = 0 \;.$$

(2-60)

Im weiteren werden der Einfachheit halber die Argumente U und W der Besselfunktionen und der modifizierten Besselfunktionen zweiter Art unterdrückt. Die in Gleichung (2-60) enthaltenen Ausdrücke ergeben, wenn die Identität $\varepsilon_0 \mu_0 = 1/c_0^2$ beachtet wird,

$$\frac{a_6 a_8}{a_2^2} = \frac{a^2 \omega^2 n_2^2}{c_0^2} \left(\frac{K'_\nu}{W K_\nu} \right)^2 \;,$$

$$\frac{a_5^2}{a_2^2} = \frac{a^2 \beta^2 \nu^2}{W^4} \;,$$

$$\frac{a_4 a_7}{a_1^2} = \frac{a^2 \omega^2 n_1^2}{c_0^2} \left(\frac{J'_\nu}{UJ_\nu}\right)^2 ,$$

$$\frac{a_3^2}{a_1^2} = \frac{a^2 \beta^2 \nu^2}{U^4} ,$$

$$\frac{2 a_3 a_5}{a_1 a_2} = \frac{-2 a^2 \beta^2 \nu^2}{U^2 W^2} ,$$

$$\frac{a_4 a_8}{a_1 a_2} = \frac{-2 a^2 \beta^2 \nu^2}{U^2 W^2} \frac{J'_\nu}{UJ_\nu} \frac{K'_\nu}{WK_\nu} ,$$

$$\frac{a_6 a_7}{a_1 a_2} = \frac{-a^2 \omega^2 n_1^2}{c_0^2} \frac{J'_\nu}{UJ_\nu} \frac{K'_\nu}{WK_\nu} .$$

Benutzt man im weiteren die Schreibweise

$$\eta_1 = \frac{J'_\nu}{UJ_\nu} , \qquad (2\text{-}61)$$

$$\eta_2 = \frac{K'_\nu}{WK_\nu} \qquad (2\text{-}62)$$

und setzt die Ergebnisse in die entwickelte Determinante ein, so folgt

$$\frac{a^2 \omega^2 n_2^2}{c_0^2} \eta_2^2 - \frac{a^2 \beta^2 \nu^2}{W^4} + \frac{a^2 \omega^2 n_1^2}{c_0^2} \eta_1^2 - \frac{a^2 \beta^2 \nu^2}{U^4} - \frac{2 a^2 \beta^2 \nu^2}{U^2 W^2} + \frac{a^2 \omega^2 n_1^2}{c_0^2} \eta_1 \eta_2 +$$

$$+ \frac{a^2 \omega^2 n_2^2}{c_0^2} \eta_1 \eta_2 = 0 ,$$

2.2 Stufenprofil-Lichtwellenleiter

$$k_0^2(n_2^2 n_2^2 + n_1^2 n_1^2) - \beta^2 \nu^2 (1/W^2 + 1/U^2)^2 + n_1 n_2 k_0^2 (n_1^2 + n_2^2) = 0 \quad,$$

oder

$$(n_1 + n_2)(n_1^2 n_1 + n_2^2 n_2) = \frac{\nu^2 \beta^2}{k_0^2} (1/U^2 + 1/W^2)^2 \quad. \tag{2-63}$$

(2-63) ist die exakte Eigenwertgleichung für den absorptionsfreien, runden, dielektrischen Wellenleiter. Weiter wurde bei dieser Ableitung vorausgesetzt, daß alle Materialien isotrop sind, daß der Mantel unendlich ausgedehnt ist und daß sich die Brechzahl am Übergang Kern/Mantel abrupt, also stufenförmig ändert.

Um die Eigenwertgleichung (2-63) besser interpretieren zu können, wird sie unter Zuhilfenahme folgender Identitäten umgeformt: Aus (2-8) und (2-9) mit (2-56) und (2-57) erhält man

$$V^2 = U^2 + W^2 = (ak_0)^2 (n_1^2 - n_2^2) \tag{2-64}$$

und für die Phasenausbreitungskonstante β

$$\beta^2 = \frac{n_1^2 W^2 + n_2^2 U^2}{a(n_1^2 - n_2^2)} = k_0^2 \left[n_1^2 - \frac{(n_1^2 - n_2^2)U^2}{V^2} \right] \quad. \tag{2-65}$$

V ist eine dimensionslose Konstante, die die Wellenleitereigenschaften beschreibt und üblicherweise als <u>Strukturkonstante</u> bezeichnet wird. Wird (2-65) in (2-63) eingesetzt, so ergibt sich

$$(n_1 + n_2)(n_1^2 n_1 + n_2^2 n_2) = \frac{\nu^2 (n_1^2 W^2 + n_2^2 U^2)}{a^2 k_0^2 (n_1^2 - n_2^2)} (1/U^2 + 1/W^2)^2 \quad, \tag{2-66}$$

was sich leicht umformen läßt mit (2-64) in

$$(n_1 + n_2)(n_1^2 n_1 + n_2^2 n_2) = \nu^2 (n_1^2/U^2 + n_2^2/W^2)(1/U^2 + 1/W^2) \quad. \tag{2-67}$$

(2-67) kann als Gleichung in U und W angesehen werden, wobei U und W nach

(2-56) und (2-57) wiederum Funktionen der Ausbreitungskonstanten β sind. Eine analytische Lösung von (2-67) ist nicht möglich. Mit den Beziehungen (2-44) und (2-53) lassen sich in (2-67) die Ableitungen der Besselfunktionen nach U bzw. der modifizierten Besselfunktionen zweiter Art nach W eliminieren, und eine numerische Auswertung wird möglich. Lösungskurven für (2-67) als Funktion der Modenparameter U und W sind in Bild 2.12 wiedergegeben für ν = 0, 1, 2, 3, 4. Dabei ist zu beachten, daß es für feste ν und W mehrere Werte $U_{\nu\mu}$ gibt, die (2-67) erfüllen. Wie später noch gezeigt wird, führen diese Lösungen, die vom kleinsten Lösungswert $U_{\nu 1}$ aufwärts über die Modenzahl μ = 1, 2, 3 ... gekennzeichnet werden, auch zu unterschiedlichen Wellentypen, die jeweils einzeln durchgezählt werden.

Der Zusammenhang $V^2 = U^2 + W^2$ ist in Bild 2.12 ebenfalls berücksichtigt, wobei als Beispiel V = 4 angenommen ist. Schnittpunkte (durch Kreise gekennzeichnet) sind Lösungen von (2-67) unter Beachtung von (2-64), die die Determinante (2-59) verschwinden lassen.

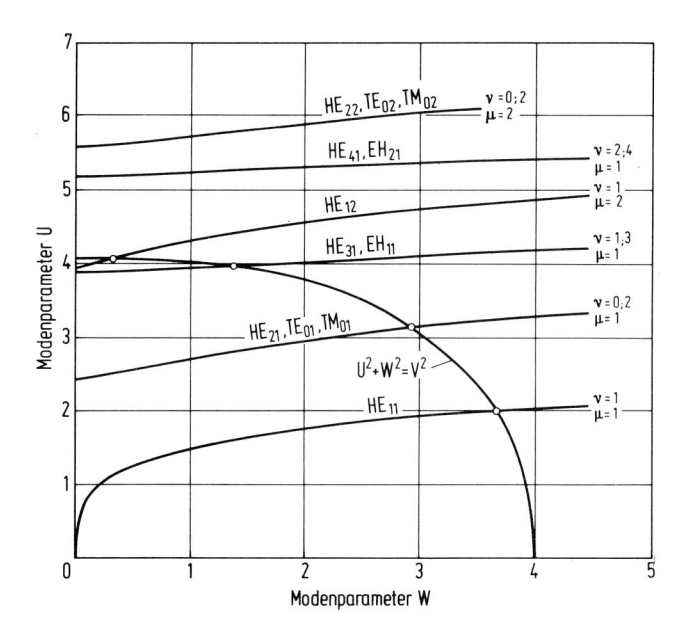

Bild 2.12
Graphische Darstellung der Lösung der Eigenwertgleichung (2-67) unter Berücksichtigung von (2-64) für verschiedene Modenzahlen ν und μ; Bezeichnung der Wellentypen siehe Text

2.2 Stufenprofil-Lichtwellenleiter

Aus $U_{\nu\mu}$ läßt sich die Ausbreitungskonstante β nach (2-65) berechnen, wodurch die Felder im Innen- und Außenraum des Wellenleiters durch (2-54) und (2-55) gegeben sind. Der Bereich für die Ausbreitungskonstante β ist durch die Bedingung, daß γ in (2-8) und σ in (2-9) reell sein müssen, eingeschränkt, wenn man geführte Wellen betrachtet. Aus den entsprechenden Gleichungen (2-8) und (2-9) erhält man für β die Ungleichung

$$k_2 \leq \beta \leq k_1 \; , \tag{2-68}$$

die der bereits für den Schichtwellenleiter abgeleiteten Ungleichung (2-22) entspricht. An dieser Stelle sei bereits auf Ähnlichkeiten zwischen Schichtwellenleiter und LWL hingewiesen:

- In beiden sind nur bestimmte, diskrete Moden ausbreitungsfähig, die sich durch die Polarisation und die Ausbreitungskonstante β sowie die Modenzahl(en) unterscheiden.

- Zieht man als Vergleich den symmetrischen Schichtwellenleiter heran, so ist der Grundmodus (jener mit dem höchsten β, das ist nach (2-65) jener mit dem kleinsten U und damit in Bild 2.12 die Kurve, die als einzige im Ursprung beginnt) in beiden Fällen immer ausbreitungsfähig, da die Kurve $U^2+W^2 = V^2$ in Bild 2.12 mit der Lösungskurve immer einen Schnittpunkt haben muß.

Allerdings ist die Auswertung der Eigenwertgleichung durch das Vorkommen der Besselfunktionen und der modifizierten Besselfunktionen zweiter Art im Falle des LWL ungleich schwieriger.

Für die Bestimmung der Modenart ist aus historischen Gründen das Verhältnis der beiden longitudinalen Feldkomponenten E_z und H_z im Kerngebiet wesentlich, also der in Ausbreitungsrichtung der Welle zeigenden Komponenten. Aus (2-54a) und (2-54b) erhält man

$$\frac{H_z}{E_z} = \frac{B}{A} \; . \tag{2-69}$$

A und B hängen über das Gleichungssystem (2-58) zusammen. Unter Verwendung der Abkürzungen aus (2-59) gilt zunächst

$$C = \frac{-a_1}{a_2} A \quad , \tag{2-70}$$

$$D = \frac{-a_1}{a_2} B \quad . \tag{2-71}$$

Mit diesen beiden Beziehungen erhält man das Verhältnis B/A, wenn man z.B. die zweite Zeile des Gleichungssystems (2-58) verwendet:

$$\frac{B}{A} = \frac{a_1 a_5 - a_2 a_3}{a_4 a_2 - a_6 a_1} \quad . \tag{2-72}$$

Ausgeschrieben liefert dies

$$\left|\frac{B}{A}\right| = \frac{\beta}{\omega\mu_0} \frac{(1/U^2 + 1/W^2)\nu}{\eta_1 + \eta_2} = \frac{\beta}{\omega\mu_0} Z \quad . \tag{2-73}$$

Die Abkürzung Z dient für eine spätere Rechnung.

Verwendet man zur Ableitung B/A die vierte Zeile des Gleichungssystems (2-58), so führt dies auf

$$\frac{B}{A} = \frac{a_8 a_1 - a_7 a_2}{a_3 a_2 - a_5 a_1} \quad ,$$

$$\left|\frac{B}{A}\right| = \frac{\omega\varepsilon_0}{\nu\beta} \frac{n_1^2 \eta_1 + n_2^2 \eta_2}{1/U^2 + 1/W^2} \quad . \tag{2-74}$$

Die Gleichungen (2-69) bis (2-74) machen deutlich, daß die zunächst willkürlich und unabhängig eingeführten Amplitudenfaktoren A, B, C und D <u>nicht</u> voneinander unabhängig sind. Gibt man eine dieser Größen vor, so muß man die restlichen drei aus (2-69) bis (2-74) bestimmen. Allerdings benötigt man dazu eine Lösung von (2-67), um U (und daraus β und W) bestimmen und einsetzen zu können.

Aus Gleichung (2-67) lassen sich für ν = 0 zwei einfache Fälle von Lösungen ableiten, nämlich einmal

2.2 Stufenprofil-Lichtwellenleiter

$$(\eta_1 + \eta_2) = 0 \quad . \tag{2-75}$$

Zur Bestimmung des durch diese Gleichungen festgelegten Wellentyps verwendet man (2-74):

$$|A| \sim |B|\nu \quad .$$

Da $\nu = 0$ ist, folgt $A = 0$ und $E_z = 0$ (2-54a), so daß eine transversal-elektrische Welle (TE-Modus) vorliegt.

Eine weitere Lösung von (2-67) für $\nu = 0$ ist

$$n_1^2 \eta_1 + n_2^2 \eta_2 = 0 \quad . \tag{2-76}$$

Nach (2-73) gilt jedoch

$$|B| \sim |A|\nu \quad ,$$

also für $\nu = 0$ müssen $B = 0$ und $H_z = 0$ werden, so daß es sich um eine transversal-magnetische Welle (TM-Modus) handelt.

Für alle Lösungen mit $\nu \neq 0$ wird sowohl eine E_z- als auch eine H_z-Komponente existieren. Die Bezeichnung dieser <u>hybriden</u> Wellen wird nach [2.8] so durchgeführt, daß Wellen, bei denen Z (aus (2-73)) für sehr große W gegen -1 geht, HE-Wellen genannt werden; Wellen, für die für große W die Größe Z gegen +1 geht, heißen EH-Wellen. Diese Bezeichnung ist historisch bedingt.

Mit (2-75) und (2-76) stehen zwei Gleichungen für $\nu = 0$ zur Verfügung, die die Bestimmung von $U_{0\mu}$ (und damit für die Ausbreitungskonstante ß der Welle) für $TE_{0\mu}$- bzw. $TM_{0\mu}$-Wellen in relativ einfacher Weise gestatten.

Für $\nu \neq 0$ ist eine Lösung der Eigenwertgleichung (2-67) numerisch sehr aufwendig. Der bereits zuvor erwähnte Grundmodus, den die unterste Lösungskurve in Bild 2.12 darstellt, ist bei Untersuchung nach dem vorgenannten Kriterium in die Gruppe der HE-Wellen einzuordnen und wird als HE_{11}-Mode bezeichnet. Er spielt besonders bei den sog. Monomode-LWL eine wesentliche Rolle (siehe Kap. 2.3).

Nach Bild 2.12 sind (mit W = 0) ab U = V > 2,405 für $\nu = 0$ und $\mu = 1$ weitere Wellen ausbreitungsfähig, nämlich die TE_{01}-, die TM_{01}-Wellen und die HE_{21}-Welle. Damit ist bereits die Bezeichnungsweise der verschiedenen

Wellentypen und ihre Indizierung eingeführt. Der zu diesen drei Wellentypen gehörende Grenzwert wird mit $U^0_{\nu 1}$ (= 2,405) bezeichnet und heißt cutoff-Wert für den jeweils entsprechenden Wellentyp [2.15]. Man kann (2-67) so umformen, daß sich der Grenzwert für W = 0 bilden läßt, was auf die Bestimmungsgleichung für diese $U^0_{\nu\mu}$-Werte führt. Man erhält daraus im einzelnen die in Tabelle 2.1 angegebenen Zusammenhänge.

Tabelle 2.1: Cutoff-Werte und Bestimmungsgleichung für einige niedrige Modentypen

Modus	Bestimmungsgleichung für $U^0_{\nu\mu}$	ν	$U^0_{\nu\mu}$			
			1	2	3	μ
$TE_{0\mu}$ $TM_{0\mu}$	$J_0(U^0_{0\mu}) = 0$	0	2,405	5,520	8,654	
$HE_{1\mu}$	$J_1(U^0_{1\mu}) = 0$	1	0	3,83	7,02	
$HE_{\nu\mu}$ $\nu \geq 2$	$J_{\nu-2}(U^0_{\nu\mu}) = 0$	2	2,405	5,520	8,654	
		3	3,83	7,02	10,17	
$EH_{\nu\mu}$	$J_\nu(U^0_{\nu\mu}) = 0$	1	3,83	7,02	10,17	
		2	5,13	8,41	11,62	

Zu beachten ist, daß für alle Moden mit $\nu \geq 1$, ausgenommen den HE_{11}-Modus, die Besselfunktionen J_1 für U = 0, also der ersten Nullstelle der Besselfunktionen, keine Lösungen von (2-67) darstellen. Die erste Lösung liefert z.B. für die EH-Welle die Nullstelle erst bei U^0_{11} = 3,83. Aus diesem Grunde mag die in Tabelle 2.1 angegebene, allgemein eingeführte Bezeichnungsweise für die Moden etwas verwirrend erscheinen.

2.2.5 Angenäherte Eigenwertgleichung

In den meisten Fällen werden Moden betrachtet, die weit vom cutoff entfernt sind (also $U_{\nu\mu} \gg U^0_{\nu\mu}$). Der Grenzwert liegt mit W ≈ V vor [2.16]. In diesem Falle läßt sich (2-67) vereinfachen.

2.2 Stufenprofil-Lichtwellenleiter

Mit kleinen Umformungen erhält man aus (2-63) unter Verwendung von (2-65)

$$(n_1 + n_2)[n_1 + n_2(n_2/n_1)^2] = \nu^2 \left(\frac{V^2}{U^2 W^2}\right)^2 \left(1 - \frac{U^2}{a^2 k_1^2}\right) \quad,$$

$$\left[\frac{1}{\nu} \frac{U^2 W^2}{V^2} (n_1 + n_2)\right]\left(\frac{1}{\nu} \frac{U^2 W^2}{V^2}[n_1 + n_2(n_2/n_1)^2]\right) = 1 - \frac{U^2}{a^2 k_1^2} \quad. \tag{2-77}$$

Mit den Abkürzungen

$$F_1 = \frac{1}{\nu} \frac{U^2 W^2}{V^2} (n_1 + n_2) \quad, \tag{2-78}$$

$$F_2 = \frac{\nu V^2}{U^2 W^2} \frac{1}{n_1 + n_2(n_2/n_1)^2} \tag{2-79}$$

geht dies über in

$$F_1 = F_2 \left(1 - \frac{U^2}{a^2 k_1^2}\right) \quad. \tag{2-80}$$

Vergleicht man (2-78) und (2-79), so kann man F_1 durch F_2 ausdrücken:

$$F_1 = \frac{1}{F_2} + \frac{1}{\nu} \frac{U^2 W^2}{V^2} [n_2(1 - (n_2/n_1)^2] \quad. \tag{2-81}$$

Für den Fall $W \simeq V \gg 0$ kann man $U \ll W$ annehmen; dies in (2-80) beachtet, ergibt

$$F_1 = F_2 \quad \text{da} \quad \frac{U^2}{a^2 k_1^2} < \frac{U^2}{V^2} \ll 1 \quad.$$

Setzt man, was bei LWL üblicherweise der Fall ist, $n_1 \simeq n_2$ und beachtet dies in (2-81), so erhält man

$$F_1 F_2 = 1 \quad.$$

Beide Bedingungen sind nur dann erfüllbar, wenn

$$F_1 = F_2 = \pm 1$$

gilt. Für Wellen, die weit vom cutoff entfernt sind, ergibt sich zusammen mit (2-78) die vereinfachte Eigenwertgleichung

$$\frac{U^2 W^2}{v^2}(n_1 + n_2) = \mp \nu \quad . \tag{2-82}$$

Für eine numerische Auswertung verwendet man (2-44) und (2-53), um die in n_1 und n_2 vorkommenden Ableitungen zu vermeiden:

$$\frac{U^2 W^2}{v^2}\left[\mp\frac{\nu}{U^2} \pm \frac{J_{\nu\mp 1}}{UJ_\nu} \mp \frac{\nu}{W^2} - \frac{K_{\nu\mp 1}}{WK_\nu}\right] = \mp \nu \quad .$$

Über

$$\frac{U^2 W^2}{v^2}\left[\frac{\nu^2 v^2}{U^2 W^2} \pm \frac{J_{\nu\mp 1}}{UJ_\nu} - \frac{K_{\nu\mp 1}}{WK_\nu}\right] = \mp \nu$$

führt dies auf

$$\pm\frac{WK_\nu}{K_{\nu\mp 1}} = \frac{UJ_\nu}{J_{\nu\mp 1}} \quad . \tag{2-83}$$

Dabei stehen die oberen Vorzeichen für HE-Moden, die unteren für EH-Moden; dies wurde durch die Wahl des oberen bzw. unteren Vorzeichens in (2-82) festgelegt und läßt sich nach (2-69) überprüfen. TE- bzw. TM-Moden lassen sich nach Bild 2.12 bzw. Tabelle 2.1 zuordnen.

(2-83) stellt eine (relativ) einfache Formel dar, um U und W zu bestimmen. Bei gegebenen Wellenleiterparametern (λ_0, n_1, n_2, a) läßt sich daraus die Ausbreitungskonstante ß für die einzelnen Moden berechnen.

2.2 Stufenprofil-Lichtwellenleiter

2.2.6 Berechnung für Moden mit $W \simeq V$

Für eine spätere Berechnung wird die Ableitung dU/dV benötigt. Sie soll bereits hier entwickelt werden, wozu die angenäherte Eigenwertgleichung (2-83) verwendet wird. Die in (2-83) vorkommenden doppelten Vorzeichen werden beibehalten, um die Formeln für alle ausbreitungsfähigen Modentypen zu erhalten. Zunächst wird (2-83) umgeformt in

$$\pm W K_\nu J_{\nu \mp 1} - U J_\nu K_{\nu \mp 1} = 0 \quad . \tag{2-84}$$

Die Ableitung führt auf

$$\pm \frac{d}{dV} W K_\nu J_{\nu \mp 1} - J_\nu K_{\nu \mp 1} \frac{dU}{dV} - \frac{d}{dV} J_\nu K_{\nu \mp 1} = 0 \quad ,$$

$$\frac{dU}{dV} \equiv U' = \frac{1}{J_\nu K_{\nu \mp 1}} \left[\pm \frac{d}{dV}(W K_\nu J_{\nu \mp 1}) - U \frac{d}{dV}(J_\nu K_{\nu \mp 1}) \right] \quad . \tag{2-85}$$

Aus (2-64) läßt sich dW/dV bestimmen zu

$$\frac{dW}{dV} = \frac{V - UU'}{W} \quad , \tag{2-86}$$

so daß der erste Differentialquotient in (2-85)

$$\frac{d}{dV}(W K_\nu J_{\nu \mp 1}) = Y_1 U' + Y_2 \tag{2-87}$$

ergibt mit

$$Y_1 = W K_\nu J'_{\nu \mp 1} - \frac{U J_{\nu \mp 1}}{W}(K_\nu + W K'_\nu) \quad , \tag{2-88}$$

$$Y_2 = J_{\nu \mp 1} V(W K'_\nu + K_\nu)/W \quad . \tag{2-89}$$

Der zweite Differentialquotient in (2-85) läßt sich berechnen zu

$$\frac{d}{dV}(J_\nu K_{\nu \mp 1}) = Y_3 U' + Y_4 \tag{2-90}$$

mit

$$Y_3 = K_{\nu \mp 1} J'_\nu - J_\nu K'_{\nu \mp 1} U/W \quad , \tag{2-91}$$

$$Y_4 = J_\nu K'_{\nu\mp 1} V/W \quad . \tag{2-92}$$

Aus (2-85) bis (2-92) läßt sich U' separieren, und man erhält

$$U' = \frac{\pm Y_2 - UY_4}{J_\nu K_{\nu\mp 1} + UY_3 \mp Y_1} \quad . \tag{2-93}$$

Mit einigen algebraischen Umformungen unter Verwendung der Rekursionsformeln (2-43) und (2-44) sowie (2-52) und (2-53) läßt sich (2-93) in folgende Form bringen:

$$U' = U(1 - \xi)/V \tag{2-94}$$

mit

$$\xi = \frac{K_{\nu\mp 1}^2}{K_\nu K_{\nu\mp 2}} \quad . \tag{2-95}$$

Die Rekursionsformel für $\nu+2$ erhält man aus (2-52):

$$K_{\nu\mp 2} = K_\nu \mp \frac{2(\nu \mp 1)}{W} K_{\nu\mp 1} \quad . \tag{2-96}$$

Die relativ einfache Beziehung (2-94) ist unter der Voraussetzung abgeleitet, daß die betrachteten Moden weit vom cutoff entfernt sind, so daß $W \gg 0$ ist. Für große Argumente W in $K_\nu(W)$ gibt es asymptotische Näherungsformeln [2.16]. Mit

$$\frac{K_{\nu\mp 1}}{K_\nu} \simeq 1 + \frac{1 \mp 2\nu}{2W} \qquad \text{für } W \gg 0 \tag{2-97}$$

kann $1/\xi$ ausgedrückt werden durch

$$\frac{1}{\xi} = \frac{K_{\nu\mp 2} K_\nu}{K_{\nu\mp 1}^2} = \frac{K_{\nu\mp 2} K_\nu}{K_{\nu\mp 1} K_{\nu\mp 1}} \simeq \frac{2W + 1 \mp 2(\nu \mp 1)}{2W + 1 \mp 2\nu} = 1 + \frac{1}{W} \frac{1}{1 + 1/(2W) \mp \nu/W} \quad . \tag{2-98}$$

Mit $V \simeq W \gg 0$ kann auch $\nu \gg W$ angenommen werden (siehe Bild 2.12), und man erhält

2.2 Stufenprofil-Lichtwellenleiter

$$\xi = \frac{1}{1 + 1/V} \frac{1 - 1/V}{1 - 1/V^2} \approx 1 - 1/V \quad . \tag{2-99}$$

Mit diesem Ergebnis wird aus (2-94)

$$U' = U/V^2 \quad \text{mit } V \gg 0 \text{ und } W \approx V \quad . \tag{2-100}$$

(2-100) läßt sich integrieren, und der Modenparameter U für Moden, die sehr weit vom cutoff entfernt sind, läßt sich bestimmen zu

$$U = U(\infty) \exp(-1/V) \quad . \tag{2-101}$$

Die Integrationskonstante $U(\infty)$ findet man aus (2-83). Für $W \gg 0$ kann man die Näherung (2-97) in die linke Seite von (2-83) einsetzen:

$$\pm W \frac{W}{W + 1/2 \mp \nu} = \frac{U J_\nu}{J_{\nu \mp 1}} \quad . \tag{2-102}$$

Für $W \to \infty$ muß auch die rechte Seite von (2-102) gegen unendlich gehen, was für $J_{\nu \mp 1} = 0$ erfüllt ist. Für $V \approx W \gg 0$ wird in (2-101) $U = U(\infty)$; also läßt sich $U(\infty)$ aus der Gleichung

$$J_{\nu \mp 1}\bigl(U(\infty)\bigr) = 0 \tag{2-103}$$

bestimmen, wobei weiterhin das obere Vorzeichen für HE-, das untere für EH-Wellen gilt (TE- und TM-Wellen sind entsprechend zuzuordnen). In Tabelle 2.2 sind einige Beispiele für $U(\infty)$ angegeben.

Tabelle 2.2: Beispiele zur Bestimmung von $U(\infty)$ für (2-101)

Modentyp	Gleichung	μ	$U(\infty)$
HE_{11}	$J_0(U(\infty)) = 0$	1	2,405
TE_{01}, TM_{01}	$J_1(U(\infty)) = 0$	1	3,83
HE_{21}	$J_1(U(\infty)) = 0$	1	3,83
EH_{11}, HE_{31}	$J_2(U(\infty)) = 0$	1	5,13
HE_{12}	$J_0(U(\infty)) = 0$	2	5,52
EH_{21}, HE_{41}	$J_2(U(\infty)) = 0$	1	6,38

2.2.7 Anzahl der ausbreitungsfähigen Moden

Neben den Modenparametern U und W und der Ausbreitungskonstante β interessiert die Gesamtzahl der ausbreitungsfähigen Moden. Näherungsweise kann man abschätzen, wieviel Lösungen der Bestimmungsgleichung für den cutoff (siehe Tabelle 2.1) bestehen, die verallgemeinert dargestellt werden kann durch

$$J_\nu(U^0_{\nu\mu}) = 0 \quad,$$

wobei $U^0_{\nu\mu}$ auf das Intervall

$$0 \leq U^0_{\nu\mu} \leq V$$

beschränkt ist, da nur hier Lösungen der Eigenwertgleichung (2-67) existieren. Die Modenzahl ν kann so groß gewählt werden, daß

$$J_\nu(U^0_{\nu 1}) = 0 \quad \text{mit} \quad U^0_{\nu 1} \leq V$$

noch eine Lösung hat. Für die weitere Berechnung wird ein Näherungsausdruck für $U^0_{\nu\mu}$ [2.17]

$$U^0_{\nu\mu} = (\nu + 2\mu - 1/2)\pi/2 \tag{2-104}$$

verwendet, der zwar nur für $\nu \gg 0$ gültig ist, doch für eine Abschätzung ausreicht. Mit $(U^0_{\nu\mu})_{max} = V$ erhält man sowohl ν_{max} als auch μ_{max} aus (2-104), wenn man $\mu = 1$ bzw. $\nu = 0$ setzt:

$$\nu_{max} = 2V/\pi - 3/2 \quad, \tag{2-105}$$

$$\mu_{max} = V/\pi + 1/4 \quad. \tag{2-106}$$

Stellt man sich alle Lösungen $U^0_{\nu\mu}$ als Punkte in einem ν-μ-Koordinatensystem eingetragen vor (Bild 2.13), so liegen sie alle in einem Dreieck mit den Katheten $0\mu_{max}$, $0\nu_{max}$ und der Hypotenuse $\mu_{max}\nu_{max}$. Die Gesamtzahl aller darin enthaltenen Lösungspunkte kann man berechnen zu

$$M' = \nu_{max}\mu_{max}/2 \quad.$$

2.2 Stufenprofil-Lichtwellenleiter

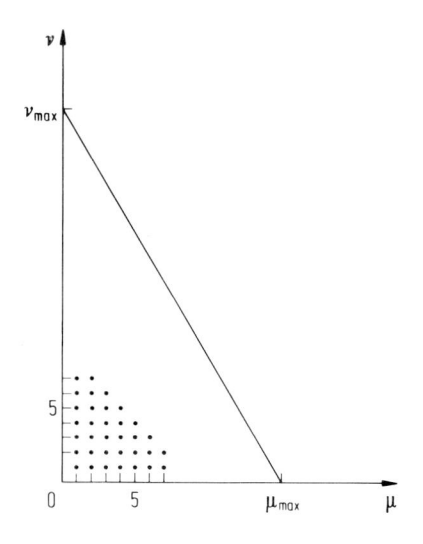

Bild 2.13
Zur Berechnung der Gesamtzahl der ausbreitungsfähigen Moden in einem zylindersymmetrischen Lichtwellenleiter

Für jeden $U^0_{\nu\mu}$-Wert ($\nu \neq 0$) sind insgesamt vier verschiedene Moden, nämlich EH- und HE-Welle und die dazu orthogonalen Wellentypen ausbreitungsfähig (siehe Unterscheidung (2-37)), für $\nu = 0$ jedoch nur zwei (TE- und TM-Welle), was jedoch vernachlässigt wird, so daß noch mit 4 multipliziert werden muß. Man erhält dann

$$M = 4\nu_{max}\mu_{max}/2 = 4V^2/\pi^2 - 2V/\pi + 1/2 \overset{V \gg 0}{\simeq} 4V^2/\pi^2 \quad . \tag{2-107}$$

Bei dieser Abschätzung sind zahlreiche Näherungen durchgeführt worden. Daher wird später (siehe Abschnitt 2.4.3) eine weitere Berechnung der Modengesamtzahl M angegeben.

2.2.8 Numerische Apertur

Eine für die Kopplung zwischen zwei LWL bzw. zwischen LWL und optoelektronischen Komponenten wichtige Größe ist die sog. Numerische Apertur (NA) des LWL. Sie ist ein Maß für den maximalen Winkel, unter dem ein Strahl auf die LWL-Frontfläche auffallen kann, um noch einen geführten Modus anzuregen. Nach Bild 2.14 ist dies jener Strahl, der nach der Brechung an der Wellenleitereintrittsfläche die Kern/Mantel-Grenzfläche unter dem kritischen Winkel θ_c der Totalreflexion trifft. Mit Hilfe des Snellius'schen Brechungsgesetzes (1-40) und der Bedingung für Totalreflexion (1-64) erhält man

$$n \sin \theta = n_1 \cos \theta_c \quad ,$$

$$n \sin \theta = n_1 \sqrt{1 - (n_2/n_1)^2} \quad ,$$

$$n \sin \theta = \sqrt{n_1^2 - n_2^2} \quad .$$

Da üblicherweise der Außenraum aus Luft besteht (n = 1), ergibt sich

$$NA \equiv \sin \theta = \sqrt{n_1^2 - n_2^2} \quad . \tag{2-108}$$

Die Numerische Apertur des LWL gibt Auskunft über den maximalen, vom Wellenleiter aufzufangenden Lichtkegel. Sind alle Wellen im Wellenleiter angeregt, so ist der maximale Abstrahlwinkel des LWL ebenfalls über die NA gegeben.

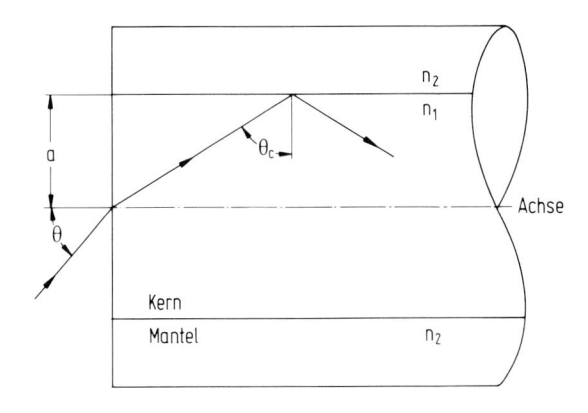

Bild 2.14
Erklärung zur Berechnung der Numerischen Apertur eines LWL

2.2.9 Modenberechnung

Mit den bisher abgeleiteten Formeln sind die Voraussetzungen gegeben, Stufenprofil-LWL zu berechnen. Liegen die Materialparameter n_1 und n_2, der LWL-Durchmesser 2a und die Lichtwellenlänge λ_0 vor, so lassen sich die NA nach (2-108) und die Strukturkonstante V nach (2-64) berechnen. Ist

2.2 Stufenprofil-Lichtwellenleiter

$V \gg 0$, so handelt es sich um einen Multimode-LWL; für $V < 2,405$ liegt ein Monomode-LWL vor. Im ersten Fall verwendet man günstigerweise zur Berechnung des Modenparameters U die angenäherte Eigenwertgleichung (2-83), wobei allerdings zusätzlich $U \ll W$ bzw. $W \approx V$ gefordert werden muß, was nur für Moden zutrifft, die nicht nahe am cutoff liegen. Für alle nahe am cutoff liegenden Moden ist die Auswertung der allgemeinen Eigenwertgleichung (2-67) notwendig.

Für alle Moden, die sehr weit vom cutoff entfernt sind, läßt sich der Modenparameter U nach (2-101) und (2-103) bestimmen, woraus mit (2-65) die Ausbreitungskonstante ß folgt zu

$$\beta = k_0 \sqrt{n_1^2 - \frac{U^2}{k_0^2 a^2}} = k_0 \sqrt{n_1^2 - \frac{NA^2 U^2}{V^2}} \quad . \tag{2-109}$$

Die Feldkomponenten dieser Welle können aus den Gleichungen (2-54) für den Innenraum und (2-55) für den Außenraum berechnet werden. Eine Rücktransformation der in Zylinderkoordinaten angegebenen Feldkomponenten ist mit einer zu (2-24) inversen Matrix möglich:

$$\begin{pmatrix} \cos\phi & -\sin\phi \\ \sin\phi & \cos\phi \end{pmatrix} \begin{pmatrix} F_r \\ F_\phi \end{pmatrix} = \begin{pmatrix} F_x \\ F_y \end{pmatrix} . \tag{2-110}$$

Bei der Berechnung der Feldkomponenten ist zu beachten, daß die Amplitudenfaktoren A, B, C und D über die Gleichungen (2-69) bis (2-72) miteinander verkoppelt sind, so daß nur eine dieser vier Größen frei wählbar ist. Aus (2-72) ergibt sich das Verhältnis B/A zu

$$\frac{B}{A} = \frac{j\beta}{W\mu_0} \frac{\nu(1/U^2 + 1/W^2)}{\eta_1 + \eta_2} = \frac{j\beta}{W\mu_0} Z \quad . \tag{2-111}$$

Mit (2-44) und (2-53) können die Ableitungen von J_ν und K_ν nach U bzw. W (in η_1 und η_2 enthalten) eliminiert werden:

$$(\eta_1 + \eta_2) = \frac{dJ'_\nu}{UJ_\nu} + \frac{K'_\nu}{WK_\nu} = -\frac{\nu^2}{U^2} + \frac{J_{\nu-1}}{UJ_\nu} - \frac{\nu}{W^2} - \frac{K_{\nu-1}}{WK_\nu} = \zeta_1 - \zeta_2 - \nu(1/U^2 + 1/W^2) \tag{2-112}$$

mit

$$\zeta_1 = \frac{J_{\nu-1}}{UJ_\nu} \quad ,$$

(2-113)

$$\zeta_2 = \frac{K_{\nu-1}}{WK_\nu} \quad .$$

Zur Beschreibung der Feldstärken ist bisher die komplexe Schreibweise verwendet worden (siehe (2-13)). Beim Übergang zur reellen Darstellung der Amplituden der Feldstärken eliminiert man den imaginären Teil. Nach (2-32) lassen sich die Feldstärken E_r, E_ϕ, H_r, H_ϕ aus den Feldstärken E_z und H_z bzw. deren Ableitungen zusammensetzen.

Der Ausdruck q (siehe (2-39)) läßt sich durch den Modenparameter U darstellen:

$$q = \gamma k_0 r = Ur/a \quad .$$

(2-114)

In gleicher Weise kann die Größe p (siehe (2-50)) durch den Modenparameter W ausgedrückt werden:

$$p = \sigma k_0 r = Wr/a \quad .$$

(2-115)

Den Realteil der in (2-54) in eckigen Klammern und in den Exponentialfunktionen vorkommenden Größen erhält man zu

$$\mathrm{Re}\{A\, e^{j\nu\phi}\} = A\cos(\nu\phi) = F_c \quad ,$$

(2-116a)

$$\mathrm{Re}\{jA\, e^{j\nu\phi}\} = -A\sin(\nu\phi) = -F_s \quad ,$$

(2-116b)

$$\mathrm{Re}\{B\, e^{j\nu\phi}\} = \frac{\beta}{\omega\mu_0} Z\, \mathrm{Re}\{jA\, e^{j\nu\phi}\} = \frac{-\beta}{\omega\mu_0} ZF_s \quad ,$$

(2-116c)

$$\mathrm{Re}\{jB\, e^{j\nu\phi}\} = \frac{-\beta}{\omega\mu_0} Z\, \mathrm{Re}\{A\, e^{j\nu\phi}\} = \frac{-\beta}{\omega\mu_0} ZF_c \quad .$$

(2-116d)

2.2 Stufenprofil-Lichtwellenleiter

(2-116) in (2-54) eingesetzt, (2-114) und (2-115) beachtet, führt zu

$$E_z(r) = F_c J_\nu \quad , \tag{2-117a}$$

$$E_r(r) = \frac{-ja^2}{U^2 r} [\beta \frac{Ur}{a} J'_\nu - Z\beta\nu J_\nu] F_c \quad , \tag{2-117b}$$

$$E_\phi(r) = \frac{-ja^2}{U^2 r} [-\beta\nu J_\nu + Z\beta \frac{Ur}{a} J'_\nu] F_s \quad , \tag{2-117c}$$

$$H_z(r) = \frac{-\beta}{\omega\mu_0} ZF_s J_\nu \quad , \tag{2-117d}$$

$$H_r(r) = \frac{-ja^2}{U^2 r} [\omega n_1^2 \varepsilon_0 \nu J_\nu - \beta \frac{Ur}{a} \frac{\beta}{\omega\mu_0} Z J'_\nu] F_s \quad , \tag{2-117e}$$

$$H_\phi(r) = \frac{-ja^2}{U^2 r} [\omega n_1^2 \varepsilon_0 \frac{Ur}{a} J'_\nu - \beta\nu \frac{\beta}{\omega\mu_0} Z J_\nu] F_c \quad . \tag{2-117f}$$

Das Argument q der Besselfunktionen ist in (2-117) nicht explizit angegeben. Wenn man (2-44) für die Ableitungen der Besselfunktionen J_ν' und (2-43) für die Besselfunktionen J_ν verwendet und einige Umstellungen durchführt, so erhält man zur Berechnung der Felder im Innenraum

$$E_r(r) = \frac{-ja\beta}{U} [\frac{1-Z}{2} J_{\nu-1} - \frac{1+Z}{2} J_{\nu+1}] F_c \quad , \tag{2-118a}$$

$$E_\phi(r) = \frac{ja\beta}{U} [\frac{1-Z}{2} J_{\nu-1} + \frac{1+Z}{2} J_{\nu+1}] F_s \quad , \tag{2-118b}$$

$$H_r(r) = \frac{-ja}{2U\omega\mu_0} [(k_1^2 - \beta^2 Z) J_{\nu-1} + (k_1^2 + \beta^2 Z) J_{\nu+1}] F_s \quad , \tag{2-118c}$$

$$H_\phi(r) = \frac{-ja}{2U\omega\mu_0} [(k_1^2 - \beta^2 Z) J_{\nu-1} - (k_1^2 + \beta^2 Z) J_{\nu+1}] F_c \quad . \tag{2-118d}$$

Obwohl die Berechnung der Felder aus (2-117a), (2-117d) und (2-118) die Verwendung von Besselfunktionen und modifizierten Besselfunktionen zweiter

Art voraussetzt, ist sie numerisch mit vertretbarem Aufwand möglich. Vorteilhaft ist dabei, daß nur noch der Amplitudenfaktor A enthalten ist. Es ist sofort erkenntlich, daß nur E_z und H_z reelle Größen sind. Die Ableitung der Feldkomponenten im Außenraum erfolgt auf ähnliche Weise.

Aus den Feldkomponenten läßt sich die von einem Modus pro Zeiteinheit und Flächeneinheit durch den Wellenleiter transportierte Energie mit dem Poyntingschen Vektor **S** [2.3, 2.4] berechnen:

$$\mathbf{S} = \frac{1}{2} [\mathbf{E} \times \mathbf{H}^*] \qquad (2\text{-}119)$$

Nur die z-Komponente von **S** liefert einen reellen Wert, da die Ausbreitungsrichtung der Welle in z-Richtung gewählt wurde. Man erhält

$$S_z = \frac{1}{2} (E_r H_\phi^* - H_r^* E_\phi) \; . \qquad (2\text{-}120)$$

(* konjugiert komplex).

Diese Größe läßt sich für den Wellenleiter mit den bereits abgeleiteten Gleichungen (2-118a), (2-118d), (2-118c) und (2-118b) berechnen. Der explizite Ausdruck für (2-120) soll wegen seiner Länge und Unübersichtlichkeit nicht angegeben werden [2.16].

Die gesamte pro Modus und Zeiteinheit durch den Wellenleiterkern (Index "in") transportierte Energie erhält man durch Integration von (2-120):

$$P_{in} = \int_0^{2\pi} \int_0^a S_{z,in} \, r \, dr \, d\phi \; . \qquad (2\text{-}121)$$

Für den Außenraum erhält man in analoger Weise

$$P_{au} = \int_0^{2\pi} \int_0^a S_{z,au} \, r \, dr \, d\phi \; , \qquad (2\text{-}122)$$

wobei $S_{z,au}$ aus den Feldern im Wellenleitermantel berechnet werden muß. Die Gesamtenergie ist dann [2.18]

$$P_{ges} = P_{in} + P_{au} \; . \qquad (2\text{-}123)$$

2.2 Stufenprofil-Lichtwellenleiter   101

2.2.10 Laufzeitberechnungen

Aus den bisher abgeleiteten Formeln können die physikalischen Eigenschaften der in einem runden Stufenprofil-LWL ausbreitungsfähigen Moden berechnet werden. Um die Verwendbarkeit dieses LWL für die optische Nachrichtentechnik überprüfen zu können, müssen weitere Größen bestimmt werden, z.B. die Geschwindigkeit, mit der die Energie eines Modus vom LWL-Anfang zum -Ende transportiert wird. Die für die Energieübertragung maßgebliche Gruppengeschwindigkeit eines Modus mit der Ausbreitungskonstante ß erhält man analog zu (1-20) aus

$$v_{gr} = \frac{d\omega}{d\beta} \quad . \tag{2-124}$$

Die Zeit t_{gr} für die Übertragung eines Lichtsignals über einen LWL der Länge L ergibt sich zu

$$t_{gr} = L/v_{gr} = L\,\frac{d\beta}{d\omega} = \frac{d\beta}{dk_1}\,L\,\frac{dk_1}{dk_0}\,\frac{dk_0}{d\omega} \quad . \tag{2-125}$$

Der zweite Teil von (2-125) liefert

$$L\,\frac{dk_1}{dk_0}\,\frac{dk_0}{d\omega} = L\,\frac{d(n_1 k_0)}{dk_0}\,\frac{d(\omega/c_0)}{d\omega} = \frac{L}{c_0}\,(n_1 + k_0\,\frac{dn_1}{d\lambda_0}\,\frac{d\lambda_0}{dk_0}) \quad . \tag{2-126}$$

Mit den Beziehungen

$$k_0 = 2\pi/\omega_0 \quad ,$$

$$\frac{dk_0}{d\lambda_0} = \frac{-2\pi}{\lambda_0^2} = \frac{-k_0}{\lambda_0} \tag{2-127}$$

erhält man aus (2-126)

$$L\,\frac{dk_1}{dk_0}\,\frac{dk_0}{d\lambda_0} = \frac{L}{c_0}\,(n_1 - \lambda_0\,\frac{dn_1}{d\lambda_0}) = \frac{L}{c_0}\,N_1 = t_{mat} \quad . \tag{2-128}$$

t_{mat} ist die durch das Material gegebene Gruppenlaufzeit und gibt die Zeit an, die eine sich frei ausbreitende Welle in einem Medium mit Brechzahl n_1

benötigt, um die Strecke L zurückzulegen (in einem LWL sind dies ca. 5 μs/km). Oftmals wird die Gruppenbrechzahl N_1 eingeführt, die nach (2-128) gegeben ist durch

$$N_1 = n_1 - \lambda_0 \frac{dn_1}{d\lambda_0} \quad . \tag{2-129}$$

Da die durch (2-128) gegebene Gruppenlaufzeit unabhängig von den Moden ist, ist sie für alle Moden bei einer gegebenen Wellenlänge gleich. Der Differentialquotient $dn_1/d\lambda_0$ in (2-129) läßt sich über die Darstellung von n_1 durch eine Sellmeier-Reihe erhalten: Eine bestimmte Brechzahl n_1 läßt sich in Abhängigkeit von der Wellenlänge λ_0 annähern durch eine Sellmeier-Reihe

$$n_1^2(\lambda_0) = 1 + \sum_{i=1}^{\infty} \frac{A_i \lambda_0^2}{\lambda_0^2 - \lambda_i^2} \quad , \tag{2-130}$$

wobei man sich im allgemeinen auf die ersten drei Terme beschränkt. Beispiele für die Sellmeier-Koeffizienten A_i und λ_i sind in Tabelle 2.3 für wichtige, bei der Herstellung von LWL verwendete Materialien gegeben. Die Ableitung $\lambda_0(dn_1/d\lambda_0)$ aus (2-130) ergibt

$$\lambda_0 \frac{dn_1(\lambda_0)}{d\lambda_0} = \frac{\lambda_0}{n_1} \sum_{i=1}^{\infty} \frac{-A_i \lambda_0^2 \lambda_i^2}{(\lambda_0^2 - \lambda_i^2)^2} \quad , \tag{2-131}$$

und für die später noch benötigte Ableitung $\lambda_0^2 d^2n_1/d\lambda_0^2$ erhält man

$$\lambda_0^2 \frac{d^2n_1(\lambda_0)}{d\lambda_0^2} = \frac{-\lambda_0^2}{n_1^3} \sum_{i=1}^{\infty} \left(\frac{-A_i \lambda_0^2 \lambda_i^2}{(\lambda_0^2 - \lambda_i^2)^2} \right)^2 + \frac{\lambda_0^2}{n_1} \sum_{i=1}^{\infty} \frac{3A_i \lambda_i^2 \lambda_0^2 + A_i \lambda_i^4}{(\lambda_0^2 - \lambda_i^2)^3} \quad .$$

$$\tag{2-132}$$

2.2 Stufenprofil-Lichtwellenleiter

Tabelle 2.3: Sellmeier-Koeffizienten A_i und λ_i für verschiedene Glaszusammensetzungen zur Berechnung der Brechzahl

Zusammensetzung	A_1	λ_1	A_2	λ_2	A_3	λ_3
Quarzglas (SiO_2)	0,696750	0,069066	0,408218	0,115662	0,890815	9,900559
13,5%GeO_2:86,5%SiO_2	0,711040	0,064270	0,451885	0,129408	0,704048	9,425478
9,1%P_2O_5:90,9%SiO_2	0,695790	0,061568	0,452497	0,119921	0,712513	8,656641
13,3%B_2O_3:86,7%SiO_2	0,690618	0,061900	0,401996	0,123662	0,898817	9,098960
1,0%F:99,0%SiO_2	0,691116	0,068227	0,399166	0,116460	0,890423	9,993707
16,9%Na_2O:32,5%B_2O_3:50,6%SiO_2	0,796468	0,094359	0,497614	0,093386	0,358924	5,999652

2.2.10.1 Modendispersion

Um das aus (2-125) noch verbliebene Differential $d\beta/dk_1$ zu berechnen, wählt man eine neue Variable $b(V)$:

$$b(V) = 1 - U^2/V^2 = \frac{(\beta/k_0)^2 - n_2^2}{n_1^2 - n_2^2} \quad . \tag{2-133}$$

Mit $n_1 \approx n_2$ kann (2-133) vereinfacht werden:

$$b(V) = \frac{\beta/k_0 - n_2}{n_1 - n_2} \cdot \frac{\beta/k_0 + n_2}{n_1 + n_2} \approx \frac{\beta/k_0 - n_2}{n_1 - n_2} \quad . \tag{2-134}$$

Da gemäß (2-68)

$$n_1 \geq \beta/k_0 \geq n_2$$

gilt, kann mit $n_1 \approx n_2$ in (2-134)

$$\beta/k_0 + n_2 \approx n_1 + n_2$$

gesetzt werden. Aus (2-134) läßt sich β eliminieren:

$$\beta = k_0[b(n_1 - n_2) + n_2] = k_0 n_1[b(1 - n_2/n_1) + n_2/n_1] \quad . \tag{2-135}$$

Wegen $n_1 \approx n_2$ kann der 2. Quotient (n_2/n_1) gleich 1 gesetzt werden. Mit der relativen Brechzahldifferenz Δ_n, die üblicherweise angegeben wird durch [2.10]

$$\Delta_n = \frac{n_1^2 - n_2^2}{2n_1^2} \quad , \tag{2-136}$$

was sich für $n_1 \approx n_2$ umformen läßt in

$$\Delta_n \approx \frac{n_1 - n_2}{n_1} = 1 - n_2/n_1 \quad , \tag{2-137}$$

führt (2-137) in (2-135) auf

2.2 Stufenprofil-Lichtwellenleiter

$$\beta = k_1(b\Delta_n + 1) \quad . \tag{2-138}$$

Für die Ableitungen $d\beta/dk_1$ muß beachtet werden, daß sowohl b als auch Δ_n Funktionen von k_1 sind und außerdem b eine Funktion von V ist; unter Verwendung von (2-138) ergibt sich

$$\frac{d\beta}{dk_1} = \frac{d\beta}{dV}\frac{dV}{dk_1} = \frac{dV}{dk_1}\frac{d}{dV}(k_1 b\Delta_n + k_1) = \frac{dV}{dk_1}\frac{d}{dV}(k_1 b\Delta_n) + 1 \quad . \tag{2-139}$$

Für die Ableitung dV/dk_1 erhält man

$$\frac{dV}{dk_1} = \frac{d}{dk_1}(k_1 a\sqrt{2\Delta_n}) = a\sqrt{2\Delta_n} + k_1 a\sqrt{2}\frac{d\sqrt{\Delta_n}}{dk_1} = \frac{V}{k_1}(1 + \frac{k_1}{2\Delta_n}\frac{d\Delta_n}{dk_1}) \quad . \tag{2-140}$$

$d(k_1 b\Delta_n)/dV$ läßt sich berechnen nach

$$\frac{d}{dV}(k_1 b\Delta_n) = \frac{d}{dV}\frac{k_1 ba\sqrt{2\Delta_n}\sqrt{\Delta_n}}{a\sqrt{2}} = \frac{\sqrt{\Delta_n}}{a\sqrt{2}}\frac{d(bV)}{dV} \quad . \tag{2-141}$$

Faßt man (2-140) und (2-141) zu (2-139) zusammen, folgt

$$\frac{d\beta}{dk_1} = \frac{V}{k_1}(1 + \frac{k_1}{2\Delta_n}\frac{d\Delta_n}{dk_1})\frac{\sqrt{\Delta_n}}{a\sqrt{2}}\frac{d(bV)}{dV} + 1 = (\Delta_n + \frac{k_1}{2}\frac{d\Delta_n}{dk_1})\frac{d(bV)}{dV} + 1 \quad . \tag{2-142}$$

$d(bV)/dV$ berechnet sich zu

$$\frac{d(bV)}{dV} = b + V\frac{db}{dV} = b + V\frac{d(1 - U^2/W^2)}{dV} = b - \frac{V^2 dU^2/dV - U^2 dV^2/dV}{V^4} =$$

$$= b - V\frac{V^2 2U\, dU/dV - U^2 2V}{V^4} = b - \frac{2U^2(1 - \xi) - 2U^2}{V^2} \quad , \tag{2-143}$$

$$\frac{d(bV)}{dV} = b + \frac{2U^2}{V^2}\xi = 1 - U^2(1 - 2\xi)/V^2 \quad . \tag{2-144}$$

In (2-144) wurde das bereits berechnete U' = dU/dV aus (2-94) verwendet. Es folgt

$$\frac{d\beta}{dk_1} = (\Delta_n + \frac{k_1}{2} \frac{d\Delta_n}{dk_1})(b + \frac{2U^2}{V^2} \xi) + 1 \qquad (2\text{-}145)$$

und daraus die gesamte Gruppenlaufzeit t_{gr} (2-125):

$$t_{gr} = t_{mat}[(\Delta_n + \frac{k_1}{2} \frac{d\Delta_n}{dk_1})(b + \frac{2U^2}{V^2} \xi) + 1] \ . \qquad (2\text{-}146)$$

Die Ableitung $d\Delta_n/dk_1$ soll noch ersetzt werden durch $d\Delta_n/d\lambda_0$. Mit

$$\frac{d\Delta_n}{dk_1} = \frac{d\Delta_n}{d\lambda_0} \frac{d\lambda_0}{dk_1} = \frac{d\Delta_n}{d\lambda_0} \frac{1}{dk_1/d\lambda_0}$$

und

$$\frac{dk_1}{d\lambda_0} = k_0 \frac{dn_1}{d\lambda_0} - n_1 \frac{2\pi}{\lambda_0^2} = -\frac{2\pi}{\lambda_0^2}(n_1 - \lambda_0 \frac{dn_1}{d\lambda_0}) = \frac{-2\pi}{\lambda_0^2} N_1 \qquad (2\text{-}147)$$

kann (2-146) mit (2-128) und (2-147) umgeformt werden in

$$t_{gr} = t_{mat} + \frac{L}{c_0}(\Delta_n N_1 - \frac{n_1 \lambda_0}{2} \frac{d\Delta_n}{d\lambda_0}) \frac{d(bV)}{dV} \ . \qquad (2\text{-}148)$$

Der zweite Teil von (2-148) ist von der Strukturkonstanten V und von b über den Differentialquotienten d(bV)/dV abhängig. Die Funktion d(bV)/dV ist in Bild 2.15 gegen V aufgetragen, wobei das in b enthaltene U jeweils aus der vereinfachten Eigenwertgleichung (2-83) für verschiedene, ausbreitungsfähige Moden berechnet wurde.

Da die Information im LWL in Form von leistungsmoduliertem Licht übertragen wird, ist die Zeitdifferenz zwischen dem langsamsten und dem schnellsten Wellentyp für die Bestimmung der Übertragungsbandbreite wichtig. Da t_{mat} in (2-148) für alle Moden gleich ist, kann es bei der weiteren Betrachtung unberücksichtigt bleiben. Der Ausdruck in den Klammern des

2.2 Stufenprofil-Lichtwellenleiter

zweiten Terms in (2-148) ist eine modenunabhängige Konstante (siehe Materialdispersion), die allein von den Materialparametern des LWL abhängt, so daß bezüglich der Modenlaufzeitdifferenz nur d(bV)/dV bestimmend ist. Mit d(bV)/dV aus (2-144)

$$\frac{d(bV)}{dV} = 1 - \frac{U^2}{V^2}(1 - 2\xi) \qquad (2\text{-}149)$$

erhält man die Extrema dieser Größe für Werte des Modenparameters U bei

$U \to 0$ (niedrigster Modus),

$U \to V$ (höchster Modus).

Setzt man für ξ die Näherung nach (2-99)

$$\xi = 1 - \frac{1}{V}, \qquad (2\text{-}150)$$

ein, so geht für $U \to 0$ bei $V \gg 0$ (2-149) gegen 1 (siehe Bild 2.15); für $U \to V$ erhält man

$$\frac{d(bV)}{dV} \overset{U \to V}{\approx} 1 - (1 - 2[1 - \frac{1}{V}]) = 2 - \frac{2}{V} .$$

Bild 2.15
Der Verlauf von d(bV)/dV als Funktion von V für verschiedene Modentypen

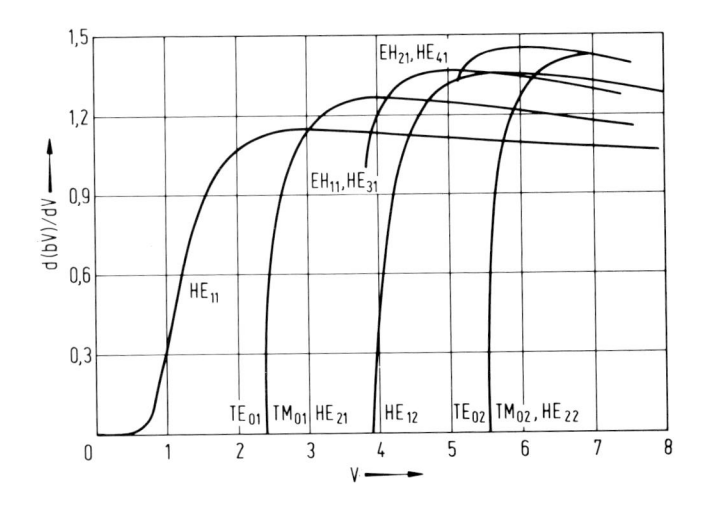

Die Laufzeitdifferenz Δt_{gr} zwischen höchstem und niedrigstem Modus bezogen auf die Übertragungslänge L ergibt sich aus

$$\frac{\Delta t_{gr}}{L} = \frac{1}{c_0}(1-\frac{2}{V})(\Delta_n N_1 - \frac{n_1 \lambda_0}{2}\frac{d\Delta_n}{d\lambda_0}) \quad . \tag{2-151}$$

Aus den Bildern 2.16 lassen sich Parameter für eine numerische Berechnung von (2-151) entnehmen. Die entsprechenden Werte für $\lambda_0 = 0,85$ µm sind in Tabelle 2.4 aufgelistet. Für dieses Beispiel ist ein SiO_2-Multimode-Stufenprofil-LWL gewählt, dessen Kern zur Brechzahlerhöhung stark mit GeO_2 dotiert ist. Dadurch wird Δ_n vergleichsweise groß, so daß mit einer sehr hohen Modendispersion zu rechnen ist. Damit ergibt sich

$$\frac{\Delta t_{gr}}{L} \approx 68 \text{ ns/km} \quad .$$

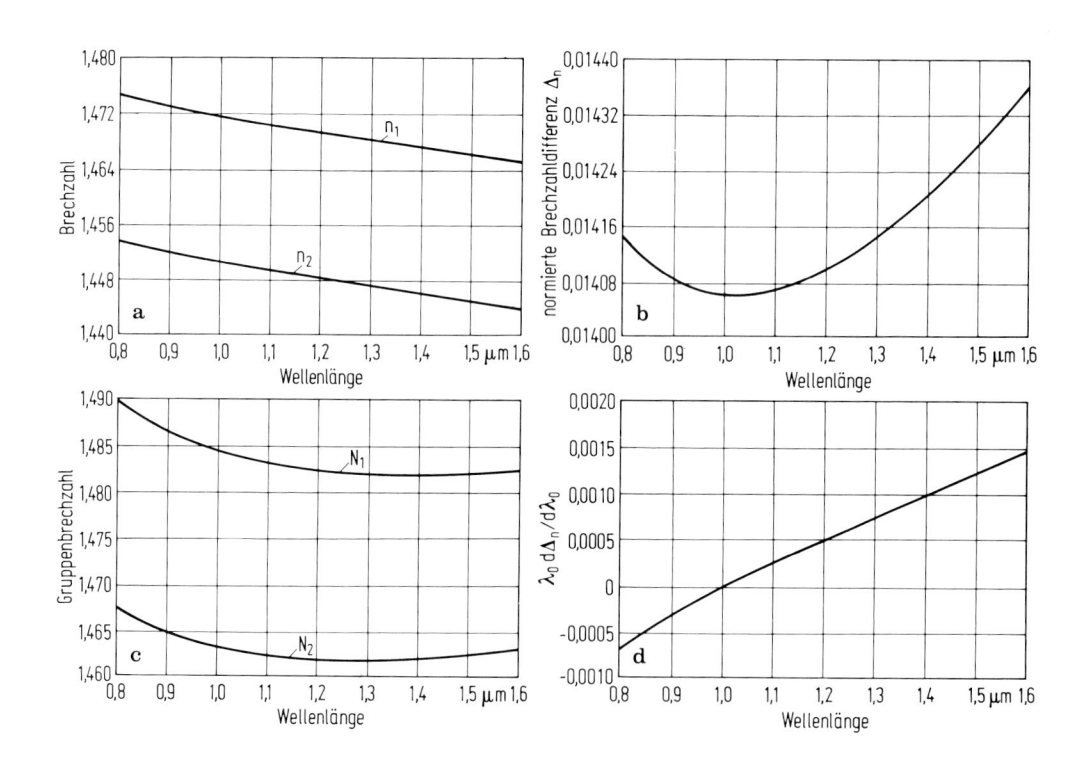

Bild 2.16
Wellenlängenabhängigkeit der für die Berechnung der Modendispersion wichtigen Größen; Kernmaterial aus 13,5% Ge-dotiertem SiO_2, Mantelmaterial aus reinem SiO_2; (a) Brechzahlen n_1 (dotiert) und n_2 (reines SiO_2); (b) normierte Brechzahldifferenz Δ_n; (c) Gruppenbrechzahlen N_1 und N_2; (d) $\lambda_0 d\Delta_n/d\lambda_0$

Tabelle 2.4: Materialwerte für einen mit 13,5% GeO_2 dotierten SiO_2-LWL (siehe Bild 2.16) bei $\lambda_0 = 0,85$ µm mit a = 25 µm (P siehe (2-216))

$n_1 = 1,4741$	$n_2 = 1,4526$
$N_1 = 1,4880$	$N_2 = 1,4661$
$\Delta_n = 0,01411$	$\lambda_0 d\Delta_n/d\lambda_0 = -0,000544$
$V = 46,1$	$P = -0,0385$

Zwischen schnellstem und langsamstem Modus besteht nach einem Kilometer Übertragungsstrecke eine Laufzeitdifferenz von 68 ns. Speist man in diesen LWL einen zeitlich unendlich kurzen Lichtimpuls (Dirac-Stoß) ein und regt dabei alle Moden gleichmäßig an, so wird am Ausgang des LWL nach 1 km Länge ein Rechteckimpuls von 68 ns Dauer eintreffen. Man spricht auch von der Impulsverbreiterung durch den LWL. In Multimode-Stufenprofil-LWL mit ähnlichen Parametern, wie sie in Tabelle 2.4 aufgelistet sind, liegt daher die Übertragungsbandbreite deutlich unter 50 MHz·km.

2.2.10.2 Materialdispersion

Für die Laufzeitbetrachtungen in einem LWL bisher unbeachtet blieb die spektrale Breite der Lichtquelle. Die durchgeführten Berechnungen gingen von einer diskreten, d.h. einer beliebig eng begrenzten Wellenlänge λ_0 des Lichtsenders aus. Alle verfügbaren Lichtquellen haben jedoch eine endliche spektrale Breite $\Delta\lambda_0$. Wird ein einzelner Modus mit einem kurzen Lichtimpuls mit der spektralen Breite $\Delta\lambda_0$ angeregt, so wird sich die Gruppengeschwindigkeit zwischen der niedrigeren und der höheren Wellenlänge innerhalb der spektralen Breite $\Delta\lambda_0$ unterscheiden, da t_{mat} eine Funktion der Wellenlänge ist (siehe (2-128)). Die Abhängigkeit ist gegeben durch $dt_{gr}/d\lambda_0$. Der Laufzeitunterschied Δt_{sp} bezogen auf die spektrale Breite $\Delta\lambda_0$ der Quelle und die Übertragungslänge L läßt sich berechnen zu

$$\frac{\Delta t_{sp}}{\Delta\lambda_0 L} = \frac{1}{L}\frac{dt_{gr}}{d\lambda_0} \quad . \tag{2-152}$$

Aus (2-125) erhält man

$$\frac{\Delta t_{sp}}{\Delta \lambda_0 L} = \frac{d}{d\lambda_0}(\frac{d\beta}{dk_1}\frac{dk_1}{dk_0}\frac{dk_0}{d\omega}) = \frac{1}{c_0}\frac{d}{d\lambda_0}(N_1\frac{d\beta}{dk_1}) \quad . \tag{2-153}$$

Um die weitere Rechnung nicht zu komplizieren und mit dem bereits berechneten Effekt der Modendispersion zu vermischen, wird eine Welle mit $\beta = k_1$ betrachtet, so daß $d\beta/dk_1 = 1$ gilt. Man erhält dann

$$\frac{\Delta t_{sp}}{\Delta \lambda_0 L} = \frac{-1}{c_0}(\lambda_0 \frac{d^2 n_1}{d\lambda_0^2}) \quad . \tag{2-154}$$

Der in runden Klammern stehende Term wird Materialdispersion genannt; die dadurch hervorgerufene Laufzeitdifferenz ist in Bild 2.17 für zwei Materialien, wie sie in LWL verwendet werden, dargestellt. In einem Bereich um 1,3 µm geht dieser Wert durch Null, so daß dann der Effekt der Materialdispersion zu vernachlässigen ist. Andererseits ist er bei 0,85 µm zu berücksichtigen, wenn er auch mit ca. 0,1·ns/(km nm) und üblichen spektralen Breiten $\Delta \lambda_0$ von 1 nm (Halbleiterlaser) bzw. 50 nm (LED) gegenüber der Modendispersion von Stufenprofil-LWL gering ist.

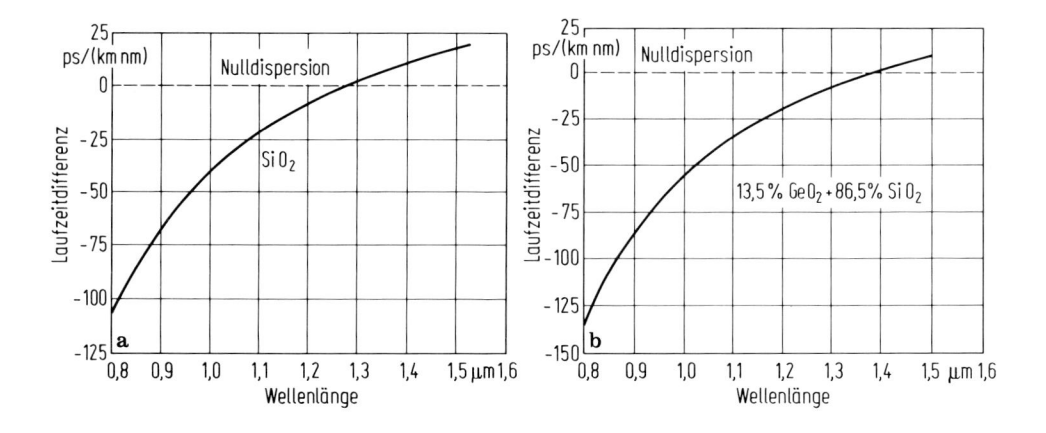

Bild 2.17
Durch die Materialdispersion hervorgerufene Laufzeitdifferenz als Funktion der Wellenlänge für reines Quarzglas (a) und 13,5% GeO_2-dotiertes Quarzglas (b)

2.2 Stufenprofil-Lichtwellenleiter

Die beiden Dispersionseffekte, Modendispersion und Materialdispersion, sind in Bild 2.18 nochmals anschaulich erklärt [2.19].

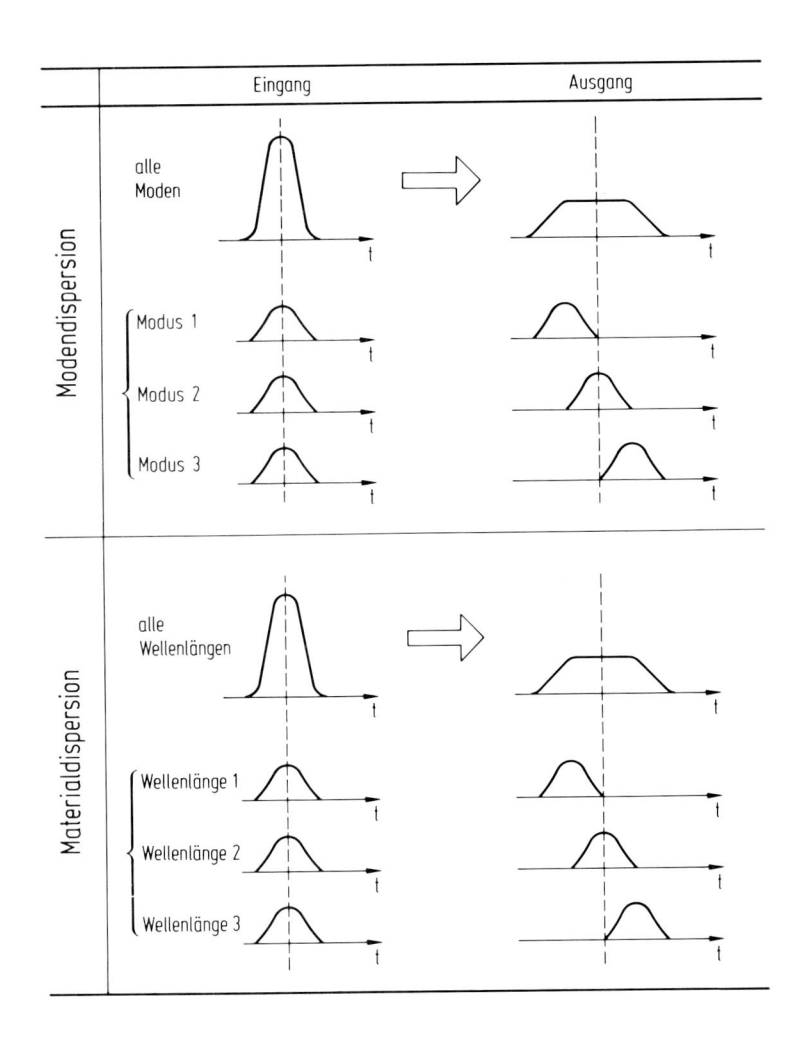

Bild 2.18
Anschauliche Darstellung des Zustandekommens von Moden- und Materialdispersion [2.19]; aufgetragen ist die Lichtleistung am Ein- und Ausgang eines LWL über die Zeit t

2.2.10.3 Wellenleiterdispersion

Berechnet man (2-153) exakt, also für $d\beta/dk_1 \neq 1$, so führt dies auf

$$\frac{\Delta t_{sp}}{\Delta \lambda_0 L} = \frac{-1}{c_0} \left[\frac{2\pi}{\lambda_0^2} N_1^2 \frac{d^2\beta}{dk_1^2} + \lambda_0 \frac{d\beta}{dk_1} \frac{d^2 n_1}{d\lambda_0^2} \right] \quad . \tag{2-155}$$

(2-155) zeigt, wie die einzelnen Effekte, Modendispersion und Materialdispersion, miteinander verbunden sind. In (2-155) taucht die weitere Größe $d^2\beta/dk_1^2$ auf, die als Wellenleiterdispersion bezeichnet wird und besonders bei Monomode-LWL eine wichtige Rolle spielt. Die Berechnung dieser Größe ist aufwendig; sie ist von der Wellenlänge abhängig und kann bei Multimode-LWL vernachlässigt werden.

Eine kurze Übersicht über die verschiedenen Dispersionen gibt [2.20].

2.3 Monomode-Lichtwellenleiter

Die nach (2-151) berechnete, durch die Modendispersion hervorgerufene stark begrenzte Übertragungsbandbreite eines Multimode-Stufenprofil-LWL bedeutet für seine Einsatzmöglichkeiten eine starke Einschränkung. Um die Modendispersion zu vermeiden, kann die Strukturkonstante V des LWL so gewählt werden, daß entweder nur ein Modus (V < 2,405, Monomode-LWL) oder zumindest nur wenige Moden ausbreitungsfähig sind (z.B. V ≈ 4 führt sechs Moden, siehe Tabelle 2.1). Es sei daran erinnert, daß auch die orthogonalen Moden mit der azimutalen Abhängigkeit nach (2-36) jeweils ausbreitungsfähig sind. Dies bedeutet, daß selbst bei V < 2,405 sich in einem LWL noch zwei zueinander orthogonale und daher voneinander unabhängige HE_{11}-Moden ausbreiten.

Die Abmessungen des wellenleitenden Kerns eines Monomode-LWL werden sehr gering; nach (2-64) ergibt sich für den Kernradius a

$$a = \frac{V}{k_1 \sqrt{2\Delta_n}} \tag{2-156}$$

bzw. mit praxisorientierten Parametern (siehe Tabelle 2.4)

2.3 Monomode-Lichtwellenleiter

$$a = 2,5 \text{ μm} \quad \text{bei} \quad \lambda_0 = 0,85 \text{ μm} \quad .$$

Dieser Wert ist ungünstig, da mit diesen Abmessungen die Handhabung - speziell die Kopplung von LWL - sowie die reproduzierbare Herstellung problematisch werden.

Andererseits wird mehr und mehr deutlich, daß sich die Zukunft der optischen Nachrichtentechnik in einem Wellenlängengebiet von $\lambda_0 = 1,3$ μm bzw. $\lambda_0 = 1,55$ μm bewegen wird. Berücksichtigt man dies in (2-156), so ergeben sich Kerndurchmesser für Monomode-LWL, die bis zu 10 μm betragen können und damit besser zu handhaben sind. Da sich die Technologie für Monomode-LWL in letzter Zeit wesentlich verbessern ließ, erreicht man für diese LWL Dämpfungswerte, die mit denen von Multimode-LWL vergleichbar sind. Eine volle Ausnutzung der Übertragungsbandbreite, die bei Monomode-LWL nur noch durch die Material- und die Wellenleiterdispersion begrenzt ist, ist daher möglich. Material- und Wellenleiterdispersion lassen sich durch geeignete Wahl des Kerndurchmessers und der normierten Brechzahldifferenz kompensieren (sog. Nulldispersion). Die relativ komplizierten Zusammenhänge zeigt Bild 2.19: Durch die Wahl von 2a und Δ_n wird nicht nur die Nulldispersion bestimmt, sondern es werden auch andere Eigenschaften des Monomode-LWL beeinflußt, z.B. die durch Krümmung hervorgerufenen Abstrahlungsverluste. Nach Bild 2.19 ist nur für Wellenlängen um 1,3 μm die Nulldispersion mit ausreichend großen Kernradien von 8 μm bis 9 μm zu erreichen. Bei Wellenlängen um 1,55 μm liegen die maximal zulässigen Kernradien bei 4 μm [2.21], so daß Kopplungs- und Handhabungsprobleme auftreten. Daher ist in Zukunft bei Monomode-LWL mit einem verstärkten Einsatz der 1,3 μm-Systeme zu rechnen [2.22-2.24].

Die Ausbreitungskonstante des HE_{11}-Modes sowie das zugehörige Feld lassen sich entsprechend den für die Multimode-LWL mit Stufenprofil abgeleiteten exakten Gleichungen berechnen, was jedoch sehr aufwendig ist. Speziell im Falle der Monomode-LWL läßt sich eine vereinfachte, anschaulichere Darstellung verwenden, wobei - und das ist besonders hervorzuheben - auch nichtstufenförmige Brechzahlprofile betrachtet werden können, d.h. daß die Brechzahl eine Funktion des Ortes im LWL-Kern annehmen kann. Gerade bei Monomode-LWL ist eine solche Betrachtung aus praktischer Sicht notwendig, da es technologisch kaum mehr möglich ist, bei LWL-Kerndurchmessern von weniger als 10 μm ein wirkliches Stufenprofil herzustellen.

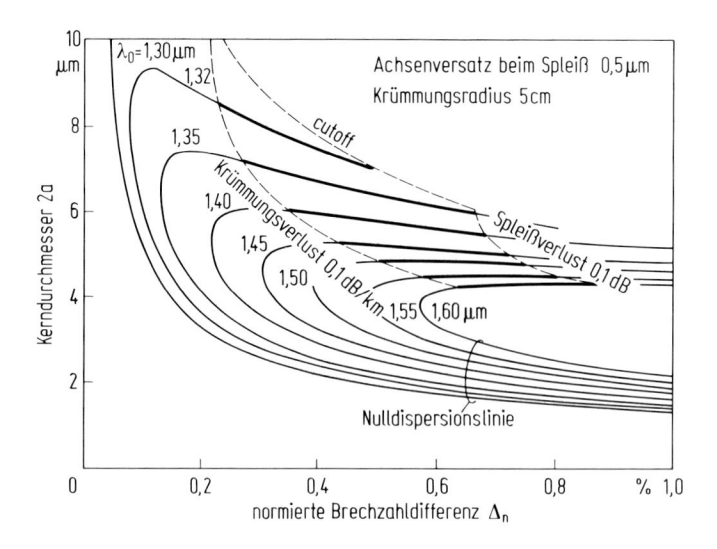

Bild 2.19
Dimensionierung von Monomode-LWL bezüglich Kerndurchmesser 2a und normierter Brechzahldifferenz Δ_n zur Kompensation von Material- und Wellenleiterdispersion unter Berücksichtigung von Spleiß- und Krümmungsverlusten [2.23]; Parameter ist die Wellenlänge λ_0; oberhalb der durch cutoff gegebenen Grenze sind höhere Moden ausbreitungsfähig

Die nachfolgende Darstellung wurde von A.Snyder entwickelt [2.25]. Für diese Betrachtung setzt man voraus, daß die Brechzahldifferenz zwischen Kern und Mantel sehr klein ist, was auch bei Monomode-LWL in der Praxis gegeben ist.

Die Felder in einem zylindersymmetrischen dielektrischen Wellenleiter lassen sich darstellen durch

$$\mathbf{E}(r,\phi,z,t) = \mathbf{e}(r,\phi) \exp[j(\omega t - \beta z)] ,$$
$$\mathbf{H}(r,\phi,z,t) = \mathbf{h}(r,\phi) \exp[j(\omega t - \beta z)] ,$$

(2-157)

wobei sich die Welle mit der Ausbreitungskonstanten β in z-Richtung ausbreitet; **e** und **h** sind allgemeine Funktionen, die im Falle des Multimode-LWL mit Stufenprofil bereits berechnet wurden (siehe Abschnitt 2.2.2). Mit der Annahme $n_1 \approx n_2$ und der Ungleichung (2-68) folgt

2.3 Monomode-Lichtwellenleiter

$$\beta \equiv k = 2\pi n/\lambda_0 \qquad (2\text{-}158)$$

mit

$$n_2 \leq n \leq n_1 \; .$$

β in (2-158) kann man als Ausbreitungskonstante einer sich frei ausbreitenden Welle im Medium mit Brechzahl n ansehen. Dies entspricht einer transversal elektromagnetischen Welle, die linear polarisiert ist. Legt man die Polarisation in x-Richtung, so lassen sich die Felder dieser Welle darstellen durch

$$E_x = \Psi \exp(-j\beta z) \; , \qquad (2\text{-}159)$$

$$H_y = n \sqrt{\varepsilon_0/\mu_0} \; E_x \; . \qquad (2\text{-}160)$$

(2-160) geht aus (1-48) hervor; die zeitliche Abhängigkeit $\exp(j\omega t)$ ist hier und im weiteren unterdrückt.

Ψ in (2-159) stellt die räumliche Änderung des Feldes in der Ebene senkrecht zur LWL-Achse dar. Alle Feldkomponenten außer E_x und H_y sind vernachlässigbar klein (frei ausbreitende Welle!). Unter der Voraussetzung $n_1 \simeq n_2$ muß nicht mehr bezüglich der Ebene der Polarisation (für $n_1 \rightarrow n_2$ werden (1-76) und (1-77) identisch) und damit der azimutalen φ-Komponente unterschieden werden, so daß Ψ(r) als skalare Größe behandelt werden kann und die skalare Wellengleichung erfüllen muß, wie sie gegeben ist durch

$$\frac{\partial^2 \Psi(r)}{\partial r^2} + \frac{1}{r}\frac{\partial \Psi(r)}{\partial r} + [k^2(r) - \beta^2]\Psi(r) = 0 \qquad (2\text{-}161)$$

(vergl. auch (2-34) mit $d^2/d\phi^2 = 0$). Durch diese Vereinfachung läßt sich eine leichtere mathematische Beschreibung durchführen. Allerdings wird durch den Fortfall der φ-Abhängigkeit verdeckt, daß nach (2-37) auch in einem Monomode-LWL zwei orthogonale HE_{11}-Moden ausbreitungsfähig sind; bei einem absolut zylindersymmetrischen LWL spielt dies keine Rolle, da die Wellen bis auf die Polarisation gleiche Eigenschaften haben. Bei Unsymmetrie, z.B. Elliptizität des Wellenleiters oder Doppelbrechung muß dies jedoch berücksichtigt werden [2.25, 2.26]. Damit soll nochmals auf den Widerspruch hingewiesen werden, der durch die Wahl des Namens Monomode-LWL entsteht: Es sind auch in einem Monomode-LWL immer zwei voneinander unabhängige Moden ausbreitungsfähig. Für spezielle Anwendungen ist man auch an Monomode-LWL interessiert, bei denen nur eine einzige Welle mit gegebener Polarisation ausbreitungsfähig ist [2.27, 2.28]. Dies ist auch dann günstig, wenn es sich zeigt, daß Monomode-LWL aus technologischen Gründen keine Zylindersymmetrie sehr hoher Güte aufweisen können; die beiden ausbreitungsfähigen Wellen wären dann unterschiedlich schnell, so daß eine erhebliche Reduzierung der Übertragungsbandbreite auftreten würde [2.29]; eine Meßmethode zur Untersuchung dieser Phänomene ist in [2.30] angegeben. Auch äußere Einflüsse, wie Druck und Temperatur, können die Symmetrie eines Monomode-LWL zerstören [2.31-2.33].

In (2-161) ist beachtet, daß n eine Funktion des Radius r sein kann, also auch k eine Funktion des Radius ist.

Zur weiteren Berechnung muß $\Psi(r)$ bestimmt werden. Die Feldverteilung für einen Monomode-LWL mit Stufenprofil ergibt eine annähernd gaußförmige Verteilung, so daß dies in erster Näherung als Lösung angesetzt werden kann:

$$\Psi(r) = \exp[-(r/r_0)^2/2] \quad , \tag{2-162}$$

wobei die neue Größe r_0 den Fleckradius (Abfall des Feldes auf den 1/e-Wert) der geführten Welle darstellt. Löst man (2-161) nach β^2 auf, nachdem mit $r\Psi(r)$ multipliziert wurde, so erhält man

$$\beta^2 = \frac{1}{r\Psi^2(r)} \left[r\Psi(r) \frac{\partial^2 \Psi(r)}{\partial r^2} + \Psi(r) \frac{\partial \Psi(r)}{\partial r} + k^2(r) r \Psi^2(r) \right] \quad . \tag{2-163}$$

Mit der Identität

$$r\Psi(r) \frac{\partial^2 \Psi(r)}{\partial r^2} + \Psi(r) \frac{\partial \Psi(r)}{\partial r} = \frac{\partial}{\partial r} r\Psi(r) \frac{\partial \Psi(r)}{\partial r} - r\left(\frac{\partial \Psi(r)}{\partial r}\right)^2 \tag{2-164}$$

läßt sich (2-163) umformen in

$$\beta^2 = \frac{1}{r\Psi^2(r)} \left[\frac{\partial}{\partial r} r\Psi(r) \frac{\partial \Psi(r)}{\partial r} - r\left(\frac{\partial \Psi(r)}{\partial r}\right)^2 + k^2(r) r \Psi^2(r) \right]$$

bzw.

2.3 Monomode-Lichtwellenleiter

$$\beta^2 = \frac{r\Psi(r)\frac{\partial \Psi(r)}{\partial r} + [-(\frac{\partial \Psi(r)}{\partial r})^2 + k^2(r)\Psi^2(r)]rdr}{r\Psi^2(r)dr} \quad . \tag{2-165}$$

Durch die vollständige Integration von (2-165) über $r = 0$ bis $r = \infty$ erhält man

$$\beta^2 = \frac{\int_0^\infty [-(\frac{\partial \Psi(r)}{\partial r})^2 + k^2(r)\Psi^2(r)]rdr}{\int_0^\infty r\Psi^2(r)\, dr} \quad . \tag{2-166}$$

Der erste Summand im Zähler von (2-165) ist 0, da $\Psi(r)$ bei $r = 0$ endlich ist und exponentiell für $r \to \infty$ gegen 0 geht.

Setzt man (2-162) in (2-166) ein und bildet die Ableitung $d\beta^2/dr_0 = 0$, was einem stationären Zustand entspricht, so erhält man den Fleckradius r_0. Damit sind sowohl ß als auch r_0 bestimmt, so daß bei bekanntem Brechzahlverlauf $n(r)$ auch die Felder nach (2-159), (2-160) berechnet werden können. $n(r)$ kann durch eine Funktion f, die quadratisch von r abhängt, also $f(r^2/a^2)$, beschrieben werden:

$$n^2(r) = n_1^2[1 - 2\Delta_n f(r^2/a^2)] \quad , \tag{2-167}$$

wobei n_1 die Brechzahl im Zentrum des Kernes und a ein fiktiver Radius sind; die normierte Brechzahl Δ_n ist gegeben durch (2-136). $f(r^2/a^2)$ ist zunächst eine beliebige Funktion, für die jedoch

$$f = 0 \quad \text{für } r = 0 \quad ,$$
$$f = 1 \quad \text{für } r = \infty \tag{2-168}$$

gelten muß. Als Beispiel für die weitere Rechnung wählt man für die Funktion f die Darstellung

$$f(r^2/a^2) = 1 - \exp(-r^2/a^2) \quad . \tag{2-169}$$

(2-162) und (2-169) in (2-166) eingesetzt, führt auf

$$(a\beta)^2 = (ak_1)^2 - (a/r_0)^2 - V^2[(a/r_0)^2 + 1]^{-1} \quad , \qquad (2\text{-}170)$$

worin die Strukturkonstante V in ihrer bekannten Definition (2-64) enthalten ist. Löst man mit (2-170) den Ausdruck $d\beta^2/dr_0 = 0$, so erhält man den Fleckradius r_0 zu

$$r_0^2 = a^2/(V - 1) \quad . \qquad (2\text{-}171)$$

(2-171) ist physikalisch nur sinnvoll für V > 1, was jedoch für alle in der Praxis vorkommenden Monomode-LWL gewährleistet ist, da man den Kernradius so groß wie möglich machen möchte. Um ß auszurechnen, setzt man r_0 in (2-170) ein und erhält

$$(a\beta)^2 = (ak_1)^2 - 2V + 1 \quad . \qquad (2\text{-}172)$$

(2-172) ist nur sinnvoll für V > 1/2, was jedoch - wie erwähnt - zutrifft.

Da damit sowohl der Fleckradius als auch die Ausbreitungskonstante vollständig beschrieben sind, ist auch die Feldverteilung definiert. Da der Fleckradius auch experimentell bestimmt werden kann [2.34], ist auch ß meßtechnisch zu erfassen.

Mit Hilfe dieser vereinfachten, angenäherten Theorie lassen sich auch andere wichtige Größen eines Monomode-LWL berechnen, wobei zunächst keine Angaben über das Profil gemacht werden müssen.

Die Energiedichte als Funktion von r der in z-Richtung geführten Energie ist durch den Poynting-Vektor gegeben (siehe (2-119)):

$$S(r) = \frac{1}{2} E_x H_y^* = \frac{1}{2} n \sqrt{\varepsilon_0/\mu_0} \exp[-(r/r_0)^2] \quad . \qquad (2\text{-}173)$$

Daraus ergibt sich die Gesamtenergie zu

$$P_{ges} = 2 \int_0^{r_0} S(r) r \, dr = \frac{\pi}{2} n \sqrt{\varepsilon_0/\mu_0} \, r_0^2 \quad . \qquad (2\text{-}174)$$

Die reziproke Gruppengeschwindigkeit läßt sich errechnen aus

$$1/v_{gr} = \frac{\partial \beta}{\partial \omega} = \frac{\omega \mu_0}{\beta} n_1^2 \{1 + \frac{2\Delta n}{V^2} [(a/r_0)^2 - a^2(k_1^2 - \beta^2)]\} \quad . \qquad (2\text{-}175)$$

Aus v_{gr} läßt sich über $(dv_{gr}/d\omega)^{-1}$ die für den Monomode-LWL wichtige Wellenleiterdispersion ableiten. Da die Wellenleiterdispersion durch die Materialdispersion kompensiert werden kann [2.35-2.37], weisen Monomode-LWL sehr hohe Übertragungsbandbreiten auf, die auch in nicht optimierten Bereichen bei einigen 10 GHz·km liegen.

Der geschilderte angenäherte Rechengang erlaubt die Bestimmung der Eigenschaften für Monomode-LWL mit beliebigem Brechzahlprofil. In [2.25] sind noch weitergehende Berechnungen für Gauß- und Stufenprofile und in [2.37] für Potenzprofile durchgeführt.

Abschätzungen über die theoretisch maximal erreichbare Übertragungsbandbreite und ein Vergleich mit den praktischen Anforderungen und den technologischen Einflüssen sind in [2.29] angegeben. Danach sind bei einem idealen Monomode-LWL ca. 100 Gbit/s auf einer Übertragungslänge von 100 km möglich, sofern die Wellenlänge optimal gewählt wird. Weitere Berechnungen enthält [2.38]; hier wird der Einfluß der Dimensionierung eines Monomode-LWL auf die Übertragungsbandbreite beschrieben.

2.4 Gradientenprofil-Lichtwellenleiter

Nicht immer wird eine derart hohe Bandbreite benötigt, wie sie Monomode-LWL aufweisen, so daß der Wunsch nach einem LWL-Typ besteht, dessen Übertragungsbandbreite zwar wesentlich höher als die eines Stufenprofil-Multimode-LWL ist, dessen Kernabmessungen jedoch auch wesentlich größer als die eines Monomode-LWL sind, so daß eine einfache Handhabung gewährleistet ist.

Betrachtet man die Modendispersion in einem Multimode-Stufenprofil-LWL strahlengeometrisch, so haben die hohen Moden (kleiner Winkel θ_1 in Bild 2.20) einen längeren Weg zurückzulegen als die niedrigen Moden (großer Winkel θ_1 in Bild 2.20). Andererseits - wegen der häufigen Reflexionen - halten sich die hohen Moden größtenteils im Kernrandgebiet auf, während die niedrigen Moden hauptsächlich das Kernzentrum durchlaufen. Daher muß die Wellenausbreitung im Kernrandgebiet "beschleunigt", im Kernzentrum dagegen "gebremst" werden. Am einfachsten läßt sich dies realisieren, wenn man innerhalb des Kerngebiets eine variable Brechzahl zuläßt (im

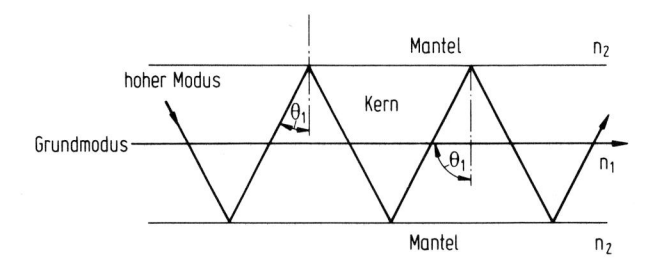

Bild 2.20
Strahlengeometrische Unterscheidung von hohen und niedrigen Moden

Randgebiet niedriger als im Zentrum) [2.39]. Einen derartigen LWL, der eine radiusabhängige Brechzahl n(r) besitzt, nennt man daher Gradientenprofil-LWL. Mit der Profilfunktion f(r) erhält man

$$n(r) = n_1 \sqrt{1 - 2\Delta_n f(r)} \quad , \qquad (2\text{-}176)$$

wobei Δ_n der in (2-136) gegebenen Definition der normierten Brechzahldifferenz entspricht und für $n_1 \approx n_2$ nach (2-137) vereinfacht werden kann.

An f(r) ist die Forderung zu richten, daß

$f(r) = 0$ mit $r = 0$,

$f(r) = 1$ mit $r \geq a$. $\qquad (2\text{-}177)$

Die bei diesem Ansatz gemachte Voraussetzung, daß f nur eine Funktion von r ist, ist nicht exakt, da sich die Profilfunktion auch mit der Wellenlänge λ_0 ändern kann, weil die Dispersion der Brechzahlen im LWL-Kern und -Mantel unterschiedlich sein kann. Dieser Zusammenhang wird mit Profildispersion bezeichnet. Da dieser Effekt sehr klein ist, soll er im weiteren nicht näher betrachtet werden.

Eine Welle mit der Ausbreitungskonstanten ß breite sich in einem derartigen LWL in z-Richtung aus. Durch ß und die zunächst nicht berücksichtigten Polarisationszustände ist ein Modus beschrieben, dem man als strahlengeometrische Näherung einen Lichtstrahl mit der Ausbreitungskonstanten k(r) zuordnen kann (sofern $a \gg \lambda_0$). Nach Bild 2.21 durchläuft dieser Strahl Gebiete mit veränderlicher Brechzahl n(r). Der Zusammenhang zwischen n(r) und k(r) ergibt sich zu

2.4 Gradientenprofil-Lichtwellenleiter

$$k(r) = k_0 n(r) = k_1 \sqrt{1 - 2\Delta_n f(r)} \qquad \text{für } r \leq a , \qquad (2\text{-}178)$$

so daß $k(r)$ zwischen den Extremwerten

$$k_1 \geq k(r) \geq k_2 = k_1 \sqrt{1 - 2\Delta_n} \qquad (2\text{-}179)$$

liegt. Da sich $k(r)$ verändert, ß jedoch konstant ist, muß auch die Ausbreitungskonstante k_ϕ in azimutaler Richtung von r abhängig und damit veränderlich sein. Wie bei der Ableitung des Modenparameters ν in (2-36) muß nun auch für beliebiges r ein Vielfaches der azimutalen Wellenlänge λ_ϕ in den durch r beschriebenen Kreis passen (stehende Welle), also gelten

$$\lambda_\phi \nu = 2\pi r \qquad \text{mit } \nu = 0, 1, 2, \ldots , \qquad (2\text{-}180)$$

$$k_\phi = 2\pi/\lambda_\phi = \nu/r . \qquad (2\text{-}181)$$

Unter der azimutalen Ausbreitungskonstanten k_ϕ versteht man die Komponente von $k(r)$ in Umfangsrichtung (siehe Bild 2.21). Mit der Definition nach (2-181) behält ν den Charakter der in Kap. 2.2 definierten Modenzahl bei. Die Radialkomponente k_r ist ebenfalls von r abhängig und läßt sich ausdrücken durch (Bild 2.21)

$$k_r(r) = \sqrt{k^2(r) - \beta^2 - (\nu/r)^2} . \qquad (2\text{-}182)$$

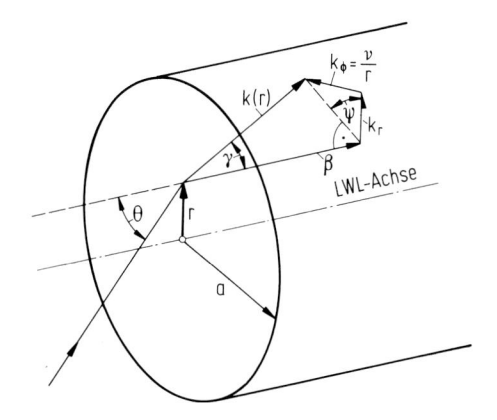

Bild 2.21
Zusammenhang zwischen den verschiedenen Komponenten der Ausbreitungskonstante ß in einem Gradientenprofil-LWL; es ist nur der LWL-Kern gezeigt

Damit die Welle ausbreitungsfähig ist, müssen alle vier Größen $k(r)$, β, k_ϕ, k_r reell sein. Aus (2-182) läßt sich der Bereich ableiten, für den $k_r(r)$ reell ist. In Bild 2.22 [2.40] sind die beiden Funktionen $(k^2(r)-\beta^2)$ und $(\nu/r)^2$ in Abhängigkeit von r aufgetragen. β, ν und $k(r)$ sind willkürlich gewählt. In Bild 2.22a ist zunächst der Fall für den Stufenprofil-LWL angegeben $(k^2(r)-\beta^2 = \text{const.})$, in Bild 2.22b für einen LWL mit variabler Brechzahl (Gradientenprofil-LWL).

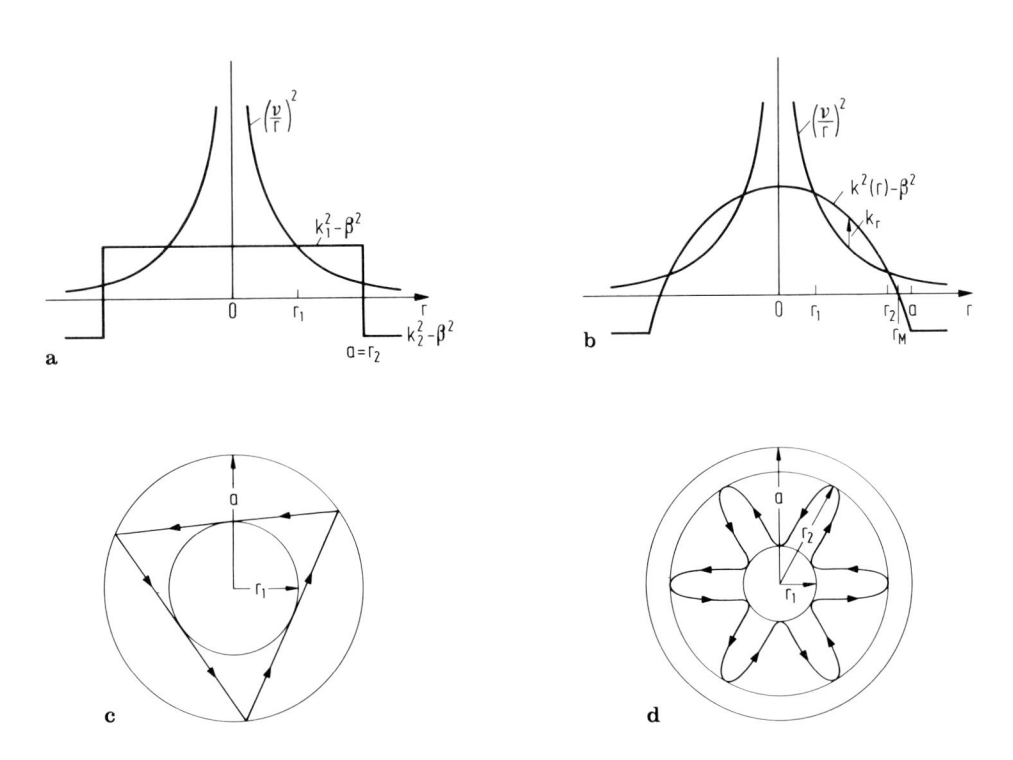

Bild 2.22
Wellenausbreitung in einem LWL; Darstellung von $k^2(r)-\beta^2$ und $(\nu/r)^2$ als Funktion von r zur Bestimmung der Kaustikradien für den Stufenprofil-LWL (a) und den Gradientenprofil-LWL (b); strahlenoptische Ausbreitung in einem Stufenprofil-LWL (c) und einem Gradientenprofil-LWL (d) (jeweils Projektion auf die LWL-Frontfläche)

Die Funktion $k^2(r)-\beta^2$ stellt den Verlauf der Brechzahl dar, ist aber um β^2 in die negative Richtung verschoben. $(\nu/r)^2$ ist eine Hyperbel. r_1 und r_2 legen den Bereich fest, in dem $k_r(r)$ reell ist.

2.4 Gradientenprofil-Lichtwellenleiter

Strahlengeometrisch betrachtet bedeutet dies, daß beim Stufenprofil-LWL der Strahl einen im Zentrum gelegenen Teil des LWL nicht durchläuft; die Strahlen bilden eine innere Kaustik mit Radius r_1 (Bild 2.22c).

Beim Gradientenprofil-LWL gibt es zusätzlich einen äußeren Radius r_2. Aus dem Strahlverlauf erkennt man, daß der Strahl dann nicht mehr bis zum LWL-Mantel vordringt (Bild 2.22d).

Die wichtigsten, bereits für den Stufenprofil-LWL definierten Modenparameter U, W und die Strukturkonstante V sind ebenfalls in dieser Darstellung enthalten: V^2 ergibt sich aus der Differenz zwischen Maximum und Minimum der Kurve $k^2(r)-\beta^2$, multipliziert mit a^2:

$$[(k_1^2 - \beta^2) - (k_2^2 - \beta^2)]a^2 = (k_1^2 - k_2^2)a^2 = k_0^2(n_1^2 - n_2^2)a^2 = V^2 \quad . \tag{2-183}$$

Das Maximum der Kurve $k^2(r)-\beta^2$ enthält den Modenparameter U:

$$(k_1^2 - \beta^2) = U^2/a^2 \quad ,$$

während das Minimum mit W verknüpft ist:

$$(k_2^2 - \beta^2) = -W^2/a^2 \quad .$$

In Analogie zum Stufenprofil-LWL existiert auch beim Gradientenprofil-LWL die Modenzahl μ, die aus der radialen Komponente $k_r(r)$ bestimmt wird. Bei einem vollständigen Umlauf des Strahles muß nicht nur die Periodizität in azimutaler Richtung (siehe (2-180) bzw. (2-181)) erfüllt sein, sondern auch in radialer Richtung, um zu einer selbstkonsistenten Feldverteilung zu gelangen. Damit dies erfüllt ist, muß für $k_r(r)$ gelten

$$\mu\pi = \int_{r_1}^{r_2} k_r(r)dr = \int_{r_1}^{r_2} \sqrt{k^2(r) - \beta^2 - (\nu/r)^2}\, dr \quad , \tag{2-184a}$$

d.h. die Phasenverschiebung in radialer Richtung beim Durchlaufen von r_1 nach r_2 und zurück muß ein Vielfaches von 2π sein. (Der Faktor 2 wurde bereits gekürzt.) In (2-184a) ist unberücksichtigt, daß die Welle durch die radiale Strahlumkehr bei r_1 bzw. r_2 eine weitere Phasenverschiebung erhält, nämlich jeweils $\pi/2$. Dies führt auf

$$(\mu + \frac{1}{2})\pi = \int_{r_1}^{r_2} k_r(r)\,dr = \int_{r_1}^{r_2} \sqrt{k^2(r) - \beta^2 - (\nu/r)^2}\, dr \quad . \tag{2-184b}$$

2.4.1 WKBJ-Näherung

Die Ableitung der Zusammenhänge für einen Gradientenprofil-LWL, wie sie in den Formeln (2-180) bis (2-184) enthalten sind, entstand auf anschaulichem Weg unter Verwendung der Strahlenoptik. Andererseits ist die Wellengleichung (1-38) für eine variable Brechzahl $n(r)$ nicht mehr gültig: Bei ihrer Ableitung wurde vorausgesetzt, daß $\mathrm{div}(\mathbf{D}/(\varepsilon_r \varepsilon_0)) = 0$ ist, da $\mathrm{div}\,\mathbf{D} = 0$ gilt und $\varepsilon_r \varepsilon_0$ als konstant angesehen wurde. Dies gilt nun nicht mehr, da $\varepsilon_r = n^2(r)$ gesetzt werden muß, so daß noch ein weiterer Term (Ableitung einer Funktion der Brechzahl nach dem Ort) in der Wellengleichung berücksichtigt werden muß. Da sich jedoch $n(r)$ mit r nur sehr wenig ändert, kann dieser Zusatzterm vernachlässigt werden. Dies ist die Voraussetzung für die Verwendung der WKBJ-Methode (WKBJ: G. W̲entzel, H.A. K̲ramers, L. B̲rillouin und H. J̲effreys, die diese Methode unabhängig voneinander bei der Lösung verschiedenartiger physikalischer Probleme entwickelten) [2.41]; dadurch reduziert sich die Wellengleichung zur ursprünglichen Form (2-38):

$$\frac{\partial^2 F(r)}{\partial r^2} + r \frac{\partial F(r)}{\partial r} + [k^2(r) - \beta^2 - (\nu/r)^2]F(r) = 0 \quad . \tag{2-185}$$

Eine Substitution mit $[k^2(r)-\beta^2]r$ gemäß (2-39) ist nun wegen $k^2(r) \neq$ const. eigentlich nicht möglich. Da jedoch vorausgesetzt war, daß sich $k(r)$ nur sehr gering mit r ändert, kann $k(r)$ in (2-185) für einen kleinen Bereich als konstant angesehen werden. Mit zwei weiteren Vereinfachungen, nämlich der Beschränkung auf einheitlich polarisierte Wellen ($\nu = 0$) und der Verwendung der Näherung für die Besselfunktionen nach (2-42), erhält man aus (2-185) das Ergebnis

$$F(q) = \sqrt{\frac{2}{\pi q}} \cos(\underline{w} - \frac{\pi}{4}) \tag{2-186}$$

mit $q^2 = k^2(r) - \beta^2$. Außerdem ist in (2-186)

$$\underline{w} = \int_r k_r(r)\,dr \quad . \tag{2-187}$$

2.4 Gradientenprofil-Lichtwellenleiter

w berücksichtigt die langsame Änderung von k(r). Entsprechend den Lösungen für den Stufenprofil-LWL sind die Besselfunktionen nur Lösungen in dem Bereich, in dem sich die Welle ausbreiten kann. Dies wird auch sofort aus (2-186) deutlich, da $q > 0$ gelten muß. In dem anschaulichen Bild 2.22b bedeutet dies, daß (2-186) nur gültig ist für $r_1 \leq r \leq r_2$, also zwischen der inneren und der äußeren Kaustik.

Trotz der langsamen Änderung von k(r) wird deutlich, daß für $r \rightarrow r_1$ eine andere Lösung angesetzt werden muß als für $r \rightarrow r_2$.

Für $r \rightarrow r_1$ erhält man

$$F(q) = \sqrt{\frac{2}{\pi q}} \cos(w - \frac{\pi}{4}) \qquad (2\text{-}188)$$

mit

$$w = \int_{r_1}^{r} k_r(r) dr \quad . \qquad (2\text{-}189)$$

Für $r \rightarrow r_2$ folgt analog

$$F(q) = \sqrt{\frac{2}{\pi q}} \cos(w' - \frac{\pi}{4}) \qquad (2\text{-}190)$$

mit

$$w' = \int_{r}^{r_2} k_r(r) dr \quad . \qquad (2\text{-}191)$$

Es ist natürlich nicht sinnvoll, innerhalb eines Gebietes zwei verschiedene Lösungen zu haben, so daß (2-188) und (2-190) identisch sein sollten. Durch Umformung des Arguments der Cosinusfunktion in (2-190) ergibt sich unter Verwendung von (2-189)

$$w' - \frac{\pi}{4} = \int_{r}^{r_2} k_r(r) dr - \frac{\pi}{4} = \int_{r}^{r_2} k_r(r) dr + \int_{r_1}^{r} k_r(r) dr - w - \frac{\pi}{4} =$$

$$= \int_{r_1}^{r_2} k_r(r) dr - w - \frac{\pi}{4} \quad .$$

Im Gebiet zwischen r_1 und r_2 soll $w = w'$ gelten. Berücksichtigt man, daß $\cos(w'-\pi/2) = \cos(-w'+\pi/2)$ und daß die Beträge der Funktionen (2-188) und (2-180) dann identisch sind, wenn die Argumente der Cosinusfunktion gleich sind oder sich um ein ganzzahliges Vielfaches von π unterscheiden, so folgt daraus

$$(\mu + \frac{1}{2})\pi = \int_{r_1}^{r_2} k_r(r)\,dr \qquad (2\text{-}192)$$

mit μ als ganzer Zahl. Da der Ansatz (2-186) nahe den Umkehrpunkten r_1 und r_2 ungültig ist, muß der Abstand (r_2-r_1) genügend groß bzw. nach (2-192) $\mu \gg 1$ sein. Erinnert man sich der anfänglichen Voraussetzungen $\nu = 0$, so heißt dies, daß die WKBJ-Methode eine sehr gute Näherung für alle Moden ist, die weit vom cutoff entfernt sind. Ist dies erfüllt, so ist die WKBJ-Methode allgemein, also auch für $\nu \neq 0$ gültig. Der Vergleich von (2-192) mit (2-184b) zeigt, daß die anschauliche Ableitung nicht von der WKBJ-Näherung abweicht. Als Bestimmungsgleichung für ß bei beliebig vorgegebenem Brechzahlprofil erhält man daher

$$(\mu + \frac{1}{2})\pi = \int_{r_1}^{r_2} \sqrt{k^2(r) - \beta^2 - (\nu/r)^2}\,dr \quad , \qquad (2\text{-}193)$$

wobei sich die Wendepunkte r_1 und r_2 aus der quadratischen Gleichung

$$k^2(r) - \beta^2 - (\nu/r)^2 = 0 \qquad (2\text{-}194)$$

ergeben.

2.4.2 Meridional- und Helixstrahlen

Für eine bestimmte Ausbreitungskonstante ß gibt es mehrere Moden, die sich voneinander nur durch ν und μ unterscheiden. Bei festem ß können zwei spezielle Modentypen analysiert werden (Bild 2.23):

a) Für $\nu = 0$ werden $r_1 = 0$ und $r_2 = r_M$, so daß nach (2-193) μ ein Maximum erreicht. Dieser Modus muß nach der strahlenoptischen Vorstellung

2.4 Gradientenprofil-Lichtwellenleiter

(Bild 2.22d) durch die LWL-Achse ($r_1 = 0$) gehen und bis zu $r_2 = r_M$ reichen. Dies sind daher Strahlen, die in einer festen LWL-Längsebene liegen und zwischen $-r_M$ und $+r_M$ hin und her reflektiert werden. Aus Bild 2.23 erkennt man, daß $k_r(r_M) = 0$ gilt; mit (2-182) erhält man unter Beachtung von $\nu = 0$

$$k(r_M) = \beta \ .$$

b) Wenn nach Gleichung (2-182)

$$\nu = r_H \sqrt{k^2(r_H) - \beta^2} \qquad (2\text{-}195)$$

gilt, wird ν einen maximalen Wert erreichen, und es ist $r_1 = r_2 = r_H$ (siehe Bild 2.23). Außerdem ergibt (2-184a), daß dann $\mu = 0$ ist. Da jedoch (2-184b) bzw. (2-193) die genauere Lösung darstellt, ist $r_1 = r_2$ nicht möglich, da auf der linken Seite dieser Gleichungen für $\mu = 0$ ein Rest von $\pi/2$ verbleibt. Dies wird später in Kap. 2.7 noch näher betrachtet werden. Physikalisch ist dieses Resultat so zu verstehen, daß der Modus strahlengeometrisch nicht auf ein zweidimensionales Gebiet beschränkt werden kann, sondern zur Wellenausbreitung ein dreidimensionaler Raum notwendig ist.

Strahlenoptisch gesehen handelt es sich angenähert um einen Strahl, der sich im konstanten Abstand r_H um die LWL-Achse schraubenförmig ausbreitet. Man nennt solche Strahlen Helixstrahlen.

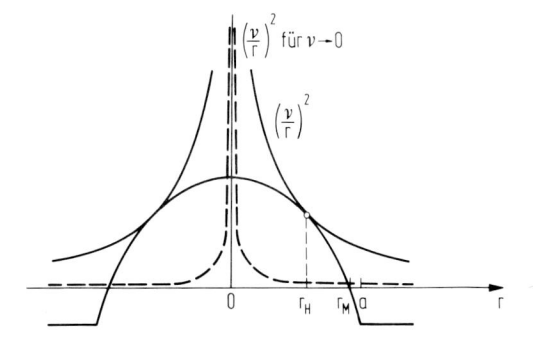

Bild 2.23
Zur Ableitung des Meridional- und des Helixstrahles

2.4.3 Anzahl der ausbreitungsfähigen Moden

Die Gesamtzahl $M(\beta)$ der ausbreitungsfähigen Moden mit Ausbreitungskonstanten, die zwischen einer vorgegebenen Ausbreitungskonstanten β und k_1 liegen, läßt sich durch Integration von $\mu(\nu)$ über ν berechnen zu

$$M(\beta) = 4 \int_0^{\nu_{max}} \mu(\nu) d\nu = \frac{4}{\pi} \int_0^{\nu_{max}} \int_{r_1(\nu)}^{r_2(\nu)} \sqrt{k^2(r) - \beta^2 - (\nu/r)^2} \, dr d\nu \quad . \tag{2-196}$$

Aus Bild 2.23 folgen die Integrationsgrenzen zu $r_1 = 0$ und $r_2 = r_M$, um für jedes ν den Ausdruck $\mu(\nu)$ vom Minimalwert bis zum Maximalwert laufen zu lassen. r_M ergibt sich aus

$$k^2(r_M) - \beta^2 = 0 \quad . \tag{2-197}$$

Der Faktor 4 in (2-196) berücksichtigt wieder die unterschiedlichen Moden (siehe (2-107) bzw. (2-37)).

Drückt man in (2-196) ν_{max} durch (2-195) aus und vertauscht die Integrationsvariablen, so geht (2-196) über in

$$M(\beta) = \frac{4}{\pi} \int_0^{r_M} \int_0^{r\sqrt{k^2(r) - \beta^2}} \sqrt{k^2(r) - \beta^2 - (\nu/r)^2} \, d\nu dr \quad . \tag{2-198}$$

In (2-198) sind auch die Integrationsgrenzen für r geändert, da in (2-196) für jedes r nochmals von $\nu = 0$ bis $\nu = \nu_{max}$ integriert ist. Dies muß beim Vertausch der Integrationsvariablen berücksichtigt werden, so daß zweimal integriert werden muß, und zwar für $\nu = 0$ (Integrationsgrenzen $r_1 = 0$, $r_2 = r_M$) und $\nu = \nu_{max}$ (Integrationsgrenzen $r_1 = r_2 = r_H$), wobei das zweite Integral allerdings Null wird. Die Integration des inneren Integrals von (2-198) ist mit Hilfe von Integrationstafeln auszuführen, und man erhält

$$M(\beta) = \int_0^{r_M} (k^2(r) - \beta^2) r \, dr \quad . \tag{2-199}$$

2.4 Gradientenprofil-Lichtwellenleiter

Für eine spätere Rechnung wird die normierte Ausbreitungskonstante δ definiert, durch die sich β beschreiben läßt über

$$\beta = k_1 \sqrt{1 - 2\delta} \quad . \tag{2-200}$$

Substituiert man β durch δ in (2-199), so erhält man nach einigen Umformungen

$$M(\delta) = k_1^2 2\Delta_n \int_0^{r_M} \left(\left(\frac{\delta}{\Delta_n} - f(r)\right)r\,dr = \frac{V^2}{a^2} \int_0^{r_M} \left(\frac{\delta}{\Delta_n} - f(r)\right)r\,dr \quad . \tag{2-201}$$

Aus (2-136), (2-197) und (2-200) läßt sich die Beziehung

$$\left.\frac{\delta}{\Delta_n}\right|_{r_M} = f(r_M) \tag{2-202}$$

ableiten, so daß (2-201) umgeformt werden kann in

$$M(\beta) = \frac{V^2}{a^2} \left[\frac{r_M^2}{2} f(r_M) - \int_0^{r_M} f(r_M)\,r\,dr\right] \quad . \tag{2-203}$$

Um alle ausbreitungsfähigen Moden zu berücksichtigen, muß das kleinstmögliche β vorgegeben werden, das sich zu $\beta = k_2$ ergibt, und über den ganzen Bereich von $r = 0$ bis $r = a$ integriert werden. (2-199) geht dann über in

$$M = \int_0^a (k^2(r) - k_2^2)r\,dr = k_0^2 \int_0^a (n^2(r) - n_2^2)r\,dr \quad . \tag{2-204}$$

(2-204) läßt sich, da der Ausdruck allgemein für beliebiges Profil gültig ist, auch auf den Stufenprofil-LWL anwenden. Setzt man $n(r) = n_1 = $ const., so folgt aus (2-204)

$$M_{\sqcap} = \frac{a^2 k^2 (n_1^2 - n_2^2)}{2} = \frac{V^2}{2} \quad . \tag{2-205}$$

Ein Vergleich mit (2-107) zeigt, daß die früher gemachte, grobe Abschätzung ausreichend genau war.

2.4.4 Brechzahlgradient mit Potenzprofil

Im weiteren soll eine Profilfunktion f(r) vorausgesetzt werden, die gegeben ist durch

$$f(r) = (r/a)^{\alpha} \quad . \tag{2-206}$$

f(r) beschreibt sog. Potenzprofile, die ausführlich z.B. in [2.42-2.45] diskutiert sind. (2-206) in (2-176) eingesetzt führt auf das Brechzahlprofil

$$n(r) = n_1 \sqrt{1 - 2\Delta_n (r/a)^{\alpha}} = \sqrt{n_1^2 - NA^2 (r/a)^{\alpha}} \quad \text{für } r \leq a \quad ,$$

$$n(r) = n_1 \sqrt{1 - 2\Delta_n} = n_2 \quad \text{für } r \geq a \quad . \tag{2-207}$$

(2-207) liefert für verschiedene Werte von α die in Bild 2.24 gezeigten Verläufe der Brechzahl. Für α → ∞ ergibt sich ein Stufenprofil, für α = 2 ein parabolisches und für α = 1 ein Dreiecksprofil.

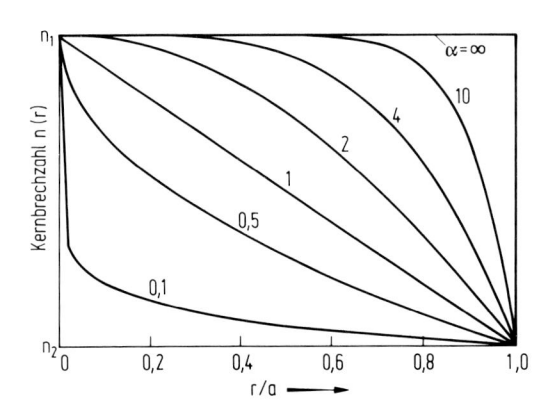

Bild 2.24
Verlauf der Kernbrechzahlen für verschiedene Potenzprofile als Funktion des Profilexponenten α

Ein LWL mit einem Profil nach (2-207) hat nach (2-204) die folgende Gesamtzahl von ausbreitungsfähigen Moden:

$$M = \int_0^a k_0^2 [n_1^2 (1 - 2\Delta_n (r/a)^{\alpha}) - n_2^2] r dr = k_0^2 a^2 \Delta_n \frac{\alpha}{\alpha + 2} = \frac{V^2}{2} \frac{\alpha}{\alpha + 2} \quad . \tag{2-208}$$

2.4 Gradientenprofil-Lichtwellenleiter

Für einen parabolischen Brechzahlverlauf ($\alpha = 2$) sind in einem LWL nur halb so viele Moden ausbreitungsfähig wie in einem LWL mit Stufenprofil:

$$\frac{M_{\sqcap}}{2} = M_{\frown} = \frac{V^2}{4} \quad . \tag{2-209}$$

In (2-199) wurde die Gesamtzahl der Moden berechnet, deren Ausbreitungskonstanten zwischen den Ausbreitungskonstanten ß und k_1 liegen. Für ein Potenzprofil läßt sich (2-199) weiter auswerten:

$$M(\beta) = \int_0^{r_M} (k^2(r) - \beta^2) r\, dr = a^2 \Delta_n 2k_1^2 \frac{\alpha}{\alpha+2} \left(\frac{k_1^2 - \beta^2}{2\Delta_n k_1^2}\right)^{(2+\alpha)/\alpha} \quad . \tag{2-210}$$

r_M berechnet sich dabei aus

$$k^2(r_M) - \beta^2 = 0$$

$$k_0^2 n_1^2 [1 - 2\Delta_n (r_M/a)^\alpha] - \beta^2 = 0 \quad ,$$

$$r_M = a \left(\frac{k_1^2 - \beta^2}{2\Delta_n k_1^2}\right)^{1/\alpha} \quad . \tag{2-211}$$

2.4.5 Laufzeitberechnungen

Überlegungen zur Erhöhung der Übertragungsbandbreite von Multimode-LWL führten zum Gradientenprofil-LWL. Die durch die Modendispersion verursachte Laufzeitdifferenz ((2-151) für Stufenprofil-LWL) läßt sich über die Gruppenlaufzeit t_{gr} (2-125) berechnen:

$$t_{gr} = L \frac{d\beta}{d\omega} = \frac{d\beta}{dk_1} L \frac{d(n_1 k_0)}{dk_0} \frac{dk_0}{d\omega} \quad . \tag{2-212}$$

Der Ausdruck

$$t_{mat} = L \frac{d(n_1 k_0)}{dk_0} \frac{dk_0}{d\omega} = \frac{L}{c_0}(n_1 - \lambda_0 \frac{dn_1}{d\lambda_0}) = \frac{L}{c_0} N_1$$

ist aus (2-128) bekannt. Zur Ableitung von $d\beta/dk_1$ verwendet man (2-199) mit (2-178), wobei $M(\beta)$ als Konstante angesehen wird:

$$\frac{dM(\beta)}{dk_1} \equiv 0 = \int_0^{r_M} [2k_1(1 - 2\Delta_n f(r)) - 2k_1^2 \frac{d\Delta_n}{dk_1} f(r) - 2\beta \frac{d\beta}{dk_1}] r dr \quad . \tag{2-213}$$

Es sei nochmals darauf hingewiesen, daß hier vereinfachend die Profilfunktion f nur als Funktion von r und <u>nicht</u> als Funktion von λ_0 betrachtet wird.

(2-213) läßt sich nach $d\beta/dk_1$ auflösen, und man erhält

$$\frac{d\beta}{dk_1} = \frac{k_1}{\beta} \frac{1}{\int_0^{r_M} r dr} \int_0^{r_M} [1 - 2\Delta_n f(r) - k_1 \frac{d\Delta_n}{dk_1} f(r)] r dr \quad . \tag{2-214}$$

Ersetzt man β durch die normierte Ausbreitungskonstante δ aus (2-200), so führt dies zu

$$\frac{d\beta}{dk_1} = \frac{2\Delta_n}{r_M^2 \sqrt{1-2\delta}} \int_0^{r_M} [\frac{1}{\Delta_n f(r)} - 2 - \frac{k_1}{\Delta_n} \frac{d\Delta_n}{dk_1}] f(r) r dr \quad . \tag{2-215}$$

Mit der Abkürzung

$$P = \frac{-k_1}{\Delta_n} \frac{d\Delta_n}{dk_1} = \frac{\lambda_0}{\Delta_n} \frac{d\Delta_n/d\lambda_0}{1 - \frac{\lambda_0}{n_1}\frac{dn_1}{d\lambda_0}} \approx \frac{\lambda_0}{\Delta_n} \frac{d\Delta_n}{d\lambda_0} \tag{2-216}$$

2.4 Gradientenprofil-Lichtwellenleiter

erhält man aus (2-215)

$$\frac{d\beta}{dk_1} = \frac{1}{\sqrt{1-2\delta}} - \frac{(2-P)2\Delta_n/r_M^2}{\sqrt{1-2\delta}} \int_0^{r_M} f(r)r\,dr \quad . \tag{2-217}$$

P ist eine dimensionslose, materialabhängige Größe.

Mit (2-217) läßt sich die Gruppenlaufzeit (2-212) für beliebige Brechzahlprofile $f(r)$ und gegebene Ausbreitungskonstanten ß berechnen.

Für ein Potenzprofil nach (2-206) ergibt sich aus (2-217)

$$\frac{d\beta}{dk_1} = \frac{1 - 2\delta(2-P)/(\alpha+2)}{\sqrt{1-2\delta}} \approx 1 + C_1\delta + (C_1 + 1/2)\delta^2 + \ldots \tag{2-218}$$

mit

$$C_1 = \frac{\alpha - 2 + 2P}{\alpha + 2} \quad . \tag{2-219}$$

Die Reihenentwicklung in (2-218) wurde nach McLaurin durchgeführt [2.46]. Die Laufzeit eines Modus mit der normierten Ausbreitungskonstanten δ ergibt sich dann näherungsweise zu

$$t_{gr} = t_{mat}(1 + C_1\delta + (C_1 + 1/2)\delta^2 + \ldots) \quad . \tag{2-220}$$

Um keine oder zumindest möglichst kleine Laufzeitunterschiede zwischen einzelnen Moden zu haben, muß $d\beta/dk_1$ in (2-218) für alle Moden möglichst gleich sein. Dies ist in erster Näherung für $C_1 = 0$ gegeben, woraus sich der Exponent α bestimmen läßt zu

$$\alpha = 2\frac{C_1 + 1 - P}{1 - C_1} \quad \text{und mit} \quad C_1 \to 0: \quad \alpha = 2 - 2P \quad . \tag{2-221}$$

Beachtet man in (2-218) auch den in δ quadratischen Term, so kann man α berechnen aus der Annahme, daß die Laufzeit, und damit $d\beta/dk_1$, des höchsten und des niedrigsten Modus gleich sind. Der höchste Modus ergibt sich für $\beta = k_2$, was zu $\delta = \Delta_n$ führt (2-200), der niedrigste Modus für β = k_1, was δ = 0 ergibt. Für den Koeffizienten C_1 der Reihenentwicklung (2-218) erhält man dann die Bedingung

$$C_1 = \frac{-\Delta_n}{2(\Delta_n + 1)} \quad . \tag{2-222}$$

In die erste Gleichung von (2-221) eingesetzt ergibt dies für das optimale α

$$\alpha = \frac{2(1 - P) + \Delta_n(1 - 2P)}{1 + 3\Delta_n/2} \quad . \tag{2-223}$$

Da P und Δ_n wellenlängenabhängig sind, ist auch der optimale Profilexponent von der Wellenlänge abhängig [2.47].

Aus (2-218) läßt sich bestimmen, bei welchem Wert von α die größte Abweichung der Laufzeit eines beliebigen Modus bezogen auf jene des Grundmodus zu erwarten ist. Durch Ableitung der Potenzreihe nach δ und Nullsetzen ergibt sich unter Verwendung des nach (2-222) berechneten C_1

$$\frac{-\Delta_n}{2(\Delta_n + 1)} + \left[\frac{-2\Delta_n}{2(\Delta_n + 1)} + 1\right]\delta = 0 \quad ,$$

$$\delta = \Delta_n/2 \quad . \tag{2-224}$$

Die zweite Ableitung von (2-218) zeigt, daß es sich um ein Minimum handelt, d.h. diese Moden mit Phasenausbreitungskonstanten β (nach (2-200) mit δ = $\Delta_n/2$ zu berechnen) sind in dem Gradientenprofil-LWL jene mit der kürzesten Gruppenlaufzeit. Für die weiteren Berechnungen wird ein neuer Zeitbezug eingeführt. Alle Laufzeiten werden verglichen mit der Laufzeit des Grundmodus (δ = 0). Die Laufzeitdifferenz Δt eines beliebigen Modus bezüglich des Grundmodus erhält man entsprechend (2-220) zu

$$\Delta t = [C_1 \delta + (C_1 + 1/2)\delta^2] t_{mat} \quad . \tag{2-225}$$

Da bei optimalem Wert von α der Modus mit δ = $\Delta_n/2$ die kürzeste Laufzeit hat, ergibt sich die maximale Laufzeitdifferenz in einem solchen LWL aus

2.4 Gradientenprofil-Lichtwellenleiter

(2-225), wenn man dort (2-224) und (2-222) einsetzt:

$$\Delta t = \left(\frac{-\Delta_n}{2(\Delta_n + 1)} \frac{\Delta_n}{2} + \left[\frac{-\Delta_n}{2(\Delta_n + 1)} + \frac{1}{2} \right] \frac{\Delta_n^2}{4} \right) t_{mat} =$$

$$= \frac{\Delta_n^2}{4} \left[\frac{1}{\Delta_n + 1} + \frac{1}{2} - \frac{\Delta_n}{2(\Delta_n + 1)} \right] t_{mat} \simeq -\frac{\Delta_n^2}{8} t_{mat} \quad . \qquad (2-226)$$

Die Näherungen sind zulässig, da $\Delta_n \ll 1$ ist. Mit den numerischen Werten aus Tabelle 2.4 erhält man

$$\frac{\Delta t_{gr}}{L} = -123 \text{ ps/km} \quad .$$

Aus diesem, allerdings nicht ganz praxisnahen Wert (Vernachlässigung der Abhängigkeit $f(\lambda_0)$, Unterdrückung von Material- und Wellenleiterdispersion) erkennt man, daß die Übertragungsbandbreite eines Gradientenprofil-LWL erheblich größer sein kann als die eines Stufenprofil-LWL.

Technologisch problematisch ist die exakte Einhaltung des Brechzahlprofils. Verwendet man z.B. ein Profil mit $\alpha = 2{,}2$ (statt des optimalen Wertes $\alpha = 2{,}049$) - eine derartige Abweichung würde in Bild 2.24 nicht mehr festzustellen sein -, so ergibt sich nach (2-219) für C_1

$$C_1 = 0{,}0293 \quad .$$

Für $\delta = \Delta_n$ führt (2-225) auf

$$\left. \frac{\Delta t_{gr}}{L} \right|_{\delta = \Delta_n} = +2{,}57 \text{ ns/km} \quad .$$

Trotz der geringen Abweichung vom optimalen Profilexponenten ist der Einfluß auf die Impulsverbreiterung sehr hoch. Die hohen Moden sind in diesem Beispiel langsamer im Vergleich zum Grundmodus (siehe auch Bild 2.25).

(2-224) und (2-226) gelten nur für das mit (2-223) abgeleitete, optimale α unter der Voraussetzung, daß Grundmodus und höchster Modus gleich schnell sind. Für alle anderen α, also auch in dem zuletzt berechneten Beispiel, muß von den allgemeingültigen Formeln (2-219) und (2-225) ausgegangen und das Extremum von (2-225) neu bestimmt werden, wobei der für δ mögliche Bereich

$$0 \leq \delta \leq \Delta_n \qquad (2-227)$$

beachtet werden muß. Im zuletzt berechneten Fall liegt das Extremum bei $\delta = \Delta_n$. Ist α größer als der optimale Wert, so sind alle Moden langsamer als der Grundmodus; ist α kleiner, so sind sie schneller. Die minimale Laufzeitdifferenz unter Berücksichtigung aller Moden ist immer durch einen Wert von α nach (2-223) gegeben. Diese Zusammenhänge sind in Bild 2.25 zusammengestellt.

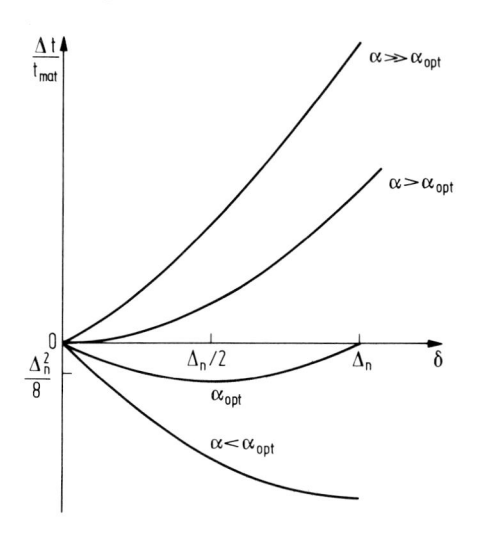

Bild 2.25
Laufzeitdifferenz bezogen auf den Grundmodus (δ = 0) in einem Potenzprofil-LWL als Funktion der normierten Ausbreitungskonstante δ für verschiedene Profilexponenten α

Sehr umfangreiche Berechnungen zum optimalen α-Wert sind in [2.45] enthalten. Da es jedoch zur Zeit technologisch kaum möglich ist, ein theoretisch vorgegebenes Profil exakt zu realisieren, haben diese Berechnungen keine praktische Relevanz [2.47]. Weitere Berechnungen der Übertragungsbandbreite von Potenzprofil-LWL sind in [2.48] zu finden; die theoretischen Ergebnisse sind mit experimentellen Werten verglichen [2.49]. Die Theorie für beliebige Profile ist in [2.50] enthalten.

2.4.6 Impulsantwort

Wenn jeder Modus in einem LWL die gleiche Energie transportiert, so kann aus der Anzahl M(δ) der Moden, die zur Zeit t am LWL-Ende ankommen, die Gesamtenergie berechnet werden. Führt man diese Rechnung für viele

2.4 Gradientenprofil-Lichtwellenleiter

aufeinander folgende Zeiträume durch, so ergibt sich daraus die Form des Ausgangsimpulses (vergleiche Bild 2.18), wobei man von der Einspeisung eines Dirac-Impulses ausgeht. Für eine Normierung bildet man das Verhältnis

$$\frac{M(\delta)}{M} = (\delta/\Delta_n)^{(2+\alpha)/\alpha} . \tag{2-228}$$

Für die Herleitung von (2-228) wurden (2-210) und (2-208) verwendet. (2-225) wird nach δ aufgelöst und die relative Laufzeit $\Delta t/t_{mat} = t$ eingeführt:

$$\delta = \frac{-C_1 \pm \sqrt{C_1^2 + 4(C_1 + 1/2)t}}{2(C_1 + 1/2)} . \tag{2-229}$$

Nach (2-229) ergibt sich für $C_1 = 0$ die Beziehung $\delta = \sqrt{2t}$; es gilt das positive Vorzeichen, da die Ungleichung (2-227) zu beachten ist. (2-229) in (2-228) eingesetzt und nach t abgeleitet ergibt dann die Impulsantwort $I_p(t)$

$$I_p(t) = \frac{1}{M}\frac{dM(\delta)}{dt} = \frac{1}{M}\frac{dM(\delta)}{d\delta}\frac{d\delta}{dt} = \frac{d}{d\delta}\left(\frac{\delta}{\Delta_n}\right)^{(2+\alpha)/\alpha}\frac{d\delta}{dt} = \frac{2+\alpha}{\alpha}\frac{1}{\Delta_n}\left(\frac{\delta}{\Delta_n}\right)^{2/\alpha}\frac{d\delta}{dt} =$$

$$= \frac{2+\alpha}{\alpha}\frac{1}{\Delta_n}\left(\frac{\delta}{\Delta_n}\right)^{2/\alpha}\frac{1}{\sqrt{C_1^2 + 4(C_1 + 1/2)t}} \tag{2-230}$$

mit C_1 aus (2-219). Die normierte Zeit t in (2-229) muß dabei im Intervall

$$0 \leq t \leq C_1\Delta_n + (C_1 + 1/2)\Delta_n^2$$

liegen.

Mit (2-230) kann man für beliebige Werte von α bei vorgegebenen Δ_n und P die Impulsantwort im angegebenen Zeitintervall bestimmen. In Bild 2.26 ist $I_p(t)$ für verschiedene Werte von α aufgetragen, wobei für die Rechnung die in Tabelle 2.4 angegebenen Werte verwendet wurden. Um eine bessere Vorstellung der Größen zu haben, ist die Laufzeitdifferenz zum Grundmodus in Nanosekunden pro Kilometer Übertragungsstrecke angegeben. Die Flächen

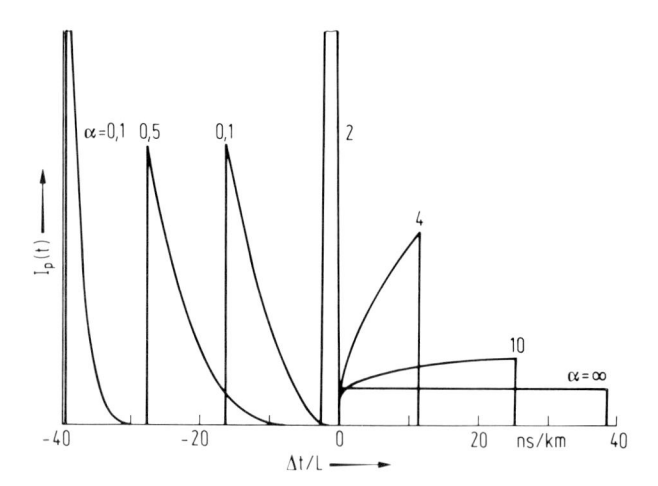

Bild 2.26
Normierte Impulsantwort $I_p(t)$ für einen Potenzprofil-LWL als Funktion des Profilexponenten α

unter den Impulsen sind wegen der in (2-228) eingeführten Normierung gleich. Wie bereits gezeigt, sind alle Dispersionseffekte wellenlängenabhängig. Die Gesamtübertragungsbandbreite eines LWL ist daher ebenfalls eine Funktion der Wellenlänge. Aus Bild 2.27 wird deutlich, daß auch Gradienten-LWL nur bei einer einzigen Wellenlänge optimale Übertragungseigenschaften aufweisen.

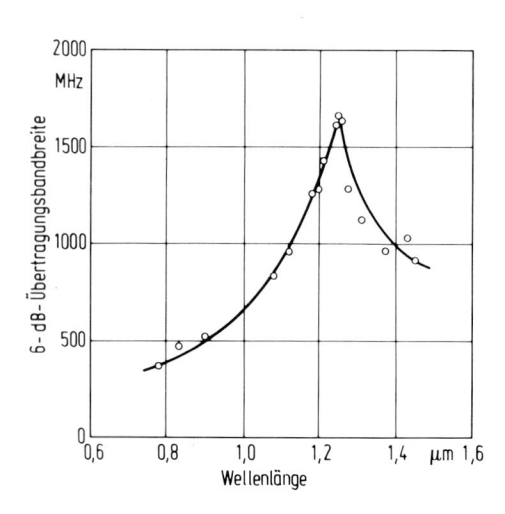

Bild 2.27
6-dB-Übertragungsbandbreite eines Gradientenprofil-LWL als Funktion der Wellenlänge λ_0; Punkte: experimentell ermittelte Werte [2.19]

2.5 Leckwellen

In den vorangegangenen Kapiteln sind nur geführte Moden betrachtet worden. Um geführte Moden handelt es sich immer dann, wenn alle Ausbreitungskonstanten reell bleiben. Es gibt jedoch auch Modentypen, bei denen eine Kombination von Wellenführung und Abstrahlung auftritt. Dies ist am einfachsten in Bild 2.28 zu erkennen, in dem entgegen der früher festgesetzten Ungleichung (2-68) $\beta < k_2$ gewählt wurde. Die Art der Ausbreitung dieses Wellentyps läßt sich in drei Gebiete unterteilen.

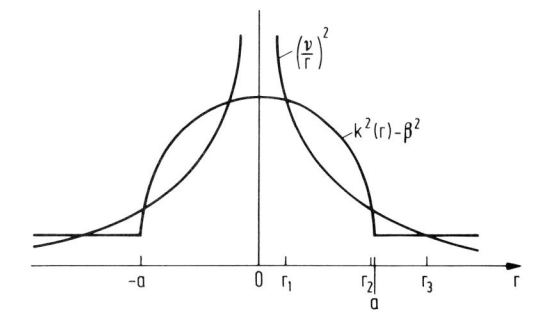

Bild 2.28
Graphische Erklärung der Entstehung von Leckwellen

Zwischen r_1 und r_2 handelt es sich um eine normale Wellenführung, zwischen r_2 und r_3 fällt die Wellenenergie in üblicher Weise exponentiell ab; ab dem Radius r_3 existiert jedoch wieder eine normale Wellenausbreitung (jedoch keine Führung!) ohne jede weitere Begrenzung für r. Bei diesem Wellentyp wird daher vom LWL-Kern Energie in den Außenraum abgeführt; man spricht von Leckwellen [2.51]. Die Strahlungsverluste dieser Leckwellen hängen von der Modenzahl ν und der Ausbreitungskonstanten β ab und können zum Teil relativ geringe Werte annehmen, so daß dieser Wellentyp bei bestimmten Betrachtungen (z.B. Messungen, siehe Kap. 3), besonders bei kurzen LWL-Längen, beachtet werden muß. Die Betrachtung der Leckwellen läßt sich auch auf gekrümmte LWL anwenden. Dies ist in Bild 2.29 gezeigt. Man erkennt, daß zunächst geführte Moden in gekrümmten LWL zu Leckwellen entarten. Die Verluste können gering sein, wenn der Abstand r_3-r_2 sehr groß ist, so daß durch das in diesem Bereich exponentiell abfallende Feld kaum Energie in den Bereich $r > r_3$ übertragen werden kann. Für Moden mit gleichem β sind - wie aus Bild 2.29 hervorgeht - die niedrigen Moden (ν klein) stärker betroffen (r_3-r_2 sehr klein) als die hohen Moden (ν groß,

r_3-r_2 groß). Absolut gesehen unterliegen jedoch die Moden höherer Ordnung ($\beta \to k_2$) in LWL-Krümmungen einer wesentlich höheren Dämpfung.

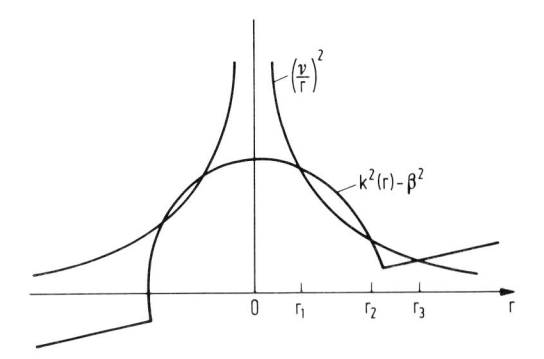

Bild 2.29
Anschauliche Darstellung für die Ursache von Abstrahlungsverlusten geführter Wellen im gekrümmten LWL

2.6 Lichtwellenleiter-Dämpfung

Die Einsatzmöglichkeiten von LWL in der optischen Nachrichtentechnik werden durch ihre nachrichtentechnischen Eigenschaften bestimmt. Der LWL soll die Übermittlung von Informationen in Form von Lichtleistungssignalen zwischen zwei beliebigen, möglichst weit entfernten Punkten gestatten. Dazu ist es notwendig, daß der LWL die Lichtsignale möglichst wenig dämpft und die in den Lichtleistungsignalen enthaltenen Informationen nicht verändert. Die verschiedenen Einflüsse, die zur Einschränkung der Übertragungsbandbreite führen, wurden bereits diskutiert.

Darüber hinaus wäre eine dämpfungsfreie Übertragung der Lichtsignale optimal. Auch wenn in der theoretischen Behandlung des LWL die Dämpfungsfreiheit angenommen wurde, läßt sich dies in der Praxis nicht realisieren. Drei verschiedene Dämpfungserscheinungen werden unterschieden:

a) die Absorption,
b) die Materialstreuung,
c) die Strahlungsverluste.

2.6 Lichtwellenleiter-Dämpfung

Unter der Annahme, daß alle Dämpfungsmechanismen über die Länge des LWL konstant bleiben (was in der Praxis nicht der Fall ist), ist die differentielle Abnahme dP der Lichtleistung als Funktion der Übertragungslänge z mit Hilfe des Extinktionskoeffizienten α_D (oft auch Dämpfungskoeffizient genannt) zu beschreiben:

$$-dP(z) = \alpha_D P(z) dz \; .$$

Die Integration dieser Gleichung führt zum Lambert'schen Gesetz:

$$P(z) = P(0) \exp(-\alpha_D z) \; . \tag{2-231}$$

Die Abnahme der Lichtintensität erfolgt exponentiell mit der Übertragungslänge. Der Extinktionskoeffizient α_D setzt sich aus den jeweiligen Koeffizienten der oben genannten Dämpfungsmechanismen zusammen, die im weiteren näher betrachtet werden sollen [2.52].

2.6.1 Absorption

Unter Absorption versteht man jegliche Umwandlung von Lichtenergie der Wellenlänge λ_0 in eine andere Energieform oder in Licht einer anderen Wellenlänge. Als Wellenleitermaterial wird - speziell für sehr dämpfungsarme Lichtwellenleiter - z.Z. ausschließlich Quarzglas (SiO_2) verwendet. In dem für die optische Nachrichtentechnik in Frage kommenden Wellenlängenbereich (0,8 µm bis 0,9 µm oder in Zukunft um 1,3 µm und 1,55 µm) ist die Eigenabsorption, d.h. die Umwandlung der Lichtenergie in z.B. Wärme, bei reinem Quarzglas vernachlässigbar klein. Ausschlaggebend sind Verunreinigungen, die im Quarzglas enthalten sind und die sich aus technologischen Gründen nicht gänzlich vermeiden lassen, wobei speziell Verunreinigungen durch Metall- und Wasser-Ionen [2.53] zu nennen sind [2.54]. Angaben der durch 1 ppm (1 Fremdteilchen auf 10^6 Teile des Grundmaterials) zusätzlich hervorgerufenen Dämpfung in dB/km für verschiedene Materialien und Glasarten sind in Tabelle 2.5 zusammengefaßt [2.55-2.57].

Die in Tabelle 2.5 angegebenen Verunreinigungen lassen sich technologisch soweit beherrschen, daß keine signifikanten Zusatzverluste entstehen. Die Zusatzdämpfung durch den sog. Wassergehalt des LWL ist im allgemeinen nicht vernachlässigbar: Darunter ist der Einbau von OH^--Ionen zu

Tabelle 2.5: Zusatzverluste in dB/km bei 850 nm für 1 ppm Verunreinigung

Verunreinigung	$Na_2O-CaO-SiO_2$ Sodakalziumsilikat	$Na_2O-B_2O_3-TlO_2-SiO_2$ Sodaborsilikat	SiO_2 Quarzglas
Fe	125	5	130
Cu	600	500	22
Cr	< 10	25	1300
Co	< 10	10	24
Ni	260	200	27
Mn	40	11	60
V		40	2500

verstehen. Es ist aufwendig und schwierig, die OH^--Ionen soweit aus dem SiO_2 zu entfernen, daß keine Zusatzverluste auftreten. Mit Hilfe neuer Dehydrierverfahren, die speziell bei Verwendung der axialen Gasphasenabscheidung (siehe Kap. 2.8) angewendet werden können, ist es kürzlich gelungen, die durch die OH^--Ionen hervorgerufenen Zusatzverluste zu unterdrücken [2.40, 2.58]; für eine Massenfertigung sind diese zusätzlichen technologischen Verfahren noch zu aufwendig.

Die für die OH^--Absorption typischen Absorptionsmaxima liegen bei den Wellenlängen 0,95 µm (72 dB/km), 1,23 µm (150 dB/km) und 1,37 µm (2900 dB/km), wobei sich die Klammerwerte jeweils auf 1 ppm beziehen. Aus experimentell ermittelten Dämpfungskurven läßt sich daher der Wassergehalt bestimmen (siehe auch Bild 2.32). Die Absorptionen werden durch Resonanz mit Molekülschwingungen des OH^--Ions hervorgerufen; eine Übersicht über diese Zusammenhänge gibt Tabelle 2.6 [2.59].

2.6.2 Streuverluste

Glas ist physikalisch gesehen eine erstarrte Flüssigkeit, so daß es sich nicht um ein - im engsten Sinne - homogenes Material handelt, sondern um eine aus makroskopischen Teilchen bestehende Masse. Glas kann daher als optisch inhomogenes Material angesehen werden, da die Brechzahl wegen der Dichteänderungen des Materials örtlich schwankt. An diesen Inhomogenitäten

2.6 Lichtwellenleiter-Dämpfung

Tabelle 2.6: Durch OH-Ionen in SiO_2 hervorgerufene Absorption; Konzentration 1 ppm

Wellenlänge (nm)	Dämpfung (dB/km)	Ursache
1370	2900	$2f_0$
1230	150	$2f_0 + f_1$
1125	3,4	$2f_0 + 2f_1$
1030	0,4	$2f_0 + 3f_1$
950	72	$3f_0$
880	6,6	$3f_0 + f_1$
825	0,8	$3f_0 + 2f_1$
775	0,1	$3f_0 + 3f_1$
725	6,4	$4f_0$
685	0,9	$4f_0 + f_1$
585	0,5	$5f_0$

f_0 = OH-Schwingung; Grundfrequenz entspricht 2,73 µm

f_1 = Si-O-Bindung

wird das Licht gestreut. Sofern die Abmessungen der Teilchen in der Größenordnung von $0,1\, \lambda_0$ bis $0,2\, \lambda_0$ liegen, handelt es sich um die nach Lord Rayleigh benannte Rayleigh-Streuung (siehe z.B. [2.60]). Die Intensität P_Θ des in der Volumeneinheit $\underline{V}$ gestreuten Anteils, wie er unter dem Winkel Θ zu beobachten ist (bezogen auf die Ausbreitungsrichtung des Lichtes), läßt sich berechnen aus

$$P_\Theta = \kappa_{in} \frac{s V_{Vol}^2}{R^2 \lambda_0^4} P_0 (1 + \cos^2\Theta) \qquad (2\text{-}232)$$

mit s   Anzahl der Teilchen in der Volumeneinheit $\underline{V}$,

V_{Vol} Volumen eines Teilchens,

R   Abstand des Beobachtungspunkts vom streuenden Volumen,

P_0 Intensität des eingestrahlten Lichtes,

κ_{in} Koeffizient, der den Inhomogenitätsgrad bezogen auf die Brechzahl innerhalb des Volumens beschreibt.

Der Intensitätsverlauf des gestreuten Lichtes als Funktion von Θ ist in Bild 2.30 dargestellt. Er hat die Form einer Rotationsfläche bezüglich der Richtung des einfallenden Lichtes ($\Theta = 0$), aber auch der dazu senkrechten Richtung ($\Theta = \pi/2$). Während das Licht in Richtung und entgegengesetzt der

Richtung des einfallenden Lichtes ($\Theta = 0$ bzw. $\Theta = \pi$) keine bevorzugte Polarisation aufweist, ist dazu senkrecht das Licht linear polarisiert in der Ebene, die durch den einfallenden Lichtstrahl und den Strahl des gestreuten Lichtes vorgegeben wird.

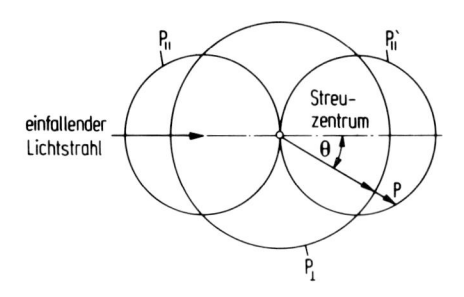

Bild 2.30
Strahlungsdiagramm der Rayleigh-Streuung für die parallel und senkrecht polarisierte Komponente der gestreuten Lichtleistung P als Funktion des Betrachtungswinkels Θ

Die gesamte Intensität des in der Volumeneinheit $\underline{V}$ gestreuten Lichtes erhält man aus der Integration von (2-232) über den Raumwinkel der umgebenden Kugelfläche. Die von einem Flächenelement δF aufgefangene Lichtintensität ergibt sich aus (2-232) zu

$$P_\Theta \delta F = \kappa_{in} \frac{sV_{Vol}^2}{R^2 \lambda_0^4} P_0 (1 + \cos^2 \Theta) \delta F = \kappa_{in} \frac{sV_{Vol}^2}{\lambda_0^4} P_0 (1 + \cos^2 \Theta) \frac{d\Omega}{\Omega_0} \quad , \quad (2\text{-}233)$$

wobei $\Omega_0 = 1$ sr nach (0-17) ist. Mit dem differentiellen Raumwinkel

$$d\Omega = \Omega_0 \sin \Theta \, d\Theta \, d\phi \tag{2-234}$$

geht (2-233) über in

$$P_\Theta \delta F = \kappa_{in} \frac{sV_{Vol}^2}{\lambda_0^4} P_0 (\sin \Theta + \sin \Theta \cos^2 \Theta) \, d\Theta \, d\phi \quad . \tag{2-235}$$

Die Integration von (2-235) führt zu

2.6 Lichtwellenleiter-Dämpfung

$$P_{ges} = \kappa_{in} \frac{sV_{Vol}^2}{\lambda_0^4} P_0 \int_0^{2\pi} \int_0^{\pi} (\sin\theta + \sin\theta \cos^2\theta)\, d\theta\, d\phi =$$

$$= (16\pi/3)\, \kappa_{in} \frac{sV_{Vol}^2}{\lambda_0^4} P_0 \quad . \tag{2-236}$$

Führt man den Streukoeffizienten κ_R der Rayleigh-Streuung ein:

$$\kappa_R = \frac{P_\theta}{P_0} \frac{R^2}{\underline{V}} \quad , \tag{2-237}$$

so erhält man durch Vergleich mit (2-232)

$$\kappa_R = \kappa_{in} \frac{sV_{Vol}^2}{\lambda_0^4} \underline{V}(1 + \cos^2\theta) \quad . \tag{2-238}$$

Für die Rayleigh-Streuung ergibt sich der Extinktionskoeffizient a_R (in der Literatur oft fälschlich Streukoeffizient genannt) aus (2-238) zu

$$a_R = \int_0^{2\pi} \int_0^{\pi} \kappa_R \sin\theta\, d\theta\, d\phi = (16\pi/3)\, \kappa_{in} \frac{sV_{Vol}^2}{\lambda_0^4} \underline{V} \quad . \tag{2-239}$$

Für Glasmaterialien läßt sich (2-239) auch ausdrücken durch

$$a_R = (16\pi/3) \frac{1}{\lambda_0^4} \frac{\pi^2}{2} \frac{\delta n^4}{n} \underline{V} \quad , \tag{2-240}$$

worin δn Schwankungen der Brechzahl,
  n Mittel der Brechzahl,
jeweils bezogen auf die Volumeneinheit $\underline{V}$ sind.

Führt man die Schwankungen der optischen Dichte nicht auf das Material selbst, sondern auf thermische Effekte zurück, so erhält man statt (2-240)

$$a_R = (16\pi/3) \frac{1}{\lambda_0^4} \frac{\pi^2}{2} n^8 p^2 kT\beta_T \quad , \tag{2-241}$$

mit n Brechzahl,
   p photoelastischer Koeffizient,
   k Boltzmannkonstante,
   T fiktive Temperatur (also nicht Umgebungstemperatur),
   $ß_T$ isothermische Kompressibilität.

In allen Fällen ((2-239) bis (2-241)) nimmt die Streuung mit λ_0^{-4} ab, so daß bezogen auf die Streuverluste möglichst große Wellenlängen zu bevorzugen sind.

Aus den Gleichungen wird außerdem klar, daß eine Berechnung von a_R sehr schwierig sein wird, so daß man sich auf experimentell ermittelte Werte verlassen muß, die in der Größenordnung von 0,53 km^{-1} bei 0,85 µm und 0,046 km^{-1} bei 1,55 µm (optimale Werte) liegen. Oftmals wird $a_R \cdot \lambda_0^4$ angegeben, das um 1,2 $µm^4/km$ (guter Wert) liegt.

Liegt der Durchmesser der streuenden Teilchen im Bereich der Lichtwellenlänge, so ist die Abhängigkeit des Streulichtes P_Θ vom Betrachtungswinkel Θ wesentlich komplizierter. Die Wellenlängenabhängigkeit dieses Extinktionskoeffizienten a_S kann dann beschrieben werden durch

$$a_S \sim \lambda_0^{-M} \quad \text{mit } M < 4 \quad . \tag{2-242}$$

Der Intensitätsverlauf der Streuung besitzt dann nur noch die Symmetrieachse bei $\Theta = 0$, und es überwiegt die Vorwärtsstreuung, die mit der Teilchengröße ansteigt. Dieses Streuphänomen, bei dem das unter $\Theta = \pi/2$ abgestrahlte Licht nur noch teilweise polarisiert ist, nennt man Mie-Streuung.

2.6.3 Strahlungsverluste

Da mit dem Lichtleitwellenleiter zwei beliebig voneinander entfernte Orte miteinander verbunden werden sollen, müssen auch Krümmungen im Übertragungssystem zugelassen werden. Dies bedeutet, daß die Lichtausbreitung gestört wird [2.61, 2.62]. Wie bereits dargestellt (siehe Bild 2.29) kommt es dadurch - besonders bei höheren Moden (darunter ist in erster Linie $ß \rightarrow k_2$ zu verstehen) - zur Abstrahlung. Außerdem führen Fehler an der Übergangsfläche Kern/Mantel zu weiteren Strahlungsverlusten [2.63, 2.64].

Auch kleinere Defekte im LWL (z.B. Luftblasen, Einschlüsse) stören die Wellenausbreitung und führen zu Verlusten [2.65].

2.6.4 Gesamtverluste

Faßt man die drei besprochenen Verlustmechanismen zusammen, so kann der Dämpfungskoeffizient α_D zusammengesetzt werden aus

$$\alpha_D = a_R(\lambda_0^{-4}) + b + c(\lambda_0) \quad . \tag{2-243}$$

Darin ist $a_R(\lambda_0^{-4})$ der Koeffizient der Rayleigh-Streuung, b erfaßt die Strahlungsverluste (näherungsweise wellenlängenunabhängig), während $c(\lambda_0)$ die Absorption durch Verunreinigungen darstellt.

Es ist zu beachten, daß nicht nur das Kerngebiet für die Dämpfung eines Lichtwellenleiters von Bedeutung ist, sondern - da genauso wie beim Schichtwellenleiter (siehe Bild 2.6) ein Teil der Lichtenergie in der Randzone des Kern/Mantel-Übergangs geführt wird - auch die Eigenschaften des Mantelmaterials eine Rolle für die Dämpfungseigenschaften eines Lichtwellenleiters spielen.

Zeichnet man die Dämpfung eines LWL mit einem λ_0^{-4}-Maßstab (siehe Bilder 2.31), so können die verschiedenen Einflüsse aus (2-243) unterschieden werden. Die Steigung der Dämpfungskurve ergibt a_R, der Schnittpunkt für $\lambda_0 \to \infty$ mit der Ordinate den Wert b, und Abweichungen vom geraden Verlauf ergeben die Abhängigkeit $c(\lambda_0)$. Bei der in Bild 2.31a gezeigten Messung steht der LWL unter mechanischen Spannungen, so daß sich Abstrahlungsverluste zeigen und $b \neq 0$ ist. Entspannt man den LWL, so entfallen diese zusätzlichen Verluste (Bild 2.31b), und b verschwindet. Die in den Bildern 2.31a und 2.31b gezeigten Messungen sind an zwei verschiedenen LWL durchgeführt worden.

Während sich die λ_0^{-4}-Darstellung zur Auswertung der zuvor genannten Effekte eignet, wählt man - wegen der im interessierenden Wellengebiet wesentlich höheren Auflösung - für die Normaldarstellung der Dämpfung eines LWL den in λ_0 linearen Maßstab (Bild 2.32). Eine minimale Dämpfung von 0,8 dB/km bei Wellenlängen um 1,3 µm und um 1,6 µm wird hier erreicht. Deutlich erkennbar sind die durch die Wasserabsorption hervorgerufenen

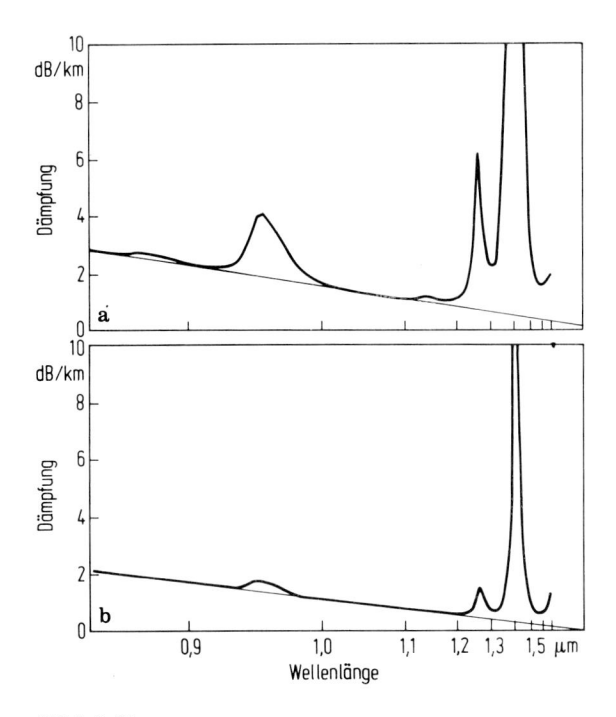

Bild 2.31
Wellenlängenabhängige Dämpfung eines LWL in λ_0^{-4}-Darstellung; (a) mit 0,3 dB/km Eigenverlust durch Einfluß äußerer mechanischer Kräfte; (b) anderer LWL, jedoch mechanisch entlastet und ohne Eigenverlust

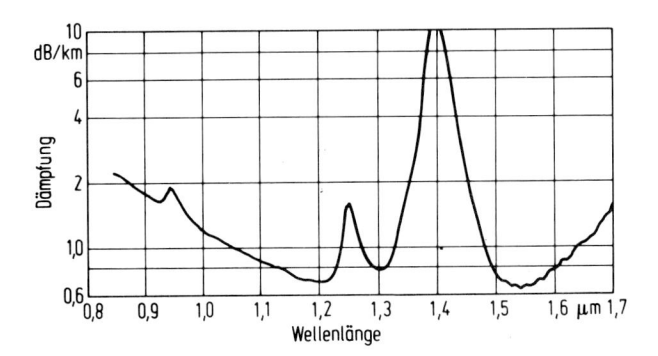

Bild 2.32
Spektral abhängige LWL-Dämpfung in linearem Wellenlängen-Maßstab

Dämpfungsmaxima. Diese Absorptionsspitzen sind bei allen Lichtwellenleitern zu erkennen, bei denen kein hoher technologischer Aufwand getrieben wurde, um den Anteil der OH^--Ionen sehr gering zu halten [2.66, 2.67]. Die weiteren Ursachen und Anteile der Dämpfungsmechanismen sind eingetragen. Die UV-Absorption wird durch Molekülschwingung, die IR-Absorption durch Molekülrotation verursacht.

Noch wenig untersucht ist der Einfluß von Umweltparametern (Temperatur, mechanische Beanspruchung, Feuchtigkeit) auf das Dämpfungsverhalten des LWL. Das Eindringen von Wasser in den LWL wird z.B. dadurch vermieden, daß der LWL nach der Herstellung (siehe Kap. 2.8) mit einer dünnen, wasserundurchlässigen Plastikschicht umhüllt wird (sog. Primärbeschichtung). Diese Plastikschichten unterliegen jedoch einer Alterung und werden spröde. Inwieweit sich daher die Dämpfung eines LWL über einen großen Zeitraum verhält, ist ungeklärt. Bekannt ist weiterhin, daß ionisierende Strahlung die Dämpfung von LWL beträchtlich erhöht [2.68, 2.69]. Ob daher die natürliche Bodenradioaktivität die LWL-Dämpfung beeinflussen kann, ist ebenfalls ungeklärt.

2.7 Phasenraumdiagramm

Eine sehr hilfreiche und anschauliche Darstellung der Vorgänge im LWL ist durch die Verwendung des sog. Phasenraumdiagramms möglich, wie es von Geckeler ausgearbeitet wurde [2.70]. Gemäß (2-200) hängt die Ausbreitungskonstante β^2 mit der normierten Ausbreitungskonstanten δ zusammen über

$$\beta^2 = k_1^2(1 - 2\delta) = k_0^2(n_1^2 - 2\delta n_1^2) \quad . \tag{2-244}$$

Unter Verwendung der normierten Brechzahldifferenz Δ_n und der Numerischen Apertur NA kann (2-244) ausgedrückt werden durch

$$\beta^2 = k_0^2(n_1^2 - NA^2 \delta/\Delta_n)$$

Nach δ/Δ_n aufgelöst ergibt sich

$$\frac{\delta}{\Delta_n} = \frac{n_1^2 - (\beta/k_0)^2}{NA^2} \quad . \tag{2-245}$$

(2-245) läßt sich umformen:

$$\frac{\delta}{\Delta_n} = \frac{n_1^2}{NA^2} - \frac{\beta^2}{k_0^2}\frac{1}{NA^2} = \frac{n_1^2}{NA^2} - \frac{n^2(r)}{k^2(r)}\frac{\beta^2}{NA^2} \quad .$$

$$\frac{n_1^2}{NA^2} - \frac{n^2(r)}{k^2(r)}\frac{\beta^2}{NA^2} = \frac{n_1^2}{NA^2} - \frac{n^2(r)}{NA^2}(1 - \sin^2\gamma) =$$

$$= \frac{n_1^2 - n^2(r)}{NA^2} + \left(\frac{n(r)\sin\gamma}{NA}\right)^2 =$$

Führt man nach Bild 2.21 die Beziehung $\cos\gamma = \beta/k(r)$ ein, so läßt sich die Umformung fortsetzen:

$$= \frac{n_1^2 - \{n_1^2 - NA^2 f(r)\}}{NA^2} + \left(\frac{\sin\theta}{NA}\right)^2 \quad .$$

θ ist nach Bild 2.21 der Akzeptanzwinkel des LWL. θ ist jedoch nur bei Stufenprofil-LWL eine feste Größe und unabhängig von r; er ist nicht mit der NA des LWL zu verwechseln. Es ist daher immer zu beachten, daß $\sin\theta = n(r)\sin\gamma$ gilt. Man erhält nun

$$D = \frac{\delta}{\Delta_n} = f(r) + \left(\frac{\sin\theta}{NA}\right)^2 = R^2 + S^2 \quad . \tag{2-246}$$

Multipliziert man die Größen R^2 mit a^2 und S^2 mit πNA^2, so kann man ihnen geometrisch-optische Äquivalente zuschreiben:

$$A = R^2 \pi a^2 = f(r)\pi a^2 \tag{2-247}$$

entspricht einer durch f(r) gewichteten Kreisfläche πa^2, die durch einen Kreis mit dem Radius r gebildet wird. Im Falle eines Parabelprofils ist sie gleich der realen Fläche.

$$\Omega = S^2 \pi NA^2 \Omega_0 = \pi \sin^2\theta \, \Omega_0 \approx 2\pi(1 - \cos\theta)\Omega_0 \tag{2-248}$$

entspricht dem Raumwinkel eines unter dem Winkel θ auf die LWL-Stirnfläche auffallenden Strahlkegels.

2.7 Phasenraumdiagramm

Das sog. Phasenraumdiagramm erhält man, wenn man R^2 auf der Abszisse, S^2 auf der Ordinate aufträgt, wobei an deren äquivalente, geometrisch-optische Bedeutungen erinnert sei (siehe (2-247) und (2-248)).

Gemäß ihrer Definitionen können R^2 und S^2 maximal den Wert 1 annehmen. Für einen LWL mit beliebigem Brechzahlprofil $f(r)$ ist auch der maximal mögliche Wert von $\sin \theta$ eine Funktion von r, nämlich (siehe auch Bild 2.21)

$$(\sin \theta)_{max} = \sqrt{n^2(r) - n_2^2} = \sqrt{n_1^2 - NA^2 f(r) - n_2^2} \quad .$$

Dies führt auf

$$\left[\frac{\delta}{\Delta n}\right]_{max} = f(r) + \frac{n_1^2 - NA^2 f(r) - n_2^2}{NA^2} = 1 \quad ,$$

d.h. der Bereich der geführten Moden wird durch eine Verbindungslinie zwischen $R^2 = 1$ und $S^2 = 1$ begrenzt. Die Form dieser Linie wird durch die Profilfunktion $f(r)$ bestimmt, denn mit (2-246) muß gelten

$$[S^2 + f(r)]_{max} = 1 \quad . \tag{2-249}$$

Für einen Stufenprofil-LWL ist $f(r) = 0$ für alle r, also $S^2 = 1$ für alle r. Dies ergibt eine rechteckige Fläche im Phasenraumdiagramm. Für ein parabolisches Profil $f(r) = (r/a)^2$ ergibt sich als Grenze die Verbindungsgerade zwischen $R^2 = 1$ und $S^2 = 1$. Trägt man R^2 in Einheiten von $(r/a)^2$ auf, so erhält man im Phasenraumdiagramm für den parabolischen Gradienten-LWL eine gerade Grenzlinie. Beide Fälle sind in Bild 2.33 gegenübergestellt. Die Flächen entsprechen der Anzahl der ausbreitungsfähigen Moden; im Falle des parabolischen Gradientenprofil-LWL sind also nur halb so viele Moden ausbreitungsfähig wie bei dem Stufenprofil-LWL (bereits früher in (2-209) berechnet).

Gemäß Bild 2.21 gilt für den Winkel ψ der einfache Zusammenhang

$$\sin \psi = \frac{\nu}{r \sqrt{(\nu/r)^2 + k_r^2(r)}} \quad ,$$

$$\sin \psi = \frac{\nu}{r\sqrt{k^2(r) - \beta^2}} = \frac{\nu}{rk_0 \sqrt{n^2(r) - (\beta/k_0)^2}} =$$

was wiederum nach Bild 2.21 umgeformt werden kann in

$$= \frac{\nu}{rk_0 \sqrt{n^2(r) - n^2(r)(1 - \sin^2 \gamma)}} = \frac{\nu}{rk_0 \sin \theta}$$

bzw.

$$\nu = rk_0 \sin \theta \sin \psi \,. \tag{2-250}$$

Bei der Betrachtung einzelner ausbreitungsfähiger Moden im Phasenraumdiagramm ist zu berücksichtigen, daß alle Phasenausbreitungskonstanten reell sein müssen, was geometrisch-optisch bedeutet, daß sich die Moden innerhalb zweier Kaustiken mit den Radien r_1 und r_2 ausbreiten müssen (siehe Bild 2.22). An den Kaustiken sind die Radialkomponenten $k_r(r)$ gleich Null, was gleichbedeutend ist mit $\psi = +90°$. Unter Elimination von $\sin \theta$ aus (2-246) und (2-250) sowie durch Berücksichtigung von $\sin \psi = +1$ erhält man

$$\pm \frac{\nu}{r_{1,2} k_0 NA} = \sqrt{D - f(r)} \,. \tag{2-251}$$

Beschränkt man sich auf Parabelprofile und führt in (2-251) die Strukturkonstante V ein, so lassen sich die Kaustikradien berechnen zu

$$\frac{\nu^2 a^2}{r_{1,2}^2 V^2} = D - \frac{r_{1,2}^2}{a^2} \,, \tag{2-252a}$$

$$r_{1,2}^2 = a^2 \{D/2 \pm \sqrt{(D/2)^2 - (\nu/V)^2}\} \,, \tag{2-252b}$$

d.h. die beiden Kaustiken eines jeden Modus liegen für einen Parabelprofil-LWL im Phasenraumdiagramm symmetrisch zur Geraden $(r/a)^2 = D/2 = \sin^2 \theta / NA^2$. Die Symmetrielinie ist in Bild 2.33 eingezeichnet. Es ist völlig gleich, welche Moden in einem LWL mit Parabelprofil angeregt sind;

2.7 Phasenraumdiagramm

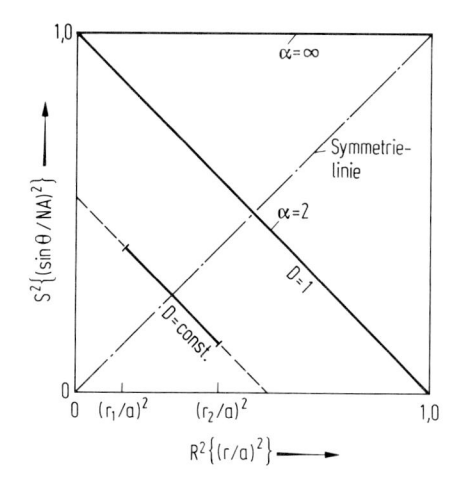

Bild 2.33

Das Phasenraumdiagramm für den Stufenprofil- und den Parabelprofil-LWL [2.70]; Erklärung siehe Text

die Lichtverteilung im Phasenraumdiagramm wird symmetrisch zu dieser Linie sein.

Für kleine ν, also bei niedrigen Moden einer Modengruppe mit gegebenen ß, liegen nach (2-252) die Kaustiken weit auseinander. Für $\nu = 0$ erhält man z.B. $r_1 = 0$ und $r_2 = a^2 D$ (Meridionalstrahl, siehe Abschnitt 2.4.2). Aus (2-252b) erkennt man, daß ν nicht größer als $V \cdot D/2$ werden darf. In diesem Fall wäre $r_{1,2} = a\sqrt{D/2}$. Allerdings läßt sich zeigen, daß ν nur den maximalen Wert $\nu_{max} = V \cdot D/2 - 1$ einnehmen darf, so daß ein endlicher Bereich für die Ausbreitung dieses Helixstrahl genannten Modus von $r_2 - r_1 = a\sqrt{2}/V$ verbleibt (siehe auch Abschnitt 2.4.2). Aus dem Zusammenhang $\nu_{max} = V \cdot D/2 - 1$ unter Berücksichtigung der Bedingung, daß ν eine ganze Zahl ist, läßt sich ableiten, daß D nur ganzzahlige Vielfache von $2/V$ einnehmen kann. Zusammenfassend kann man feststellen, daß jeder Modus im Phasenraumdiagramm durch eine Linie bestimmter Länge und Lage (immer symmetrisch zu $D/2 = (r/a)^2$) dargestellt werden kann (sog. D-Linie). Dies ist ebenfalls in Bild 2.33 gezeigt.

Wie bereits zuvor dargestellt, gibt es Gruppen von Moden, die die gleiche Ausbreitungskonstante ß besitzen und sich nur durch ihre Modenzahl ν unterscheiden. Der Unterschied läßt sich anschaulich durch den Winkel ψ aus (2-250) als Funktion von r^2 darstellen. Aus (2-246) unter Beachtung von $f(r) = (r/a)^2$ und (2-250) erhält man

$$\nu = (r/a)V\sqrt{D - (r/a)^2} \sin \psi \quad . \tag{2-253}$$

Wird r^2 in Einheiten von a^2D aufgetragen - es gilt $0 < r^2 < a^2D$ nach (2-252b) -, so muß D eine Funktion von $1/V$ sein, denn (2-253) läßt sich mit $f = r^2/(a^2D)$ umformen in den einfachen Ausdruck

$$\nu = VD\sqrt{f - f^2} \sin \psi \quad .$$

Hierbei ist wieder zu berücksichtigen, daß D nur ganzzahlige Vielfache von $2/V$ einnehmen kann. Die Grenzen für f sind in Abhängigkeit von ν über die Radien $r_{1,2}$ der Kaustiken nach (2-252b) festgelegt. Nur für $\nu = 0$ ist der gesamte Bereich $0 \leq f \leq 1$ zulässig, wobei dann unabhängig von f der Winkel ψ immer 0° ist (siehe Bild 2.34). Mit D = const. ist eine feste Phasenausbreitungskonstante nach (2-246) gegeben, und im Phasenraumdiagramm liegen diese Moden auf einer Geraden (siehe Bild 2.33), deren Länge - symmetrisch zur Achse $D/2 = (r/a)^2$ - nach (2-252b) von ν abhängt. Die Änderung von ψ als Funktion von r^2 bei $D = 10/V$ für verschiedene ν ist in Bild 2.34 gegeben. Die Radien der Kaustiken, die erwartungsgemäß symmetrisch zu $r^2 = a^2 D/2$ liegen, sind bei $\psi = 90°$ zu erkennen. Bemerkenswert ist, daß alle bogenförmigen Teilflächen zwischen unterschiedlichen ν trotz ihrer sehr verschiedenen Gestalt exakt gleich groß sind. Die Größen der Fläche sind absolut gesehen sogar von D unabhängig, denn wählt man D größer (z.B $12/V$), so teilt sich die Gesamtfläche in entsprechend mehrere

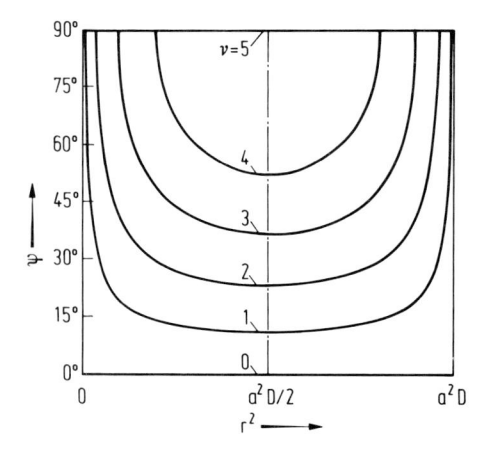

Bild 2.34
Zusammenhang zwischen dem Winkel ψ und r^2 in Abhängigkeit von der Modenzahl ν für $D = 10/V$ [2.70]

2.7 Phasenraumdiagramm

Einzelflächen (6 statt 5) auf. Dies gilt allerdings - wie anfangs betont - nur exakt für einen Gradientenprofil-LWL mit Parabelprofil. $\nu = 5$, was nach (2-252b) $r_{1,2} = 0$ entspricht, liefert keine Fläche mehr; dieser Modus ist nicht mehr geführt. Mit $D = 10/V$ erhält man auch sofort $\nu_{max} = 4$.

Erweitert man das Phasenraumdiagramm um eine weitere Dimension, den Winkel ψ, so nimmt jeder geführte Modus des LWL ein individuelles, aber gleichgroßes Volumenelement ein. Werden alle Moden eines LWL angeregt, so verteilt sich die Lichtintensität gleichmäßig auf diese Volumenelemente, d.h. jeder Modus führt die gleiche Lichtenergie.

Nicht nur geführte Moden, sondern auch Leckwellen lassen sich mit Hilfe des Phasenraumdiagramms darstellen. Leckwellen liegen im Bereich

$$1 \leq D \leq 1 + (\nu/V)^2$$

vor. Ist D vorgegeben, so muß die Modenzahl ν einen Mindestwert $\nu \geq V\sqrt{D-1}$ haben, damit es sich um eine Leckwelle handelt. Der Akzeptanzwinkel für Leckwellen läßt sich aus (2-246) berechnen. Man erhält über

$$\sin^2\theta \leq [1 + (\nu/V)^2 - f(r)]NA^2 ,$$

$$\sin^2\theta \leq [1 + (rk_0 \sin\theta \sin\psi /V)^2 - f(r)]NA^2 ,$$

das Ergebnis

$$\sin\theta \leq NA\sqrt{\frac{1 - f(r)}{1 - (r/a)^2\sin^2\psi}} . \qquad (2\text{-}254)$$

Für $\psi \to 0$ fällt die Grenze von (2-254) (dann gilt das Gleichheitszeichen) mit (2-246) zusammen. Für $\psi = 90°$ wird die obere Grenze für $\sin\theta$ erreicht; für Parabelfunktionen erhält man $\sin\theta \leq NA$, unabhängig von r.

Nach (2-254) breiten sich auch Leckwellen im Kern aus. Sie sind daher nicht mit den sog. Mantelwellen zu verwechseln, bei denen die Wellenausbreitung im LWL-Mantel stattfindet. Leckwellen haben - wegen ihrer Abstrahlung aus dem Kerngebiet - eine Zusatzdämpfung. Nach Angaben von Olshansky [2.71] und Berechnungen von Geckeler [2.72] ergeben sich Dämpfungswerte, wie sie im Phasenraumdiagramm in Bild 2.35a für ein

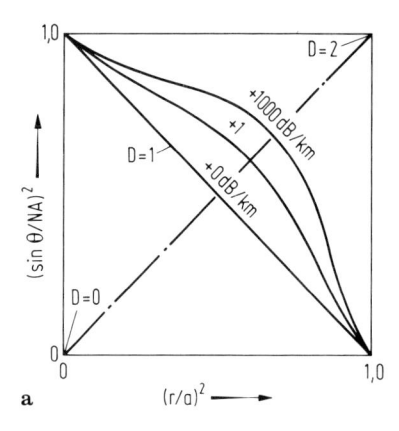

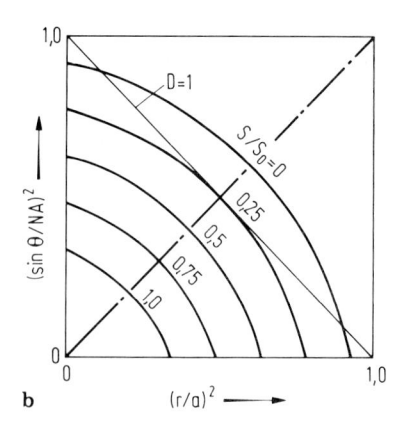

Bild 2.35

(a) Leckwellen im Phasenraumdiagramm für einen Parabelprofil-LWL; angegeben ist die zusätzliche Leckwellendämpfung; (b) Aufteilung der geführten Lichtenergie auf die Modengruppen bei langen Parabelprofil-LWL; S/S_0 gibt das Verhältnis der Strahldichten in Bezug zu voll angeregten Moden wieder [2.70]

Parabelprofil dargestellt sind. Die Grenze für den maximalen Akzeptanzwinkel ist gestrichelt eingezeichnet. Es gibt daher nur eine geringe Zahl von Leckwellen, die sich über eine größere LWL-Länge ohne nennenswerte Dämpfung ausbreiten können.

Diese Überlegungen lassen sich auch auf geführte Moden anwenden, denn an Krümmungen (siehe Kap. 2.5) entarten geführte Wellen zu Leckwellen, wodurch eine Zusatzdämpfung hervorgerufen wird. Entsprechend Bild 2.35a sind die Verluste umso höher, je größer D ist. Bei festem D werden darüber hinaus Moden mit kleinem ν (äußere Kaustik nahe Kern/Mantel-Grenze) stärker gedämpft als jene mit hohem ν. Dies führt in einem realen LWL dazu, daß - nach vollständiger Anregung aller Moden - die hohen Moden (großes D) nach einer größeren Übertragungslänge weniger Leistung führen als die niedrigen (Bild 2.35b). Diese Effekte werden noch durch Modenkonversion kompliziert, denn Moden können untereinander Energie austauschen (jedoch im wesentlichen nur entlang der Linie D = const.). Dadurch kommt es nach einer größeren LWL-Strecke (einige km) zur sog. Gleichgewichtsverteilung der Lichtleistung über die Moden, die nicht identisch ist mit einer Gleichverteilung der Lichtleistung. Dieser Umstand ist besonders kritisch bei allen Messungen an LWL.

Es ist daher sehr wichtig zu wissen, welche Moden wie stark bei der Einkopplung im LWL angeregt werden. Die Einkopplung wird beschrieben durch den Radius r_e des Einkoppelflecks und durch den Kegelwinkel θ_e des eingekoppelten Lichtstrahls, so daß man bei bekannter Profilfunktion $f(r)$ und bekannter NA des LWL für R^2 und S^2 aus (2-246) feste Werte R_e^2 und S_e^2 erhält. Es werden alle Moden - allerdings unterschiedlich stark - angeregt, die die durch R_e und S_e eingegrenzte Fläche mit ihren D-Linien berühren oder schneiden. Moden, deren D-Linie ganz innerhalb dieses Bereiches liegen, werden vollständig angeregt, d.h. das Volumenelement im dreidimensionalen Phasenraum ist maximal gefüllt. Alle anderen Moden werden mit geringerer Energie angeregt. Das Phasenraumdiagramm wird daher bei der Betrachtung der Einkopplung im LWL sehr hilfreich sein (siehe Kap. 7).

2.8 Technologie

Bevor auf Meßverfahren zur Bestimmung der im vorangegangenen Kapitel diskutierten Eigenschaften von LWL eingegangen wird, werden die z.Z. verwendeten Technologien zur Herstellung von LWL dargestellt [2.73-2.78].

Für gutes Brillenglas in Blockform - also unbearbeitet - liegen die Verluste bei einer Wellenlänge von 0,9 µm bei ca. 10 dB/km (entspricht 10% Transmission), während Quarzglas (SiO_2) nur ca. 2 dB/km aufweist. Winzige Verunreinigungen im Glas führen jedoch zu erheblichen Zusatzverlusten (siehe Tabelle 2.5). Großer Forschungsaufwand für die Herstellung absorptionsarmer Gläser führte zu Dämpfungswerten unter 1 dB/km (80% Transmission) [2.79].

Zum Ziehen eines Stufenprofil-LWL wird eine <u>Vorform</u> hergestellt [2.80], indem man z.B. einen Glasstab aus einem höherbrechenden Glas in ein Glasrohr aus einem niederbrechenden Glas steckt. Der Innen- bzw. Außendurchmesser liegt dabei in der Größe von einem Zentimeter, wobei der Stab im Durchmesser zum Rohr paßt. Man erwärmt das Ende dieser Vorform bis zum Schmelzpunkt des Glases (bei Verwendung von Quarzglas sind Temperaturen von 1800 °C notwendig), so daß sich das Ende zu einer Spitze verformt und abtropft. Der Tropfen zieht, da die Temperatur am Schmelzpunkt liegt, einen Glasfaden hinter sich her, der auf einer Trommel befestigt wird.

Unter leichtem Vorschub der Vorform in den Heizofen wird auf der sich drehenden Trommel ein Glasfaden aufgewickelt, der LWL. Bei diesem Ziehprozeß bleiben bei einer Temperatur nahe dem Schmelzpunkt die Größenverhältnisse gewahrt. Das bedeutet, daß das Verhältnis des Stabdurchmessers zur Manteldicke des Rohres gleich dem Verhältnis vom Durchmesser des LWL-Kerns zur Dicke des LWL-Mantels ist. Daher lassen sich auch Lichtwellenleiter mit rechteckigem oder dreieckförmigem Querschnitt herstellen, wenn man entsprechende Vorformen verwendet.

Die Ziehapparatur ist in Bild 2.36 gezeigt. Als Ofen werden z.Z. drei verschiedene Typen verwendet: der Zirkon-Induktionsofen - elektrisch durch Hochfrequenz geheizt -, der Graphitofen, der über eine elektrische

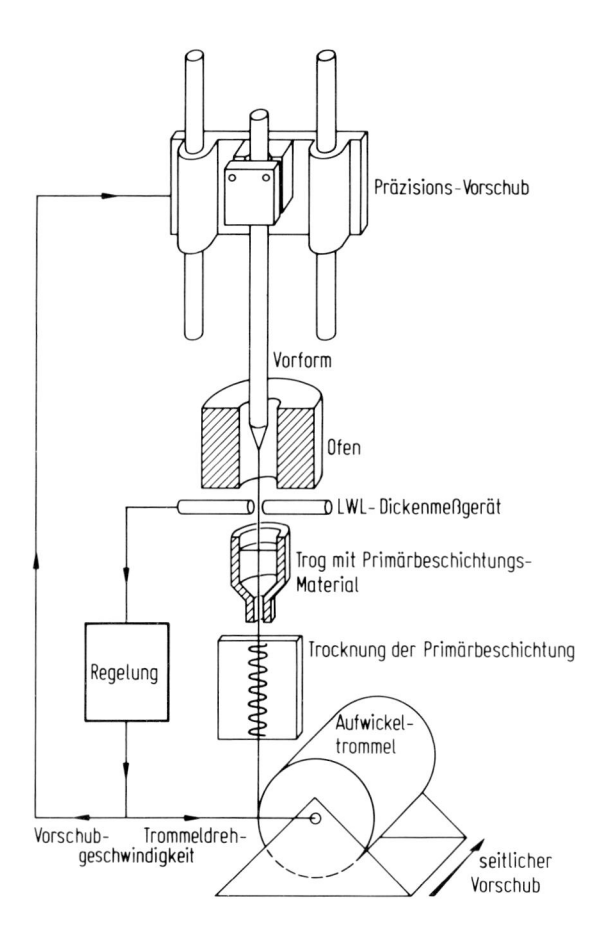

Bild 2.36
Apparatur zum Ziehen von LWL aus einer Vorform (Schema)

Widerstandsheizung verfügt, oder der Knallgasbrenner, der durch chemische Reaktion Wärme erzeugt. Auch die Verwendung von CO_2-Gaslasern (Wellenlänge 10,6 µm) kommt in Frage. Beim Einsatz eines Zirkon- oder Graphitofens ist problematisch, daß eine relativ große Länge der Vorform aufgeheizt wird, also eine punktuelle Heizung nicht möglich ist. Andererseits bietet die große thermische Masse eine äußerst gute Temperaturstabilität. Beim Knallgasbrenner liegen die Verhältnisse entgegengesetzt: Damit läßt sich nur ein kleiner Teil der Vorform gezielt erhitzen, die Einstellung und Einhaltung der Temperatur ist jedoch schwierig. Hinzu kommt, daß die Gasströmung laminar sein muß (also keine Turbulenzen aufweisen darf, da sonst der LWL-Durchmesser beeinflußt wird) und daß das bei der Verbrennung entstehende Wasser nicht in den LWL eingebaut wird (Absorption). Die Verwendung eines leistungsstarken Infrarot-Lasers, z.B. eines CO_2-Lasers, zur Heizung vermeidet die genannten Schwierigkeiten, doch ist die zur Verfügung stehende Heizleistung vergleichsweise gering, so daß sich nur geringe Ziehgeschwindigkeiten realisieren lassen (einige m/min), die für die kommerzielle Herstellung zu klein sind (üblich 40 m/min).

Weitere Bedingungen für den Herstellungsprozeß sind hochreine Räume, temperaturstabilisierte und -kontrollierte Heizquelle, genau drehzahlregulierte und ausgewuchtete Trommel mit polierter Oberfläche und speziell geregelter Vorschub der Vorform. Die ganze Anlage muß mechanisch stabil und erschütterungsfrei aufgebaut sein, denn bereits sehr kleine Änderungen im Durchmesser des LWL verursachen Verluste: Vom Durchmesser des LWL hängt die Anzahl der ausbreitungsfähigen Moden ab; wird er kleiner, wird ein Teil der hohen Moden abgestrahlt, was einem Verlust gleichkommt. Bei Untersuchungen, welcher Effekt am meisten zu Durchmesserschwankungen führt, konnten drei Ursachen festgestellt werden:

- Vorform,
- Ofen (Temperaturstabilität, Homogenität),
- Zieheinrichtung (Vibrationen).

Den stärksten Einfluß hat die Ebenheit der Trommelführung, dann folgen Vorformdefekte und erst am Schluß Instabilitäten des Ofens. Da Durchmesserschwankungen bei besonders hochwertigen LWL vermieden werden müssen, wird direkt hinter dem Ziehofen ein Dickenmeßgerät (siehe Bild 2.36) installiert, über das eine Regelung der Ziehparameter erfolgt [2.81]. Durchmesserschwankungen können dadurch wesentlich herabgesetzt werden.

Eine weitere Verbesserung bringt der Einsatz eines Kapstan-Antriebes, so daß die Trommel nicht mehr die Ziehgeschwindigkeit bestimmt, sondern nur zur Aufnahme des gezogenen LWL dient und die Ziehgeschwindigkeit ausschließlich über den Kapstan-Antrieb reguliert wird. Wegen der wesentlich geringeren Masse ist eine schnellere Regelung möglich und die präzise feinmechanische Herstellung leichter. Der in Bild 2.36 eingezeichnete Trog dient zur Primärbeschichtung des LWL. Sie verhindert, daß die LWL-Oberfläche nach dem Ziehvorgang direkt mit der Umgebung in Kontakt kommt (Eindiffusion von OH^-), und gibt dem LWL die nötige Festigkeit. Die Wahl des richtigen Beschichtungsstoffes sowie der Beschichtungsprozeß selbst sind von großer Bedeutung für die späteren LWL-Eigenschaften [2.82]. Man unterscheidet dabei zwei verschiedene Beschichtungen: dick (40 µm bis 100 µm) oder dünn (3 µm bis 18 µm).

Mit der anfangs geschilderten Stab/Rohr-Methode für die Herstellung von Vorformen lassen sich keine qualitativ hochwertigen LWL herstellen, da vor allem die Kern/Mantel-Grenzschicht nicht optimal ist und Defekte aufweist, was zu starker Abstrahlung führt. Außerdem ist auch die Herstellung von Gradientenprofil-LWL so nicht möglich. Daher sind heute weltweit zwei Technologien im Einsatz, das sog. CVD-Verfahren (<u>c</u>hemical <u>v</u>apour <u>d</u>eposition) [2.83], die z.Z. verwendete Methode - eine Weiterentwicklung - heißt MCVD-Verfahren (<u>m</u>odified CVD) [2.84], und das VAD-Verfahren (<u>v</u>apour phase <u>a</u>xially <u>d</u>eposition) [2.85, 2.86]. Beide Verfahren verwenden SiO_2, das aus der gasförmigen Phase gewonnen wird, als Grundstoff.

Das Prinzip des MCVD-Verfahrens ist in Bild 2.37a dargestellt. Durch ein Quarzglasrohr strömt ein Gasgemisch aus $SiCl_4$, $GeCl_4$, BCl_3 und O_2, wobei die Anteile jeweils getrennt reguliert werden können. Aus dem Gasgemisch entstehen folgende Verbindungen:

$$SiCL_4 + 2\,O_2 = SiO_2 + 2\,Cl_2O$$
$$2\,BCl_3 + 3\,O_2 = B_2O_3 + 3\,Cl_2O$$
$$GeCl_4 + 2\,O_2 = GeO_2 + 2\,Cl_2O$$

Es bildet sich also reines Quarzglas, Boroxid und Germaniumoxid unter Abgabe von Chlorgas. Dieser chemische Prozeß kann jedoch nur bei hohen Temperaturen (1700 °C bis 2000 °C) ablaufen. Das in das SiO_2-Rohr geleitete Gasgemisch wird also erst in der Nähe des Brenners reagieren, und die neu enstandenen Verbindungen werden sich an der etwas kühleren Innenwand

2.8 Technologie

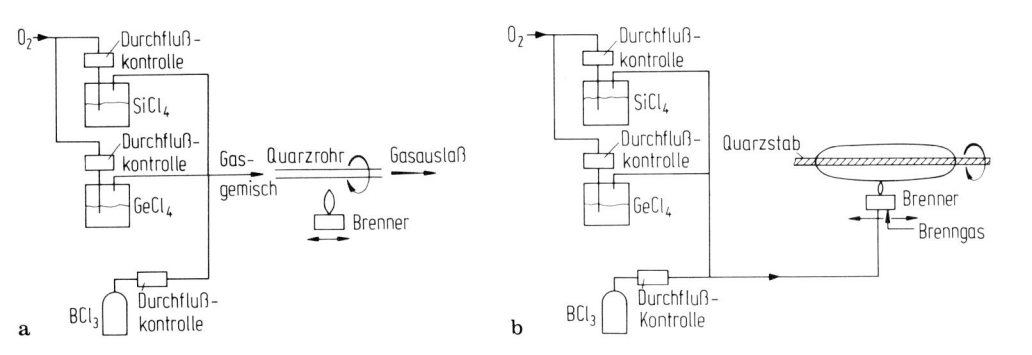

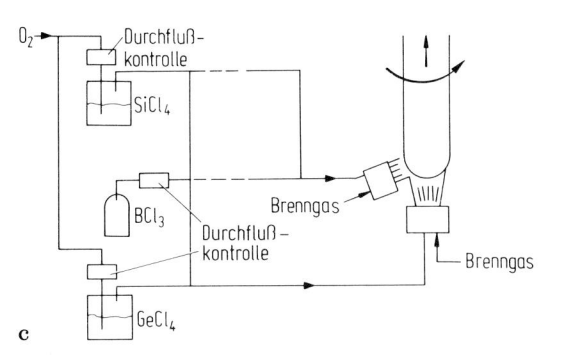

Bild 2.37
Verschiedene Verfahren zur Herstellung von Vorformen; (a) MCVD-Verfahren; (b) OVD-Verfahren; (c) VAD-Verfahren

des Rohres niederschlagen. Durch gleichzeitiges Drehen des SiO_2-Rohres und Hin- und Herfahren des Brenners wird die Innenfläche des Rohres gleichmäßig beschichtet. Durch Ändern der Zusammensetzung des Gasgemisches kann die Brechzahl ebenfalls in gewissen Grenzen geändert werden. Die Zugabe von Boroxid zu Quarzglas erniedrigt dessen Brechzahl, während GeO_2 (aber auch F oder P_2O_5) sie erhöht (siehe Bild 2.38). Beim Herstellen der Vorform für einen Gradientenprofil-LWL wird z.B. zunächst auf die Innenwand des Rohres stark mit Boroxid dotiertes Quarzglas abgeschieden. Bei den folgenden Schichten reduziert man den Boroxidanteil und erhöht gleichzeitig den Germaniumoxidanteil. Durch geeignete Zufuhr der Gase in Abhängigkeit von den abgeschiedenen Schichten kann damit ein beliebiges Brechzahlprofil erzielt werden. Dieses Verfahren hat zwei Nachteile: Bei der Abscheidung bildet sich nicht sofort eine glasklare Schicht, sondern

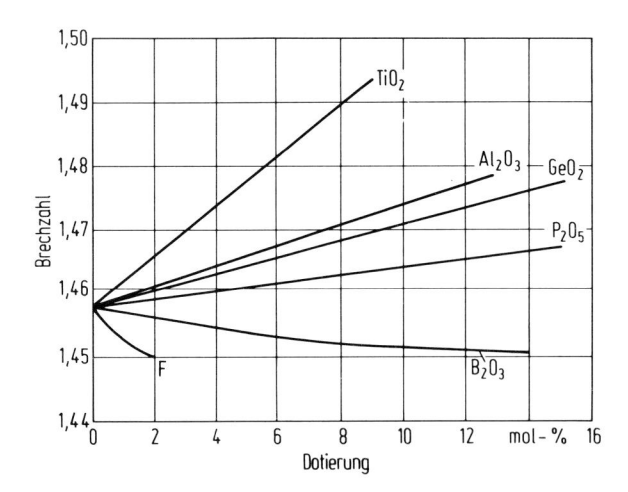

Bild 2.38
Einfluß von verschiedenen Dotierungsstoffen auf die Brechzahl von SiO_2

ein sog. "soot" (engl.): Kleine Materialelemente liegen zusammen und bilden eine inhomogene, milchglasartige Schicht. Außerdem läßt sich das Quarzglasrohr innen nicht völlig beschichten; ein Gaskanal muß immer vorhanden sein. Die Vorform muß bei hoher Temperatur gesintert werden, um ein homogenes, glasklares Material zu bekommen. Dann wird der Hohlstab kollabiert, so daß der innere Hohlraum verschwindet. Beim Kollabieren - das ebenfalls bei hoher Temperatur geschieht - können Dotierungen, vor allem GeO_2, aus der Mitte der Vorform entweichen, wodurch ein unerwünschter Einbruch im Brechzahlprofil bedingt ist, der sich auf die Übertragungsbandbreite eines LWL negativ auswirkt.

Ähnlich arbeitet das OVD-Verfahren (outside-vapor deposition) [2.87]. Das Material wird von außen auf einen Quarzglasstab niedergeschlagen (Bild 2.37b), wobei wiederum die Brechzahl durch die Zusammensetzung des Gasgemisches genau kontrolliert werden kann. Der Quarzstab wird später entfernt, das Material wie bei dem MCVD-Prozeß gesintert und kollabiert, bevor die Vorform zum LWL ausgezogen wird.

Die später in Japan entwickelte VAD-Methode [2.88-2.91] geht von denselben Grundmaterialien aus. Das Material wird auf einen sich drehenden Quarzstab von außen niedergeschlagen, wobei der Quarzstab nur als Halterung für den Beginn des Prozesses dient (Bild 2.37c). Bei dieser Außenabscheidung ist

2.8 Technologie

es sehr schwierig, ein gezieltes Brechzahlprofil herzustellen, da die Abscheidung örtlich nicht so genau begrenzt erfolgt wie im Fall des MCVD-Verfahrens. Für die Herstellung eines "guten" Profils ist der Regelaufwand wesentlich höher als beim vergleichbaren MCVD-Prozeß; zwei wesentliche Vorteile sind jedoch für die VAD-Methode zu nennen: Das Kollabieren entfällt, so daß kein Brechzahleinbruch im LWL-Zentrum auftreten kann, die Einhaltung eines idealen α-Profils möglich ist und große Übertragungsbandbreiten erreicht werden [2.92]; die Vorform läßt sich prinzipiell beliebig lang herstellen, während man beim MCVD- und OVD-Verfahren auf Längen bis zu 70 cm beschränkt ist, da sich die Quarzrohre sonst bei den hohen Temperaturen bereits unter dem Eigengewicht verformen. Das Ausziehen des LWL geschieht in allen Fällen genauso, wie es für die Stab/Rohr-Methode erläutert wurde (Bild 2.36).

Die drei geschilderten Technologien (MCVD, OVD, VAD) haben jeweils Vor- und Nachteile. Beim MCVD- und beim OVD-Verfahren wirkt sich besonders das notwendige Kollabieren der Vorform nachteilig aus, da dadurch das Brechzahlprofil verändert wird (siehe Bild 3.6b). Dies wirkt sich auf die Übertragungsbandbreite des LWL aus: Die bisher höchsten Übertragungsbandbreiten bei Gradientenprofil-LWL konnten ausschließlich mit der VAD-Methode erzielt werden (7 GHz·km). Hinsichtlich der erreichbaren LWL-Verluste bestehen nur geringfügige Unterschiede. Die Abscheiderate - für die Wirtschaftlichkeit bei der Produktion wichtig - liegt beim MCVD- und VAD-Verfahren bei 0,5 g/min. bis 1 g/min., beim OVD-Verfahren erzielt man das Doppelte. Der Wirkungsgrad bei der Umsetzung der Gase in Material liegt bei allen Technologien bei 50% bis 60%.

Zur Zeit ist es möglich, Lichtwellenleiter in Längen von mehreren Kilometern (Maximum 110 km) in einem Stück herzustellen [2.93]. Die Toleranzen, die hinsichtlich des Durchmessers des LWL eingehalten werden können, liegen unter 1 µm. Die besten bisher erreichten Dämpfungswerte betragen um 0,2 dB/km bei Wellenlängen von 1,5 µm.

Ein anderes Ziehverfahren wird für nicht so hochqualitative LWL angewandt: das LWL-Ziehen aus dem Doppeltiegel [2.94]. Die Arbeitsweise dieses Verfahrens ist in Bild 2.39 gezeigt. Von Vorteil ist, daß das Ausgangsmaterial nicht - wie bei dem Verfahren mit der Vorform - mechanisch bewegt werden muß und daß die Materialzufuhr unbeschränkt sein kann, da während des Ziehvorganges immer wieder neues Material nachgefüllt werden kann. Das

Doppeltiegelverfahren erlaubt allerdings nicht die Herstellung von Gradientenprofil-LWL mit vorgegebenem, genau definiertem α-Wert.

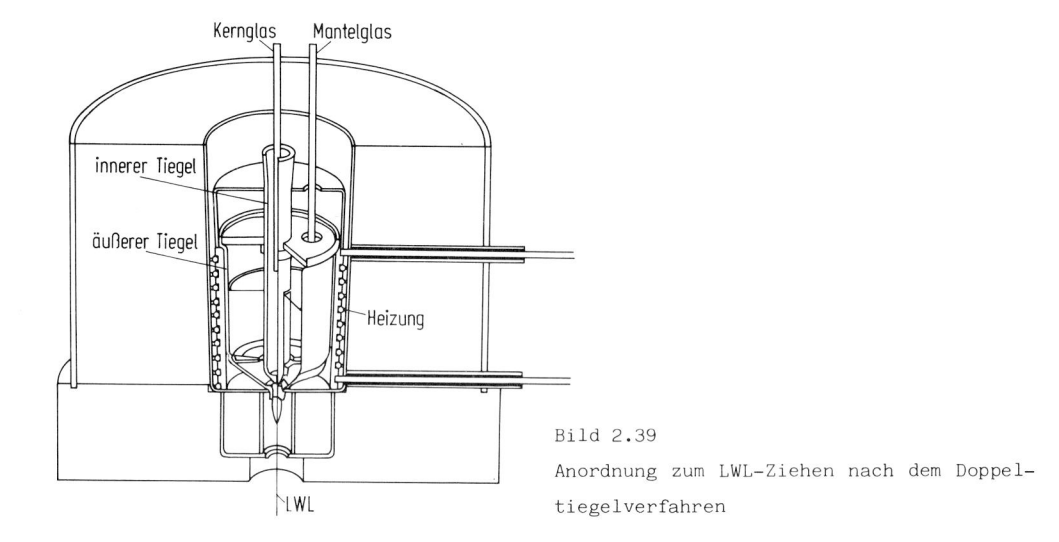

Bild 2.39
Anordnung zum LWL-Ziehen nach dem Doppeltiegelverfahren

2.9 Zusammenfassung

Zum Abschluß dieser Betrachtungen zu den LWL sollen nochmals die wichtigsten Eigenschaften der drei LWL-Typen gegenübergestellt werden (Bild 2.40). Die angegebenen Werte können nur Anhaltswerte sein, da die Vielzahl der kommerziell erhältlichen und der im Laborstadium befindlichen LWL zum Teil große Unterschiede aufweist.

2.10 Aufbau und Eigenschaften von Lichtwellenleiter-Kabeln

LWL mit Primärbeschichtung sind für einen direkten Einsatz, z.B. Verlegen in einen Kabelschacht, nicht geeignet, da sie zu wenig gegen äußere Einflüsse geschützt, wegen ihrer kleinen Abmessungen schlecht zu handhaben sind und die beim Verlegen (z.B. Einziehen in einen Kabelschacht [2.95]) auftretenden Kräfte nicht auffangen können. Außerdem sollen möglichst mehrere LWL auf einmal verlegt werden, d.h. es müssen, ähnlich wie bei metallischen Leitungen, Kabel hergestellt werden [2.96-2.107].

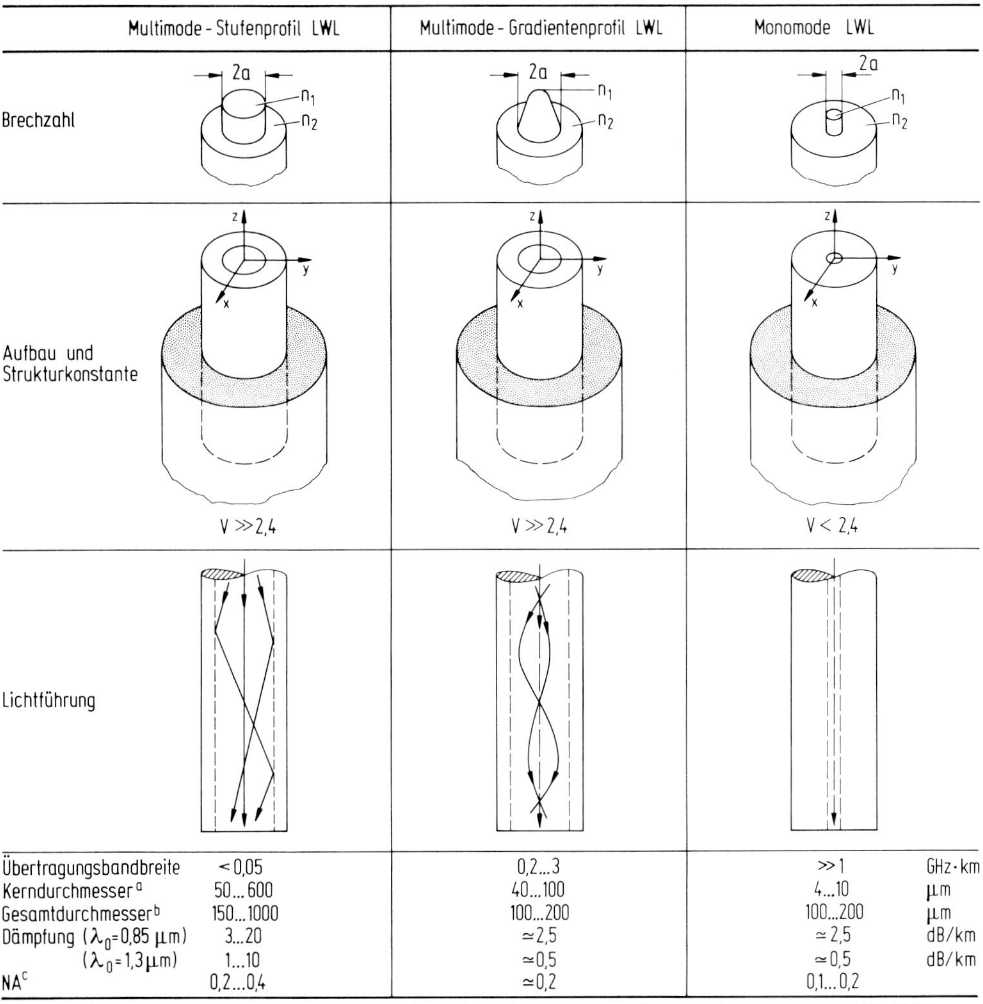

2.10 Aufbau und Eigenschaften von Lichtwellenleiter-Kabeln

	Multimode - Stufenprofil LWL	Multimode - Gradientenprofil LWL	Monomode LWL
Brechzahl	$2a$, n_1, n_2	$2a$, n_1, n_2	$2a$, n_1, n_2
Aufbau und Strukturkonstante	$V \gg 2{,}4$	$V \gg 2{,}4$	$V < 2{,}4$
Lichtführung			
Übertragungsbandbreite	$< 0{,}05$	$0{,}2 \ldots 3$	$\gg 1$ GHz·km
Kerndurchmesser [a]	$50 \ldots 600$	$40 \ldots 100$	$4 \ldots 10$ µm
Gesamtdurchmesser [b]	$150 \ldots 1000$	$100 \ldots 200$	$100 \ldots 200$ µm
Dämpfung ($\lambda_0 = 0{,}85$ µm)	$3 \ldots 20$	$\simeq 2{,}5$	$\simeq 2{,}5$ dB/km
($\lambda_0 = 1{,}3$ µm)	$1 \ldots 10$	$\simeq 0{,}5$	$\simeq 0{,}5$ dB/km
NA [c]	$0{,}2 \ldots 0{,}4$	$\simeq 0{,}2$	$0{,}1 \ldots 0{,}2$

a für Multimode - Standard-LWL gilt die Normung 50 µm   b für Standard-LWL gilt die Normung 125 µm   c für Multimode - Standard-LWL gilt 0,2

Bild 2.40
Zusammenfassung und Gegenüberstellung des Aufbaus und der Eigenschaften von Stufenprofil-, Gradientenprofil- und Monomode-LWL

Für die Kabelherstellung ist Voraussetzung, daß der primärbeschichtete LWL die für das Verkabeln notwendigen Kräfte auffangen kann. Die mechanisch schwachen Stellen am LWL sind durch Materialinhomogenitäten oder Oberflächenbeschädigungen bedingt. Allerdings sind bisher wenig zuverlässige Daten über die Bruchwahrscheinlichkeit von LWL erhältlich. Es kann als sicher angenommen werden, daß die Bruchwahrscheinlichkeit mit der Größe der beanspruchten Oberfläche, der örtlichen Spannung und der Beanspruchungszeit wächst [2.96, 2.97, 2.108, 2.109]. Für eine langjährige Nutzung (ca. 30 Jahre) wird eine Dauerdehnung von maximal 10^{-3} als zulässig erachtet [2.96, 2.110, 2.111]. Ergebnisse von Ermüdungsversuchen mit vielen Prüflingen über größere Zeiträume liegen nicht vor. Die Problematik beginnt bereits bei der Festlegung der Prüflinge bzw. der Extrapolation von kleineren Prüflingen auf übliche LWL-Längen von einigen Kilometern, die normalerweise experimentell nicht untersucht werden können. Die Wahrscheinlichkeit F, daß ein fester Körper mit einem Volumen V unter einer mechanischen Spannung σ oder einer kleineren brechen wird, kann ausgedrückt werden durch

$$F(V,\sigma) = 1 - \exp\{-VH(\sigma)\} \quad ,$$

worin $H(\sigma)$ eine Kräfteverteilung darstellt. Weibull stellte die empirische Forderung auf, daß die maximale Relation

$$H(\sigma) = 1/V_0 \, (\sigma/\sigma_0)^a \qquad (2-255)$$

gilt mit experimentell zu bestimmenden Konstanten V_0, σ_0 und a. Beide Gleichungen führen auf die sog. Weibull-Verteilung:

$$F(V,\sigma) = 1 - \exp\{-\frac{V}{V_0} (\frac{\sigma}{\sigma_0})^a\} \quad . \qquad (2-256)$$

Beim LWL spielt das Volumen gegenüber der Oberfläche keine wesentliche Rolle, so daß in (2-256) das Volumen V durch die LWL-Länge L ersetzt werden kann. Führt man in (2-256) auf ähnliche Weise wie für die Spannung σ in (2-255) zusätzlich eine Zeitabhängigkeit ein, so ergibt sich

$$F(L,\sigma,t) = 1 - \exp\{-\frac{L}{L_0} [\frac{\sigma}{\sigma_0}]^a [\frac{t}{t_0}]^b \} \quad , \qquad (2-257)$$

worin wiederum L_0, σ_0, t_0, a und b experimentell zu bestimmende Werte sind.

Bei der LWL-Herstellung wird bereits ein Festigkeitstest mit der Zugspannung σ_T innerhalb einer Zeit t_T durchgeführt, und alle LWL-Stücke, die diesen Test nicht bestehen, werden ausgesondert. Bei späteren Festigkeitsuntersuchungen muß man diesen Vortest in Betracht ziehen, da dadurch

2.10 Aufbau und Eigenschaften von Lichtwellenleiter-Kabeln

eine reduzierte Bruchwahrscheinlichkeit F_r bedingt ist, für die

$$F_r = \frac{F(\sigma,t) - F(\sigma_T,t_T)}{1 - F(\sigma_T,t_T)} \qquad (2\text{-}258)$$

gilt, sofern gleiche Testlängen vorlagen. Unter Berücksichtigung aller veröffentlichten und eigener Meßwerte wurden in [2.112, 2.113] die Konstanten in (2-257) für übliche Quarz-LWL berechnet; sie sind in Tabelle 2.7 zusammengefaßt.

Tabelle 2.7: Empirisch bestimmte Konstanten für die Weibull-Verteilung der Bruchwahrscheinlichkeit

L_0	20 m	t_0	10 s
σ_0	2000 ± 800 N/mm^2	b	0,2 ± 0,05
a	3 ± 1		

Die Toleranzen in den Exponenten a und b können schwerwiegende Folgen haben, speziell bei der Extrapolation auf lange Zeiträume. Je nach Wahl der Toleranzgrenzen ist die nach diesen Parametern zulässige Dauerdehnung mit einer Toleranz von 100% behaftet. Eine Meßserie für eine Weibull-Verteilung zur Bestimmung der Bruchfestigkeit von LWL ist in Bild 2.41 enthalten. Die verschiedenen Meßlängen wurden über (2-257) auf 20 m extrapoliert, die Umrechnung auf 1 km ist durch die durchgezogene Kurve gegeben. Die Testzeit war bei allen Versuchen gleich und bleibt daher unberücksichtigt.

Zusammenfassend läßt sich daher feststellen, daß man bei primärbeschichteten LWL davon ausgeht, daß

- sie eine für die Verkabelung ausreichende Festigkeit haben,
- ihre zeitabhängige Bruchfestigkeit ausreichend hoch ist,
- die Bruchwahrscheinlichkeit auch nach dem Verkabeln ausreichend niedrig ist.

Es ist einerseits verwunderlich, daß diese Fragen bisher noch nicht zufriedenstellend geklärt werden konnten, andererseits wird der immense

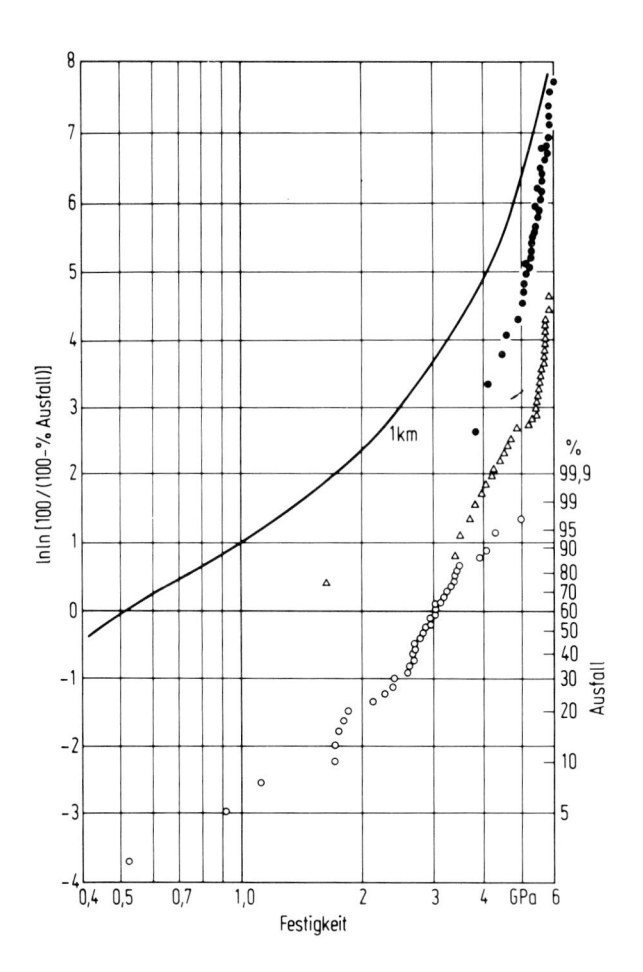

Bild 2.41
Weibull-Verteilung zur Bestimmung der Bruchfestigkeit eines LWL [2.108]

experimentelle Aufwand für die Beantwortung dieser Fragen deutlich, abgesehen von den in der theoretischen Behandlung liegenden Unsicherheiten.

In jedem Falle muß beim Verkabeln des LWL sichergestellt sein, daß auf den LWL möglichst geringe oder gar keine zusätzlichen Kräfte einwirken. Die Kabelkonstruktion muß gleichzeitig so ausgeführt sein, daß beim Verlegen die maximal zulässigen Kräfte nicht überschritten werden und nach dem Verlegen jegliche auf den LWL wirkende Kraft vermieden wird. Augenblicklich haben sich für die Schaffung einer LWL-Hülle zwei Grundtechnologien durchgesetzt:

2.10 Aufbau und Eigenschaften von Lichtwellenleiter-Kabeln

- loses Einlegen des LWL in ein leeres oder mit einer gelee-artigen Masse gefülltes Plastikröhrchen ("soft"-Verkabelung) [2.114];
- festes Einhüllen des LWL mit einer Sekundärbeschichtung ("tight"-Verkabelung).

Die LWL-Hülle hat dabei die Aufgabe, die LWL-Oberfläche bezüglich Feuchtigkeit und Seitendruck zu schützen sowie Längendehnungen abzufangen. Technologisch gesehen ist die feste Umhüllung leichter zu realisieren. Allerdings treten Materialprobleme (Anpassung an die mechanischen LWL-Eigenschaften) und Probleme bei der Verseilung auf. Vorteilhaft ist der insgesamt geringe Durchmesser von 0,5 mm bis 1 mm.

Bei der losen Umhüllung ist der LWL relativ stark von der umgebenden Hülle entkoppelt; er kann sich bewegen und damit ausgeübten Kräften ausweichen. Problematisch ist der relativ große Außendurchmesser von ca. 1 mm bis 1,5 mm sowie eine komplizierte Koppeltechnik.

Diese umhüllten Grundelemente können zu Einzel-LWL-Kabeln ausgebaut werden. Entsprechende Kabelentwürfe sind in den Bildern 2.42 gegenübergestellt.

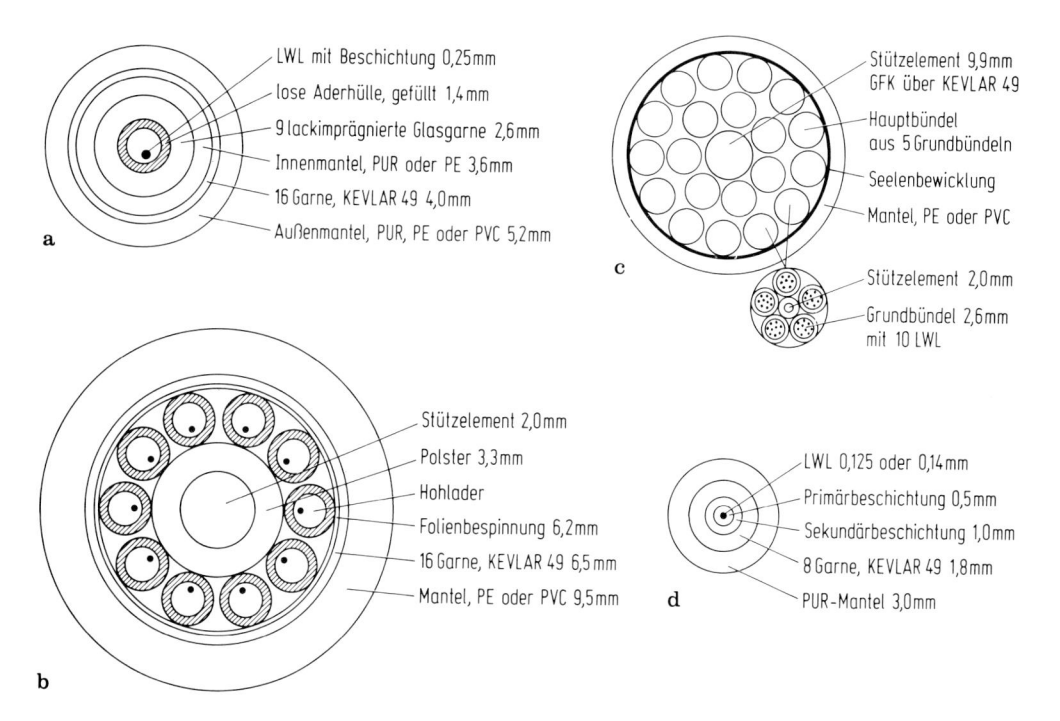

Bild 2.42
Beispiele für LWL-Kabel-Grundelemente [2.97, 2.110]

Für den Aufbau mehradriger LWL-Kabel werden z.Z. Bündelaufbauten aus 6, 8 oder 10 Grundelementen bevorzugt, die mit langem Schlag (korkenzieherartig) verseilt und lose umhüllt werden. Verbleibende Zwischenräume werden wieder mit einer weichen Masse ausgefüllt. Mit diesem Grundbündel können weitere Kabel beliebiger LWL-Zahl aufgebaut werden. Vorteil der Kabel mit lose umhüllten Grundelementen ist die Möglichkeit, eine Längenreserve einzubauen, so daß dadurch eine Längendehnung des LWL vermieden werden kann. Allerdings müssen die LWL im Kabel ständig in gebogenem Zustand verbleiben.

Bei Kabelaufbauten mit festumhüllten LWL (Grundelementen) ist dies weitaus schwieriger zu bewerkstelligen; es kann ausschließlich durch die Kabelkonstruktion selbst realisiert werden. Beim Verseilen mehrerer Grundbündel ist dies nur bedingt möglich.

Der Außenmantel von LWL-Kabeln muß ähnliche Ansprüche erfüllen wie bei Kabeln für metallische Elemente. Die Stützelemente (siehe Bild 2.42) dienen gleichzeitig als Zugelemente. Dabei kann es unter Umständen sinnvoll sein, diese Zugelemente aus nichtmetallischen Materialien herzustellen, um das ganze Kabel metallfrei zu halten. Hierzu können z.B. Glasgarne verwendet werden, die jedoch ein schlechtes Ermüdungsverhalten zeigen. Günstiger ist es, Kevlar-Garne (spezieller Kunststoff) einzusetzen.

Durch einen geeigneten konstruktiven Aufbau von LWL-Kabeln ist gewährleistet, daß sie den mechanischen Ansprüchen des Verlegens im allgemeinen gewachsen sind. Dennoch wirken auch nach dem Verlegen verschiedene Einflüsse ein, die die Übertragungseigenschaften der LWL verändern können.

Nach dem Verlegen können - durch verbleibende Zugkräfte - Kabeldehnungen auftreten, die eine Dämpfungserhöhung im LWL mit sich bringen können. Experimentelle Ergebnisse sind in Bild 2.43 für beide LWL-Grundelemente (lose und feste Umhüllung) gezeigt. Wie bereits geschildert, können Kabeldehnungen bei lose umhüllten LWL aufgefangen werden, so daß es zu keiner LWL-Dehnung und damit Dämpfungserhöhung kommt. Doch auch bei den festumhüllten LWL-Kabeln ist die Dämpfungserhöhung trotz relativ hoher Zugkräfte vergleichsweise gering.

Nach dem Verlegen der Kabel wirken außerdem - wenn man von bisher unbekannten Alterungserscheinungen im LWL selbst absieht - Umgebungsparameter wie Feuchte, Temperatur und gegebenenfalls seitliche Kräfte, z.B.

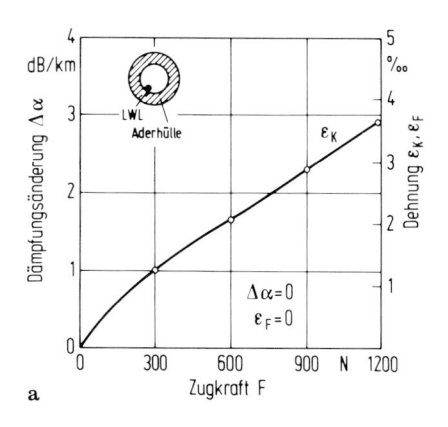

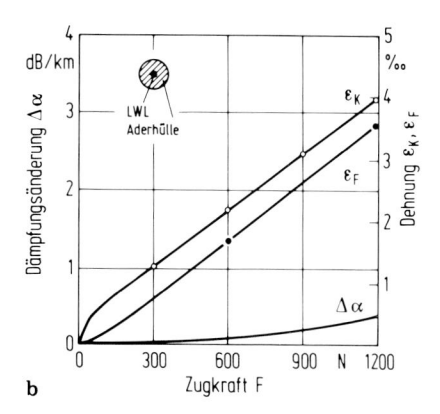

2.10 Aufbau und Eigenschaften von Lichtwellenleiter-Kabeln

Bild 2.43
Dämpfungsänderung $\Delta\alpha$ und Dehnung (ε_K: Kabeldehnung; ε_F: LWL-Dehnung) bei LWL-Kabeln als Funktion der auf das Kabel wirkenden Zugkraft [2.96]; (a) für lose Umhüllung; (b) für feste Umhüllung

durch Erdverschiebungen, ein. Gegen die Feuchtigkeit schützt eine entsprechende Kabelkonstruktion; die Temperatur kann sich jedoch sowohl durch Veränderung der Kabelmaterialien (z.B. der Viskosität der weichen Füllmasse) als auch durch Ausdehnung bzw. Kontraktion des Kabels auswirken [2.112, 2.115].

Zusammenfassend läßt sich feststellen, daß in geeigneten Kabelkonstruktionen LWL ihre Eigenschaften auch nach dem Verlegen weitgehend beibehalten [2.96, 2.113]; geringe Temperatureinflüsse, die das Systemverhalten meist nicht beeinflussen, sind feststellbar. Das Langzeitverhalten ist weitgehend ungeklärt. Auch wenn schon einzelne experimentelle Daten von großen Versuchszeiträumen vorliegen, so gestatten sie doch keine statistisch fundierte Aussage.

3 Messungen an Vorformen und Lichtwellenleitern

Da die Fertigungsmethoden von LWL verschiedene Unsicherheitsfaktoren aufweisen, ist es unbedingt erforderlich, daß deren Eigenschaften sowohl an der Vorform als auch an dem LWL selbst mit möglichst hoher Präzision gemessen werden. Dazu wurde eine Reihe neuer Meßmethoden entwickelt [3.1]. Zu den wichtigsten zu messenden Größen zählen:

- Dämpfung
- Übertragungsbandbreite
- Brechzahlprofil
- Numerische Apertur

Die beiden letzten Größen werden sowohl an der Vorform als auch an dem LWL untersucht; alle sind Funktionen der Wellenlänge λ_0. Eine ausführliche Übersicht über Meßmethoden geben [3.2, 3.3].

Es soll darauf hingewiesen werden, daß es standardisierte Meßvorschriften z.Z. nur als Vorschlag gibt [3.4, 3.5]. Der Einfluß der Meßmethode auf das Ergebnis ist besonders bei Multimode-LWL sehr groß [3.6], so daß Standard Meßmethoden dringend erforderlich sind [3.7]. Dazu müßte allerdings sichergestellt sein, daß auch bei den LWL eine Normung bezüglich ihrer Abmessungen und Eigenschaften eingeführt wird [3.8]. Dies betrifft auch Stecker und Verbindungen, da mit diesen die Messungen wesentlich vereinfacht werden könnten [3.9].

3.1 Messungen an Vorformen

Besonders aus kommerzieller Sicht ist die Messung an Vorformen von größter Bedeutung, da - bei Feststellen eines Defektes oder Mangels - der aufwendige LWL-Ziehprozeß eingespart werden kann oder aber nur ein Teil der Vorform ausgezogen wird.

3.1 Messungen an Vorformen

Obwohl bereits kalorimetrische Messungen an Glasstäben zur Bestimmung der Dämpfung gemacht wurden, sind diese Verfahren nicht genau genug. Ihre Empfindlichkeit ist üblicherweise auf 1 dB/km beschränkt [3.10, 3.11]. Außerdem kann beim Ziehprozeß noch eine Zusatzdämpfung hinzukommen, so daß Dämpfungsmessungen an Vorformen zur Zeit keine Relevanz haben.

Auch bezüglich der Übertragungsbandbreite sind an kurzen (einige Zentimeter) Vorform-Stücken interferometrische Messungen durchgeführt worden, um die Moden- und Materialdispersion zu bestimmen [3.12, 3.13]. Die Meßgenauigkeit ist jedoch auf Impulsverbreiterungen von einigen ns/km beschränkt und damit für Gradientenprofil-LWL mit auch nur durchschnittlicher Übertragungsbandbreite nicht ausreichend.

Daher werden an Vorformen ausschließlich Messungen hinsichtlich Brechzahlprofil und Numerischer Apertur durchgeführt, wobei auch die Homogenität der Vorform über ihre Länge untersucht wird. Einige dieser Meßmethoden sollen im folgenden näher betrachtet werden.

Ein - vom Standpunkt des Experimentators - sehr einfaches Verfahren zur Messung des Brechzahlprofils ist die in Bild 3.1 gezeigte Fokussierungsmethode nach Marcuse [3.14], deren experimentelle Anordnung in [3.15, 3.16] geschildert ist. Die Vorform wird mit einer annähernd monochromatischen Lichtquelle parallel durchstrahlt und wirkt wie eine Zylinderlinse, wobei das durch sie entworfene Bild von der Brechzahlverteilung in ihrem Innern abhängt. Durch Messung der Lichtintensitätsverteilung in der Beobachtungsebene kann die Brechzahlverteilung mit Hilfe einer recht aufwendigen Rechnung bestimmt werden. Da die Genauigkeit von der Feinauflösung des

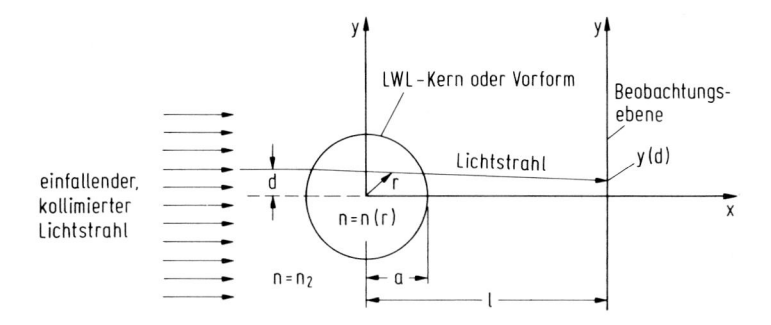

Bild 3.1
Schema zur Bestimmung des Brechzahlprofils in einer LWL-Vorform nach der Fokussierungsmethode [3.15, 3.16]

Intensitätsprofils abhängt, wird im Experiment zur Aufnahme eine Fernsehkamera verwendet, deren Bild digitalisiert und mit einem Rechner weiterverarbeitet werden kann. Besonders vorteilhaft ist, daß damit die absoluten Brechzahlen in der Vorform zu messen sind. Außerdem läßt sich bereits mit bloßem Auge die Homogenität der Vorform beurteilen.

Auf ähnliche Weise arbeitet eine Meßanordnung nach Bild 3.2 [3.17]. Die durch die Vorform hervorgerufene Brechung des kollimierten Lichtstrahles wird durch eine Dreiecksmaske in eine Amplitudeninformation umgesetzt (Bild 3.3). Der Brechungswinkel $\phi(\rho)$ hängt mit der gemessenen Amplitudenverteilung $d(\rho)$ zusammen über

$$\phi(\rho) = \frac{d(\rho) \tan \alpha}{l} \qquad (3-1)$$

mit l als Abstand zwischen Vorform und Zentrum der Dreiecksmaske; α entnimmt man entsprechend Bild 3.3. Aus dieser Information kann man die

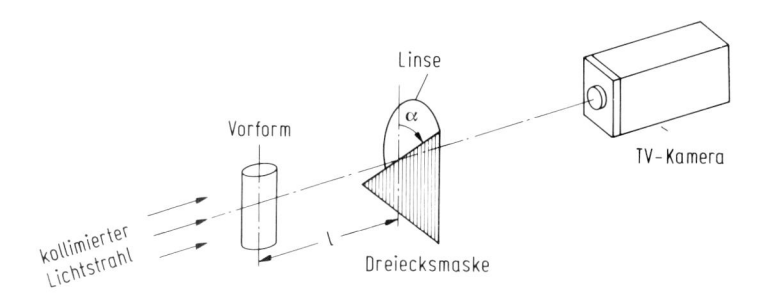

Bild 3.2
Modifizierte Methode zur Brechzahlprofilmessung nach [3.17]

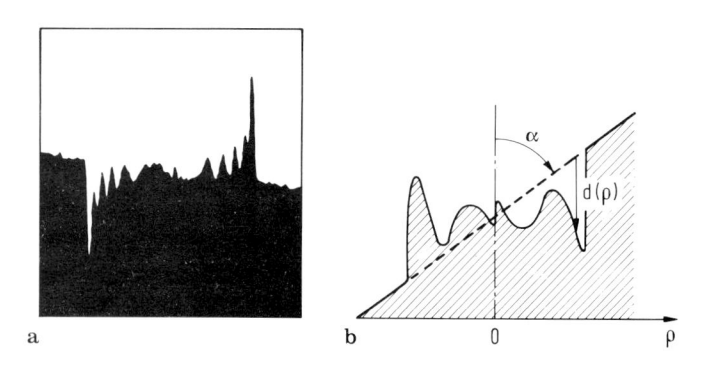

Bild 3.3
Meßergebnis (a) und Auswertung (b) entsprechend der Meßmethode nach Bild 3.2 [3.17]

3.1 Messungen an Vorformen

Brechzahl der Vorform berechnen. Die Rechenmethode ist dabei ähnlich der Erzeugung eines zweidimensionalen Bildes aus seinen zwei eindimensionalen Projektionen.

Auf einem interferometrischen Prinzip basiert eine Methode nach Bild 3.4 [3.18]. Das durch die Vorform gestrahlte monochromatische und in diesem Fall kohärente Licht wird mit einem Referenzstrahl zur Interferenz gebracht, wodurch sich ein streifenförmiges Interferenzmuster ergibt, und über eine Fernsehanlage ausgewertet. Experimentelle Ergebnisse sind in Bild 3.5 wiedergegeben, wobei im schematischen Bild 3.5b die für die Auswertung nötigen Größen eingezeichnet sind. Die PQ-Linie ist eine Testlinie, die die Interferenzkurve in den Punkten y_i ($i = 1, 2, \ldots$) schneidet. An diesen Stellen wird der relative Streifenabstand $d(y_i)/D$ gemessen, aus dem das Brechzahlprofil berechnet werden kann. Auch in diesem Fall ist die Auswertung mathematisch aufwendig [3.19].

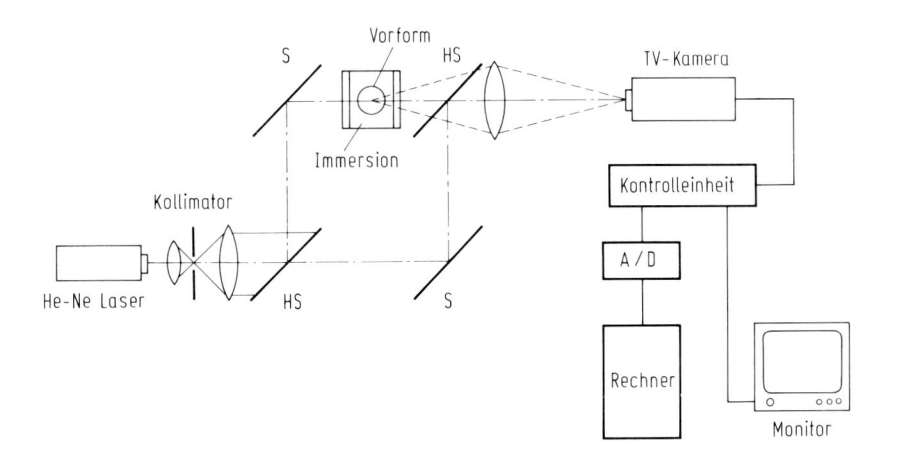

Bild 3.4
Interferometrische Vermessung einer Vorform [3.18]; HS: halbdurchlässiger Spiegel; S: Spiegel

Weitere Methoden beruhen auf Streumessungen [3.20-3.23] oder auf der Strahlverfolgung [3.24-3.27] sowie der direkten Interferometrie [3.28-3.30]. Allen Verfahren gemeinsam ist, daß die Brechzahlverteilung nur in einer Ebene der Vorform gemessen werden kann. Weist das Brechzahlprofil Abweichungen bezüglich seiner Zirkularsymmetrie auf, so kann dies durch

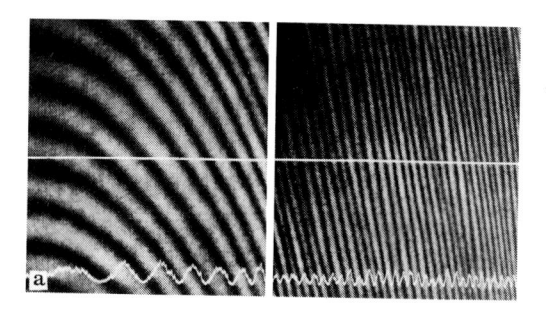

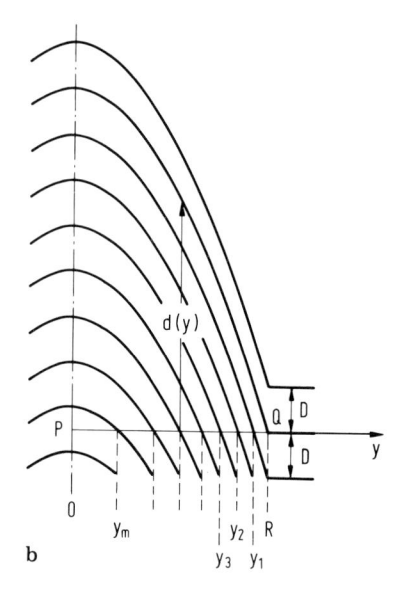

Bild 3.5
Darstellung eines experimentellen Ergebnisses für eine Messung nach Bild 3.4; (a) Experiment; (b) Schema zur Auswertung [3.18]

Drehen und mehrmaliges Messen festgestellt werden. Es lassen sich dann dreidimensionale Bilder der Brechzahlverteilung über den Querschnitt der Vorform herstellen [3.31]. Bei diesen Messungen ist der benötigte Zeitaufwand zum Teil erheblich, entweder bei der Aufnahme der Meßwerte oder bei der nachfolgenden Berechnung. Da wegen der geforderten möglichst hohen Auflösung die Anzahl der Meßpunkte - und damit die Meßzeit - kaum verkleinert werden kann, ist eine Beschleunigung dieser Meßverfahren ausschließlich bei der Berechnung durch optimale Software und/oder Verwendung eines schnellen Großrechners möglich.

Diese Methoden zur Bestimmung des Brechzahlprofils liefern absolute Brechzahlwerte, so daß sich daraus rechnerisch auch die Numerische Apertur ableiten läßt.

Messungen an Vorformen für Monomode-LWL sind ebenfalls möglich [3.17], allerdings beeinflußt in diesem Fall später der Ziehprozeß noch die Form des Brechzahlprofils, so daß Unterschiede zwischen dem wirklichen Profil eines Monomode-LWL und der an der Vorform durchgeführten Messung bestehen können.

3.2 Messungen an Lichtwellenleitern

Einige der für Vorformen einsetzbaren Meßmethoden können auch für LWL benutzt werden [3.28, 3.32-3.35]; sie sind jedoch im allgemeinen wesentlich aufwendiger, da die geringen Abmessungen des LWL einen sehr stabilen Aufbau und eine höhere Auflösung bei der Messung erfordern. Daher verwendet man davon abweichende Meßprinzipien.

3.2.1 Brechzahlprofilmessungen

Die am häufigsten eingesetzte Brechzahlprofil-Meßmethode ist die sog. Nahfeldmethode [3.36, 3.37]. Der experimentelle Aufbau ist in Bild 3.6 gezeigt: Das Licht eines Lambert-Strahlers (siehe (0-22)), z.B. eine LED oder Weißlichtquelle, wird mit großer NA und großem Fleckdurchmesser in ein kurzes Stück eines LWL eingekoppelt, so daß alle Moden gleichmäßig angeregt werden. Da auch im Mantel Moden über ein kurzes Stück geführt werden können, verwendet man einen Modenabstreifer (zumeist eine hochbrechende Flüssigkeit, die mit dem LWL direkt in Kontakt gebracht wird, so daß das im Mantel geführte Licht in diese Flüssigkeit abgestrahlt wird).

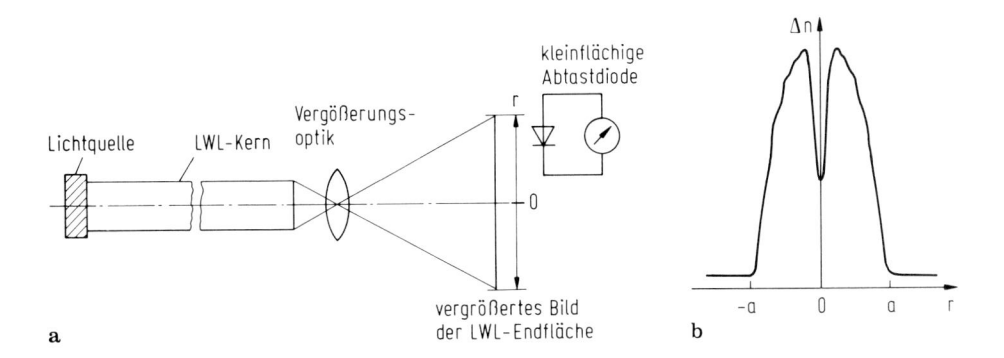

Bild 3.6
(a) Messung des Brechzahlprofils nach der Nahfeldmethode [3.39]; (b) Ergebnis

Die Lichtleistungsverteilung in dem LWL ist proportional der Brechzahlverteilung. Mißt man daher die Energieverteilung des Nahfeldes, erhält man qualitativ das Brechzahlprofil, denn in erster Näherung hängt die Lichtintensitätsverteilung P vom Ort r ab über

$$P(r) = \frac{n(r) - n_2}{n_1 - n_2} P_{max} \quad . \tag{3-2}$$

Die Intensitätsverteilung kann entweder durch Abtastung des vergrößerten Nahfeldes mit einer kleinflächigen Photodiode oder mit Hilfe einer Fernsehanlage gemessen werden, bei der das Videosignal einer Zeile ausgewertet wird. Diese Messungen werden normalerweise mit Weißlicht durchgeführt, so daß Dispersionseffekte nicht festgestellt werden können. Verwendet man quasi-monochromatisches Licht, so kann die Änderung des Brechzahlprofils in Abhängigkeit von der Wellenlänge untersucht werden. Dies erfordert einen hohen meßtechnischen Aufwand, da die zur Verfügung stehenden Lichtintensitäten sehr gering sind. Gleichung (3-2) gilt allerdings nur unter der Voraussetzung, daß im LWL nur geführte Moden angeregt werden. Nach Kap. 2.7, Bild 2.33 werden jedoch bei der gewählten Einstrahlung (große NA, großer Fleckdurchmesser) auch Leckwellen angeregt, die bei einer LWL-Länge von z.B. nur 2 m kaum gedämpft werden. Diese Leckwellen beeinflussen die Lichtintensitätsverteilung in dem LWL, so daß das gemessene Profil nicht mehr dem realen entspricht. Obwohl von Sladen, Payne und Adams [3.36] eine Korrekturformel angegeben wurde, ist diese Meßmethode eher für vergleichende Zwecke geeignet [3.38]. Dies gilt auch für eine Variante (Bild 3.7), bei der mit Hilfe eines zu einem kleinen Fleck fokussierten Laserstrahles mit hoher NA die Stirnfläche des LWL abgetastet wird [3.39]. Die eingekoppelte Lichtleistung ändert sich mit dem Einkoppelort entsprechend der Brechzahlverteilung. Trägt man daher die

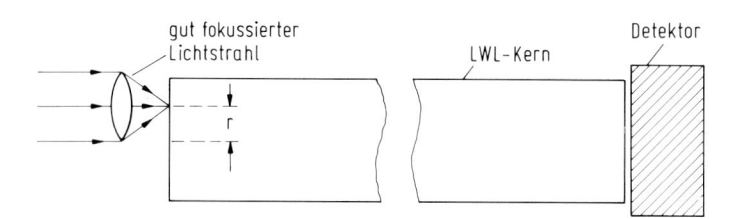

Bild 3.7
Modifizierte Nahfeldmethode zur Messung des Brechzahlprofils [3.40]

3.2 Messungen an Lichtwellenleitern 179

gesamte am Ausgang des LWL austretende Lichtleistung gegen den Einkoppelort auf, so erhält man - mit den oben gemachten Einschränkungen - das Brechzahlprofil.

Diese Nachteile vermeidet die sog. "refracted-near-field"-Methode (abgekürzt in der Literatur: RNF), die z.Z. als genaueste und zuverlässigste Meßmethode - selbst für Monomode-LWL - gilt [3.40-3.42]. Die prinzipielle Anordnung ist in Bild 3.8a gezeigt. Die LWL-Frontfläche wird wiederum mit einem fokussierten Laserstrahl abgetastet; allerdings wird nun das von dem LWL nicht aufgefangene Licht detektiert. Für die Erklärung der Wirkungsweise dient Bild 3.8b. Entsprechend dem Snellius'schen Brechungsgesetz gilt

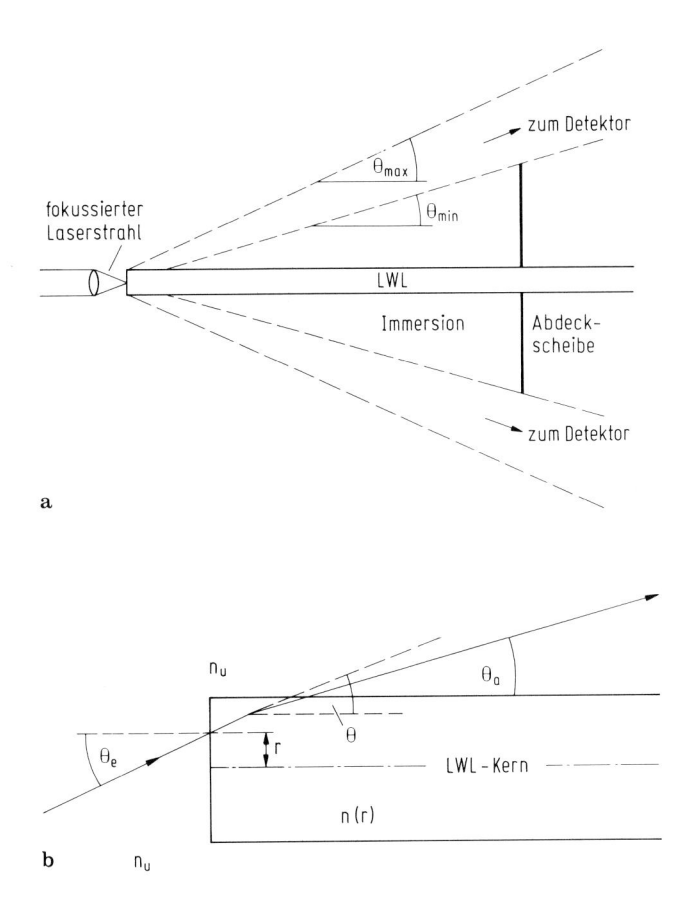

Bild 3.8
Die "refracted near field"-Methode zur Bestimmung des Brechzahlprofils [3.40]: (a) prinzipielle Meßanordnung; (b) Schema zur Beschreibung der Wirkungsweise (siehe Text)

$$n(r) \cos \theta = n_u \cos \theta_a \qquad (3-3)$$

sowohl für das Kerngebiet als auch für das Mantelgebiet des LWL ($r < a+D$); n_u ist die Brechzahl der Umgebung. Da die Winkel hier zur brechenden Fläche gemessen werden, muß die Cosinusfunktion verwendet werden. Außerdem gilt auch

$$n_u \sin \theta_e = n(r) \sin \theta \quad . \qquad (3-4)$$

Faßt man (3-3) und (3-4) zusammen, so erhält man

$$n_u \sin \theta_e = \sqrt{n^2(r) - n_u^2 + n_u^2 \sin^2 \theta_a} \quad , \qquad (3-5)$$

d.h. der Ausfallswinkel θ_a ist vom Einfallswinkel θ_e <u>und</u> dem Brechzahlprofil $n(r)$ abhängig. Dieser Zusammenhang wird für die Meßanordnung in Bild 3.8a verwendet. Allerdings - wie auch bei der normalen Nahfeldmethode - würden auch die Leckwellen stören. Dies kann man vermeiden, indem man das Licht abschattet, das mit kleinem Winkel θ_a den zu messenden LWL verläßt. Wichtig ist dann, daß alles Licht mit $\theta_a > \theta_{min}$ aufgefangen wird. θ_{min} entnimmt man aus Bild 3.8a. θ_{min} entspricht einem korrespondierenden Winkel $\theta_{e,min}$ des Eingangsstrahls (siehe Bild 3.8b). Das vom Detektor aufgefangene Licht kann berechnet werden zu

$$P(r) = S \int_0^{2\pi} d\phi \int_{\theta_{e,min}}^{\theta_{max}} \sin \theta \, d\theta =$$

$$= 2\pi S (\cos \theta_{e,min} - \cos \theta_{max}) \quad , \qquad (3-6)$$

wobei S die winkelgleichverteilte, eingestrahlte Lichtleistung ist. Mit (3-5) läßt sich $\theta_{e,min}$ durch θ_{min} ausdrücken, und man erhält

$$P(r) = 2\pi S \left[\left(\cos^2 \theta_{min} - \frac{n^2(r) - n_a^2}{n_a^2} \right)^{1/2} - \cos \theta_{max} \right] \quad . \qquad (3-7)$$

Da $n(r) - n_a$ klein ist, läßt sich (3-7) näherungsweise umformen in

3.2 Messungen an Lichtwellenleitern

$$P(r) = 2\pi S[\cos\theta_{min} - \cos\theta_{max} - \frac{n(r) - n_a}{n_a \cos\theta_{min}}] \quad . \tag{3-8}$$

Bei Beginn der Messung wird man zunächst in den Mantel einstrahlen ($r > a$) und die Intensität $P(a)$ erhalten. Ist die Brechzahl n_a des Mantels bekannt, so läßt sich die weitere Messung darauf beziehen und $n(r)$ absolut messen:

$$n(r) - n_a = n_a \cos\theta_{min}(\cos\theta_{min} - \cos\theta_{max}) \frac{P(a) - P(r)}{P(a)} \quad . \tag{3-9}$$

Daß Leckwellen diese Messung nicht beeinflussen, läßt sich anschaulich mit Hilfe des Phasenraumdiagramms vermitteln (Bild 3.9) [3.43]. In üblicher Weise ist der Bereich der geführten Moden des LWL eingezeichnet (siehe Kap. 2.7). Die Anregung durch den fokussierten Laserstrahl erfolgt mit hoher NA, jedoch mit kleinem Fleckradius (schraffiertes Gebiet). Die Abschirmung durch Einführung der Winkel θ_{min} bzw. $\theta_{e,min}$, die über (3-5) zusammenhängen, erzeugt im Phasenraumdiagramm die punktierte Linie, so daß nur das Licht des kreuzschraffierten Bereiches auf den Photodetektor fallen kann. Die Intensität dieses Lichtes ist proportional dem Brechzahlprofil; Leckwellen können keinen Beitrag liefern, da sie abgeschattet werden.

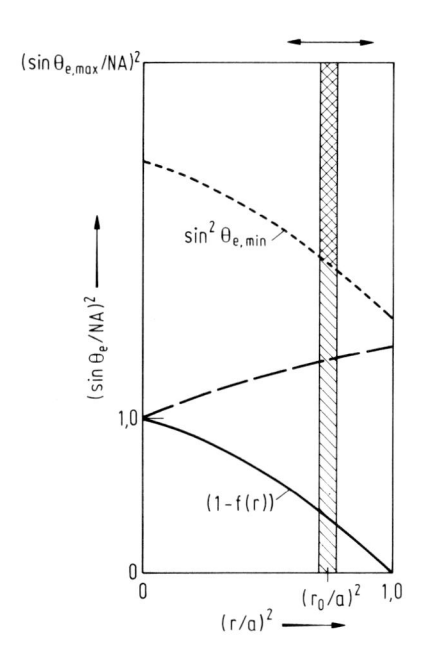

Bild 3.9
Phasenraumdiagramm zur Erklärung des fehlenden Leckwelleneinflusses bei der RNF-Methode, dargestellt für ein Potenzprofil mit $f(r) = (r/a)^3$; —— Grenze der geführten Moden; - - - Grenze der Leckwellen; .... Grenze durch die Abschattung [3.43]

Auch mit Hilfe der Interferenzmikroskopie läßt sich das Brechzahlprofil absolut bestimmen. Die dazu notwendigen Präpariermethoden sind jedoch sehr aufwendig, da ein dünnes LWL-Scheibchen mit sehr gut polierter Oberfläche und ohne Keilfehler hergestellt werden muß (siehe z.B. [3.44]). Die Auswertung ist aufwendig, und diese Methode ist im allgemeinen nur einsetzbar, wenn ein sehr gutes, mit einer Videoanlage gekoppeltes Interferenzmikroskop zur Verfügung steht. Die Auswertung des Videosignals sollte über einen Rechner erfolgen.

Eine weitere Meßmethode beruht auf der Messung der Reflexion an der LWL-Stirnfläche [3.45, 3.46]. Eine Gegenüberstellung verschiedener Meßmethoden ist in [3.47] zu finden.

3.2.2 Messung der Numerischen Apertur

Die Messung der NA eines Multimode- oder Monomode-LWL kann entsprechend der Anordnung nach Bild 3.6 erfolgen, wenn das Mikroskopobjektiv entfällt, also die Messung im Fernfeld statt im Nahfeld durchgeführt wird [3.37]. Sind in einem LWL alle Moden angeregt, so ist der Abstrahlwinkel identisch mit der NA, kann also leicht ausgemessen werden (Bild 3.10a). Es konnte allerdings bisher keine Einigung erzielt werden, wie man aus der – meist gaußförmigen – Intensitätsverteilung des Fernfeldes [3.48] die NA berechnet. Zum Teil werden die Tangenten und deren Schnittpunkte mit der Abszisse verwendet, manchmal jedoch auch die 10%-Punkte, was jedoch zu unterschiedlichen Ergebnissen führt (siehe Bild 3.10b).

Auch diese Messungen können wellenlängenaufgelöst durchgeführt werden. Wegen der im Fernfeld annähernd gaußförmigen Lichtintensitätsverteilung ist es für Vergleichszwecke günstiger, den 60%-Punkt der NA zu verwenden, da er sich besser messen läßt als z.B. der 10%-Punkt. Ergebnisse eines solchen Vergleichs sind in Bild 3.11 enthalten, die an sechs verschiedenen Gradientenprofil-LWL erzielt wurden. Trotz einer relativ hohen Meßungenauigkeit ist die Änderung der NA als Funktion der Wellenlänge deutlich. Die unterschiedlichen Verläufe der Kurven sind durch verschiedenartige Dotierungsstoffe bedingt. Durch Angleichen theoretisch berechneter Kurven läßt sich abschätzen, welche Stoffe als Dotierung für den LWL verwendet wurden [3.49].

3.2 Messungen an Lichtwellenleitern

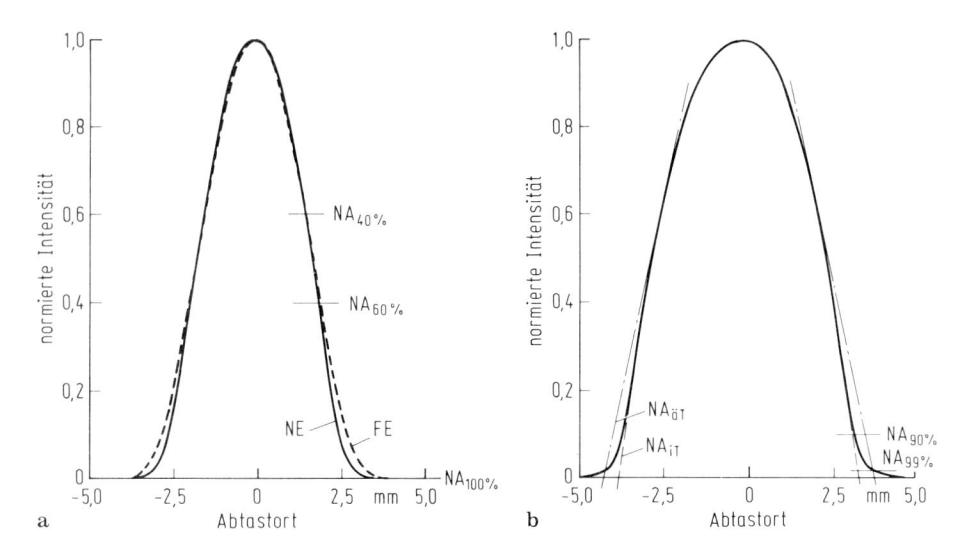

Bild 3.10
NA-Messung an einem Gradientenprofil-LWL; (a) Meßergebnis mit Detektor in 15 mm Abstand vom LWL (NE ist mit Modenfilter an einem kurzen und FE ohne Modenfilter an einem langen LWL gemessen); (b) ähnliche Messung mit 20 mm Abstand: die exakte Bestimmung der NA ist problematisch (es ergeben sich: $NA_{90\%} = 0,17$, $NA_{99\%} = 0,208$, $NA_{iT} = 0,18$ (iT = innere Tangente), $NA_{äT} = 0,199$ (äT = äußere Tangente))

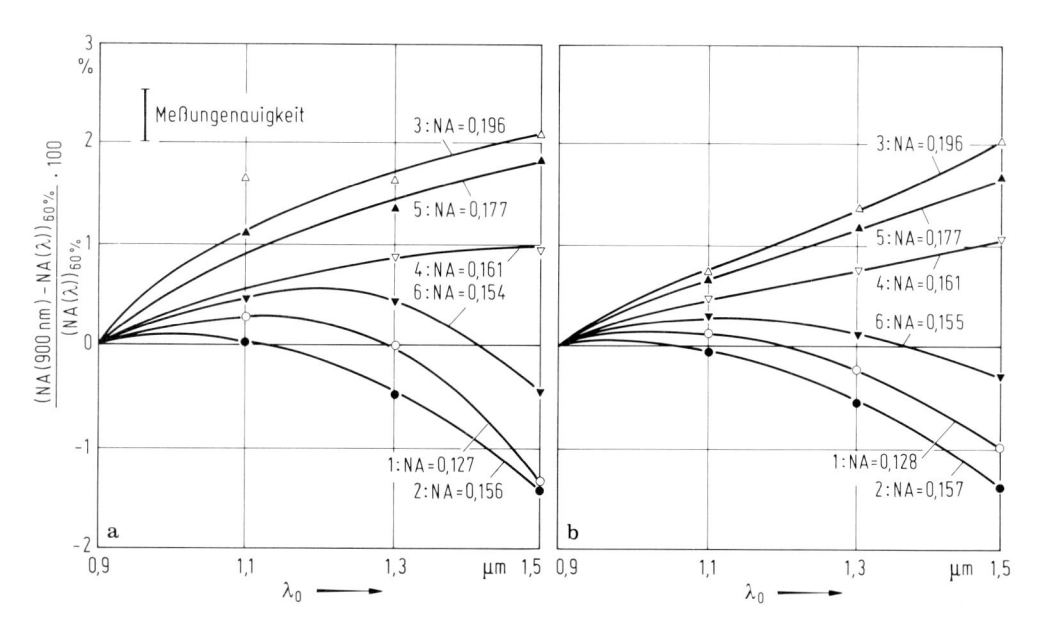

Bild 3.11
Messung der Wellenlängenabhängigkeit der NA [3.49]; (a) experimentelles Ergebnis; (b) angeglichene theoretische Berechnung (die angegebenen NA-Werte beziehen sich auf $NA_{60\%}$ bei $\lambda_0 = 0,9$ µm)

3.2.3 Dämpfungsmessungen

Wie bereits einleitend erwähnt, können die Dämpfung und die Bandbreite eines LWL mit ausreichender Genauigkeit nur an dem LWL selbst, also nicht an der Vorform bestimmt werden. Dabei zeigt sich jedoch ein Problem: Bei Multimode-LWL hat jeder Modus eine andere Dämpfung, und das Übertragungsverhalten ist stark abhängig von der Verteilung der angeregten Moden [3.50-3.54]. Ein Maß für die Modenverteilung in einem Multimode-LWL ist das Fernfeld. Man kann daher davon ausgehen, daß ein Gleichgewichtszustand in der Modenverteilung in einem LWL dann erreicht ist, wenn sich das Fernfeld in Abhängigkeit von der LWL-Länge nicht mehr ändert. Dieser Zustand wird EMD (equilibrium mode distribution [3.55]) genannt und stellt sich bei sehr langen LWL von selbst ein. Diese Länge ist jedoch stark abhängig von den LWL-Eigenschaften. Die Messung der Dämpfung ist nur sinnvoll unter der Voraussetzung der EMD, da sonst die gemessenen Werte nicht vergleichbar sind. Daher muß eine Möglichkeit gefunden werden, in dem zu messenden LWL von Anfang an die EMD anzuregen. Zur Zeit werden drei verschiedene Methoden benutzt:

- 70%-Anregung
- Vorlauf-LWL
- Modenfilter

Bei der 70%-Anregung wird Licht in den LWL eingekoppelt, wobei 70% des LWL-Kernes ausgeleuchtet werden und die Einstrahlung mit einer NA von 70% der LWL-NA erfolgt [3.56-3.59]. Besonderer Nachteil dieser Methode ist, daß die Eigenschaften des LWL zum Teil bereits vor der Messung bekannt sein müssen und auch die genaue Einstellung experimentell nicht einfach ist.

Bei dem Vorlauf-LWL handelt es sich um eine Folge von Stufenprofil- (1 m lang, 50 µm Kerndurchmesser), Gradientenprofil- (1 m lang, 40 µm Kerndurchmesser), Stufenprofil- (1 m lang, 50 µm Kerndurchmesser) und Gradientenprofil-LWL (500 m lang, 50 µm Kerndurchmesser), die miteinander verspleißt und auf einer Spule von ca. 10 cm Durchmesser aufgewickelt sind [3.60]. Der zu messende LWL wird stumpf an diesen Vorlauf-LWL angekoppelt. Eine geeignete Immersionsflüssigkeit verhindert Störungen durch die Kopplung. Diese Methode arbeitet jedoch nur zufriedenstellend, wenn LWL gleicher NA und gleichen Durchmessers mit ungefähr gleichem Brechzahlpro-

3.2 Messungen an Lichtwellenleitern

fil gemessen werden, ist also am besten in der Produktion einzusetzen. Allerdings muß die Kopplung zwischen Vorlauf-LWL und dem zu messenden LWL sehr sorgfältig erfolgen. Es wurde nachgewiesen, daß selbst optimale Spleiße Modenkonversion [3.61, 3.62] - und damit die Zerstörung der EMD - von mindestens 5% hervorrufen, während normale Spleiße mit guten Dämpfungseigenschaften (< 0,2 dB) bis zu 15% Modenkonversion verursachen [3.63]. Der genaue Einfluß der Kopplung zwischen Vorlauf-LWL und zu messendem LWL auf die Dämpfung wurde bisher nicht genauer untersucht.

Bei dem <u>Modenfilter</u> gibt es eine Vielzahl von verschiedenen Anordnungen [3.58, 3.64-3.67]. Eine Ausführungsform, die sehr bedienungsfreundlich und in vollautomatischen Meßplätzen einsetzbar ist, zeigt Bild 3.12 [3.66]. Der zu messende LWL ist am Beginn der Meßstrecke schlangenförmig unter kontrollierter mechanischer Spannung um Stäbe mit gegebenem Durchmesser gewunden. Für unterschiedliche LWL wurde der optimale Stabdurchmesser bestimmt, indem die Fernfelder des LWL direkt nach dem Modenfilter (einige Meter) und am Ende des LWL (einige Kilometer) miteinander verglichen wurden. Die Meßergebnisse sind in Bild 3.13 zusammengefaßt. Danach kann ein Stabdurchmesser von 8 mm bis 10 mm - selbst für sehr unterschiedliche LWL - als optimal angesehen werden, wobei acht Windungen zu verwenden sind. Dieser experimentell ermittelte Durchmesser entspricht ungefähr dem Durchmesser eines stabförmig ausgebildeten Modenfilters (5 Windungen), wie es standardmäßig bei den Bell Laboratorien eingesetzt wird [3.58]. Ver-

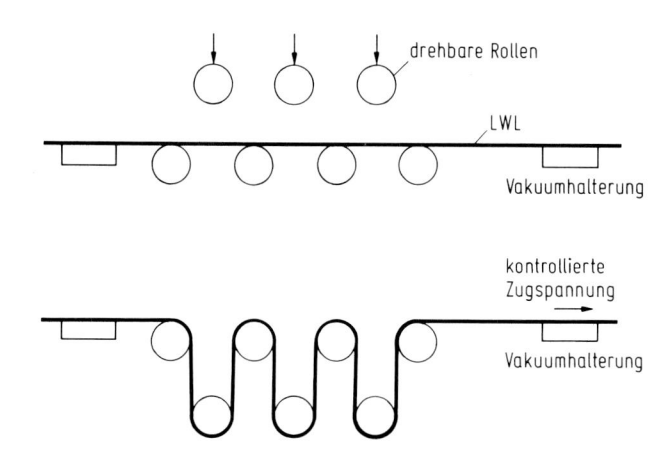

Bild 3.12
Modenfilter zur Erzeugung der EMD für Dämpfungsmessungen

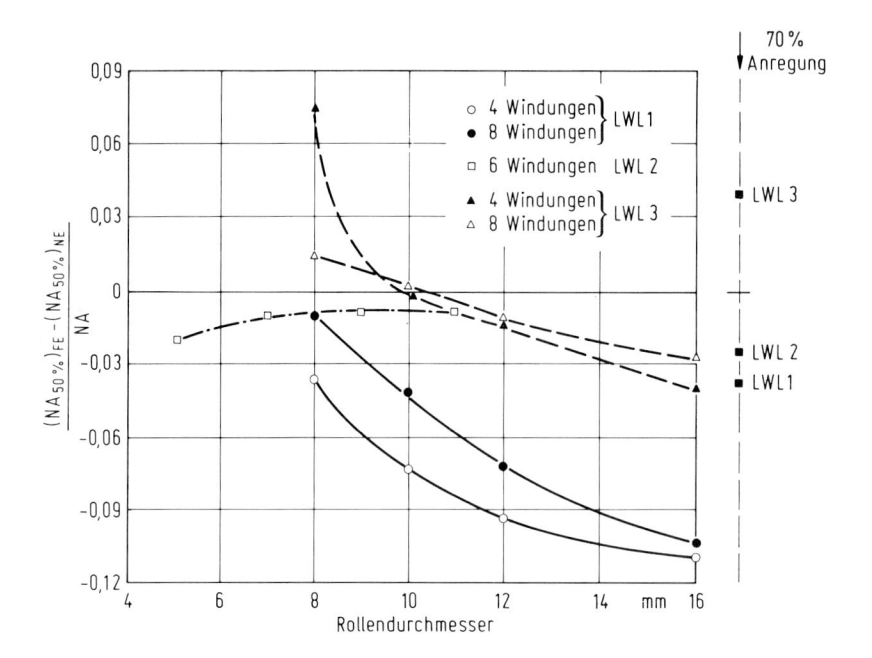

Bild 3.13
Meßergebnisse zur Bestimmung der optimalen Dimensionen des Modenfilters nach Bild 3.12; verglichen werden die Fernfelder eines kurzen LWL (NE) und eines langen (FE) [3.66]

gleicht man diese Ergebnisse mit denen der 70%-Methode (Bild 3.13), so ist der Vorteil dieser Anregung deutlich.

Eine dieser drei Anregungsmethoden ist für die Messung der Dämpfung von LWL einzusetzen, da sonst nicht relevante und meist nicht reproduzierbare Ergebnisse erzielt werden. Für die Dämpfungsmessung selbst wird ein Aufbau nach Bild 3.14 (hier mit Modenfilter) benutzt. Es handelt sich um die sog. Abschneidemethode: Zunächst wird die Lichtintensität nach der gesamten Länge des LWL in Abhängigkeit von der Wellenlänge bestimmt; anschließend wird der LWL auf ca. 5 m bis 10 m Länge gekürzt und erneut gemessen. Die Einkoppelbedingungen dürfen in der Zwischenzeit nicht verändert werden. Aus der Differenz der Lichtleistungen und der abgeschnittenen LWL-Länge läßt sich die Dämpfung, bezogen auf einen Kilometer LWL-Länge, berechnen. Um die verschiedenen Einflüsse bei einer solchen Messung zu zeigen, sind in Bild 3.15 Ergebnisse zusammengefaßt, die an einem einzigen LWL unter

3.2 Messungen an Lichtwellenleitern

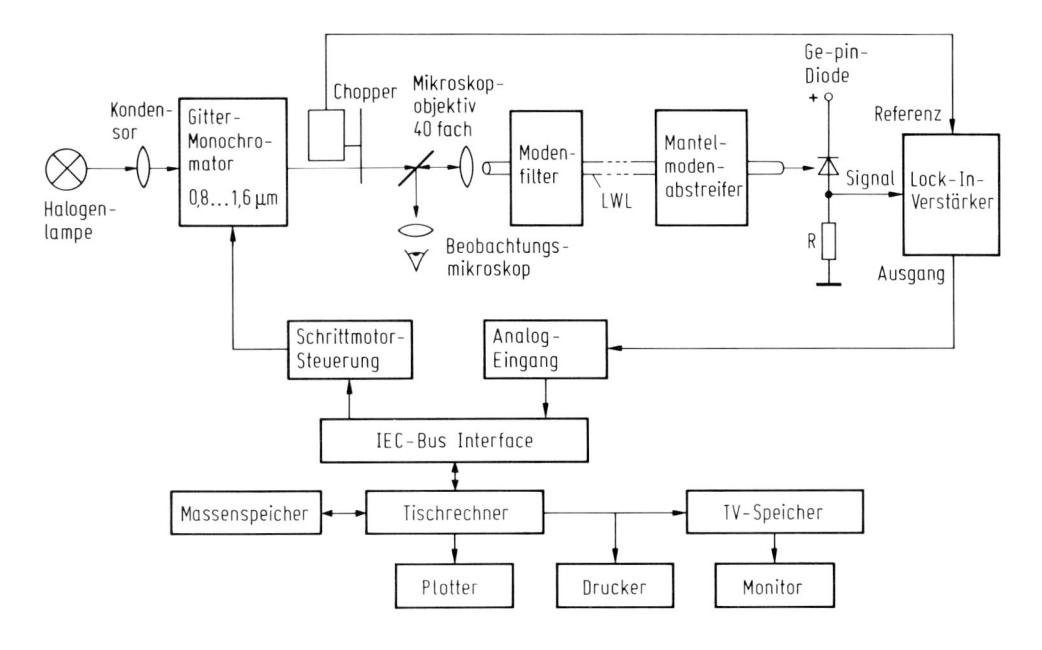

Bild 3.14
Experimenteller Aufbau zur automatischen Dämpfungsmessung nach der Abschneidemethode

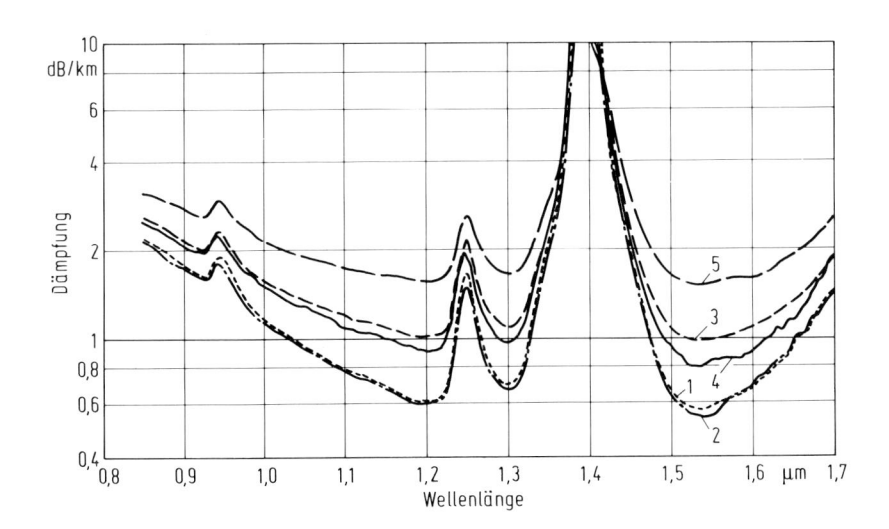

Bild 3.15
Ergebnisse von Dämpfungsmessungen an einem Gradientenprofil-LWL unter verschiedenen Anregungs- und Meßbedingungen (siehe Text)

verschiedenen Meßbedingungen erzielt wurden. Kurve 5 wurde mit Überfüllung des LWL, Kurve 3 mit 70%-Anregung und Kurve 4 mit Modenfilter gemessen. Bei diesen drei Messungen war der LWL locker in mehreren Lagen auf einer Styropor-Trommel von 40 cm Durchmesser aufgewickelt. Die Dämpfungsdarstellung mit λ_0^{-4}-Maßstab zeigt einen deutlichen, nicht von Absorption oder Streuung bewirkten Eigenverlust des LWL, d.h. für $\lambda_0 \to \infty$ verbleibt eine Restdämpfung. Daher wurde der LWL von der Trommel lose in einen Trog abgespult und die Messung mit 70%-Anregung (Kurve 1) [3.68] und Modenfilter (Kurve 2) wiederholt. Ein Dämpfungsabfall von durchschnittlich 0,3 dB/km konnte festgestellt werden. Die beiden Meßergebnisse, die unter verschiedenen Einkopplungsbedingungen erzielt werden, stimmen nun innerhalb der Meßgenauigkeit überein. Daraus kann geschlossen werden, daß die 70%-Anregung stärker auf die normalerweise vermeidbare Eigendämpfung eines LWL, wie sie z.B. durch äußere mechanische Spannungen hervorgerufen werden kann, reagiert als das Modenfilter. Ein voll automatisierter, optimierter Meßplatz erreicht eine Meßgenauigkeit von ca. < 0,02 dB/km. Für spezielle Untersuchungen ist die Messung bei einer einzigen Wellenlänge ausreichend [3.69]. Die größte Fehlerquelle liegt unter Umständen in der Bestimmung der Länge des LWL [3.70].

Nachteile dieses Meßverfahrens sind, daß es nicht zerstörungsfrei arbeitet, beide LWL-Enden zugänglich sein müssen und es sich um eine integrale Messung über die Gesamtlänge L des LWL handelt. Diese Nachteile vermeidet die sog. OTDR (optical time domain reflectometry) [3.71-3.81], die entsprechend dem in der Elektrotechnik verwendeten TDR arbeitet.

Die Grundlage dieses Meßverfahrens beruht auf der in Abschnitt 2.6.2 besprochenen, in allen LWL vorkommenden Rayleigh-Streuung. Nach Bild 3.16 wird Licht von jedem LWL-Volumenelement gestreut. Ein Teil des in Rückwärtsrichtung gestreuten Lichtes kann vom LWL aufgefangen und an den LWL-Anfang zurückgeführt werden. Die Intensität des rückgestreuten Lichtes ist ein Maß für die im LWL vorherrschende Dämpfung. Der prinzipielle

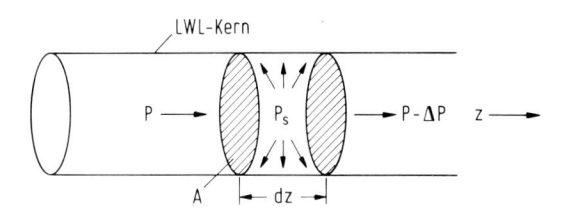

Bild 3.16
Rückstreuung in einem LWL

3.2 Messungen an Lichtwellenleitern   189

Aufbau des Meßplatzes ist in Bild 3.17 dargestellt. Ein leistungsstarker, kurzer Lichtimpuls wird in den LWL eingestrahlt. Er durchläuft mit der Gruppengeschwindigkeit v_{gr} den LWL und erzeugt jeweils in dem Volumenelement, in dem er sich gerade befindet, Streulicht, das dann zu einem geringen Teil an den LWL-Anfang zurückgeführt und dort detektiert wird. Da der eingekoppelte Lichtimpuls nach (2-231) gedämpft wird, wird das rückgestreute Lichtsignal entsprechend kleiner.

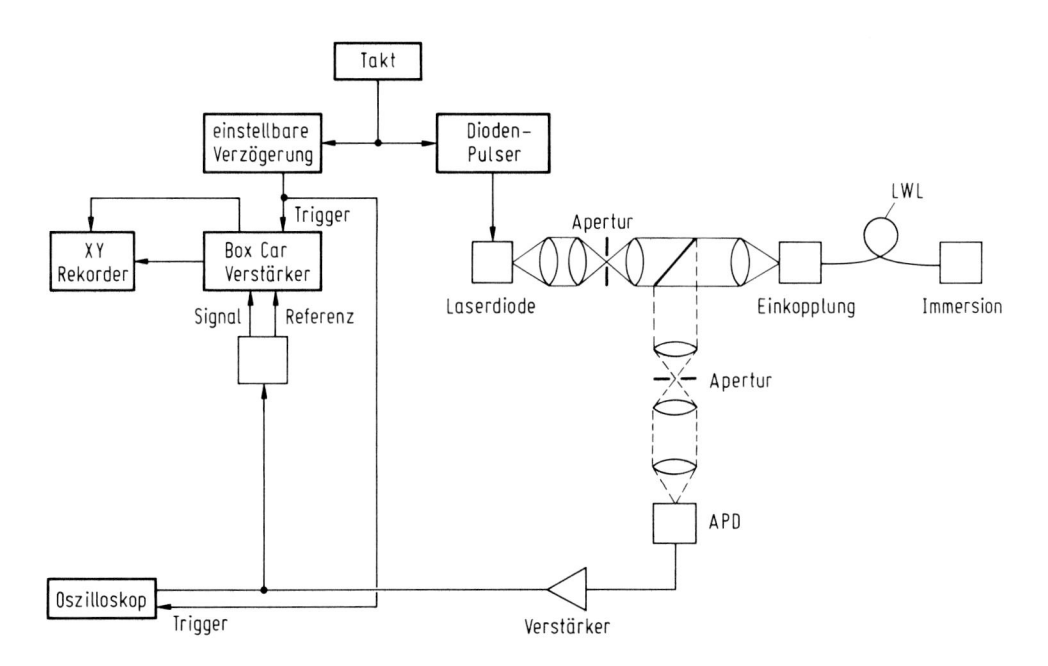

Bild 3.17
Prinzipieller Aufbau eines OTDR-Meßplatzes

Im folgenden soll die Intensität des rückgestreuten Lichtes berechnet und auf die Einsatzmöglichkeit eines OTDR-Meßplatzes näher eingegangen werden [3.82].

Der eingekoppelte Lichtimpuls habe am LWL-Anfang die Leistung P_0. Die Abnahme ΔP in einem Streckenelement $\Delta z = z_1 - z$ nach der LWL-Länge z ergibt sich aus

$$\Delta P = P_0 \exp(-\alpha z) - P_0 \exp(-\alpha z_1) =$$

$$= P_0 \exp(-\alpha z) - P_0 \exp[-\alpha(z + \Delta z)] =$$

$$= P_0 \exp(-\alpha z)[1 - \exp(-\alpha \Delta z)] \quad . \tag{3-10}$$

Der Extinktionskoeffizient setzt sich aus (2-243) zusammen. Mit $\alpha \Delta z \ll 1$ kann die Exponentialfunktion in (3-10) in eine Reihe entwickelt werden [3.83]; man erhält näherungsweise

$$\Delta P = P_0 \exp(-\alpha z) \, \Delta z \quad . \tag{3-11}$$

Von der gesamten Leistungsabnahme ΔP kommt nur der Streuanteil ΔP_{Streu}, also nicht der absorbierte Anteil, in Betracht, der gegeben ist durch

$$\Delta P_{Streu} = P_0 \exp(-\alpha z) \, a_R \Delta z \quad , \tag{3-12}$$

wobei a_R aus (2-239) bis (2-241) hervorgeht. Von diesem Anteil wird nur jener im LWL geführt, der innerhalb des Akzeptanzwinkels θ_{NA} des LWL liegt. Für einen Stufenprofil-LWL läßt sich ein Proportionalitätsfaktor G_S berechnen, den man erhält aus (siehe auch (2-238), (2-239))

$$G_S = \frac{\int_0^{2\pi} \int_0^{\theta_{NA}} \kappa_R \sin \theta \, d\theta \, d\phi}{\int_0^{2\pi} \int_0^{\pi} \kappa_R \sin \theta \, d\theta \, d\phi} =$$

$$= \frac{\int_0^{NA} (1 + \cos^2 \theta) \sin \theta \, d\theta}{\int_0^{\pi} (1 + \cos^2 \theta) \sin \theta \, d\theta} =$$

$$= \frac{-\cos \theta_{NA} + 1 - (\cos^3 \theta_{NA})/3 + 1/3}{8/3} \quad . \tag{3-13}$$

κ_R ist der Streukoeffizient der Rayleighstreuung. Für kleine Winkel θ_{NA} kann eine Reihenentwicklung verwendet werden, wobei die Identität

3.2 Messungen an Lichtwellenleitern

$$\cos^3 \theta_{NA} = (3\cos \theta_{NA} + \cos 3\theta_{NA})/4$$

angewandt wird; man erhält

$$G_s = 3\theta_{NA}^2/8 \quad . \tag{3-14}$$

Mit der weiteren Näherung $\theta_{NA} \simeq \sin \theta_{NA} = NA/n_1$ (Die NA muß hier auf die Brechzahl des LWL-Kernes bezogen werden und nicht auf die Brechzahl der Umgebung wie in (2-108).) folgt

$$G_s = \frac{3NA^2}{8n_1^2} \quad . \tag{3-15}$$

Für einen Gradientenprofil-LWL muß bei dieser Berechnung berücksichtigt werden, daß die NA eine Funktion des Ortes gemäß

$$NA(r) = \sqrt{n^2(r) - n_2^2} \tag{3-16}$$

ist. Außerdem ist die in dem LWL geführte Lichtleistungsdichte ebenfalls eine Funktion des Ortes: In den Randbezirken eines Gradientenprofil-LWL wird weniger Lichtleistung geführt als im Zentrum. Dies kann ausgedrückt werden durch den Proportionalitätsfaktor $S(r)$:

$$S(r) = \frac{n^2(r) - n_2^2}{n_1^2 - n_2^2} \quad . \tag{3-17}$$

Beachtet man in (3-15) die Abhängigkeit $NA(r)$, so kann damit und mit (3-17) der Proportionalitätsfaktor G_g für den Gradientenprofil-LWL berechnet werden, indem man eine Integration über den LWL-Kernquerschnitt durchführt. Man erhält

$$G_g = \frac{\int_0^a S(r) \frac{3NA^2(r)}{8n_1^2} r\,dr}{\int_0^a S(r) r\,dr} \quad . \tag{3-18}$$

Unter Verwendung eines Potenzprofiles nach (2-206) ergibt sich

$$S(r) = 1 - (r/a)^{\alpha_p} \quad,$$

$$NA(r) = 2\Delta_n n_1^2 [1 - (r/a)^{\alpha_p}] \qquad (3-19)$$

und damit

$$G_g = \frac{3}{8} 2\Delta_n \frac{\int_0^a [1 - (r/a)^{\alpha_p}]^2 r dr}{\int_0^a [1 - (r/a)^{\alpha_p}] r dr} =$$

$$= \frac{3}{4} \frac{\alpha_p}{\alpha_p + 1} \Delta_n =$$

$$= \frac{3}{8} \frac{\alpha_p}{\alpha_p + 1} \frac{NA^2}{n_1^2} \quad. \qquad (3-20)$$

Zur Abgrenzung gegen den Extinktionskoeffizienten α wird hier der Profilexponent mit α_p bezeichnet. Für $\alpha_p \to \infty$ geht (3-20) erwartungsgemäß in (3-15) über, so daß (3-20) als allgemein gültig für Stufenprofil- und Potenzprofil-LWL angesehen werden kann. Im folgenden wird der Einfachheit halber nur noch die Abkürzung G für (3-20) benutzt.

Die im Volumenelement $a^2 \Delta z$ gestreute und vom LWL aufgefangene Lichtleistung am Ort z beträgt nach (3-12) (Der Index "Streu" von ΔP wird weggelassen)

$$\Delta P = P_0 \, a_R e^{-\alpha z} \Delta z \, G \quad. \qquad (3-21)$$

Dieser Anteil wird an den Anfang des LWL zurückgeführt, wobei er wiederum gedämpft wird. P_{anf} ergibt sich zu

$$P_{anf} = P_0 a_R G \Delta z \, e^{-2\alpha z} \quad. \qquad (3-22)$$

3.2 Messungen an Lichtwellenleitern

Δz, das gleichzeitig die maximale Ortsauflösung bestimmt, hängt mit der Dauer Δt des Meß-Lichtimpulses zusammen und ist

$$\Delta z = \frac{c_0}{N_1} \Delta t$$

mit N_1 Gruppenbrechzahl (2-129),
c_0 Vakuumlichtgeschwindigkeit.

Das Verhältnis P_{anf}/P_0 läßt sich nach (3-22) berechnen. Unter Verwendung der in Tabelle 3.1 gegebenen Werte erhält man

$$\left(\frac{P_{anf}}{P_0}\right)_s = 2{,}6 \cdot 10^{-5}$$

und

$$\left(\frac{P_{anf}}{P_0}\right)_g = 1{,}7 \cdot 10^{-5}$$

für einen Stufenprofil- (Index "s") bzw. einen Gradientenprofil-LWL (Index "g"). Diese sehr geringen Intensitäten stellen große Anforderungen an die Detektion des Rückstreusignales.

Tabelle 3.1: Parameter zur Berechnung der rückgestreuten Leistung für einen OTDR

a_r	0,5 1/km	N_1	1,4736
NA	0,2	α	2
Δt	100 ns	z	1 km
n_1	1,4606		

Der Abstand z des Streupunktes vom LWL-Anfang ist porportional zur Laufzeit des eingestrahlten Lichtimpulses. Beachtet man die rückgestreute Lichtleistung als Funktion der Zeit nach Einkopplung des Lichtimpulses, so wird das empfangene Signal nach (3-22) einen exponentiell abfallenden Verlauf haben. Die LWL-Dämpfung kann aus der Rückstreukurve (Bild 3.18) wie folgt berechnet werden:

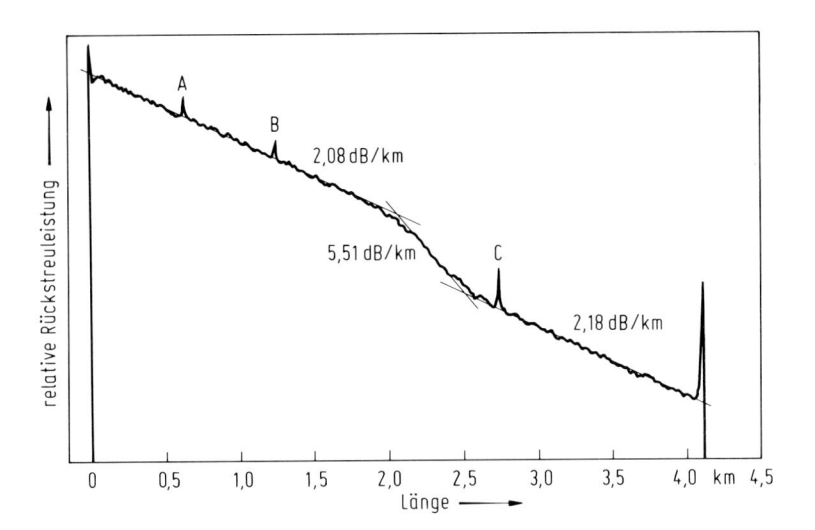

Bild 3.18
Experimentelle Rückstreukurve: drei unterschiedlich dämpfende LWL sind miteinander verbunden; A, B und C kennzeichnen Fehlstellen mit gering erhöhter Reflexion [3.3]

Die Rückstreukurve habe am Punkt z_1 die Amplitude A_1, am Punkt z_2 die Amplitude A_2. z_1 und z_2 können aus der Zeit berechnet werden, die jeweils nach der Einkopplung des Lichtimpulses vergangen ist:

$$z_i = t_i v_{gr}/2 \quad . \tag{3-23}$$

Der Faktor 2 muß wegen der Hin- und Rücklaufzeit eingeführt werden. Da die Amplituden der Lichtintensität proportional sind, gilt

$$\frac{P_1}{P_2} = \frac{A_1}{A_2} = \frac{\exp(-2\alpha z_1)}{\exp(-2\alpha z_2)} = \exp[-2\alpha(z_1 - z_2)]$$

oder

$$\alpha = \frac{1}{2(z_2 - z_1)} \ln(A_1/A_2) \quad . \tag{3-24}$$

Berechnet man daraus den sog. Dämpfungsbelag D (in dB/km), so erhält man mit der Umrechnung

$$D = \alpha \; 10 \; \lg e$$

aus (3-24)

3.2 Messungen an Lichtwellenleitern

$$D = \frac{10}{2(z_2 - z_1)} \lg(A_1/A_2) \quad , \tag{3-25}$$

oder unter Verwendung der Gruppenlaufzeit v_{gr} aus (3-23)

$$D = \frac{10}{(t_2 - t_1)v_{gr}} \lg(A_1/A_2) \quad . \tag{3-26}$$

Bevor auf spezielle Einsatzmöglichkeiten des OTDR eingegangen werden soll, muß noch auf eine prinzipielle Schwierigkeit hingewiesen werden: (3-26) ist nur gültig, wenn a_R über die gesamte LWL-Länge konstant ist und auch sonst keine Inhomogenitäten entlang des LWL auftreten (Änderung der NA oder des Kernquerschnittes). Ist daher ein zu messender LWL aus mehreren, unterschiedlichen LWL-Typen zusammengesetzt, bei denen im allgemeinen von verschiedenen a_R und eventuell auch unterschiedlichen NA ausgegangen werden kann [3.84], so müssen diese Größen entweder bekannt sein oder die Messung muß von beiden Enden der LWL-Strecke durchgeführt werden, woraus das Produkt Ga_R bestimmt werden kann [3.75, 3.85]. Ähnliche Überlegungen treffen auch für die Bestimmung von Stecker- und Spleißdämpfungen zu.

Dieses Verfahren läßt sich auch für die Ortung von LWL-Defekten (Brüche, Lufteinschlüsse) verwenden. Da bei diesem Verfahren nur ein Ende des LWL zugänglich sein muß, eignet es sich insbesondere zu Messungen an bereits verlegten LWL-Kabeln.

Beim praktischen Aufbau eines OTDR trifft man auf erhebliche Schwierigkeiten. Die Erzeugung eines geeigneten leistungsstarken Lichtimpulses ist unkritisch. Üblicherweise wird dazu ein Singleheterostruktur-Halbleiterlaser [3.86, 3.87] verwendet (siehe Abschnitt 4.3.2.2), der über einen Transistor mit Lawinendurchbruch und ein Ladekabel betrieben wird (siehe Bild 3.19). Bei Strömen von 10 A bis 20 A werden Lichtleistungsimpulse von bis zu 15 W erzeugt. Wegen der ungünstigen Abmessungen der strahlenden Fläche dieser Halbleiterlaser beträgt die in den LWL eingekoppelte Lichtleistung jedoch nur einige Prozent der erzeugten Lichtleistung. Neuerdings stehen auch Doppelheterostruktur-Halbleiterlaserdioden zur Verfügung (siehe Abschnitt 4.3.2.3), die im Impulsbetrieb bis zu 500 mW Spitzenleistung liefern und die eine bessere Ankopplung an den LWL erlauben, speziell wenn Messungen an Monomode-LWL durchgeführt werden sollen.

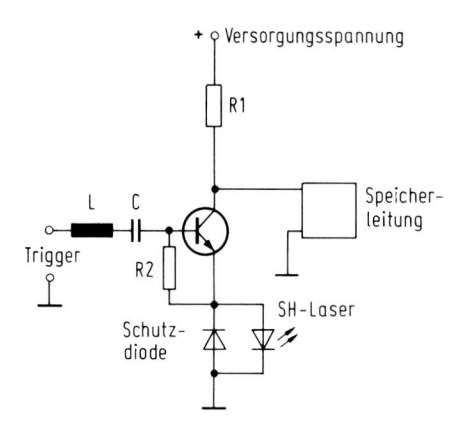

Bild 3.19
Erzeugung kurzer Lichtimpulse hoher Leistung mit Hilfe eines SH-Lasers

Der Lichtimpuls wird im einfachsten Fall durch einen Strahlteiler auf die LWL-Frontfläche fokussiert. Nach (1-61) tritt bei der Einkopplung (Übergang von Luft auf Glas) eine Reflexion von ca. 4% auf. Dieses reflektierte Licht fällt über den Strahlteiler auf den Detektor. Verglichen mit der kurz hinter dem LWL-Anfang zurückgestreuten Lichtleistung (ca. 0,01%) ist dieser reflektierte Leistungsanteil so groß, daß es zur Übersteuerung des hochempfindlichen Detektorverstärkers kommt und eine Messung am LWL-Anfang unmöglich wird. Diese Rückreflexion läßt sich auf verschiedene Weise unterdrücken:

- Schrägschliff der LWL-Stirnfläche (aufwendig, Koppelschwierigkeiten) [3.88],
- Immersion der Stirnfläche (wegen der Arbeit mit Flüssigkeiten für den Feldeinsatz ungeeignet),
- Vorschalten eines LWL vor den zu messenden LWL, um die Totzeit zu überbrücken,
- Polarisationsoptik,
- LWL-Koppler [3.89, 3.90],
- Kompensation auf elektrischem Wege [3.91].

Am besten bewährt haben sich dabei Polarisationsoptiken, z.B. ein Glan-Thompson-Prisma. Die Wirkungsweise ist in Bild 3.20 skizziert. Sie sind jedoch für die Messung an Monomode-LWL ungeeignet, sofern nicht die polarisationsabhängige Dämpfung gemessen werden soll [3.92] (siehe auch Kap. 2.3).

3.2 Messungen an Lichtwellenleitern

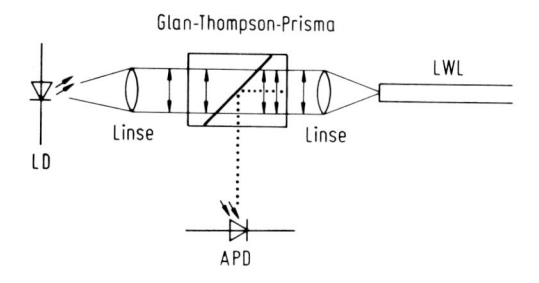

Bild 3.20
Einkoppeloptik für einen OTDR mit einem Glan-Thompson-Polarisationsprisma zur Unterdrückung des Stirnflächenreflexes; das vom Laser (LD) abgestrahlte, in der Papierebene polarisierte Licht kann von der Stirnfläche nur zum Laser reflektiert werden; die APD wird nur von dazu senkrecht polarisiertem Licht erreicht, wie es durch Streuung im LWL entsteht

Wesentlich eleganter ist der Einsatz eines LWL-Kopplers (siehe Kap. 10.3) [3.93], der bei geeigneter Ausführung jegliche Reflexion vermeidet. Der zu messende LWL muß dabei sehr sorgsam an den Ausgang des Kopplers angekoppelt werden.

Da das Rückstreusignal sehr klein ist, kann bereits das Rauschen des Empfängers stören. Geht man von einer in den LWL eingekoppelten Lichtleistung von 100 mW aus (Durchschnittswert), so hat das von einem Standard-LWL ($a_R \approx 0{,}8$ km^{-1} bei 0,85 µm) aus einer Entfernung von 5 km zurückgestreute Licht (sonstige Werte wie in Tabelle 3.1) eine Leistung von ca. 2,5 nW. Der Einsatz einer Lawinenphotodiode (siehe Kap. 6.4) ist daher unumgänglich. Mit einer Dauer von ca. 100 ns des eingestrahlten Lichtimpulses benötigt man eine Verstärkerbandbreite von ca. 3 MHz. Die Rauschanteile im detektierten Signal sind so groß, daß eine Rauschverminderung notwendig wird, um eine ausreichende Signalauswertung zu gestatten. Üblicherweise wird hierbei ein Boxcar-Integrator [3.94] eingesetzt, der durch Mittelungen an einem Punkt der Rückstreukurve eine Rauschverminderung vornimmt. Die gesamte Rückstreukurve wird durch sukzessives Verschieben dieses Integrationspunktes erhalten. Das Signal-Rauschverhältnis verbessert sich mit $\sqrt{N}$, wobei N die Anzahl der Mittelungen bedeutet. Soll ein LWL mit 5 km Länge im 10-m-Raster mit je 100 Mittelungen abgetastet werden, so sind 50.000 Messungen notwendig. Da die leistungsstarken Sender meist nur mit 1 kHz Impulsfolgefrequenz betrieben werden dürfen, dauert eine solche Messung bis zu 50 s. Instabilitäten des Halbleiterlaser-Senders während dieser Zeit sind möglich, so daß die Rückstreukurve verzerrt werden kann. Mit Hilfe moderner Digitaltechnik ist daher ein anderes Verfahren vorzuziehen, das schematisch in Bild 3.21 gezeigt ist [3.95]. Die gesamte Rückstreukurve - einschließlich der Rauschanteile - wird digitalisiert und in einem Digitalspeicher abgelegt. Dieser Vorgang dauert nur 0,5 s bei einer Schrittweite von 10 m für einen 5 km langen LWL, so daß innerhalb dieser Zeit die Stabilität des Halbleiterlaser-Senders gegeben ist. Dieser Vorgang wird entsprechend oft wiederholt und die digitalisierten Meßwerte jeweils addiert, wodurch ebenfalls der Rauschanteil vermindert wird. Da die Daten gespeichert sind - also beliebig lange ausgewertet werden können - und digital vorliegen, können sie mit Hilfe eines Rechners weiterverarbeitet werden. Geräte, die auf jeweils einem dieser Prinzipien beruhen, sind bereits kommerziell erhältlich.

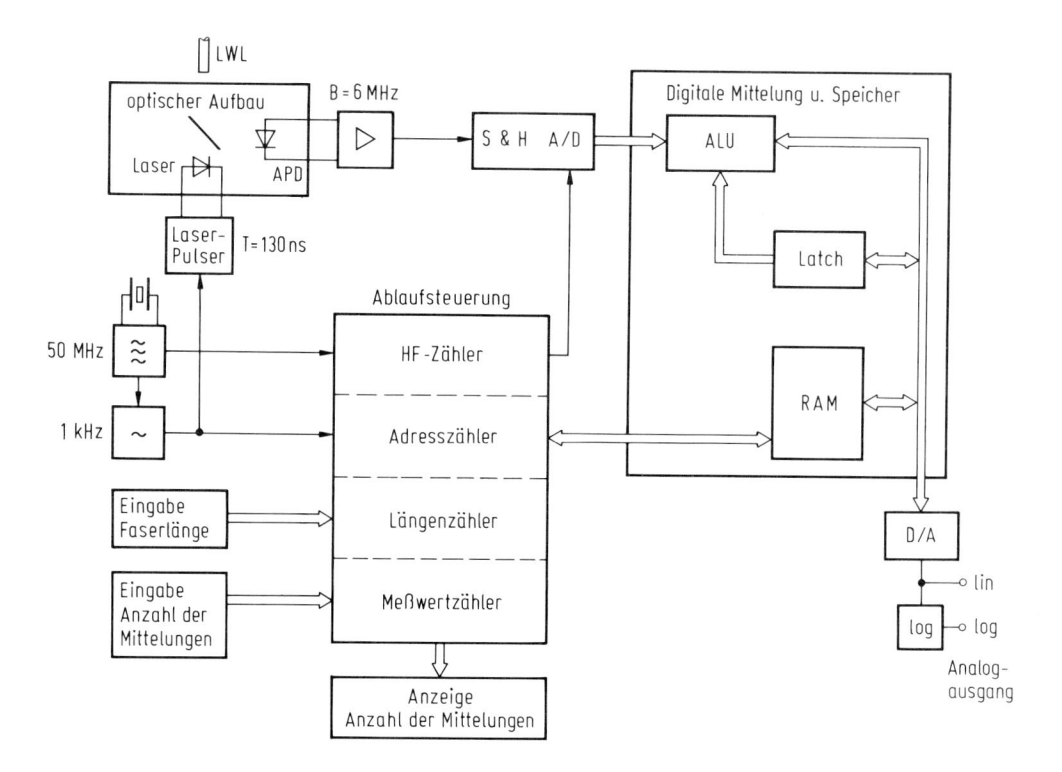

Bild 3.21
Aufbau eines digitalen OTDR zur Unterdrückung der Einflüsse von Instabilitäten des Halbleiterlasers

Rückstreumessungen haben den Nachteil, daß sie nur bei einer Wellenlänge durchgeführt werden können, es sei denn, man verwendet ein sehr aufwendiges Lasersystem [3.96]. Kommerzielle Geräte arbeiten bisher ausschließlich bei 0,85 µm. In [3.74] wurde jedoch bereits rechnerisch nachgewiesen, daß diese Methode bei 1,3 µm wesentlich empfindlicher arbeiten kann: Der geringere Rückstreukoeffizient bei dieser Wellenlänge wird durch die wesentlich kleinere Dämpfung des LWL mehr als kompensiert. Experimentell wurden ein Gradientenprofil-LWL bis zu einer Länge von 60 km [3.97] und ein Monomode-LWL von 37 km Länge mit einem OTDR bei 1,3 µm vermessen [3.98]. Der Dämpfungsverlauf konnte über die gesamte Länge mit großer Genauigkeit bestimmt werden.

3.2.4 Messung der Übertragungsbandbreite

Aus der Sicht der Nachrichtentechnik ist neben der Dämpfung die Übertragungsbandbreite die zweite wesentliche Größe, die für die Auslegung einer Nachrichtenstrecke von Bedeutung ist. Die Effekte, die die Übertragungsbandbreite trotz der äußerst hohen Trägerfrequenz von 300 THz beschränken, wurden bereits diskutiert. Es waren dies die

- Modendisperion (siehe Abschnitt 2.2.10.1),

- Materialdispersion (siehe Abschnitt 2.2.10.2),

- Wellenleiterdispersion (siehe Abschnitt 2.2.10.3),

- Profildispersion.
  Diese Dispersionsart ist nur relevant für den Gradientenprofil-LWL [3.99, 3.100]. Das Brechzahlprofil kann bei Verwendung von einfachen Potenzprofil-LWL nur für eine einzige Wellenlänge optimiert werden. Bei Abweichungen von dieser Wellenlänge verändert sich wegen der unterschiedlichen Abhängigkeiten der Brechzahlen von der Wellenlänge das Profil selbst. Dadurch wird das optimale Profil verändert und die Modendispersion vergrößert. Aufgrund theoretischer Überlegungen sind vor kurzem Vorschläge zur Abhilfe gemacht worden [3.101-3.103]. Ob sich diese Vorschläge auch experimentell realisieren lassen, wurde bisher nicht nachgewiesen.

Zur Messung der Übertragungsbandbreite eines LWL bieten sich zwei verschiedene Meßmethoden an: die Messung im Zeitbereich [3.104] und die im Frequenzbereich [3.105].

Bevor die beiden Verfahren diskutiert werden, soll auf zwei Probleme bei der Messung der Übertragungsbandbreite von LWL hingewiesen werden: die Anregungsbedingung und die Längenabhängigkeit. In Abschnitt 3.2.3 wurde erwähnt, daß nicht nur die Dämpfung eines Multimode-LWL, sondern auch die Übertragungsbandbreite von der Anregung der Moden abhängt. Am einfachsten läßt sich dies demonstrieren, wenn man nur wenige der ausbreitungsfähigen Moden anregt: In diesem Falle wäre die - gerade beim Stufenprofil-LWL besonders große - Modendispersion vernachlässigbar klein. Durch Modenkonversion werden allerdings entlang des LWL auch die anderen Moden angeregt [3.106, 3.107]. Wie bereits bei den Dämpfungsmessungen diskutiert, gibt es eine, vom individuellen LWL-Typ abhängige Kopplungslänge L_c, nach der das Modengleichgewicht (EMD) erreicht ist. Während man bei den Dämpfungsmessungen bei sofortiger Anregung der EMD längenproportionale Ergebnisse bekommt, trifft dies bei Übertragungsbandbreite-Messungen nicht zu: Die Übertragungsbandbreite B nimmt zunächst linear mit der LWL-Länge ab. Für LWL-Längen, die weit oberhalb der Kopplungslänge L_c liegen, ist nur eine Abhängigkeit von der Wurzel der Länge L festzustellen, also

$1/B \sim L^1$ für $L \ll L_c$,

$1/B \sim L^{0,5}$ für $L \gg L_c$.

Für LWL-Längen, die in der Größenordnung der Koppellänge L_c liegen, ist der Exponent für die Längenabhängigkeit zwischen 0,5 und 1 zu wählen. Diese Zusammenhänge sind in Bild 3.22 wiedergegeben. Die Koppellänge L_c

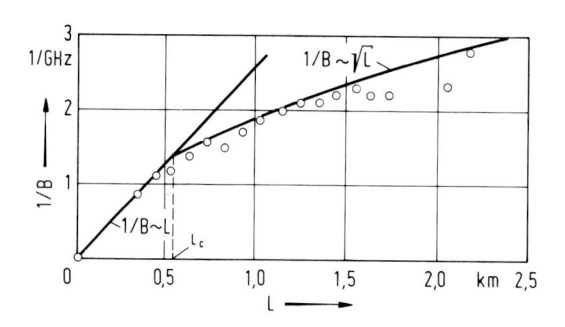

Bild 3.22
Längenabhängigkeit der Übertragungsbandbreite eines Gradientenprofil-LWL; + experimentelle Werte

eines bestimmten LWL läßt sich zur Zeit nur meßtechnisch, nicht zerstörungsfrei und nicht theoretisch bestimmen. Für die Messung von L_c müßte ein 20 km bis 30 km langer LWL (ohne Spleiße oder Stecker, in einem Stück) stückweise gekürzt und die Übertragungsbandbreite als Funktion der Länge bestimmt werden, was zu einer Meßkurve nach Bild 3.22 führen würde. Setzt man diesen LWL durch Spleißen wieder zusammen, so hätte er - wegen der Modenkonversionen an den Spleißen [3.61] - ein anderes Übertragungsverhalten, so daß diese Messung keine praktische Bedeutung hat.

Bild 3.22 macht deutlich, daß die übliche Angabe der Übertragungsbandbreite mit MHz·km nicht sinnvoll ist. Messungen an bestimmten LWL-Längen lassen sich nicht interpolieren, solange L_c oder der genaue Verlauf der Kurve in Bild 3.22 nicht bekannt sind. Es wurde bereits oft versucht, die Längenabhängigkeit der Bandbreite durch einen Exponenten x über km^x zu beschreiben, wobei $0,5 < x < 1$ gelten muß. Die experimentell ermittelten Werte von x sind jedoch LWL-spezifisch und von der im Experiment verwendeten LWL-Länge abhängig, so daß sie keinerlei praktischen Nutzen haben. Auch wenn z.B. in Abschnitt 2.2.10.1 die üblichen Angaben in MHz·km benutzt werden, sind diese nur bedingt zu verwenden. Im weiteren experimentellen Teil wird auf eine Umrechnung der gemessenen Übertragungsbandbreite verzichtet; sie sind nur auf die gemessene LWL-Länge bezogen.

Zunächst soll auf die Messungen im Zeitbereich eingegangen werden [3.104, 3.108]. Dabei wird die durch die Dispersionseffekte im LWL hervorgerufene Impulsverbreiterung bestimmt [3.109]. Normalerweise mißt man den Einfluß aller Dispersionsarten zusammen. Gegebenenfalls ist es jedoch von Interesse, einzelne Dispersionseffekte getrennt zu untersuchen [3.110].

Der Meßaufbau für die Messung bei drei unterschiedlichen Wellenlängen ist in Bild 3.23 gezeigt. Um auch Gradientenprofil-LWL oder Monomode-LWL mit hoher Übertragungsbandbreite messen zu können, benötigt man äußerst kurze Lichtimpulse, wie sie sich mit Hilfe des Singleheterostruktur-Lasers mit der Schaltung nach Bild 3.19 verwirklichen lassen; aber auch Dauerstrich-Doppelheterostruktur-Laser eignen sich [3.111]. Diese Impulse werden in den LWL eingespeist, über eine bekannte Strecke übertragen und erneut gemessen. Als Empfänger (siehe Kap. 6) verwendet man eine sehr schnelle pin-Photodiode (sofern die Dämpfung des LWL nicht zu groß ist und daher keine hohe Empfindlichkeit benötigt wird) oder aber eine Lawinenphotodiode (Nichtlinearitäten können zu Fehlern führen). Ein- und Ausgangsimpulse

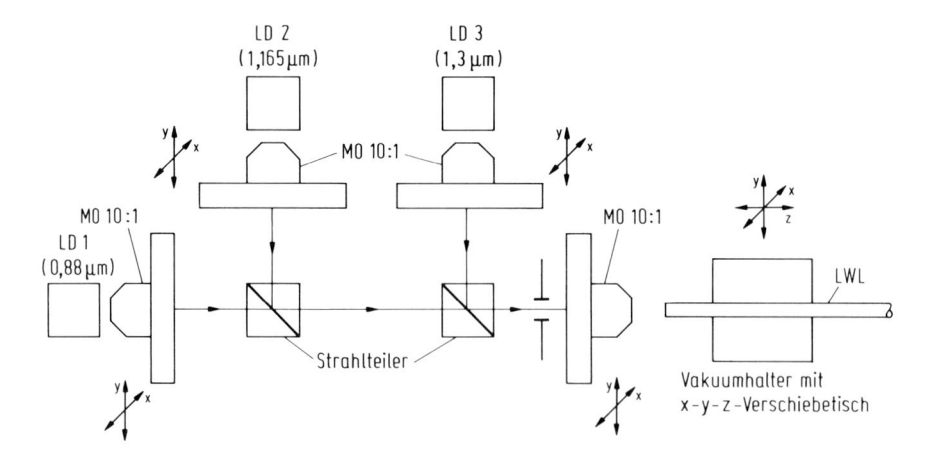

Bild 3.23
Optischer Meßaufbau zur Bestimmung der Übertragungsbandbreite im Zeitbereich bei drei Wellenlängen gleichzeitig

seien durch die Funktionen $s_e(t)$ bzw. $s_a(t)$ gegeben. Sie sind über die Impulsantwort $h(t)$ miteinander verknüpft durch

$$s_a(t) = h(t) * s_e(t) \quad , \tag{3-27}$$

wobei das Zeichen * die Faltung kennzeichnet, die definiert ist durch

$$h(t) * s_e(t) = \int h(\tau) \, s_e(t - \tau) d\tau \quad . \tag{3-28}$$

Normalerweise wird jedoch nicht die Impulsantwort, sondern die Übertragungsfunktion $H(\omega)$ angegeben. Durch Fouriertransformation kann der Zeitbereich in den Frequenzbereich umgesetzt werden. Dazu bildet man die Fouriertransformierten von $s_a(t)$ und $s_e(t)$

$$s_a(t) \; \circ\!\!-\!\!\bullet \; S_a(\omega)$$
$$s_e(t) \; \circ\!\!-\!\!\bullet \; S_e(\omega) \tag{3-29}$$

und berechnet daraus die Übertragungsfunktion des LWL:

$$H(\omega) = \frac{S_e(\omega)}{S_a(\omega)} \quad . \tag{3-30}$$

3.2 Messungen an Lichtwellenleitern

Die im allgemeinen recht aufwendige Transformation läßt sich mit Hilfe der FFT (fast-fourier-transform) mit einem Rechner schnell durchführen.

Handelt es sich bei Ein- und Ausgangssignal um gaußförmige Impulse, so läßt sich die 3-dB-Übertragungsbandbreite B_{3dB} eines LWL aus den Halbwertsbreiten t_a und t_e des Ausgangs- bzw. Eingangsimpulses berechnen durch

$$B_{3dB} = \frac{0,31}{(t_a^2 - t_e^2)^{1/2}} \quad . \tag{3-31}$$

Für die Entwicklung von (3-31) wurde zusätzlich eine gaußförmige Übertragungsfunktion des LWL vorausgesetzt.

Bei angenäherten Gaußimpulsen liefert (3-31) sehr gute Ergebnisse mit Abweichungen unter 5%. Bei nicht gaußförmigen, speziell bei unsymmetrischen Impulsformen ist die Anwendung von (3-31) nicht mehr zulässig, und eine Berechnung nach (3-29) bzw. (3-30) ist notwendig.

Ein- und Ausgangslichtimpuls ($\lambda_0 = 0,86$ µm), gemessen an einem Gradientenprofil-LWL von 794 m Länge, sind in Bild 3.24 gegenübergestellt. Die Impulsdauern betragen $t_e = 450$ ps für das Eingangs- und $t_a = 675$ ps für das Ausgangssignal. Nach (3-31) berechnet sich eine 3-dB-Übertragungsbandbreite von 616 MHz für diese Länge. Die genauere und aufwendigere Fourieranalyse liefert 622 MHz.

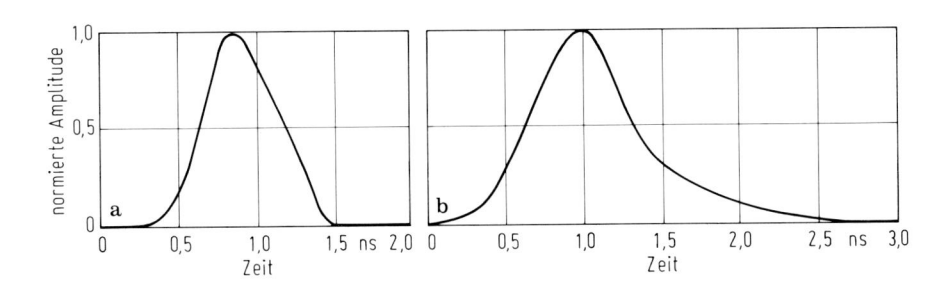

Bild 3.24
Zeitbereichsmessung an einem 0,794 km langen Gradientenprofil-LWL bei $\lambda_0 = 0,86$ µm; (a) Eingangsimpuls; (b) Ausgangsimpuls

Mißt man gleichzeitig bei mehreren Wellenlängen, wie es mit der Anordnung nach Bild 3.23 möglich ist, so läßt sich neben der Übertragungsbandbreite bei den drei Meßwellenlängen auch eine Angabe über die Dispersion des LWL machen, wenn man die relative, zeitliche Laufzeitdifferenz der drei verschiedenen Impulse am LWL-Ausgang bestimmt. Das Meßergebnis von einem 2249 m langen Gradientenprofil-LWL ist in Bild 3.25 gezeigt; die Versuchsparameter und Ergebnisse sind in Tabelle 3.2 zusammengefaßt.

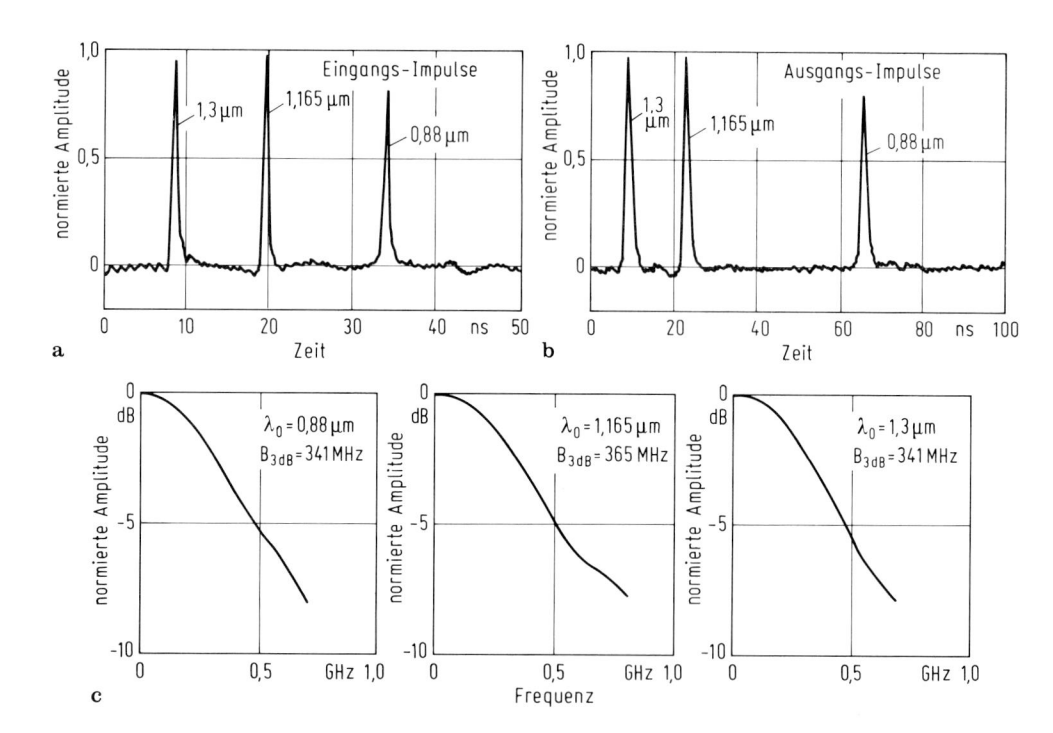

Bild 3.25
Messung im Zeitbereich mit drei verschiedenen Wellenlängen mit dem Aufbau nach Bild 3.23 an einem 2,249 km langen Gradientenprofil-LWL: (a) Eingangsimpulse; (b) Ausgangsimpulse; (c) berechnete Übertragungsfunktion

Eine weitere Messung kann im Frequenzbereich durchgeführt werden. Hierzu verwendet man einen DH-Laser, dessen Ausgangsleistung sinusförmig moduliert wird. Um Relaxationsschwingungen oder sonstige Effekte zu vermeiden, wird der Laser bereits mit einem Vorstrom betrieben (siehe Abschnitt 4.3.3.3). Der Meßaufbau ist in Bild 3.26 gezeigt. Das mit einer veränderlichen Frequenz leistungsmodulierte Licht wird in den LWL eingespeist, über eine bekannte Strecke übertragen und ausgangsseitig mit Hilfe einer

3.2 Messungen an Lichtwellenleitern   205

Tabelle 3.2: Meßbedingungen und Meßergebnisse der Bestimmung der
            LWL-Übertragungsbandbreite im Zeitbereich bei drei
            Wellenlängen

Wellenlänge λ_0	0,88 µm	1,165 µm	1,3 µm
spektrale Breite $\Delta\lambda_0$	5 nm	3 nm	2 nm
Impulsbreite Eingang	600 ps	750 ps	600 ps
Einkoppel-NA		0,25	
Übertragungsbandbreite			
-3 dB	341 MHz	365 MHz	341 MHz
-6 dB	531 MHz	547 MHz	500 MHz
LWL-Materialdispersion (Mittel)		37,2	
ps/(km·nm)	44,1		9,95

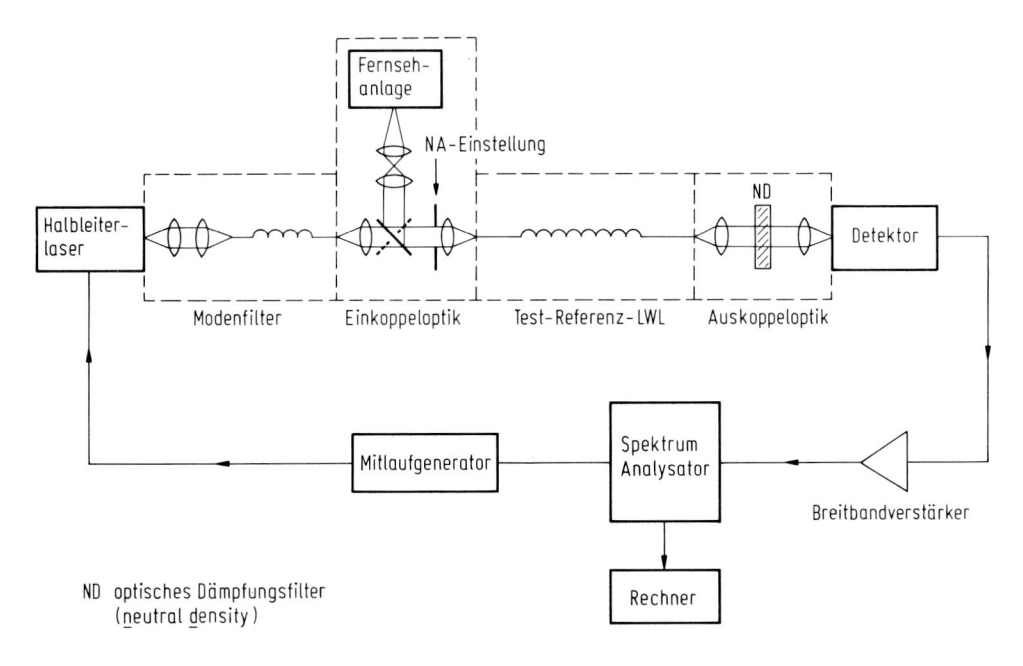

Bild 3.26
Meßaufbau zur Bestimmung der LWL-Übertragungsfunktion im Frequenzbereich

Photodiode und eines Spektrum-Analysators gemessen. Als Empfangselement verwendet man eine Lawinenphotodiode, da die vom DH-Laser abgestrahle Lichtleistung relativ gering ist. Die Frequenzgänge der Lawinenphotodiode und des Halbleiterlasers sowie anderer Komponenten können über eine zuvor durchgeführte Eichmessung eliminiert werden. Gemessen wird die Abhängigkeit der übertragenen Lichtleistungsamplitude von der Frequenz. Dadurch bestimmt man das Übertragungsbandbreite-Verhalten des Eingangs- und Ausgangssignals, und mit (3-30) läßt sich $H(\omega)$ direkt berechnen. Der mathematische Aufwand ist vergleichsweise gering; die Schwierigkeiten liegen bei dem HF-mäßigen Aufbau der Anordnung. Bei Reihenmessungen wird diese Methode meist bevorzugt.

Die Bestimmung der Übertragungsbandbreite des LWL als Funktion der Wellenlänge ist von besonderer Bedeutung, da daraus entnommen werden kann, ob die Profilgebung bei einem Gradientenprofil-LWL oder die Dimensionierung bei einem Monomode-LWL mit den beabsichtigten Werten übereinstimmen. Dabei ist der gesamte Bereich von 0,8 µm bis 1,6 µm von Interesse, so daß eine entsprechende spektral durchstimmbare Lichtquelle benötigt wird, die zudem sehr kurze Impulse abgeben kann. In fast allen Laboratorien wird zu diesem Zweck der LWL-Raman-Laser eingesetzt, dessen Aufbau in Bild 3.27 gezeigt ist [3.53, 3.112]. Als Pumpquelle wird ein gütegeschalteter und modengekoppelter Nd-YAG-Laser bei λ_0 = 1,06 µm eingesetzt, dessen Licht in einen Monomode-LWL eingekoppelt wird. Wegen der extrem hohen Leistungsdichte im Monomode-LWL kommt es zu nichtlinearen Effekten, die unter

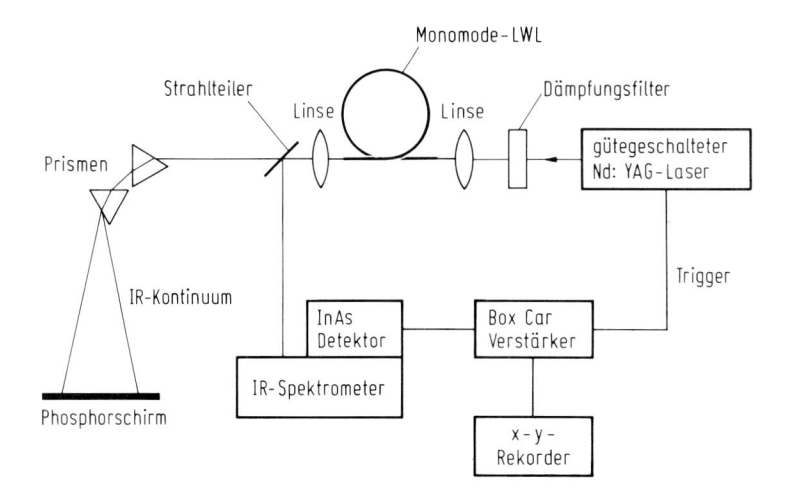

Bild 3.27
Aufbau eines LWL-Raman-Lasers zur Bestimmung der wellenlängenabhängigen Übertragungsbandbreite [3.91]

3.3 Messungen an LWL-Kabeln

anderem Stokes- und Anti-Stokes-Linien mit dazwischenliegendem Kontinuum erzeugen [3.113]. Das von einer solchen Anordnung erzeugte Lichtspektrum ist in Bild 3.28 gezeigt [3.114]. Durch die Modenkopplung und den Güteschalter werden gleichzeitig kurze Lichtleistungsimpulse (Dauer: einige 100 ps) erzeugt.

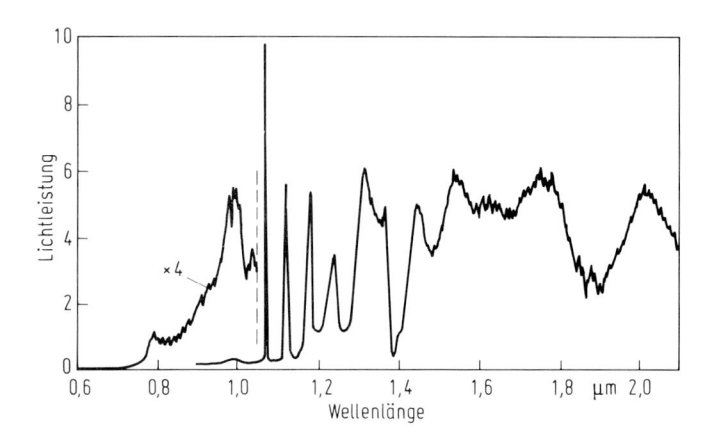

Bild 3.28
Emissionsspektrum eines LWL-Raman-Lasers [3.91]

Mit einem derartigen Aufbau ist die kontinuierliche Messung der Übertragungsbandbreite im Zeitbereich über den interessierenden Wellenlängenbereich möglich [3.115]. Auf die Schwierigkeiten bezüglich des Detektors wird in Kap. 5 verwiesen. Ergebnisse solcher Messungen sind in Bild 2.27 zusammengestellt.

3.3 Messungen an LWL-Kabeln

Die in Kap. 3.2 geschilderten Meßverfahren sind auch für Kabel zu verwenden. NA- und Brechzahlprofil-Messung sind jedoch von untergeordneter Bedeutung, da diese Größen durch die Verkabelung nicht beeinflußt werden.

Dämpfungsmessungen geben Auskunft über die durch den Verkabelungsprozeß zusätzlich hervorgerufenen Verlust. Durch Wahl der λ_0^{-4}-Darstellung läßt sich entscheiden, auf welchen Ursachen diese zusätzlichen Verluste beruhen. Dies ist insofern bedeutend, als die durch das Verkabeln zusätzlich hervorgerufenen Verluste von der Dimensionierung des LWL stark abhängen, wobei besonders die NA einen großen Einfluß hat. Bei sehr kleiner NA steigen die durch Krümmung und mechanische Beanspruchung bedingten Verluste stark an [3.116]; bei zu hoher NA ist wegen der dafür notwendigen, hohen Dotierung die Streuung groß [3.117, 3.118]. Bei Multimode- und Monomode-LWL spielen auch Kern- und Gesamtdurchmesser eine wesentliche Rolle, da die LWL-Dimensionierung für Zusatzverluste durch die Verkabelung ausschlaggebend ist [3.119]. Die mit unverkabelten LWL erzielten Rekordwerte von 0,2 dB/km [3.120, 3.121] sind in der Praxis von geringer Bedeutung, da ihre Dimensionierung für eine Verkabelung ungeeignet ist. Für den praktischen Einsatz sind daher nur die im Kabel auftretenden Verluste wesentlich [3.122, 3.123].

Gleiches gilt für die Übertragungsbandbreite, die durch das Verkabeln ebenfalls beeinflußt wird. Da durch die Verkabelung die Modenkonversion meist erhöht wird, steigt auch die Übertragungsbandbreite gegenüber dem unverkabelten LWL an. Direkte Vergleichsuntersuchungen liegen bisher nicht vor.

Zusätzlich werden an LWL-Kabeln Messungen durchgeführt, die die Übertragungseigenschaften unter verschiedenen Umweltbedingungen bestimmen. Hier spielen Feuchte, Temperatur und mechanische Beanspruchungen die größte Rolle. Auf den Zusammenhang zwischen Kabelkonstruktion und diesen Umweltgrößen wurde bereits in Kap. 2.10 hingewiesen.

Der Einfluß der Temperatur auf die LWL-Dämpfung ist in Bild 3.29 für zwei verschiedene Kabeltypen gezeigt [3.124]. Es handelt sich in beiden Fällen um eine lose Verkabelung, einmal mit Luft, einmal mit einer geleeartigen

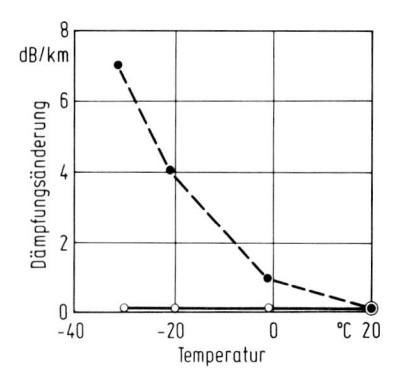

Bild 3.29
Vergleich der Dämpfungsänderung als Funktion der Umgebungstemperatur für zwei verschiedene LWL-Kabel [3.124]; - - - LWL in Hohlader; ——— LWL in mit geleeartigem Material gefüllter Hohlader

3.3 Messungen an LWL-Kabeln

Masse gefüllt. Die Messungen wurden in Wasser durchgeführt; der Anstieg der Dämpfung bei niedrigen Temperaturen ist beim nicht gefüllten Kabel sehr groß und wird durch eingedrungenes, gefrorenes Wasser hervorgerufen.

Neben den Temperatureinflüssen sind vor allem die mechanischen Belastungen während des Einziehens der LWL-Kabel in Schächte und die daraus möglicherweise resultierenden Dauerschäden (Erhöhung der Dämpfung) von Bedeutung. Es konnte nachgewiesen werden, daß beim Einziehen von LWL Reibungsschwingungen auftreten, die zum Teil zu sehr hohen mechanischen Zugbelastungen führen können, die weit über den mittleren Einzugskräften liegen [3.125]. Die maximal zulässigen Zugkräfte können dabei überschritten werden, was zu einem LWL-Bruch führen kann. Trotz relativ umfangreicher Messungen an kurzen LWL-Stücken (siehe Kap. 2.10) bezüglich ihrer Bruchfestigkeit und den daraus durch Extrapolation gewonnenen Werten für die maximale mechanische Beanspruchung konnten bisher keine direkten Zusammenhänge zwischen diesen labormäßig gewonnenen Ergebnissen und den in der Praxis gemachten Erfahrungen hergestellt werden. Daher wurde eine relativ aufwendige Testanlage konstruiert [3.126], mit deren Hilfe experimentell die Einflüsse auf die LWL-Eigenschaften durch das Verlegen bestimmt werden können. Die Versuchseinrichtung ist in Bild 3.30 gezeigt.

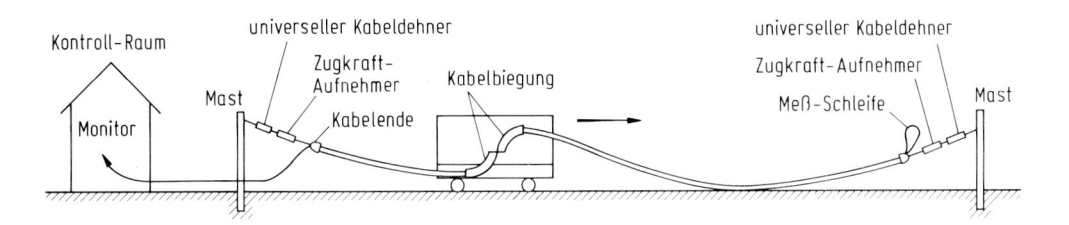

Bild 3.30
Testanlage zur Untersuchung der Auswirkung mechanischer Kräfte auf LWL beim Einziehen in Kabelschächte [3.126]

Damit können 240 m lange LWL-Kabel untersucht werden, wobei die Zugspannung als Parameter dient und die Belastung durch die auf einem Wagen verschiebbare, S-förmige Biegung simuliert wird. Bei den untersuchten LWL handelt es sich sowohl um Gradientenprofil- als auch um Monomode-LWL, die jeweils fest ummantelt sind, wobei ein Kabel aus zwölf Einzel-LWL besteht.

Es konnte nachgewiesen werden, daß trotz sehr hoher mechanischer Beanspruchung (ca. Faktor 2 gegenüber dem von der Konstruktion her erlaubten Höchstwert) die dadurch zusätzlich hervorgerufenen Verluste bei 0,01 dB/km bis 0,02 dB/km lagen - also sehr klein sind.

Allgemeine Langzeituntersuchungen an LWL-Kabeln sind bisher nicht bekannt. Alle Angaben über das Langzeitverhalten stammen aus Extrapolation von kurzzeitigen Versuchsreihen [3.127]. Inwieweit die verwendeten Extrapolationsgesetze gültig sind bzw. die Praxis wiedergeben, konnte nicht festgestellt werden. Bestimmte Einflüsse, z.B. Erdradioaktivität, auf die LWL-Eigenschaften, speziell bezogen auf ihr Langzeitverhalten, sind ebenfalls unbekannt.

Zusammenfassend kann daher festgestellt werden, daß es zur Zeit viele Ansätze gibt, die Eigenschaften von LWL-Kabeln - besonders unter den erschwerten Bedingungen beim Verlegen - experimentell zu bestimmen. Da es unsicher erscheint, von Experimenten an kurzen LWL-Kabeln auf normale Verlegungslängen (einige 100 m) extrapolieren zu können, werden mit hohem experimentellen Aufwand erste Messungen an größeren LWL-Längen durchgeführt. Alle Messungen lassen nur Anhaltswerte zu; eine zuverlässige Aussage über das Langzeitverhalten ist zur Zeit nicht möglich.

4 Sendeelemente

Am Anfang einer optischen Nachrichtenstrecke setzt ein elektrisch/optischer Wandler die elektrischen Signale in optische um. An diesen Wandler müssen unter anderem folgende Forderungen gestellt werden:

- möglichst hoher Wirkungsgrad,
- kleine Bauweise (damit eine gute Kopplung an den LWL gewährleistet werden kann),
- möglichst monochromatische Lichtemission (Minderung der spektralen Dispersion im LWL und damit Erhöhung der Übertragungsbandbreite),
- Abstrahlung möglichst hoher Lichtleistung (Überbrückung großer Entfernungen),
- gute Modulationseigenschaften bis zu sehr hohen Frequenzen,
- hohe Zuverlässigkeit.

Bevor auf die Bauelemente selbst eingegangen werden soll, wird eine kurze Übersicht über die Grundlagen der Lichterzeugung in Halbleitern gegeben [4.1]. Dabei werden ausschließlich Probleme der III-V-Halbleiter betrachtet, denn nur diese sind zur Zeit für die optische Nachrichtentechnik von Bedeutung. Eine Übersicht über die binären, d.h. aus je einem Element der III- und der V-Gruppe bestehenden Verbindungen ist in Bild 4.1 gezeigt. Ausführliche Darstellungen der III-V-Halbleiter für Lichtemitter sind in [4.2-4.14] gegeben. Die derzeitigen Entwicklungstendenzen bei Halbleiterlasern und Lumineszenzdioden sind in [4.15-4.17] diskutiert.

4.1 Grundlagen

Bei den III-V-Verbindungen handelt es sich um Verbindungshalbleiter, die hinsichtlich ihrer Kristallstruktur vom Zinkblendetyp sind. Die Kristall-

V III	N	P	As	Sb
B	BN (2,51)	BP (4,538)	BAs (4,777)	BSb
Al	AlN (3,111)	(2,45) AlP (5,4625)	(2,14) AlAs (5,6611)	(1,62) AlSb (6,1355)
Ga	(3,39) GaN (3,180)	(2,26) GaP (5,4495)	(1,43) GaAs (5,6419)	(0,70) GaSb (6,094)
In	InN (3,533)	(1,35) InP (5,868)	(0,356) InAs (6,058)	(0,180) InSb (6,478)

Bild 4.1

Zusammenstellung der binären III-V-Verbindungen; Angabe über der Verbindung: Bandabstand in eV; Angabe unter der Verbindung: Gitterkonstante in Å

struktur ist in Bild 4.2 gezeigt. Durch die periodische Gitterstruktur unterliegen die freien Elektronen einem periodischen Feld und müssen daher die Schrödinger-Gleichung erfüllen. Die damit zusammenhängenden Probleme sind ausführlich in [4.18-4.20] dargestellt.

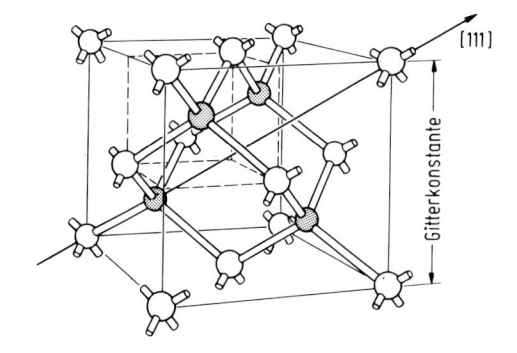

Bild 4.2

Das Zinkblende-Gitter; hier am Beispiel des GaAs (weiße Atome: As; graue Atome: Ga); die [111]-Richtung (siehe Bild 4.4) ist angegeben

4.1.1 Entwicklung der Schrödinger-Gleichung

Wie für die Photonen der Teilchenbegriff eingeführt wurde, so kann man umgekehrt für Masseteilchen den Wellenbegriff verwenden und die de-Broglie-

4.1 Grundlagen

Beziehung (1-3) benutzen. Damit kann einem Teilchen der Masse m und der Geschwindigkeit v eine Welle der Frequenz f zugeordnet werden, d.h. die Wellengleichung muß erfüllt sein. Bezogen auf ein Teilchen lautet die mathematische Darstellung einer ebenen Welle genauso wie für eine elektromagnetische Welle (siehe (1-10)), nämlich

$$A(\mathbf{r},t) = A_0 \exp\{j(\omega t - \mathbf{r}\cdot\mathbf{k})\} \quad . \tag{4-1}$$

Für die Betrachtung eines Teilchens werden neue, teilchenspezifische Größen eingeführt: die Energie $W = hf = (h\omega)/(2\pi)$ und der Impulsvektor $\mathbf{p} = m\mathbf{v} = \mathbf{k}(h/2\pi)$. h ist wiederum das Planck'sche Wirkungsquantum, $\mathbf{k}$ der Wellenvektor. (4-1) geht damit über in

$$\Psi(\mathbf{r},t) = \Psi_0 \exp\{j(Wt - \mathbf{r}\cdot\mathbf{p})/\hbar\} \tag{4-2}$$

mit $\hbar = h/(2\pi)$. Die Amplitude wird durch die zunächst willkürliche Feldgröße Ψ_0 ausgedrückt, über die sich noch keine Aussage treffen läßt. Mit der kinetischen Energie $W_{kin} = mv^2/2 = p^2/(2m)$ des Teilchens kann man seine Gesamtenergie W darstellen durch

$$W = W_{pot} + W_{kin} \tag{4-3}$$

oder mit Ψ multipliziert durch

$$W\Psi = W_{pot}\Psi + \frac{p^2}{2m}\Psi \tag{4-4}$$

mit der potentiellen Energie W_{pot}. Andererseits kann man aus (4-2) folgende Beziehungen ableiten:

$$\frac{d\Psi}{dt} = j\frac{W}{\hbar}\Psi \qquad \text{oder} \qquad W\Psi = -j\hbar\frac{d\Psi}{dt} \quad ,$$

$$\Delta\Psi = -\frac{p^2}{\hbar^2}\Psi \qquad \text{oder} \qquad \frac{p^2}{2m}\Psi = -\frac{\hbar}{2m}\Delta\Psi \quad ,$$

was in (4-4) eingesetzt

$$-j\hbar\frac{d\Psi}{dt} = W_{pot}\Psi - \frac{\hbar}{2m}\Delta\Psi \tag{4-5}$$

ergibt. Um die – in diesem Fall uninteressante – Zeitabhängigkeit zu eliminieren, spaltet man (4-2) in einen zeitabhängigen und einen zeitunabhängigen Term auf:

$$\Psi(\mathbf{r},t) = \Psi(\mathbf{r}) \exp(jWt/\hbar) \; .$$

Man erhält dann die Zusammenhänge

$$\frac{\partial \Psi(\mathbf{r},t)}{\partial t} = \Psi(\mathbf{r}) \; jW/\hbar \; \exp(jWt/\hbar) \quad ,$$

$$\Delta\Psi(\mathbf{r},t) = \Delta\Psi(\mathbf{r}) \exp(jWt/\hbar) \quad .$$

In (4-5) eingesetzt führt dies auf

$$- j\hbar\Psi(\mathbf{r}) \; jW/\hbar \; \exp(jWt/\hbar) = W_{pot}\Psi(\mathbf{r}) \exp(jWt/\hbar) - \hbar/(2m) \; \Delta\Psi(\mathbf{r}) \exp(jWt/\hbar)$$

und nach einigen Umstellungen auf

$$[- \hbar/(2m)\Delta + W_{pot}]\Psi(\mathbf{r}) = W\Psi(\mathbf{r}) \quad . \tag{4-6}$$

(4-6) ist die zeitunabhängige Schrödinger-Gleichung, während (4-5) die zeitabhängige darstellt.

4.1.2 Bandstruktur

Die potentielle Energie in (4-6) wird durch die Lage des Elektrons im periodischen Kristallgitter angegeben. Die Atome im Kristallverband haben einen festen Abstand; die von jedem einzelnen Atom erzeugten Potentiale

$$V(r) = 1/(4\pi\varepsilon) \; Q/r$$

(Q ist die Ladung des Atoms) überlagern sich. Durch die Kristallgitterperiodizität ist auch W_{pot} periodisch, und dies läßt den Schluß zu, daß die Feldgröße $\Psi(\mathbf{r})$ eine entsprechende Periodizität aufweist (Bloch'sches Theorem), so daß eine Lösung von (4-6)

$$\Psi(\mathbf{r}) = \gamma(\mathbf{r}) \exp(j\mathbf{r}\circ\mathbf{k})$$

lauten muß mit der Bloch-Funktion

4.1 Grundlagen

$$\gamma(\mathbf{r}) = \gamma(\mathbf{r} + \mathbf{g}) \quad . \tag{4-7}$$

Für die weitere Berechnung wird der Potentialverlauf eines eindimensionalen Kristallgitters in x-Richtung durch einen Potentialtopf (siehe Bild 4.3) angenähert und eine Lösung für (4-6) für beide Bereiche (entweder $W = 0$ oder $W = W_0$) gesucht.

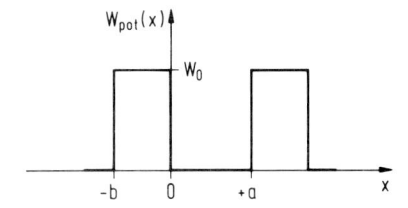

Bild 4.3
Angenommener Potentialverlauf im Kristallgitter

Für den Bereich $0 \leq x \leq a$ (Index 1) gilt

$$\frac{d^2\Psi_1}{dx^2} + \frac{2m}{\hbar^2} W\Psi_1 = 0 \quad . \tag{4-8}$$

Für den Bereich $-b \leq x \leq 0$ (Index 2) erhält man

$$\frac{d^2\Psi_2}{dx^2} - \frac{2m}{\hbar^2}(W_0 - W)\Psi_2 = 0 \quad . \tag{4-9}$$

Beide Gleichungen sollen durch eine Bloch-Welle der Form

$$\Psi_{1,2}(x) = \gamma_{1,2}(x)\exp(jkx) = \gamma_{1,2}(x + a + b)\exp(jkx)$$

erfüllt werden. Damit ergeben sich aus (4-8) und (4-9) die Differentialgleichungen

$$\gamma_1'' + j2k\gamma_1' + (\frac{2m}{\hbar^2}W - k^2)\gamma_1 = 0$$

und

$$\gamma_2'' + j2k\gamma_2' - [\frac{2m}{\hbar^2}(W_0 - W) + k^2]\gamma_2 = 0 \quad .$$

Je eine Lösung dieser beiden Differentialgleichungen sind Exponentialfunktionen der folgenden Form

$$\gamma_1(x) = A_1 \exp[j(\sqrt{2mW}/\hbar - k)x] + B_1 \exp[-j(\sqrt{2mW}/\hbar + k)x] \quad,$$

$$\gamma_2(x) = A_2 \exp\{[\sqrt{2m(W_0 - W)}/\hbar - jk]x\} + B_2 \exp\{[-\sqrt{2m(W_0 - W)}/\hbar - jk]x\} \quad.$$

$\gamma_1(x)$ stellt (siehe Kap. 1.6) eine ungedämpfte Welle, $\gamma_2(x)$ dagegen eine gedämpfte Welle dar und bezeichnet den für das Elektron nicht erlaubten Bereich in der Potentialbarriere. Die Koeffizienten A_1, A_2, B_1, B_2 sind durch die Randbedingungen an den Stellen $x = 0$ und $x = a$ gegeben. Wie bei der Ableitung der Eigenwertgleichung für einen LWL erhält man auf diese Weise auch hier ein Gleichungssystem in den Variablen A_1, A_2, B_1, B_2, das nur dann eine nichttriviale Lösung hat, wenn die Koeffizientendeterminante verschwindet. Dies führt zur charakteristischen Gleichung, wobei vereinfacht angenommen wird, daß die Potentialwälle unendlich schmal, aber entsprechend hoch werden. Die charakteristische Gleichung für die Bewegung eines Elektrons in einem eindimensionalen, periodischen Kristallgitter lautet dann

$$\frac{b\sqrt{2m(W_0 - W)}}{2\hbar\sqrt{W}} \sin(a\sqrt{2mW}/\hbar) + \cos(a\sqrt{2mW}/\hbar) = \cos(ka) \quad. \qquad (4-10)$$

(4-10) ist eine transzendente Gleichung. Eine analytische Lösung ist nicht möglich. Die rechte Seite von (4-10) kann den Wertebereich von +1 bis −1 überstreichen, während jedoch die linke Seite einen größeren Wertebereich einnehmen könnte. Daher sind alle Energien W, für die die linke Seite größer als 1 oder kleiner als −1 wird, nicht erlaubt. Auf diese Weise kann also die Energie des Elektrons als Funktion der Wellenzahl k (bzw. ka) in Abhängigkeit von den Gitterparametern a, b, W_0 dargestellt werden. Da die Periodizität eines Kristallgitters (von Kristallgitterstörungen abgesehen) keine neuen Erkenntnisse bringt, beschränkt man sich bei der Betrachtung auf eine separate Einheitszelle.

Alle bisherigen Ableitungen stützen sich auf ein eindimensionales Gittermodell, so daß in Wirklichkeit die Verhältnisse durch den dreidimen-

4.1 Grundlagen

sionalen Gittercharakter wesentlich komplizierter werden: Die weiteren Untersuchungen müssen sich daher auf die dreidimensionale Einheitszelle richten. Die Begrenzung dieser Einheitszelle (1. Brillouin-Zone) ist von der Richtung im Kristall abhängig; sie ist mit einigen spezifischen Punkten und Symmetrieachsen in Bild 4.4 für das Zinkblendegitter dargestellt. Die Bezeichung der Gitterrichtungen erfolgt über die sog. Millerindizes [x y z]. Das kartesische Achsenkreuz kann beschrieben werden durch die Richtungen [100], [010] und [001]. Alle anderen Richtungen lassen sich daraus zusammensetzen: Die [111]-Achse ist die Verlängerung der Geraden ΓL, während die [110]-Richtung durch ΓK gegeben ist. Die zugehörigen Kristallflächen werden entsprechend bezeichnet: Unter der (110)-Fläche versteht man die auf der [110]-Achse senkrecht stehende Ebene. Sollen Richtungen oder Ebenen beschrieben werden, die nur durch negative Koordinaten dargestellt werden können, so wird dies durch einen Querstrich über dem jeweiligen Millerindex gekennzeichnet (siehe Bild 4.4).

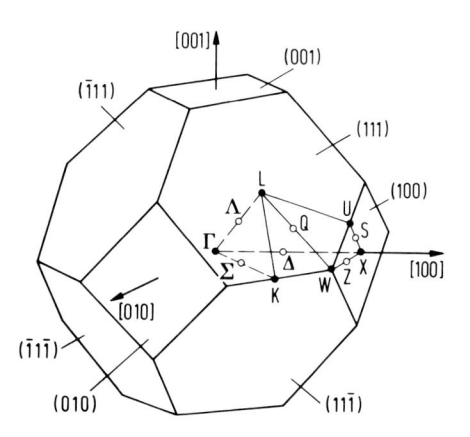

Bild 4.4
Einheitszelle (1.Brillouin-Zone) des Zinkblende-Gitters; die wichtigsten Symmetriepunkte sowie Gitterrichtungen und -ebenen sind eingezeichnet

Die Bandstruktur des für die optische Nachrichtentechnik wichtigen Galliumarsenids (GaAs) ist in Bild 4.5 angegeben. Verschiedene Kristallachsen zeichnet man einfacherweise in ein einziges Bandschema ein. Das Zinkblendegitter ist in [111]-Richtung mit $k = \pi/a$, in [100]-Richtung jedoch mit $k = 2\pi/a$ periodisch (siehe auch Bild 4.4). Bei GaAs handelt es sich um einen direkten Halbleiter, denn das Minimum des niedrigsten oberen Bandes (positive Energie = Elektronenenergie, Leitungsband) steht dem

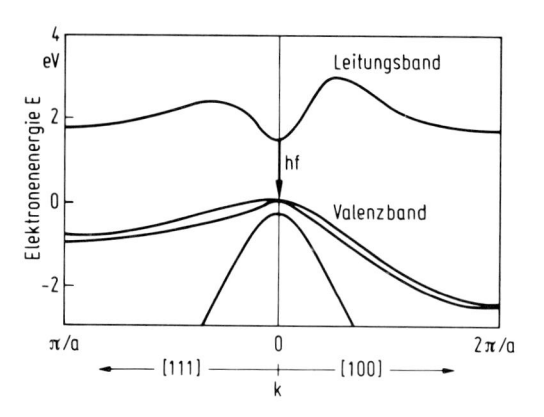

Bild 4.5
Bandstruktur für den direkten Halbleiter GaAs; die Elektronenenergie für Leitungs- und Valenzband ist als Funktion der Wellenzahl k für die beiden Gitterachsen [111] und [100] angegeben

Maximum des höchsten unteren Bandes (negative Elektronenenergie = Löcherenergie, Valenzband) bei der Wellenzahl k = 0 gegenüber. Während das Maximum des Valenzbandes ausnahmslos bei k = 0 liegt, trifft dies für das Leitungsband nicht immer zu. Ein typischer Vertreter der indirekten Halbleiter ist Galliumphosphid (GaP), dessen Bandstruktur in Bild 4.6 dargestellt ist. Komplizierter werden diese Verhältnisse bei ternären III-V-Verbindungen, also Mischkristallen, die aus insgesamt drei Elementen bestehen, wie z.B. Galliumaluminiumarsenid ($Al_x Ga_{1-x} As$). Für ungefähr

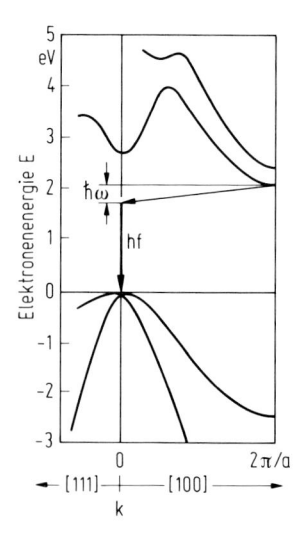

Bild 4.6
Bandstruktur eines indirekten Halbleiters (GaP); mit $\hbar\omega$ ist der nichtstrahlende Phononen-/Exzitonen-Übergang bezeichnet

4.1 Grundlagen

$x \geq 0,4$ (eine genauere Bestimmung war bisher nicht möglich) geht dieser ternäre Mischkristall von einem direkten in einen indirekten Halbleiter über.

Für die hier interessierenden Vorgänge, die Generation von Photonen, müssen Übergänge der Elektronen vom Leitungsband ins Valenzband ermöglicht werden. Die Besetzungswahrscheinlichkeiten der Elektronen/Löcher in einem im thermischen Gleichgewicht befindlichen Kristall als Funktion der Energie richtet sich nach der Fermi-Statistik

$$P(W) = 1/\{1 + \exp[(W - W_F)/(kT)]\} \qquad (4-11)$$

mit der Fermi-Energie W_F, bei der $P(W) = 1/2$ wird, der absoluten Temperatur T und der Boltzmannkonstante k (da die Boltzmannkonstante international durch k beschrieben wird, die Wellenzahl jedoch auch, sei auf die Gefahr der Verwechslung hingewiesen. Aus Dimensionsbetrachtungen lassen sich beide Größen immer eindeutig identifizieren). Für Zimmertemperatur ist $kT \simeq 26$ meV, so daß $(W - W_F) \gg kT$; da W im Bereich von einigen eV liegt (siehe Bild 4.5 und Bild 4.6), lassen sich die Boltzmann-Statistiken (Näherung von (4-11)) für Elektronen

$$P(W) \simeq \exp[-(W - W_F)/(kT)] \qquad (4-12a)$$

bzw. für Löcher

$$P(W) \simeq 1 - \exp[(W - W_F)/(kT)] \qquad (4-12b)$$

anwenden.

4.1.3 Rekombinationen

Bandübergänge können nur in der Nähe des Fermi-Niveaus auftreten, da hier die Besetzungswahrscheinlichkeiten über und unter dem Fermi-Niveau den größten Unterschied aufweisen und ein Übergang somit am wahrscheinlichsten wird. Ist der Halbleiter nicht im thermischen Gleichgewicht, so kann die Besetzungwahrscheinlichkeit in jedem Band (Valenz- bzw. Leitungsband) getrennt durch (4-11) beschrieben werden, sofern man das Fermi-Niveau W_F jeweils durch die Quasi-Fermi-Niveaus W_{Fp} für das Leitungsband und W_{Fn} für das Valenzband einführt.

Übergänge in direkten Halbleitern sind unproblematisch, da sie bei der Wellenzahl k = const. (= 0) erfolgen und somit keine Impuls-, sondern nur eine Energieänderung hervorrufen. Aus diesem Grunde sind sie besonders wahrscheinlich und effizient. In indirekten Halbleitern wird k beim Übergang geändert. Wegen des Impulserhaltungssatzes muß dabei noch ein weiterer Prozeß ablaufen: Meist handelt es sich um die Erzeugung oder Absorption von Phononen oder Exzitonen. Daher ist der indirekte Übergang weniger wahrscheinlich.

Für die Freisetzung von Energie zur Erzeugung von Photonen ist die Rekombination von Ladungsträgern, z.B. der Übergang von Elektronen vom Leitungsband in das Valenzband, notwendig. Die Zuführung von Ladungsträgern geschieht durch Strominjektion in pn-Übergänge. Zunächst werden p- und n-dotierte Gebiete im Halbleiter durch Zugabe von Akzeptoren bzw. Donatoren hergestellt. Durch diese "Verunreinigungen" verschieben sich die Energie- und Fermi-Niveaus, und die Zustandsdichte wird verändert. Außerdem werden zusätzliche Energieniveaus (Donatorniveau, Akzeptorniveau) gebildet.

Für einen n-dotierten Halbleiter (Zugabe von Donatoren) ist dies anschaulich in Bild 4.7a dargestellt, für einen p-Halbleiter (Zugabe von Akzeptoren) entsprechend in Bild 4.7b. Hierbei wird zwischen leicht (oben)

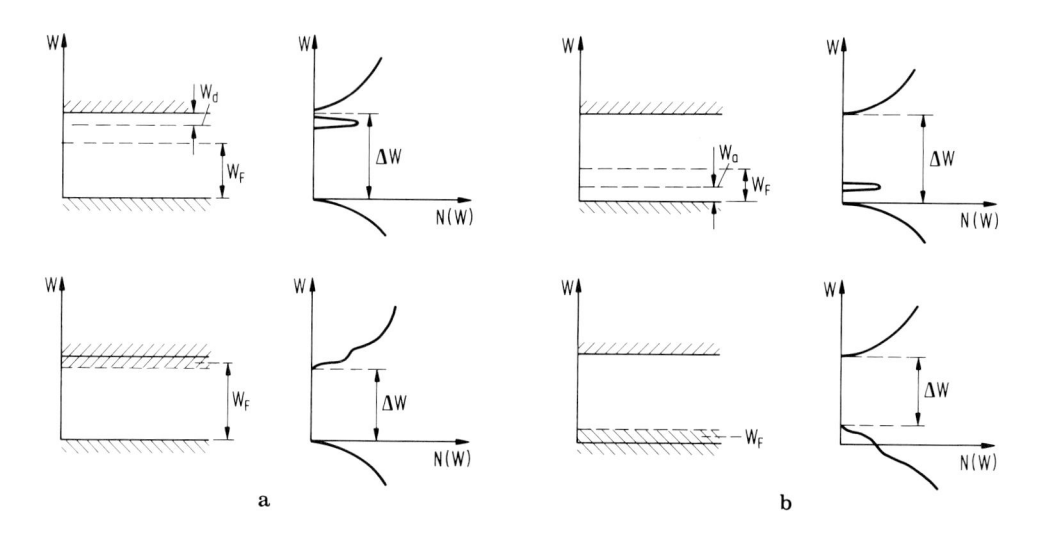

Bild 4.7
Bändermodelle und Zustandsdichten N(W) für dotierte Halbleiter (oben jeweils schwach, unten hoch dotiert); (a) n-Halbleiter; (b) p-Halbleiter

4.1 Grundlagen

und stark (unten) dotierten Halbleitern unterschieden. Die Auswirkung bei hochdotierten Halbleitern wird besonders deutlich durch die Verschiebung des Fermi-Niveaus in das Leitungs- bzw. Valenzband sowie durch die Entartung der Zustandsdichte N(W), die die Anzahl der möglichen Zustände als Funktion der Energie pro Volumeneinheit angibt. Diese Anzahl ist begrenzt, da wegen des Pauli-Prinzips jeder Zustand von maximal 2 Elektronen mit entgegengesetztem Spin besetzt werden darf. Die Zustandsdichte N(W) beschreibt nur die maximale Anzahl der jeweils vorhandenen Zustandsplätze; über ihre Besetzung dagegen gibt die Besetzungswahrscheinlichkeit P(W) Auskunft. Die Verteilung $n_e(W)$ der Elektronen im Leitungsband ergibt sich daher aus der Multiplikation N(W) P(W) = $n_e(W)$ für den Bereich W > W_L, die der Löcher im Valenzband analog aus $n_p(W)$ = N(W) P(W) für den Bereich W < W_V.

Das Energieschema eines kombinierten Akzeptor- und Donatorkristalls (pn-Übergang) ist in Bild 4.8 zu sehen. Da im thermischen Gleichgewicht das Fermi-Niveau auf beiden Seiten gleich sein muß, kommt es zu einer Verlagerung der freien Elektronen und Löcher, wodurch eine Potentialdifferenz geschaffen wird. Betreibt man diesen pn-Übergang in Flußrichtung, so kommt es zu einem weiteren Ladungsträgertransport am pn-Übergang, so daß die Wahrscheinlichkeit von Rekombinationen wächst (Bild 4.9). Wegen der geringeren Driftgeschwindigkeit der Löcher gegenüber den Elektronen finden die Rekombinationen - sofern Löcher und Elektronen in etwa gleicher Zahl zum Stromtransport zur Verfügung stehen - hauptsäch-

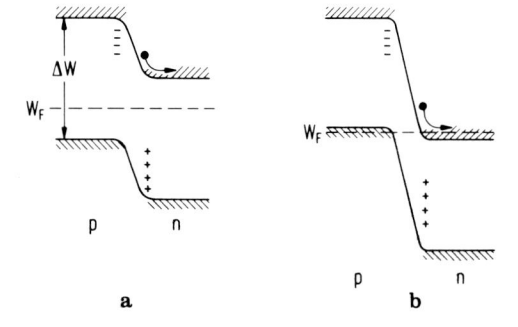

Bild 4.8
Bändermodell eines pn-Übergangs;
(a) leichte und (b) starke Dotierung

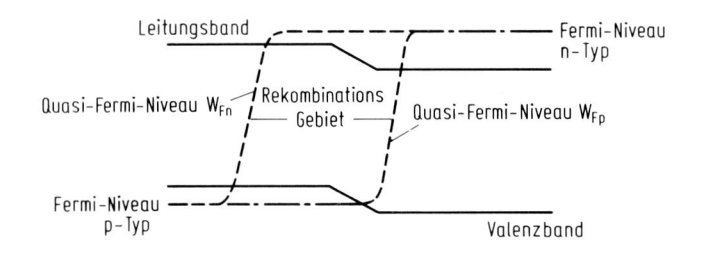

Bild 4.9
Bändermodell eines stark dotierten, in Flußrichtung betriebenen pn-Übergangs

lich im p-Gebiet nahe dem pn-Übergang statt. Für GaAs sind in Bild 4.10 die Driftgeschwindigkeiten als Funktion der Ladungsträgerkonzentration dargestellt. Die Elektronen haben eine etwa zehnfach höhere Driftgeschwindigkeit als die Löcher.

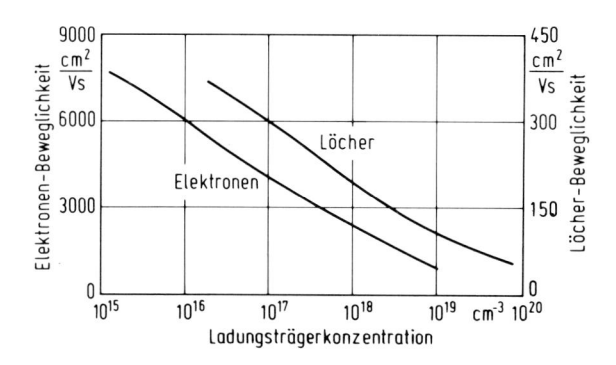

Bild 4.10
Beweglichkeit von Löchern und Elektronen in GaAs bei 300 K als Funktion der Ladungsträgerkonzentration [4.1]

Bei den Rekombinationen kann es sich um verschiedenartige Prozesse handeln, die schematisch in Bild 4.11 zusammengefaßt sind:

a. Band-Band-Übergänge
  1) direkte Rekombination von Elektronen aus dem Leitungsband mit Löchern aus dem Valenzband
  2) Rekombination von Elektronen und Löchern unter Beteiligung von Phononen/Exzitonen bei indirekten Übergängen

4.1 Grundlagen

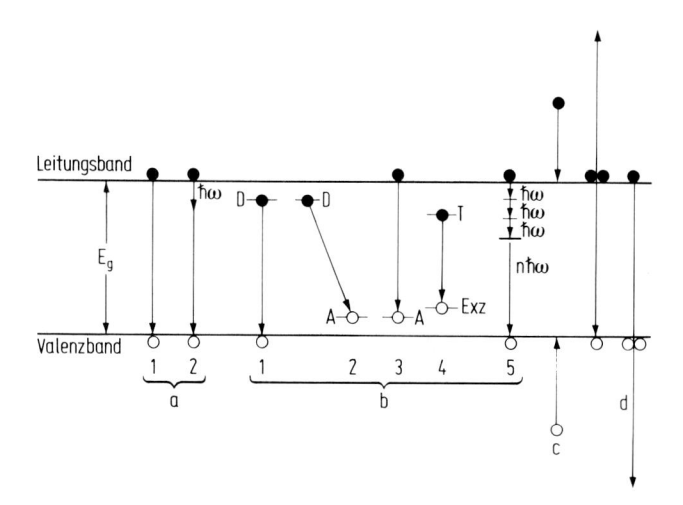

Bild 4.11
Übersicht über die möglichen Rekombinationsprozesse in einem Halbleiter [4.148]; die Kennzeichnungen beziehen sich auf den Text

b. Übergänge unter Beteiligung von Störstellen
   1) Donator-Valenzband-Übergänge
   2) Donator-Akzeptor-Übergänge (Paar-Rekombination)
   3) Leitungsband-Akzeptor-Übergänge
   4) Übergänge nach Bildung von Exzitonen, die an Störstellen (T) gebunden sind
   5) Multiphononen- und Phononenkaskaden-Übergänge [4.21]

c. Intraband-Übergänge
   Hier handelt es sich im engeren Sinne nicht um einen Rekombinationsprozeß, sondern vielmehr um Übergänge innerhalb des Valenz- oder Leitungsbandes [4.22].

d. Auger-Prozesse
   Die freiwerdende Energie wird an ein freies Elektron im Leitungsband übertragen, das dann durch Stöße mit dem Gitter seine Energie wieder abgibt. Da das freie Leitungselektron nicht nur Energie, sondern auch den Impuls aufnehmen kann, ist dieser Prozeß besonders bei indirekten Halbleitern vorherrschend [4.23-4.25].

Von den hier genannten Prozessen sind bei Raumtemperatur hauptsächlich der direkte Band-Band-Übergang (allerdings nur bei sehr hohen Dotierungen), der Leitungsband-Akzeptor- und der Donator-Valenzband-Übergang sowie indirekte Übergänge unter Beteiligung von Phononen und Exzitonen als strahlende Rekombination vorzufinden, d.h. die freiwerdende Energie wird als Photon abgestrahlt. Bei den unter b.5), c. und d. genannten Prozessen handelt es sich um nichtstrahlende Rekombinationen [4.26].

4.1.4 Lichterzeugung in III-V-Halbleitern

Für die Erzeugung von Licht in einem Halbleiter sind nichtstrahlende Rekombinationen zu vermeiden, und aus dem Vorangegangenen wird deutlich, daß für solche Zwecke am besten direkte Halbleiter geeignet sind.

Da die gesamte freiwerdende Energie bei strahlender Rekombination in ein Photon umgesetzt werden muß, muß die Beziehung

$$\Delta W = hf$$

gelten, oder, auf die Wellenlänge λ_0 umgerechnet, erhält man

$$\lambda_0 = hc_0/\Delta W \tag{4-13}$$

mit der Lichtgeschwindigkeit c_0 im Vakuum, dem Planck'schen Wirkungsquantum h und der Frequenz f des erzeugten Lichtes.

Die Energien der Bandabstände von III-V-Verbindungen wurden in Bild 4.1 bereits angegeben; eine Zusammenfassung aller für die optische Nachrichtentechnik wichtigen III-V-Verbindungen ist in Bild 4.12 enthalten, in dem die binären III-V-Verbindungen GaP, AlAs, GaAs, InP, InAs, GaSb und AlSb mit ihren Bandabständen, den aus (4-13) berechneten optischen Wellenlängen und den Gitterkonstanten aufgetragen sind. Die Verbindungslinien zwischen den binären III-V-Verbindungen, bei denen direkte und indirekte Übergänge unterschieden sind, geben die möglichen ternären Verbindungen und die gekennzeichnete Fläche die quaternären Verbindungen für $In_xGa_{x-1}As_yP_{1-y}$ wieder. Der Bandabstand ist also materialabhängig und läßt sich bei den ternären und quaternären Mischkristallen durch geeignete Wahl des Mischungsverhältnisses innerhalb bestimmter Grenzen einstellen. Für die Herstellung von Halbleiterschichtsystemen ist jedoch auch die Anpassung der Gitterkonstanten der verschiedenen Halbleiterelemente unumgänglich, so daß nur auf zur Abszisse parallelen Geraden von einem Material zum anderen übergegangen werden kann, sofern beide Materialien in einem Schichtaufbau

4.1 Grundlagen

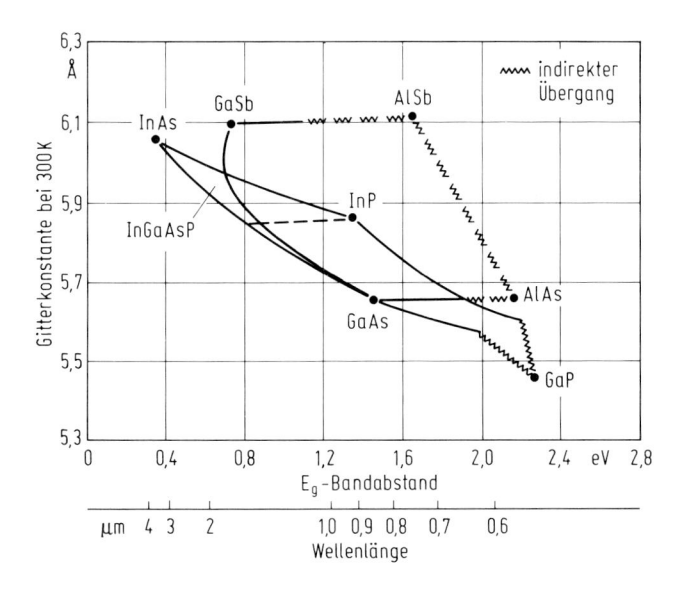

Bild 4.12
Bandabstandsenergie für alle wichtigen III-V-Verbindungen in Zusammenhang mit der Gitterkonstante; Punkte geben die binären, Linien die ternären und Flächen die quaternären Verbindungen an

verwendet werden sollen. Besonders einfach ist dies bei $Al_xGa_{1-x}As$, bei dem sich unabhängig von der Zusammensetzung x die Gitterkonstante fast nicht ändert, so daß beliebige Schichtsysteme aus GaAs, AlAs und ihren ternären Verbindungen $Al_xGa_{1-x}As$ aufgebaut werden können. Für das immer bedeutender werdende quaternäre System $In_xGa_{1-x}As_yP_{1-y}$ [4.27], das üblicherweise auf dem Substratmaterial InP aufgebaut wird, gibt es bei Gitteranpassung nur die durch die gestrichelt ausgezogene Linie angedeuteten Kombinationen, die einen Wellenlängenbereich von 0,9 µm bis 1,6 µm (ternäres $In_xGa_{1-x}As$ als aktives Material [4.28]) überstreichen [4.29].

Im Hinblick auf den Einsatz in optischen Nachrichtensystemen müssen die Eigenschaften der LWL bei der Auswahl geeigneter Sendeelemente berücksichtigt werden. Hinsichtlich der Dämpfung erreichen LWL ein erstes relatives Minimum bei einer Wellenlänge von ca. 0,85 µm, die dem Bandabstand einer ternären Materialkombination $Al_{0,05}Ga_{0,95}As$ für das aktive Material entspricht. Dies ist das zur Zeit am häufigsten benutzte Material, dessen Herstellung und Bearbeitung man beherrscht. Die LWL weisen ein weiteres relatives Dämpfungsminimum bei 1,3 µm auf, wobei außerdem noch die

Materialdispersion der LWL verschwindet. Für die Erzeugung von Strahlung bei dieser Wellenlänge eignet sich $In_{0,57}Ga_{0,43}As_{0,73}P_{0,27}$, das an die Gitterkonstante von InP (0.587 nm) angepaßt ist. Der nächste für die optische Nachrichtentechnik wichtige Bereich, in dem der LWL ein absolutes Dämpfungsminimum erreicht, ist bei $\lambda_0 = 1{,}55$ µm zu finden. Für die Erzeugung von Licht bei 1,55 µm eignet sich das an die Gitterkonstante von InP angepaßte $In_{0,62}Ga_{0,38}As_{0,82}P_{0,18}$. Für Bauelemente, die bei noch höheren Wellenlängen emittieren, kann (AlGa)(AsSb) verwendet werden (1,5 µm bis 1,8 µm) [4.30, 4.31].

Damit sind bereits die wichtigsten Materialien für die Herstellung von Lichtemittern für die optische Nachrichtentechnik genannt. Für die Lichterzeugung sind die Strominjektion und ein pn-Übergang notwendig, so daß diese Elemente aus mindestens zwei Schichten, von denen eine n-dotiert, die andere p-dotiert ist, bestehen. Meist sind die Aufbauten jedoch komplizierter.

n- bzw. p-Halbleiter aus III-V-Materialien werden durch Dotierung der Kristalle mit Fremdstoffen hergestellt. Üblicherweise verwendet man für

  Donator (n-Typ): Schwefel, Selen, Tellur, Silizium,

  Akzeptor (p-Typ): Zink, Cadmium, Silizium.

Das doppelt auftretende Silizium wirkt als Donator, wenn es in der III-V-Verbindung ein Element der Gruppe V, als Akzeptor, wenn es ein Element der Gruppe III ersetzt.

4.2 Lumineszenzdioden

Der einfachste Baustein eines Halbleiter-Lichtemitters ist die Lumineszenzdiode (LED) [4.32-4.35], die aus einem pn-Übergang besteht und in Durchlaßrichtung betrieben wird, so daß es - wie geschildert - bei geeigneter Materialauswahl zur Lichterzeugung kommt. Die zuvor angegebenen, für die einzelnen in der optischen Nachrichtentechnik wichtigen Wellenlängen geeigneten Halbleiter sind alle vom direkten Typ und daher besonders für die Erzeugung strahlender Rekombinationen geeignet.

4.2 Lumineszenzdioden

4.2.1 Wirkungsgrad

Während der innere Quantenwirkungsgrad - darunter versteht man das Verhältnis der pro Zeiteinheit erzeugten Photonen zur Anzahl der über den pn-Übergang transportierten Ladungsträger im Halbleiterkristall - in einer LED annähernd 100% betragen kann, trifft dies für den äußeren Quantenwirkungsgrad, bei dem nur die Anzahl der Photonen gerechnet wird, die die LED verlassen, bei weitem nicht zu [4.36]. Allgemein wird der Quantenwirkungsgrad beeinflußt durch folgende Einschränkungen:

- Nicht alle Rekombinationsprozesse erfolgen strahlend (siehe Abschnitt 4.1.3); Rekombinationswirkungsgrad η_R.
- Nicht alle in der Diode auftretenden Strommechanismen tragen zur Lichterzeugung bei; Injektionswirkungsgrad η_I.
- Nicht alle im Halbleiter erzeugten Photonen können den Kristall verlassen; optischer Wirkungsgrad η_{opt}.

Der innere Quantenwirkungsgrad ergibt sich aus dem Produkt $\eta_R \eta_I$. Die Ursachen für $\eta_R < 1$ wurden bereits diskutiert. Bezüglich der Strommechanismen seien hier Oberflächenströme, Tunnelströme sowie der Spannungsabfall am Serienwiderstand (zusammengesetzt aus dem Kontaktwiderstand und dem Bahnwiderstand der neutralen p- und n-Schicht) genannt, die für $\eta_I < 1$ verantwortlich sind. Speziell bei sehr hohen Injektionsströmen wirkt sich der Serienwiderstand besonders stark aus. Dennoch gilt annähernd $\eta_I \eta_R \approx 1$. Die den äußeren Quantenwirkungsgrad am stärksten beeinflussende Größe ist daher der optische Wirkungsgrad; die beiden zu betrachtenden Effekte sind:

- Verluste beim Austritt der Strahlung,
- Selbstabsorption.

Für die Verluste beim Austritt der Strahlung aus dem Halbleiterkristall ist die extrem hohe Brechzahl verantwortlich. Für GaAs ist $n_{GaAs} = 3,6$, so daß sich nach (1-61) beim senkrechten Übergang der Lichtstrahlung aus dem Halbleiterkristall in die umgebende Luft eine Transmission von nur 0,7 ergibt. Für schrägen Einfall wird die Transmission entsprechend kleiner, und bei einem Einfallswinkel von ca. 16° tritt bereits Totalreflexion auf (siehe (1-64)), so daß alle Photonen, die auf die Austrittsfläche unter einem größeren Winkel als 16° auftreffen, den Halbleiterkristall nicht verlassen können. Da im Halbleiter die Strahlung bezüglich der Richtung isotrop erzeugt wird (d.h. in alle Richtungen werden gleich viele Photonen abgestrahlt), treten nur Lichtstrahlen aus einer ebenen Kristalloberfläche heraus, die innerhalb des Grenzwinkels der Totalreflexion θ_c liegen. Der innerhalb dieses Kegels liegende Lichtanteil ist näherungsweise gegeben durch den vom Kegelwinkel θ_c bestimmten Raumwinkel (O-20) geteilt durch den Raumwinkel einer Kugel (O-18):

$$\eta_{total} \simeq \frac{2\pi(1 - \cos \theta_c)\Omega_0}{4\pi\Omega_0} = (1 - \cos \theta_c)/2 \simeq (\sin^2 \theta_c)/2 \quad . \tag{4-14}$$

Zusammen mit der Reflexion erlaubt dies einen Durchtritt von nur 1,5% der im Innern der LED erzeugten Strahlung.

So wie es zur Rekombination von Ladungsträgern kommen kann, so können auch durch Absorption von Photonen Ladungsträger erzeugt werden. Besonders bei direkten Halbleitern ist dieser Effekt ausgeprägt, da dafür keine zusätzlichen Phononen- oder Exzitonenprozesse notwendig sind. Für GaAs gilt, daß bei der Wellenlänge der Emission das p-dotierte Material eine ca. zehnmal höhere Absorption als das n-dotierte Material aufweist. Da diese Absorption wellenlängenabhängig ist, wird das Emissionsspektrum der LED als Funktion der durchstrahlten Materialschichtdicke beeinflußt (Bild 4.13), wodurch sich mit wachsender Absorptionsschicht das Maximum der Emission zu größeren Wellenlängen hin verschiebt.

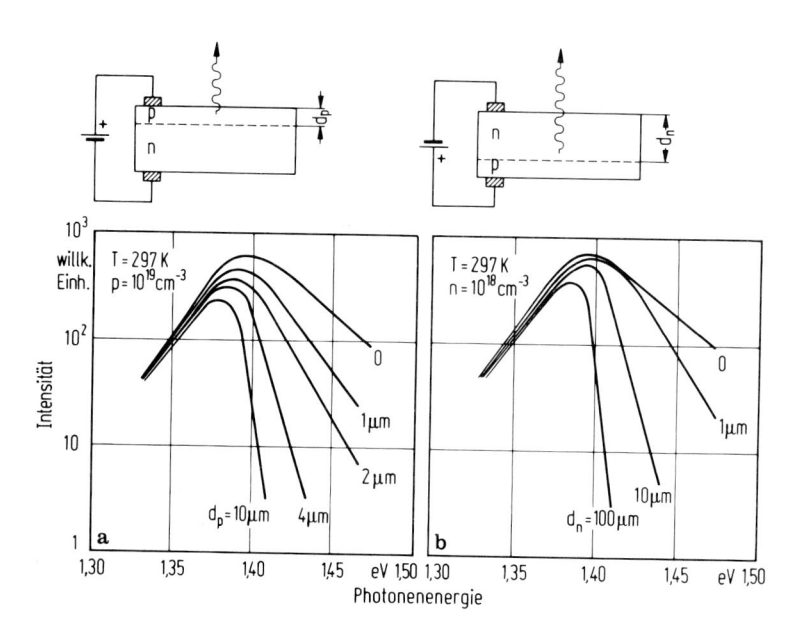

4.2 Lumineszenzdioden

4.2.2 Abstrahlcharakteristik

Durch die richtungsgleichverteilte Lichterzeugung im Innern einer LED weisen LED mit ebener Lichtaustrittsfläche eine spezielle, ihnen allen typische Abstrahlcharakteristik auf: Das von einem strahlenden Rekombinationszentrum ausgesandte Photon treffe die LED-Oberfläche (= Lichtaustrittsfläche) unter einem Winkel θ_{in}. Beim Austritt wird es gemäß dem Snellius'schen Brechungsgesetz gebrochen und hat dann den Winkel θ_{au}. Schreibt man dem Photon eine Strahlstärke I zu, so gilt wegen der Energieerhaltung

$$I_{in} d\Omega_{in} = I_{au} d\Omega_{au} \qquad (4\text{-}15a)$$

mit dem differentiellen Raumwinkel $d\Omega$, den man aus

$$d\Omega_{in,au} = \sin \theta_{in,au} \, d\theta_{in,au} \, d\phi \, \Omega_0 \qquad (4\text{-}15b)$$

erhält, wobei ϕ in der pn-Ebene liegt und von 0 bis 2π zu nehmen ist. Mit Hilfe der differentiellen Form des Snellius'schen Brechungsgesetzes

$$n_{in} \cos \theta_{in} \, d\theta_{in} = n_{au} \cos \theta_{au} \, d\theta_{au}$$

gehen (4-15a) und (4-15b) über in

$$I_{au} \sin \theta_{au} = I_{in} \frac{n_{au} \cos \theta_{au}}{n_{in} \cos \theta_{in}} \sin \theta_{au} \; .$$

Mit dem Snellius'schen Brechungsgesetz führt dies auf

$$I_{au} = (n_{au}/n_{in})^2 \frac{\cos \theta_{au}}{\sqrt{1 - (n_{au} \sin \theta_{au}/n_{in})^2}} I_{in} \; .$$

Da $n_{au} \ll n_{in}$ gilt, kann der quadratische Term unter der Wurzel vernachlässigt werden, und man erhält

$$I_{au} = \cos \theta_{au} (n_{au}/n_{in})^2 I_{in} \; . \qquad (4\text{-}16)$$

Bild 4.13
Einfluß von n- und p-Schicht auf das Emissionsspektrum einer GaAs-LED; (a) Absorption durch die p-Schicht der Dicke d_p; (b) Absorption durch die n-Schicht der Dicke d_n
[4.148]

Die Strahlstärke einer LED mit ebener Lichtaustrittsfläche ändert sich mit dem Cosinus des Abstrahlwinkels. Solche Strahler sind unter dem Namen Lambert'sche Strahler bekannt (siehe (O-22)).

4.2.3 Verschiedene LED-Typen

Am einfachsten können in Halbleitern pn-Übergänge durch Diffusion hergestellt werden. Im Falle von GaAs wird meist n-dotiertes Substratmaterial verwendet, in das Zink als Akzeptor eindiffundiert wird (Bild 4.14). Der pn-Übergang liegt ca. 20 µm unter der Oberfläche; die dünne p-Schicht ist sehr stark dotiert (ca. $10^{20} cm^{-3}$). Dadurch wird eine hohe Absorption hervorgerufen. Im Gegensatz zur Prinzipskizze Bild 4.14 werden diese Elemente daher so aufgebaut, daß sie über das (relativ dicke und damit auch absorbierende) n-Substrat abstrahlen, das entsprechend Abschnitt 4.2.1 jedoch eine um den Faktor 10 niedrigere Absorption als das entsprechende p-Gebiet aufweist. Der äußere Quantenwirkungsgrad ist gering und liegt bei 0,2% bis 0,3%. Diese Zink-dotierten GaAs-Dioden haben eine relativ kurze Ansprechdauer von 10 ns bis 50 ns und zeigen daher ein gutes Modulationsverhalten.

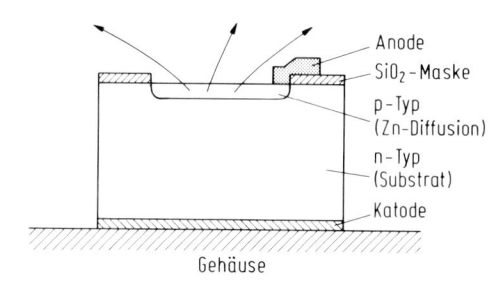

Bild 4.14
Prinzipieller Aufbau einer diffundierten LED

Wesentlich bessere Erfolge erzielt man mit epitaktischen LED (Bild 4.15). Hierbei wird Silizium sowohl als Donator als auch als Akzeptor eingebracht (siehe Abschnitt 4.1.4): Ist die Temperatur während der Epitaxie (siehe Kap. 4.4) oberhalb 750 °C, so wird n-Material aufgewachsen; unterhalb dieser Temperatur wird jedoch p-Material abgeschieden, so daß es sich prinzipiell nur um eine einzige Epitaxieschicht handelt (amphotere

4.2 Lumineszenzdioden

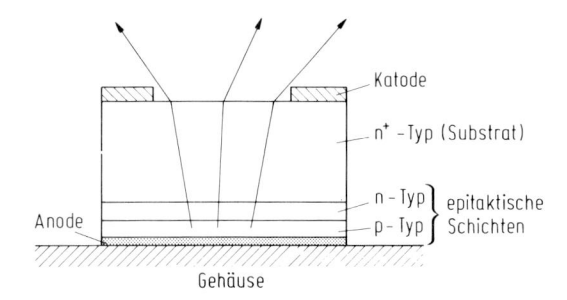

Bild 4.15
Schema einer epitaktischen LED mit up-side-down Aufbau

Dioden). Da wegen der notwendigen, nicht sprunghaften Temperaturänderung der Übergang vom n- zum p-Material fließend ist, entsteht eine relativ breite neutrale Zone (p^0-Zone genannt), innerhalb der ebenfalls Rekombinationen stattfinden. Während die Rekombinationszone in diffundierten LED ca. 2 µm dick ist, kann sie hier bis zu 20 µm betragen. Dies wirkt sich positiv auf den inneren Quantenwirkungsgrad aus, so daß der äußere Quantenwirkungsgrad bis zu 5% für ebene Oberflächenemitter betragen kann. Nachteilig ist die relativ langsame Ansprechzeit, die bei ca. 200 ns liegt.

GaAs-Si-LED haben eine Emissionswellenlänge von ca. 930 nm bis 1000 nm (je nach Siliziumgehalt) und sind damit für die optische Nachrichtentechnik nicht optimal, da sie in die OH^--Absorption des LWL fallen. Durch Zugabe von Al läßt sich die Emission zu kürzeren Wellenlängen hin verschieben.

Einen deutlichen Fortschritt bei der Herstellung sehr leistungsstarker, schneller LED, wie sie für die optische Nachrichtentechnik gewünscht werden, brachte die Heterostruktur-LED, die aus mehreren verschiedenartigen Schichten besteht. Durch geeignete Wahl des Schichtsystems läßt sich erreichen, daß nur das Gebiet mit dem höchsten Quantenwirkungsgrad zur Strahlungserzeugung beiträgt. Diese Dioden werden meist auf GaAs-Substraten durch Flüssigphasenepitaxie hergestellt (siehe Kap. 4.4). Den typischen Aufbau der sog. Burrus-Diode, wie sie heute fast ausschließlich für Zwecke der optischen Nachrichtentechnik eingesetzt wird, zeigt Bild 4.16a [4.37]. Die Einätzung des Substrates (die Diode ist zur besseren Wärmeabführung auf den Kopf gestellt aufgebaut, sog. upside-down-Methode) hat dabei mehrere Vorteile:

- Die Ankopplung von LWL wird erleichtert.
- Die Absorption im n-Material wird verringert.
- Die Sperrschichtkapazität wird geringer.

Dadurch zeigen diese Dioden einen hohen Quantenwirkungsgrad bei kleiner Ansprechzeit. Neben den LED-Oberflächenstrahlern, wie z.B. der Burrus-LED, gibt es noch die LED-Kantenstrahler [4.38-4.40], die ähnliche Vorteile aufweisen und deren Aufbau in Bild 4.16b dargestellt ist. LED-Kantenstrahler ähneln Halbleiterlaserdioden (siehe Kap. 4.3). Sie weisen daher auch keine Lambert'sche Abstrahlcharakteristik auf und lassen sich besser an LWL ankoppeln. Andererseits ist ihre Gesamtausgangsleistung wesentlich kleiner als bei LED-Oberflächenstrahlern.

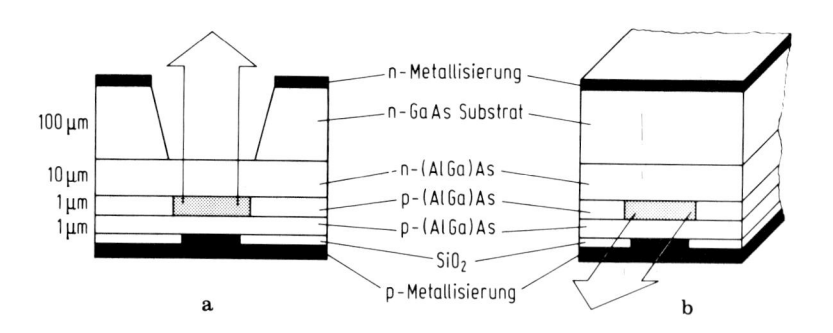

Bild 4.16
LED-Oberflächenstrahler am Beispiel der Burrus-LED [4.37] (a); LED-Kanten-Strahler (b)

Zwischen Quantenwirkungsgrad und Ansprechzeit muß ein Kompromiß geschlossen werden: Sie können nicht gleichzeitig optimiert werden. Beide hängen von der Löcherkonzentration ab; den Zusammenhang gibt Bild 4.17a. In Bild 4.17b ist der Zusammenhang zwischen Strahldichte und Modulationsbandbreite wiedergegeben. Besonders schnelle LED strahlen daher prinzipiell weniger Lichtleistung ab.

Zur Erhöhung des optischen Quantenwirkungsgrades lassen sich noch einige Verbesserungen durchführen:

- Bildet man die LED-Oberfläche kugelförmig aus, so wird die Totalreflexion ganz oder teilweise verhindert.

4.2 Lumineszenzdioden

- Bringt man auf die Halbleiteroberfläche eine Antireflexschicht, so können die Reflexionsverluste wesentlich verringert werden.
- Bildet man den Substratkontakt als Spiegel aus, so tragen auch die nach unten emittierten Photonen zur Abstrahlung - allerdings durch die Absorption gedämpft - bei.

Wesentlich ist auch der Aufbau der LED hinsichtlich der Wärmeabführung. Mit steigender Temperatur fällt der Quantenwirkungsgrad ab, so daß eine Erwärmung der Rekombinationszone vermieden werden muß.

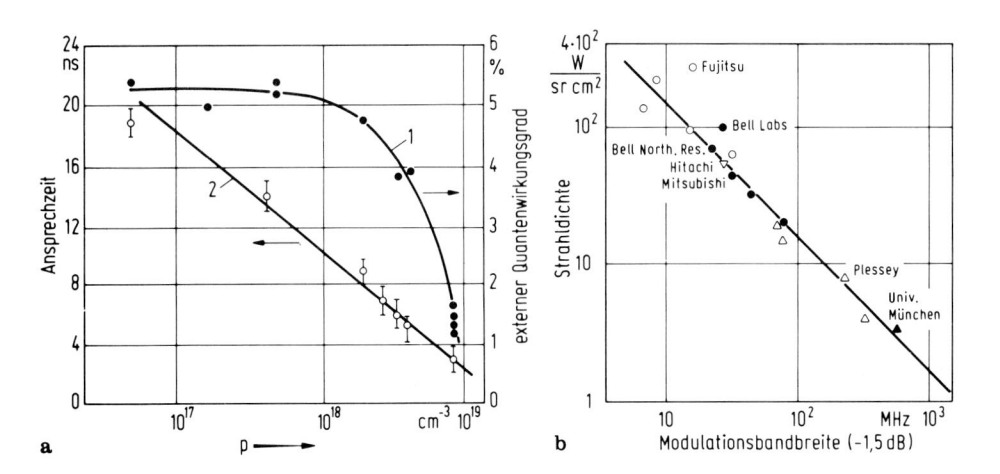

Bild 4.17
Zusammenhang zwischen externem Quantenwirkungsgrad (Kurve 1) und Ansprechzeit (Kurve 2), (a) [4.150] bzw. Strahldichte und Modulationsbandbreite (b) von (AlGa)As-Doppelheterostruktur-LED; in (a) als Funktion der Löcherkonzentration P in der Rekombinationszone gezeigt; Punkte sind experimentelle Werte, durchgezogene Linien sind berechnet

4.2.4 Eigenschaften von LED

Hier sollen nur LED betrachtet werden, die für den Einsatz in optischen Nachrichtensystemen in Frage kommen, also z.B. die Burrus-LED. Da diese Dioden (siehe Bild 4.16) eine ebene Abstrahloberfläche haben, können sie als Lambert'sche Strahler (siehe (4-16)) angesehen werden. Da die aktive Zone relativ klein ist, sind die Betriebsströme ebenfalls gering; das ausschlaggebende Maß ist jedoch die Stromdichte. Die Kenndaten einer typischen Burrus-LED sind in Tabelle 4.1 zusammengefaßt. Wichtig ist die sog. P/i-Kennlinie (Bild 4.18), also der Zusammenhang zwischen Lichtausgangsleistung und Betriebsstrom. Abgesehen von kleineren Nichtlinearitäten bei sehr geringen Strömen kann sie als linear angesehen werden, sofern bei sehr hohen Betriebsströmen Temperatureffekte vermieden werden können; das leichte Abknicken der P/i-Kennlinie bei höheren Betriebsströmen ist oft festzustellen: Dies beruht ausschließlich auf Temperatureffekten, so daß man aus diesem Verhalten auf den wärmetechnischen Aufbau der LED schließen kann.

Tabelle 4.1: Kenndaten einer typischen Burrus-LED aus (AlGa)As

Wellenlänge	0,8 ... 0,9 µm
spektrale Breite $\Delta\lambda_0$	40 ..... 60 nm
strahlende Fläche	⌀ 40 ..... 80 µm
Abstrahlcharakteristik	Lambert-Strahler
Modulations-Bandbreite	5 ..... 50 MHz
Lichtleistung gesamt	2 ..... 10 mW
einkoppelbar in Standard-LWL	20 ..... 50 µW
Steilheit (siehe Abschnitt 4.3.3.5)	15 ..... 50 A/W
Lebensdauer	$> 10^5$ h

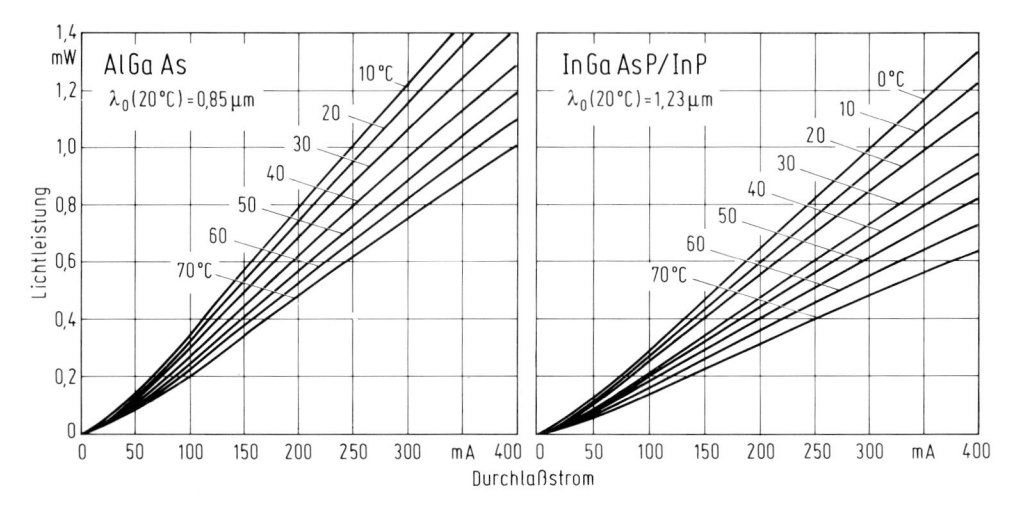

Bild 4.18
P/i-Kennlinie von LED-Kantenstrahlern als Funktion der Temperatur [4.151]

4.2 Lumineszenzdioden

Wegen ihrer Linearität sind LED besonders für den Einsatz in analogen Übertragungssystemen interessant, da hier harmonische Verzerrungen sowie die Kreuzmodulation zu vermeiden sind. Setzt man voraus, daß beide Verzerrungseffekte durch die LED hervorgerufen werden, die die optische Leistung P_m als Funktion des Modulationsstromes i_m entsprechend

$$P_m = a_1 i_m + a_2 i_m^2 + a_3 i_m^3$$

(a_i sind Koeffizienten, die die P/i-Kennlinie beschreiben) erzeugt, so kann bei der Modulation mit einem Strom i_m, der gegeben sei durch

$$i_m = i_1 \cos(\omega_1 t) + i_2 \cos(\omega_2 t) \quad ,$$

das gesamte optische Leistungsspektrum berechnet werden zu

$$\begin{aligned}P_m =\ & (a_2/2)(i_1^2 + i_2^2) + \\ & + (a_1 i_1 + 3a_3 i_1^3/4 + 3a_3 i_1 i_2^2/2) \cos(\omega_1 t) + \\ & + (a_1 i_2 + 3a_3 i_2^3/4 + 3a_3 i_1^2 i_2/2) \cos(\omega_2 t) + \\ & + (a_2/2)[i_1^2 \cos(2\omega_1 t) + i_2^2 \cos(2\omega_2 t)] + \\ & + a_2 i_1 i_2 \{\cos[(\omega_1 + \omega_2)t] + \cos[(\omega_1 - \omega_2)t]\} + \\ & + (a_3/4)[i_1^3 \cos(3\omega_1 t) + i_2^3 \cos(3\omega_2 t)] + \\ & + (3a_3/4) i_1^2 i_2 \{\cos[(2\omega_1 + \omega_2)t] + \cos[(2\omega_1 - \omega_2)t]\} + \\ & + (3a_3/4) i_1 i_2^2 \{\cos[(\omega_1 + 2\omega_2)t] + \cos[(\omega_1 - 2\omega_2)t]\} \ .\end{aligned}$$

Das Leistungsspektrum besteht in diesem Fall aus einem Gleichanteil, der ersten bis dritten Harmonischen sowie Kreuzprodukten. In Analogsystemen sind die höheren Harmonischen unerwünscht. Ein Meßergebnis für die Bestimmung der höheren Harmonischen bei einer Modulationsfrequenz von 20 kHz und einem Modulationsstrom von 20 mA_{SS} ist in Bild 4.19 gezeigt;

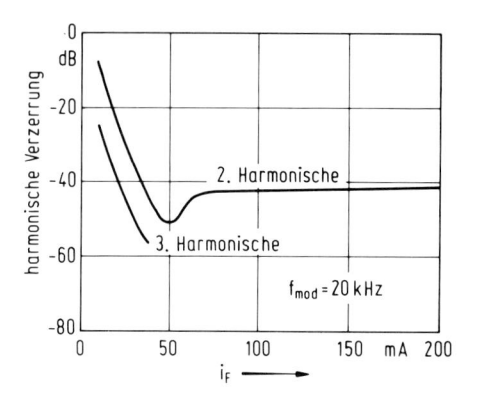

Bild 4.19
Stärke der höheren Harmonischen bei der Modulation einer LED als Funktion des Vorstroms i_F [4.152]

die Stärke der harmonischen Verzerrung hängt vom Arbeitspunkt der LED ab [4.41-4.43].

Auch die Ansprechzeiten hängen vom Arbeitspunkt ab: Je höher der Strom (Modulation und Vorstrom) ist, je kürzer wird die Anstiegszeit des Lichtausgangsimpulses [4.44, 4.45]. Dies führt z.B. dazu, daß in einem mehrstufigen, digitalen, optischen Übertragungssystem die maximale Anstiegszeit des optischen Ausgangsimpulses, die die Übertragungsrate begrenzt, durch die niedrigste Leistungsstufe und nicht - wie man erwarten würde - durch die höchste gegeben wird. Um bei einer LED eine möglichst hohe Modulationsbandbreite zu erreichen, wird sie daher mit einem geeigneten Vorstrom betrieben. Die Modulationsbandbreite von LED liegt üblicherweise bei 50 MHz bis 100 MHz [4.46]; die höchste bisher realisierte Modulationsbandbreite liegt bei etwas über 1 GHz [4.47].

Da die Rekombination der Ladungsträger nicht auf ein diskretes Energieniveau beschränkt ist, sondern innerhalb eines bestimmten Bereiches erfolgen kann (siehe Bild 4.7), ist die emittierte Wellenlänge nicht scharf definiert. Das optische Spektrum einer LED ist in Bild 4.20 als Funktion des Injektionsstromes gezeigt [4.48]. Die spektrale Verteilung ist etwa gaußförmig und verschiebt sich nur geringfügig mit steigendem Betriebsstrom zu höheren Wellenlängen. Die spektrale Breite (50%-Punkte maximaler Emission) beträgt bei (AlGa)As-LED zwischen 30 nm und 50 nm; bei den langwelligen LED aus quaternären III-V-Verbindungen liegt sie im Bereich von 100 nm bis 120 nm.

Sofern die relativ hohe spektrale Breite von LED - die die Übertragungsbandbreite eines optischen Nachrichtensystems durch die Materialdis-

4.2 Lumineszenzdioden   237

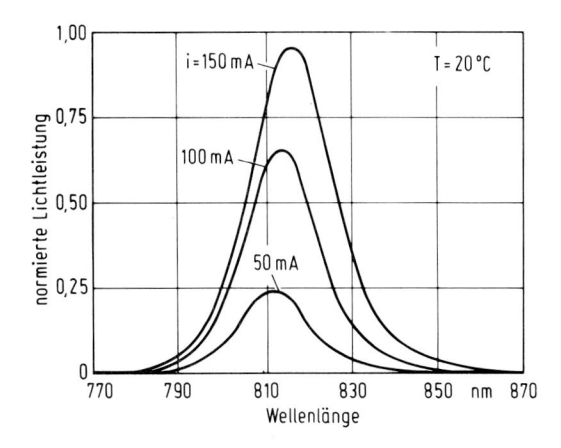

Bild 4.20
Emissionsspektrum einer LED als Funktion des Durchlaßstromes i [4.48]

persion begrenzt [4.49] – sowie die begrenzte Modulationsbandbreite für das geplante System ausreichend sind, werden LED bevorzugt eingesetzt, da ihre Herstellungstechnologie relativ einfach ist (geringer Preis) und sie eine hohe Lebensdauer aufweisen.

Die Lebensdauer einer LED wird durch die Zeit beschrieben, in der – bei konstantem Injektionsstrom – die emittierte Gesamtlichtleistung auf den halben Wert zurückgegangen ist. Bei Raumtemperatur werden Lebensdauern von mindestens 10^5 Stunden erreicht; Höchstwerte von 10^9 Stunden werden angegeben. Daher sind innerhalb eines begrenzten Zeitraumes Lebensdauermessungen unter normalen Bedingungen nicht durchführbar. Die Lebensdauer von LED wird daher bei erhöhter Umgebungstemperatur gemessen [4.50, 4.51]. Die Lebensdauer folgt der sog. Arrhenius-Beziehung, für die

$$\tau_{1/2} \sim \exp[W_a/(kT)] \qquad (4-17)$$

gilt, worin $\tau_{1/2}$ die Lebensdauer und W_a die sog. Aktivierungsenergie darstellen; k ist die Boltzmannkonstante und T die Umgebungstemperatur in Kelvin. Aus den Experimenten läßt sich die Aktivierungsenergie berechnen (sie liegt bei 0,4 eV bis 0,8 eV für GaAs) und daraus auf die Lebensdauer bei Zimmertemperatur rückschließen [4.52-4.54]. Eine typische Meßreihe ist in Bild 4.21 zu sehen [4.48], aus der auf eine Aktivierungsenergie von 0,57 eV und damit auf eine Lebensdauer von $5 \cdot 10^6$ Stunden geschlossen werden kann.

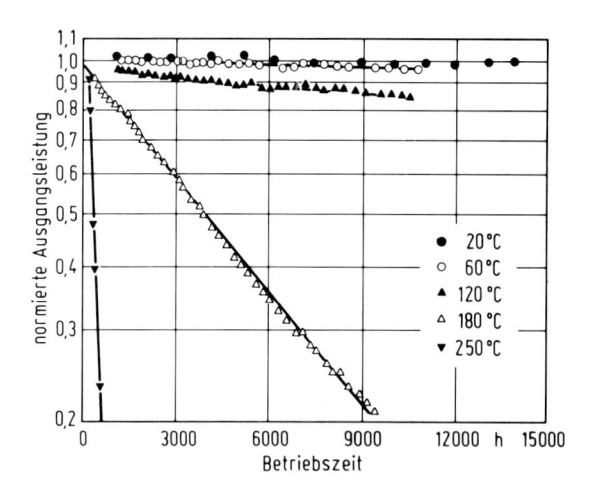

Bild 4.21

Alterungsmessungen an LED bei unterschiedlichen Temperaturen zur Bestimmung der Aktivierungsenergie [4.48]

Als wichtigste Alterungsmechanismen sind zu nennen:

- Bei einer festen Betriebsspannung nimmt im Laufe der Zeit der Diodenstrom zu, was eine Zunahme der parasitären Ströme, wie z.B. der Tunnelströme, bedeutet und eine Abnahme des Injektionswirkungsgrades zur Folge hat.
- Der Quantenwirkungsgrad der strahlenden Rekombination wird durch Diffusion von Fremdatomen zum pn-Übergang verringert.
- Es finden Veränderungen an der Oberfläche der LED statt, was z.B. zu erhöhten Oberflächenströmen führen kann.
- Kristallfehler, die z.B. beim Aufbau der LED durch zu hohe mechanische Drücke, durch Gitterfehlanpassung oder durch Dotierungssprünge am pn-Übergang entstanden sind, breiten sich aus. Dies führt zu den sog. dark-lines, d.h zu Gebieten, bei denen eine wesentlich erhöhte nichtstrahlende Rekombination stattfindet [4.55-4.57]. Dieser Alterungseffekt tritt bei LED auf, die mit sehr hohen Stromdichten ($\gg 1$ kA/cm^2) betrieben werden. Bei Lichtemittern aus dem quaternären (InGa)(AsP) sind diese dark-lines nicht beobachtet worden.

4.3 Halbleiterlaser

Die LED ist mit ihren zuvor beschriebenen Eigenschaften nur bedingt in optischen Nachrichtensystemen einsatzfähig, da sie nicht erlaubt, die hohe Übertragungsbandbreite von LWL auszunutzen. Die Gründe hierfür sind:

- Die LWL-Übertragungsbandbreite ist aufgrund der breiten spektralen Emission der LED durch die Materialdispersion eingeschränkt.
- Die LED weist einen schlechten Kopplungswirkungsgrad an LWL auf; insbesondere ist eine Ankopplung an Monomode-LWL wegen des minimalen Wirkungsgrades praktisch sinnlos.
- Die Modulation über den Injektionsstrom ist für kommerziell erhältliche LED auf 50 MHz bis 100 MHz beschränkt.

Diese Nachteile vermeidet größtenteils der Halbleiterlaser. Zunächst wird die Erzeugung von Licht in Halbleitern durch strahlende Rekombination als Grundlage herangezogen. Bei den in der LED vorkommenden Rekombinationsprozessen handelt es sich um spontane Rekombinationen, d.h. die angeregten Zustände haben eine mittlere Verweildauer (bei GaAs ca. 1 ns), nach der sie eine Rekombination anstreben.

4.3.1 Grundlagen des Halbleiterlasers

Bereits 1917 wurde von Einstein [4.58] vorausgesagt, daß es auch zu nicht spontanen Prozessen, der sog. stimulierten Emission, kommen kann. Der grundsätzliche Vorgang ist in Bild 4.22 zusammen mit den bereits besprochenen Effekten der Ladungsträgeranregung (Photonenabsorption) und der spontanen Emission für ein Zwei-Energieniveauschema skizziert. Bei der stimulierten Emission sind einige wichtige Punkte zu beachten:

- Das stimulierende Photon muß in seiner Energie identisch mit der Anregungsenergie des Elektrons sein.
- Das bei der stimulierten Rekombination erzeugte Photon ist hinsichtlich Wellenlänge, Phase, Polarisation und Ausbreitungsrichtung identisch mit dem stimulierenden Photon.
- Das stimulierende Photon wird durch diesen Prozeß nicht beeinflußt.

Der Effekt der stimulierten Emission kommt einer Verstärkung des einfallenden Photons gleich (daher der Name LASER: light amplification by stimulated emission of radiation).

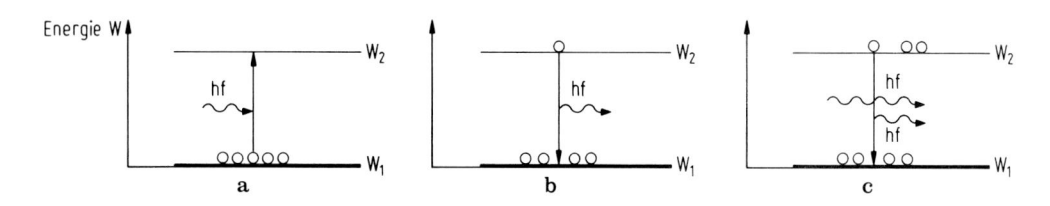

Bild 4.22
Zusammenstellung der wichtigsten Rekombinations-/Anregungsprozesse; (a) Absorption; (b) spontane Emission; (c) induzierte Emission

Betrachtet man die Besetzungsdichten N_1 und N_2 der Energieniveaus W_1 und W_2 in Bild 4.22 und berücksichtigt gleichzeitig die Rekombinationsraten B (Absorption), B' (induzierte Emission) und A (spontane Emission), so läßt sich folgende Bilanzgleichung aufstellen:

$$\frac{dN_2}{dt} = -\frac{dN_1}{dt} = BN_1 S_{ph} - B'N_2 S_{ph} - AN_2 \quad , \tag{4-18}$$

dabei ist S_{ph} die Strahlungsdichte des Strahlungsfeldes.

Im stationären Zustand ist $d/dt = 0$, so daß man aus (4-18) für das Besetzungsverhältnis der angeregten und nicht angeregten Zustände

$$\frac{N_2}{N_1} = \frac{B\, S_{ph}}{B'S_{ph} + A} \tag{4-19}$$

erhält. Wäre die Rekombinationsrate B' der induzierten Emission gleich Null, so könnte man durch Erhöhen der Strahlungsdichte S_{ph} einen Zustand erreichen, bei dem $N_2 > N_1$ ist. Entsprechend der Boltzmann-Statistik der Verteilung der Zustände nach

$$\frac{N_2}{N_1} = \exp[-W/(kT)]$$

wäre dies gleichbedeutend mit einer negativen Temperatur, so daß offenbar B' = 0 eine nicht zulässige Annahme ist. Setzt man vielmehr B' = B, so zeigt (4-19), daß die Anzahl der angeregten Zustände im Grenzfall (für beliebig hohe Strahlungsdichte S_{ph}) gerade gleich der Anzahl der nicht angeregten Zustände werden kann.

4.3 Halbleiterlaser

Will man den Effekt der stimulierten Emission zur Verstärkung von Licht ausnutzen, so muß die stimulierte Emission die Absorption kompensieren bzw. übertreffen. Mit $B = B'$ in (4-18) ist diese Forderung identisch mit $N_2 > N_1$: Es ist eine Besetzungsinversion notwendig. Diese Besetzungsinversion ist bei einem Zwei-Niveauschema nach Bild 4.22 – wie gezeigt – nicht möglich, sondern mit einem Drei-Niveauschema nach Bild 4.23. Es wird ein drittes, breites Energieniveau eingeführt, das sog. Pumpband. Die Bilanzgleichung für die angeregten Zustände im Energieniveau W_2 kann nun beschrieben werden durch

$$\frac{dN_2}{dt} = R_p N_1 + B S_{ph} N_1 - B' S_{ph} N_2 - A N_2 \quad , \tag{4-20}$$

worin R_p die Pumprate der Elektronen zum Energieniveau W_2 über das Pumpband W_3 ist. Für den stationären Fall kann (4-20) umgeschrieben werden in

$$\frac{N_2}{N_1} = \frac{B S_{ph} + R_p}{B' S_{ph} + A} \quad . \tag{4-21}$$

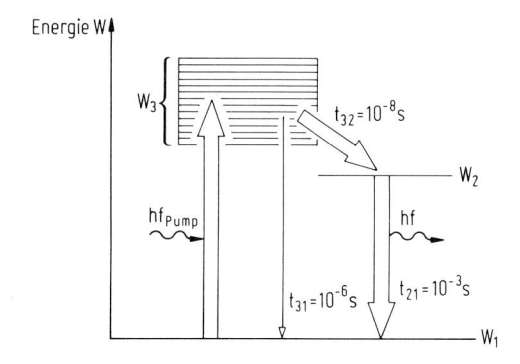

Bild 4.23
Energieniveauschema für einen 3-Niveau-Laser; die eingetragenen mittleren Verweildauern der angeregten Elektronen gelten für den Rubin-Laser

Unter der Annahme $B = B'$ zeigt (4-21), daß eine Besetzungsinversion nur möglich ist, wenn $R_p > A$ gilt. Dies bedeutet, daß Elektronen schneller in den angeregten Zustand W_2 geschafft werden müssen, als sie von dort durch spontane Emission in den Zustand W_1 übergehen. Dies kann durch Wahl geeigneter Materialien erreicht werden. Der erste experimentell realisierte Festkörperlaser war ein Drei-Niveaulaser aus Rubin [4.59]. Im Bild 4.23 sind die mittleren Verweildauern der angeregten Zustände für einen Rubin-Laser eingetragen. Das Pumpen der Elektronen von Niveau W_1 in das breite Pumpband geschieht optisch (angedeutet durch hf_{pump}). Wegen der relativ kleinen Verweildauer t_{32} gehen die Elektronen bevorzugt nach W_2 über, anstatt zum Grundniveau W_1 zurückzufallen. Bei W_2 handelt es sich um ein metastabiles Niveau, d.h. die Verweildauer t_{21} ist außergewöhnlich hoch, so daß es zu einem "Stau" kommt und eine Besetzungsinversion erzielt wird. Noch günstiger werden die Verhältnisse in einem Vier-Niveaumaterial (Bild 4.24). Vorausgesetzt wird, daß die Verweildauer t_{10} extrem kurz ist, so daß praktisch das Niveau W_1 immer unbesetzt und somit $N_1 = 0$ ist, wodurch eine Besetzungsinversion noch einfacher zu erreichen ist. Da der Übergang $W_1 \rightarrow W_2$ auch für die Absorption optischer Strahlung verantwortlich ist, kann es beim Vier-Niveaumaterial nicht zur Eigenabsorption der erzeugten Strahlung kommen, da keine Ladungsträger in W_1 zur Anregung vorhanden sind. Dies sind die beiden Gründe dafür, daß Vier-Niveaumaterialien wesentlich effizienter als Drei-Niveaumaterialien arbeiten.

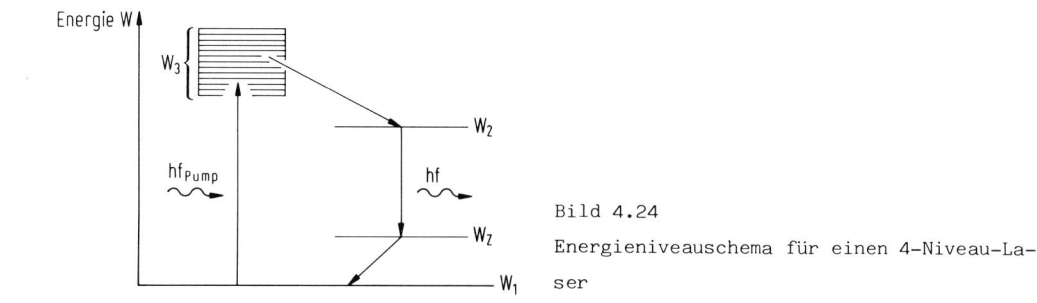

Bild 4.24
Energieniveauschema für einen 4-Niveau-Laser

Der Halbleiter kann prinzipiell zur Gruppe der Vier-Niveaumaterialien gerechnet werden. Den Vorgang der Besetzungsinversion zeigt Bild 4.25, in dem die Energie W gegen die Zustandsdichte N(W) aufgetragen ist. Durch Strominjektion erfolgt eine Anregung der Elektronen bis zum Quasi-Ferminiveau W_{Fp} des Leitungsbandes. Wegen der Gleichverteilung der Zustandsdichte im Leitungs- und Valenzband wird gleichzeitig das Valenzband bis zum

4.3 Halbleiterlaser

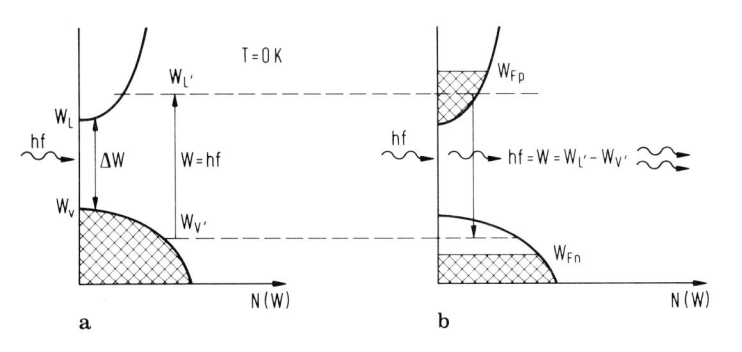

Bild 4.25
Darstellung der Besetzungsinversion beim Halbleiterlaser; (a) Grundzustand und daher Absorption des einfallenden Photons; (b) Besetzungsinversion und daher induzierte Emission durch das einfallende Photon

Quasi-Ferminiveau W_{Fn} geleert. Damit ist bereits die Besetzungsinversion erzielt. Fällt ein Photon der Energie

$$hf = W_L' - W_V' < W_{Fp} - W_{Fn}$$

ein, so kann es nicht absorbiert werden, da im Valenzband die oberen Niveaus geleert, im Leitungsband jedoch die unteren gefüllt sind. Daher kann dieses Photon nur eine induzierte Emission hervorrufen, was zu dem gewünschten Verstärkungseffekt führt. Wie aus Bild 4.25 ersichtlich, können nur Photonen absorbiert werden, deren Energie $W = hf > W_{Fp} - W_{Fn}$ ist. Bild 4.25 gilt allerdings nur für $T = 0$ K; bei höheren Temperaturen werden die Energieniveaus "verschmiert" und sind nicht mehr diskret.

Unter der Bedeutung "Laser" versteht man also im engeren Sinne eine Lichtverstärkung; diese Lichtverstärkung kann ausgenutzt werden, um eine selbsterregte Oszillation und damit eine Lichtquelle zu realisieren. Dies erfordert - ähnlich wie beim elektrischen Oszillator - eine Rückkopplung.

Beim Halbleiterlaser verwendet man den Fabry-Perot-Resonator; dies sind planparallele Spiegel, zwischen denen sich das verstärkende Medium befindet. Um Resonanz zu erreichen, muß die optische Welle innerhalb des Resonators eine stehende Welle bilden, d.h. die halbe Wellenlänge muß ein ganzzahliges Vielfaches der optischen Resonatorlänge sein, was - etwas umgeformt - ausgedrückt wird durch

$$l\lambda_0 = 2n_R L_R \quad \text{mit} \quad l = 1,2,3,\ldots \quad . \tag{4-22}$$

Darin sind L_R die Resonatorlänge und n_R die Brechzahl innerhalb des Resonators. Bei vorgegebenen Werten von L_R und n_R sind prinzipiell viele, jedoch diskrete Wellenlängen erzeugbar. Die Anzahl der erzeugten Wellenlängen ist jedoch durch die Verstärkungsbandbreite des verstärkenden Mediums begrenzt (siehe auch Bild 4.27). Den Abstand dieser diskreten Wellenlängen voneinander erhält man aus der Differentiation von (4-22) nach l

$$l \frac{d\lambda_0}{dl} + \lambda_0 = 2L_R \frac{dn_R}{d\lambda_0} \frac{d\lambda_0}{dl} \quad .$$

Das Differential $dn_R/d\lambda_0$ ist unbedingt zu beachten, da die Brechzahl eine Funktion der Wellenlänge ist. Unter Berücksichtigung von (4-22) erhält man

$$\Delta\lambda_0 = \frac{-\lambda_0^2}{2L_R(n_R - \lambda_0 \frac{dn_R}{d\lambda_0})} \quad , \tag{4-23}$$

worin die Größe in Klammern gemäß (2-129) die Gruppenbrechzahl des Resonatormediums darstellt. Mit dem Beispiel eines 0,5 mm langen GaAs-Halbleiterlasers bei 0,9 µm Wellenlänge erhält man einen Wellenlängenabstand von ca. $\Delta\lambda_0 = 0,2$ nm. Man spricht von axialen oder longitudinalen Moden.

Bei Halbleiterlasern liegen die Querschnittsabmessungen der rechteckförmigen Zone des verstärkenden Materials in der Größenordnung der Lichtwellenlänge. Wie bei LWL gibt es auch für eine derartige lichtführende Struktur eine Eigenwertgleichung, die nur bestimmte Wellentypen zuläßt. Die Lösung der Wellengleichung für einen rechteckigen Querschnitt ist nur näherungsweise möglich, speziell da die Brechzahl wegen der in der lichterzeugenden Zone herrschenden Verstärkung komplex angesetzt werden muß. Da in modernen Halbleiterlasern die Höhe der lichterzeugenden Zone (= aktive Zone) sehr klein ist (< 0,2 µm), ist in dieser zum pn-Übergang senkrechten Richtung nur ein Wellentyp ausbreitungsfähig (transversaler Modus). Parallel zur pn-Zone (laterale Richtung) können sich je nach Breite eine oder viele laterale Moden ausbilden; da jeder Modus über seinen Eigenwert der Ausbreitungskonstante mit einer diskreten Wellenlänge

4.3 Halbleiterlaser

verbunden ist, kann das Emissionsspektrum sehr kompliziert aussehen. Ein Beispiel zeigt Bild 4.26, aus dem deutlich die axialen Moden mit einem Abstand $(\Delta\lambda_0)_a = 0{,}18$ nm zu erkennen sind mit ihren "Satelliten" ($(\Delta\lambda_0)_l = 0{,}018$ nm), die auf mehrere laterale Moden zurückzuführen sind. Transversal hat der hier untersuchte Laser nur einen Modus.

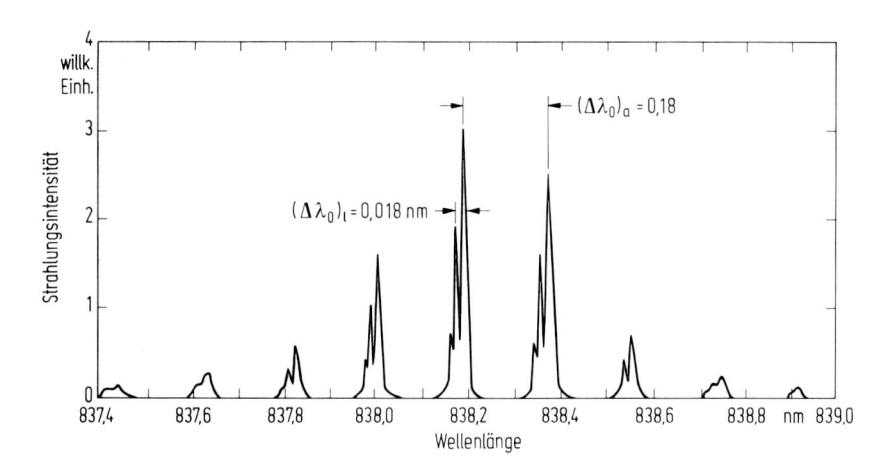

Bild 4.26
Emissionsspektrum eines DH-Lasers mit breiter aktiver Zone; $(\Delta\lambda_0)_a$ entspricht dem Abstand der axialen Moden, $(\Delta\lambda_0)_l$ dem Abstand der lateralen Moden [4.148]

Für den Laserbetrieb ist eine Besetzungsinversion notwendig; d.h. im Falle des Halbleiterlasers, daß ein bestimmter unterer Injektionsstrom überschritten werden muß (sog. Schwellenstrom oder - bezogen auf die Fläche des pn-Überganges - Schwellenstromdichte). Betrachtet man den Durchlauf einer zu den Laserspiegeln senkrecht verlaufenden Lichtwelle geeigneter Frequenz, so kann man folgende Verlust-Gewinn-Rechnung aufmachen:

Die Welle durchlaufe zunächst das aktive Medium der Länge L_R. Dabei wird sie mit $\exp(gL_R)$ verstärkt, wobei g der Verstärkungskoeffizient des laseraktiven Materials und eine Funktion der Stromdichte J ist. Gleichzeitig erfährt die Welle jedoch eine Dämpfung des Betrages $\exp(-\alpha_R L_R)$; dabei ist α_R der Extinktionskoeffizient aller Resonatorverluste (z.B. Absorption, Abstrahlung). Die Welle wird am ersten Resonatorspiegel mit dem Betrag des Reflexionskoeffizienten R_1 reflektiert und durchläuft erneut den Resonator; Verstärkung und Dämpfung treten dabei wiederum auf. Nachdem die Welle am zweiten Resonatorspiegel mit dem Betrag des Reflexionskoeffizienten R_2 gespiegelt wurde, ist ein vollständiger Resonatordurchlauf erreicht. Ist die Nettoverstärkung nach diesem Durchlauf größer als 1, so tritt Selbsterregung auf. Formelmäßig läßt sich das eben Gesagte ausdrücken durch

$$[\exp(gL_R)\exp(-\alpha_R L_R)R_1][\exp(gL_R)\exp(-\alpha_R L_R)R_2] > 1$$

    Hinweg   Rückweg

oder

$$R_1 R_2 \exp[2L_R(g - \alpha_R)] > 1 \quad . \tag{4-24}$$

(4-24) kann als Schwingbedingung für den Laserbetrieb angesehen werden. Messungen haben ergeben, daß g(J) annähernd linear von der Stromdichte J abhängt, also

$$g(J) \simeq \beta_L J \tag{4-25}$$

mit dem Verstärkungsfaktor β_L. Dies gilt für T = 0 K exakt; bei höheren Temperaturen ist g proportional zu J^r mit $1 \leq r \leq 2$.

Der Verstärkungsfaktor β_L ist wellenlängenabhängig, denn nur in einem bestimmten Bereich, der durch den Bandabstand ΔW des Materials gegeben ist, kann es zu Rekombinationen und damit zur induzierten Emission kommen. Man kann daher dem laseraktiven Material eine optische Verstärkungsbandbreite zuschreiben. Nach der Skizze in Bild 4.27 ist das Zustandekommen des Laserspektrum zu verstehen.

4.3.2 Verschiedene Halbleiterlaser-Typen

Die Entwicklung der Halbleiterlaser ist sehr rasch fortgeschritten [4.15]. Nachdem III-V-Halbleiter erst 1952 von H.Welker [4.60] entdeckt wurden, konnte Braunstein [4.61] 1955 erstmals den Effekt der strahlenden Rekombination in III-V-Halbleitern nachweisen. Dennoch dauerte die Realisierung eines Halbleiterlasers bis 1962 [4.62-4.65]. Seitdem wurde

4.3 Halbleiterlaser 247

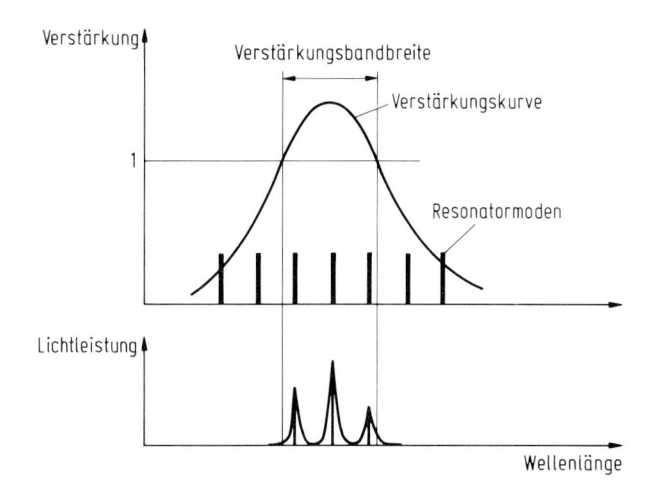

Bild 4.27
Erklärung des Laserspektrums (unten) aus Resonanzbedingung und Verstärkungsbandbreite

eine Vielzahl unterschiedlicher Strukturen realisiert, die – entsprechend der historischen Entwicklung – im folgenden kurz dargestellt sind. Eine Übersicht über den derzeitigen Stand der Halbleiterlaser-Entwicklung geben [4.66-4.68].

4.3.2.1 Homodioden-Halbleiterlaser

Das einfachste Konzept eines Halbleiterlasers ist der sog. Homodioden-Halbleiterlaser (HD-Laser), der aus nur einem einzigen, zur Realisierung des pn-Überganges verschiedenartig dotierten Material besteht (Bild 4.28). Der HD-Laser hat verschiedene, schwerwiegende Nachteile:

- Das Volumen, in dem die Photonen erzeugt werden, ist sehr groß; damit ist die Photonendichte gering, so daß auch die Wahrscheinlichkeit der stimulierten Emission klein ist.
- Nur Photonen, die "zufällig" senkrecht auf den Laserspiegel fallen, können stehende Wellen im Resonator bilden und für den Lasereffekt ausgenutzt werden.

Dies führt dazu, daß ein HD-Laser stark gepumpt werden muß, bis die stimulierte Emission überwiegt, d.h. die Laserschwelle erreicht ist. Beim HD-Laser muß man mit Schwellenstromdichten um 10^2kA/cm^2 rechnen. Dies bedeutet, daß innerhalb des sehr kleinen Laservolumens (siehe Bild 4.28) große Energiemengen umgesetzt werden müssen. Daher kann mit diesem HD-Laser kein Dauerbetrieb erreicht werden, selbst Pulsbetrieb ist nur im gekühlten Zustand möglich (meist 77 K, Temperatur des flüssigen Stickstoffs).

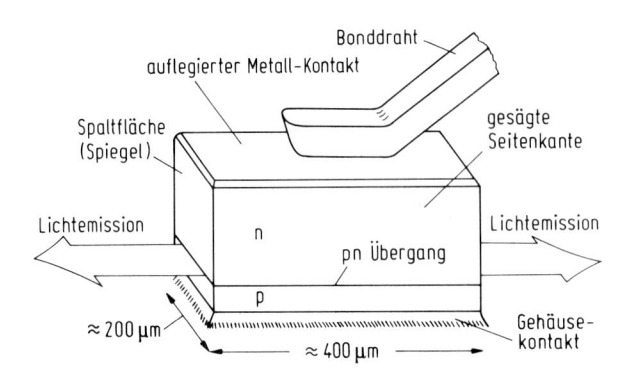

Bild 4.28
Darstellung des prinzipiellen Aufbaus eines Homodioden-Lasers

4.3.2.2 Singleheterostruktur-Halbleiterlaser

Eine Weiterentwicklung des HD-Lasers ist der Singleheterostruktur-Halbleiterlaser (SH-Laser). Dabei werden die Nachteile des HD-Lasers zum Teil vermieden: Durch einen verbesserten Strukturaufbau kann man das Volumen, innerhalb dessen die Photonen generiert werden, verkleinern. Man verwendet drei verschiedene Schichten aus den beiden Materialien GaAs und (AlGa)As. Der Schichtaufbau ist in Bild 4.29b dargestellt. (In Bild 4.29a ist noch einmal der HD-Halbleiterlaser gezeigt). Darüber hinaus ist in diesem Bild das Bändermodell, der Verlauf der Brechzahl und die Dichte der Photonen angedeutet. Die Photonendichte kann durch Einfügen der weiteren Schicht deutlich erhöht werden. Dies wird in erster Linie durch das p-dotierte (AlGa)As und die damit verbundene Barriere für die Elektronen im Leitungsband hervorgerufen. Die Barriere für die Löcher ist jedoch noch zu klein, so daß die Löcher in das n-dotierte GaAs eindringen können. Mit diesem SH-Laser kann die Schwellenstromdichte gegenüber der des HD-Lasers um eine Größenordnung auf 10 kA/cm^2 verringert werden, so daß Pulsbetrieb bei Raumtemperatur realisierbar ist.

4.3 Halbleiterlaser

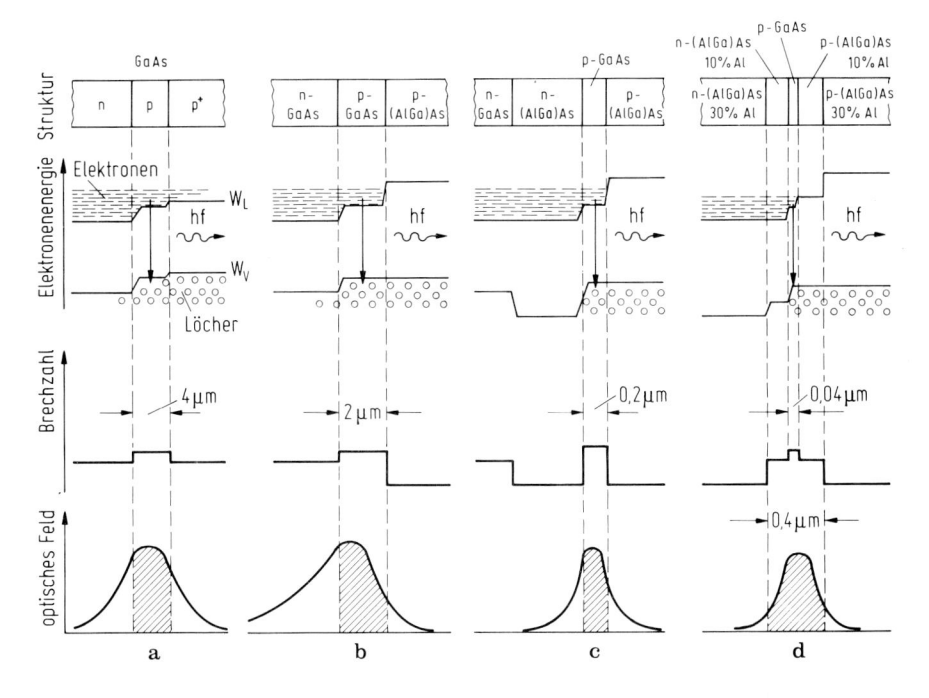

Bild 4.29
Gegenüberstellung der verschiedenen Halbleiterlaserstrukturen; (a) Homodioden-Laser (HD); (b) Singleheterostruktur-Laser (SH); (c) Doppelheterostruktur-Laser (DH); (d) Fünf-Schicht-DH-Laser; kleine Brechzahlsprünge liegen bei 0,1% bis 1%, große bei 5% [4.148]

4.3.2.3 Doppelheterostruktur-Halbleiterlaser

Beim SH-Laser ist immer noch von großem Nachteil, daß alle nicht "zufällig" senkrecht auf den Resonatorspiegel einfallenden Lichtquanten für den Lasereffekt verlorengehen. In diesem Punkt zeigt der Doppelheterostruktur-Halbleiterlaser (DH-Laser) [4.69], dessen Aufbau Bild 4.29c zeigt, einen Vorteil: Die aktive Schicht, die aus p-dotiertem GaAs besteht, ist umgeben von n- bzw. p-dotiertem (AlGa)As. Im Bändermodell ist zu erkennen, daß auch für die Löcher eine Barriere besteht und damit das Gebiet, in dem es zu einer Rekombination zwischen angeregten Elektronen und Löchern kommen kann, weiter eingeschränkt wird. Wegen des nun vorherrschenden Brechzahlverlaufs wirkt die aktive Zone wie ein Schichtwellenleiter. Damit wird auch Licht, das in der aktiven Zone generiert wird und den kritischen

Winkel der Totalreflexion, bezogen auf die aktive Zone und das sie umgebende (AlGa)As, überschreitet, für den Lasereffekt ausgenutzt, da es innerhalb des Wellenleiters eine stehende Welle bilden kann. Es muß nicht nur die Resonanzbedingung des Resonators erfüllt sein, sondern die Welle muß auch die Eigenwertgleichung dieses Schichtwellenleiters erfüllen (siehe Abschnitt 2.2.5), wobei eine komplexe Brechzahl (Verstärkung) des wellenleitenden Mediums berücksichtigt werden muß.

Der Einfluß der beiden (AlGa)As-Schichten wird bei der Photonendichte besonders deutlich, die nun - verglichen mit dem SH-Laser - erheblich angestiegen ist. Die für diesen DH-Laser notwendige Schwellenstromdichte liegt bei 1 kA/cm^2, was bei Raumtemperatur auch den Dauerbetrieb ermöglicht.

Noch bessere Eigenschaften als der eben geschilderte DH-Halbleiterlaser weisen die sog. Fünf-Schicht-Heterostrukturlaser auf. Ihr Aufbau ist in Bild 4.29d dargestellt. Diese Laser bestehen aus insgesamt vier Schichten aus (AlGa)As, die die aktive GaAs-Schicht einschließen. Dadurch kann die Photonendichte innerhalb des aktiven Materials nochmals um ein Vielfaches angehoben werden, so daß die erforderliche Schwellenstromdichte noch weiter (minimal heute erreichter Wert $0,4 \text{ kA/cm}^2$) gesenkt wird.

Dennoch sind diese Halbleiterlaser für die Anwendung in optischen Nachrichtensystemen noch nicht optimal. Dies beruht auf ihren ungünstigen Abmessungen (siehe Bild 4.28). Die aktive Zone hat bei diesen Lasern eine Höhe von ca. 0,3 µm, die Breite liegt jedoch zwischen 100 µm bis 200 µm. Eine Ankopplung an Multimode-LWL mit Standardabmessungen (50 µm Kerndurchmesser) kann daher problematisch sein; für Monomode-LWL sind diese Lasertypen ungeeignet. Daher ist eine Einschränkung der aktiven Zone auch in lateraler Richtung notwendig; dies bewirkt auch eine Verringerung der ausbreitungsfähigen Moden und damit eine Verkleinerung der spektralen Breite (siehe Abschnitt 4.3.1).

4.3.2.4 Streifenlaser

Diese Überlegung führt auf die sog. Streifenlaser mit schmaler, seitlich begrenzter aktiver Zone (Übersichten mit zahlreicher Literatur in [4.70-4.72]). Man unterscheidet zwei Typen:

- den Streifenlaser mit passiver Wellenführung (IGL - index guided laser),

4.3 Halbleiterlaser

d.h. die aktive Zone ist ein echter, durch die Brechzahl definierter Streifenwellenleiter [4.73];
- den gewinngeführten Streifenlaser (GGL – gain guided laser), bei dem die optische seitliche Begrenzung durch die Strominjektion erzeugt wird.

Diese beiden Prinzipien der seitlichen Eingrenzung der aktiven Zone sind in Bild 4.30 gegenübergestellt. Die jeweiligen Streifenbreiten variieren von 1 µm bis 5 µm. Für GGL gibt es z.Z. zwei besonders erwähnenswerte Ausführungsformen: den V-Nut-Laser und den Oxid-Streifenlaser [4.74, 4.75] (Bild 4.31). Bei den IGL sind die Vielfalt der Ausführungen und die damit verbundenen Abkürzungen unübersehbar geworden; die wichtigsten sind in Bild 4.32 zusammengefaßt [4.70].

Um die Ausgangsleistung der Streifenlaser weiter zu erhöhen, ohne die optische Leistungsdichte in der aktiven Zone zu vergrößern und ohne den Bereich des transversalen Monomode-Betriebes zu verlassen, wird der DH-Streifenlaser mit einer "large optical cavity" (LOC) versehen. Das

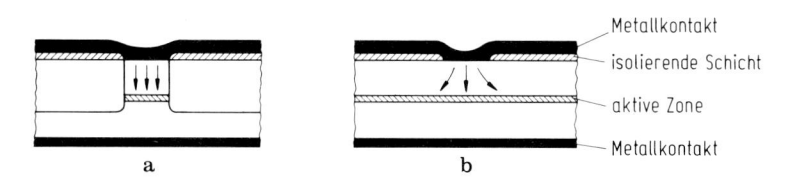

Bild 4.30
Vergleich zwischen indexgeführten (a) und gewinngeführten (b) Streifenlasern

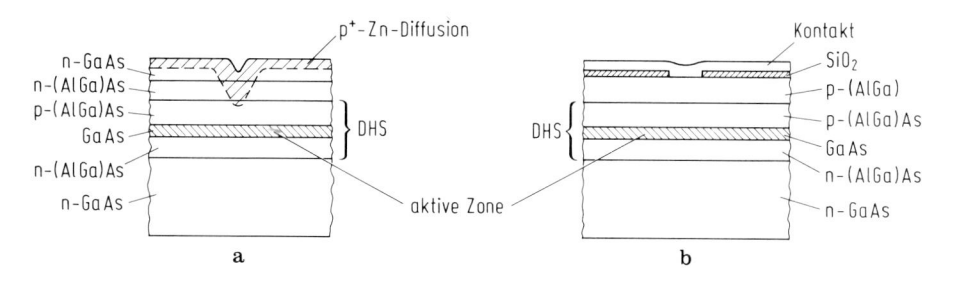

Bild 4.31
Die beiden wichtigsten Vertreter des GGL: (a) V-Nut-Laser und (b) Streifenoxid-Laser; DHS: Doppelheterostruktur

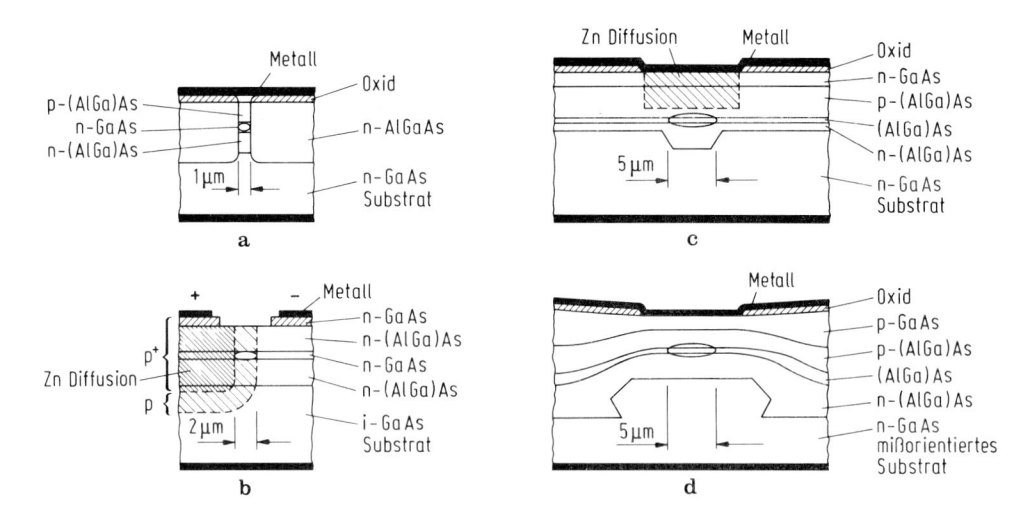

Bild 4.32
Einige Ausführungsformen von IGL; (a) BH-Struktur (buried-heterostructure) [4.153]; (b) TJS-Struktur (transverse-junction-stripe) [4.154-4.156]; (c) CSP-Struktur (channelled-substrate-planar) [4.157]; (d) CDH-Struktur (constricted-double-heterojunction) [4.158]

Prinzip ist in Bild 4.33 dem normalen DH-Laser gegenübergestellt. Trotz geringer Dicke d der aktiven Zone ist die effektive Dicke d_{eff}, innerhalb derer sich das optische Feld ausbreitet, wesentlich größer als bei einem vergleichbaren DH-Laser. Zwei Ausführungsformen sind in Bild 4.34 gezeigt.

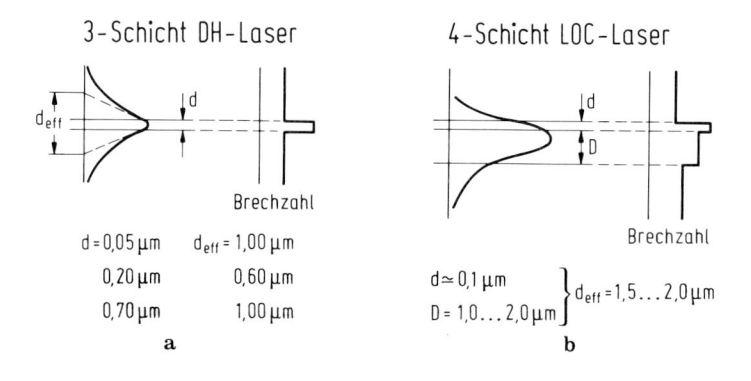

Bild 4.33
Erklärung des LOC (large optical cavity) - Streifenlasers [4.70]; (a) normale DH-Struktur; (b) LOC-Aufbau

4.3 Halbleiterlaser

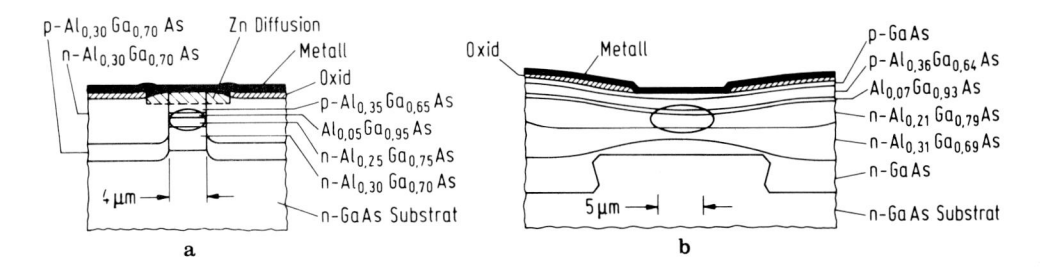

Bild 4.34
Zwei Beispiele für LOC-DH-Halbleiterlaser [4.70]; (a) BH-LOC-Laser [4.153]; (b) CDH-LOC-Laser [4.159]; (bezüglich BH- und CDH-Laser siehe Bild 4.32)

Durch den zusätzlichen, relativ hochbrechenden Bereich in der Nachbarschaft der aktiven Zone kann die effektive Wellenleiterbreite gegenüber dem einfachen DH-Laser beträchtlich erweitert werden.

4.3.2.5 DFB- und DBR-Laser

Die bisher behandelten Halbleiterlaser benötigen zur Realisierung des Resonators Endflächenspiegel. Diese Art des Resonators hat zwei Nachteile: Die Spiegel sind spektral breitbandig (d.h. die Reflexion ist unabhängig von der Wellenlänge), so daß der Laser nicht wellenlängenstabilisiert ist. Eine monolithische Integration mit anderen optoelektronischen Bauelementen ist nicht möglich.

Mit Hilfe periodisch gestörter Wellenleiter läßt sich ein Reflektor realisieren. Zur anschaulichen Erklärung dient Bild 4.35. Die Welle

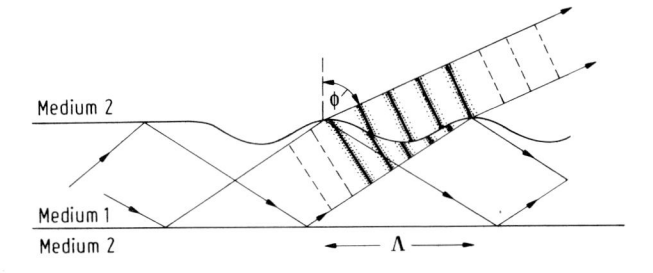

Bild 4.35
Einfluß einer periodischen Störung auf die Wellenausbreitung in einem symmetrischen Schichtwellenleiter; Λ Periodenlänge; ϕ Abstrahlwinkel [4.5]

breitet sich zunächst in einem symmetrischen Schichtwellenleiter (siehe auch Bild 2.3) aus und erreicht dann den in der Dicke periodisch gestörten Bereich. Periodische Störungen in der Brechzahl haben die gleiche Wirkung. Durch diese Störungen kommt es zur teilweisen Abstrahlung der Welle; die Stärke der Abstrahlung hängt von der Periode und Tiefe der Störung ab. Prinzipiell ist hier die Theorie des Gitters (siehe Abschnitt 5.6.1) anwendbar.

Zwischen der Ausbreitungskonstanten ß der Welle, der Periode Λ der Störung und der Ausbreitungskonstanten k_2 der abgestrahlten Welle läßt sich folgender Zusammenhang finden:

$$k_2 \sin \phi = \beta - m \frac{2\pi}{\Lambda} \quad \text{mit } |m| = 1, 2, 3, \ldots \quad . \tag{4-26}$$

(4-26) macht deutlich, daß die Abstrahlung nur in ganz bestimmte Richtungen erfolgen kann, wobei m die Abstrahlordnung angibt. Es tritt jedoch nur dann Abstrahlung auf, wenn außerdem die Ungleichung

$$k_2 > \beta - m \frac{2\pi}{\Lambda} > -k_2 \tag{4-27}$$

erfüllt ist, da sonst (4-26) nicht gültig ist.

Betrachtet man den Bereich, in dem

$$\beta \simeq n\pi/\Lambda \tag{4-28}$$

(Bragg-Bedingung) ist und setzt n = 1, so geht (4-27) für die erste Ordnung (m = 1) über in

$$k_2 < -\frac{\pi}{\Lambda} > -k_2 \quad , \tag{4-29}$$

d.h. aber, da offenbar (4-27) nicht mehr erfüllt ist, daß keine Abstrahlung erfolgt. Unter Beachtung von (4-28) folgt vielmehr, daß

$$k_2 \simeq -\beta$$

ist; d.h. statt einer Abstrahlung kommt es zu einer Reflexion. Da diese Reflexion von ß abhängig ist, ist sie stark wellenlängenselektiv.

Man unterscheidet prinzipiell zwei Strukturen: den DFB-Laser (distributed-feedback) und den DBR-Laser (distributed Bragg-reflection). Eine Übersicht geben [4.76-4.79]. Beim DFB-Laser wird die aktive Zone des Lasers direkt

4.3 Halbleiterlaser

gestört [4.80-4.83]. Beim DBR-Laser befinden sich die Reflektoren jedoch jeweils an den beiden Enden der aktiven Zone. Abgesehen von den prinzipiellen, großen Schwierigkeiten der Herstellung der periodischen Störungen ($\Lambda \approx 0{,}1...0{,}2$ μm) ist der DBR-Laser einfacher zu realisieren, da aktive Zone und Reflektor örtlich getrennt sind [4.84-4.89]. Die beiden Strukturen sind schematisch in Bild 4.36 gegenübergestellt.

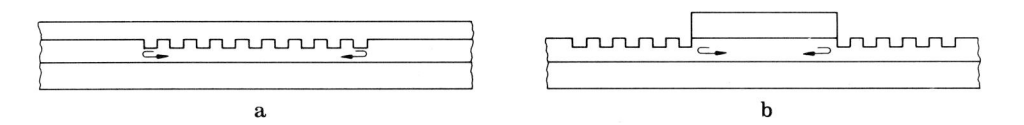

Bild 4.36
Schematische Gegenüberstellung eines DFB-Lasers (a) und eines DBR-Lasers (b)

Es konnte experimentell nachgewiesen werden, daß die Wellenlängenstabilität von DFB- und DBR-Lasern erwartungsgemäß sehr viel besser als die von normalen Laserstrukturen ist; auch die temperaturabhängige Wellenlängenänderung (siehe dazu Bild 4.44) wird wesentlich geringer [4.90]. Daher sind diese Lasertypen für spezielle Systeme (z.B. Heterodyn-System, siehe Kap. 10.2) oder für den Einsatz in der integrierten Optik besonders geeignet [4.91-4.93].

4.3.3 Eigenschaften von Halbleiterlasern

Für einen effizienten Einsatz in der optischen Nachrichtentechnik kommen nur der Fünf-Schicht-DH-Laser, der Streifenlaser sowie der LOC-Laser in Frage. Die wesentlichen Eigenschaften sollen im folgenden an Hand von Beispielen dargestellt werden.

4.3.3.1 Schwellenstrom

Bereits aus den Grundlagen zum Halbleiterlaser kann gefolgert werden, daß die P/i-Kennlinie (Lichtleistungs/Injektionsstrom-Kennlinie) keinen linearen Verlauf zeigt, sich also von der P/i-Kennlinie der LED grundlegend unterscheidet. Nach (4-24) und (4-25) muß zunächst eine gewisse Stromdichte aufgebracht werden, um die Verluste innerhalb des Laserresonators zu kompensieren, und erst bei höheren Stromdichten überwiegt die stimulierte Emission. Die Stromdichte, bei der der Laserbetrieb beginnt, heißt Schwellenstromdichte J_{th}, der entsprechende Strom der Schwellenstrom i_{th} (th steht für "threshold") [4.94]. Mit der Näherung (4-25) erhält man für die Schwellenstromdichte aus (4-24)

$$J_{th} = \frac{1}{\beta_L} \left[\alpha_R - \frac{2}{L_R} \ln(R^2) \right] \quad . \tag{4-30}$$

Werte für β_L, α_R und der daraus resultierende Schwellenstrom J_{th} für einen GaAs- bzw. (AlGa)As-Laser mit einer Länge L = 350 µm und einem Reflexionskoeffizienten R = 0,3 (üblicherweise ist $R_1 = R_2$) sind in Tabelle 4.2 enthalten. Die Schwellenstromdichten liegen danach für DH-Laser bei Raumtemperatur um 1 kA/cm^2. Die Schwellenstromdichte - und damit auch der Schwellenstrom - sind temperaturabhängig [4.95, 4.96]. Experimentell wurde für diese Abhängigkeit der Zusammenhang

$$J_{th} \sim \exp(T_j/T_0) \tag{4-31}$$

ermittelt, worin T_j die Temperatur am pn-Übergang (vereinfacht kann man auch die Gehäusetemperatur einsetzen) und T_0 eine material- und technologiespezifische Temperatur sind. Für (AlGa)As-DH-Laser, die mit Flüssigphasenepitaxie (siehe Kap. 4.4) hergestellt werden, schwankt T_0 im Bereich 100 K bis 200 K, wobei ein möglichst hohes T_0 anzustreben ist, um die geringstmögliche Temperaturabhängigkeit zu erhalten. Die Angabe von T_0 ist allerdings nur in Verbindung mit der Schwellenstromdichte J_{th} und der Lichtausgangsleistung P sinnvoll. Dies ist sehr leicht durch ein Beispiel zu verdeutlichen: Betreibt man parallel zum Halbleiterlaser einen temperaturunempfindlichen Widerstand, so läßt sich T_0 drastisch erniedrigen, was jedoch keiner echten Verbesserung entspricht. Derartige Effekte sind bei (AlGa)As-DH-Lasern, die mit der Molekularstrahlepitaxie (siehe Kap. 4.4) hergestellt wurden, zu beachten: Sie zeigen ein nicht meßbar großes T_0. Die drastische Erhöhung von T_0 ist offenbar durch Leckströme bedingt [4.97].

Bei quaternären (InGa)(AsP)-DH-Lasern für den Bereich 1,3 µm bzw. 1,55 µm gibt es das sog. Temperaturproblem. T_0 liegt bei diesen Lasern bei 50 K bis 70 K [4.98] (siehe auch Bild 4.38b). Die Ursache ist noch nicht endgültig geklärt; es scheint jedoch kein technologisches, sondern

Tabelle 4.2: Zusammenhang zwischen Verstärkungsfaktor β_L, Dämpfung α_R und Schwellenstromdichte J_{th} für verschiedene Laserstrukturen

Aufbau (Herstelltechnik)	Temperatur K	β_L cm/A	α_R 1/cm	J_{th} A/cm^2
Homodiode pn (Diffusion)	4,2	$5 \cdot 10^{-2}$	13	$1 \cdot 10^3$
	77	$4 \cdot 10^{-2}$	15	$1,2 \cdot 10^3$
	195	$2 \cdot 10^{-2}$	15	$2,5 \cdot 10^3$
	300	$1 \cdot 10^{-3}$	25	$6 \cdot 10^4$
Homodiode p$^+$pn (Epitaxie VPE bzw. LPE)	77	$3 \cdot 10^{-2}$	15	$1,6 \cdot 10^3$
	300	$4 \cdot 10^{-3}$	100	$3 \cdot 10^4$
Einfachheterostruktur (SH) (LPE)	77	$4 \cdot 10^{-3}$	10	$1,1 \cdot 10^4$
	300	$5 \cdot 10^{-3}$	25	$1,2 \cdot 10^4$
Doppelheterostruktur (DH) (LPE)	300	$3 \cdot 10^{-2}$	20	$1,8 \cdot 10^3$
Fünfschichtdiode (SCH) (LPE)	300	$5 \cdot 10^{-2}$	10	$9 \cdot 10^2$

vielmehr ein mit dem Indium zusammenhängendes, physikalisches Problem zu sein.

4.3.3.2 P/i-Kennlinie

Da der Halbleiterlaser gemäß Bild 4.28 symmetrisch aufgebaut ist und beide Seiten des Laserresonators den gleichen Reflexionsgrad aufweisen, strahlt er in beide Richtungen ab. Wegen möglicher Inhomogenitäten im Material oder im Schichtaufbau bzw. durch einen unsymmetrischen Stromfluß durch die aktive Zone kann es hinsichtlich der Lichtausgangsleistung in beiden Richtungen zu Abweichungen kommen, die jedoch meist unter 5% liegen.

Nach (4-30) ist der Schwellenstrom unter anderem vom Reflexionskoeffizienten R abhängig. Je höher R ist, desto eher wird die Laserschwelle erreicht, und die Lichtausgangsleistung erhöht sich. Nach (1-54) ist der Reflexionsgrad von der Polarisation der Welle abhängig. Da die aktive Laserzone einen Schicht- oder Streifen-Wellenleiter sehr geringer Höhe darstellt, bildet selbst der Grundmodus strahlengeometrisch gesehen einen Zickzackstrahl, fällt also nicht senkrecht auf den Laserspiegel. Dieser Winkel ist nach (2-5) proportional zur Phasenausbreitungskonstante ß der Welle. Nach (2-12) ist ß abhängig von der Wellenleiterdicke d, vom Brechzahlunterschied zwischen wellenführendem und umgebendem Medium und von der Polarisation der Welle. Da sich der Reflexionskoeffizient R an den Laserspiegeln entsprechend (1-54) mit dem Auffallswinkel ändert, muß R auch von den oben genannten Parametern abhängen. Diese Zusammenhänge zeigt Bild 4.37 [4.99]. Die TE-Welle weist einen wesentlich höheren Reflexionskoeffizienten auf [4.100, 4.101]; daher schwingen beim Halbleiterlaser ausschließlich TE-polarisierte Wellen an. Es wird deutlich, daß die Wellenleiterdicke d nicht zu groß gewählt werden darf, sofern transversal monomodales Verhalten gewünscht ist. Wegen der Ladungsträgerkonzentration und der Stärke der Wellenführung verschiebt sich der optimale Schichtdickenwert zu ca. $d \simeq 0,1$ µm.

Nach Erreichen des Schwellenstromes überwiegt die stimulierte Emission. Es kommt zu einem raschen Anstieg der Lichtausgangsleistung. Bei modernen Streifenlasern kann oberhalb des Schwellenstromes von einem linearen Zusammenhang zwischen Injektionsstrom und Lichtausgangsleistung ausgegangen werden. Die Kennlinien sind ebenfalls temperaturabhängig und für einen (AlGa)As-CSP-Streifenlaser (siehe Bild 4.32) sowie einen (InGa)(AsP)-V-Nut-Laser (siehe Bild 4.31) in Bild 4.38 gezeigt. Der Schwellenstrom wird durch die Verlängerung des linearen Teils der Kennlinie zur Abszisse gewonnen. GGL zeigen einen wesentlich weniger ausgeprägten Knick, da der Laserstrahlung noch ein erheblicher Teil spontaner Emission überlagert ist. Im Bild 4.38 ist die starke Abhängigkeit des Schwellenstroms von der Temperatur beim (InGa)(AsP)-Laser deutlich erkennbar.

Die Ursache von Nichtlinearitäten innerhalb der Kennlinie (sog. kinks) bei Leistungen zwischen 2 mW und 10 mW bei 10 µm bis 20 µm breiten Streifenlasern konnten geklärt werden: Sie beruhen auf einer instabilen Selbstfokussierung innerhalb der aktiven wellenleitenden Zone. Durch geeignete Dimensionierung der Wellenleiterparameter können sie vermieden werden. Die Nichtlinearität der P/i-Kennlinie wird über die Erzeugung von höheren

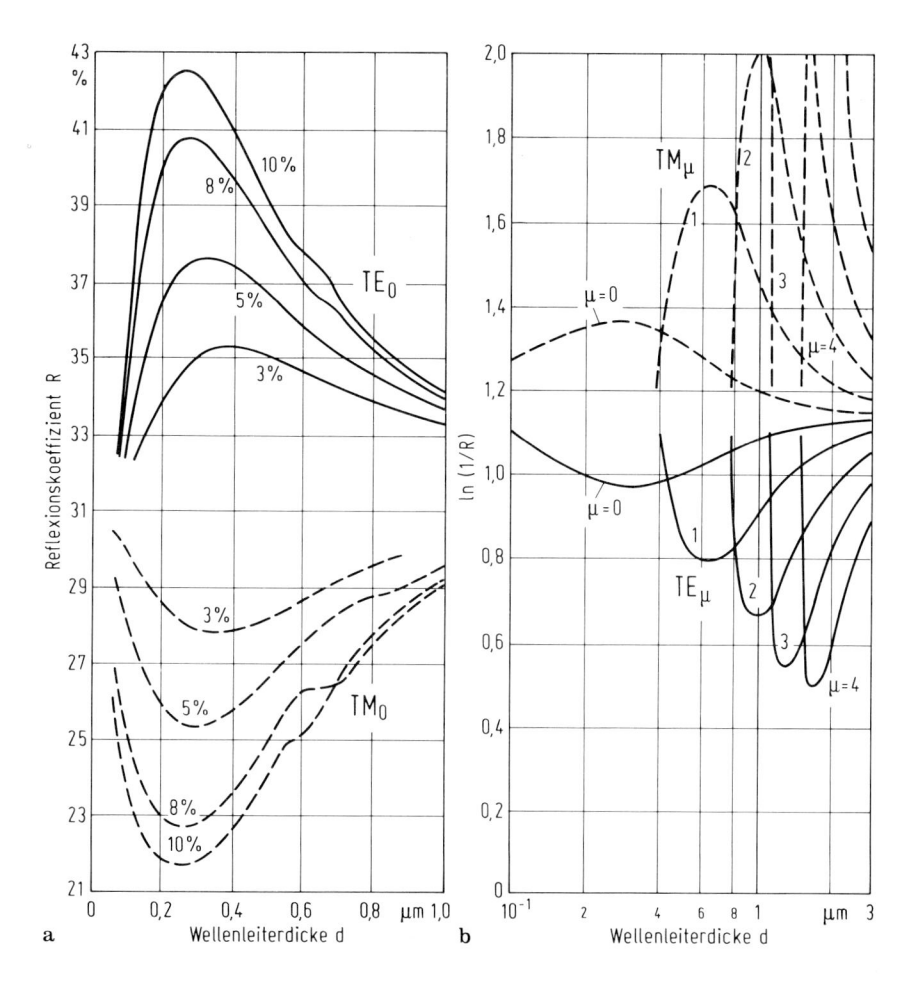

Bild 4.37
Reflexionskoeffizient R an den Enden eines GaAs-Schichtwellenleiters gegen Luft für TE- und TM-Wellen als Funktion der Wellenleiterdicke d [4.99]; (a) für TE_0- und TM_0-Moden; Parameter ist die Brechzahldifferenz $\Delta_n \approx (n_1-n_2)/n_1$ zwischen wellenleitendem Medium (Brechzahl n_1) und umgebendem Medium (Brechzahl n_2); (b) für TE_μ- und TM_μ-Moden bei $\Delta_n = 5\%$

Harmonischen nachgewiesen. Wie bei den LED haben hierbei Arbeitspunkt und Aussteuerung einen großen Einfluß. Das Ergebnis einer Vergleichsmessung für die zweite und dritte Harmonische verschiedener Lasertypen ist in Bild 4.39 gezeigt [4.102]. Wesentliche Unterschiede zwischen IGL (Hitachi und Mitsubishi) und GGL (alle anderen) sind nicht zu erkennen. Die Nichtlinearitäten sind gering genug, um Halbleiterlaser auch für analoge

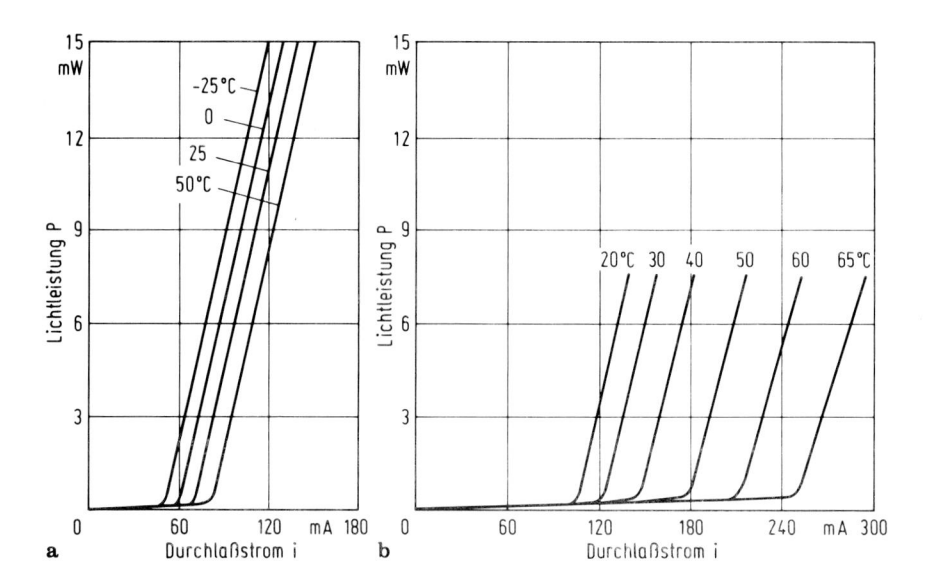

Bild 4.38
P/i-Kennlinie von Halbleiterlasern; Parameter ist die Gehäusetemperatur;
(a) (AlGa)As-CSP-Laser [4.160]; (b) (InGa)(AsP)-V-Nut-Laser [4.161]

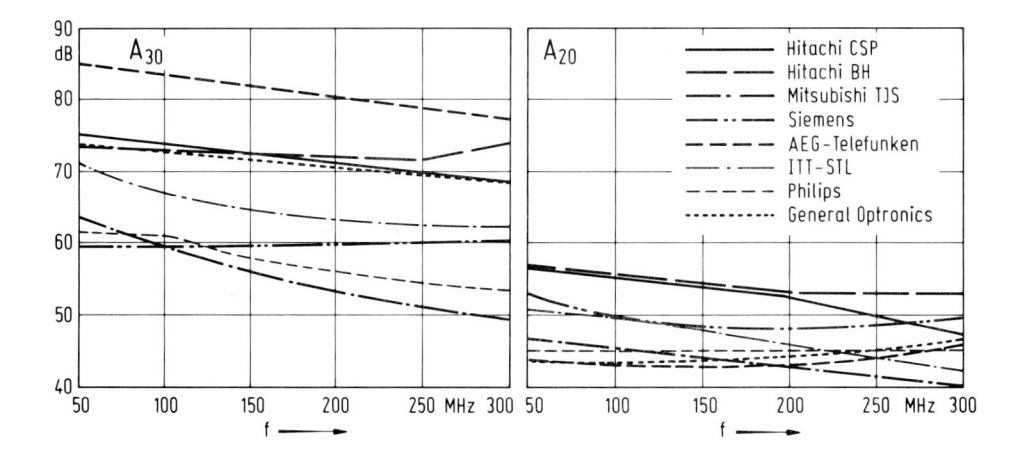

Bild 4.39
Erzeugung der dritten und zweiten Harmonischen bei der Modulation von verschiedenen Halbleiterlasern als Funktion der Modulationsfrequenz [4.102]

4.3 Halbleiterlaser

Modulationsarten einzusetzen [4.103, 4.104]. Eine genaue Kontrolle aller Parameter (Arbeitspunkt, Modulationsstrom, Temperatur) ist jedoch unumgänglich.

Ein bisher noch nicht gelöstes Problem stellt die Empfindlichkeit von IGL auf jegliche Reflexion in die aktive Zone des von ihnen ausgestrahlten Lichts dar [4.105]. Neben anderen Effekten (siehe Abschnitt 4.3.3.4) äußert sich dies in Nichtlinearitäten bzw. Knicken in der P/i-Kennlinie [4.106, 4.107]. Selbst der Einsatz von optischen Richtungsleitungen [4.108-4.111] mit Reflexionsdämpfungen bis zu 30 dB sind nicht ausreichend, um die Lasereigenschaften unbeeinflußt zu lassen. GGL zeigen diese Auswirkungen nur in geringem Maße [4.112].

4.3.3.3 Modulationsbandbreite

Die Modulation von Halbleiterlaserdioden über den Injektionsstrom ist im Vergleich zu LED bis zu wesentlich höheren Modulationsfrequenzen möglich. Die theoretische Beschreibung des dynamischen Verhaltens erlauben die jeweiligen Bilanzgleichungen für die Änderung der Elektronendichte n_e bzw. der Photonendichte s_{ph}. Unter der Annahme, daß das untere Laserniveau W_1 nicht besetzt ist, erhält man aus (4-18) für die Bilanzgleichung der Elektronendichte n_e unter Berücksichtigung der Injektionsstromdichte J

$$\frac{dn_e}{dt} = -Bn_e s_{ph} - An_e + J/(qd) \qquad (4-32)$$

mit der Dicke d der aktiven Schicht und der Elementarladung q. Die spontane Rekombinationsrate A kann ausgedrückt werden durch die Zeitkonstante τ_{sp} der spontanen Rekombination und den Rekombinationsquantenwirkungsgrad η_R über

$$A = 1/(\tau_{sp}\eta_R) \quad , \qquad (4-33)$$

so daß (4-32) übergeht in

$$\frac{dn_e}{dt} = -Bn_e s_{ph} - \frac{n_e}{\tau_{sp}\eta_R} + \frac{J}{qd} \quad . \qquad (4-34)$$

Für die Photonendichte s_{ph} ergibt sich in ähnlicher Weise

$$\frac{ds_{ph}}{dt} = Bn_e s_{ph} - s_{ph}/\tau_s + \kappa n_e/\tau_{sp} \quad . \tag{4-35}$$

Darin beschreibt τ_s die Aufenthaltsdauer eines Photons im laseraktiven Bereich und κ den Anteil der spontan strahlenden Rekombinationen, der zu Photonen in den betrachteten Lasermoden beiträgt.

Bei (4-34) und (4-35) handelt es sich um gekoppelte Differentialgleichungen; auf Lösungen im Gleichgewichtszustand bzw. beim Anschwingen soll hier nicht näher eingegangen werden. Zur Berechnung des Einschwingverhaltens müssen numerische Berechnungsverfahren herangezogen werden. Ergebnisse für unterschiedliche Parameter κn_R sind in Bild 4.40 zusammengefaßt. Man erkennt für $\kappa n_R \ll 1$ ein äußerst starkes Einschwingverhalten, das auch experimentell beobachtet wird. Um dieses Einschwingverhalten in optischen Übertragungssystemen zu vermeiden, wird der Halbleiterlaser immer über der Schwelle betrieben und <u>dann</u> moduliert. Dem modulierten Lichtsignal ist daher immer ein Dauerlichtsignal überlagert (siehe auch Kap. 8.2).

Um das Modulationsverhalten von Halbleiterlasern zu beurteilen, müssen die Bilanzgleichungen gelöst werden, wobei eine eingeprägte sinusförmige

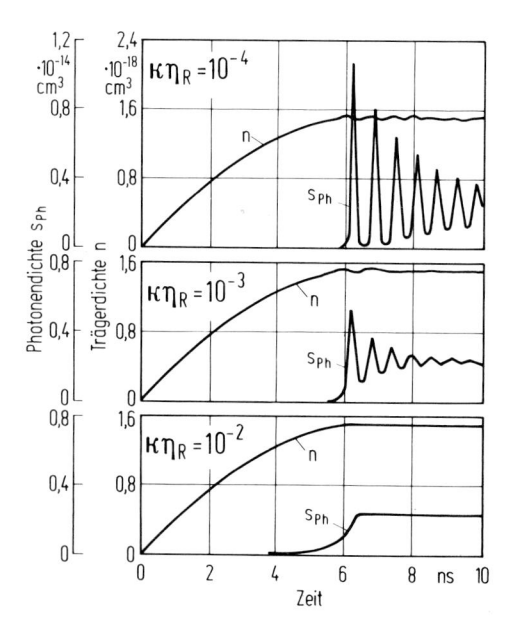

Bild 4.40
Berechnung des Einschwingverhaltens von Halbleiterlaserdioden bei unterschiedlichen Werten von $\eta \kappa_R$ [4.162]

4.3 Halbleiterlaser

Wechselstromkomponente $i = i_1 \sin \omega_M t$ mit der Modulationskreisfrequenz ω_M eingeführt wird. Der Modulationsgrad $F(\omega_M)$ wird definiert als Verhältnis der Lichtamplitude bei konstantem Strom i_1 zur Amplitude des modulierten Lichtsignals. Näherungsweise erhält man

$$F(\omega_M) = \frac{\omega_R^2}{(\omega_R - \omega_M)^2 + (\kappa \eta_R \omega_M)^2} \quad , \tag{4-36}$$

wobei ω_R die von verschiedenen Parametern abhängige Resonanzkreisfrequenz des Lasers darstellt. $F(\omega_M)$ ist als Funktion von ω_M in Bild 4.41 für zwei verschiedene Lasertypen (CSP und BH) dargestellt. Modulationsfrequenzen von maximal 1 GHz bis 2 GHz sind daher bei Halbleiterlasern möglich [4.113].

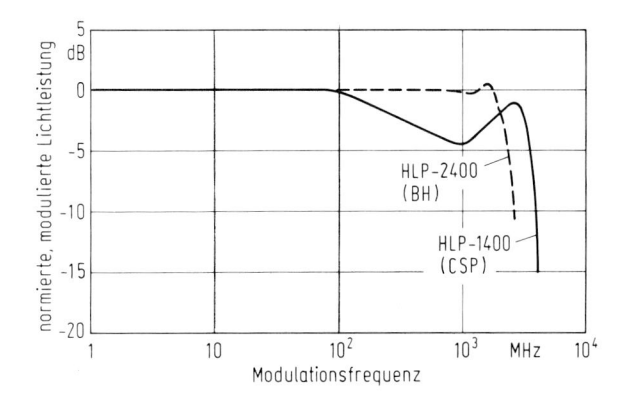

Bild 4.41
Modulationsbandbreite von (AlGa)As-Halbleiterlaserdioden [4.160]

Bei einigen GGL hat man sog. Selbst-Pulsationen im Bereich von einigen GHz beobachtet [4.72, 4.114-4.116]. Obwohl die Ursache dafür noch nicht ganz geklärt ist, kann man annehmen, daß dies durch eine ungünstige Dimensionierung der aktiven Zone hervorgerufen wird.

4.3.3.4 Spektrales Verhalten

Das spektrale Verhalten von Halbleiterlasern wurde in Abschnitt 4.3.1 diskutiert. Es handelte sich dabei um das stationäre Spektrum, das darüber hinaus vom Injektionsstrom abhängt. Betrachtet man IGL und GGL, so zeigt sich hier ein wesentlicher Unterschied: Der (AlGa)As-IGL zeigt mit steigendem Strom eine starke Neigung, auch in longitudinaler Richtung nur noch <u>einen</u> Modus zu haben, so daß er ab einem bestimmten Injektionsstrom als Monomode-Laser bezeichnet werden kann. Der vergleichbare GGL dagegen behält auch bei höheren Strömen in longitudinaler Richtung seinen multimodalen Charakter bei (Bild 4.42). Eine physikalische Erklärung dieses Unterschiedes ist in [4.117] gegeben. Das Spektrum eines DH-Lasers mit breiter aktiver Zone wurde bereits in Bild 4.26 gezeigt. Wird ein Teil des abgestrahlten Lichtes beim IGL in die aktive Zone zurückreflektiert, so zeigt er auch in seinem spektralen Verhalten Instabilitäten [4.106].

Bei quaternären (InGa)(AsP)-IGL ist dieser Effekt - unabhängig von der emittierten Lichtwellenlänge - nicht zu beobachten. Mit steigendem

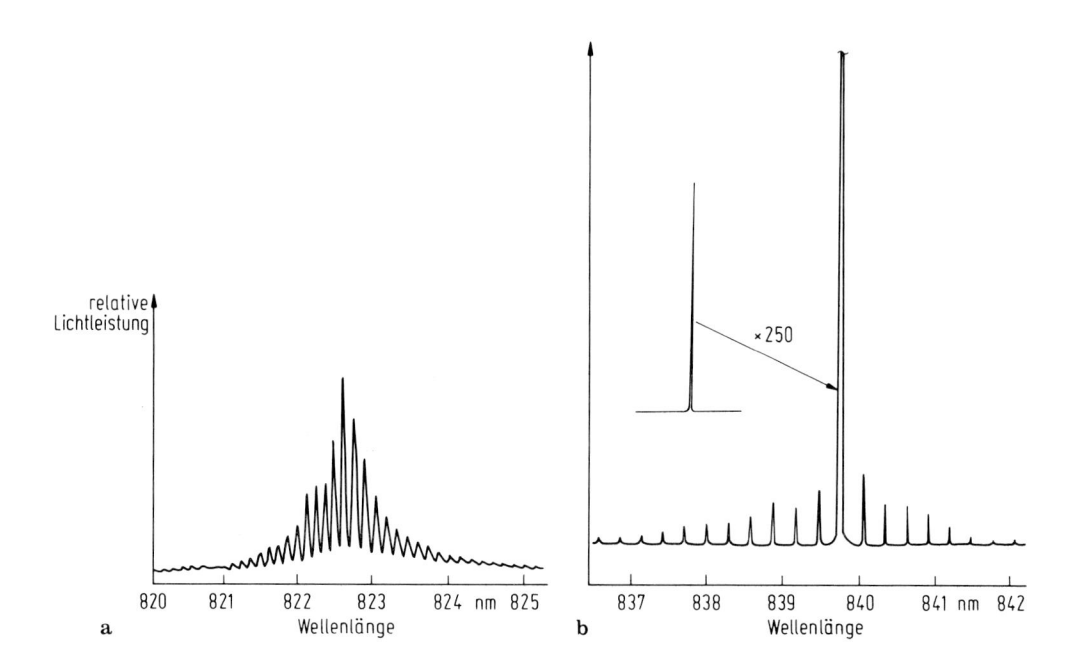

Bild 4.42
Emissionsspektren eines Streifenoxid-GGL (a) und eines CSP-IGL (b) aus (AlGa)As

4.3 Halbleiterlaser

Injektionsstrom schwingen weitere longitudinale Moden an (Bild 4.43b). Demgegenüber sind kürzlich Untersuchungen an (InGa)(AsP)-GGL bekannt geworden, bei denen bei höheren Injektionsströmen ein fast monomodales Spektrum zu beobachten ist (Bild 4.43a). Diese einzelnen Effekte sind theoretisch noch nicht geklärt. Es ist zu vermuten, daß das multimodale Spektrum des IGL durch technologische Unzulänglichkeiten (Inhomogenitäten) hervorgerufen wird, während beim GGL möglicherweise unbeabsichtigt durch hohe Dotierungen ein passiver Streifenwellenleiter erzeugt wurde, so daß es sich eigentlich um einen IGL handelt.

Man kann beobachten, daß bei steigendem Injektionsstrom trotz konstanter Gehäusetemperatur die Emissionswellenlänge des stärksten Modus plötzlich auf einen anderen Wert springt; man spricht vom sog. mode-hopping. Es handelt sich um einen Temperatureffekt, da sich - trotz konstanter

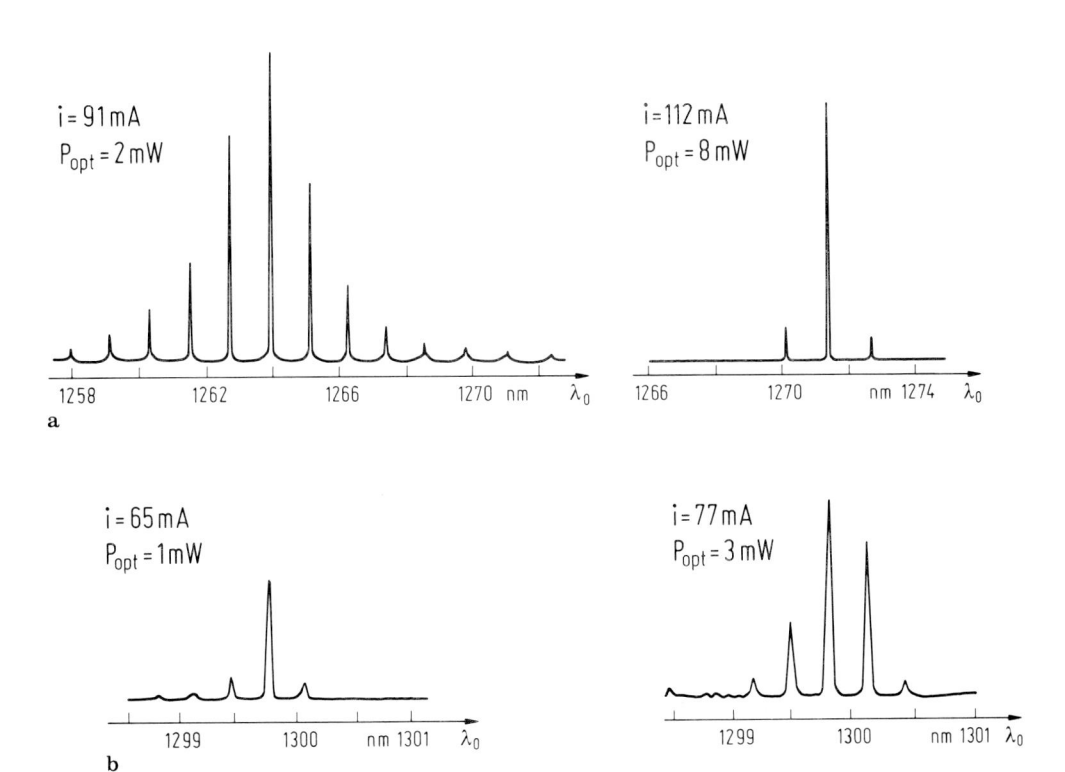

Bild 4.43
Emissionsspektren eines V-Nut-GGL (a) [4.161] und eines CSP-IGL (b) für $i \approx i_{th}$ (links) und $i \gg i_{th}$ (rechts) für quaternäre (InGa)(AsP)-Halbleiterlaser

Gehäusetemperatur – die Temperatur am pn-Übergang ändert. Dies hat eine Änderung der Brechzahl und eine Änderung der optischen Länge des Resonators zur Folge. Ändert man bei gleichbleibendem Injektionsstrom die Temperatur, so kann man zwei Effekte beobachten: Zunächst steigt die Emissionswellenlänge geringfügig mit steigender Temperatur an, dann kommt es zu einem sog. Modensprung. Für einen (AlGa)As-CSP-Laser ist dies in Bild 4.44 dargestellt; bei einem (InGa)(AsP)-Laser sind die Effekte wegen seiner wesentlich stärkeren Temperaturabhängigkeit (siehe Abschnitt 4.3.3.1) größer.

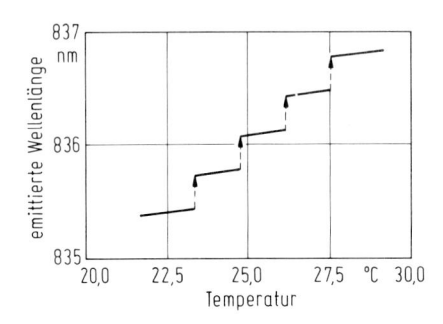

Bild 4.44
Emittierte Wellenlänge als Funktion der Temperatur bei einem (AlGa)As-CSP-Laser [4.160]

Da in optischen Nachrichtensystemen Halbleiterlaser moduliert werden, muß auch das dynamische spektrale Verhalten in Betracht gezogen werden. Die Änderung des Spektrums als Funktion der Zeit nach Einschalten des Injektionsstromes ist in Bild 4.45 zu sehen. Der Laser hat zunächst eine spektral breite Emission; nach ca. 14 ns dominiert ein einziger Modus. Das Zentrum des Spektrums verschiebt sich in dieser Zeit um 1,5 nm. Dieses Verhalten kann die Eigenschaften einer optischen Übertragungsstrecke ganz erheblich (günstig oder ungünstig) beeinflussen.

4.3.3.5 Differentieller Quantenwirkungsgrad

Ähnlich dem äußeren Quantenwirkungsgrad bei einer LED ist der Laser-Quantenwirkungsgrad definiert. Da die P/i-Kennlinie – im Gegensatz zur LED – wegen des Knickes bei der Schwelle stark nichtlinear ist, muß der differentielle Quantenwirkungsgrad angesetzt werden: Darunter versteht man das Verhältnis der Änderung der aus dem Halbleiterlaser austretenden Anzahl von Photonen zur Änderung der Anzahl injizierter Ladungsträgern.

4.3 Halbleiterlaser

Bild 4.45
Dynamisches spektrales Verhalten von Halbleiterlaserdioden; zum Zeitpunkt t = 0 s wird der Strom i = 1,7 i_{th} eingeschaltet

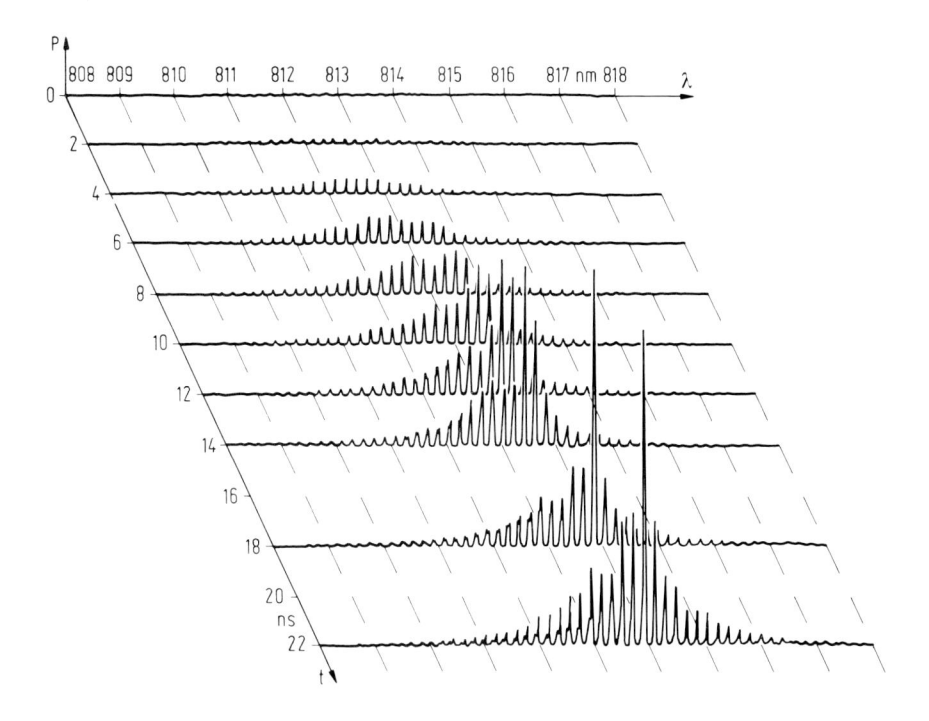

Aus der P/i-Kennlinie läßt sich dies über die beiden Differenzen ΔP und Δi ermitteln. Die differentiellen Quantenwirkungsgrade liegen bei ca. 30%, jeweils bezogen auf die aus einem Laserspiegel austretende Lichtleistung. Manchmal wird auch der Begriff der Steilheit benutzt, worunter $\Delta P/\Delta i$ direkt zu verstehen ist.

Eine Übersicht über z.Z. erhältliche Dauerstrich-Halbleiterlaser und ihre Eigenschaften gibt Tabelle 4.3.

4.3.3.6 Alterung von Halbleiterlaserdioden

Über die Alterungsmechanismen bei III-V-Halbleitern wurde bereits in Abschnitt 4.2.4 berichtet. Sie treffen auch für Halbleiterlaserdioden zu [4.11, 4.118, 4.119]. Insbesondere war das Auftreten der dark-lines [4.55, 4.56, 4.120] durch unsachgemäßen Aufbau problematisch. Die Alterung von

Tabelle 4.3: Überblick über Eigenschaften von einigen z.Z. kommerziell erhältlichen Dauerstrich-Halbleiterlasern bei Raumtemperatur

Wellenlänge [µm]	spektrale Breite [nm]	Ausgangs-leistung [mW]	Abstrahlwinkel ∥ / ⊥ in Grad	Schwellen-strom [mA]	Anstiegs-zeit [ns]	Typ	Hersteller
0,82	2,5	10	20/30	200	1	CQX 20	AEG-Telefunken
0,75...0,85	2,5	25	20/30	100	2	V294P	AEG-Telefunken
0,78...0,85	1	7		90		G01S	General Optronics
0,78...0,85	0,25	7		90		G01S-SLM	General Optronics
0,83	0,1	5...15	10/30	70	< 1	HLP 1600	Hitachi
0,83	0,1	0,75...1,5	35/40	20	< 0,8	HLP2600U	Hitachi
0,85	1	6		150	< 1	LS 7709	ITT
0,8....0,88	0,1	7		35	0,1	SCW-20	Laser Diode Labs
0,8....0,88	1	7		90	0,1	LCW-10	Laser Diode Labs
0,78	< 0,1	3		50	0,3	ML-4001	Mitsubishi
0,83	< 0,1	3		60	0,3	ML-3001	Mitsubishi
0,78...0,85	3	2		100	1	OL5133Z	Opt. Information System
0,78...0,85	7	2	20/45	100	0,5	OLX3400Z	Opt. Information System
0,82		5		75		C86000E	RCA
0,82		5		250		C30127	RCA
				100	< 1	SFH 428	Siemens

4.3 Halbleiterlaser

Wellenlänge [μm]	spektrale Breite [nm]	Ausgangs-leistung [mW]	Abstrahlwinkel ∥/⊥ in Grad	Schwellen-strom [mA]	Anstiegs-zeit [ns]	Typ	Hersteller
1,3	1	7		100...150	1	GOXL	General Optronics
1,3	1	5		70	< 1	HLP5400U	Hitachi
1,1...1,3		6		200	0,25	QCW-123	Laser Diode Labs
1,3	< 2	7	10/40	100	< 0,2	QL5-1300	Lasertron
1,3		7		150		C86023E	RCA
1,5	< 2	5	10/40	100	< 0,2	QL5-1500	Lasertron

Halbleiterlasern kann an zwei Größen gemessen werden: an der Erhöhung des Schwellenstromes und der Verminderung des differentiellen Wirkungsgrades. Im Vergleich zu LED herrschen jedoch in der aktiven Zone von Halbleiterlasern ungewöhnlich hohe optische Leistungsdichten (einige MW/cm^2). Dies belastet vor allen Dingen die Laserspiegel. Das Altern (Kontaminieren) der Halbleiterlaserspiegel ist eines der wesentlichen Probleme, die ihre Zuverlässigkeit einschränken [4.121]. Durch Passivieren der Spiegel mit aufgesputtertem Al_2O_3 kann dieser Alterungsprozeß vermindert werden [4.118, 4.122]. Durch sukzessive Weiterentwicklung der Technologie ist die Alterung von Halbleiterlasern so stark reduziert worden, daß die Lebensdauer vergleichbar ist mit jener von LED. Die rasante Entwicklung bei der Verfolgung dieses Zieles ist in Bild 4.46 gezeigt.

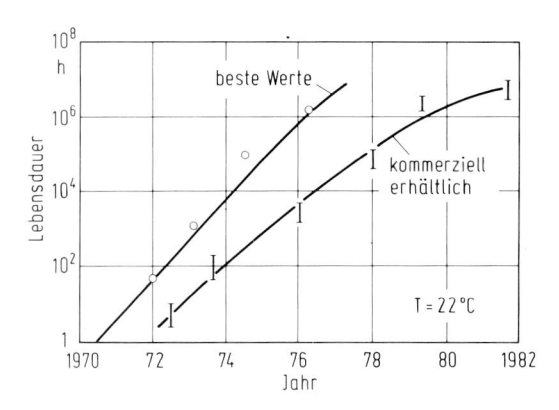

Bild 4.46
Fortschritt bei der Herstellung von langlebigen Halbleiterlasern

4.4 Technologie

Die im weiteren dargestellten Technologien sind auch für die Herstellung von Detektoren (siehe Kap. 6) geeignet und ausführlich in [4.123, 4.124] dargestellt.

Entsprechend dem geschilderten Aufbau von LED und Halbleiterlaserdioden benötigt man Substratmaterialien, auf die eine bestimmte Schichtfolge unterschiedlicher Materialien epitaktisch, d.h. in einkristalliner Form,

4.4 Technologie

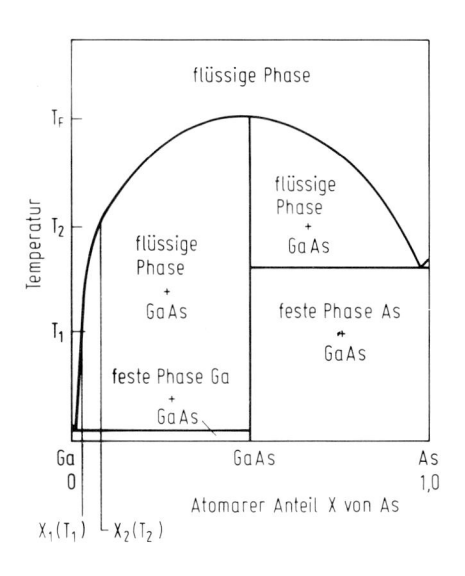

Bild 4.47
Phasendiagramm von GaAs

aufgewachsen wird. Die Substratmaterialien werden in üblicher Weise nach dem Czochralski-Verfahren [4.125, 4.126] aus der Schmelze gezogen. Während dies für GaAs relativ unproblematisch ist und entsprechend große und reine Einkristalle hergestellt werden können (5 cm Durchmesser, 5 bis 10 cm lang), ist dies bei InP schwieriger, was sich sowohl im Preis als auch in der Verfügbarkeit äußert.

Für die Herstellung der Schichtsysteme verwendet man z.Z. fast ausschließlich die Flüssigphasenepitaxie (LPE: liquid phase epitaxy) [4.127]. Um das epitaktische Wachstum bei LPE besser zu verstehen, sei zunächst auf das schematische Phasendiagramm in Bild 4.47 für die binäre III-V-Verbindung GaAs verwiesen [4.128]. Auf der Abszisse ist die jeweilige Zusammensetzung (links reines Ga, rechts reines As) aufgetragen, auf der Ordinate die Temperatur. Die obere, durchgezogene Kurve gibt die Temperatur an, bei der Schmelze und fester Stoff die gleiche Zusammensetzung gemäß dem Abszissenwert von X aufweisen, also im Gleichgewicht sind. Für GaAs (beide Komponenten sind gleich vertreten, X = 0,5) erhält man die höchste Schmelztemperatur T_F dieser Zusammensetzung; wählt man eine Temperatur T_1, so ist in der Schmelze im Gleichgewichtszustand X_1% As enthalten. Erniedrigt man die Temperatur auf T_2, so wird die Löslichkeit von As geringer ($X_2 > X_1$). Bei einem Substrat aus GaAs, das bei diesen Temperaturen in fester Form vorliegt, scheidet sich das überschüssige As in Form einer dünnen GaAs-Schicht auf der Substratoberfläche in kristalliner Form ab.

Für ternäre III-V-Verbindungen sind die Verhältnisse komplizierter, die Abscheidung beruht jedoch auf dem gleichen Prinzip. Die Herstellung eines DH-Schichtaufbaus unter Verwendung einer Schiebeepitaxie-Einrichtung, wie sie in Bild 4.48 gezeigt ist, geschieht nach den folgenden Schritten: Ein n-dotiertes GaAs-Substrat (üblicherweise 0,5 mm dick, 1,5 cm lang und 1 cm breit) mit sorgfältig präparierter Oberfläche (poliert, staubfrei, defektfrei) wird nacheinander mit den in einem Graphitboot befindlichen Schmelzen durch Bewegen des Schiebers in Kontakt gebracht. Die Schmelzen bestehen zur Hauptsache aus Ga, in dem je nach angestrebter Zusammensetzung Al, As und Dotierungsstoffe wie Te, Sn, Ge, Si und Zn gelöst sind. Der Aufwachsprozeß findet entsprechend dem vereinfachten Phasendiagramm in Bild 4.47 durch Abkühlen der Schmelze statt. Da die Abkühlrate konstant ist, spricht man von einer Flüssigphasenepitaxie mit gleichmäßiger Abkühlung. Daneben gibt es noch andere Flüssigphasenepitaxie-Verfahren, bei denen z.B. ein stufenweises Abkühlen verwendet wird.

Bei Beginn der Epitaxie befindet sich die Apparatur bei ca. 800 °C in einer Schutzgasatmosphäre (reiner Wasserstoff). Das eingesetzte Vorsubstrat sorgt für den Ausgleich möglicher Inhomogenitäten in den Schmelzen (z.B. Abbau von Übersättigungen). Zunächst wird das Vorsubstrat mit Schmelze 1 in Kontakt gebracht (1. Schritt in Bild 4.48). Eine Kühlrate von 0,1 °C pro Minute wird eingestellt, und im gleichen Augenblick wird der Schieber um eine Station weitergeschoben, so daß das eigentliche Substrat unter der Schmelze 1 zu liegen kommt (Schritt 2). Durch die Abkühlung beginnt das Aufwachsen einer Schicht. Über die Kühldauer kann die Schichtdicke genau kontrolliert werden, z.B. 2 µm n-dotiertes (AlGa)As. Es folgt ein weiteres Verschieben, so daß das Substrat mit der Schmelze 2 in Kontakt kommt (Schritt 3). In ca. 20 Sekunden wird hier eine p-dotierte, 0,2 µm dicke GaAs-Schicht aufgebracht (aktive Zone), und es erfolgt ein weiteres Verschieben (Schritt 4). Diese Vorgänge können entsprechend der Anzahl der Schmelzen fortgeführt und dadurch kann das gewünschte Schichtsystem aufgewachsen werden. Wegen der relativ geringen Wachstumsgeschwindigkeit der Schichten ist die Herstellung besonders dünner Schichten (0,1 µm bis 0,2 µm) einfach. Das Aufwachsen der dicken Schichten dauert lange. Durch schnelle Temperaturänderungen läßt sich der Wachstumsprozeß jederzeit unterbrechen; die Materialien können durch Verschieben des Substrats von einer Schmelze zur nächsten Schmelze sofort geändert werden. Bei dem ternären (AlGa)As ist die Gitteranpassung, die

4.4 Technologie

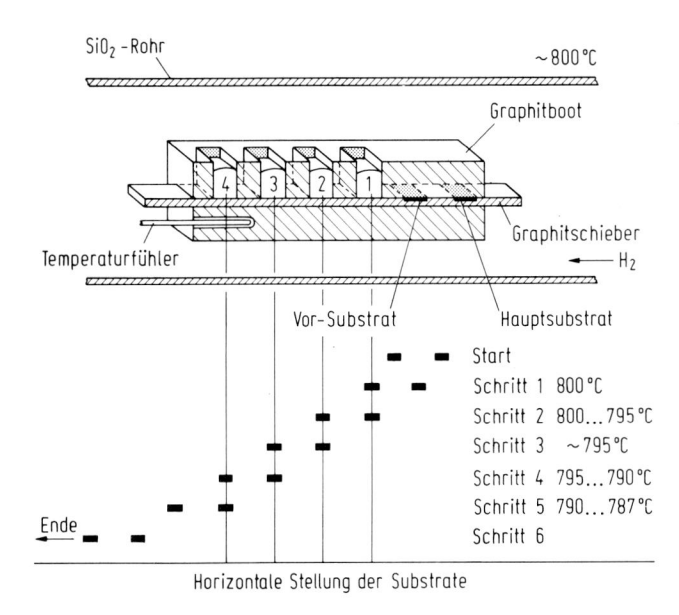

Bild 4.48
LPE-Epitaxieanlage mit Schiebetiegel (oben); die einzelnen Stationen zur Herstellung eines Schichtsystems sind unten angegeben [4.163]; Erklärung siehe Text

für einen epitaktischen Wachstumsprozeß notwendig ist, unkritisch. Die Temperaturregelung und -steuerung ist jedoch aufwendig, und es bedarf einer großen experimentellen Erfahrung, um die richtige Zusammensetzung der Schmelzen für gezielte Schichtzusammensetzungen zu finden. Schwierigkeiten kann das Abdampfen von Elementen aus der Schmelze bereiten.

Die LPE von (InGa)(AsP) auf InP geht ähnlich vor sich [4.129-4.133]. Allerdings muß hier das Problem des Rückschmelzens (melt-back) beherrscht werden: InP-Schmelzen neigen dazu, festes $(In_xGa_{x-1})(As_yP_{1-y})$ für $x < 0{,}7$ und $y > 0{,}7$ (d.h. für Wellenlängen größer als 1,4 µm) aufzulösen anstatt darauf aufzuwachsen [4.134]. Dieses Problem kann durch verschiedene technologische Kunstgriffe bewältigt werden, am einfachsten jedoch durch andere Abscheideprozesse.

Dazu zählt die Gasphasenepitaxie (VPE: vapour phase epitaxy) [4.132, 4.135-4.140]. Hierbei gibt es verschiedene Varianten, wovon allerdings nur zwei Bedeutung erlangt haben: der Hydrid-Prozeß, bei dem HCl über heißes In- oder Ga-Material geschickt und mit AsH_3- bzw. PH_3-Gas gemischt wird, und der Halide-Prozeß, bei dem als Gas $AsCl_3$ und PCl_3 verwendet werden.

Dadurch kann ein Gasgemisch geeigneter Zusammensetzung aus allen wichtigen III-V-Materialien erzeugt werden. Der Aufbau einer VPE-Anlage für den Hydrid-Prozeß ist in Bild 4.49 gezeigt. Der Epitaxieprozeß beginnt mit dem Einführen des Substrats in die Vorkammer, die gegenüber der Abscheidezone geschlossen ist und mit Wasserstoff geflutet wird. HCl-Gas strömt über In und Ga, die Gase AsH_3 und PH_3 werden zugeführt. Für die n-Dotierung (siehe Kap. 4.1) kann z.B. Schwefel über H_2S zugeführt werden, während p-Dotierungen durch H_2 zusammen mit Zn erzielt werden. Das richtige Verhältnis kann entweder durch den Gasfluß des HCl oder aber durch die Gase für die Gruppe der V-Materialien eingestellt werden. Wenn eine stabile Gasströmung garantiert ist, wird das Substrat in die Vorheizzone und dann in die Abscheidezone gebracht. Durch Änderung der Gaszusammensetzung können verschiedene Schichten aufgewachsen werden; allerdings lassen sich dabei nicht derart abrupte Übergänge erzielen wie bei der LPE.

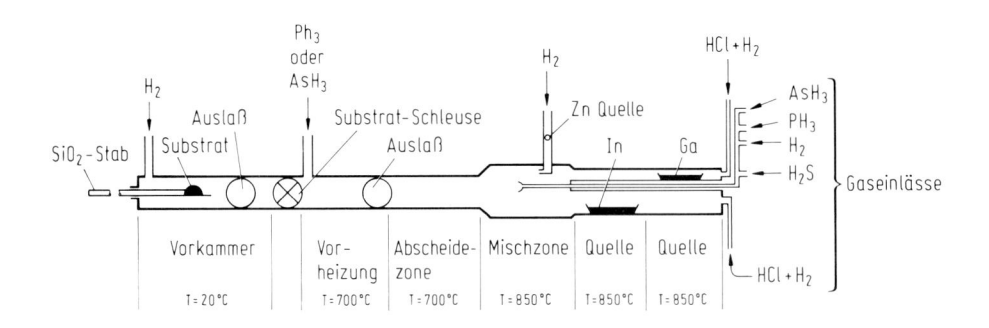

Bild 4.49
Aufbau einer VPE-Anlage [4.164] für die Herstellung von (InGa)(AsP)-Schichten; Erklärung siehe Text

Eine gerade in jüngster Zeit besonders interessante Entwicklung ist die Verwendung von metallorganischen Stoffen bei der Gasphasenabscheidung (MOCVD: metal organic chemical vapour deposition) [4.141]. Hierbei werden statt der bei der VPE verwendeten Gase organische Verbindungen, z.B. $In(CH_3)_3$ oder $Ga(CH_3)_3$, für die Gruppe der III-Materialien benutzt. Die Herstellung von GaAs erfolgt nach folgender chemischer Reaktion:

$$Ga(CH_3)_3 + AsH_3 \xrightarrow{H_2} GaAs + 3\ CH_3 \quad . \tag{4-37}$$

4.4 Technologie

Dabei wird das flüssige $Ga(CH_3)_3$ in die Reaktionskammer gebracht, indem man H_2 bei 0 °C durch die Flüssigkeit strömen läßt (bubbeln). Durch das Wasserstoffgas werden $Ga(CH_3)_3$-Atome mitgerissen. Die Reaktionskammer besteht aus einem wassergekühlten Glaskolben, während sich das Substrat darin auf einem induktiv beheizten Tisch befindet. Epitaktische Abscheidung von GaAs kann in einem Temperaturbereich von 550 °C bis 700 °C erzielt werden. Besonders die möglichen niedrigen Temperaturen erlauben die Abscheidung hochqualitativer Schichten. Die Abscheidung von Phosphor ist jedoch schwierig, da sich leicht Polymere der Form $(CH_3InPH)_n$ bilden, die zu einer minimalen Abscheiderate führen. Durch Cracken von PH_3, bevor es die Reaktionszone erreicht, läßt sich dieser Nachteil beseitigen. Die MOCVD ist in jüngster Zeit stark favorisiert, da die bei ihr einsetzbaren Substratgrößen nicht so begrenzt sind wie bei LPE-Prozessen, die Schichthomogenität sehr gut und die Abscheiderate hoch ist. Die Investitionen für eine MOCVD-Anlage sind vergleichsweise gering. Problematisch ist die Verwendung toxischer Gase und die damit verbundenen Sicherheitsvorkehrungen. Dennoch ist die MOCVD für die kommerzielle Herstellung von III-V-Schichtsystemen besonders attraktiv.

Eine ganz neue, äußerst aufwendige, aber sehr vielseitige und damit speziell für den Forschungsbereich geeignete Technologie ist die Molekularstrahlepitaxie (MBE: molecular beam epitaxy) [4.142-4.147]. Der prinzipielle Aufbau einer MBE-Anlage ist in Bild 4.50a skizziert. Die verschiedenen Elemente werden in einer Ultrahochvakuum-Kammer thermisch verdampft, so daß sich Atom- oder Molekularstrahlen bilden, die auf einem kristallinen, aufgeheizten Substrat epitaktisch abgeschieden werden können. Jede Atom-/Molekülquelle kann ein- und ausgeschaltet, ihre Intensität über ihre Temperatur eingestellt werden. Mit einer Aufwachsrate von nur 1 µm pro Stunde können Schichtdicken hergestellt werden, die nur einer Atomlage entsprechen. Durch die Verwendung einer Ultrahochvakuum-Anlage sind gleichzeitig zahlreiche Analysegeräte einsetzbar, so daß Zusammensetzung, Kristallgüte etc. der aufgewachsenen Schicht kontrolliert, andere Prozesse (z.B. Sputtern, Ätzen) hintereinander durchgeführt werden können. Der Aufbau einer Gesamtanlage ist in Bild 4.50b gezeigt. Ein großtechnischer Einsatz von MBE-Anlagen ist wegen ihrer Komplexität und der geringen Aufwachsrate bis jetzt noch nicht zu sehen, obwohl sie die Herstellung extrem homogener kristalliner Schichten gestatten. MBE

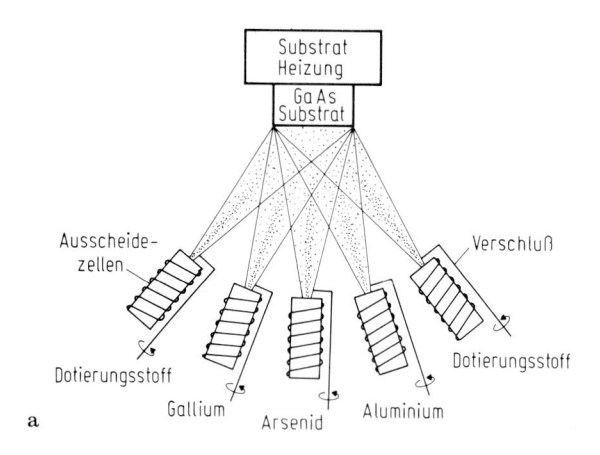

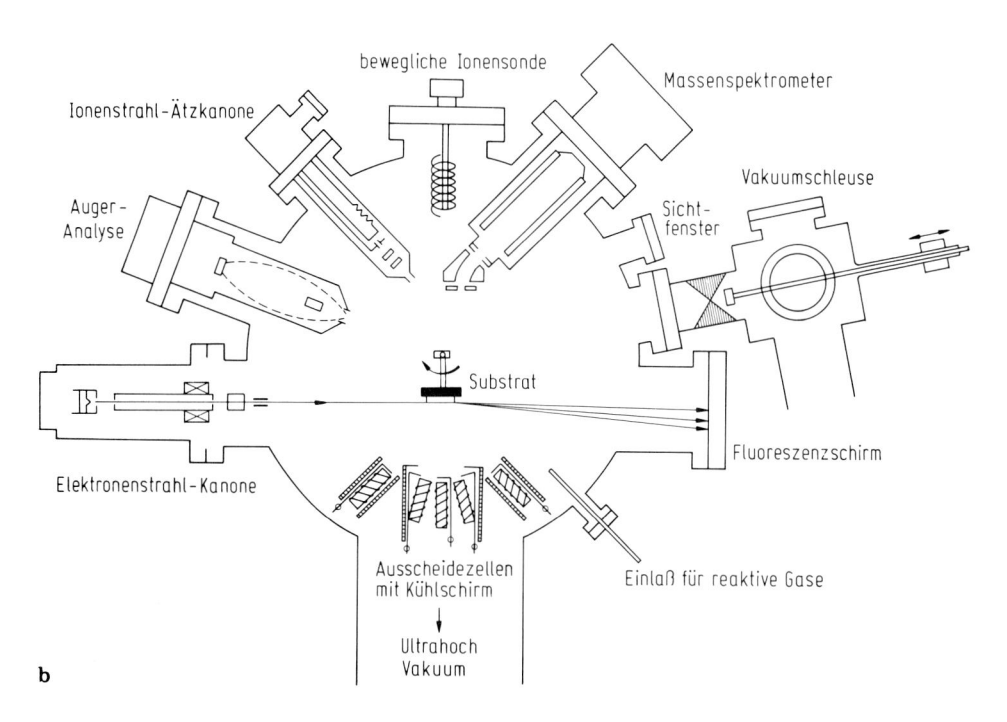

Bild 4.50
Schema einer Molekularstrahl-Epitaxieanlage (a); Gesamtausbau (b) [4.73]

kann sowohl für (AlGa)As als auch für (InGa)(AsP) verwendet werden; allerdings stellt Phosphor in Hochvakuumanlagen ein Problem dar.

Einen Vergleich über die oben geschilderten Epitaxie-Prozesse gibt Tabelle 4.4.

4.4 Technologie

Tabelle 4.4: Vergleich verschiedener Epitaxieverfahren für die Herstellung von optoelektronischen Bauelementen aus III-V-Verbindungen [4.165]

	VPE	MOCVD	LPE	MBE
Aufwachsrate (µm/min)	0,03-0,5	0,01-0,5	1	0,01-0,1
Substrattemperatur (K)	1000-1100	900-1050	1100	700-900
Dickenkontrolle (nm)	25	5	50	0,05
Auswahl von Dotierungsstoffen: n-Typ	groß	groß	groß	begrenzt
p-Typ	begrenzt	begrenzt	groß	eingeschränkt
Gleichförmigkeit der Verbindung	hoch	hoch	mittel	hoch
Investitionskosten	mittel	mittel	niedrig	hoch
Eignung für Massenproduktion	ja, für Ga(AsP)	ja	ja, für (AlGa)As	begrenzt

Nach der Herstellung der Schichtsysteme auf den - im Vergleich zu einzelnen Halbleiterlasern oder LED - großen Substraten müssen mechanische Prozesse zum Zerteilen in Chipgröße erfolgen. Bei LED erfolgt dies durch Brechen, bei Halbleiterlaserdioden muß für die Herstellung der Spiegel der Kristall entlang einer Kristallgitterachse gespalten werden. Dazu wird das Substrat bezüglich dieser Kristallachse genau orientiert, die Elektroden werden aufgebracht, und das Substrat wird durch Ritzen entlang der Kristallachse und anschließendes Biegen gespalten. Die seitliche Begrenzung der Chips wird durch Sägen hergestellt. Um die Spiegelbelastbarkeit zu erhöhen und eine Kontamination zu vermeiden, werden die Spiegel durch Aufsputtern von z.B. SiO_2 oder Al_2O_3 passiviert (siehe Abschnitt 4.3.3.6). Dieser Prozeßschritt wird nach dem Spalten, aber vor dem Zersägen in Einzelchips durchgeführt. Die Chips müssen dann auf einer Wärmesenke aufgebaut und kontaktiert werden. Dieser Vorgang ist besonders aufwendig, da einerseits ein guter Wärmekontakt zum Gehäuse hergestellt werden muß, andererseits aber mechanische Spannungen vermieden werden müssen, da sie zu Kristalldefekten und damit zu einer vorzeitigen Alterung führen können [4.55, 4.56]. Die früher beobachteten, schnellen Degradationseffekte in Halbleiterlasern waren zum Teil auf derartige Aufbaumängel zurückzuführen.

Um eine möglichst gute Wärmeabführung zu realisieren, werden Halbleiterlaserdioden verkehrt herum, d.h. mit dem Substrat nach oben und den aufgewachsenen Schichten zum Wärmekontakt hin (upside-down), aufgebaut, wodurch jedoch die aktive Zone durch den Kontaktierungsvorgang besonders gefährdet ist. Durch Verwendung eines sehr weichen Lots (Indium) versucht man, jegliche mechanische Belastung des Kristalls durch den Aufbau zu vermeiden.

Diese Prozeßschritte und die damit verbundenen Probleme führen beim Aufbau von Halbleiterlasern zu einer Ausbeute, die bei nur wenigen Prozenten liegt. Zunächst können von der gesamten Substratfläche die Randbezirke wegen der hier durch die Epitaxie hervorgerufenen (besonders bei LPE) Inhomogenitäten nicht benutzt werden. Der weitere Ausschuß ist durch Inhomogenitäten im Substrat und Beschädigungen während des upside-down-Aufbaus bedingt. Erst kürzlich konnte jedoch durch verschiedene Maßnahmen bei einem Streifenoxid-GGL ein sehr hohes T_0 erzielt werden, so daß ein normaler (upside-up) Aufbau großtechnisch möglich war. Dadurch wurden gleichzeitig die Ausbeute erhöht und die Kosten gesenkt (ca. 25% bis 50% eines "normalen" GGL).

Für den praktischen Einsatz problematisch sind die z.Z. sehr zahlreichen Gehäuseformen sowohl von LED als auch von Halbleiterlaserdioden. Ein Teil dieser Elemente wird direkt mit einem "LWL-Schwänzchen" ausgerüstet; andere sind offene Gehäusekonstruktionen. Letztere müssen besonders vor Staub oder sonstigen Verunreinigungen geschützt werden, da jeder Fremdkörper auf dem Laserspiegel soviel Energie absorbiert, daß es augenblicklich zu einer starken Erwärmung und einem Einbrennen kommt, so daß der Laserspiegel ganz oder teilweise zerstört wird und der Laserbetrieb nicht mehr möglich ist.

5 Messungen an Halbleiterlichtemittern

Die Messungen an LED und Halbleiterlaserdioden sollen hier nur hinsichtlich der nichtelektrischen Größen besprochen werden; ihre elektrischen Eigenschaften können in herkömmlicher Weise bestimmt werden.

Es sei bereits an dieser Stelle daran erinnert (siehe Abschnitt 4.3.3.2), daß Rückreflexionen in die aktive Schicht eines Streifenlasers - besonders eines IGL - dessen Eigenschaften ganz wesentlich verändern; dies betrifft insbesondere die P/i-Kennlinie [5.1], das Rauschen [5.2] und die Erzeugung von Harmonischen oder Intermodulationsprodukten [5.3]. Daher können bei diesen Halbleiterlasern die Meßergebnisse stark vom Meßaufbau abhängen.

5.1 Bestimmung der P/i-Kennlinie

Für die Erfassung der absoluten P/i-Kennlinie muß ein optischer Leistungsmesser zur Verfügung stehen, der in optischer Leistung geeicht und sowohl von der Lichtwellenlänge als auch von der Strahlungscharakteristik des zu messenden Lichtemitters unabhängig ist. Durch den Einsatz einer Ulbricht-Kugel kann die Abhängigkeit von der Strahlcharakteristik vermieden werden. Die Ulbricht-Kugel ist schematisch in Bild 5.1 dargestellt. Sie besteht aus einer Hohlkugel, deren Innenfläche mit einer diffus streuenden, weißen Schicht (z.B. Magnesiumoxid) belegt ist. Der zu messende Lichtsender wird seitlich in die Kugel eingeführt; das von ihm abgestrahlte Licht wird durch die streuende Innenfläche der Kugel diffus reflektiert. Dadurch verteilt sich die gesamte abgestrahlte Lichtleistung gleichmäßig auf die Kugelinnenfläche. Mit dem Photodetektor mit bekannter empfindlicher Fläche kann die Lichtintensität pro Flächeneinheit gemessen und daraus die gesamte, in die Kugel abgegebene Lichtleistung berechnet werden. Dabei darf allerdings kein vom Lichtsender abgestrahltes Licht direkt auf den

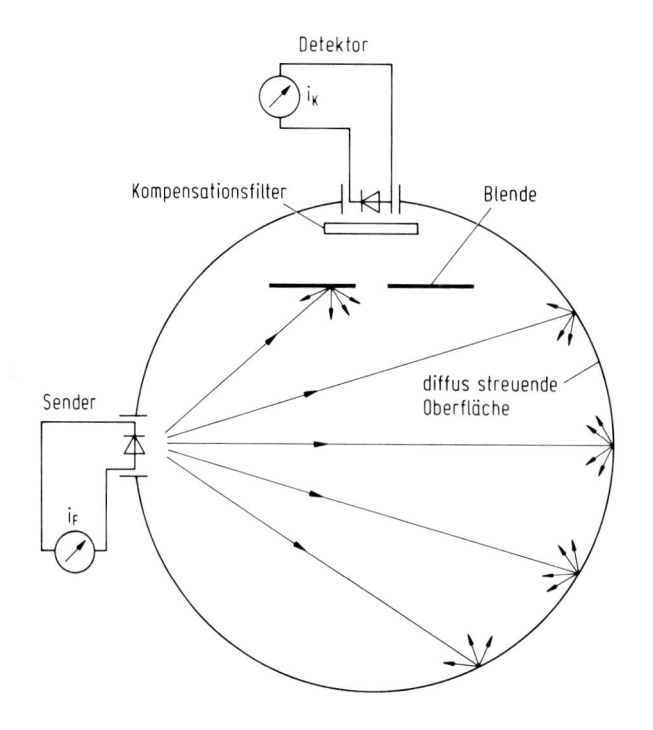

Bild 5.1
Schematischer Aufbau einer Ulbricht-Kugel für die Messung der P/i-Kennlinie von Lichtemittern; i_K: Photostrom; i_F: Injektionsstrom

Detektor fallen; dafür sorgt eine entsprechend angebrachte Blende. Der Detektor arbeitet als Photoelement im Kurzschlußbetrieb, so daß der von ihm erzeugte Photostrom i_K streng linear mit der auf ihn fallenden Lichtleistung zusammenhängt. Die Wellenlängenabhängigkeit des Detektors wird durch ein geeignetes, vorgeschaltetes optisches Filter kompensiert.

Da die abgestrahlte optische Leistung für die LED bzw. den Halbleiterlaser vom Injektionsstrom i_F abhängig ist, wählt man eine Stromquelle als Versorgung. Während die Anforderungen an die Güte dieser Stromquelle bei Messungen mit LED nicht besonders hoch sind, muß bei Messungen an Halbleiterlasern äußerst sorgfältig vorgegangen werden; jede negative Sperrspannung sowie auch nur kurzzeitig (< 1 ns!) zu hohe Injektionsströme sind zu vermeiden, da sie zur Zerstörung des Halbleiterlasers führen können. Störungen im Netz, die z.B. durch das An- und Abschalten anderer Geräte verursacht sein können, können bereits für eine vorzeitige Alterung

5.1 Bestimmung der P/i-Kennlinie

verantwortlich sein (es muß nicht sofort zur vollständigen Zerstörung kommen). Als besonders einfache Gegenmaßnahme hat sich das Kurzschließen des Halbleiterlasers beim Einschalten aller Meß- und Versorgungsgeräte erwiesen. Mit Hilfe relativ aufwendiger Elektronik läßt sich jedoch auch eine sichere Stromversorgung aufbauen, die den Laser erst nach einer gewissen Verzögerungszeit mit einem langsam auf den eingestellten Wert ansteigenden Strom betreibt. Ein Schaltungsbeispiel ist in Bild 5.2 angegeben.

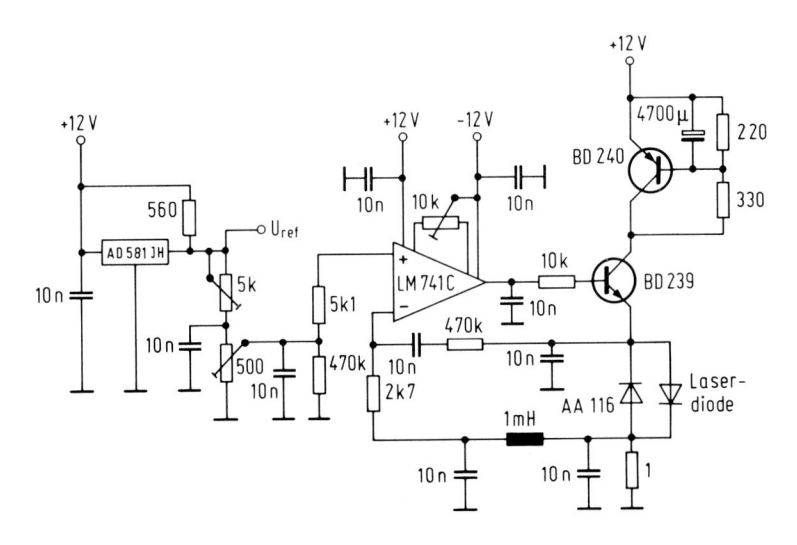

Bild 5.2
Geregelte Stromquelle für einen Halbleiterlaser

Um Reihenmessungen durchzuführen, läßt sich ein Sägezahngenerator verwenden. Der Sägezahn steuert den Injektionsstrom und gleichzeitig die x-Ablenkung eines x-y-Schreibers. Auf der y-Achse wird das der Lichtleistung proportionale, verstärkte Ausgangssignal des Photodetektors geschrieben. Die Linearität des Photodetektors bezüglich der Lichtleistung ist zu gewährleisten.

Da es sich bei solchen Reihenmessungen meist um vergleichende Messungen handelt, kann die teure (und relativ unempfindliche) Ulbricht-Kugel durch ein großflächiges Photoelement, das im Kurzschlußbetrieb arbeitet, ersetzt werden. Um möglichst alles vom Lichtemitter abgestrahlte Licht aufzufangen, ist die Verwendung eines Parabolspiegels empfehlenswert (Bild 5.3).

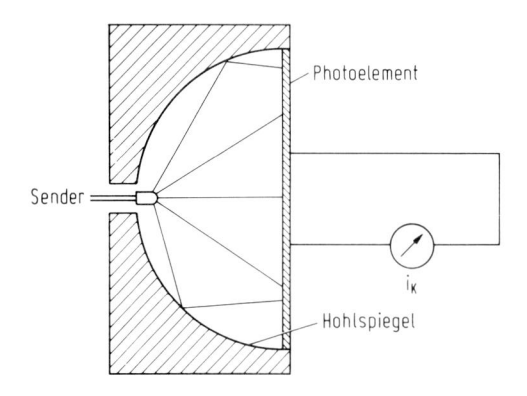

Bild 5.3
Vereinfachte Anordnung zur Messung der P/i-Kennlinie mit einem großflächigen Photoelement; i_K: Photostrom

Sowohl für LED als auch für Halbleiterlaser gilt, daß die Ausgangsleistung P nicht nur eine Funktion des Injektionsstromes, sondern auch der Temperatur ist. Daher ist der Prüfling auf konstanter Temperatur zu halten. Dies geschieht am einfachsten mit Hilfe eines über einen Temperaturfühler gesteuerten Peltier-Kühlers. Eine geeignete Regelschaltung für eine Regelkonstanz kleiner als 0,1 °C ist in Bild 5.4 gezeigt.

Der Schwellenstrom einer Laserdiode wird aus dem Schnittpunkt der Abszisse mit der Verlängerung des linearen Teils der P/i-Kennlinie festgestellt. Seine Temperaturabhängigkeit kann über die Änderung der Gehäusetemperatur bestimmt werden. Über (4-31) läßt sich aus zwei Meßwerten die charakteristische Temperatur T_0 berechnen (siehe Bild 4.38).

Sowohl bei LED als auch bei Halbleiterlaserdioden ist festzustellen, daß bei hohen Injektionsströmen ein leichtes Abknicken der P/i-Kennlinie vom linearen Bereich auftritt. Dies ist ein Temperatureffekt, da die Temperaturdifferenz zwischen Gehäuse und pn-Übergang nicht konstant ist, sondern sich mit steigender Verlustleistung ebenfalls erhöht [5.4, 5.5]. Da dieses Abweichen von der Nichtlinearität auch in der Praxis vorkommt, ist ihre meßtechnische Erfassung durchaus sinnvoll. Will man diesen Effekt jedoch ausschalten, so ist statt mit Dauerströmen mit pulsförmigen Strömen zu arbeiten. Die im Pulsbetrieb aufgenommene P/i-Kennlinie des Halbleiterlasers ergibt einen etwas geringeren Schwellenstrom, da die Gesamtverlust-

5.1 Bestimmung der P/i-Kennlinie

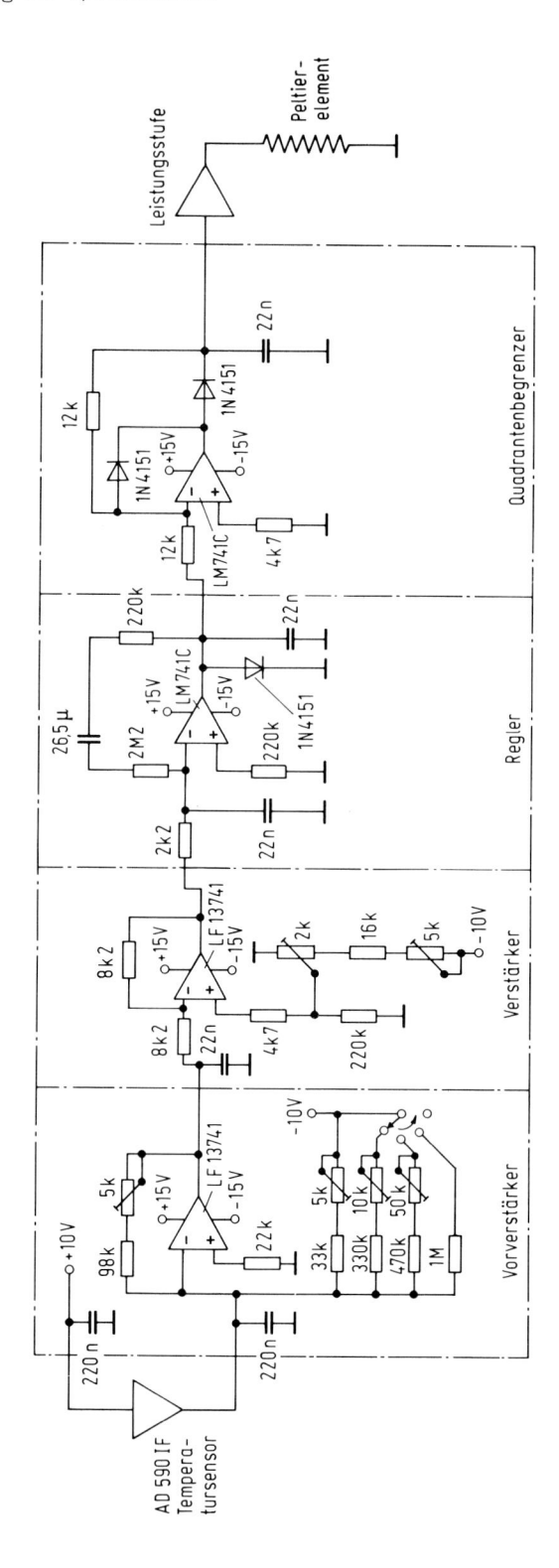

Bild 5.4
Schaltung zur Temperaturregelung mit einem Peltierelement

leistung entsprechend geringer ist. Ein Meßergebnis mit unterschiedlichen Tastverhältnissen an einer LED ist in Bild 5.5 gezeigt. Daraus erkennt man deutlich, daß sich mit der Verkleinerung des Tastverhältnisses der lineare Kennlinienbereich vergrößert. Bei einem Tastverhältnis von 10^{-3} ist die Messung fehlerhaft, da die Dauer des Stromimpulses die Anstiegszeit des Lichtimpulses unterschreitet.

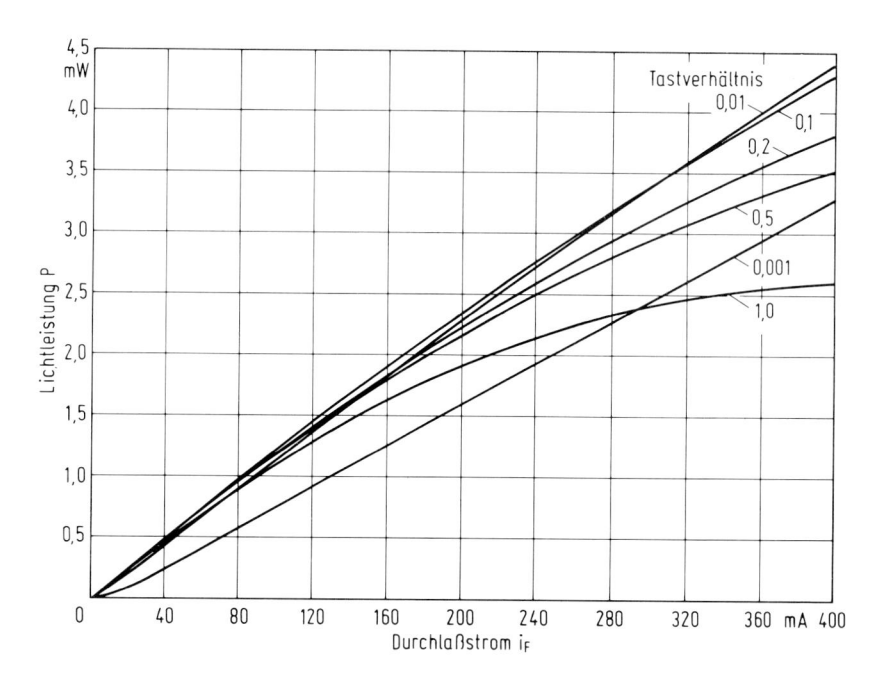

Bild 5.5
Gemessene P/i-Kennlinie einer LED im Pulsbetrieb; Parameter ist das Tastverhältnis

LED dürfen im Impulsbetrieb mit wesentlich höheren Strömen betrieben werden als im Dauerbetrieb. Die Grenze ist durch die elektrische Verlustleistung gegeben. Bei Halbleiterlaserdioden ist dies im allgemeinen nicht der Fall. Die Begrenzung ist hier die maximale Lichtleistungsdichte in der aktiven Zone und an den Laserspiegeln, die für Dauer- und Pulsbetrieb gleich ist. Ein Überschreiten der maximal zulässigen Leistungsdichte führt zur Zerstörung der Laserspiegel.

Der Quantenwirkungsgrad für eine LED (siehe Abschnitt 4.2.1) und der differentielle Quantenwirkungsgrad für einen Halbleiterlaser (siehe Abschnitt 4.3.3.5) können aus den P/i-Kennlinien gewonnen werden.

5.2 Modulationsbandbreite

Da sowohl LED als auch Halbleiterlaser eine von der Höhe des Injektionsstroms (der sich aus einem Gleich- und dem Modulationsstrom zusammensetzen kann) abhängige Modulationscharakteristik zeigen, ist für diese Messungen eine kombinierte Wechsel-/Gleichstromversorgung notwendig. Da diese meist aus zwei Geräten besteht, ist eine Kopplung über ein T-Glied, das einerseits beide Quellen entkoppeln, andererseits aber für die Wechselstromquelle einen glatten Frequenzgang zeigen muß, notwendig. Die Dimensionierung dieser Weiche bereitet oftmals Schwierigkeiten, und eine genaue meßtechnische Untersuchung vor dem Einsatz ist sinnvoll. Die Messungen an LED und Laserdioden unterscheiden sich grundsätzlich nur bezüglich des Frequenzbereiches. Bei LED ist ein Meßfrequenzbereich von 0 MHz bis 100 MHz normalerweise ausreichend. Die Modulationsstrompegel können im Bereich von 10 mA bis 50 mA liegen, die Gleichstromunterlegung bei ca. 100 mA. Bei Halbleiterlasern sollte der Meßfrequenzbereich auf 1 GHz bis 2 GHz ausgedehnt werden können. Die erforderlichen Gleich-/Modulationsströme hängen stark vom Lasertyp ab. Für Streifenlaser rechnet man mit 10 mA bis 100 mA Vorstrom (der Schwellenstrom wird dabei überschritten) und Modulationsströmen von ungefähr 10 mA. Ein kombinierter Meßaufbau ist in Bild 5.6 gezeigt. Als Modulationsstromquelle dient ein Mitlauf-Generator, als optischer Detektor (siehe Kap. 6) eine pin-Photodiode wegen ihrer Linearität. Bei sehr hohen Frequenzen kann jedoch eine Lawinenphotodiode wegen ihrer höheren Bandbreite von Vorteil sein. Das Signal wird über einen Spektrumanalysator ausgewertet. Durch vorheriges Messen und Speichern des Frequenzganges der Meßgeräte und der HF-Weiche können deren Einflüsse durch spätere Subtraktion von der Meßkurve eliminiert werden. Der Polarisator kann wahlweise eingesetzt werden, um die Modulationsbandbreite in Abhängigkeit von der Polarisation (bei Halbleiterlasern z.B. senkrecht und parallel zum pn-Übergang) messen zu können. Mit dem Dämpfungsfilter kann eine Übersteuerung des Detektors vermieden werden; aber auch Reflexionen vom Detektor zum Sender werden dadurch stark gedämpft.

Da das Modulationsverhalten von dem Vorstrom i_{vor} und dem Modulationsstrom i_{mod} stark abhängt, ist ein direkter Vergleich zwischen verschiedenen Prüflingen, die üblicherweise unterschiedliche Schwellenströme bzw.

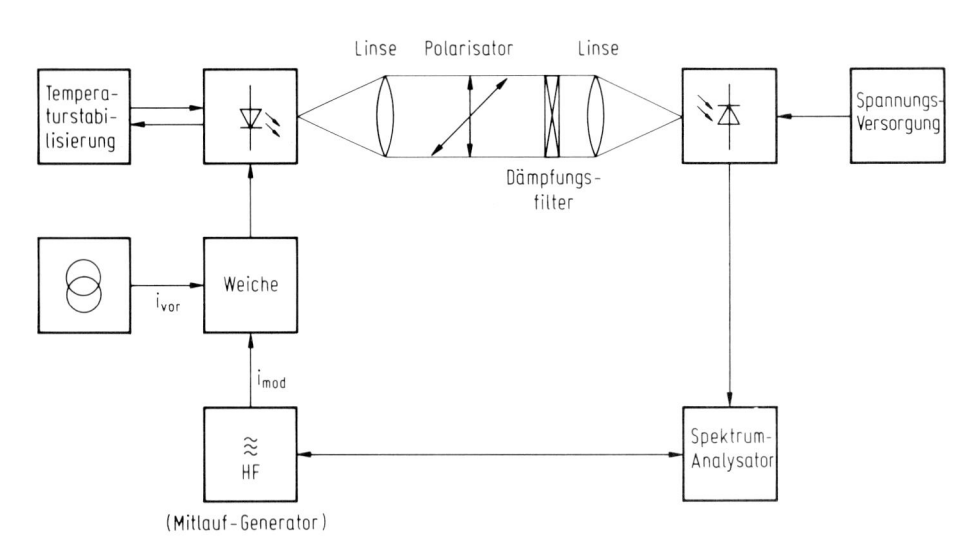

Bild 5.6
Schematischer Aufbau für die Messung der Modulationsbandbreite von Halbleiter-Lichtemittern

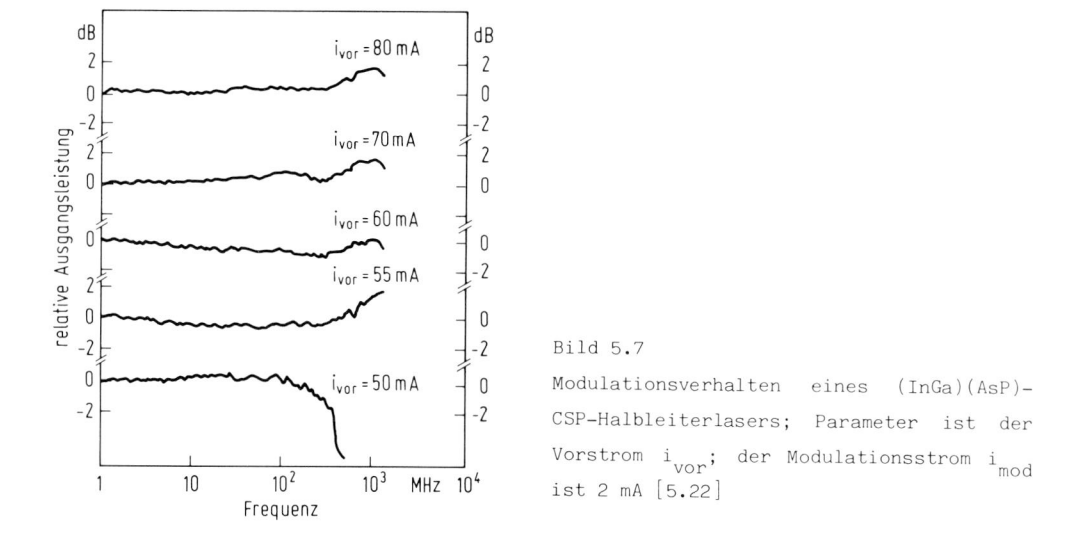

Bild 5.7
Modulationsverhalten eines (InGa)(AsP)-CSP-Halbleiterlasers; Parameter ist der Vorstrom i_{vor}; der Modulationsstrom i_{mod} ist 2 mA [5.22]

Quantenwirkungsgrade aufweisen, meist nicht möglich. Sinnvoll für vergleichende Messungen an verschiedenen Sendeelementen wäre der Bezug auf eine bestimmte optische Modulationsleistung; üblicherweise erfolgt jedoch eine Relativangabe.

Eine Meßreihe für einen (InGa)(AsP)-Halbleiterlaser bei 1,3 µm (Typ HLP 5400 der Firma Hitachi) der Abhängigkeit des Modulationsverhaltens vom

Vorstrom zeigt Bild 5.7. Als Empfänger wird eine Ge-APD verwendet; der Modulationsstrom beträgt immer 2 mA. Der Frequenzgang einer LED (Typ RCA C30119) ist in Bild 5.8 dargestellt. Der Vorstrom beträgt 180 mA, der Modulationsstrom 14 mA. Beide Beispiele können als typisch angesehen werden.

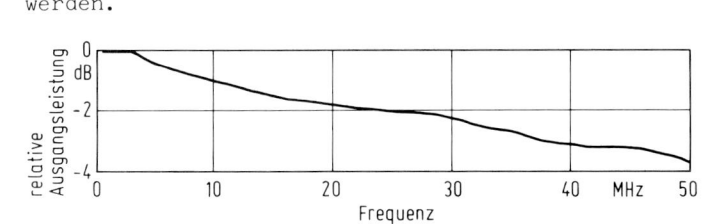

Bild 5.8
Modulationsverhalten einer LED; i_{vor} = 180 mA; i_{mod} = 14 mA (Typ RCA C30119)

5.3 Harmonische Verzerrungen und Intermodulation

Beim Einsatz von Lichtemittern in analogen optischen Übertragungssystemen spielt deren Linearität eine große Rolle. Üblicherweise kann die Nichtlinearität mit einem ähnlichen Aufbau wie nach Bild 5.6 bestimmt werden, wenn der Mitlauf-Generator durch einen abstimmbaren Oszillator ersetzt wird. In Abhängigkeit vom Vor- und vom Modulationsstrom lassen sich die Intensitäten der höheren Harmonischen bezogen auf die jeweilige Modulationsfrequenz bestimmen. Die Amplitude der zweiten Harmonischen steigt mit dem Quadrat, die der dritten Harmonischen mit der dritten Potenz des Modulationsgrades.

Die harmonischen Verzerrungen sollen auch als Funktion der Frequenz f_{mod} bekannt sein, wobei nun drei Variable (i_{vor}, i_{mod}, f_{mod}) zu beachten sind. Wählt man als Referenz eine bestimmte modulierte Lichtleistung, so sind i_{vor} und i_{mod} nicht voneinander unabhängig. Die Messung über einen größeren Frequenzbereich kann mit einem Zweitonverfahren durchgeführt werden, was jedoch einen relativ großen Geräteaufwand benötigt und daher nur erwähnt sein soll (Näheres in [5.6], Ergebnisse siehe Bild 4.39).

Ebenfalls ein Zweitonverfahren verwendet man zur Bestimmung der Intermodulation. LED oder Halbleiterlaser werden mit zwei eng benachbarten sinusförmigen Frequenzen mit gleicher Amplitude moduliert. Wegen der wiederum zahlreichen Parameter (i_{vor}, i_{mod}, f_{mod1} und f_{mod2}) ist ein absoluter Vergleich nur bedingt möglich. Es ist daher sinnvoll, entweder mit diesen

Messungen den optimalen Arbeitsbereich der Prüflinge festzustellen oder aber die Eigenschaften bei den durch andere Anforderungen gegebenen Betriebsparametern zu bestimmen.

5.4 Abstrahlcharakteristik

In den vorangegangenen Abschnitten wurde vielfach auf die Abstrahlcharakteristik - man spricht auch vom Fernfeld, da die Meßebene verglichen mit der Wellenlänge des Senders sehr weit von der strahlenden Fläche entfernt ist - von Lichtemittern hingewiesen. Darunter versteht man die Strahlstärke als Funktion des Abstrahlwinkels. Aus theoretischen Überlegungen heraus ist bereits nachgewiesen worden, daß eine LED eine cosinusförmige Abstrahlcharakteristik haben muß (siehe (4-16)). Die Messung der Abstrahlcharakteristik kann mit einem Aufbau nach Bild 5.9 erfolgen. Das zu untersuchende Sendeelement ist drehbar aufgebaut, der (kleinflächige) Detektor ist fest im Abstand l montiert, wobei das photometrische Entfernungsgesetz berücksichtigt werden muß: Die Bedingung $10 \cdot a < l$ ist einzuhalten. Dabei ist a die größte Diagonale der lichtempfindlichen Fläche des Detektors. Der Zusammenhang zwischen Drehwinkel und empfangener Lichtintensität ergibt die Abstrahlcharakteristik, die bei LED in Polarkoordinaten, bei Halbleiterlaserdioden linear über den Drehwinkel aufgezeichnet wird. Eine ausführliche Darstellung findet man in [5.7].

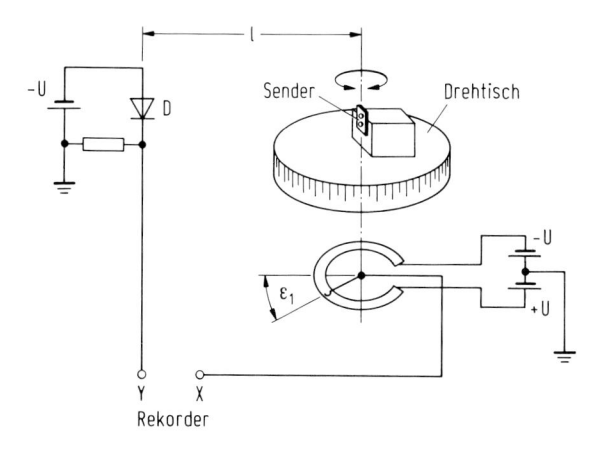

Bild 5.9
Aufbau zur Messung der Abstrahlcharakteristik von Halbleiter-Lichtemittern; D: Detektor; ε_1: Drehwinkel

5.4 Abstrahlcharakteristik

Da die LED ein Oberflächenstrahler ist, strahlt sie rotationssymmetrisch. Die Richtung der maximalen Strahlstärke wird als Hauptstrahlrichtung bezeichnet und ist wegen der mechanischen Toleranzen beim Aufbau nicht immer identisch mit der geometrischen Achse. Der halbe Winkel, der durch die 50%-Punkte der Strahlstärke gebildet wird, beschreibt die sog. Hauptkeule. Durch Gehäuse- oder Aufbau-Inhomogenitäten kann die rotationssymmetrische Abstrahlung gestört sein; Messungen in verschiedenen Ebenen sind dann sinnvoll.

Während man von Gas- und Festkörperlasern eine minimale Divergenz, d.h. einen fast parallelen Lichtstrahl, gewohnt ist, zeigen Halbleiterlaser bezüglich ihrer Abstrahlcharakteristik einen sehr großen Öffnungswinkel. Dies ist durch die Beugung des Lichtes an der sehr kleinen Austrittsfläche aus der aktiven Zone bedingt: umso kleiner der Querschnitt, je größer ist der Beugungseffekt. Der Beugungswinkel ist auch vom Brechzahlsprung zwischen aktiver Zone und Umgebung abhängig [5.8, 5.9]. Da die aktive Zone einen rechteckigen Querschnitt aufweist, unterscheidet man den Öffnungswinkel θ_p parallel zur pn-Schicht und den Winkel θ_s senkrecht zur pn-Schicht, wie dies in Bild 5.10 gezeigt ist. Da die Abmessung der aktiven

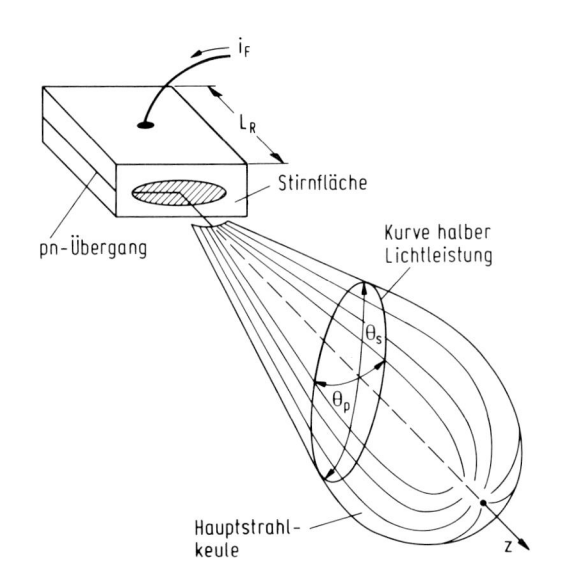

Bild 5.10
Schematische Darstellung der Abstrahlcharakteristik eines Halbleiterlasers; i_F: Injektionsstrom; L_R: Resonatorlänge

Zone senkrecht zum pn-Übergang immer sehr klein ist, ist der Winkel θ_s immer groß gegenüber θ_p. Daher muß bei Halbleiterlasern die Abstrahlcharakteristik in zwei zueinander senkrechten Ebenen gemessen werden. Ein kombinierter Meßplatz zur hochauflösenden Nah- und Fernfeldmessung ist in [5.7] beschrieben.

In Bild 5.11 sind die beiden unterschiedlichen Abstrahlcharakteristiken eines Halbleiterlasers, gemessen parallel und senkrecht zur pn-Schicht, gegenübergestellt. Die abgestrahlte Lichtleistung hat keinen Einfluß auf die Abstrahlcharakteristik. Bei GGL ist die Abstrahlcharakteristik parallel zum pn-Übergang überlicherweise nicht ungefähr gaußförmig, wie in Bild 5.11 gezeigt. Vielmehr zeigt sich in der Hauptstrahlrichtung eine deutliche Einsattelung; je schmaler die Zone der aktiven Schicht ist, je stärker wird dieser Effekt.

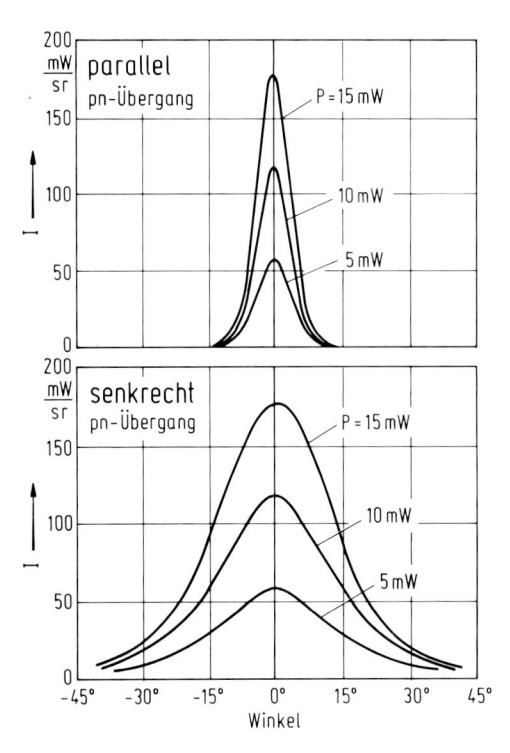

Bild 5.11
Abstrahlcharakteristik eines CSP-Halbleiterlasers, gemessen parallel und senkrecht zum pn-Übergang; Parameter ist die abgestrahlte Lichtleistung P

5.5 Rauschen von Halbleiterlasern

Das Amplitudenrauschen - und nur dieses soll hier näher betrachtet werden - setzt sich bei Halbleiterlasern aus verschiedenen Komponenten zusammen [5.10]. Die untere, physikalisch gegebene Grenze für das Rauschen stellt das Quantenrauschen der Photonen dar. Darüber hinaus weisen jedoch alle Halbleiterlaser ein zusätzliches Rauschen auf, das auf dem quantenmechanischen Verstärkungseffekt beruht; da alle Effekte im Halbleiterlaser (spontane und stimulierte Rekombination sowie Verteilung der Ladungsträger) statistische Prozesse sind, also Fluktuationen unterliegen, rufen sie Rauschterme hervor. Der Halbleiterlaser reagiert auf diese Fluktuationen ähnlich wie auf eine externe Modulation. Das Rauschen eines Halbleiterlasers ist daher in erster Linie vom Injektionsstrom abhängig. Die Frequenzabhängigkeit des Rauschens wird sich daher ähnlich der Modulationscharakteristik verhalten [5.11]. Der Meßaufbau zur Bestimmung dieses Rauschens kann ebenfalls nach Bild 5.6 gewählt werden; eine pin-Diode ist als Detektor einzusetzen, da eine Lawinenphotodiode ein relativ großes signalabhängiges Rauschen zeigt. Das frequenzabhängige Rauschen wird als Funktion des Injektionsstromes i aufgenommen, wobei man den normierten Strom i/i_{th} auf der Ordinate aufträgt. Ein Meßbeispiel ist in Bild 5.12 gezeigt. Man kann das Rauschverhalten bezüglich der Frequenz in zwei Bereiche aufteilen: bis 100 MHz und über 100 MHz. Allerdings ist in Bild 5.12 der Bereich unterhalb von 10 MHz nicht enthalten. Bei sehr niedrigen Frequenzen kann man ein deutliches Ansteigen der Rauschamplitude feststellen, was auf das Funkelrauschen zurückzuführen ist. Im Bereich unter 100 MHz steigt der Rauschanteil so lange an, bis $i/i_{th} = 1$ erreicht ist, und fällt dann wieder um ca. 10 dB zurück. Bis zum Erreichen der Laserschwelle verhalten sich die Rauschanteile im Bereich oberhalb von 100 MHz ähnlich; dann bildet sich jedoch deutlich das Resonanzverhalten bei ω_R aus. Bei Strömen $i > 1,01\ i_{th}$ liegen die Rauschanteile bei der Resonanzfrequenz bis zu 30 dB über dem Grundrauschen. Aus Bild 5.12 geht hervor, daß sich die Resonanzfrequenz ω_R mit steigendem Strom zu höheren Frequenzen hin verschiebt. Näherungsweise kann diese Verschiebung $\Delta\omega_R = \omega_R - \omega_{Ro}$ mit der Resonanzfrequenz ω_{Ro} an der Schwelle beschrieben werden durch

$$\Delta\omega_R \sim \sqrt{i - i_{th}} \quad . \tag{5-1}$$

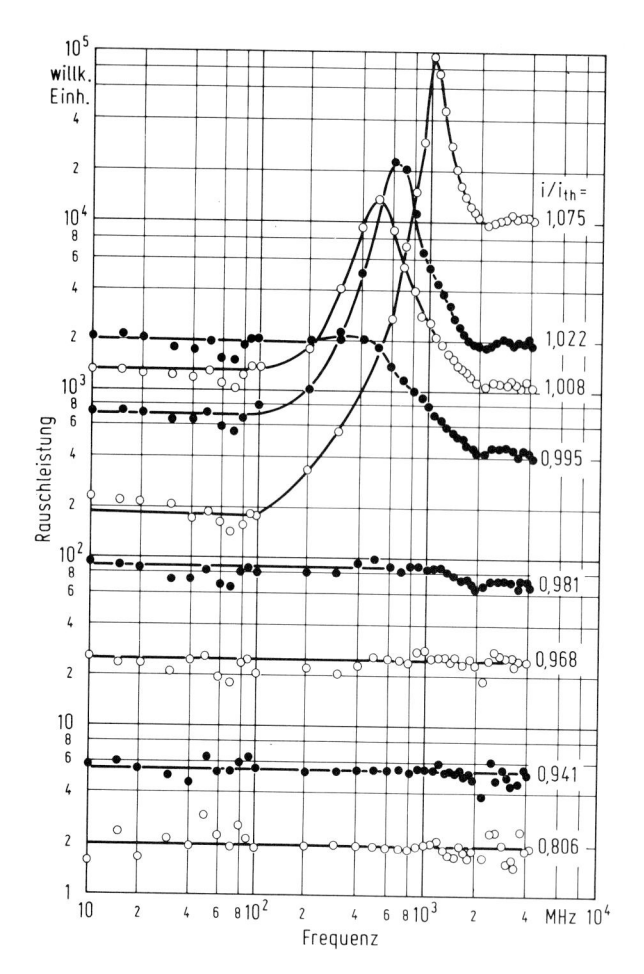

Bild 5.12
Rauschleistung eines DH-Halbleiterlasers als Funktion der Frequenz; Parameter ist das Verhältnis i/i_{th} [5.23]

Die hier geschilderten Zusammenhänge gelten jedoch nur für einen Monomode-Halbleiterlaser oder - im Falle eines Multimodelasers - für die gesamte Ausgangsleistung.

Betrachtet man bei einem Multimodelaser einen einzelnen Modus allein [5.12], so zeigen sich völlig andere Verhältnisse: Wird der Injektionsstrom über i_{th} angehoben, so wird der Rauschpegel bei Frequenzen unterhalb von 100 MHz nicht geringer, sondern steigt weiter an, bis er eine Sättigungsgrenze erreicht (siehe Bild 5.13); die Ursache dieses Rauscheffektes kann am besten am Beispiel eines zweimodigen Halbleiterlasers

5.5 Rauschen von Halbleiterlasern

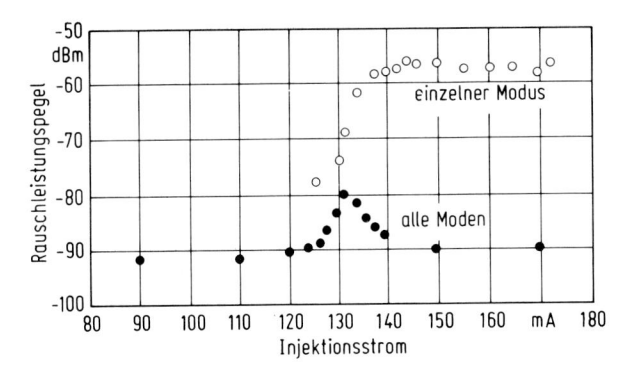

Bild 5.13
Rauschleistungspegel eines einzelnen Modus und aller Moden eines Multimode-Halbleiterlasers als Funktion des Injektionsstromes [5.12]

erklärt werden. Obwohl beide Moden zusammen eine konstante Lichtleistung abgeben, kommt es kurzzeitig zu Schwankungen, da der Halbleiterlaser "nicht sicher ist", in welchem Modus er schwingen soll. Dies nennt man "mode partition noise" oder "mode competition noise". Da die Intensitätsschwankungen beider Moden korreliert sind (der Laser strahlt mit konstanter Gesamtleistung), ist der Beitrag dieses Rauschphänomens zum Gesamtrauschen gering. Er kann sich aber unter ungünstigen Umständen, wenn die Korrelation zwischen dem Rauschen der beiden Moden verloren geht (z.B. bei großer Dispersion in einem LWL), sehr nachteilig auswirken. Diese Rauschart kann auch bei einem Monomode-Laser auftreten, wenn er an einer Instabilitätsgrenze betrieben wird, an der das Modenspringen auftritt, da dann abwechselnd zwei Moden anschwingen können. Weiterhin zeigen Monomode-Laser auch hinsichtlich ihres Rauschverhaltens eine deutliche Abhängigkeit von der in die aktive Zone rückreflektierten Lichtleistung [5.2, 5.13-5.15], die sich auch auf das Spektrum und die Linearität auswirkt (siehe Abschnitt 4.3.3.2); besonders empfindlich sind IGL, bei denen sich bereits rückgekoppelte Leistungsanteile von 10^{-4} bis 10^{-6} auf ihre Eigenschaften auswirken können. Bei GGL liegt diese Grenze bei 10^{-3} bis 10^{-4}.

In einem optischen Nachrichtensystem ist jedoch das von einem Halbleiterlaser verursachte Rauschen meist gegenüber dem Empfängerrauschen zu vernachlässigen.

Da bei Lumineszenzdioden kein Verstärkungseffekt ausgenutzt wird, ist ihr Rauschen auf das Quantenrauschen beschränkt und daher normalerweise auch zu vernachlässigen.

5.6 Statisches und dynamisches spektrales Verhalten

Für die Messung des statischen und dynamischen spektralen Verhaltens [5.16, 5.17] von Lichtemittern wird ein optisches Spektrometer verwendet, mit dem eine spektrale Zerlegung des Lichtes erfolgen kann. Die Grundlagen für die Wirkungsweise eines solchen Spektrometers sollen kurz diskutiert werden (siehe z.B. [5.18]).

5.6.1 Grundlagen des Gitterspektrometers

Werden, wie in Bild 5.14 gezeigt, zwei benachbarte schmale Spalte von einer Lichtquelle bestrahlt, so kommt es zu Beugungserscheinungen an den Spalten, d.h. das Licht wird sich nicht nur geradlinig fortpflanzen, sondern wird vom Spalt aus auch in seitliche Richtung abgestrahlt (siehe Bild 5.14a); nach Young kann man den Spalt als eigene Lichtquelle ansehen. In Bild 5.14b wird eine bestimmte Strahlrichtung des mit dem Winkel θ gebeugten Lichtes betrachtet. Das gebeugte Licht wird durch die Linse L auf den Beobachtungspunkt F fokussiert. Nach der Beugung haben die beiden Strahlen einen Phasenunterschied δ, der gegeben ist durch

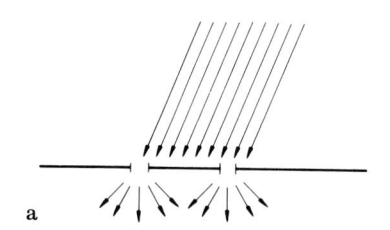

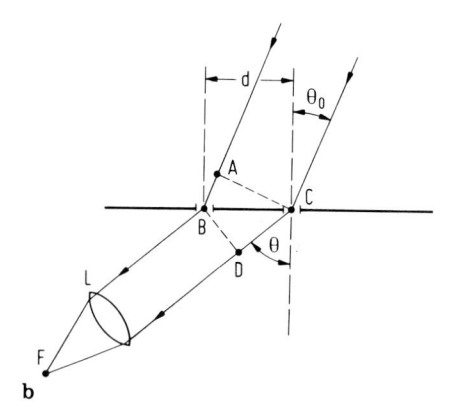

Bild 5.14
Beugung am Doppelspalt (a); Erklärung der destruktiven und konstruktiven Interferenz im Punkt F als Funktion des Winkels θ (b); L: Linse

5.6 Statisches und dynamisches spektrales Verhalten

$$\delta = \frac{2\pi}{\lambda_0}[\overline{CD} - \overline{AB}] = \frac{2\pi d}{\lambda_0}\underbrace{(\sin\theta - \sin\theta_0)}_{= p} \tag{5-2}$$

θ_0 ist der Winkel des einfallenden Strahls. Soll im Punkt F konstruktive Interferenz herrschen, also maximale Intensität, so muß

$$\delta_{max} = m\,2\pi \quad \text{mit } m = 0, 1, 2, \ldots$$

gelten. Mit (5-2) ergibt sich dann die Beziehung

$$p_{max} = m\lambda_0/d \tag{5-3}$$

mit d als Gitterkonstante.

Für die destruktive Interferenz, also völlige Auslöschung der beiden Strahlen im Punkt F, muß entsprechend

$$\delta_{min} = (2m+1)\pi$$

gelten oder

$$p_{min} = (2m+1)\lambda_0/(2d) \;. \tag{5-4}$$

Nach (5-3) und (5-4) sind also die Orte der Maxima bzw. Minima wellenlängenabhängig, so daß man eine spektrale Zerlegung des auf den Spalt eingestrahlten Lichtes erhält. Es läßt sich zeigen, daß die Bedingung (5-3) auch bei N nebeneinander, im Abstand d liegenden Spalten für die Maxima gilt. Die Lage der Minima wird jedoch beeinflußt. Dies ist anschaulich in Bild 5.15 für eine Spaltzahl N = 2, 4, 8 dargestellt. Die Auflösung des Spektrometers - das ist der Wellenlängenabstand $\Delta\lambda_0$ zweier noch trennbarer Wellenlängen - ist daher von der Anzahl N der Spalte und der Ordnungszahl m abhängig und kann berechnet werden zu

$$\lambda_0/\Delta\lambda_0 = Nm \;. \tag{5-5}$$

In der Praxis verwendet man keine Durchlaßgitter, sondern Reflexionsgitter.

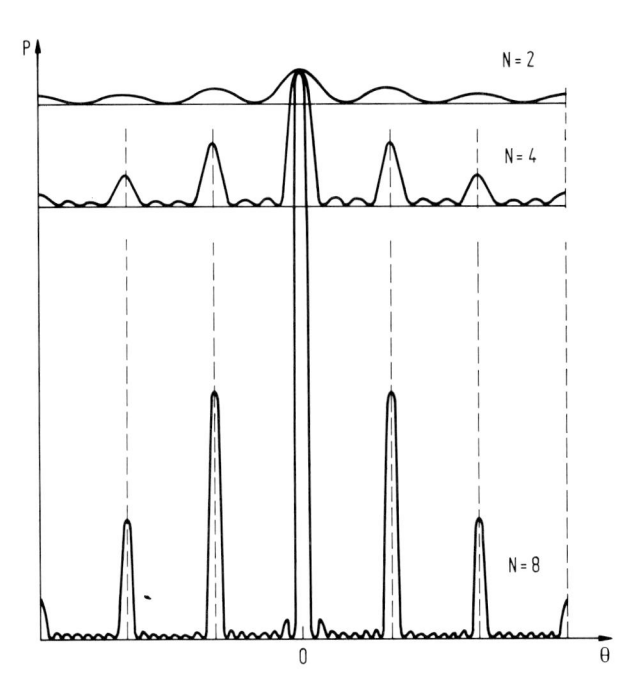

Bild 5.15
Lage und Größe der Minima und Maxima hinter einer Spaltanordnung mit N Öffnungen als Funktion des Winkels θ

5.6.2 Meßaufbau

Zur spektralen Messung an Lichtemittern verwendet man einen Aufbau nach Bild 5.16. Wesentlicher Bestandteil ist das Gitterspektrometer, das - vereinfacht dargestellt - aus einer Eintrittsöffnung E, einer Austrittsöffnung A, den beiden Hohlspiegeln H_1 und H_2 sowie dem Reflexionsgitter G besteht, das die spektrale Zerlegung des einfallenden Lichtes vornimmt. Die beiden Hohlspiegel bilden den Eintrittsspalt über das Reflexionsgitter auf den Austrittsspalt ab, allerdings - wegen der wellenlängenabhängigen Reflexionsrichtung des Gitters - nur für eine diskrete Wellenlänge λ_0, für die (5-3) gerade erfüllt ist. Durch Drehen des Reflexionsgitters kann diese Wellenlänge verändert werden. Die Auflösung hängt auch von der Spaltbreite von Eintritts- und Austrittsspalt ab. In Abhängigkeit von der Brennweite der Hohlspiegel (einige 10 cm bis zu 2 m) und der Anzahl von Linien pro Millimeter (entspricht der Spaltzahl) auf dem Gitter erhält man die Dispersion des Spektrometers, die in Nanometern pro Millimeter Spalt-

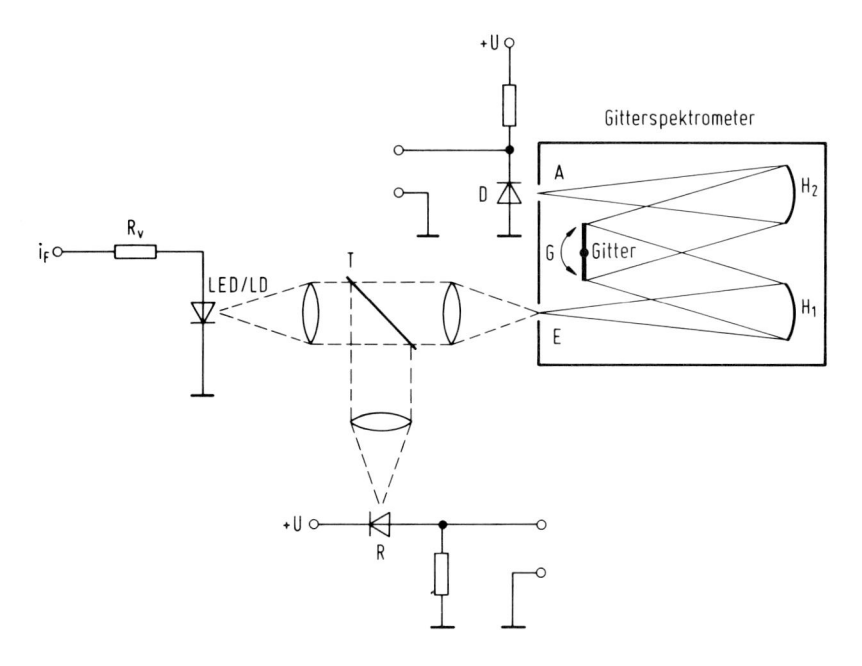

5.6 Statisches und dynamisches spektrales Verhalten

Bild 5.16
Anordnung zur Messung des statischen und dynamischen spektralen Verhaltens von Halbleiter-Lichtemittern; Erklärung siehe Text

breite angegeben wird. Die tatsächliche Auflösung des Spektrometers ergibt sich durch Multiplikation der Eintrittsspaltbreite mit der Dispersion. Die zur Verfügung stehende Lichtintensität am Austrittsspalt hängt quadratisch von der Breite des Eintrittsspaltes ab.

Vor dem Gitterspektrometer befindet sich eine Einkoppeloptik, die über einen Strahlteiler T das von dem Prüfling abgegebene Licht auf den Eintrittsspalt E abbildet, einen Teil jedoch auch dem Photoempfänger R zuführt. Ausgangsseitig am Spektrometer befindet sich der Empfänger D. Durch eine Referenzbildung zwischen dem Empfänger R und dem Empfänger D können Intensitätsschwankungen des zu untersuchenden Sendeelementes eliminiert werden. Bei der Messung wird das Gitter G langsam gedreht und das Verhältnis der von den Empfängern D und R detektierten Lichtleistung aufgezeichnet.

Problematisch für Absolutmessungen ist die wellenlängenabhängige Empfindlichkeit der Photodetektoren. Da die spektralen Breiten der Sendelemente jedoch relativ klein sind, geht man vereinfacht von einer wellenlängenunabhängigen Empfindlichkeit der Detektoren innerhalb dieses Bereiches aus. Absolute Intensitätsvergleiche zwischen Sendeelementen, die bei stark unterschiedlichen Wellenlängen strahlen, sind dann nicht zulässig.

Bei Lumineszenzdioden - ein typisches Spektrum wurde bereits in Bild 4.20 gezeigt - spielt die Größe des Injektionsstromes eine untergeordnete Rolle; das spektrale Verhalten ist annähernd gleich.

Für die Beschreibung der spektralen Eigenschaften verwendet man zwei Größen: die Wellenlänge λ_{max} der maximalen Emission sowie die spektrale Breite $\Delta\lambda_0$, innerhalb der die Intensität größer als 50% der Maximalintensität ist. Bei Lumineszenzdioden liegt die spektrale Breite bei ca. 30 nm bis 50 nm für (AlGa)As und zwischen 100 nm bis 150 nm für (InGa)(AsP). Die Emissionswellenlänge kann durch geeignete Wahl der Materialzusammensetzung gemäß Bild 4.12 innerhalb eines größeren Wellenlängenbereiches verschoben werden. Die spektrale Breite $\Delta\lambda_0$ ist weitgehend unabhängig von der Temperatur der Lumineszenzdiode, was jedoch für die Emissionswellenlänge λ_{max} nicht zutrifft. Der Temperaturkoeffizient beträgt ca. 0,3 nm/K für (AlGa)As und ist ebenfalls mit dem Meßaufbau nach Bild 5.16 zu bestimmen.

Bei Messungen an Halbleiterlasern ist aufgrund der theoretischen Betrachtungen mit einem anderen spektralen Verhalten zu rechnen. Statt eines kontinuierlichen Spektrums - wie bei der Lumineszenzdiode - erhält man, sofern der Laser oberhalb der Schwelle betrieben wird, ein sehr scharfes Linienspektrum. Daher muß das Auflösungsvermögen des verwendeten Spektrometers ausreichend groß sein. Will man die in Bild 4.26 gezeigten Satelliten der lateralen Moden auflösen, so muß das Auflösungsvermögen besser als 0,01 nm sein, was nur durch sehr gute Geräte gewährleistet ist.

Der Meßablauf erfolgt wie bei einer Lumineszenzdiode. Meßbeispiele wurden bereits in den Bildern 4.42 und 4.43 gezeigt. Eine äußerst genaue Einstellung des Injektionsstromes ist ebenso notwendig wie eine gute Kontrolle der Temperatur.

Die Temperaturempfindlichkeit eines Halbleiterlasers ist besonders groß und wirkt sich stark auf das spektrale Verhalten aus; dies wurde in Abschnitt 4.3.3.4 ausführlich diskutiert und an Beispielen dargestellt (Bild 4.44). Die Temperaturkonstanz bei solchen Messungen sollte auf 0,1 °C genau, der Injektionsstrom auf 0,01 mA genau regelbar sein.

5.6 Statisches und dynamisches spektrales Verhalten

Während bei Halbleiterlasern die Emissionswellenlänge leicht zu bestimmen ist, ist ihre spektrale Breite wegen des diskreten Linienspektrums schwieriger zu ermitteln. Man wählt die Umhüllende als Kriterium, um die 50%-Punkte zu definieren. Bei normalen DH-Lasern erhält man $\Delta\lambda_0 \approx 2...5$ nm, bei GGL-Streifenlasern ca. $\Delta\lambda_0 = 1$ nm. Bei Monomode-Halbleiterlasern (IGL) kann die spektrale Bandbreite des einzigen emittierten Modus so gering sein, daß das Auflösungsvermögen selbst von sehr guten Spektrometern nicht mehr ausreichend ist. Die Grenze der Auflösung dieser Geräte liegt bei ca. 0,006 nm entsprechend 2 GHz. Für noch höhere Auflösungen setzt man das Fabry-Perot-Spektrometer ein, das eine Auflösung im Bereich von 2 GHz bis 10 MHz entsprechend $6 \cdot 10^{-3}$ nm bis $3 \cdot 10^{-5}$ nm erlaubt. Unter bestimmten Umständen können Halbleiterlaser eine noch kleinere spektrale Breite aufweisen, und man muß zu anderen, aufwendigeren Meßverfahren übergehen, deren Auflösung ca. 30 kHz beträgt [5.19]. Derart minimale spektrale Breiten (diese sind immer auf die Grundfrequenz von ca. 300 THz zu beziehen) wurden bereits nachgewiesen [5.20].

Das dynamische spektrale Verhalten von Lumineszenzdioden ist unkritisch, d.h. das Spektrum verändert sich kaum als Funktion der Zeit, gemessen vom Einschaltpunkt des Injektionsstromes an. Ganz anders verhält sich dies bei Halbleiterlasern. Mit einem etwas modifizierten Aufbau ähnlich Bild 5.16 läßt sich das dynamische spektrale Verhalten von Halbleiterlasern bestimmen. Vorausgesetzt wird, daß der Injektionsstrom zum Zeitpunkt t = 0 von i = 0 auf einen Wert oberhalb der Schwelle springt. Da die Emission des Halbleiterlasers gegenüber diesem Stromsprung eine gewisse Verzögerungszeit aufweist, wird der Beginn der Lichtemission über die Referenzdiode R festgestellt und dieser Zeitpunkt als Bezug zugrunde gelegt. Es sind zwei Vorgehensweisen möglich:

- Mit dem Spektrometer wird eine feste Wellenlänge selektiert und das zeitabhängige Lichtleistungssignal am Ausgang des Spektrometers über den Detektor D mit einem schnellen Oszillographen aufgenommen. Diese Messung wird für verschiedene Wellenlängen wiederholt.
- Es wird eine feste Verzögerungszeit gewählt, zu der die Lichtintensität bestimmt wird, und dann die Wellenlänge durchgestimmt.

Messungen an einem Oxid-Streifenlaser, die nach dem zweiten Verfahren durchgeführt wurden, sind bereits in Bild 4.45 gezeigt. Man erkennt, daß nach einer Zeitdauer von ca. 18 ns ein statisches, eingeschwungenes

Spektrum vorliegt. Die Untersuchungen haben auch ergeben, daß selbst bei Verwendung eines konstanten Vorstromes, der über dem Schwellenstrom i_{th} liegt und dem ein kleinerer Stromsprung überlagert ist, noch kleinere dynamische Änderungen des Spektrums zu beobachten sind. Dies wird bei Monomode-Halbleiterlasern noch deutlicher, da hier das Modenspringen gegenüber nur kleinen Verschiebungen in der Emissionswellenlänge überwiegt.

5.7 Alterungsmessungen

Über die beschleunigte Alterung von Lichtemittern wurde bereits in Abschnitt 4.3.3.6 berichtet. Es gibt zwei Prinzipien für diese Messungen:

- Konstanthalten der Lichtausgangsleistung durch Nachregeln des Injektionsstromes; Meßgröße ist der Injektionsstrom.
- Konstanthalten des Injektionsstromes; Meßgröße ist die Lichtausgangsleistung.

Prinzipiell ist das erste Verfahren zu bevorzugen, da es mehr praxisorientierte Ergebnisse liefert, während das zweite Verfahren zwar einen wesentlich geringeren Aufwand erfordert, aber zu hohe Lebensdauererwartungen ergibt. Messungen nach der Methode 1 sind aufwendig, da für jedes Testobjekt ein Detektor und ein Regelkreis vorhanden sein müssen. Die Untersuchungen werden bei höheren Temperaturen (80 °C bis 120 °C bei Halbleiterlasern, bei Lumineszenzdioden zum Teil noch höher [5.21]) durchgeführt, um eine beschleunigte Alterung zu erzielen. Um statistisch brauchbare Daten zu erhalten, werden die Untersuchungen an größeren Stückzahlen (50 bis 100) durchgeführt, wobei die Überwachung und Auswertung der Messung vorzugsweise durch einen Rechner geschieht.

Auf zwei Punkte sei hier noch hingewiesen:

- Bei hohen Temperaturen können chemische Prozesse ablaufen, die bei Raumtemperatur nicht auftreten können. Daher werden diese Messungen oftmals (nicht immer!) in Schutzgasatmosphäre durchgeführt.
- Bei Messungen an (InGa)(AsP)-Lasern müssen zur Zeit noch Germanium-Detektoren eingesetzt werden, die bei hohen Temperaturen sehr stark rauschen und außerdem durch Wasseraufnahme ihre Eigenschaften verändern

5.7 Alterungsmessungen

können. Um diese Effekte auszuschalten, ist es vorzuziehen, die vom Prüfling abgestrahlte Lichtleistung über einen LWL aus dem geheizten Raum zum in Umgebungstemperatur aufgebauten Detektor zu führen.

Eine durch Alterung bedingte Erhöhung des notwendigen Injektionsstromes zur Erzielung einer bestimmten Lichtausgangsleistung kann bei Halbleiterlasern auf zwei verschiedene Effekte zurückgeführt werden:

- auf die Verschiebung des Schwellenstromes i_{th},
- auf eine Änderung des differentiellen Quantenwirkungsgrades η.

Daher ist es sinnvoll, während des Dauertests alle drei Größen (i, i_{th}, η) zu messen (siehe Bild 5.17). Statt des differentiellen Quantenwirkungsgrades kann auch die Steilheit bestimmt werden (siehe Abschnitt 4.3.3.5).

Obwohl heute Lebensdauerprobleme kaum noch relevant sind, ist eine genaue meßtechnische Erfassung, besonders bei der Entwicklung neuartiger Halbleiterlaserstrukturen, notwendig.

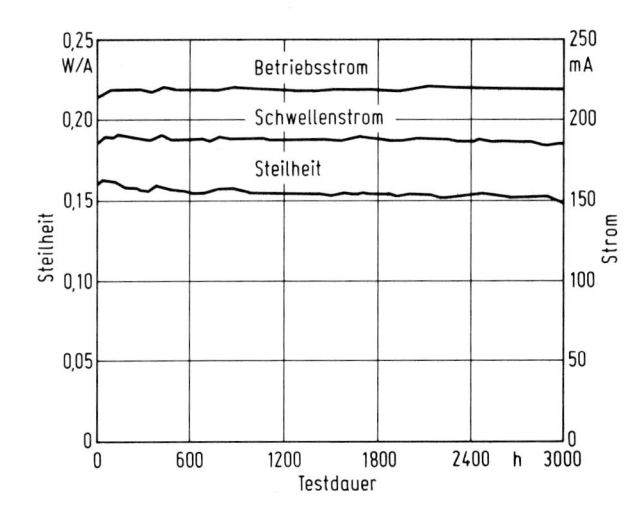

Bild 5.17
Dauermessung bei 100 °C an einem Oxid-Streifenlaser mit λ_0 = 880 nm; die optische Ausgangsleistung beträgt konstant 5 mW pro Spiegel [5.24]

6 Detektoren

Ein Detektor ist das letzte Element in der optischen Übertragungsstrecke. Er muß in seinen Eigenschaften an die Vorgaben angepaßt sein, die durch den LWL und die Sendeelemente gegeben sind. Photodetektoren sollen für den Einsatz in optischen Nachrichtensystemen folgende Anforderungen erfüllen:

- hohe Empfindlichkeit bei der Wellenlänge der Sendeelemente, also bei einer Wellenlänge im Bereich 0,8 µm bis 0,9 µm bzw. 1,1 µm bis 1,6 µm;
- hohe Detektionsbandbreite - beim Einsatz von schnellen Halbleiterlasern bis zu 1 GHz und mehr;
- geringes Rauschen, d.h. bei bestimmter eingestrahlter Lichtleistung einen hohen Signal-Rauschabstand;
- Linearität und minimale Verzerrung, sofern es sich um ein Analogsysteme handelt (analoge Leistungsmodulation);
- hohe Zuverlässigkeit und Unabhängigkeit von Umgebungsparametern;
- Kompatibilität mit anderen Komponenten, z.B. gute optische und mechanische Ankopplung an LWL, gute elektrische Anpassung an geeignete Verstärker.

Diese Ansprüche werden am besten von Photodetektoren auf Halbleiterbasis erfüllt [6.1, 6.2]. Für den Einsatz in optischen Nachrichtensystemen von Interesse sind die nur selten eingesetzten einfachen pn-Dioden, die meist für optische Kurzstreckensysteme eingesetzten pin-Dioden und die für Weitstreckensysteme besonders vorteilhaften Lawinenphotodioden, die in Anlehnung an den englischen Sprachgebrauch auch mit APD (avalanche photo-diode) bezeichnet werden. Einige neuere ausführliche Übersichtsarbeiten mit zahlreichen Literaturzitaten sind [6.3-6.9]. Neuere Forschungsergebnisse zeigen, daß auch Phototransistoren in optischen Nachrichtensystemen eingesetzt werden können [6.10-6.13].

6.1 Grundlagen

Beim photoelektrischen Effekt wird durch Einstrahlung eines geeignet energiereichen Photons in einen Halbleiter ein Ladungsträger freigesetzt. Man unterscheidet grundsätzlich zwischen dem äußeren und dem inneren Photoeffekt. Beim äußeren Photoeffekt wird der Ladungsträger aus der Oberfläche "herausgeschlagen", tritt also in die Umgebung des Halbleiters aus (z.B. Vakuum-Photokathode). Beim inneren Photeffekt - und nur dieser ist für die weitere Betrachtung von Interesse - verbleibt der freie Ladungsträger im Halbleiter und kann zum Stromtransport verwendet werden.

Fällt ein Photon der Energie hf auf einen Halbleiter, so kann es entweder nur vollständig absorbiert werden und dabei ein Ladungsträgerpaar freisetzen, oder aber es durchstrahlt den Halbleiter (Transparenz). Für den Fall der Absorption muß (4-13) gelten, d.h. die Wellenlänge λ_0 des einfallenden Photons muß der Bedingung

$$\lambda_0 = hc_0/\Delta W \tag{6-1}$$

genügen, wobei ΔW der Bandabstand des Halbleiters ist. Über die Komplexität der Bandstruktur von Halbleitern wurde bereits in Kap. 4.2 diskutiert. Die in der optischen Nachrichtentechnik für den Aufbau von Detektoren wichtigsten Halbleiter sind Silizium, Germanium und III-V-Verbindungen [6.14] wie GaAs, (InGa)(AsP) [6.15] oder (GaAl)(AsSb) [6.16-6.21].

Um eine möglichst hohe Absorption zu erreichen, sollte die Bandabstandsenergie des Detektormaterials kleiner als die Photonenenergie sein; dann wird Licht mit einer kleineren als der dem Bandabstand entsprechenden Wellenlänge absorbiert. Z.B. wird $Al_xGa_{1-x}As$ für die Detektion von Licht nicht optimal sein, das von Lichtemittern des gleichen Materials erzeugt wurde. In diesem Fall ist Silizium zu bevorzugen, das mit einem Bandabstand für den indirekten Übergang von $\Delta W = 1,4$ eV eine Bandkante bei 1,09 μm aufweist (Absorption unterhalb 1,09 μm, Transparenz oberhalb 1,09 μm). Silizium wird daher für die Detektion von Licht bis zu einer Wellenlänge von 1 μm eingesetzt, nicht zuletzt da die Siliziumtechnologie sehr weit entwickelt und damit eine wirtschaftliche Herstellung qualitativ hochwertiger Detektoren möglich ist. Für die Detektion von Strahlung bei 1,3 μm oder 1,55 μm kann z.B. das quaternäre (InGa)(AsP) verwendet werden, da eine geeignete Materialzusammensetzung bei diesen Verbindungen ein

Verändern des Bandabstandes im Bereich 1,1 μm bis 1,65 μm ($In_{0,53}Ga_{0,47}As$, bei dem Gitteranpassung an das Substratmaterial InP vorliegt [6.22-6.25]; siehe Bild 4.12) ermöglicht. Durch eine gezielte Materialzusammensetzung können (InGa)(AsP)-Photodioden für eine bestimmte Wellenlänge besonders empfindlich sein, so daß sie gleichzeitig als Demultiplexer in Wellenlängenmultiplexsystemen benutzt werden können [6.26] (siehe Abschnitt 10.3.1).

Genauso eignet sich Germanium für die Detektion in diesem Wellenlängenbereich [6.27], ist allerdings auch bis hinab zu einer Wellenlänge von λ_0 = 0,4 μm verwendbar. Germanium wird daher überall dort eingesetzt, wo es auf die Detektion in einem breiten Spektralbereich ankommt (z.B. bei Dämpfungsmessungen an LWL; siehe Abschnitt 3.2.3).

Die Absorptionskoeffizienten α_D einiger Detektormaterialien sowie die Photoneneindringtiefe (Abnahme der Photonenanzahl auf den 1/e-Teil) sind in Bild 6.1 als Funktion der Wellenlänge aufgetragen. Der qualitative Un-

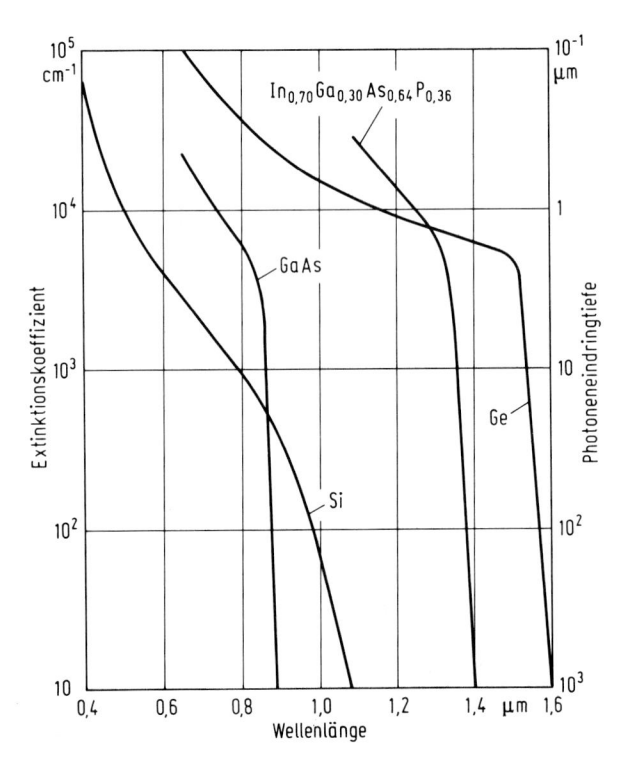

Bild 6.1
Optischer Extinktionskoeffizient und Photoneneindringtiefe als Funktion der Wellenlänge für einige wichtige Detektormaterialien

terschied in der Absorptionskurve zwischen Silizium und den anderen Materialien beruht darauf, daß Silizium ein indirekter Halbleiter ist, wodurch sich der Absorptionskoeffizient mit der Wellenlänge stärker ändert. Alle direkten Halbleiter weisen eine scharfe Bandkante auf.

6.2 pn-Diode

Nach Absorption des Photons - sofern (6-1) erfüllt ist - steht ein freier Ladungsträger im Halbleiter zur Verfügung. Um diesen Ladungsträger zu nutzen, d.h. seine Rekombination zu vermeiden, verwendet man einen Halbleiter mit pn-Übergang, der in Sperrichtung betrieben wird (Bild 6.2).

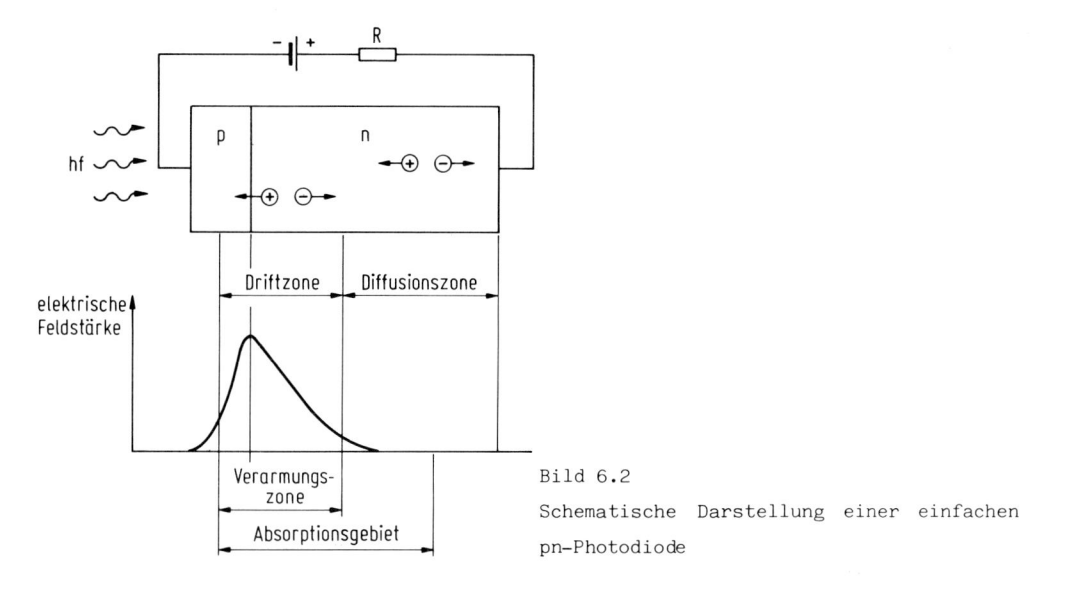

Bild 6.2
Schematische Darstellung einer einfachen pn-Photodiode

Durch die Sperrspannung wird eine Verarmungszone am pn-Übergang erzeugt, in der sich ein hohes elektrisches Feld ausbildet. Das von der p-Seite einfallende Photon wird innerhalb einer bestimmten Zone (Absorptionszone), die vom Material und von der Dotierung abhängt, absorbiert. Bei einfachen pn-Übergängen ist die Absorptionszone größer als die Verarmungszone (Bild 6.2); es sind zwei Effekte zu unterscheiden:

- Das Photon wird in der Verarmungszone absorbiert. Wegen des dort herrschenden elektrischen Feldes wird der generierte freie Ladungsträger beschleunigt und bildet einen Driftstrom.
- Das Photon wird außerhalb der Verarmungszone absorbiert. Der generierte, freie Ladungsträger unterliegt keinem elektrischen Feld und bildet einen langsamen Diffusionsstrom.

Während die Driftgeschwindigkeiten hoch sind, sind die Diffusionsgeschwindigkeiten sehr niedrig. Werden die Photonen also hauptsächlich außerhalb der Verarmungszone absorbiert, wird der Detektor eine hohe Ansprechzeit haben. Die Breite der Verarmungszone hängt von der Sperrspannung und der Dotierung ab. Bei einfachen pn-Photodetektoren überwiegt jedoch die Absorption außerhalb der Verarmungszone. Für die optische Nachrichtentechnik sind pn-Dioden daher nur bedingt einsetzbar; sie sind hier nur zur Erklärung des Effekts herangezogen worden.

6.3 pin-Photodiode

Durch den Einbau einer eigenleitenden (intrinsic) Zone erhält man eine pin-Photodiode (Bild 6.3). Bei ihr sind Absorptions- und Verarmungszone annähernd identisch. Das Feld innerhalb der Absorptionszone ist konstant, so daß die langsamen Diffusionsströme weitgehend vermieden werden können. Dadurch haben diese Dioden eine sehr kleine Ansprechzeit. Mit Hilfe des

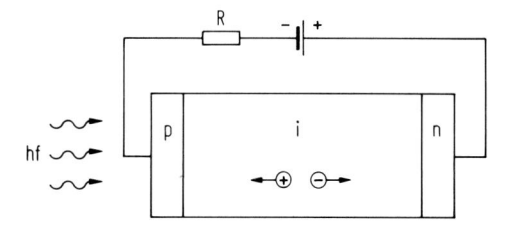

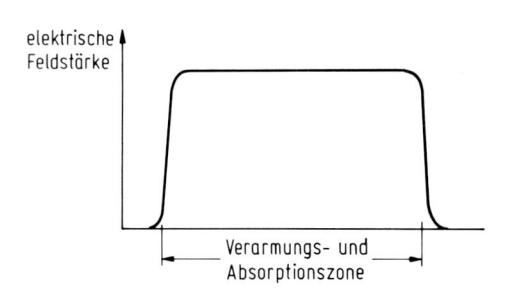

Bild 6.3
Aufbau und Feldverteilung einer pin-Photodiode

6.3 pin-Photodiode

Bändermodells ist in Bild 6.4 die Erzeugung des Photostroms gezeigt. Die Bereiche der Diffusionsströme und die Abnahme der Photonenzahl sind ebenfalls angegeben.

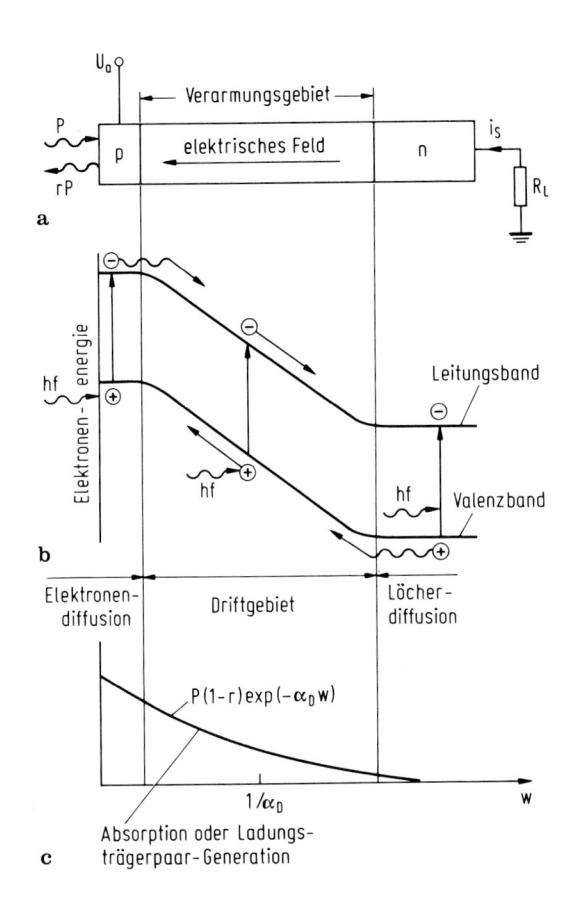

Bild 6.4
Erzeugung des Photostromes i_S durch die Lichtleistung P in einer pin-Photodiode; (a) Diodenschema (vergleiche Bild 6.3) mit der angelegten Sperrspannung U_a, Lastwiderstand R_L und Reflexionskoeffizienten r; (b) Bändermodell; (c) Abnahme der Photonenzahl oder Anzahl der generierten Elektron-Loch-Paare; α_D ist der Absorptionskoeffizient [6.63]

Man kann einer pin-Photodiode die in Bild 6.5 angegebene Ersatzschaltung zuordnen. R_S und R_d sind der Serien- bzw. der Parallelwiderstand, C_d die Gesamtkapazität, die sich aus der sperrspannungsabhängigen Sperrschichtkapazität und den durch den Aufbau bedingten Kapazitäten zusammensetzt. R_L

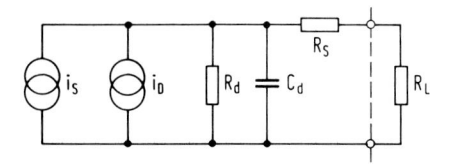

Bild 6.5
Ersatzschaltbild einer pin-Photodiode; i_S Signalstrom; i_D Dunkelstrom; R_d Parallelwiderstand; R_S Serienwiderstand; C_d Gesamtkapazität; R_L äußerer Lastwiderstand

ist der äußere Lastwiderstand, an dem der Signalstrom i_S und der Dunkelstrom i_D eine Spannung erzeugen.

Der Wirkungsgrad eines Photodetektors wird als Quantenausbeute η_Q bezeichnet und berechnet sich aus der Anzahl n_L der generierten Ladungsträger zur Anzahl n_{Ph} der eingestrahlten Photonen jeweils pro Zeiteinheit zu

$$\eta_Q = \frac{n_L}{n_{Ph}} = \frac{i_S/q}{P/hf} = i_S \frac{hf}{Pq} \qquad (6-2)$$

mit dem durch die Photonen erzeugten Signalstrom i_S, der Lichtleistung P, der Lichtfrequenz f, der Elementarladung q und dem Planck'schen Wirkungsquantum h. Man kann den Signalstrom i_S auch als Funktion der Lichtleistung P, des Extinktionskoeffizienten α_D des Detektormaterials, der Länge w der Absorptionszone sowie des Reflexionskoeffizienten r (Übergang des Lichtes von Luft in das Halbleitermaterial, siehe (1-61)) ausdrücken und erhält

$$i_S = P \frac{q(1-r)}{hf} [1 - \exp(-\alpha_D w)] \quad . \qquad (6-3)$$

(6-3) in (6-2) eingesetzt ergibt für die Quantenausbeute

$$\eta_Q = R_{sp} \frac{hf}{q} = (1-r)[1-\exp(-\alpha_D w)] \qquad (6-4)$$

mit der spektralen Empfindlichkeit $R_{sp} = i_S/P$. Für einen idealen Detektor ist $\eta_Q = 1$. Der sehr hohe Reflexionskoeffizient (20% bis 30% je nach Material) kann durch Aufbringen einer Antireflexionsschicht auf 1% oder weniger bei einer vorgegebenen Wellenlänge verkleinert werden. Für die spektrale Empfindlichkeit ergibt sich $R_{sp} = \eta_Q \lambda_0 / 1,24$ in A/W, wenn der Wert von λ_0 in µm eingesetzt wird. Da die spektrale Empfindlichkeit R_{sp} bei einer gegebenen Wellenlänge konstant ist, generieren eine bestimmte Anzahl von Photonen immer die gleiche Anzahl von Ladungsträgern bzw. erzeugen den gleichen Signalstrom. Daher ist der Zusammenhang zwischen eingestrahlter Lichtleistung und Signalstrom bei pin-Photodioden linear, solange die Lichtleistung nicht Werte erreicht, die zur Sättigung oder zu nichtlinearen Effekten führen. Man kann bei pin-Dioden mit einer linearen Dynamik von 6 bis 7 Dekaden rechnen.

Um eine hohe Empfindlichkeit zu erreichen, muß die Absorptionszone möglichst groß sein ($w \gg 1/\alpha_D$). Dadurch werden aber auch die absoluten Driftzeiten und somit auch die Ansprechzeiten größer. Bei der Dimensionierung muß daher ein Kompromiß getroffen werden. Bei einer Driftgeschwindigkeit von ca. 10^7 cm/s in Silizium erreicht man mit einer 10 µm dicken Verarmungszone eine Ansprechzeit von 0,1 ns. Bei einer Wellenlänge von λ_0 = 0,8 µm und einer 10 µm dicken Verarmungszone ist die Bedingung für eine ausreichende Empfindlichkeit nur annähernd erfüllt ($w \approx 1/\alpha_D$, siehe Bild 6.1). Bei größeren Wellenlängen ist nur noch eine Optimierung bezüglich Empfindlichkeit oder Ansprechzeit möglich. Diese Zusammenhänge werden in Bild 6.6 zusammengefaßt, in dem der Absorptionsgrad und die Ladungsträger-Laufzeit bzw. die Breite der Verarmungszone als Funktion der Wellenlänge für eine Si-pin-Photodiode aufgetragen sind.

Besonders für den längerwelligen Bereich haben pin-Photodioden aus InGaAsP/InP eine große Bedeutung [6.28], da die Herstellung von Lawinenphotodioden aus diesem Material problematisch ist.

6.4 Lawinenphotodiode

Bei geeignet hohen Sperrspannungen kann innerhalb der Photodiode das elektrische Feld so groß werden, daß die Ladungsträger beschleunigt werden und durch Stoßionisation weitere Ladungsträger freisetzen, wodurch es zu einer Ladungsträgermultiplikation kommt. Diese ist abhängig von der Anzahl der eingestrahlten Photonen und der angelegten Sperrspannung bzw. dem dadurch erzeugten elektrischen Feld. In Silizium sind Feldstärken von über 10^5 V/cm für diesen Vorgang notwendig. Dieser Effekt der inneren

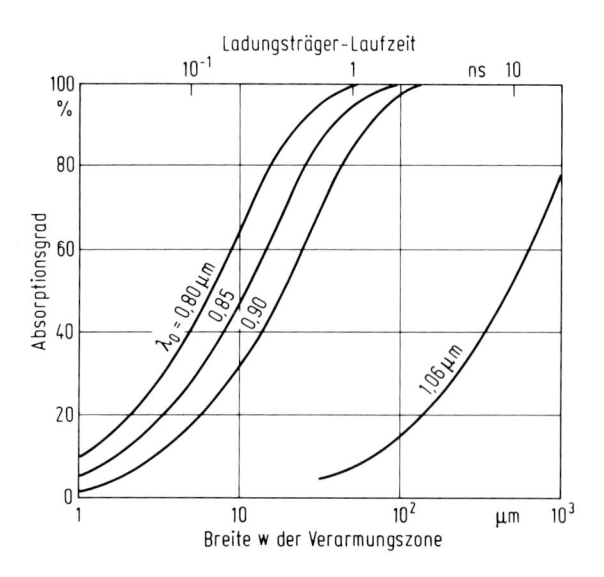

Bild 6.6

Zusammenhang zwischen Ladungsträger-Laufzeit bzw. Breite w der Verarmungszone als Funktion des Absorptionsgrades für eine Silizium-APD; Parameter ist die Lichtwellenlänge λ_0; Driftgeschwindigkeit $5 \cdot 10^6$ cm/s

Verstärkung wird in der sog. Lawinenphotodiode (APD) ausgenutzt [6.29, 6.30]. Ihr Aufbau ist in Bild 6.7 gezeigt. Die i- oder eigenleitende Zone liegt nicht mehr zwischen dem pn-Übergang, sondern zwischen zwei p-dotierten Zonen. Für die i-Schicht benutzt man häufig auch schwach p-dotierte Materialien; diese Zone wird dann π-Schicht genannt. Absorptions- und Multiplikationszone sind nur teilweise identisch; bei einigen APD sind sie sogar vollständig getrennt aufgebaut. Der Multiplikationsfaktor M einer APD wird beschrieben durch das Verhältnis des gesamten Primärstromes $i_{M=1}$ zum gesamten verstärkten Strom i_M. Der Zusammenhang mit der Sperrspannung ist für den stationären Fall gegeben durch

$$M_0 = \frac{i_M}{i_{M=1}} = \frac{1}{(1 - U_j/U_B)^l} \quad , \qquad (6-5)$$

wobei U_j die Spannung über den pn-Übergang und U_B die Durchbruchspannung ($M_0 \to \infty$) sind, während der Exponent l einen Wert hat, der vom Material und dem Aufbau abhängt. Wegen des Serienwiderstandes R_S der Photodiode (siehe Bild 6.5) muß bei sehr hohen Verstärkungen der an ihm verursachte Span-

6.4 Lawinenphotodiode

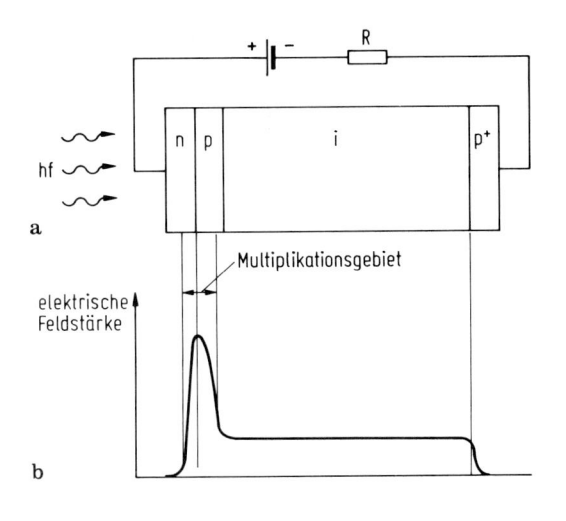

Bild 6.7
Aufbau (a) und Verlauf
der elektrischen Feldstärke (b)
einer Lawinenphotodiode

nungsabfall berücksichtigt werden, und (6-5) geht über in

$$M_0 = \frac{1}{1 - [(U_a - i_M R_S)/U_B]^l} \quad , \tag{6-6}$$

wobei U_a die angelegte Sperrspannung ist.

Das dynamische Verhalten der Muliplikation in Lawinenphotodioden ist abhängig von

- der Laufzeit t_n der Elektronen,
- der Laufzeit t_p der Löcher,
- dem Ionisationsverhältnis k.

k wird aus dem Verhältnis der Ionisationskoeffizienten α (für Elektronen) und ß (für Löcher) gebildet. Die Ionisationskoeffizienten haben die Dimension einer inversen Länge. Unter Ionisationsverhältnis ist dabei die Wahrscheinlichkeit zu verstehen, daß ein vorhandenes Elektron (Loch) durch Stoßionisation ein neues Ladungsträgerpaar generiert, das dann zum Stromtransport beiträgt. Können in einem Material z.B. nur die Elektronen ionisierend wirken (ß = 0), so kann dies veranschaulicht werden durch Bild 6.8a. Von einem durch ein Photon generierten Elektron werden in der

Lawinenzone der Dicke w_L insgesamt $\exp(\alpha w_L)$ neue Elektronen generiert, die mit Driftgeschwindigkeit zum n-Kontakt wandern. Die Löcher wandern – ohne neue Ladungsträger zu generieren – mit der ihnen eigenen Driftgeschwindigkeit zum p-Kontakt. Der Strom am Lastwiderstand R_L wird am höchsten, wenn das letzte Elektron den n-Kontakt erreicht hat. Er fließt so lange, bis

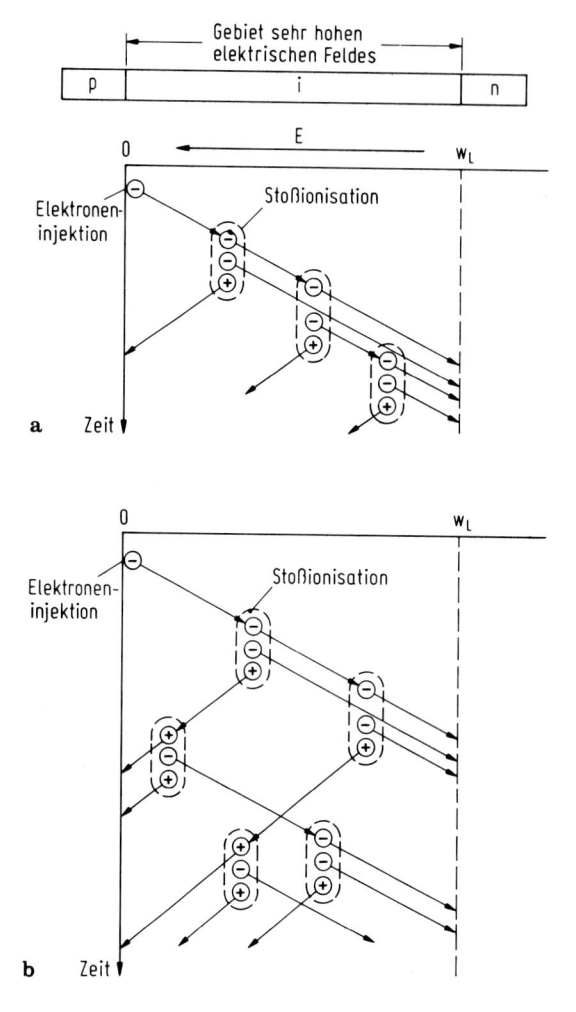

Bild 6.8
Erklärung der Stoßionisation in Lawinenphotodioden im Zusammenhang mit dem Ionisationskoeffizienten; w_L Dicke der Lawinenzone; die direkte Umgebung des pn-Übergangs wird als i-Zone angesehen; (a) nur Elektronen wirken ionisierend ($\beta = 0$); (b) sowohl Löcher als auch Elektronen wirken ionisierend ($\alpha \neq 0$, $\beta \neq 0$) [6.64]

6.4 Lawinenphotodiode

auch das letzte Loch den p-Kontakt erreicht hat. Die Ansprechzeit der Diode ist daher $t_{av} = (t_n+t_p)/2$ und unabhängig von der Verstärkung M.

Tragen sowohl Elektronen als auch Löcher ($\alpha \neq 0$, $\beta \neq 0$) zur Generation neuer Ladungsträger durch Stoßionisation innerhalb der Lawinenzone bei (Bild 6.8b), so werden sehr viele freie Ladungsträger in der Lawinenzone erzeugt, selbst wenn das anfänglich injizierte Elektron bereits den n-Kontakt erreicht hat. Umso höher die Multiplikation ist, umso länger wird dieser Lawinenverstärkungsprozeß fortdauern. Daher wird die Ansprechzeit einer Lawinenphotodiode aus einem solchen Material durch ein Bandbreite-Verstärkungs-Produkt begrenzt sein.

Näherungsweise läßt sich die frequenzabhängige Verstärkung M(ω) beschreiben durch

$$M(\omega) \approx \frac{M_0}{\sqrt{1 + \omega^2 M_0^2 t_1^2}} \quad (6\text{-}7)$$

mit M_0 aus (6-6), der Kreisfrequenz ω und der effektiven Durchlaufzeit t_1 durch die Lawinenzone. Die Zeit t_1 kann angenähert werden durch

$$t_1 \approx N t_{av} \quad (6\text{-}8)$$

wobei N eine Funktion von k' ist, das gegeben ist durch

$$k' = \begin{cases} k = \frac{\alpha}{\beta} & \text{für } k \leq 1, \\ \frac{1}{k} = \frac{\beta}{\alpha} & \text{für } k > 1. \end{cases} \quad (6\text{-}9)$$

N ist eine nur gering variierende Größe. Für $\alpha/\beta = 1$ ist $N \approx 0{,}3$, für $\alpha/\beta = 1000$ gilt jedoch $N \approx 2$.

Aus den Gleichungen (6-7) bis (6-9) läßt sich die 3-dB-Verstärkungsbandbreite ($M(\omega)/M_0 = 0{,}5$) berechnen zu

$$B = \frac{\sqrt{3}}{2\pi M_0 N t_{av}} \; . \quad (6\text{-}10)$$

(6-10) impliziert gleichzeitig ein konstantes Bandbreite-Verstärkungs-Produkt BM_0. Für schnelle Si-APD ist $BM_0 \approx 200$ GHz [6.31]. Bei Ge-APD liegt das Bandbreite-Verstärkungs-Produkt bei 10 GHz bis 20 GHz.

In diesen Berechnungen sind α und β gegebene Materialgrößen; in Wirklichkeit sind sie jedoch abhängig von der elektrischen Feldstärke in der Lawinenzone, d.h. α/β ist eine Funktion von M, so daß die eigentlichen Zusammenhänge wesentlich komplizierter sind. Anschaulich kann der Zusammenhang zwischen Bandbreite B und Verstärkung M nach Bild 6.9 dargestellt werden. Die Impulsantworten für zwei unterschiedliche Verstärkungen für den gleichen, kurzen Eingangsimpuls sind ebenfalls eingezeichnet; die bandbreitebegrenzende Wirkung bei hohen Verstärkungen ist deutlich.

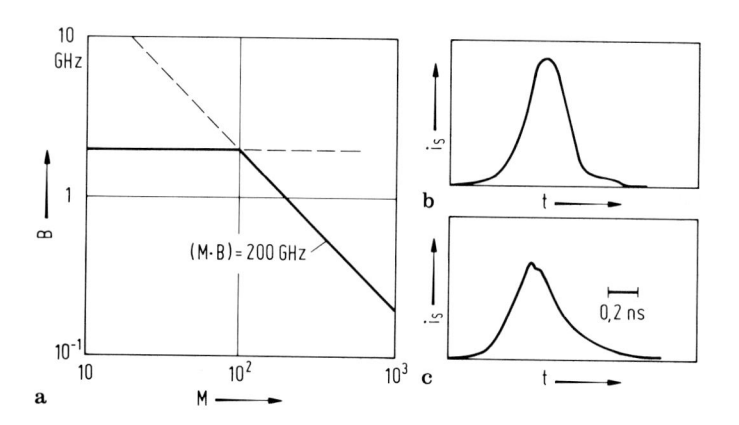

Bild 6.9
Zusammenhang zwischen Bandbreite B und Verstärkung M bei Lawinenphotodioden (a); (b) und (c) sind die Impulsantworten als Funktion der Verstärkung; (b) $M_0 = 40$; (c) $M_0 = 300$

Die Temperatur beeinflußt ebenfalls die Ionisationsrate und wirkt sich auf die Durchbruchspannung U_B und den Exponenten l in (6-5) und (6-6) aus. Nach [6.32] kann die Temperaturabhängigkeit für diese beiden Größen angegeben werden durch

$$U_B(T) = U_B(T_0) + a(T - T_0) \tag{6-11}$$

bzw.

$$l(T) = l(T_0) + b(T - T_0) \quad . \tag{6-12}$$

6.5 Rauschen von Photodetektoren

Darin sind a und b experimentell zu bestimmende Größen, die im allgemeinen positiv sind; T_0 ist eine Bezugstemperatur. Mit steigender Temperatur steigt die Durchbruchspannung an, der Nenner in (6-6) wird größer und der Multiplikationsfaktor M_0 sinkt. Experimentelle Ergebnisse sind in Bild 6.10 dargestellt. Nach (6-6) hängt M_0 auch vom Signalstrom i_S bzw. dem bereits verstärkten Strom i_M ab. Damit ist in Verbindung mit (6-3) auch eine Signalabhängigkeit gegeben, die bei APD zu relativ großen Nichtlinearitäten führen kann.

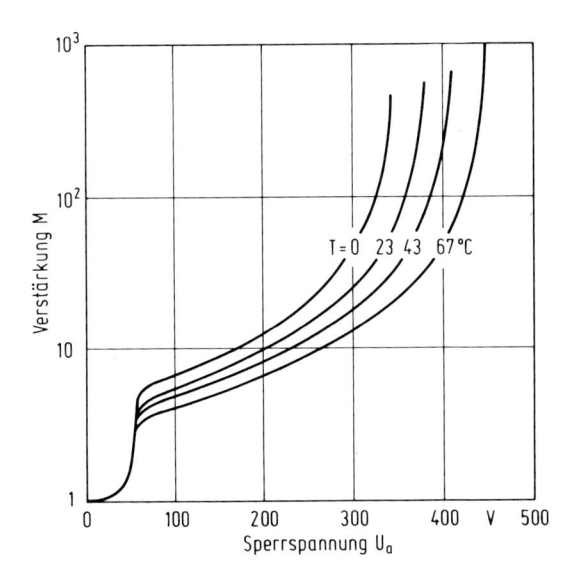

Bild 6.10
Zusammenhang zwischen Verstärkung M und Sperrspannung U_a als Funktion der Temperatur T für eine Silizium-$n^+p\pi p^+$-APD [6.65]

6.5 Rauschen von Photodetektoren

In diesem Kapitel soll ausschließlich das Eigenrauschen von Photodetektoren betrachtet werden. Zum Schrotrauschen, das durch statistische Fluktuationen der diskreten Ladungsträger beim Stromtransport im Halbleiter verursacht wird, führt der Dunkelstrom i_D. Nach Schottky, der das Schrotrauschen 1918 erstmalig beschrieb, ergibt sich das mittlere Rauschstromquadrat $\langle i_{ND}^2 \rangle$ für das Schrotrauschen zu

$$\langle i_{ND}^2 \rangle = 2qBi_D \quad . \tag{6-13}$$

Der Index N (= Noise) deutet im folgenden immer auf Rauschgrößen hin; der oder die folgenden Indizes beschreiben die Ursache (D = Dunkelstrom).

(6-13) gilt für pin-Photodioden. Bei Lawinenphotodioden ist eine weitere Rauschquelle zu beachten: Da es sich bei der Lawinenverstärkung um einen statistischen Prozeß handelt (nicht jedes Elektron/Loch generiert in einer Zeiteinheit immer wieder die gleiche Anzahl neuer Ladungsträger, sondern nur gemittelt über einen <u>großen</u> Zeitraum), ist die Verstärkung ebenfalls eine statistische Größe. Daher wird das mittlere Rauschstromquadrat nicht nur mit dem Quadrat der mittleren Verstärkung $\langle M \rangle^2$ multipliziert, sondern es muß ein zusätzlicher Rauschfaktor $F(M)$ berücksichtigt werden, so daß man für eine Lawinenphotodiode das mittlere, durch den Dunkelstrom hervorgerufene Rauschstromquadrat erhält zu

$$\langle i_{NDi}^2 \rangle = 2qBi_D \langle M^2 \rangle = 2qBi_D \langle M \rangle^2 F(M) \quad . \tag{6-14}$$

Darin ist $\langle M^2 \rangle$ das mittlere Verstärkungsquadrat. Der Zusatzfaktor $F(M)$ bei Lawinenphotodioden in (6-14) kann erklärt werden durch

$$F(M) = \langle M^2 \rangle / \langle M \rangle^2 \quad . \tag{6-15}$$

Die genaue Ableitung des materialabhängigen Zusatzrauschfaktors $F(M)$ ist sehr aufwendig [6.33-6.35]. Mit guter Näherung läßt sich $F(M)$ ausdrücken durch

$$F(M) = M[1 - (1 - k')(M - 1)^2/M^2] \tag{6-16}$$

mit k' aus (6-9). Angaben über k sind z.B. in [6.3, 6.36, 6.37] enthalten; man erhält für Silizium k = 0,02...0,04, für Germanium k = 0,8...1,2 und für (InGa)(AsP) k = 0,25....6,6 [6.38].

Die Darstellung (6-16) geht von der Konstanz des elektrischen Feldes in der Lawinenzone aus. Dies ist jedoch nicht der Fall, was dadurch berücksichtigt werden kann, daß k' aus (6-9) durch ein von der Dicke w_L der Lawinenzone abhängiges k_{eff} ersetzt wird [6.34]. Die Abhängigkeit des Zusatzrauschfaktors $F(M)$ als Funktion von k_{eff} und der mittleren Verstärkung $\langle M \rangle$ ist in Bild 6.11 gegeben. Danach sollte nur eine Ladungsträgerart

6.5 Rauschen von Photodetektoren

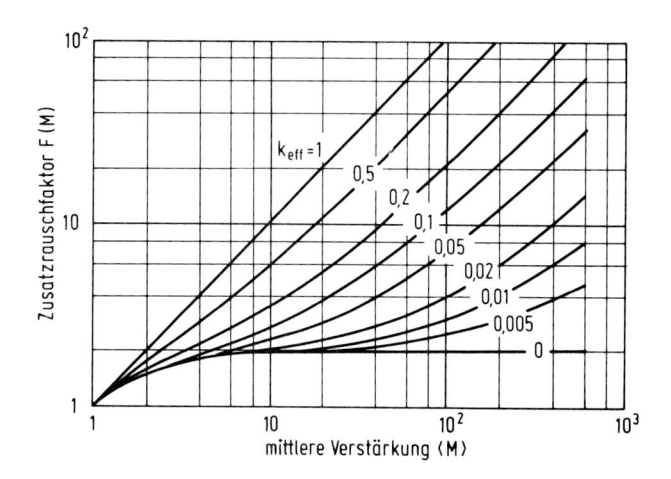

Bild 6.11
Zusatzrauschfaktor F(M) als Funktion der mittleren Verstärkung <M> bei Lawinenphotodioden; Parameter ist k_{eff} [6.29]

(Elektron oder Loch) zur Ionisation beitragen ($k_{eff} \to 0$), um F(M) klein zu halten (siehe (6-16)).

Da (6-16) für Berechnungen relativ kompliziert ist, kann für Verstärkungen M > 50 die Näherung

$$F(M) = M^x \qquad (6-17)$$

herangezogen werden, wobei für Silizium x = 0,2...0,5 und für Germanium x = 0,9...1 einzusetzen ist.

In (6-14) wird als Näherung der gesamte Dunkelstrom i_D verwendet, der sich aus dem Volumenstrom i_{DV} und dem Oberflächenstrom i_{DO} zusammensetzt, obwohl Oberflächenströme nicht der inneren Verstärkung unterliegen. Exakt müßte (6-14) daher lauten

$$<i_{NDM}^2> = 2qB(i_{DV}<M>^2 F(M) + i_{DO}) \ . \qquad (6-18)$$

Üblicherweise wird in Datenblättern das Rauschverhalten von Detektoren nicht durch ihren Dunkelstrom, sondern durch die äquivalente Rauschleistung (noise equivalent power: NEP) angegeben. Die NEP berechnet sich aus

$$NEP = \sqrt{2ei_D}/R_{sp} \ .$$

Die Einheit der NEP ist W/√Hz . Da R_{sp} wellenlängenabhängig ist, ist auch die NEP eine von der Wellenlänge abhängige Größe.

6.6 Verschiedene Detektortypen

Aus den zahlreichen bisher realisierten Detektortypen seien einige exemplarisch herausgegriffen. Es wird bereits an dieser Stelle darauf hingewiesen, daß die einzelnen Detektorstrukturen prinzipiell in jedem Material realisiert werden können. Allerdings erfordern einige Materialbesonderheiten geringfügige (aber für die Eigenschaften sehr bedeutungsvolle) Änderungen.

Beim pin-Photodiodenaufbau unterscheidet man grundsätzlich zwei Typen: die Diode mit Fronteinstrahlung (Bild 6.12a) und jene mit seitlicher Einstrahlung (Bild 6.12b). Antireflexionsschichten sind jeweils aufgebracht. Die seitliche Einstrahlung bringt wegen der geringen Dicke der i-Zone Kopp-

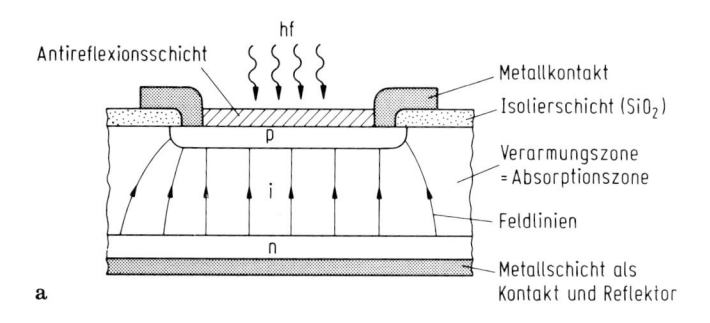

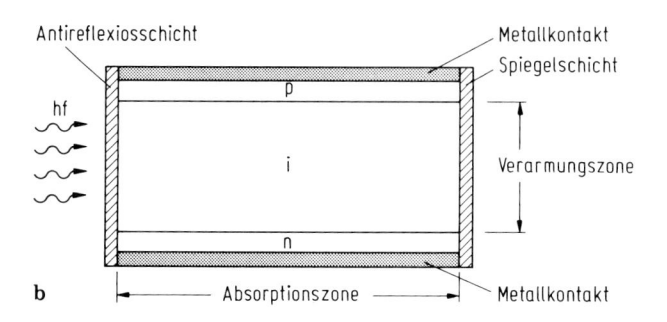

Bild 6.12
Aufbau von pin-Photodioden; (a) Fronteinstrahlung; (b) seitliche Einstrahlung

6.6 Verschiedene Detektortypen

lungsschwierigkeiten mit sich, hat andererseits jedoch den Vorteil, daß der in Kap. 6.3 erwähnte Zusammenhang zwischen Empfindlichkeit und Ansprechzeit entfällt, da Absorptions- und Verarmungszonenlänge nicht gleich sind.

Bei den Lawinenphotodioden unterscheidet man drei verschiedene Aufbauten (siehe Bild 6.13): a) die sich zur n-Seite hin verjüngende APD, die eine realtiv geringe Verstärkung aufweist, b) die Schutzringdiode und c) die RAPD; diese Bezeichnung kommt von "reach through avalanche photodiode", da das elektrische Feld noch in die i-Zone durchgreift. Die RAPD hat die günstigsten Eigenschaften, da sie eine relativ große Verarmungszone mit konstanter, nicht verschwindender Feldstärke und eine genügend hohe Lawinenverstärkung besitzt. Es wurde auch eine APD mit seitlicher Einstrahlung (ähnlich Bild 6.12b) in Silizium mit hohem Quantenwirkungsgrad und hoher Bandbreite realisiert [6.39, 6.40]. Problematisch beim Aufbau von Lawinenphotodioden ist die Gefahr eines irreversiblen Durchbruchs wegen der zum Teil herrschenden hohen Feldstärken. Daher muß auf

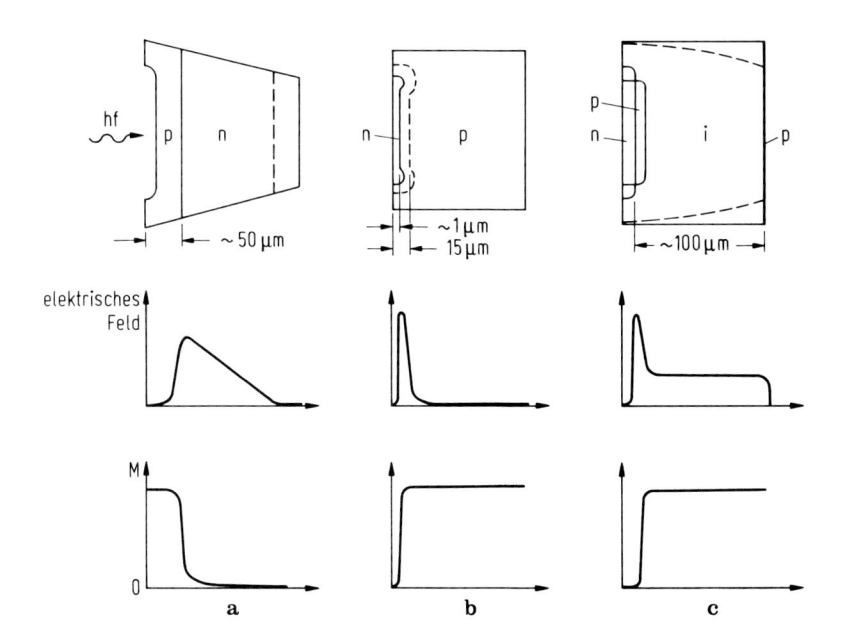

Bild 6.13
Aufbau von Lawinenphotodioden [6.5]; oben: Struktur; Mitte: örtliche Verteilung des elektrischen Feldes; unten: örtliche Verteilung der Multiplikation M; (a) zur n-Seite sich verjüngende APD; (b) Schutzringdiode; (c) RAPD

äußerste Materialhomogenität geachtet und es müssen zusätzliche Vorsichtsmaßnahmen (z.B. Schutzring) getroffen werden, um Durchbrüche zu vermeiden. Eine Zusammenstellung der Eigenschaften von z.Z. kommerziell erhältlichen Photodetektoren gibt Tabelle 6.1. Hieraus wird deutlich, daß für den Wellenlängenbereich $\lambda_0 > 1$ µm z.Z. nur Lawinenphotodioden aus Germanium zur Verfügung stehen. Abgesehen von einigen Labormustern [6.38, 6.41-6.48] ist die kommerzielle Herstellung von (InGa)(AsP)-APD bisher nicht geglückt, so daß deren theoretisch wesentlich günstigere Rauscheigenschaften noch nicht genutzt werden können. Andererseits ist in [6.3] gezeigt, daß die Empfindlichkeit eines Empfängers ganz wesentlich durch die nachfolgende Elektronik beeinflußt wird, so daß im Extremfall der Einsatz von pin-Photodioden gegenüber APD kaum Nachteile bringt. Daher werden große Anstrengungen unternommen, monolithisch integrierte pin-FET-Detektoren zu realisieren, die in ihren Empfangseigenschaften mit einer APD zu vergleichen sind, darüber hinaus jedoch weitere Vorteile, wie z.B. kleine Sperrspannung und geringe Temperaturdrift, aufweisen [6.49-6.57].

6.7 Messungen

Im allgemeinen wird man als Anwender an Detektoren keine Messungen durchführen, sondern sich auf Angaben des Herstellers verlassen. Daher sollen nur einige Hinweise gegeben werden, wie die für die optische Nachrichtentechnik wichtigen Detektorparameter gemessen werden können.

Die Durchbruchspannung U_B von Photodioden ist durch einen bei dieser Spannung erzeugten Dunkelstrom von 10 µA bei pin-Dioden und 100 µA bei APD definiert. Diese Spannung ist gemäß (6-11) von der Temperatur linear abhängig, so daß die Temperatur bei der Messung bekannt sein muß.

Die Messung des Dunkelstroms i_D (wichtig für die Bestimmung des Schrotrauschens nach (6-13) bzw. (6-14)) erfolgt als Funktion der Sperrspannung U_a und der Temperatur T. Dabei ist - besonders bei APD - sicherzustellen, daß kein Licht auf die Diode fallen kann. Während der Dunkelstrom bei Si-Photodetektoren sehr gering ist und kaum Exemplarstreuungen unterliegt, trifft dies für Germanium-Photodioden, besonders APD, nicht zu. Die Abhängigkeit des Dunkelstroms i_D von der Temperatur T ist gegeben durch

6.7 Messungen

Tabelle 6.1: Übersicht über einige z.Z. kommerziell erhältliche schnelle Detektoren

Spektral-bereich [µm]	spektrale Empfindlich-keit A/W (bei λ_0[µm])	Anstiegs-zeit [ns]	Art	Typ	Hersteller
0,5...1	0,5 (0,8)	0,2	Si-APD	BPW 28	AEG
0,4...1,1	0,6 (0,8)	0,4	Si-APD	368 BPY	Amperex
0,4...1,1	0,5 (0,85)	0,06	Si-pin	L 4501	Ford Aerospace
0,4...1,1	0,5 (0,85)	0,1	Si-pin	L 4502	"
0,4...1,1	0,6 (0,85)	0,13	Si-pin	L 4509	"
0,3...1,1	0,5 (0,8)	0,15	Si-pin	3117	Laser-metrics
0,3...1,1	0,15 (0,8)	0,09	Si-pin	PD 10	Opto-Electronics
0,3...1,1	0,2 (0,72)	0,035	Si-pin	PD 15	"
0,3...1,1	0,06 (0,78)	0,085	Si-APD	PD 30	"
0,4...1,1	0,75 (0,9)	2	Si-APD	C30904E	RCA
0,4...1,1	0,65 (0,9)	0,5	Si-APD	C30908E	"
0,4...1	0,65 (0,9)	0,5	Si-pin	C30902E	"
0,4...1	0,6 (0,9)	0,2	Si-pin	BPX 65	Siemens
0,5...1,8	0,7 (1,55)	0,11	Ge-pin	L 4520	Ford Aerospace
0,5...1,8	0,97 (1,5)	0,32	Ge-pin	L 4521	"
0,5...1,8	0,65 (1,3)	0,3	Ge-APD	FDP-150	Fujitsu
0,5...1,8	0,6 (1,3)	0,3	Ge-APD	FPD-140	"
0,5...1,8	0,7 (1,5)	0,3	Ge-pin	J-16LD	Judson Infrared
1.....3,8	0,6 (3,4)	5	InAs-pin	J-12LD	"
1.....1,7	0,63 (1,3)	1	InGaAs-pin	QD-1700-100	Lasertron
0,5...1,8	0,15 (1,5)	0,08	Ge-pin	PD 20	Opto-Electronics
0,5...1,8	0,25 (1,5)	0,05	Ge-pin	PD 25	"
0,5...1,8	0,6 (1,3)	0,25	Ge-APD	GA-1	"
1,3	0,35 (1,3)	1	InGaAs-pin	GAL-231	Plessey

$$i_D \sim \exp[-\Delta W/(t_T kT)] \quad , \tag{6-19}$$

wobei t_T je nach Ursprung des Dunkelstroms 1 (Oberflächenstrom) oder 2 (Diffusionsstrom) beträgt, k die Boltzmannkonstante und ΔW der Bandabstand des Materials sind. Durch Messung des Dunkelstroms als Funktion der Temperatur bei $U_a = 1$ V und $U_a = 0,9\ U_B$ kann man die einzelnen Effekte unterscheiden. Ein Beispiel für eine Messung an einer Germanium-APD zeigt Bild 6.14 [6.58]: Unterhalb von 15 °C überwiegt ein durch Diffusion hervorgerufener Dunkelstrom (i_{DV}), der durch den Lawinenprozeß verstärkt wird (Unterschied zwischen beiden Kurven); oberhalb von 15 °C herrscht ein durch Oberflächenströme (i_{DO}) bedingter Dunkelstrom vor, der nicht der Verstärkung unterliegt. Aus den Meßwerten nach Bild 6.14 lassen sich die für die Berechnung des Rauschens sehr wichtigen Stromanteile i_{DV} und i_{DO} bestimmen. In diesem Beispiel für Germanium erhält man $i_{DV} \approx 0,03$ µA und $i_{DO} \approx 0,12$ µA. Nach (6-18) ist i_{DV} für M > 1,6 vorherrschend (für Germanium kann man F(M) = M setzen).

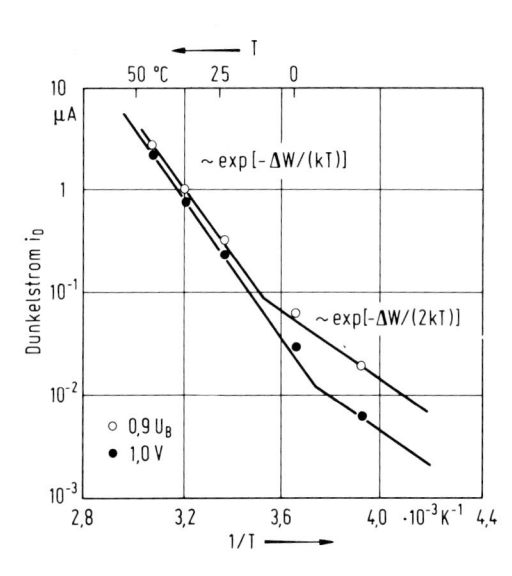

Bild 6.14
Messung des Dunkelstromes i_D an einer Ge-APD bei zwei unterschiedlichen Sperrspannungen als Funktion der Temperatur T [6.58]

Für die Bestimmung der Quantenausbeute η_Q und der spektralen Empfindlichkeit R_{sp} benötigt man eine geeichte Referenz-Photodiode mit bekannter Quantenausbeute η_{QR} als Funktion der Wellenlänge. Aus einer Weißlichtquelle wird durch diskrete Filter oder durch einen Monochromator spektral schmalbandiges Licht gewonnen. Der von der zu prüfenden Diode abgegebene

6.7 Messungen

Photostrom i_S wird mit dem von der geeichten Diode erzeugten Strom i_{SR} verglichen; die Quantenausbeute ergibt sich gemäß (6-2) aus

$$\eta_Q = (i_S/i_{SR})\eta_{QR} \quad . \tag{6-20}$$

Die spektrale Empfindlichkeit kann entsprechend berechnet werden.

Da Germanium-Dioden, die im allgemeinen als Referenz für höherer Wellenlängen (> 1 µm) verwendet werden, eine Langzeitalterung aufweisen, ist immer wieder eine Neukalibrierung notwendig, die nur an wenigen Institutionen (z.B. PTB (Physikalisch-Technische Bundesanstalt) in Deutschland, NBS (National Bureau of Standards) in den USA) möglich ist. Mikrorechnergesteuerte, kommerzielle Geräte sind bereits erhältlich.

Bei Lawinenphotodioden werden η_Q und R_{sp} immer auf die <u>nicht</u> im Lawinenbetrieb arbeitende Diode bezogen. Bei Si-APD legt man für die Messungen eine Sperrspannung von U_a = 10 V zugrunde, die genügend unter den üblichen Sperrspannungen für Verstärkung (50 V bis 250 V) liegt. Bei Ge-APD, bei denen die Durchbruchsspannung U_B bei ca. 40 V bis 100 V liegt, kann dies zu Fehlern führen, die jedoch im allgemeinen vernachlässigbar klein sind. Da die Verstärkung M von der Temperatur und von der eingestrahlten Lichtleistung abhängt, müssen beide Größen vorgegeben werden. Bei der eingestrahlten Lichtleistung bezieht man sich z.B. auf einen Photostrom i_S = 0,1 µA bei M = 1.

Für bestimmte Anwendungen sowie den Nachweis der Güte von Photodioden ist eine Messung der Empfindlichkeit als Funktion des Ortes notwendig [6.59]. Man benutzt dazu einen fokussierten Laserstrahl mit möglichst geringem Lichtfleckdurchmesser, der die lichtempfindliche Fläche abtastet. Der Photostrom wird als Funktion des Ortes aufgetragen. Bei einer APD sollte diese Messung auch als Funktion der Sperrspannung (proportional zur Verstärkung) durchgeführt werden, da Inhomogenitäten, verursacht durch örtliche Durchbrüche, erst bei höheren Verstärkungen auftreten. Es ist sicherzustellen, daß die optische Leistungsdichte im Fokus nicht zu hoch ist. Ein Beispiel für eine solche Messung an einer Germanium-APD ist in Bild 6.15 gezeigt.

Das dynamische Verhalten von Empfangsdioden kann sowohl im Zeit- als auch im Frequenzbereich gemessen werden [6.60]. Für die Zeitbereichsmessungen benötigt man einen kurzen optischen Impuls bekannter Dauer, für die

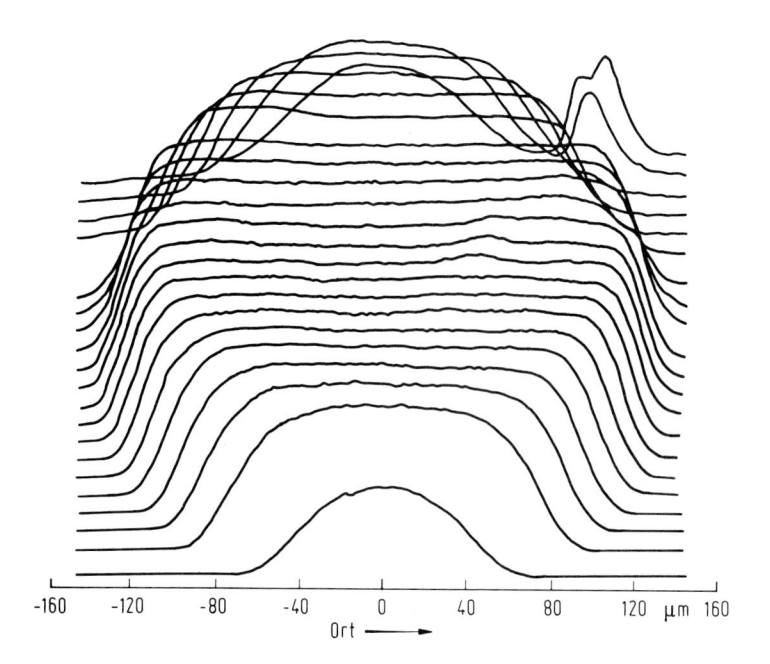

Bild 6.15
Örtliche Empfindlichkeit einer Ge-APD mit 250 μm Durchmesser; der Einfluß des Bonddrahtes ist oben rechts erkennbar (Typ GA-1, Firma Optitron)

Messung im Frequenzbereich einen Sender mit bekanntem, breitbandigem Modulationsverhalten (Halbleiterlaser). Die Zeitbereichsmessung läßt eine Aussage über Anstiegs- und Abfallszeiten zu. Aus der Frequenzbereichsmessung läßt sich die Bandbreitecharakteristik und die 3-dB-Bandbreite bestimmen. Bei einer APD ist die Bandbreite nach (6-10) eine Funktion der Verstärkung; aber auch die für die Messung verwendete Lichtleistung kann einen Einfluß haben. Eine Methode, die die Messung extrem breitbandiger Detektoren erlaubt, ist in [6.61] geschildert. Auch Rauschmessungen lassen Rückschlüsse auf die Bandbreite zu [6.62].

Alterungsuntersuchungen werden - ähnlich wie bei den Sendern - bei erhöhter Temperatur durchgeführt, wobei der Dunkelstrom als Kriterium gilt. Bei Si-Photodioden ist die Alterung vernachlässigbar, bei Ge-Dioden hängt sie von der Beschichtung der Oberfläche ab [6.8]. Am günstigsten ist eine Kombination aus SiO_2 und Si_3N_4, da hierbei selbst bei 5000 Stunden bei 126 °C nur ein geringfügiger Anstieg des Dunkelstromes festzustellen ist (Bild 6.16).

6.7 Messungen

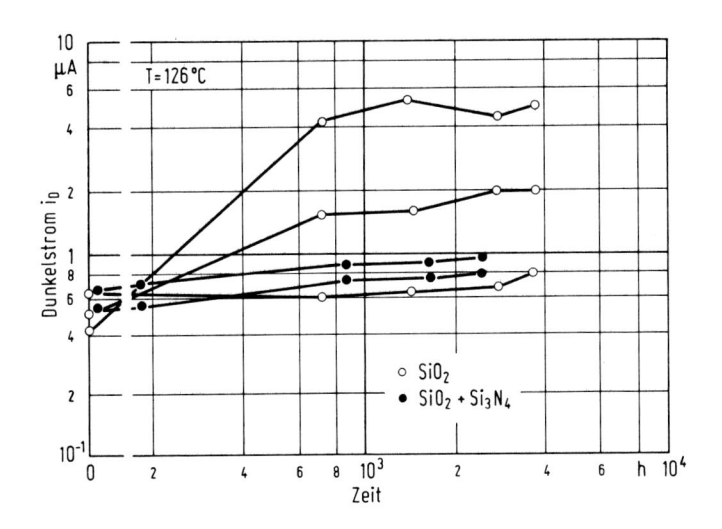

Bild 6.16
Messung der Alterung an Ge-APD; aufgetragen ist der Dunkelstrom i_D als Funktion der Zeit bei einer Umgebungstemperatur von 126 °C; Parameter ist die Art der Oberflächenbeschichtung [6.58]

7 Kopplung zwischen Einzelkomponenten

Der Aufbau und die Eigenschaften der in einem optischen Nachrichtensystem benutzten Komponenten wurden in den Kapiteln 2 bis 6 dargestellt. In einer optischen Übertragungstrecke müssen diese Komponenten miteinander verbunden werden [7.1-7.4], wobei drei Schnittstellen zu unterscheiden sind:

Kopplung Sender - LWL
Kopplung LWL - LWL (fest, lösbar)
Kopplung LWL - Detektor

Da die Fläche des Detektors üblicherweise groß gegen die strahlende Kernquerschnittsfläche des LWL ist, wird die Stoß-auf-Stoß-Kopplung bevorzugt. Dabei wird die LWL-Endfläche möglichst nahe an die lichtempfindliche Fläche des Detektors herangeführt. Es können dann nur noch Reflexionsverluste (siehe Kap. 6.3) auftreten, die jedoch durch Antireflexionsschichten weitgehend vermieden werden können.

Die verbleibenden Fälle sollen im weiteren näher betrachtet werden. Eine ausführliche und anschauliche Übersicht findet sich in [7.2].

7.1 Kopplung Sender – Lichtwellenleiter

Der Kopplungswirkungsgrad η_K für die Ankopplung eines Senders an einen LWL soll im folgenden definiert sein durch

$$\eta_K = \frac{P_{LWL}}{P_S} \tag{7-1}$$

mit P_{LWL} in den LWL eingekoppelte, geführte Lichtleistung,
P_S vom Sender in den Halbraum abgegebene Lichtleistung (also bei der Laserdiode die von einem Spiegel abgestrahlte Lichtleistung).

7.1 Kopplung Sender - Lichtwellenleiter

Die von einem zunächst als beliebig angenommenen Sender abgestrahlte Lichtleistung P_S erhält man nach (0-21) und (0-16) aus seiner Strahldichte L, indem man über seine Oberfläche A_S und den Halbraum (ausgedrückt durch den Raumwinkel) integriert:

$$P_S = \int_{A_S} \int_\Omega L \cos\theta \, d\Omega \, dA_S \quad . \tag{7-2}$$

Der Faktor $\cos\theta$ berücksichtigt, daß es sich um die projizierte Fläche handelt (siehe Tabelle 0.1).

Für eine LED mit runder, lichtemittierender Zone (Radius r_{LED}) und der Strahldichte L_{LED} erhält man aus (7-2)

$$P_{LED} = \int_{r=0}^{r_{LED}} \int_{\theta=0}^{\theta_{LED}} L_{LED}(r,\theta) \cos\theta \, d\Omega(r,\theta) \, dA_{LED}(r)$$

oder mit (4-15b) für $d\Omega$

$$P_{LED} = \int_{r=0}^{r_{LED}} \int_{\sigma=0}^{2\pi} \int_{\theta=0}^{\theta_{LED}} L_{LED}(r,\theta) \Omega_0 \cos\theta \sin\theta \, d\theta \, d\sigma \, dA_{LED}(r) \quad ;$$

dabei ist

$$dA_{LED}(r) = 2\pi r \, dr \quad ,$$

$$\theta_{LED} = \pi/2 \quad .$$

Es folgt

$$P_{LED} = (2\pi)^2 \Omega_0 \int_{r=0}^{r_{LED}} \int_{\theta=0}^{\pi/2} L_{LED}(r,\theta) \cos\theta \sin\theta \, d\theta \, r \, dr \quad . \tag{7-3}$$

Für eine LED ist mit einem Lambert-Strahler nach (4-16) bzw. (0-22) zu rechnen, d.h. nach (0-21) ist $L_{LED}(r,\theta) = \text{const.}$, und (7-3) ergibt

$$P_{LED} = \pi^2 r_{LED}^2 L_{LED} \Omega_0 \quad . \tag{7-4}$$

Für die Kopplung eines hier wieder mit runder Abstrahlfläche (Radius r_S) angenommenen Senders an einen LWL betrachtet man den einfachsten Fall, die sog. Stoß-auf-Stoß-Kopplung, d.h. beide Elemente werden so dicht wie möglich zusammengebracht und entsprechend ihrer strahlenden bzw. auffangenden Flächen justiert. Der Allgemeingültigkeit wegen wird ein Gradientenprofil-LWL mit Potenzprofil und dem Profilexponenten α (siehe Abschnitt 2.4.3) vorausgesetzt. Analog zu (7-3) erhält man für die aufgefangene Lichtleistung unter der Voraussetzung L_{LED} = const.

$$P_{LWL} = (2\pi)^2 L_{LED} \Omega_0 \int_{r=0}^{r_{max}} \int_{\theta=0}^{\theta_{LWL}} \cos\theta \sin\theta\, d\theta\, r dr =$$

$$= 2\pi^2 L_{LED} \Omega_0 \int_{r=0}^{r_{max}} r \sin^2\theta \Big|_{\theta=0}^{\theta_{LWL}} dr \, . \tag{7-5}$$

In (7-5) wurde r_{max} als obere Integrationsgrenze gewählt, das man erhält aus

$$r_{max} = \begin{cases} r_{LED} & \text{für } r_S \leq a \, , \\ a & \text{für } r_S \geq a \, , \end{cases}$$

da nur die kleinere der beiden Flächen (LED: Radius r_{LED}; LWL: Radius a) in Betracht gezogen werden darf.

θ_{LWL} berechnet sich aus dem Akzeptanzwinkel des Gradientenprofil-LWL, der über die Numerische Apertur gewonnen werden kann und von r abhängig ist,

$$\theta_{LWL}(r) = \arcsin\sqrt{n^2(r) - n_2^2}$$

mit n(r) aus (2-176). Explizit ergibt sich damit

$$\sin^2\theta_{LWL}(r) = NA^2[1 - (r/a)^\alpha] \, . \tag{7-6}$$

Man erhält mit (7-5) und (7-6)

$$P_{LWL} = 2\pi^2 L_{LED} \Omega_0 NA^2 \int_{r=0}^{r_{max}} (r - r^{\alpha+1}/a^\alpha) dr \, ,$$

7.1 Kopplung Sender - Lichtwellenleiter

was auf

$$P_{LWL} = (\pi r_{max} NA)^2 L_{LED} \Omega_0 \left[1 - \frac{2}{\alpha + 2} \left(\frac{r_{max}}{a} \right)^\alpha \right] \tag{7-7}$$

führt. Mit (7-7) und (7-4) erhält man für (7-1) als Wirkungsgrad für die Kopplung einer LED mit einem Gradientenprofil-LWL

$$\eta_K = \left(\frac{r_{max}}{r_{LED}} \right)^2 NA^2 \left[1 - \frac{2}{\alpha + 2} \left(\frac{r_{max}}{a} \right)^\alpha \right] . \tag{7-8}$$

(7-8) fordert für eine gute Kopplung zwischen LED und LWL:

- Die NA des LWL muß möglichst groß sein (sie ist jedoch begrenzt durch die zur Verfügung stehenden Materialien).
- Der LWL-Durchmesser muß möglichst groß (dies bedeutet jedoch eine große Modendispersion) oder die strahlende Fläche (proportional r^2_{LED}) der LED möglichst klein sein, was eine geringe abgestrahlte Lichtleistung zur Folge hat.
- Der Exponent der Profilfunktion muß möglichst groß sein ($\alpha \to \infty$ ist ein Stufenprofil-LWL mit schlechten Übertragungseigenschaften).

Alle Forderungen weichen von praktischen Gegebenheiten ab. Daher ist eine sehr effiziente Kopplung zwischen LED und LWL nicht zu erreichen, so daß Kopplungswirkungsgrade von einigen Prozenten bereits als gut angesehen werden können.

Für die Betrachtung der Kopplung eines Halbleiterlasers mit einem LWL können wegen der rechteckförmigen Abstrahlfläche des Halbleiterlasers und seiner elliptischen Abstrahlcharakteristik (siehe Kap. 4.2) keine derart einfachen Ansätze gemacht werden. Eine ausführliche Darstellung der damit verbundenen Probleme und Lösungsmöglichkeiten finden sich in [7.5]. Eine grobe Näherung kann man erhalten, wenn eine Strahldichte L nach der Funktion

$$L(\theta) = L_{LD}(0) \cos^n \theta \tag{7-9}$$

in (7-2) eingesetzt wird, die eine stärker gebündelte Abstrahlcharakteristik - allerdings rotationssymmetrisch - darstellt. Da die Laser-Sendefläche in jedem Falle kleiner ist als die Kernquerschnittsfläche des Gradientenprofil-LWL (dies gilt nicht für Monomode-LWL), kann hier $r_{max} = r_{LD}$ gesetzt werden, wobei man einen fiktiven Radius r_{LD} wählt, der sich zu

$$r_{LD} = \sqrt{x_{LD}^2 + y_{LD}^2}/2$$

ergibt, wenn $2x_{LD}$ und $2y_{LD}$ die 1/e-Breiten des Nahfeldes des Halbleiterlasers in x- und y-Richtung sind (dies ist nicht identisch mit den geometrischen Abmessungen). Unter Berücksichtigung von (7-9) ergibt (7-2)

$$P_{LD} = (2\pi)^2 \Omega_0 \int_{r=0}^{r_{LD}} \int_{\theta=0}^{\pi/2} L_{LD}(0) \cos^n\theta \cos\theta \sin\theta \, d\theta \, rdr \quad . \tag{7-10}$$

Durch Integration erhält man

$$P_{LD} = (2\pi)^2 L_{LD}(0) \Omega_0 \frac{r_{LD}^2}{2} \left[-\frac{1}{n+2} \cos^{n+2}\theta \right]\Big|_{\theta=0}^{\theta=\pi/2} =$$

$$= 2\pi^2 r_{LD}^2 L_{LD}(0) \Omega_0 \frac{1}{n+2} \quad . \tag{7-11}$$

Für n = 0 geht (7-11) in (7-4) über. In analoger Weise ergibt sich aus (7-5) für den Gradientenprofil-LWL

$$P_{LWL} = (2\pi)^2 \Omega_0 \int_{r=0}^{r_{LD}} \int_{\theta=0}^{\theta_{LWL}} L_{LD}(0) \cos^n\theta \cos\theta \sin\theta \, d\theta \, rdr =$$

$$= (2\pi)^2 L_{LD}(0) \Omega_0 \int_{r=0}^{r_{LD}} \left[-\frac{1}{n+2} \cos^{n+2}\theta \right]\Big|_{\theta=0}^{\theta_{LWL}} rdr \quad . \tag{7-12}$$

Mit der Identität

$$\cos^{n+2}\theta \equiv (1 - \sin^2\theta)^{(n+2)/2}$$

geht (7-12) über in

$$P_{LWL} = \frac{(2\pi)^2 L_{LD}(0) \Omega_0}{n+2} \int_{r=0}^{r_{LD}} -(1-\sin^2\theta)^{(n+2)/2} \Big|_{\theta=0}^{\theta_{LWL}} rdr \quad .$$

7.1 Kopplung Sender - Lichtwellenleiter

$\sin^2\theta_{LWL}$ erhält man aus (7-6); daraus folgt

$$P_{LWL} = \frac{(2\pi)^2 L_{LD}(0)\Omega_0}{n+2} \int_{r=0}^{r_{LD}} \{1 - [1 - NA^2(1 - (r/a)^\alpha)]^{(n+2)/2}\} r\, dr \quad . \quad (7\text{-}13)$$

Der Ausdruck in geschweiften Klammern wird umgewandelt durch

$$\{1 - [1 - NA^2(1 - (r/a)^\alpha)]^{(n+2)/2}\} =$$

$$= \{1 - (1 - NA^2)^{(n+2)/2}[1 + (r/a)^\alpha \frac{NA^2}{1 - NA^2}]^{(n+2)/2}\} \approx$$

$$\approx 1 - (1 - NA^2)^{(n+2)/2}[1 + (r/a)^\alpha \frac{NA^2}{1 - NA^2} \frac{n+2}{2} + \ldots] \approx$$

$$\approx 1 - (1 - NA^2)^{(n+2)/2} - (r/a)^\alpha \frac{n+2}{2} NA^2 (1 - NA^2)^{n/2} \quad . \quad (7\text{-}14)$$

Da $(r/a)^\alpha < 1$ gilt, ist in (7-14) eine Reihenentwicklung als Näherung eingesetzt. Mit (7-14) kann die Integration von (7-13) durchgeführt werden:

$$P_{LWL} = \frac{(2\pi)^2 L_{LD}(0)\Omega_0}{n+2} \{r_{LD}^2/2[1 - (1 - NA^2)^{(n+2)/2}] -$$

$$- \frac{1}{\alpha+2} r_{LD}^2 \frac{n+2}{2} (r/a)^\alpha NA^2 (1 - NA^2)^{n/2}\} =$$

$$= \frac{2\pi^2 r_{LD}^2 L_{LD}(0)\Omega_0}{n+2} \{1 - (1 - NA^2)^{(n+2)/2} -$$

$$- \frac{n+2}{\alpha+2} (r/a)^\alpha NA^2 (1 - NA^2)^{n/2}\} \quad . \quad (7\text{-}15)$$

Der Kopplungswirkungsgrad ergibt sich dann aus (7-15) und (7-11) zu

$$\eta_K = 1 - (1 - NA^2)^{(n+2)/2} - \frac{n+2}{\alpha+2} (r_{LD}/a)^\alpha NA^2 (1 - NA^2)^{n/2} \quad . \quad (7\text{-}16)$$

Mit n = 0 geht (7-16) über in (7-8) ($r_{max} = r_{LED} = r_{LD}$ einzusetzen), so daß die in (7-14) verwendete Reihenentwicklung eine gute Näherung darstellt.

Trotz der Komplexität von (7-16) läßt sich sofort erkennen, daß die aus (7-8) abgeleiteten Forderungen weiterhin gültig sind und der Kopplungswirkungsgrad durch $n \gg 0$ verbessert werden kann; die kleine strahlende Fläche des Halbleiterlasers erhöht den Kopplungswirkungsgrad, und selbst bei Monomode-LWL ist mit einer ausreichenden Kopplung ($r_{LD} \approx a$) zu rechnen. Kopplungswirkungsgrade von 50% sind mit dieser einfachen Stoß-auf-Stoß-Kopplung bei Gradientenprofil-LWL zu erreichen.

Anschaulicher darstellbar ist die Kopplung Sender-LWL mit Hilfe des bereits in Kap. 2.7 beschriebenen Phasenraumdiagramms [7.6]. Nach (2-247) bzw. (2-248) kann man Fläche und Raumwinkel eines Strahlers oder Empfängers im Phasenraumdiagramm auf Abszisse bzw. Ordinate eintragen. Zeichnet man für Sender und LWL diese geometrischen Größen gemeinsam ein, so gibt die überlappende Fläche an, wieviel der abgestrahlten Lichtleistung (der die gesamte Fläche entspricht) eingekoppelt werden kann. Eine rechteckförmige Fläche ergibt sich nur bei konstanter Strahldichte, also nur für Lambert-Strahler, anderenfalls muß die veränderliche Strahldichte durch die Verbindungslinie von R^2 nach S^2 (siehe (2-246)) für einen beliebigen Sender berücksichtigt werden. Für die Kopplung LED - LWL ist ein Beispiel in Bild 7.1 gezeigt. Man entnimmt daraus die in (7-8)

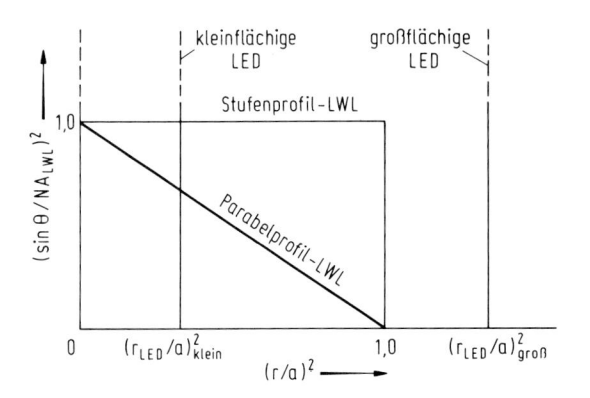

Bild 7.1
Phasenraumdiagramm zur anschaulichen Darstellung der Kopplung zwischen klein-/großflächiger LED mit einem Stufenprofil- oder Parabelprofil-LWL

enthaltenen Fallunterscheidungen für r_{max}. Für großflächige LED liefert das Phasenraumdiagramm unmittelbar, daß in einem Stufenprofil-LWL doppelt so viel Licht eingekoppelt werden kann wie in einen Gradientenprofil-LWL mit $\alpha = 2$, gleicher Größe und gleicher NA. Bei kleinflächigen LED wird der Unterschied geringer, was ebenfalls aus dem Phasenraumdiagramm deutlich wird.

Da in der Optik bei Abbildungen über Linsen die sog. Helmholtz-Abbé'sche Sinusbedingung

$$x_i n_i \sin \theta_i = \text{const.} \qquad (7-17)$$

gelten muß, wobei x_i die Ausdehnung eines Körpers, n_i die Brechzahl des ihn umgebenden Mediums und θ_i der Winkel des Abstrahlkegels sind, kann durch eine geeignete Linse die Abstrahlfläche vergrößert oder verkleinert und gleichzeitig der Abstrahlwinkel verkleinert bzw. vergrößert werden. Das heißt die Fläche im Phasenraumdiagramm kann "beliebig" - unter Beibehaltung ihrer Oberfläche und prinzipiellen Form (rechteck- oder dreieckförmig) - verändert und damit besser an die Akzeptanzcharakteristik des LWL angeglichen werden [7.7-7.10]. Wegen Justierschwierigkeiten und Abbildungsfehlern wird darauf meist verzichtet, da die Kopplungsverbesserung nur gering ist. Auf eine wichtige Ausnahme sei jedoch verwiesen: Wird die Stirnfläche des LWL als Kugellinse ausgebildet, so muß in (7-17) beachtet werden, daß das Medium vor der Linse (im allgemeinen Luft) eine wesentlich kleinere Brechzahl als nach der Linse (Glas) hat, so daß eine absolute Vergrößerung der Oberfläche im Phasenraumdiagramm möglich wird. Experimentell haben sich solche Frontlinsen sehr bewährt, besonders in Verbindung mit Monomode-LWL [7.11-7.13].

7.2 Kopplung zwischen Lichtwellenleiter und Lichtwellenleiter

Bei der Kopplung von LWL miteinander sind sehr verschiedenartige Verlustmechanismen und Probleme zu beachten [7.14-7.19]. Eine schematische Übersicht der vorkommenden Probleme bei der Kopplung von LWL ist in Bild 7.2 gegeben. Man kann geometrische Unzulänglichkeiten und optisch bedingte Veränderungen unterscheiden. In den Bildern 7.2a-c handelt es

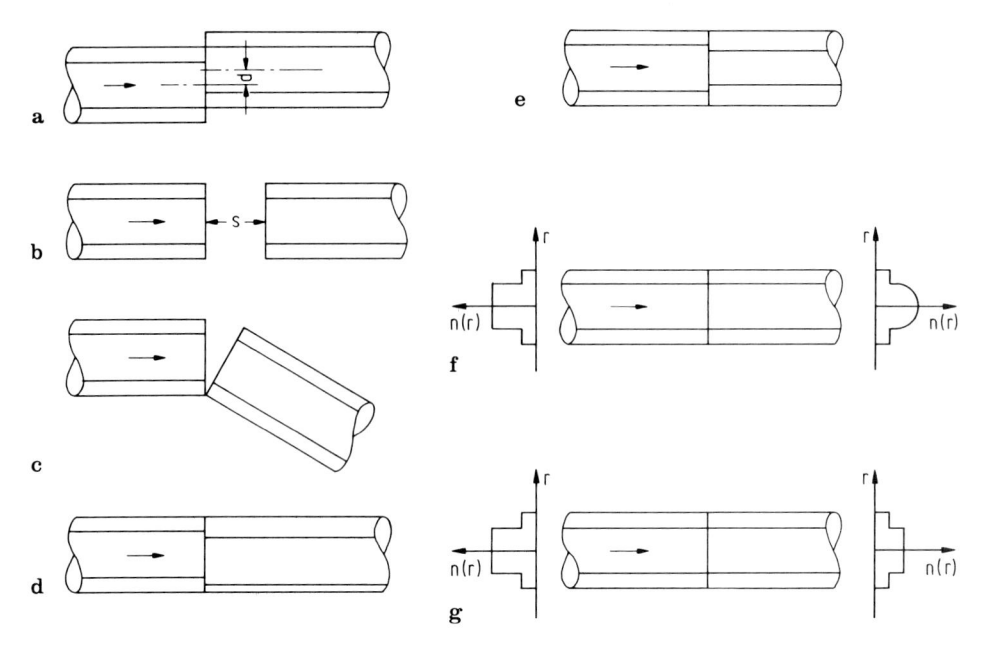

Bild 7.2
Zusammenstellung der Verlustmechanismen, die beim Verkoppeln von zwei LWL auftreten können; Erklärung siehe Text

sich um Verluste, die auf ungenügender Justage zweier identischer LWL beruhen. Da LWL nur näherungsweise konzentrisch aufgebaut werden, bei der Kopplung aber im allgemeinen auf ihre Außendurchmesser justiert werden, können Kopplungsfehler gemäß Bild 7.2d auftreten. Weniger oft wird der Fall nach Bild 7.2e zu finden sein, da eine Standardisierung der geometrischen Dimensionen von LWL angestrebt wird. Dieser Fall ist immer dann wichtig, wenn ein optischer Universalsender mit LWL-Schwänzchen (pig-tail) an eine Übertragungsstrecke angekoppelt werden soll, da dann die verwendeten LWL selten identisch sind. In den Bildern 7.2f und 7.2g sind Kopplungsfehler dargestellt, die durch Änderung der optischen LWL-Eigenschaften entstehen: Änderung des Brechzahlprofils und Änderung der Numerischen Apertur.

Im folgenden sollen nur einige dieser bei der Kopplung von LWL auftretenden Phänomene näher untersucht werden. Dabei wird immer von einer gleichverteilten Modenanregung ausgegangen, d.h. jeder ausbreitungsfähige Modus transportiert gleich viel Lichtleistung.

7.2 Kopplung zwischen Lichtwellenleiter und Lichtwellenleiter

Bevor jedoch auf die eigentliche Kopplung eingegangen werden soll, wird das Nahfeld eines LWL, d.h. die ortsabhängige spezifische Ausstrahlung

$$M_{LWL} = \int_\Omega L \cos\theta \, d\Omega \, .$$

Mit (4-15b) geht dies unter der vereinfachten Annahme, daß die Strahldichte konstant ist, über in

$$M_{LWL} = \Omega_0 \int_0^{2\pi} \int_0^\theta L \cos\theta \sin\theta \, d\theta \, d\phi =$$

$$= \pi L \Omega_0 \sin^2\theta \Big|_{\theta=0}^{\theta_{LWL}} =$$

$$= \pi L \Omega_0 NA^2 [1 - (r/a)^\alpha] \, . \tag{7-18}$$

Drückt man die Nahfeldverteilung durch die gesamte im LWL geführte Lichtleistung P_{LWL} aus, die man aus (7-7) mit $r_{max} = a$ erhält, so folgt

$$M_{LWL} = P_{LWL} \frac{\alpha+2}{\pi a^2 \alpha} [1 - (r/a)] =$$

$$= P_{LWL} \frac{\alpha+2}{\pi a^2 \alpha} \left(\frac{NA(r)}{NA}\right)^2 \, , \tag{7-19}$$

d.h. die ortsabhängige spezifische Ausstrahlung oder Lichtleistungsdichte ist proportional dem Quadrat der normierten, ortsabhängigen Numerischen Apertur des LWL. Auf diesem Zusammenhang basiert auch die bereits in Abschnitt 3.2.1 vorgestellte Brechzahlprofilmessung nach der Nahfeldmethode. Es ist zu beachten, daß die in einem LWL zum Teil vorhandenen Leckwellen (siehe Kap. 2.5) hier nicht berücksichtigt sind. Leckwellen können dadurch erfaßt werden, daß die Integrationsgrenze θ_{LWL} nicht nach (7-6) gewählt wird, sondern entsprechend den Überlegungen in Kap. 2.7, Gleichung (2-254), mit M_{LWL} auf der strahlenden Endfläche des LWL, berechnet. Nach (0-15) gilt die Beziehung

$$M_{LWL} = dP/dA_{LWL} .$$

Unter Verwendung der allgemeinen Formel (7-2) erhält man

$$\sin^2\theta_{LWL} = NA^2 \frac{1 - (r/a)^\alpha}{1 - (r/a)^2 \sin^2\psi} \quad . \tag{7-20}$$

Je nach Größe des Winkels ψ (siehe auch Bild 2.19) werden die Leckwellen stärker oder weniger stark berücksichtigt. Für $\sin^2\psi = 1/2$ zieht man alle jene Leckwellen in Betracht, deren Abstrahldämpfung unter 1 dB/km liegt. Mit (7-20) erhält man statt (7-19) allgemein

$$M_{LWL} = P_{LWL} \frac{\alpha + 2}{\pi a^2 \alpha} \frac{1 - (r/a)^\alpha}{\sqrt{1 - (r/a)^2 \sin^2\psi}} \quad . \tag{7-21}$$

Die in der Aufstellung Bild 7.2 zuletzt genannten Fälle (ungleicher Profilexponent, ungleiche Numerische Apertur) und die Änderung des Radius (Bild 7.2e) lassen sich mit Hilfe der Nahfeldbeschreibung behandeln.

Zunächst sei klargestellt, wie aus Bild 7.2 zu entnehmen, daß keine Verluste auftreten, wenn

$$\begin{aligned} NA_a &\leqq NA_w \;, \\ a_a &\leqq a_w \;, \\ \alpha_a &\leqq \alpha_w \;. \end{aligned} \tag{7-22}$$

(Der Index a steht für <u>a</u>nkommend, w für <u>w</u>egführend.) Die Bedingungen in (7-22) müssen jedoch alle gleichzeitig erfüllt sein! Streng genommen treten auch hier Verluste auf, sofern nicht das Gleichheitszeichen gilt: Da die Ableitung der vorher genannten Formeln nur von geometrischen bzw. strahlenoptischen Überlegungen ausgeht, bleibt der Wellencharakter des Lichtes unberücksichtigt. Gilt in (7-22) mindestens einmal das Kleinerzeichen, so sind die Feldverteilungen in dem ankommenden und dem wegführenden LWL unterschiedlich. Sie müssen daher an der Stoßstelle ineinander übergeführt werden, was immer zu Verlusten führt.

Selbstverständlich spielen auch Leckwellen eine gewisse Rolle, die in einem solchen Falle in geführte Wellen umgewandelt werden können.

In allen anderen Fällen, also wenn die Numerische Apertur, der Kerndurchmesser oder der Profilexponent des ankommenden LWL größer als die des wegführenden sind, treten Verluste auf.

7.2 Kopplung zwischen Lichtwellenleiter und Lichtwellenleiter

7.2.1 Fehlanpassung der Numerischen Apertur

Es werden zwei mit Ausnahme der NA identische LWL verkoppelt, wobei die NA des wegführenden kleiner sei als die des ankommenden. Der Kopplungswirkungsgrad wird berechnet zu

$$\eta_{LWL}^{NA} = NA_w^2 / NA_a^2 \qquad \text{für} \quad NA_w \leq NA_a \quad . \tag{7-23}$$

(7-23) geht aus (7-7) hervor; danach ist die in einem LWL geführte Lichtleistung proportional zu NA^2. Dies läßt sich anschaulich mit Hilfe des Phasenraumdiagramms nach Bild 7.3a zeigen. Die überlappenden Flächen darin entsprechen der einkoppelbaren Leistung. Es ist offenbar, daß die Überlappung proportional zu NA^2 ist. Die Darstellung gilt allerdings nur dann, wenn die LWL-Achsen aufeinander ausgerichtet sind, es also keinen seitlichen Versatz gibt (siehe Abschnitt 7.2.5).

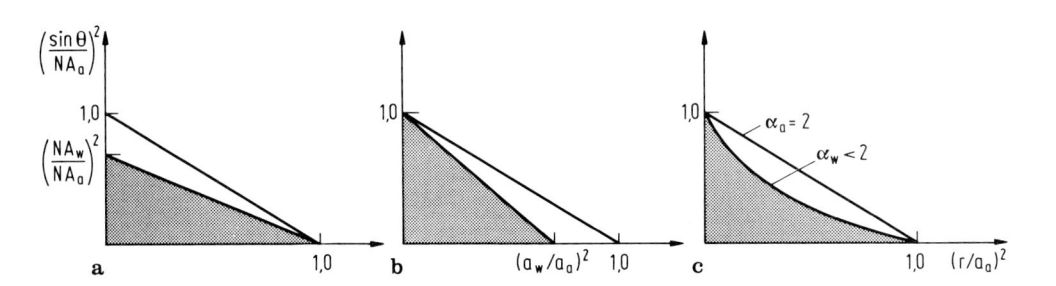

Bild 7.3
Phasenraumdiagramm zur Darstellung der Kopplungsverluste zweier LWL; der Index a bezieht sich auf den ankommenden LWL, w auf den wegführenden; (a) mit unterschiedlicher NA; (b) mit unterschiedlichem Kernradius; (c) mit unterschiedlichem Profilexponenten

7.2.2 Fehlanpassung im Kerndurchmesser

Ebenso einfach stellt sich der Kopplungswirkungsgrad dar, wenn zwei LWL miteinander gekoppelt werden, die sich nur im Kerndurchmesser unterscheiden ($a_w < a_a$). Wiederum aus (7-7) erhält man

$$\eta_{LWL}^{a} = a_w^2/a_a^2 \qquad \text{für} \quad a_w \leqq a_a \quad . \tag{7-24}$$

Auch dieser Zusammenhang wird aus dem Phasenraumdiagramm deutlich (Bild 7.3b).

7.2.3 Fehlanpassung des Profilexponenten

Gilt für den Profilexponenten $\alpha_w < \alpha_a$ bei sonst identischen LWL, so ergibt sich der Kopplungswirkungsgrad unter Verwendung von (7-7) zu

$$\eta_{LWL}^{\alpha} = \frac{(\alpha_a + 2)\alpha_w}{(\alpha_w + 2)\alpha_a} \qquad \text{für} \quad \alpha_w \leqq \alpha_a \quad . \tag{7-25}$$

Beim Übergang von einem Parabelprofil-LWL ($\alpha_a = 2$) zu einem Gradientenprofil-LWL ($\alpha_w < 2$) erhält man nach (7-25) das erwartete Ergebnis $\eta_{LWL}^{\alpha} < 1$ (siehe Kap. 2.7), wie es auch aus dem Phasenraumdiagramm Bild 7.3c zu ersehen ist.

7.2.4 Kombinationen von Fehlanpassungen

Die soeben besprochenen Effekte lassen sich einfach addieren, sofern für die drei Größen (NA, a, α) jeweils die Bedingungen eingehalten sind, daß die Parameterwerte des ankommenden LWL größer oder gleich denen des wegführenden sind.

Die Kombination von (7-23) bis (7-25) lautet dann

$$\eta_{LWL} = \frac{NA_w^2 a_w^2 (\alpha_a + 2)\alpha_w}{NA_a^2 a_a^2 (\alpha_w + 2)\alpha_a} \quad , \tag{7-26}$$

jedoch nur, wenn die in (7-23) bis (7-25) enthaltenen Ungleichungen gleichzeitig erfüllt sind.

Ist dies nicht der Fall, so wird die Rechnung komplizierter. Am einfachsten läßt sich dies wiederum mit Hilfe des Phasenraumdiagramms zeigen, in dem der spezielle Fall der Kopplung eines ankommenden Stufenprofil-LWL mit einem wegführenden Parabelprofil-LWL ($\alpha_w = 2$) mit den zusätzlichen Bedingungen $NA_a^2 = 1/2\ NA_w^2$ und $a_a^2 = 3/2\ a_w^2$ betrachtet wird

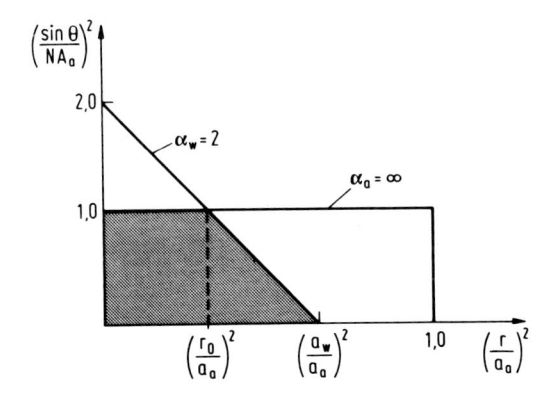

7.2 Kopplung zwischen Lichtwellenleiter und Lichtwellenleiter

Bild 7.4
Darstellung der Kopplung zweier LWL mit $\alpha_a = \infty$, $\alpha_w = 2$, $NA_a^2 = 1/2\, NA_w^2$ und $a_a^2 = 3/2\, a_w^2$ im Phasenraumdiagramm

(Bild 7.4). Die Anregung des Parabelprofil-LWL geschieht unvollständig und nur im schraffierten Gebiet, das sich in zwei Bereiche zerlegen läßt. Entsprechend der Formulierung der Parameter des Phasenraumdiagramms erhält man den Grenzpunkt r_0 aus der Bedingung (siehe (2-248))

$$\Omega_a = \Omega_w$$

bzw.

$$[1 - f(r_0)\pi NA^2]_a = [1 - f(r_0)\pi NA^2]_w \;,$$

was mit den gemachten Voraussetzungen führt auf

$$r_0^2 = a_a^2/3 = a_w^2/2 \;.$$

Die in diesem ersten Teilgebiet übergekoppelte Leistung ergibt sich aus (7-24) zu

$$P_1 = P_0(r_0^2/a_a^2) = P_0/3 \;.$$

Der im Bereich r_0 bis a_w geführte Lichtleistungsanteil läßt sich entsprechend dem Phasenraumdiagramm simulieren, indem man als wegführenden LWL einen Parabelprofil-LWL mit

$$(a_w^2)' = a_w^2 - r_0^2 = 2a_a^2/3 - a_a^2/3 = a_a^2/3$$

annimmt; mit (7-24) ergibt dies

$$P_2 = P_0/6 \quad .$$

Der Kopplungswirkungsgrad beträgt somit insgesamt 50%, ist also ebenso groß, als wenn ein Stufenprofil-LWL an einen Parabelprofil-LWL mit sonst identischen Eigenschaften angekoppelt wird.

Wie dieses Beispiel gezeigt hat, lassen sich kompliziertere Kopplungsprobleme auf die drei besprochenen Einzelprobleme zurückführen, wobei das Phasenraumdiagramm eine wesentliche, anschauliche Hilfe bietet.

7.2.5 Mechanische Dejustierungen

Kopplungsverluste, die sich auf mechanische Dejustierungen der LWL zurückführen lassen, sind theoretisch nur mit großem Aufwand zu beschreiben [7.20-7.24]. Eines der am einfachsten zu beschreibenden Probleme, der seitliche Versatz zweier identischer Gradientenprofil-LWL, soll kurz diskutiert werden [7.21, 7.25]. Die Kopplung ist in Bild 7.5a gezeigt. Die geometrischen Achsen der LWL sind um die Strecke d versetzt, so daß sich

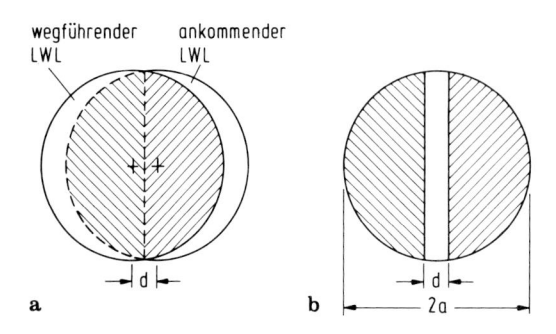

Bild 7.5
Kopplung zweier identischer Gradientenprofil-LWL mit geringem seitlichen Versatz d; (a) reale Kopplungsverhältnisse; (b) Ersatzkonstruktion zur Berechnung der Verluste [7.21]

7.2 Kopplung zwischen Lichtwellenleiter und Lichtwellenleiter

die LWL nur in den schraffierten Gebieten überlappen. Dabei ist zu beachten, daß die örtliche NA des ankommenden LWL auf der linken Seite der Überlappung kleiner ist als die der wegführenden, so daß nach (7-23) auch auf der überlappenden Fläche keine vollständige Kopplung möglich ist. Für die rechte Seite gilt das Inverse, so daß hier eine vollständige Kopplung erzielt wird. Ändert man Bild 7.5a in Bild 7.5b, so berücksichtigt man gerade diese Überlegungen, denn der weiße Bereich in der Mitte mit der angenäherten Fläche d·2a entspricht gerade jener Fläche, in der nach Bild 7.5a keine oder nicht alle Moden angeregt werden können. Wenn $d \ll a$ ist, so kann man innerhalb der Fläche d·2a die Brechzahl als konstant voraussetzen. Man erhält mit diesen Vereinfachungen für den Kopplungswirkungsgrad

$$\eta_K = 1 - \frac{2da \int_0^a [n^2(r) - n_2^2] dr}{2\pi \int_0^a [n^2(r) - n_2^2] r\, dr} \quad . \tag{7-27}$$

Mit der Annahme eines Potenzprofils erhält man durch Integration

$$\eta_K = 1 - \frac{2d}{\pi a} \frac{\alpha + 2}{\alpha + 1} \quad \text{mit} \quad d \ll a \quad . \tag{7-28}$$

Für eine ungleichförmige Anregung, für größere seitliche Verschiebungen und bei Beachtung weiterer Effekte wird die theoretische Beschreibung sehr unübersichtlich; es soll daher darauf verzichtet und Ergebnisse an Hand von Kurven diskutiert werden. Zunächst ist in Bild 7.6 die Dämpfung als Funktion des seitlichen Versatzes für identische Stufenprofil-LWL gezeigt. Für einen Verlust von 0,5 dB ist ein maximaler Versatz von $d/a = 0,17$ zulässig; für einen Gradientenprofil-LWL beträgt dieser Wert nur noch 0,1. Mit einem Standard-Gradientenprofil-LWL sind daher für Verluste von maximal 0,5 dB seitliche Versätze von höchstens 5 µm zulässig.

Bei einem axialen Versatz (Bild 7.7) sind die Anforderungen nicht ganz so groß: Für 0,1 dB liegt im Falle einer NA von 0,2 die maximale Toleranz bei $d/a = 0,25$, so daß bei der Konstruktion von Steckern eher auf einen minimalen seitlichen Versatz als auf einen axialen zu achten ist.

Ein weiterer Verlust bei der Kopplung zwischen LWL kann durch Winkelfehler verursacht sein, d.h. die beiden LWL-Achsen sind zueinander verkippt oder einer der beiden LWL hat eine zur LWL-Achse geneigte Stirnfläche.

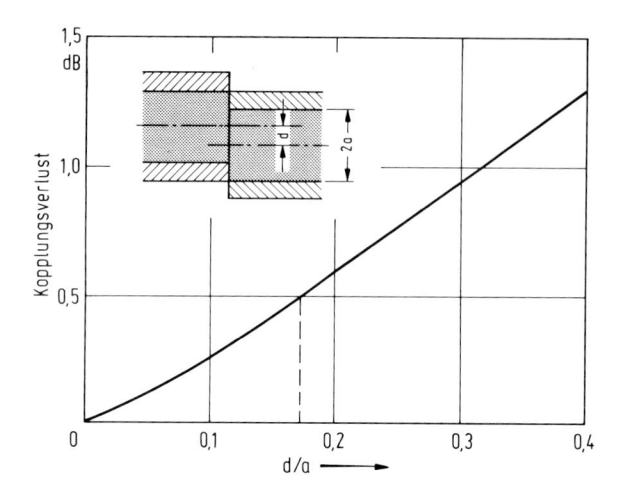

Bild 7.6
Kopplungsverlust durch seitlichen Versatz d zweier identischer Stufenprofil-LWL [7.55]

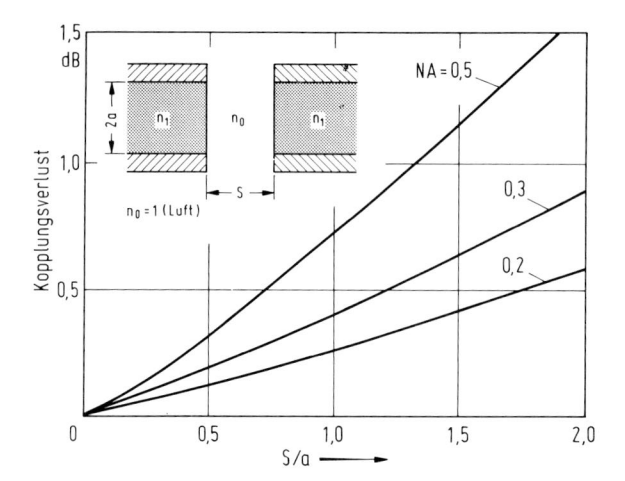

Bild 7.7
Kopplungsverlust durch einen axialen Versatz S zweier identischer Stufenprofil-LWL als Funktion der NA [7.55]; die Reflexion an den Stirnflächen ist nicht berücksichtigt (ca. 0,4 dB)

7.2 Kopplung zwischen Lichtwellenleiter und Lichtwellenleiter

Bei der Realisierung von Steckern (lösbare Verbindung) oder Spleißen (feste Verbindung) muß auf diese Effekte geachtet werden, um die dadurch verursachte Dämpfung möglichst klein zu halten. Stecker werden für den Anschluß optischer Komponenten, wie Sender und Empfänger, an die LWL-Übertragungsstrecke verwendet, also nur je einmal am Anfang und am Ende eingesetzt, so daß die dadurch verursachten Verluste gegenüber den Gesamtverlusten des Systems klein sind. Spleiße dagegen benötigt man häufig, weil die LWL-Gesamtstrecke aus kleineren Einzellängen (einige 100 m) zusammengesetzt werden muß, da größere Längen nicht auf einmal verlegbar sind. Bei Übertragungsstrecken, die von der Deutschen Bundespost eingesetzt werden, muß außerdem eine Systemreserve eingebaut werden, die zwei zusätzliche Spleiße pro Kilometer zuläßt, da Nachrichtenkabel innerhalb von zehn Jahren im Durchschnitt je Kilometer einmal zerstört werden. Daher ist - wegen der Summe der vorhandenen und vorzusehenden Spleiße - der Einfluß der Spleißdämpfung innerhalb einer Übertragungsstrecke sehr groß; bei besonders dämpfungsarmen LWL ist deren Eigendämpfung manchmal deutlich kleiner als die Summe der zu berücksichtigenden Spleißdämpfungen.

Wie in der Elektrotechnik so haben sich auch in der optischen Nachrichtentechnik bereits eine unübersehbare Anzahl unterschiedlicher Steckerkonstruktionen durchgesetzt [7.26-7.36]. Eine Standardisierung ist augenblicklich nicht zu sehen [7.37]. Die mechanischen Ansprüche an solche Stecker hängen stark vom verwendeten LWL-Typ ab und sind bei Stufenprofil-LWL mit großem Kerndurchmesser am geringsten, für Monomode-LWL am größten [7.38, 7.39]. Prinzipiell kann man zwei Arten von Steckerkonstruktionen unterscheiden: Stoß-auf-Stoß-Kopplung und Linsenkopplung [7.26, 7.40].

Eine Steckerausführung nach dem Stoß-auf-Stoß-Prinzip ist in Bild 7.8a gezeigt. Die mechanische Führung muß exakt sein; außerdem muß vermieden werden, daß sich die beiden LWL-Stirnflächen nach dem Zusammenstecken berühren, da dadurch ihre Oberfläche beschädigt werden kann, was weitere Verluste hervorruft.

Bild 7.8b zeigt eine Steckerausführung, bei der Kugellinsen eingesetzt werden. Dadurch werden die Toleranzen bezüglich seitlichem Versatz vermindert; ein axialer Versatz spielt keine Rolle mehr, dafür wird die Winkelabhängigkeit sehr groß. Allgemein läßt sich dieses Problem mechanisch leichter beherrschen als z.B. der axiale Versatz. Diese Steckerkonstruk-

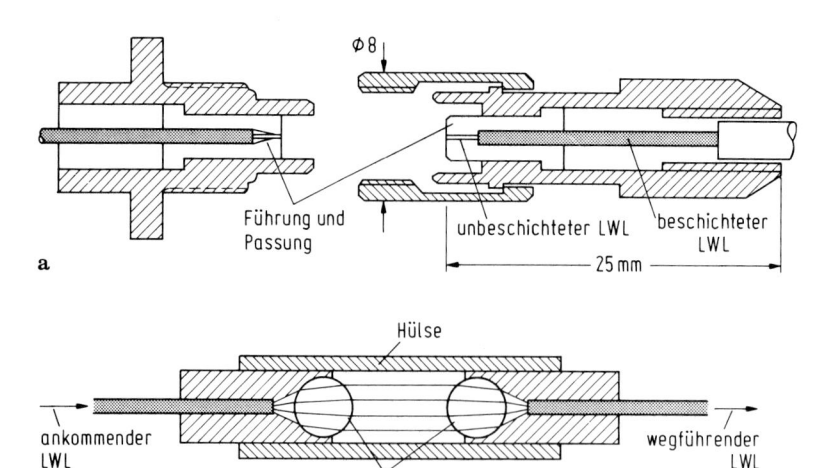

Bild 7.8
Beispiele von Steckerkonstruktionen; (a) kommerzielle Stoß-auf-Stoß-Verbindung [7.56]; (b) optische Verbindung mit Kugellinsen im Schema [7.60]

tion ist jedoch aufwendig, weil die Kugellinsen entspiegelt sein müssen, da sonst durch die Fresnel-Reflexion Verluste von zusätzlich 1 dB auftreten würden.

Je nach Konstruktionsaufwand liegen die Steckerverluste im Bereich von 1 dB bis 2 dB; nach einer "idealen" Steckerkonstruktion wird immer noch gesucht [7.2].

Beim Spleißen von LWL hat sich das Lichtbogenschweißen |7.41-7.46] durchgesetzt. Wegen der sehr hohen Schmelztemperatur von Quarzglas müssen zum Verschweißen Temperaturen von 1800 °C bis 2000 °C verwendet werden. Der prinzipielle Vorgang des LWL-Spleißens ist in Bild 7.9 gezeigt [7.47]. Die beiden miteinander zu verbindenden LWL werden sorgfältig gegeneinander zwischen zwei Elektroden justiert, was üblicherweise von Hand unter Verwendung eines Stereomikroskops geschieht. Legt man an die Elektroden eine ausreichende hohe Spannung an, so kommt es zum Durchbruch und ein Lichtbogen entsteht, der die zum Schmelzen erforderlichen hohen Temperaturen liefert. Zunächst werden die LWL-Stirnflächen bearbeitet (Bild 7.9b). In einem zweiten Schritt folgt der eigentliche Spleißvorgang. Dabei werden die beiden LWL ineinander geschoben, um eine gute Verbindung zu

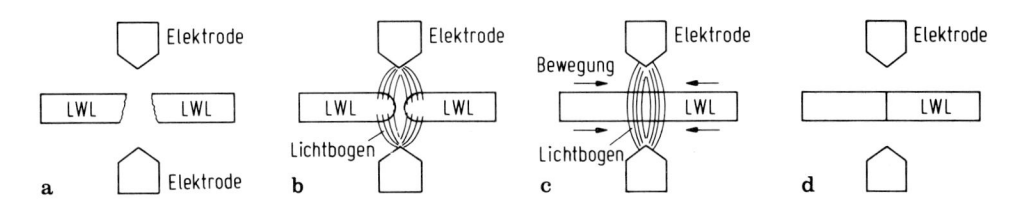

7.2 Kopplung zwischen Lichtwellenleiter und Lichtwellenleiter

Bild 7.9
Arbeitsabläufe zum Verschweißen von zwei LWL mit einem Lichtbogen-Spleiß-Gerät; (a) Justieren und Vorbereiten der LWL zwischen den Elektroden; (b) Endflächenpräparation der beiden LWL durch den Lichtbogen; (c) Verschweißen der LWL durch Ineinanderschieben; (d) fertiger Spleiß

gewährleisten. Nach dem Schweißen sollte der Spleiß mechanisch geschützt werden [7.48], da durch das Entfernen der Primärbeschichtung und den Schweißvorgang die mechanische Beanspruchbarkeit gering geworden ist. Bezüglich der exakten Ausrichtung der beiden LWL aufeinander kommt die Oberflächenspannung zu Hilfe: Während des Zusammenschiebens der angeschmolzenen LWL ineinander wird die LWL-Oberfläche (also der Umfang) aufgrund der Oberflächenspannung minimiert, so daß eine möglichst gute Ausrichtung zustande kommt. Spleißdämpfungen liegen bei 0,1 dB für Standard-Gradientenprofil-LWL, bei ca. 0,2 dB bis 0,5 dB für Monomode-LWL [7.49]. Kommerzielle Spleißgeräte nach diesem Prinzip werden bereits angeboten. Es ist eine große Hilfe, wenn während des Spleißens die Spleißdämpfung unter Verwendung eines OTDR (siehe Abschnitt 3.2.3) kontrolliert werden kann.

Üblicherweise muß jede Verbindung einzeln hergestellt werden, so daß das Verspleißen von mehradrigen LWL-Kabeln sehr zeitaufwendig ist (pro Spleiß ca. 3 min). Es wurde daher vorgeschlagen, mehrere Spleiße (hier insgesamt fünf) in einem Arbeitsgang herzustellen; der mittlere Verlust lag bei ersten Experimenten bei 0,22 dB/Spleiß [7.50].

Eine weitere Möglichkeit zum Herstellen von Spleißen ist die Verwendung hochtransparenter Epoxydharz-Klebstoffe [7.51]. Allerdings sind Schrumpfungen während des Aushärtens sowie die relativ lange Aushärtzeit nachteilig. Im Langzeitverhalten kann es zum Fließen des Klebstoffes kommen. Die schlechten Eigenschaften von Epoxydharzen bei tiefen Temperaturen (< -30 °C) können ebenfalls negative Auswirkungen zeigen.

7.3 Modenrauschen

Bei der Verwendung von Multimode-LWL in Verbindung mit kohärenten Lichtsendern (Halbleiterlasern, wobei der IGL die größte Kohärenzlänge aufweist) kann es zu einem Phänomen kommen, das auf einer optischen Übertragungsstrecke ein zusätzliches Rauschen verursacht [7.52].

Regt eine kohärente Lichtquelle in einem Multimode-LWL alle Moden an, so kommt es zwischen den Feldkomponenten der einzelnen Moden zu Interferenzen, und man erhält sowohl im Nah- als auch im Fernfeld des LWL eine aus hellen und dunklen Bereichen zusammengesetzte Lichtintensitätsverteilung [7.53-7.57]. In den dunklen Bereichen kommt es zwischen zwei oder mehreren Moden zur destruktiven, in den hellen zur konstruktiven Interferenz. Da die Interferenz phasenabhängig ist, wird sich die Intensitätsverteilung bei Änderung der Phasenlage zwischen den einzelnen Moden ebenfalls ändern. Solche Phasenänderungen sind jedoch unvermeidbar und werden bereits durch minimale mechanische oder thermische Veränderungen im LWL hervorgerufen. Dadurch wird eine dauernde Bewegung der Hell- und Dunkelzonen verursacht.

Die Differenz in der Helligkeit zwischen hellen und dunklen Bereichen hängt ab von der Kohärenz der Quelle, aber auch von der Güte und Länge der LWL [7.58, 7.59]. Ist die Modendispersion sehr groß und damit der Wegunterschied nach einer bestimmten LWL-Länge größer als die Kohärenzlänge l_K (siehe (1-85)) des Senders, so können keine Interferenzen mehr auftreten.

Die wechselnde Hell-Dunkel-Verteilung würde sich zunächst überhaupt nicht bemerkbar machen, da die abgestrahlte Gesamtintensität konstant ist und der Detektor nur diese empfängt, sofern die Detektorfläche nicht zu klein ist oder der Detektor Inhomogenitäten in der örtlichen Empfindlichkeit aufzeigt. In beiden Fällen würde es zu einer statistischen Photostromänderung - hervorgerufen durch die örtliche Änderung der Lichtintensität auf der Detektorfläche - kommen, was einem zusätzlichen Rauschen gleichkommt.

Während sich dieser Effekt am Detektor dadurch vermeiden läßt, daß die Detektorfläche genügend groß und die örtliche Detektorempfindlichkeit homogen ist, tritt er an allen Spleißen und Steckern auf, sofern diese nur minimal dejustiert sind [7.60-7.63]. Dies kann anschaulich in Bild 7.10 gezeigt werden. Aus dem LWL tritt die übliche Hell-Dunkel-Verteilung aus. Der daran angekoppelte LWL ist seitlich versetzt und detektiert daher

7.3 Modenrauschen

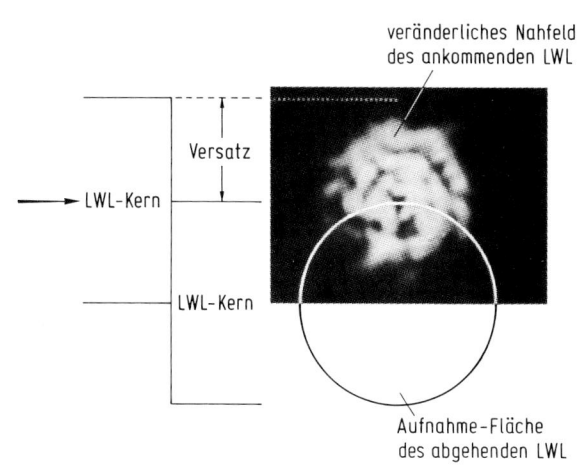

Bild 7.10
Zur anschaulichen Erklärung des Modenrauschens an Steckern und Spleißen [7.69]

nicht die integrale, sondern eine vom Ort abhängige Lichtleistung, so daß die von ihm aufgenommene Lichtleistung mit der Stärke der Änderung der Verteilung der Hell-Dunkel-Zonen schwanken muß. Dies gilt auch für einen axialen Versatz.

Die Stärke dieses Modenrauschens (modal noise) ist - wie bereits erwähnt - von der Kohärenz des Senders [7.64], von der Modendispersion und der Länge des LWL [7.64], bei einem Spleiß oder Stecker von dessen Entfernung vom Sender abhängig. Daher kann ein relativ gut justierter Stecker, der sich am Anfang der Übertragungsstrecke (noch hohe Kohärenz des Lichtes) befindet, ein stärkeres Modenrauschen bewirken als ein dejustierter Stecker am Ende. Deswegen sollten am Anfang einer Übertragungsstrecke möglichst wenige Spleiße oder Stecker eingefügt sein.

Da das Modenrauschen von vielfältigen statistischen Einflüssen auf den LWL abhängt, andererseits die Beschreibung der Nah- und Fernfeldverteilung unter Berücksichtigung der Interferenzeffekte aller Moden in einem Gradientenprofil-LWL üblicher Abmessungen und Eigenschaften mit einigen 100 ausbreitungsfähigen Moden nur annähernd und mit großem Aufwand möglich ist, ist eine exakte theoretische Beschreibung nicht durchführbar. Selbst Abschätzungen sind mathematisch äußerst umfangreich [7.63, 7.65], so daß auf eine nähere Behandlung verzichtet wird. Vergleiche zwischen Theorie und Experiment sind in [7.66-7.69] enthalten. Einen allgemeinen Überblick gibt [7.70].

Durch das Modenrauschen an LWL-Übergängen kann der Signal-Rauschabstand in optischen Übertragungssystemen um bis zu 10 dB verringert werden [7.71].

Das Modenrauschen kann nur vermieden werden, wenn eine inkohärente Quelle verwendet wird, was wegen der Materialdispersion des LWL und der dadurch verringerten Übertragungsbandbreite unerwünscht ist. Außerdem sind LED, die eine solche inkohärente Quelle darstellen, hinsichtlich Lichtausgangsleistung, Kopplung mit LWL und Modulationsverhalten Halbleiterlasern unterlegen. Als Kompromiß bietet sich die Verwendung von Halbleiterlasern mit vielen longitudinalen Moden an (z.B. GGL, siehe Abschnitt 4.3.3.4), die eine relativ große spektrale Breite haben und deren Kohärenzlänge entsprechend (1-85) gering ist. Der Effekt des Modenrauschens läßt sich unterdrücken, indem Monomode-LWL eingesetzt werden.

8 Empfänger

Mit den bisher behandelten Einzelkomponenten kann unter Berücksichtigung der besprochenen Kopplungsprobleme ein vollständiges optisches Nachrichtensystem (Punkt-zu-Punkt-Übertragung) realisiert werden. Abgesehen von der Ansteuerung des optischen Senders sind alle Größen (Übertragungsbandbreite, Verluste) des gesamten Systems bestimmbar. Der im Photodetektor generierte Photostrom wird jedoch zunächst nicht ausreichend sein, um übliche elektronische Schaltkreise anzusteuern, so daß ein elektronischer Verstärker folgen muß. Dieser Verstärker muß in die Betrachtung des Gesamtsystems einbezogen werden. Es ergeben sich durch die Eigenschaften der Bauelemente und die Art des Empfängers noch weitere, allein für die optische Nachrichtentechnik typische Probleme [8.1-8.8].

8.1 Grenzempfindlichkeit

Die Detektion von optischen Signalen geschieht über die Umsetzung von Photonen in freie Ladungsträgerpaare. Die Generierung der Ladungsträger ist ein statistischer Prozeß und unterliegt der Poisson-Verteilung. Die Wahrscheinlichkeit p(m), daß m Ladungsträgerpaare erzeugt werden, kann ausgedrückt werden durch

$$p(m) = \underline{N}^m/m! \, \exp(-\underline{N}) \, , \qquad (8-1)$$

wobei $\underline{N}$ die Anzahl der im Mittel erzeugten Ladungsträgerpaare ist und sich berechnen läßt durch

$$\underline{N} = \eta_Q \int_T P(t) \, dt / (hf) \, , \qquad (8-2)$$

d.h. die im Zeitintervall T auf einen Detektor auffallende Lichtleistung P(t) multipliziert mit der Quantenausbeute η_Q, geteilt durch die Energie hf eines Photons.

In einem digitalen System wird nach (8-1) eine fehlerfreie Detektion <u>nicht</u> möglich sein. Setzt man voraus, daß der Detektor bereits einen Ladungsträger als eine "Eins" erkennt, so ist die Wahrscheinlichkeit, daß - obwohl ein optischer Leistungimpuls auf den Detektor gefallen ist - <u>keine</u> Ladungsträger generiert werden, nach (8-1) gegeben durch

$$p(0) = \exp(-\underline{N}) \quad . \tag{8-3}$$

Läßt man eine Fehlerwahrscheinlichkeit von 10^{-9} (eine falsche Information bei 10^9 übertragenen Informationseinheiten) zu, so werden mindestens 21 Ladungsträgerpaare zur Darstellung einer "Eins" benötigt, um keine größere Fehlerwahrscheinlichkeit zuzulassen. Die Energie des optischen Impulses muß daher mindestens

$$\int_T P(t)dt \bigg|_{min} = 21\, hf/\eta_Q \tag{8-4}$$

betragen. Man nennt diese minimale Grenze für die Energie die Quantengrenze [8.9]. Wegen der Zeitabhängigkeit von P(t) wird deutlich, daß diese Quantengrenze, bezogen auf die erforderliche optische Leistung, eine Funktion der Übertragungsrate bzw. in analogen Systemen der Bandbreite ist.

8.2 Rauschbetrachtungen

Bei Rauschbetrachtungen ist allein die Rauschleistung von Interesse, d.h. bei vorgegebener Übertragungsfunktion $H(f_e)$ und der elektrischen Frequenz f_e eines Empfängers ist für das Rauschen nur $|H(f_e)|^2$ zu berücksichtigen, da die mittlere Rauschleistung betrachtet wird und daher Phasenbeziehungen keine Rolle spielen.

Die Rauschbandbreite B_R einer beliebigen Übertragungsfunktion ist gegeben durch

$$B_R = \int_0^\infty |H(f_e)|^2 df_e / |H_0|^2 \quad , \tag{8-5}$$

8.2 Rauschbetrachtungen

worin $|H_0|$ der absolute Maximalwert von $H(f_e)$ ist. In optischen Empfangsschaltungen wird $H(f_e)$ eine Tiefpaßcharakteristik annehmen. Hat dieser Tiefpaß einen gaußförmigen Durchlaß, wie dies im folgenden vorausgesetzt wird, so ergibt (8-5) näherungsweise für die Rauschbandbreite B_R

$$B_R \simeq 3/4 \, B \tag{8-6}$$

mit der Analogbandbreite B. Für die weiteren Überlegungen wird ein binäres digitales System mit der Übertragungsrate B_d betrachtet. Innerhalb eines jeden Zeitschlitzes $t_d = 1/B_d$ kann die empfangene optische Leistung einen von zwei Zuständen annehmen, deren Impulsform durch die Funktion $h_p(t)$ gegeben sei. Die auf den Detektor auffallende Lichtleistung läßt sich darstellen durch

$$P(t) = \sum_{s=-\infty}^{\infty} b_s h_p(t - s t_d) \,, \tag{8-7}$$

wobei s den gerade betrachteten Zeitschlitz angibt und b_s einen der beiden möglichen Zustände 1 oder 0 angibt. Dieses optische Signal ruft einen Photo- oder Signalstrom hervor, dem verschiedenartige Rauschgrößen überlagert sind.

In Kap. 6.5 wurden die Rauschgrößen der Photodetektoren bereits abgeleitet. Mit (6-14) ergab sich für das Dunkelstromrauschen einer APD

$$\langle i^2_{NDM} \rangle = 2q B_R i_D \langle M \rangle^2 F(M) \,. \tag{8-8}$$

Auch der Signalstrom i_S erzeugt ein Schrotrauschen. Gleichzeitig wird ein Hintergrundlicht berücksichtigt, wie es z.B. bei Systemen mit Halbleiterlasern vorkommt, die oberhalb der Schwelle betrieben werden müssen und daher immer einen Gleichlichtpegel aussenden. Beides führt zum Rauschterm

$$\langle i^2_{NSM} \rangle = 2q B_R (i_S + i_H) \langle M \rangle^2 F(M) \,, \tag{8-9}$$

wobei i_H den durch das Hintergrundlicht generierten Photostrom angibt. Diese mittleren Rauschstromquadrate stehen am Ausgang des Detektors bzw. am Eingang des nachfolgenden Verstärkers an. Hinzu tritt ein durch Widerstände der Schaltung verursachtes thermisches Rauschen, das gegeben ist durch

$$\langle i^2_{NT} \rangle = 4kT B_R G_V \,, \tag{8-10}$$

wobei G_V ein äquivalenter Eingangsleitwert ist, der alle thermischen Rauschquellen berücksichtigt.

Da hier nur ein Überblick über die durch den Einsatz eines optischen Detektors veränderten Rauschverhältnisse gegenüber jenen in elektrischen Schaltungen gegeben werden soll, wird darauf verzichtet, die Rauschbetrachtung im Detail [8.10] einschließlich der üblicherweise folgenden Schaltungen fortzuführen [8.11-8.13].

Das Signal-Rauschverhältnis am Ausgang einer APD unter Berücksichtigung des thermischen Rauschens ist gegeben durch die Kombination der Rauschterme (8-8) bis (8-10):

$$S/N = i_S^2 <M>^2 / <i_N^2> = \frac{i_S <M>^2}{2qB_R(i_D + i_S + i_H)<M>^2 F(M) + 4kTB_R G_V} \;. \qquad (8-11)$$

Da der Signalstrom i_S von der optischen Leistung P abhängt, die eine Funktion der Zeit t ist (siehe (8-7)), führt man die mittlere Lichtleistung ein, die gegeben ist durch

$$<P> = \frac{1}{t_d} \int_{-t_d/2}^{t_d/2} P(t) dt \;, \qquad (8-12)$$

d.h. die im Zeitintervall t_d zur Verfügung stehende äquivalente Lichtleistung. Entsprechend (6-2) erhält man daraus den mittleren Signalstrom

$$<i_S> = q \frac{<P> \eta_Q}{hf} \;, \qquad (8-13)$$

der im weiteren statt der zeitdiskreten Größe i_S verwendet wird.

Nach (8-11) nimmt das Signal-Rauschverhältnis für eine bestimmte mittlere Verstärkung $<M>$ ein Optimum an. Zähler und Nenner der rechten Seite von (8-11) durch $<M>^2$ geteilt liefert

$$S/N = \frac{<i_S>}{2qB_R(<i_S> + i_D + i_H) F(M) + 4kTB_R G_V / <M>^2} \;. \qquad (8-14)$$

Erreicht das im Nenner stehende mittlere Rauschstromquadrat als Funktion von $<M>$ ein Minimum, wird S/N maximal. Um F(M) ausdrücken zu können, wählt

8.2 Rauschbetrachtungen

man für höhere Verstärkungen die Näherung nach (6-17). Für die optimale Verstärkung ergibt sich danach

$$x<M_{opt}>^{x+2} = 4kTG_V/[q(<i_S> + i_D + i_H)] \quad \text{bzw.}$$

$$\lg(<M_{opt}>) = \{\lg(4kTG_V) - \lg[qx(<i_S> + i_D + i_H)]\}/(x + 2) \quad (8-15)$$

mit der vom Detektormaterial abhängigen Konstanten x (siehe Kap. 6.5). Die optimale mittlere Verstärkung $<M_{opt}>$ ist in erster Linie eine Funktion des mittleren Signalstroms $<i_S>$ bzw. der mittleren optischen Leistung $<P>$, wenn man alle anderen Größen aus (8-15) als gegeben und konstant annimmt. $<M_{opt}>$ ist daher in diesem einfachen Modell nicht von der Bandbreite B_R abhängig. Andererseits ist das bei $<M_{opt}>$ erzielte S/N-Verhältnis nach (8-14) selbstverständlich bandbreiteabhängig.

Im weiteren soll der Zusammenhang zwischen dem S/N-Verhältnis und der Übertragungsqualität eines digitalen Systems betrachtet werden. Gemäß Bild 8.1 kann man die beiden Zustände "Eins" und "Null" in einem digitalen optischen Nachrichtensystem durch Ströme darstellen, denen ein Rauschen überlagert ist. Über eine Proportionalitätskonstante z definiert man den Abstand einer Entscheiderschwelle i_E vom verrauschten Signal durch

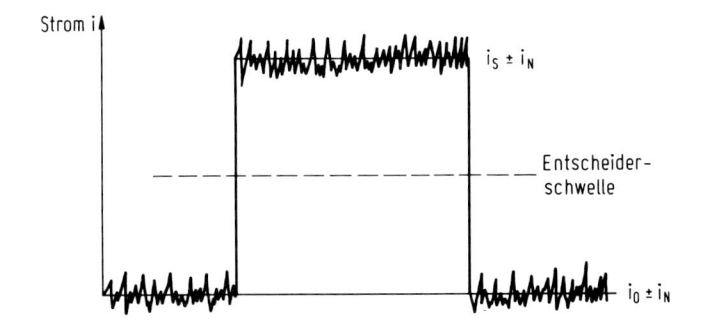

$$z\sqrt{<i_N^2>}|_{i_S=0} \leq i_E \leq <i_S> - z\sqrt{<i_N^2>}|_{i_S\neq0} . \quad (8-16)$$

Bild 8.1
Die beiden Zustände "1" und "0" werden durch die Ströme i_S und i_O dargestellt, denen ein Rauschstrom i_N überlagert ist

Die physikalische Bedeutung von z wird aus (8-16) deutlich; denn es gilt, sofern man auf der rechten Seite das Gleichheitszeichen verwendet,

$$z = \frac{i_S - \langle i_E \rangle}{\sqrt{\langle i_N^2 \rangle}} \; .$$

$\sqrt{\langle i_N^2 \rangle}$ wird als Standardabweichung σ_S des Signals bezeichnet.

In (8-16) ist vorausgesetzt, daß eine "Eins" durch einen Lichtimpuls gemäß (8-7) übertragen wird, während bei einer "Null" kein optisches Signal gesendet wird. Mit $\langle i_N^2 \rangle$ (Nenner aus (8-11)) erhält man

$$z\sqrt{\langle i_{N0}^2 \rangle} \; < \; i_E \; < \; \langle i_S \rangle - z\sqrt{\langle i_{N1}^2 \rangle} \tag{8-17}$$

mit den Abkürzungen

$$\langle i_{N0}^2 \rangle = 2qB_R(i_D + i_H)\langle M \rangle^2 F(M) + 4kTB_R G_V \tag{8-18}$$

und

$$\langle i_{N1}^2 \rangle = 2qB_R(\langle i_S \rangle + i_D + i_H)\langle M \rangle^2 F(M) + 4kTB_R G_V =$$
$$= \langle i_{N0}^2 \rangle + 2qB_R \langle i_S \rangle \langle M \rangle^2 F(M) \; . \tag{8-19}$$

(8-17) umgeformt und quadriert liefert

$$\langle i_S \rangle \; > \; z^2 2qB_R \langle M \rangle^2 F(M) + 2z\sqrt{\langle i_{N0}^2 \rangle} \; . \tag{8-20}$$

Der Proportionalitätsfaktor z hängt mit der Fehlerwahrscheinlichkeit über die komplementäre Gaußsche Fehlerfunktion zusammen [8.14]:

$$p(z) = \frac{1}{2} \operatorname{erfc}(z/\sqrt{2}) = \frac{1}{\sqrt{2\pi}} \int_z^\infty \exp(-x^2/2)\,dx \; . \tag{8-21}$$

Eine sehr gute Näherung für (8-21) ist bei großen Werten von z

$$p(z) = \frac{1}{\sqrt{2\pi}} \frac{1}{z} \exp(-z^2/2) \; . \tag{8-22}$$

8.2 Rauschbetrachtungen

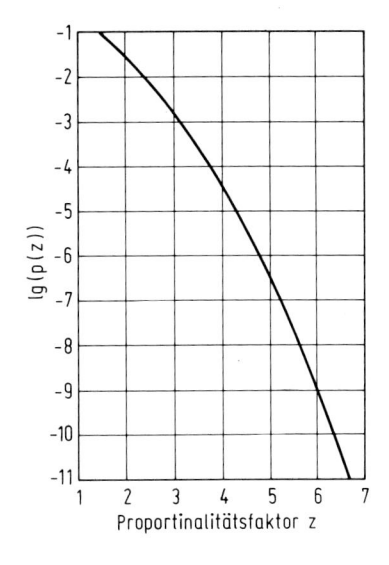

Bild 8.2

Zusammenhang zwischen der Fehlerwahrscheinlichkeit p(z) und dem Proportionalitätsfaktor z

Diese Funktion ist in Bild 8.2 dargestellt. Die Fehlerwahrscheinlichkeit p(z) wird in der digitalen Übertragungstechnik auch bit error rate BER genannt. Für die üblicherweise geforderte Bitfehlerquote von 10^{-9} ergibt sich $z \approx 6$. Mit Hilfe von (8-20) und (8-19) läßt sich das von z abhängige, für eine bestimmte Fehlerquote erforderliche Signal-Rauschverhältnis S/N_{erf} berechnen [8.15-8.18]:

$$S/N_{erf} \geq \frac{(z^2 2qB_R \langle M \rangle^2 F(M) + 2z\sqrt{\langle i_{NO}^2 \rangle})^2}{\langle i_{N1}^2 \rangle} =$$

$$= \frac{(z^2 2qB_R \langle M \rangle^2 F(M) + 2z\sqrt{\langle i_{NO}^2 \rangle})^2}{\langle i_{NO}^2 \rangle + 2qB_R \langle M \rangle^2 F(M) \cdot (z^2 2qB_R \langle M \rangle^2 F(M) + 2z\sqrt{\langle i_{NO}^2 \rangle})} \quad (8-23)$$

Durch einige Umformungen erhält man

$$S/N_{erf} \geq z^2 \left[1 + \frac{\sqrt{\langle i_{NO}^2 \rangle}}{z 2qB_R \langle M \rangle^2 F(M) + \sqrt{\langle i_{NO}^2 \rangle}}\right] \quad . \quad (8-24)$$

(8-24) zeigt, daß das erforderliche Signal-Rauschverhältnis - wenn auch nur geringfügig - von der Verstärkung $\langle M \rangle$ abhängig ist. Mit $\langle M_{opt} \rangle$ aus (8-15) ergibt sich das minimal erforderliche Signal-Rauschverhältnis als

Funktion der Bandbreite und der signalunabhängigen Rauschgrößen. Diese Zusammenhänge sind sehr komplex und sollen daher an einem Beispiel dargestellt werden. Die zur Berechnung verwendeten Werte sind in Tabelle 8.1 enthalten. Zunächst stellt Bild 8.3 den Zusammenhang zwischen S/N, S/N_{erf}, $<M>$ und $<P>$ dar.

Folgende Schlußfolgerungen lassen sich daraus ziehen:
- Mit steigender, einfallender Lichtleistung $<P>$ verringert sich die optimale Verstärkung $<M_{opt}>$.
- Mit steigender Lichtleistung und sich verringernder optimaler Verstärkung steigen der erreichte und der erforderliche Signal-Rauschabstand.

Tabelle 8.1: Parameter für die Berechnung eines Empfängers mit einer Silizium-APD

Wellenlänge (µm)	0,85	Quantenwirkungsgrad (%)	90
Bitfehler	10^{-9}	Bandbreite (MHz)	5
Ionisationskoeffizient	0,04	Dunkelstrom (nA)	0,1
Temperatur (K)	300	Eingangswiderstand (kΩ)	1

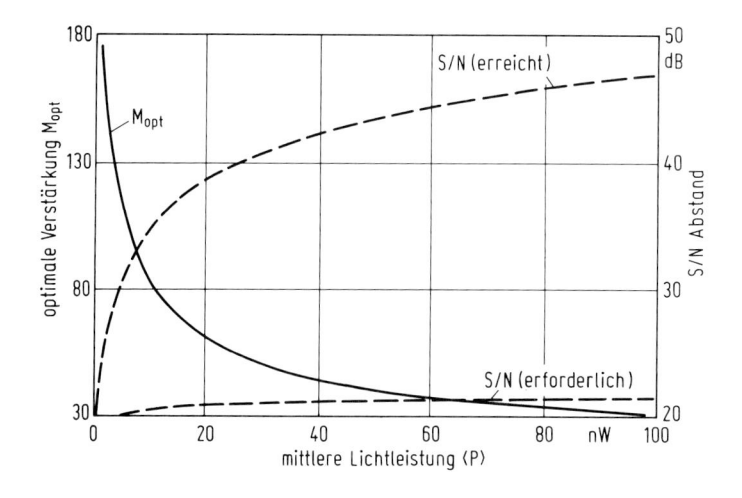

Bild 8.3
Optimale Verstärkung M_{opt} und erforderlicher bzw. erreichter Signal-Rauschabstand als Funktion der mittleren Lichtleistung $<P>$; Parameter für die Berechnungen in Tabelle 8.1

8.2 Rauschbetrachtungen

Noch deutlicher werden diese Zusammenhänge durch Bild 8.4, in dem bei gegebener mittlerer Lichtleistung <P> der erreichte Signal-Rauschabstand und der erzeugte Rauschstrom als Funktion der Lawinenverstärkung gezeigt sind (es sind wieder die Parameter der Tabelle 8.1 zugrunde gelegt). Für 1 nW mittlere Lichtleistung wird der erforderliche Signal-Rauschabstand nur für Verstärkungen 110 < <M> < 250 erreicht.

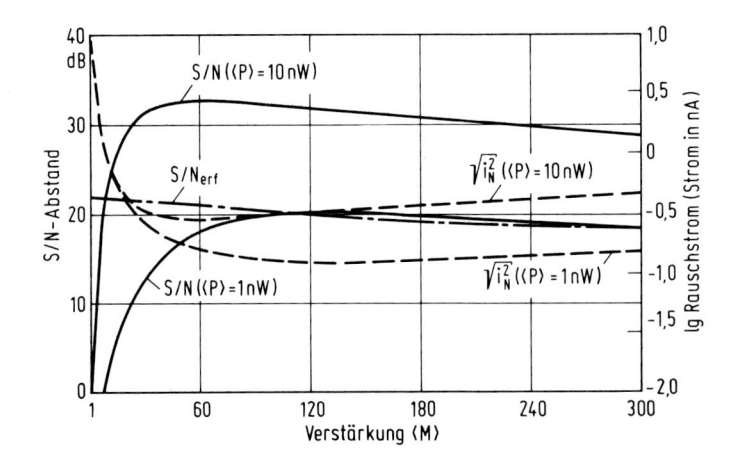

Bild 8.4
Signal-Rauschabstand S/N und Gesamtrauschstrom $\sqrt{i_N^2}$ als Funktion der mittleren Verstärkung <M>

Eine übersichtliche Zusammenfassung aller bisher gemachten Überlegungen gibt Bild 8.5 wieder. Hierin sind für eine Silizium-APD bzw. einen Si-pin-FET-Empfänger bei 0,85 µm und für eine Germanium-APD bzw. einen (InGa)As-pin-FET-Empfänger bei 1,3 µm die bisher experimentell bestimmten mittleren Lichtleistungen <P> gegen die Übertragungsrate für eine Fehlerwahrscheinlichkeit von 10^{-9} aufgetragen. Bei Verwendung der APD ist jeweils die optimale Verstärkung angenommen. Die theoretisch erreichbaren Werte sind ebenfalls aufgenommen. Man erkennt deutlich den Einfluß der schlechten Rauscheigenschaften von Germanium-APD in 1,3-µm-Systemen.

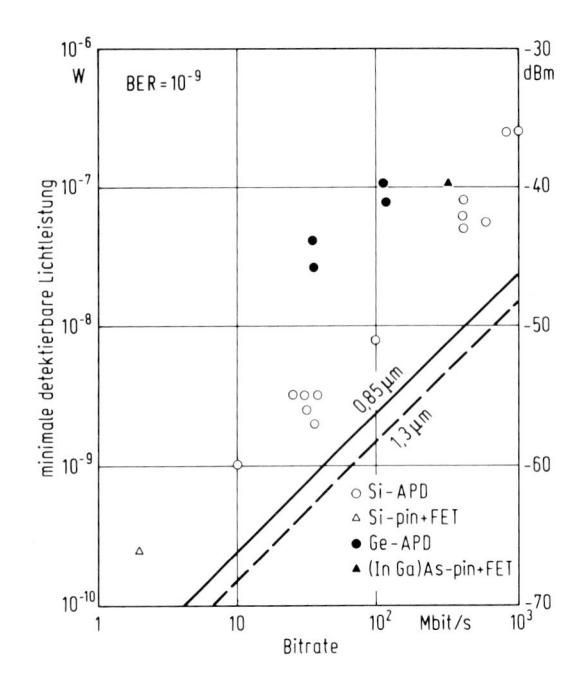

Bild 8.5
Theoretische und experimentell erreichte Grenzempfindlichkeit für $\lambda_O = 0,85$ μm und $\lambda_O = 1,3$ μm als Funktion der Bitrate; o, Δ experimentelle Werte bei $\lambda_O = 0,85$ μm; •, ▲ experimentelle Werte bei $\lambda_O = 1,3$ μm

8.3 Gesamtaufbau

Der Gesamtaufbau eines Empfängers ist als Kombination von Ersatz- und Blockschaltung in Bild 8.6 gezeigt. Dabei werden im Ersatzschaltbild bereits alle Signal- und Rauschströme getrennt betrachtet und die Multiplikation durch eine APD berücksichtigt. Der erste Teil stellt das Ersatzschaltbild einer APD dar (siehe Bild 6.5), der zweite das eines Vorverstärkers. Es folgen eine weitere Verstärkerstufe, ein Entzerrer und ein Filter.

Bei den Vorverstärkern können im wesentlichen zwei Typen unterschieden werden (siehe z.B. [8.1, 8.19]):

Der Transimpedanz-Typ (TIT) [8.20], der gekennzeichnet ist durch

$0 < R_V, R_L$

$0 < R_f < \infty$.

8.3 Gesamtaufbau

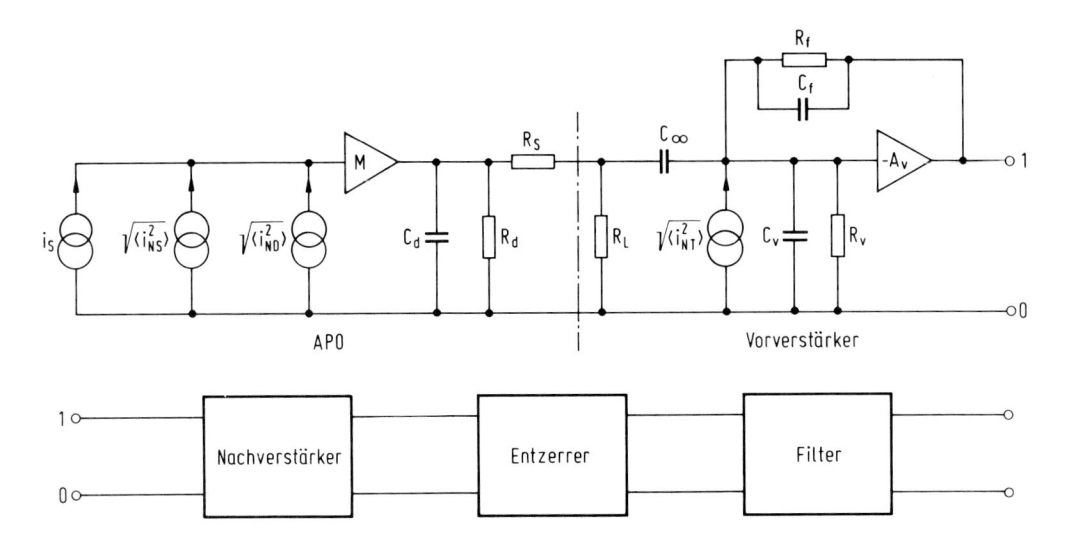

Bild 8.6
Kombiniertes Ersatz- und Blockschaltbild eines optischen Empfängers (für pin-Photodiode vergleiche Bild 6.5); i_S Signalstrom; $\langle i^2_{NS}\rangle$ siehe (8-9) mit M=1; $\langle i^2_{ND}\rangle$ siehe (6-13); $\langle i^2_{NT}\rangle$ siehe (8-10)

Verstärkt wird mit einem Bipolar- oder Feldeffekttransistor.

Der Hochimpedanz-Typ (HIT) [8.21], für den gilt

$0 \ll R_L, R_V$

$R_f = \infty$.

Verstärkt wird mit einem Feldeffekttransistor [8.22].

Beim HIT-Vorverstärker bildet der hohe Eingangswiderstand $R_{in} = R_V$ zusammen mit der Sperrkapazität C_d der Empfangsdiode einen Tiefpaß, so daß ein Entzerrer notwendig wird.

Beim TIT-Vorverstärker ergibt sich der Vorwiderstand näherungsweise aus $R_{in} = R_f/A_V$, so daß eine Anpassung an die erforderliche Bandbreite möglich wird.

Die Ersatzschaltung Bild 8.6 kann vereinfacht werden (Bild 8.7), so daß eine einfachere Berechnung möglich ist. Die Übertragungsfunktion $H_V(f_e)$ erhält man aus

$$U_2/I = K_V H_V(f_e) \ . \tag{8-25}$$

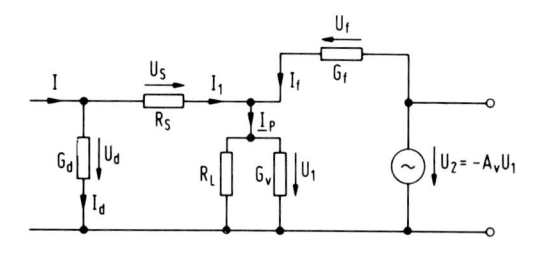

Bild 8.7
Komprimiertes Ersatzschaltbild für APD
und Vorverstärker (vergleiche Bild 8.6);
G bezeichnet den jeweiligen Leitwert

Unter Berücksichtigung der oben genannten Bedingungen für den HIT- bzw. den TIT-Vorverstärker kann K_V ausgedrückt werden durch

$$K_V = \begin{cases} -\dfrac{A_V R_d R_p}{R_d + R_p} & \text{für HIT-Verstärker} \; ; \\[2ex] -\dfrac{A_V R_p R_d R_f}{(A_V + 1) R_p R_d + R_f (R_d + R_p)} & \text{für TIT-Verstärker} \; . \end{cases} \quad (8\text{-}26)$$

mit $1/R_p = (1/R_V)+(1/R_L)$. Für den HIT-Vorverstärker wurde dabei vereinfacht angenommen:

$C_f = 0$
$R_S \ll R_d, R_V$
$0 \ll R_d$

Für den HIT-Vorverstärker ist berücksichtigt:

$C_f = 0$
$R_S \ll R_d$

Die umfangreiche Berechnung der Übertragungsfunktion $H_V(f_e)$ ergibt für die beiden Spezialfälle [8.23]

$$[H_V(f_e)]_{HIT} = \frac{R_d + R_p}{R_d + R_p + j2\pi f_e R_p R_d (C_V + C_d) - (2\pi f_e)^2 R_p R_d R_B C_V C_d} \quad (8\text{-}27)$$

bzw.

$$[H_V(f_e)]_{TIT} = \frac{K_{TIT}}{K_{TIT} + j2\pi f_e \{R_f R_p (C_V + C_d) + R_B C_d [R_p (A_V + 1) + R_f]\}} \quad (8\text{-}28)$$

mit

8.3 Gesamtaufbau

$$K_{TIT} = R_p(A_V + 1) + R_f + R_f R_p/R_d \quad .$$

Die mittlere Ausgangsspannung $<U_2(t)>$ am Ausgang des Vorverstärkers kann entsprechend (8-25) mit Hilfe von (6-2) angegeben werden durch

$$<U_2(t)> = <M> \int_{-\infty}^{+\infty} [\frac{\eta_Q q}{hf} P(t') + i_0] K_V h_V(t - t') \, dt \quad . \tag{8-29}$$

Hier wurde die mittlere Spannung gewählt, da der durch M berücksichtigte Lawinenverstärkungsprozeß ebenso eine statistische Größe ist wie nach (8-1) die Generierung des Photostroms selbst. i_0 berücksicht alle Ströme, die nicht vom Signal selbst erzeugt werden. In (8-29) ist $h_V(t)$ die Fouriertransformierte von $H_V(f_e)$.

Die wechselspannungsmäßige Kopplung durch C_∞ wirft schaltungstechnische Probleme auf, da die Übertragung eines Gleichwertes nicht möglich ist. Daher wandert die Grundlinie in Abhängigkeit von der Signalform, so daß eine feste Entscheiderschwelle in dieser Schaltung nicht möglich ist. Zwei Lösungsmöglichkeiten bieten sich an:

- Das empfangene Signal wird auf ein vorgegebenes Potential festgeklemmt.
- Die Entscheiderschwelle wird mit der sich verändernden Grundlinie mitgeführt.

In jedem Falle führt dies zu einem erhöhten schaltungstechnischen Aufwand. Eine weitere Möglichkeit besteht in der Verwendung einer geeigneten Codierung (siehe Kap. 9), die keine Gleichspannungsschwankungen hervorruft.

9 Modulations- und Codierungsverfahren

In der optischen Signalübertragung wird – im Vergleich zu elektrischen Systemen – der metallische Leiter durch einen LWL ersetzt, so daß die grundsätzlichen Systemeigenschaften zunächst unbeeinflußt zu sein scheinen [9.1]. In elektrisch arbeitenden Systemen wird im allgemeinen eine Feldgröße moduliert, so daß sowohl negative als auch positive Signalwerte übertragen werden können; in optischen Systemen wird jedoch die Leistung moduliert, so daß nur positive Signalwerte vorkommen. Daher und wegen der speziellen Empfängerschaltungen in optischen Nachrichtensystemen (üblicherweise wechselspannungsgekoppelte Empfänger, d.h. der Empfang eines Gleichlichtsignals ist nicht möglich) spielen Modulations- und Codierungsverfahren eine wichtige Rolle.

In der optischen Nachrichtentechnik wird die äußerst hochfrequente elektromagnetische Welle "Licht" zur Informationsübertragung verwendet. Prinzipiell würden daher die sonst üblichen Modulationsarten, wie Amplitudenmodulation (AM), Frequenzmodulation (FM) oder Phasenmodulation (PM), jeweils bezogen auf die optische Welle, möglich sein.

In den Abschnitten 2.4.4. bzw. 4.3.3 wurde bereits das spektrale Verhalten von zur Zeit eingesetzten optischen Quellen (Halbleiterlaserdioden, Lumineszenzdioden) diskutiert; diese sind spektral sehr breitbandig. Vergleicht man die optische Frequenzbandbreite dieser Quellen mit dem für die Übertragung der Information notwendigen Frequenzband, so ist die Bandbreite des Trägers (Licht) um ein Vielfaches größer als das für die Modulation notwendige Frequenzband. Modulationsarten wie AM, FM oder PM des optischen Trägers kommen daher nicht in Frage, sofern nicht sehr aufwendige und spezielle Vorkehrungen getroffen werden (siehe Kap. 10.2), um die spektrale Breite der Lichtquelle erheblich einzuengen. Im allgemeinen wird daher in optischen Nachrichtensystemen die Intensitätsmodulation (IM) eingesetzt, wobei der optische Träger wie eine Rauschquelle im Vergleich zur für die Übertragung der Information notwendigen Frequenzbandbreite angesehen werden kann. Statt IM wäre daher der Begriff "Rauschmodulation" zutreffender.

9.1 Zeit- und wertkontinuierliche Modulation

Trotzdem spricht man auch in der optischen Nachrichtentechnik von den Modulationsarten AM, FM oder PM. Diese beziehen sich dann jedoch im allgemeinen (Ausnahme siehe Kap. 10.2) auf einen durch Leistungsmodulation erzeugten Subträger und nicht auf den optischen Träger. Die Erzeugung des Subträgers läßt sich folgendermaßen beschreiben: Ein optischer Sender mit der optischen Frequenz f_{opt} gibt die mittlere Lichtleistung $<P_{opt}>$ ab und wird mit der Kreisfrequenz ω_{sub} leistungsmoduliert. Dies läßt sich beschreiben durch

$$P_{sub}(t) = <P_{opt}>[1 + m \cos(\omega_{sub} t)] \ . \tag{9-1}$$

In (9-1) kann die mittlere, zeitunabhängige optische Leistung eingesetzt werden, da die optische Kreisfrequenz $2\pi f_{opt}$ groß gegen die modulierende Kreisfrequenz ω_{sub} ist. Durch diese Modulation erhält man den Subträger mit der Kreisfrequenz ω_{sub} und dem Modulationshub $0 < m \leq 1$. Vorteil eines Subträgerverfahrens ist, daß bei Verwendung von analoger Modulation Nichtlinearitäten der Sendequellen keinen Einfluß mehr haben. Auf diesen Subträger sind alle üblichen Modulationsarten anwendbar.

Phasenmodulation läßt sich dann beschreiben durch

$$P_{PM}(t) = <P_{opt}>[1 + m \cos(\omega_{sub} t + \chi s(t))] \ , \tag{9-2}$$

wobei χ eine Konstante ist und $s(t)$ den zeitlichen Verlauf der Information darstellt. Die Kreisfrequenz ω_{sub} des Subträgers muß mindestens doppelt so groß wie die im Signal $s(t)$ enthaltenen Frequenzanteile sein, was zu einem erhöhten Bandbreitebedarf des Übertragungskanals führt. Wegen der Breitbandigkeit des LWL ist dies unkritisch. Gleichzeitig erhält man jedoch eine Verbesserung des Signal-Rauschabstandes. Berechnungen solcher Systeme sind sehr aufwendig: es läßt sich näherungsweise eine Verbesserung um das Quadrat aus der relativen Bandbreiteerhöhung angeben.

Da die zeitliche Ableitung der Phasenänderung einer Frequenzänderung entspricht, kann aus (9-2) die entsprechende Beziehung für eine Frequenzmodulation direkt abgeleitet werden, und man erhält

$$P_{FM}(t) = <P_{opt}>[1 + m \cos(\omega_{sub} t + \zeta \int_{-\infty}^{+t} s(t')dt')] \qquad (9-3)$$

mit

$$|\zeta s(t)|_{max} = \Delta\omega_H = 2\pi\Delta f_H . \qquad (9-4)$$

Δf_H ist der Modulationshub. Ist $s(t)$ eine Sinusschwingung der Kreisfrequenz ω_{mod}, so ist nach (9-4) $\zeta = \Delta\omega_H$; (9-3) läßt sich dann weiter auswerten, und man erhält

$$\{P_{FM}(t)\}_{sinus} = <P_{opt}>[1 + m \cos\{\omega_{sub} t - \Delta\omega_H/\omega_{mod} \cos(\omega_{mod} t)\}] . \qquad (9-5)$$

Das Verhältnis ω_H/ω_{mod} wird als Modulationsindex bezeichnet.

Das einfachste Verfahren ist die Amplitudenmodulation, die sich beschreiben läßt durch

$$P_{AM}(t) = <P_{opt}>[1 + m \cos(\omega_{sub} t)][1 + \chi s(t)] \qquad (9-6)$$

mit

$$|\chi| \leq 1 \qquad \text{und} \qquad |s(t)| \leq 1 . \qquad (9-7)$$

(9-6) zeigt, daß - im Gegensatz zu elektrischen Amplitudenmodulationssystemen - sich die Trägerfrequenz (hier handelt es sich allerdings um einen Subträger!) nicht unterdrücken läßt. Setzt man in (9-6) m gleich Null, so erhält man eine einfache Leistungsmodulation des optischen Senders - oder genauer gesagt: Es liegt Rauschmodulation vor.

Welche Modulationsart eingesetzt wird, hängt stark vom Anwendungsgebiet und vom zulässigen Aufwand ab. So bringt z.B. die FM gegenüber der AM einen ca. zehnfach höheren Aufwand; auf der anderen Seite erhält man ein günstigeres Signal-Rauschverhältnis, und die Sendeleistung ist geringer (ca. um ein Drittel). Darüber hinaus sind lineare Verzerrungen in einem FM-System ohne Einfluß und nichtlineare Verzerrungen sehr klein.

9.2 Zeitdiskrete und wertkontinuierliche Modulation

Bei diesen Modulationsarten wird entsprechend dem zu übertragenden Signal ein Signalparameter des Pulses wertkontinuierlich verändert. Der Puls dient als Modulationsträger und besteht in der optischen Nachrichtentechnik aus einem Lichtleistungspuls. Als veränderliche Signalparameter des Pulses stehen für eine Modulation zur Verfügung: die Leistungsamplitude I, der Tastgrad T/τ (T = Impulsabstand, τ = Impulsdauer), die Kreisfrequenz ω und die Phase ϕ. Entsprechend unterscheidet man zwischen Pulsamplitudenmodulation (PAM), Pulsdauermodulation (PDM), Pulsfrequenzmodulation (PFM) und Pulsphasenmodulation (PPM).

Diese Modulationen können in der optischen Nachrichtentechnik sowohl in Form einer Intensitätsmodulation der optischen Leistung als auch über einen intensitätsmodulierten Subträger verwendet werden. Die Generierung eines Subträgers ist im allgemeinen wegen des zusätzlichen Aufwandes nicht üblich.

Eine Folge von optischen Leistungsimpulsen läßt sich darstellen durch (siehe (8-7))

$$p_{opt}(t) = <P_{opt}> \sum_{l=-\infty}^{\infty} a_l h_p(t'_l) \qquad (9-8)$$

mit

$$t'_l = (t - lT)/\tau . \qquad (9-9)$$

Darin ist a_l eine Amplitudenfunktion, die die Höhe des lten Impulses angibt; $h_p(t)$ bestimmt die Form der Impulse, wobei wieder T der Impulsabstand und τ die Impulsdauer sind. Da das die Information darstellende Signal durch eine Impulsfolge abgetastet wird (zeitdiskrete Modulation), muß das Abtasttheorem erfüllt sein, d.h. $1/T > 2 f_{mod}$, wobei f_{mod} die höchste zu übertragende Frequenz darstellt. Im Falle der PAM ist in a_l die Information s(t) enthalten, bei allen anderen Pulsmodulationsverfahren ist a_l eine konstante positive Größe; bei der PPM wird die Stellung der Impulse bei konstanter Dauer verändert, d.h. t_l' muß ausgedrückt werden durch

$$t'_l = (t - lT - \chi s(lT)T/2)/\tau . \qquad (9-10)$$

$s(lT)$ gibt den Signalwert zur Zeit $t = lT$ an; die Bedingungen (9-7) sind auch hier zu beachten.

Bei der Pulsdauermodulation wird die Impulsdauer τ mit der Information beaufschlagt, und man erhält in diesem Falle für t_l'

$$t_l' = (t - lT)/[\tau\{1 + \chi s(lT)\}] \,. \tag{9-11}$$

Als letzte Möglichkeit bietet sich die Änderung der Impulsfolgefrequenz an; dann gilt

$$t_l' = [t - l\{T + \chi s(lT)\}]/\tau \,. \tag{9-12}$$

Für Sinusmodulation, d.h. $s(t) = \sin(\omega_{mod} t)$ lassen sich aus (9-8) mit (9-9) bis (9-12) die Frequenzspektren der einzelnen Modulationsarten berechnen. Ausführlich sind diese Zusammenhänge in [9.2] dargestellt. Es läßt sich zeigen, daß die PPM einen günstigen Kompromiß zwischen Aufwand und Gewinn an Übertragungsqualität gegenüber den anderen Modulationsarten darstellt.

9.3 Zeit- und wertdiskrete Modulation

Bei dieser Modulation können nur noch wertdiskrete Impulse übertragen werden. Am einfachsten läßt sich dies am Beispiel einer wertdiskreten PAM zeigen. Während bei der wertkontinuierlichen PAM der exakte Amplitudenwert des abgetasteten Signals übertragen werden kann, tritt nun eine Quantisierung ein, und es ist nur noch eine bestimmte Anzahl von Amplitudenwertstufen möglich. Wertkontinuierliche und wertdiskrete PAM sind in Bild 9.1 gegenübergestellt.

9.4 Quellencodierung

Der wichtigste Vertreter der zeit- und wertdiskreten Modulation ist die Pulscodemodulation (PCM). Bei dieser Pulsmodulation werden zeitdiskrete und wertkontinuierliche Abtastwerte aufgenommen; durch eine Quantisierung der Abtastwerte erfolgt der Übergang zur wertdiskreten Modulation; die quantisierten Abtastwerte werden dann nach einem vorgegebenen Code in

9.4 Quellencodierung

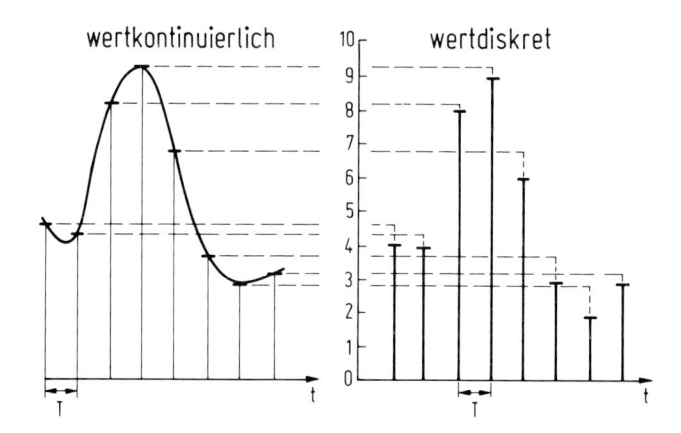

Bild 9.1
Gegenüberstellung der wertkontinuierlichen und der wertdiskreten Pulsamplitudenmodulation (schematische Darstellung)

Codewörter umgesetzt, die aus Impulsen diskreter Amplitude und gleichbleibendem zeitlichen Abstand bestehen. Entsprechend den zugelassenen Quantisierungsstufen wird bei einem solchen System der Bandbreitebedarf des Übertragungskanals wesentlich erhöht. Sind z.B. 16 Quantisierungsstufen erlaubt und erfolgt die Codierung nach einem binären Code, so benötigt man 4 aufeinander folgende Impulse pro Abtastwert, um die Information übertragen zu können, was einer Vervierfachung der erforderlichen Bandbreite im Vergleich zu einem wertkontinuierlichen System entspricht. Wegen der wertdiskreten Übertragung und der damit verbundenen Möglichkeit der Signalregenerierung gewinnt man andererseits erheblich an Signal-Rauschabstand.

In Deutschland werden zur Zeit PCM-Systeme im öffentlichen Nachrichtennetz eingesetzt. Jedes Fernsprechsignal (Analogbandbreite 3,4 kHz) wird mit einer Frequenz von 8 kHz abgetastet, die Quantisierung erfolgt mit 256 Stufen, die durch ein achtstelliges binäres Codewort dargestellt werden können. Wegen der seriellen Übertragung der binärcodierten Abtastwerte ergibt sich dadurch eine Impulsfolgefrequenz von 8·8 kHz = 64 kHz und die entsprechende Übertragungsrate von 64 kbit/s. UKW-Stereo-Signale benötigen eine Übertragungsrate von 768 kbit/s, während codierte Videosignale - je nach Qualitätsanspruch - zwischen 34 Mbit/s und 140 Mbit/s benötigen.

Da es unwirtschaftlich ist, nur ein einziges digitalisiertes Sprachsignal pro Leitung zu übertragen, werden diese nach einem bestimmten Muster zusammengefaßt. In Europa gibt es genormte PCM-Hierarchien, die in Tabelle 9.1 zusammengefaßt sind. Die europäische Norm unterscheidet sich zum Teil erheblich von der in den USA und jener in Japan.

Tabelle 9.1: PCM-Hierarchien in Europa

Bezeichnung	Übertragungsrate	Telefon-Kanalzahl
PCM 30	2,048 MBit/s	30
PCM 120	8,448 Mbit/s	120
PCM 480	34,368 Mbit/s	480
PCM 1920	139,264 Mbit/s	1920
PCM 7680	≈ 565 Mbit/s [*]	7680
PCM 15360	≈ 1,12 Gbit/s [*]	15360

[*] Normungsvorschlag

9.5 Leitungscodierung

Während die Quellencodierung die Aufgabe hat, die Information in einen möglichst redundanzfreien Code umzusetzen, soll die Leitungscodierung die Folge von Codewörtern erneut so codieren, daß sie optimal an die Leitung, also die Übertragungsstrecke, angepaßt sind und auch zusätzliche Möglichkeiten, wie z.B. Fehlerkorrektur und Leitungsüberwachung, zulassen sowie die Übertragungszuverlässigkeit erhöhen [9.3]. Die Bewertungskriterien für einen geeigneten Leitungscode lassen sich wie folgt zusammenfassen:

- spektrale Formung (Taktenergie, NF-Verzerrung),
- mittlere Leistungsdichte,
- Bandbreite-Faktor,
- Redundanz zur Fehlererkennung oder -korrektur (Überwachung im Betrieb),
- Datentransparenz,
- Fehlerfortpflanzung,
- begrenzte, laufende digitale Summe (LDS),
- Re-Synchronisierzeit.

9.5 Leitungscodierung

Bei einer weiteren Betrachtung lassen sich drei weitere Unterscheidungen zwischen Leitungscodes einführen:

- zweiwertig, d.h. binär (z.B. Blockcode 5B6B),
- dreiwertig, d.h. ternär (z.B. AMI, HDB3, Blockcode 4B3T; AMI steht für alternate mark inversion, HDB für high density bipolar),
- höherwertig (z.B. quaternärer Blockcode 4B2Q).

Eine typische Aufgabe der Leitungscodierung ist dafür zu sorgen, daß im übertragenen Signal die Information über die Impulsfolgefrequenz (also die Taktenergie) ausreichend vorhanden ist, damit der Empfänger synchronisiert werden kann. Bei elektrischen Übertragungssystemen hat sich in Deutschland der HDB3-Leitungscode durchgesetzt [9.4], der die binäre, unipolare Impulsfolge in eine bipolare umsetzt. In den USA wird der - ebenfalls bipolare - AMI-Code verwendet. Die Codierungsvorschriften für HDB3 und AMI sind zwar unterschiedlich, jedoch verfolgen beide das Ziel, die Information über die Impulsfolgefrequenz, und damit die Taktenergie, im übertragenen Signalspektrum zu erhöhen. Während beide Codes bandbreiteneutral sind, d.h. dieselbe Bandbreite wie das ursprüngliche, binäre Signal benötigen, gibt es andere Leitungscodes, die entweder mehr oder weniger Bandbreite erfordern; beispielhaft seien der 4B3T-Code genannt, der aus 4 binären Informationseinheiten 3 ternäre herstellt und damit nur noch 3/4 der Bandbreite benötigt. Der 5B6B-Code dagegen verwandelt ein aus 5 binären Informationseinheiten bestehendes Wort in ein binäres mit 6 Informationseinheiten, wodurch die erforderliche Bandbreite um den Faktor 6/5 erhöht, aber gleichzeitig Signalredundanz zugeführt wird. Der Zusammenhang zwischen Redundanz und Bandbreitebedarf für verschiedene Leitungscodes ist in Bild 9.2 zusammengefaßt (CMI steht für coded mark inversion). Die Erhöhung der Redundanz erfordert im allgemeinen nicht nur eine höhere Bandbreite, sondern auch die notwendige mittlere Sendeleistung muß vergrößert werden, wenn die Übertragungsqualität gleichbleiben soll. Einen entsprechenden Vergleich zeigt Bild 9.3.

Mit den verschiedenen Codierungsverfahren ist ein zum Teil erheblicher elektronischer Aufwand (Zahl der Bauelemente, zusätzlich benötigte elektrische Leistung etc.) verbunden. Daher muß genau abgewägt werden, welches der Verfahren vorteilhaft ist. Dazu kann eine Gegenüberstellung nach Bild 9.4 dienen, in der - als Funktion der Übertragungsgeschwindigkeit und des Codierungsmehraufwandes - die verschiedenen Möglichkeiten unter Berücksichtigung der in den Bildern 9.2 und 9.3 enthaltenen Ergebnisse verglichen sind.

Obwohl danach eindeutig der Codierungsmehraufwand für den 5B6B-Code am größten ist, wird dieser Code heute in optischen Übertragungssystemen bevorzugt eingesetzt. Dabei ist zu berücksichtigen, daß sich durch die äußerst schnelle Entwicklung der Halbleitertechnik, speziell der LSI-Tech-

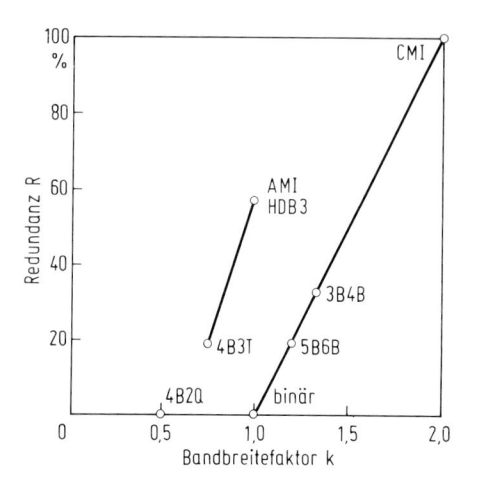

Bild 9.2

Bandbreiteerhöhung k und Redundanz R bezogen auf binäre Leitungskodierung (k = 1 und R = 0) für zwei-, drei- und vierstufige Leitungscodes

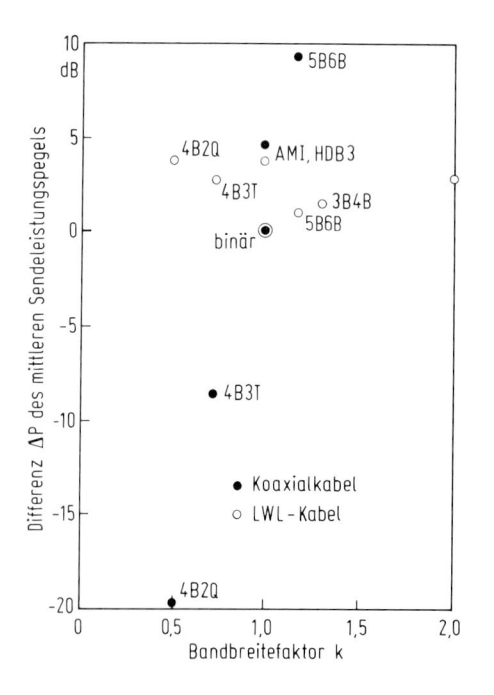

Bild 9.3

Differenz der notwendigen mittleren Sendeleistungspegel gegenüber binärer, nichtredundanter Übertragung in Abhängigkeit vom Bandbreitefaktor k bei gleicher Bitfehlerrate für Koax- und LWL-Systeme

9.5 Leitungscodierung

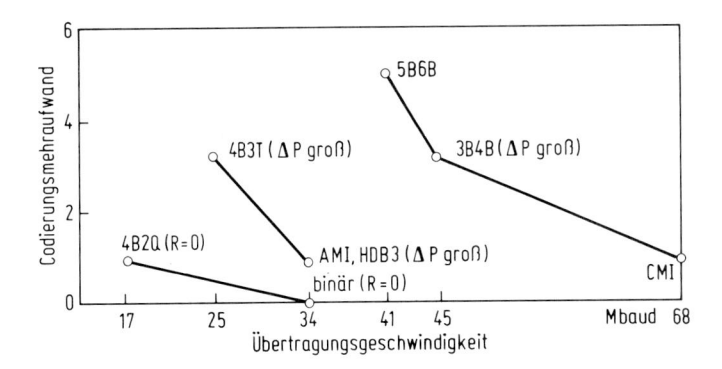

Bild 9.4
Codierungsmehraufwand als Funktion der Übertragungsgeschwindigkeit für verschiedene Codes bezogen auf eine Bitrate von 34 Mbit/s und binären Code (Stand ca. 1980)

nologie (large scale integration), Schaltungen für Codierungen relativ preiswert herstellen lassen, so daß selbst aufwendige Codierungsverfahren verwendet werden können und die Kosten für den Codierer nicht so sehr ins Gewicht fallen. Nahm die Schaltung für den 5B6B-Codierer vor kurzem (1980) noch eine ganze Europakarte ein, so ist sie heute in einem einzigen integrierten Schaltkreis enthalten, der darüber hinaus durch eine geringfügig geänderte äußere Beschaltung als Codierer oder Decodierer eingesetzt werden kann.

Sowohl die bei Verwendung der 5B6B-Codierung notwendige, um den Faktor 1,2 erhöhte Bandbreite als auch die um ca. 1 dB notwendige höhere mittlere Lichtleistung lassen sich in optischen Übertragungssystemen ohne Schwierigkeiten realisieren. Auf der anderen Seite kann durch die zur Verfügung stehende Redundanz die Taktenergie wesentlich erhöht werden, wenn man ein geeignetes Codebuch, d.h. die Umsetzung der 5-bit-Wörter in 6-bit-Wörter verwendet [9.3]. Da für 32 5-bit-Wörter insgesamt 64 6-bit-Wörter zur Verfügung stehen, ließe sich prinzipiell jedes 5-bit-Wort durch zwei verschiedene 6-bit-Wörter darstellen. Allerdings gibt es hier Bitkombinationen, die man vermeidet, z.B. 000000 oder 111111, da darin keine Taktenergie (im zweiten Fall allerdings nur bei NRZ-Signalen, d.h. non return to zero) enthalten ist. Vielmehr versucht man die Anzahl der Nullen und Einsen in einem sechsstelligen Codewort gleichzumachen, was in 19 Fällen gelingt (siehe Tabelle 9.2). Für die restlichen 13 Zeichen wählt

Tabelle 9.2: 5B6B-Codebuch

Eingangs-wort	Codewort A-Mode	LDS	Codewort B-Mode	LDS
00000	101011	+2	100010	-2
00001	101010	0	101010	0
00010	101001	0	101001	0
00011	111000	0	101000	-2
00100	110010	0	110010	0
00101	111010	+2	001010	-2
00110	001011	0	001011	0
00111	011010	0	011010	0
01000	100110	0	100110	0
01001	101110	+2	100100	-2
01010	101100	0	101100	0
01011	110100	0	110100	0
01100	110110	+2	000110	-2
01101	001110	0	001110	0
01110	010110	0	010110	0
01111	011110	+2	010100	-2
10000	100011	0	100011	0
10001	110101	+2	000101	-2
10010	111001	+2	001001	-2
10011	001101	0	001101	0
10100	110011	+2	010001	-2
10101	010101	0	010101	0
10110	110001	0	110001	0
10111	011101	+2	011000	-2
11000	100111	+2	100001	-2
11001	100101	0	100101	0
11010	011001	0	011001	0
11011	101101	+2	001100	-2
11100	010011	0	010011	0
11101	010111	+2	000111	0
11110	011011	+2	010010	-2
11111	011100	0	011100	0

9.5 Leitungscodierung

man je 2 Codewörter, die entweder zwei Einsen zuviel (A-Mode) oder zwei Einsen zuwenig (B-Mode) haben. Bei der Übertragung dieser Zeichen wählt man abwechselnd den A- oder den B-Mode, so daß die Bilanz ausgeglichen ist. Durch diese geschickte Zuordnung gelingt es, Fehler zu erkennen. Dies wird anhand von Bild 9.5 verdeutlicht, in dem die Bilanz der Anzahl von übertragenen Nullen und Einsen aufgetragen ist (laufende digitale Summe, LDS). Es läßt sich leicht einsehen, daß die Werte +3 und -3 niemals überschritten werden können, es sei denn, ein Bit wird fehlerhaft übertragen. Es läßt sich dann sofort feststellen, welches Wort fehlerhaft am Empfänger angekommen ist. Bei Übertragungsstrecken mit vielen Zwischenverstärkern läßt sich durch diese Leitungsüberwachung feststellen, wo auf der Strecke möglicherweise ein defektes Bauteil zu suchen ist. Ein weiterer, für die Dimensionierung von optischen Empfängern ganz wesentlicher Vorteil ist, daß die zeitliche Schwankung der mittleren Lichtleistung äußerst gering ist, d.h. der mittlere Gleichlichtanteil ist bereits über kürzere Zeiträume gesehen konstant. Dadurch wird auch eine relativ gleichmäßige Belastung des optischen Senders gewährleistet, so daß keine Instabilitäten oder Änderungen zu befürchten sind.

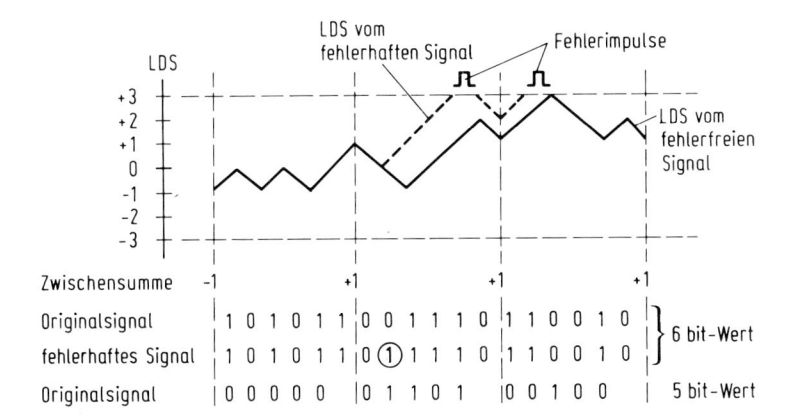

Bild 9.5
Die laufende digitale Summe LDS in einem 5B6B-System zur Demonstration der Fehlererkennung

Zur Sicherung des Übertragungskanals werden nicht nur Leitungscodierer eingesetzt, sondern auch die zu übertragenden, quellencodierten Daten werden gescrambelt, also mit einer Pseudozufallsfolge (ca. 127 oder 255 Bitperioden lang) verknüpft, bevor sie leitungscodiert werden. Auf der Empfangsseite muß dann selbstverständlich ein Descrambler eingesetzt werden, um wieder die ursprüngliche Information zu erhalten.

Faßt man all diese Überlegungen zusammen, so ergibt sich sowohl für den Coder als auch für den Decoder ein relativ aufwendiges Blockschaltbild, das in Bild 9.6 dargestellt ist.

9.5 Leitungscodierung

Bild 9.6

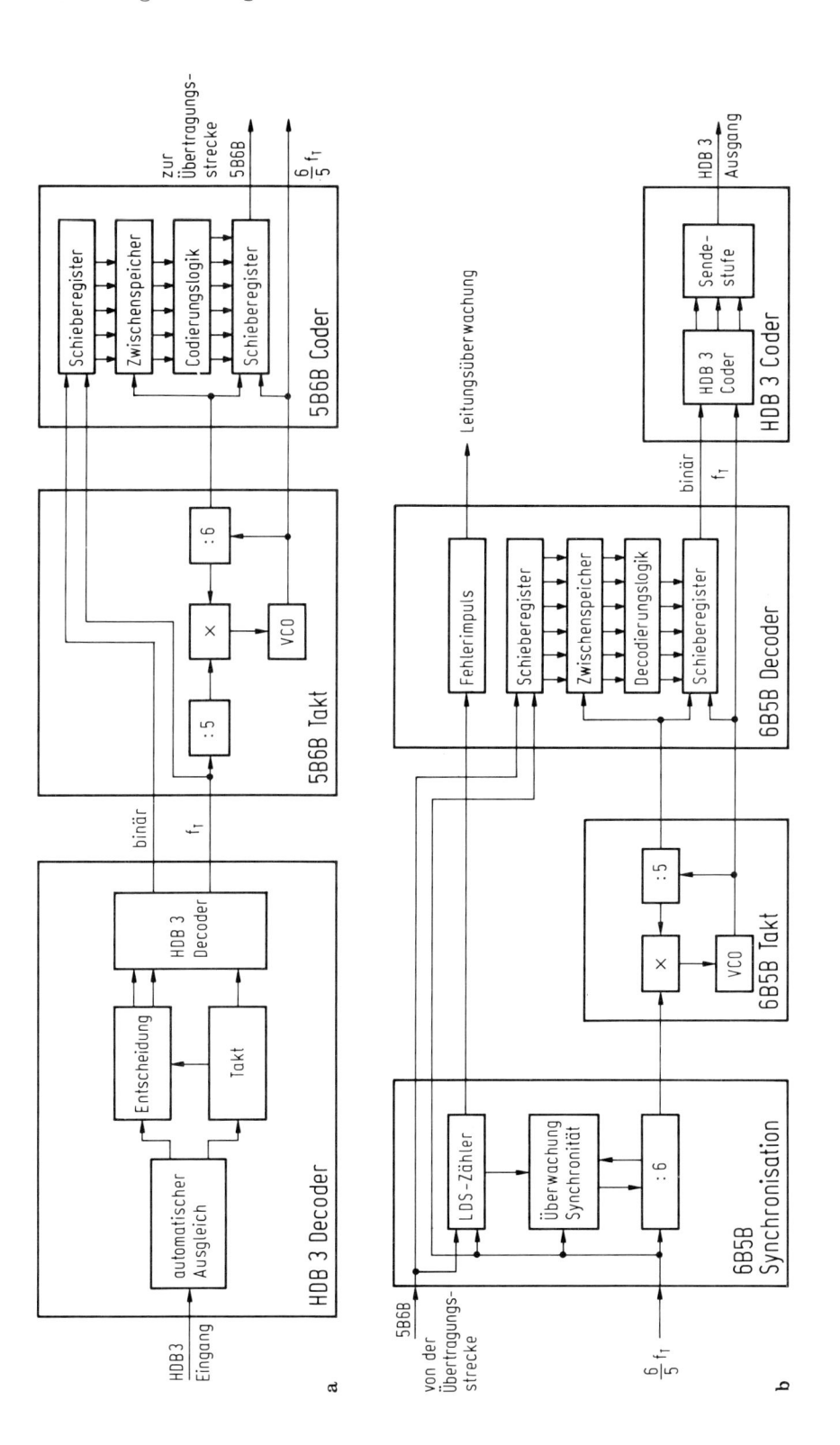

Blockschaltbild für einen digitalen Sender (a) bzw. Empfänger (b) mit 5B6B-Kanalcodierung bei Vorgabe einer HDB3-Schnittstelle; f_T ist die Übertragungsgeschwindigkeit

10 Spezielle Systeme

Obwohl "einfache" optische Nachrichtensysteme hinsichtlich Übertragungsbandbreite und -länge Möglichkeiten bieten, wie sie zur Zeit kaum benötigt werden, so sind dennoch Entwicklungen im Gange, die eine weitere Verbesserung ermöglichen sollen. Trotz sehr verschiedener Zielrichtungen sind für diese Entwicklungen ökonomische Gesichtspunkte verantwortlich, die einerseits auf günstigere Kosten, andererseits auf höhere Zuverlässigkeit zielen. Aber auch spezifische, strukturbedingte Tatbestände sind für diese speziellen Entwicklungen als Ursache zu sehen, wie z.B. das Interesse der Japaner am Bau von LWL-Unterseekabeln [10.1, 10.2], da Japan ein Inselstaat ist.

Aus der Vielfalt der speziellen Systeme der optischen Nachrichtentechnik sollen Multiplex- und Heterodynsysteme sowie Datenbussysteme näher betrachtet werden. Multiplexsysteme - die auf jene beschränkt sein sollen, bei denen das Multiplexen in der optischen Domäne erfolgt - werden schon bald zur Realisierung kommen; Heterodynsysteme lassen in der nahen Zukunft einen großen Sprung im Entwicklungsstand der optischen Nachrichtentechnik erwarten; Datenbussysteme sind bereits im Einsatz.

10.1 Multiplexsysteme

Die Übertragungsmöglichkeiten optischer Nachrichtensysteme werden oft aus ökonomischen Gründen nicht ausgenutzt. Dies mag widersprüchlich klingen und soll daher an einem Beispiel erläutert werden: Es konnte gezeigt werden, daß mit einem Monomode-LWL die Übertragung von 2 Gbit/s über eine Länge von 34 km ohne Zwischenverstärker möglich ist. Da ein Telefonkanal nur eine Bitrate von 64 kbit/s für die Übertragung benötigt, müßten

10.1 Multiplexsysteme

entsprechend viele Einzelsignale in geeigneter Weise zusammengefaßt, übertragen und wieder getrennt werden.

Wegen noch fehlender Preisinformationen über Bauelemente und Systeme der optischen Nachrichtentechnik ist eine Entscheidung auf der Basis kaufmännischer Überlegungen noch nicht möglich, so daß alle technischen Möglichkeiten in Betracht gezogen und experimentell erprobt werden müssen. Das z.Z. bei elektrischen, digitalen Nachrichtensystemen verwendete Zeitmultiplexsystem, bei dem die einzelnen Kanäle zeitlich ineinander verschachtelt werden, erfordert bei Übertragungsraten von 1 Gbit/s und mehr einen erheblichen elektronischen Aufwand. Da es bereits - für geringere Übertragungsraten - in elektronischen Systemen eingeführt ist, soll nicht näher darauf eingegangen werden.

10.1.1 Raummultiplex

Am einfachsten ist das Raummultiplexverfahren, bei dem jedem Kanal eine eigene Leitung zur Verfügung gestellt wird. In der optischen Nachrichtentechnik ist dies nicht sinnvoll, da dann unter Umständen selbst bei Stufenprofil-LWL die Übertragungsbandbreite unausgenutzt bleiben würde. Wegen der nicht geringen Kosten des LWL, den hohen Kabelkosten und der Dicke des LWL-Kabels, das dann wegen der Vielzahl der notwendigen LWL in der Handhabung ähnlich wird wie herkömmliche metallische Kabel, ist dies auch technisch nicht sinnvoll. In Sonderfällen, z.B. wenn die Sendestation an einem, die einzelnen Empfänger aber an unterschiedlichen Orten liegen, wird man eventuell dennoch zu einem solchen System greifen [10.3].

Eine Kombination von elektrischen Multiplexverfahren (z.B. PCM) und einem Raummultiplex ist dagegen günstiger. Durch die Möglichkeit, die Übertragungsrate an die Übertragungsbandbreite des LWL anzupassen, ist eine Optimierung möglich. Man wird die Übertragungsrate nicht zu hoch wählen, damit die elektronischen Multiplexeinrichtungen mit vertretbarem Aufwand realisiert werden können. Solche Systeme sind bereits im Einsatz, wobei die Übertragungsraten zur Zeit entsprechend der PCM-Hierachie bei 34 Mbit/s oder bei 140 Mbit/s liegen und die Übertragung von 480 bzw. 1920 Fernsprechsignalen erlauben. Bei 34-Mbit/s-Systemen lassen sich noch "billige" LED als Sendeelemente einsetzen.

10.1.2 Wellenlängenmultiplex

Wie läßt sich die Kapazität eines einzelnen LWL mit gegebener Übertragungsbandbreite besser ausnutzen? Diese Fragestellung wird dann wichtig, wenn die Kapazitätsgrenze eines bereits laufenden LWL-Systems erreicht ist, wobei die Begrenzung durch den LWL gegeben sein soll. Da es sich in der optischen Nachrichtentechnik um leistungsmodulierte Trägerfrequenzsysteme (die Trägerfrequenz ist die Frequenz des Lichtes) handelt, kann man über einen einzelnen LWL verschiedene Trägerfrequenzen senden, die jeweils die gesamte Übertragungsbandbreite des LWL zur Verfügung stellen, sofern der Trägerfrequenzabstand bezogen auf die Modulationsbandbreite genügend groß ist; dies ist jedoch der Fall. Man muß nur Mittel finden, um am Empfangsort die Trägerfrequenzen zu trennen, aber auch um sie definiert zu erzeugen. Man nennt solche Systeme Wellenlängenmultiplexsysteme (WDM-System: <u>w</u>avelength <u>d</u>ivision <u>m</u>ultiplexing). Obwohl man in Anlehnung an elektrische Systeme auch hier die Bezeichnung "Frequenz-Multiplex" einführen könnte, sollte dies vermieden werden, da bei optischen Nachrichtensystemen mit Subträgern ebenfalls ein Frequenzmultiplex möglich ist, der aber mit dem hier untersuchten Wellenlängenmultiplexsystem nicht zu verwechseln ist.

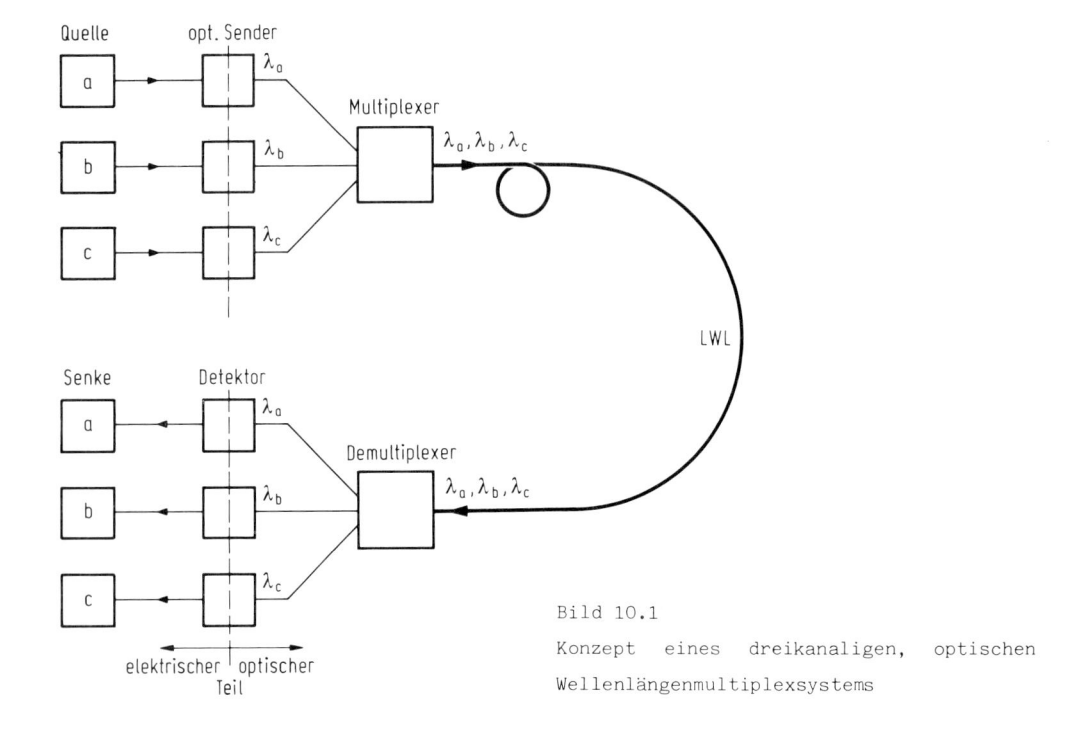

Bild 10.1
Konzept eines dreikanaligen, optischen Wellenlängenmultiplexsystems

10.1 Multiplexsysteme

Theoretisch ließe sich mit jeder neuen optischen Trägerfrequenz die Übertragungsbandbreite des LWL erneut voll ausnutzen. Die Übertragungsbandbreite eines LWL ist aber eine Funktion der Wellenlänge; liegen die gewählten Wellenlängen zu weit von der optimalen optischen Wellenlänge entfernt, so steht eine wesentlich geringere Übertragungsbandbreite zur Verfügung. Darüber hinaus müssen die verschiedenen Wellenlängen in den LWL ein- und ausgekoppelt werden, was zu Verlusten führt. Auch die Trennung der einzelnen Wellenlängen am Empfänger ist nicht beliebig gut, so daß Übersprechen auftreten kann. Als Schema ist ein WDM-System mit drei Kanälen in Bild 10.1 gezeigt. Sendeseitig werden drei Lichtemitter vorgesehen, die auf unterschiedlichen Wellenlängen $\lambda_a \ldots \lambda_c$ senden. Wie in Kap. 4 ausführlich dargestellt, kann man die Wellenlänge des emittierten Lichtes über die Materialzusammensetzung bzw. -wahl des Sendeelementes beeinflussen, so daß prinzipiell der gesamte dämpfungsarme Bereich des LWL von 0,8 μm bis 1,6 μm kontinuierlich überstrichen werden kann. Die Einkopplung der Sender in einen LWL kann auf sehr verschiedene Weise erfolgen, z.B. über ein Linsensystem (Bild 10.2a). Wesentlich günstiger

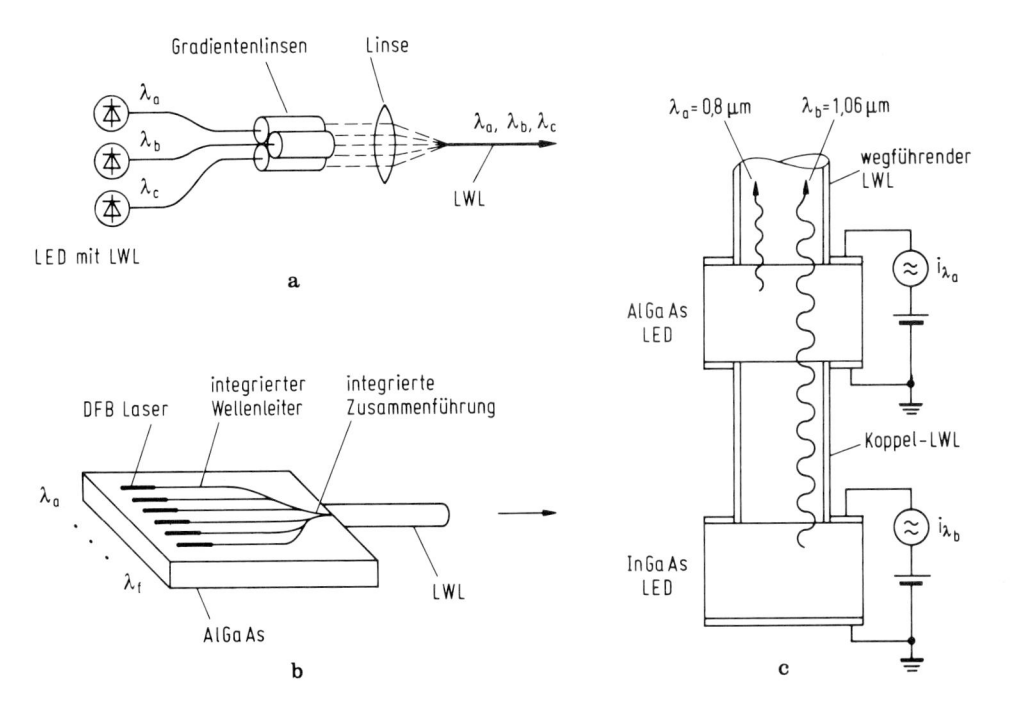

Bild 10.2
Verschiedene Ausführungsformen von Wellenlängen-Multiplexern; (a) mit Gradientenlinsen; (b) mit integriert optischen Wellenleitern [10.4]; (c) mit aufeinander abgestimmten Sendeelementen

ist die monolithische Integration verschiedener Sender, die über ebenfalls integrierte Wellenleiter zusammengeführt werden (Bild 10.2b), da hier - mit Ausnahme der Ankopplung des LWL - keine Justierungen vorgenommen werden müssen [10.4]. Die Integration von optoelektronischen Elementen, zusammen mit optischen und elektronischen Bauteilen, führt in das Gebiet der Integrierten Optik [10.5, 10.6], die - speziell bei Monomodesystemen - wesentlich zu Verbesserungen und Vereinfachungen beitragen wird.

Eine weitere Möglichkeit ist in Bild 10.2c gezeigt. Zwei LED sind hintereinander aufgebaut. Da (AlGa)As für eine Wellenlänge von 1,06 µm "durchsichtig" ist, wird das von der (InGa)As-LED abgestrahlte Licht die (AlGa)As-Diode durchstrahlen. Dieser Aufbau ist jedoch auf wenige, weit auseinander liegende Wellenlängen beschränkt.

Die in den LWL eingespeisten Signale unterschiedlicher Lichtwellenlänge (die in Form von Leistungsmodulation Information beinhalten) stören sich untereinander nicht. Da - wie erwähnt - sowohl Übertragungsbandbreite als auch Dämpfung des LWL von der Wellenlänge abhängen, werden die auf verschiedenen Wellenlängen übertragenen Informationen auch unterschiedlich beeinflußt. Trotz verschiedenartiger Vorschläge und Theorien [10.7, 10.8] konnte bisher kein LWL hergestellt werden, der über einen großen Wellenlängenbereich hohe, gleichbleibende Übertragungsbandbreiten aufweist. Dies wird durch Bild 10.3 deutlich, in dem für verschiedene LWL mit unterschiedlichem Profilexponenten α die Übertragungsbandbreite B bei den Wellenlängen 0,85 µm und 1,3 µm aufgetragen ist. Daher ist es nur möglich, innerhalb eines kleineren Wellenlängenbereiches mehrere Wellenlängen optimal auszunutzen, was aber den Detektionsaufwand erhöht oder aber die Zahl der Übertragungskanäle einschränkt. WDM-Systeme, die derzeit erprobt werden, arbeiten mit weit auseinanderliegenden Wellenlängen und sind daher nicht optimal [10.9].

Empfangsseitig werden Elemente benötigt, die die "richtige" Wellenlänge aus dem über den LWL übertragenen Wellenlängengemisch herausfiltern. Drei Anforderungen werden an einen solchen Wellenlängen-Demultiplexer gestellt:
- hohe Selektivität; d.h. nur die Wellenlänge, auf die er abgestimmt ist, wird herausgefiltert;
- hohe Übersprechdämpfung; d.h. alle außerhalb seiner Wellenlänge liegenden Signale werden unterdrückt;
- geringe Eigenverluste.

10.1 Multiplexsysteme

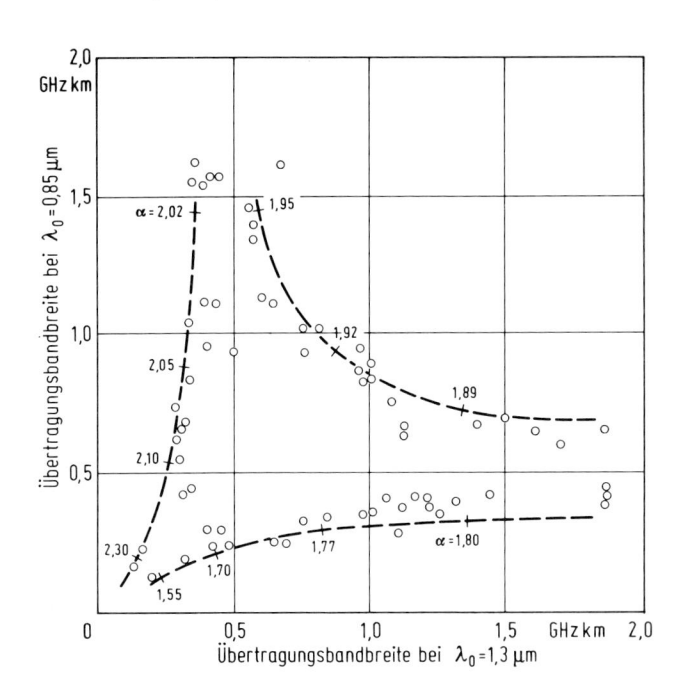

Bild 10.3
Übertragungsbandbreite von Gradientenprofil-LWL bei $\lambda_0 = 1,3$ μm und $\lambda_0 = 0,85$ μm; Parameter ist der Profilexponent α; gestrichelte Linie: Theorie; Punkte: Experiment [10.54]

Eine einfache Anordnung hierfür ist in Bild 10.4a gezeigt. Mit Hilfe eines stark dispersiven Prismas kann das aus dem LWL austretende Licht in seine Wellenlängenanteile örtlich zerlegt und entsprechenden Empfangsdioden zugeführt werden. Abgesehen vom hohen Justieraufwand ist diese Anordnung verlustreich (7 dB/Kanal); der minimale Abstand zwischen zwei Wellenlängen muß bei ca. 40 nm liegen, um eine Übersprechdämpfung von mindestens 25 dB zu erhalten, die für eine hohe Übertragungsqualität jedoch noch nicht ausreichend ist. Ähnliche Nachteile besitzt die Anordnung nach Bild 10.4b, wobei die Verluste bei nur 1 dB/Kanal liegen [10.10, 10.11]. Bei den Interferenzfiltern handelt es sich um eine Kombination verschiedener (bis zu 25) dünner ($\lambda_0/4$ oder $\lambda_0/2$) dielektrischer Schichten; das Gesamtschichtsystem ist nur für Licht einer bestimmten Wellenlänge transparent, alle anderen Wellenlängen werden jedoch <u>reflektiert</u>. Ähnlich dem Aufbau nach Bild 10.2c kann man auch zwei Empfangsdioden hintereinander setzen. In

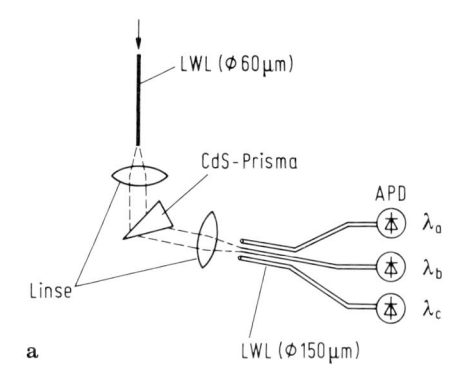

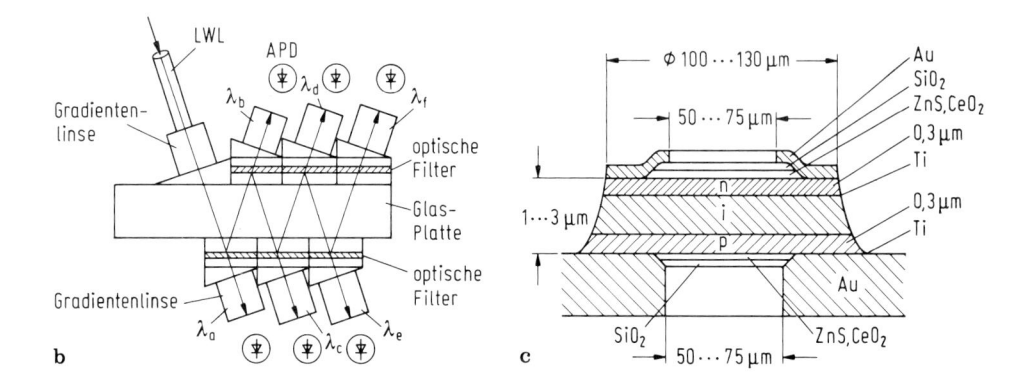

Bild 10.4
Demultiplexer für optische WDM-Systeme; (a) mit Prisma; (b) mit Interferenzfiltern [10.10, 10.11]; (c) mit aufeinander abgestimmten Empfangsdioden, wobei hier eine Si-pin-Diode gezeigt ist, die von Licht mit einer Wellenlänge größer 1 µm durchstrahlt wird

Bild 10.4c ist eine für Wellenlängen über 1,0 µm transparente Si-pin-Diode gezeigt, die Strahlung unterhalb 0,95 µm absorbiert und damit detektiert. Ein zweiter Empfänger, z.B. aus (InGa)(AsP), kann direkt angesetzt werden. Wie auch die entsprechende Sendeeinheit ist diese Anordnung nur für zwei Wellenlängen mit großem spektralen Abstand geeignet. Ein Vorteil der transparenten Si-Diode ist es, daß sie an beliebiger Stelle des LWL eingesetzt, also räumlich vom zweiten Empfänger getrennt werden kann. Weitere Multiplexer- und Demultiplexer-Anordnungen werden vorgeschlagen [10.12-10.23]; eine Übersicht geben [10.9, 10.24].

10.1.3 Intensitätsmultiplex

Im Gegensatz zu üblichen binären, also zweistufigen digitalen Übertragungssystemen werden mehrere Intensitätsstufen eingeführt, so daß entweder bei Beibehaltung der Taktfrequenz die Informationsrate erhöht oder bei Beibehaltung der Informationsrate die Taktfrequenz erniedrigt werden kann [10.25, 10.26]. Bei Verwendung von vier Intensitätsstufen läßt sich die Informationsrate verdoppeln oder aber die Taktfrequenz halbieren. Solche Multiplexverfahren können überall dort von Interesse sein, wo möglichst einfache Bauelemente eingesetzt werden sollen, die jedoch die erforderliche Modulationsfrequenz nicht mehr erreichen. LED z.B. sind für 34-Mbit/s-Systeme (PCM 480) noch sehr gut einsetzbar; bei 68 Mbit/s ist bei üblichen, kommerziell erhältlichen LED jedoch die Grenze der Modulierbarkeit überschritten, so daß ein Einsatz nicht mehr möglich ist. Durch Einführen eines Vierstufensystems kann die Taktfrequenz von 34 MHz beibehalten und die Informationsrate auf 68 Mbit/s erhöht werden. Ein derartiges System wurde bereits realisiert [10.27]. Es konnte gezeigt werden, daß ein solches Multiplexsystem - jeweils bezogen auf die übertragene Informationsrate - gegenüber einfachen binären Systemen unter gewissen Voraussetzungen höhere Verstärkerfeldlängen zulassen kann [10.27, 10.28].

Eine Kombination der beschriebenen Multiplexarten ist möglich, so daß eine entsprechend bessere Ausnutzung des LWL zu erzielen ist. Der Mehraufwand muß jedoch sorgfältig abgeschätzt werden.

10.2 Heterodyn-Empfang

Dieses System zielt nicht nur auf eine bessere Ausnutzung der LWL-Übertragungsbandbreite, sondern auch auf die Vergrößerung der Verstärkerfeldlängen. Bei den zur Zeit eingesetzten optischen Übertragungssystemen werden Sendeelemente verwendet, bei denen das emittierte Licht eine relativ große spektrale Breite besitzt. Selbst bei Einsatz von IGL-Streifenlasern liegen diese bei wenig unter 1 nm (entsprechend einer Frequenz von 300 GHz). Die Trägerfrequenz von 300 THz mit einer Frequenzbandbreite von 300 GHz wird mit Frequenzen leistungsmoduliert, die üblicherweise unter 1 GHz liegen. Im engeren Sinne handelt es sich bei den derzeitigen optischen Nachrichtensystemen um eine Signalübertragung mit Rauschmodulation. Sehr empfindliche, frequenzselektive Empfangsverfahren, wie sie in der elektrischen Nachrichtentechnik allgemein üblich sind, sind somit bei diesen optischen Nachrichtensystemen nicht einsetzbar. Hätte man eine frequenzstabile, sehr schmalbandige Quelle (das Frequenzband der zu übertragenden Information soll wesentlich größer sein als die Frequenzbandbreite der Quelle), so ließen sich frequenzselektive Empfänger einsetzen. Der grundsätzliche Aufbau ist in Bild 10.5 gezeigt. Die möglichen Vorteile solcher Heterodynsysteme sollen – zunächst ohne Rücksicht auf die Realisierungsmöglichkeiten – kurz erläutert werden [10.29-10.34].

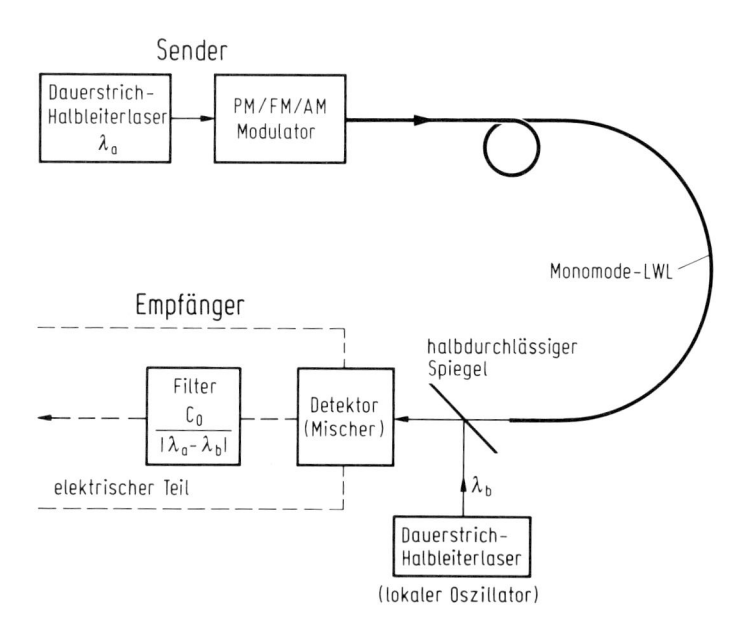

Bild 10.5
Prinzip des optischen Heterodynsystems

Dazu werden die Wahrscheinlichkeitsdichtefunktionen betrachtet. Werden zwei Leistungspegel 0 und S_D (D steht im weiteren für <u>d</u>irekten Empfang) übertragen, so gibt p(v) an, wie groß am Empfänger die Wahrscheinlichkeit ist, daß die Signalgröße v auftritt. Bei binären Übertragungssystemen mit gleichverteilten Einsen und Nullen müssen die Flächen unter den Dichtekurven gleich sein. Da in einem optischen Übertragungssystem das Rauschen normalerweise signalabhängig ist, wird die Wahrscheinlichkeitsdichtefunk-

10.2 Heterodyn-Empfang

tion beim übertragenen Signal S_D für eine Eins breiter und niedriger sein im Vergleich zu jener der Signalstufe Null. Die Entscheiderschwelle legt man an jenen Punkt, an dem die überlappenden Flächen der Wahrscheinlichkeitsdichtefunktionen für Eins und Null gleich sind. Näherungsweise kann man auch die Entscheiderschwelle an den Punkt legen, an dem sich die beiden Wahrscheinlichkeitsdichtefunktionen schneiden. Die Breite σ_D der Wahrscheinlichkeitsdichtefunktion gibt die Varianz an, die sich aus den mittleren Rauschstromquadraten zusammensetzt. Nach (8-18) erhält man für ein einfaches System

$$\sigma_{D0}^2 = \langle i_{N0}^2 \rangle \qquad (10-1)$$

für die Null und nach (8-19)

$$\sigma_{D1}^2 = \langle i_{N0}^2 \rangle + \langle i_{NS}^2 \rangle \qquad (10-2)$$

für die Übertragung einer Eins. Dies ist in Bild 10.6a dargestellt. Der Signalstrom i_S, dem die Signalgröße S_D proportional ist, ergibt sich gemäß (8-13), wobei bei Lawinenphotodioden auch die Verstärkung zu berücksichtigen ist. Setzt man Gaußsches Rauschen voraus, so bestimmt sich die Wahrscheinlichkeitsdichtefunktion aus

$$p(v) = \frac{1}{\sigma_D \sqrt{2\pi}} \exp[-v^2/(2\sigma_D^2)]. \qquad (10-3)$$

Im Falle des Heterodynempfangs muß das zusätzliche Rauschen betrachtet werden, das am Empfänger durch das Signal des lokalen Oszillators, der

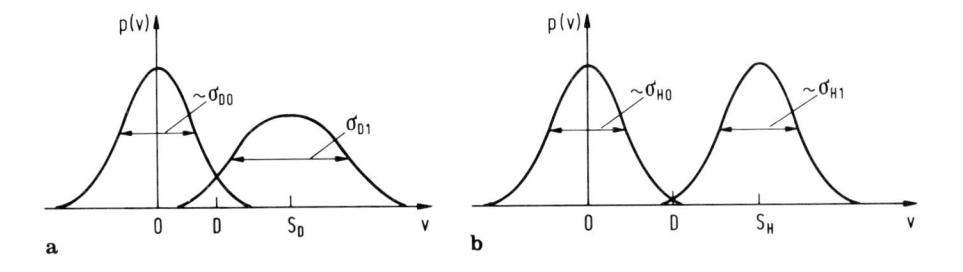

Bild 10.6
Dichtefunktionen p(v) für die Übertragung von "0" und "1"; (a) bei Direktempfang; (b) bei Heterodynempfang

dauernd strahlt, hinzukommt (siehe Bild 10.5). Analog zu (8-9) wird dadurch ein zusätzliches Schrotrauschen erzeugt, das hier mit $\langle i_{NH}^2 \rangle$ (H für Heterodyn) bezeichnet werden soll. Man erhält dann statt (10-1) und (10-2)

$$\sigma_{HO}^2 = \langle i_{NO}^2 \rangle + \langle i_{NH}^2 \rangle \tag{10-4}$$

und

$$\sigma_{H1}^2 = \langle i_{NO}^2 \rangle + \langle i_{NS}^2 \rangle + \langle i_{NH}^2 \rangle \approx \sigma_{HO}^2 \approx \sigma_H^2 \tag{10-5}$$

und, da $\langle i_{NS}^2 \rangle \ll \langle i_{NH}^2 \rangle$ (der lokale Oszillator hat eine vergleichsweise hohe Leistung gegenüber dem empfangenen Signal) ist, ist die Form von p(v) für Einsen und Nullen fast identisch. Der Signalstrom, der wiederum zu S_H (übertragener Leistungspegel im Heterodynsystem) proportional ist, ergibt sich aus

$$\langle i_S \rangle = 2\langle M \rangle \left(\frac{\eta_Q q}{hf} \right) \sqrt{P_{LO} \langle P \rangle} \tag{10-6}$$

mit der Lichtleistung P_{LO} des lokalen Oszillators. Die Wahrscheinlichkeitsdichtefunktion ist in Bild 10.6b im Vergleich zu jener des Direktempfangs dargestellt. Die Bitfehlerraten für beide Systeme können entsprechend (8-11) berechnet werden. Dabei ist zu beachten, daß für das direkte Empfangssystem die optimale Schwelle $D_{opt,D}$ gegeben ist bei

$$[D_{opt}]_D = \frac{\sigma_{DO} S_D}{\sigma_{DO} + \sigma_{D1}} \quad , \tag{10-7}$$

während beim Heterodynempfang einfach

$$[D_{opt}]_H = S_H/2 \tag{10-8}$$

eingesetzt wird. In beiden Fällen wurde vereinfacht als Kriterium herangezogen, daß die beiden Wahrscheinlichkeitsdichtefunktionen bei D_{opt} denselben Wert aufweisen.

Man erhält

$$BER_D = \frac{1}{2} \text{erfc} \left\{ \frac{1}{\sqrt{2}} \frac{S_D}{\sigma_{DO} + \sigma_{D1}} \right\} \tag{10-9}$$

10.2 Heterodyn-Empfang

für den direkten Empfang und

$$BER_H = \frac{1}{2} \operatorname{erfc}\left\{\frac{S_H}{2\sqrt{2}\,\sigma_H}\right\} \tag{10-10}$$

für den Heterodynempfang.

Bei einer Bitfehlerquote von 10^{-9} und unter Berücksichtigung aller Rauschgrößen eines realen Empfängers (hier mit einer FET-Eingangsstufe) ergeben sich für die minimal erforderliche Lichtleistung in Abhängigkeit von der Bitrate Kurven nach Bild 10.7. Der Dunkelstrom i_D einer Lawinenphotodiode mit $x = 0,2$ für den Zusatzrauschfaktor ist als Parameter gewählt. Da Si-APD, für die $x \simeq 0,2$ angenommen werden kann, Dunkelströme von ca. 10^{-10} A haben, erzielt man gegenüber dem direkten Empfang eine Verbesserung von 3 dB bei 1 Gbit/s und bis zu 15 dB bei 100 kbit/s. Da Heterodynsysteme durch eine empfindliche Detektion auf die Erhöhung der Verstärkerfeldlängen abzielen, sind diese Systeme vorzugsweise für Wellenlängen minimaler LWL-Dämpfung geeignet, also für 1,3 µm und 1,55 µm. Wie in Kap. 6 gezeigt,

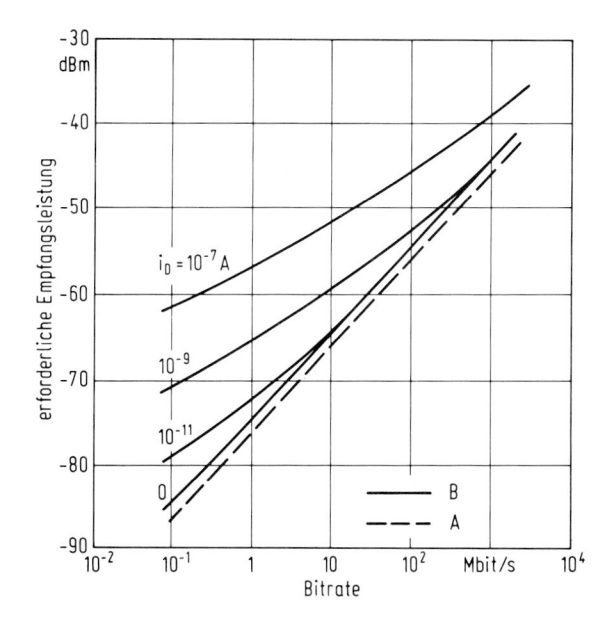

Bild 10.7
Erforderliche mittlere Empfangsleistung für Direktempfang (B) (Parameter ist der APD-Dunkelstrom i_D) und Heterodynempfang (A) als Funktion der Bitrate [10.32]; Zusatzrauschfaktor der APD: $F(M) = M^{0,2}$; Bitfehlerquote $BER = 10^{-9}$

sind Photodetektoren für diese Wellenlängen nicht so rauscharm wie Si-APD und haben höhere Dunkelströme. Wählt man - als extremes Beispiel - eine Ge-APD als Empfangselement mit x = 1 als Exponenten des Zusatzrauschfaktors x und $i_D = 10^{-7}$ A, so erhöht sich nach Bild 10.8 bei einer Übertragungsrate von 34 Mbit/s die Empfindlichkeit durch Heterodynempfang um mehr als 20 dB, was bezogen auf eine optimale LWL-Dämpfung von 0,2 dB/km eine Vergrößerung der Verstärkerfeldlänge um 100 km ausmachen würde. Da dieser geringe Dämpfungswert nur bei unverkabelten LWL erreicht wird, ist eine Rechnung mit 0,5 dB/km praxisnäher, so daß die Verstärkerfeldlänge um 40 km zu vergrößern ist.

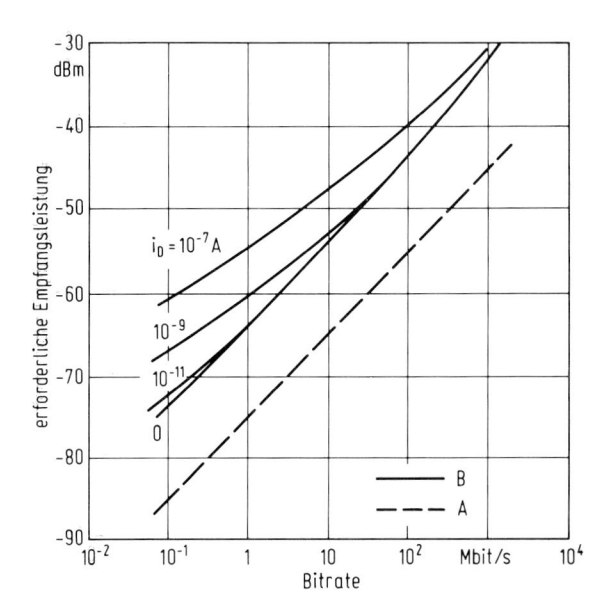

Bild 10.8
Wie Bild 10.7, jedoch nun F(M) = M [10.32]

Der Einfachheit halber wurde hier nur das amplitudenmodulierte Heterodynverfahren (ASK: amplitude shift keying, oder OOK: on-off-keying) besprochen. Man kann jedoch auch eine Frequenzumtastung (Verschiebung der optischen Wellenlänge; FSK: frequency shift keying) oder eine Phasenumtastung (PSK: phase shift keying) einführen, die noch eine Verbesserung um je 3 dB bringen.

Bevor auf die Schwierigkeiten der praktischen Realisierung eingegangen wird, ist noch ein weiterer Vorteil der Heterodynsysteme zu erwähnen. Da die optische Leistung des lokalen Oszillators relativ hoch sein kann, ist der Einsatz von APD nicht unbedingt erforderlich; dies wird veranschau-

10.2 Heterodyn-Empfang

licht durch Bild 10.9, in dem für eine Übertragungsrate von 1 Gbit/s bei BER = 10^{-9} und einem Dunkelstrom $i_D = 10^{-9}$ A die erforderliche Lichtleistung für eine APD und einen pin-Photodetektor als Funktion der Lichtleistung P_{LO} des lokalen Oszillators aufgetragen sind. Ab einer Lichtleistung P_{LO} von mehr als 3 mW ($\simeq$ 5 dBm) ist der Unterschied zwischen pin-Detektor und APD vernachlässigbar klein, so daß der große elektronische Aufwand (genaue Regelung der hohen Sperrspannung, Temperaturstabilisierung), der mit dem Einsatz einer APD verbunden ist, vermieden werden kann.

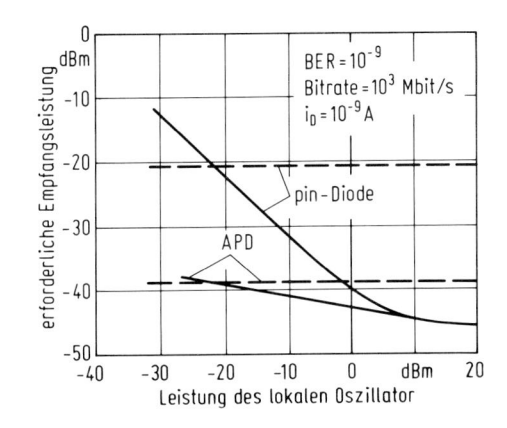

Bild 10.9
Erforderliche Empfangsleistung in einem Heterodynsystem für einen pin-Dioden- bzw. einen APD-Empfänger ($F(M) = M^{0,5}$) als Funktion der Leistung des lokalen Oszillators; gestrichelte Linien geben den jeweiligen Wert für den Direktempfang an [10.32]

Die mit dem Heterodynempfang verbundenen praktischen Probleme wurden bereits angeschnitten:

Es muß eine Lichtquelle geschaffen werden, deren spektrale Breite sehr klein und deren Emissionswellenlänge äußerst stabil sind, selbst bei Modulation direkt über den Injektionsstrom. Will man FSK einsetzen, so muß auch eine Modulation der optischen Frequenz möglich sein.

Prinzipiell können diese Ansprüche durch Halbleiterlaser erfüllt werden. Die bei IGL üblicherweise auftretende spektrale Frequenzbandbreite von weniger als 1 MHz kann durch spezielle Maßnahmen (zweiter, externer

Resonator) wesentlich verringert werden. Experimentell wurden mit kommerziellen CSP-Halbleiterlasern Frequenzbandbreiten von weniger als 100 kHz nachgewiesen. Die Frequenzstabilität solcher Halbleiterlaser wird in erster Linie durch Temperaturstabilität erzielt, was jedoch wegen ihrer starken Temperaturabhängigkeit zu sehr hohen Regelansprüchen führt. Der Einfluß der Temperatur auf das spektrale Verhalten wurde bereits in Abschnitt 4.3.3.4 diskutiert. Bild 10.10 soll diesen Zusammenhang nochmals verdeutlichen: Innerhalb der stabilen Bereiche, in denen keine Modensprünge erfolgen, ist eine Temperaturdrift mit 20 GHz/K vorhanden [10.31]; insgesamt beträgt die Temperaturdrift jedoch 120 GHz/K. Man wird daher in einem stabilen Bereich arbeiten müssen, was jedoch bei einer Anforderung von $\Delta f < 1$ MHz zu einer Stabilisierung auf 10^{-4} K führt. Daher wird die Stabilisierung über zwei Stellgrößen realisiert: die Temperatur und den Injektionsstrom; es wurde experimentell nachgewiesen, daß die Änderung des Injektionsstromes um 1 mA einer Verschiebung der optischen Frequenz von 150 MHz bis 300 MHz entspricht [10.35]. Die Regelgröße für den Injektionsstrom erhält man aus einem Fabry-Perot-Interferometer, das die Wellenlänge mit hoher Auflösung detektiert und den Laserstrom entsprechend nachregelt. Langzeitstabilitäten von $\Delta f \simeq 1$ MHz konnten experimentell nachgewiesen werden.

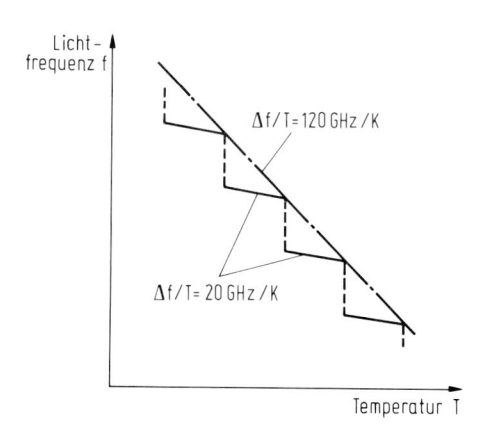

Bild 10.10
Abhängigkeit der emittierten Lichtfrequenz f von der Temperatur T bei einem CSP-Halbleiterlaser aus (AlGa)As [10.31]

Die Frequenzkonstanz muß sowohl für den Sender als auch für den lokalen Oszillator gegeben sein. Trotz dieser sehr hohen Anforderungen konnte ein optischer Heterodynempfang unter Verwendung von Halbleiterlasern bereits nachgewiesen werden. Als weitere Schwierigkeit kommt hinzu, daß Sender und lokaler Oszillator frequenzmäßig so nahe beieinander liegen müssen, daß die Zwischenfrequenz in einen elektrisch einfach detektierbaren Frequenzbereich (< 1 GHz) fällt. Da die Herstellung eines Halbleiterlasers mit exakt vorgegebener Emissionswellenlänge bisher nicht möglich ist, müssen entsprechende Exemplare durch Aussuchen gefunden werden; eine Feinabstimmung durch die Temperatur ist in gewissem Umfang möglich.

Die weitere Entwicklung von optischen Heterodynempfangssystemen ist vielversprechend. Ein Erfolg ist von den Fortschritten bei der Herstellung von Halbleiterlasern abhängig. Auch hier sind gute Chancen für den Einsatz integriert optischer Bauelemente zu sehen, da durch Integration bestimmter optischer Elemente mit dem Halbleiterlaser die geforderten Eigenschaften möglicherweise einfacher realisierbar sind. Sollte es gelingen, für den Wellenlängenbereich um 1,55 µm Detektoren herzustellen, die besser in ihren Rauscheigenschaften sind als derzeitige Si-APD für den 0,85 µm Bereich (was unwahrscheinlich ist), so werden die Vorteile des Heterodynempfanges unbedeutend, und eine genaue Abschätzung zwischen der Erhöhung der Verstärkerfeldlänge und dem damit verbundenen Mehraufwand wird nötig.

10.3 Datenbussysteme

Unter Datenbussystemen versteht man Kurzstreckensysteme, auf denen Daten, meist in binärer Form, zwischen zwei oder mehreren Geräten in einer Richtung (unidirektional) oder in beiden Richtungen (bidirektional [10.36, 10.37]) gesendet werden. Datenbussysteme können durch elektrische Übertragungssysteme einfach und verlustarm realisiert werden, da aus einer elektrischen Leitung an jeder beliebigen Stelle ein genau definierter Anteil der elektrischen Energie (= Information) abgegriffen werden kann. Solche elektrisch arbeitenden Datenbussysteme sind gegenüber elektromagnetischer Einstrahlung ungeschützt, die galvanische Kopplung zwischen Sender und Empfänger ist problematisch, und sie sind - wegen der metallischen Leitungen - relativ schwer. Wegen dieser Nachteile werden optisch arbeitende Datenbussysteme in Betracht gezogen [10.38]. Dabei stehen im Vordergrund der Einsatz in Flugzeugen (Vorteil: geringes Gewicht) und in Datenerfassungssystemen bzw. Prozeßsteuerungen (Vorteil: galvanische Trennung). In beiden Fällen ist auch der Schutz vor elektromagnetischen Störungen von großer Bedeutung.

In Bild 10.11 ist schematisch ein bidirektionales, elektrisch arbeitendes Datenbussystem gezeigt. Ein Controller überwacht den Bus, auf dem der Austausch von Daten zwischen allen Terminals möglich ist. Hardwaremäßig läßt sich ein solches System elektrisch ohne großen Aufwand realisieren; die Koordinierung der einzelnen Terminals ist über Steuerleitungen oder mit bestimmten Multiplexverfahren möglich.

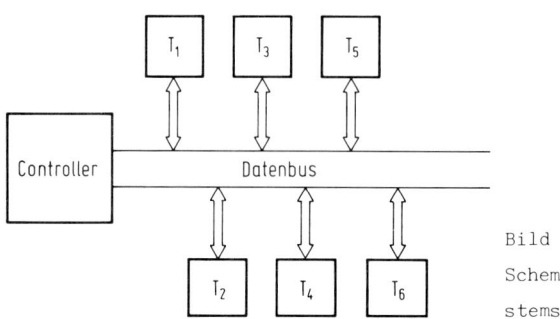

Bild 10.11
Schema eines bidirektionalen Datenbussystems

Soll das in Bild 10.11 gezeigte Datenbussystem mit Hilfe eines optischen Übertragungssystems realisiert werden, so unterscheidet sich dieses von den bisher betrachteten optischen Systemen dadurch, daß es sich nicht um eine Punkt-zu-Punkt-Übertragung handelt, sondern daß T-förmige Abzweige auf der Strecke zu realisieren sind [10.39]. Prinzipiell könnten die T-Abzweige elektrisch realisiert werden, d.h. die im LWL übertragene Information wird detektiert, auf zwei verschiedene elektrische Leitungen aufgeteilt und mit Hilfe von optischen Sendern in zwei LWL eingespeist, von denen einer zum Terminal führt und der andere den Datenbus weiterführt. Damit wären jedoch die gleichen Nachteile einer rein elektrisch arbeitenden Übertragungsstrecke vorhanden, und durch die Steigerung an elektronischem Aufwand würde die Betriebssicherheit abnehmen. Daher soll die in dem LWL geführte Information auf rein optischem Wege möglichst verlustarm abgegriffen werden, wobei auch das Verhältnis zwischen ausgekoppelter Leistung und im Hauptstrang weitergeführter Leistung festliegen muß [10.40].

Die Störunempfindlichkeit und Abhörsicherheit·des LWL - die Information wird hauptsächlich im Kern des LWL geführt - bereiten andererseits große Schwierigkeiten, an vorgegebenen Stellen Informationen aus der Leitung

10.3 Datenbussysteme

herauszunehmen oder zuzuführen, ohne den LWL zu unterbrechen. Es gibt inzwischen eine Vielzahl von Realisierungsformen für solche T-Abzweige [10.40-10.43]; eine Übersicht gibt Tabelle 10.1. Einige davon sollen - um die auftretenden Schwierigkeiten hervorzuheben - näher betrachtet werden.

Tabelle 10.1: T-Koppler-Prinzipien; die angegebene Kopplungsdämpfung entspricht L_{ab}, der Kopplerverlust $L_{Td} + L_{Ta}$

		Kopplungsdämpfung in dB	Kopplerverlust in dB	LWL-Abmessung
1		3	3	
2		3	5	
3		13 10 6 3	0,7 0,86 0,97 0,9	100/90
4		20	0,6	200/150
5		15	1	
6		3 10 20	1,2 1,4 1,2	
7		3 15 25	2,3 0,9 1,3	
8		3	7-10	
9		15-30	0,33	
10		11,8	1,1	125/85
11				
12		13,4 10,2	1,8 0,52	80/70
13		14,2 10,7 9,2 6,2	0,16 0,22 0,11 0,58	125/85
14		3 10 6	5 0,55 0,2	

Um an die im LWL-Kern geführte Lichtleistung (Information) zu gelangen, kann man den LWL-Mantel entfernen (z.B. durch Abätzen) und so die Kerne zweier LWL verkoppeln. Dies kann auf zwei Arten geschehen:

- Die beiden LWL können gekreuzt unter einem Winkel ε miteinander verbunden werden (Bild 10.12a).
- Die beiden LWL können über die Länge l parallel verlaufen (Bild 10.12b).

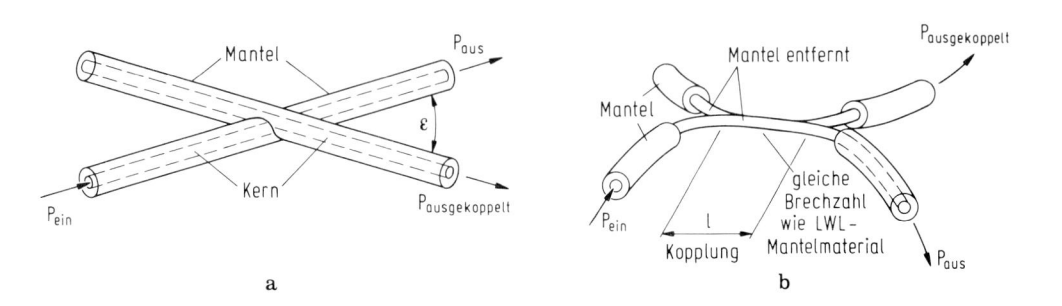

Bild 10.12
Gegenüberstellung zweier LWL-Koppler [10.55]; Erklärung siehe Text

In beiden Fällen wird ein Teil der im LWL 1 geführten Lichtleistung in den angekoppelten LWL übergehen. Die Effizienz des Kopplers ist abhängig vom Winkel ε bzw. von der Koppellänge l. Wie experimentelle Ergebnisse im Vergleich mit theoretischen Werten zeigen, ist die Reproduzierbarkeit dieser Koppler gering (z.B. muß beim Koppler aus Bild 10.12a mit einer Schwankungsbreite des Koppelwirkungsgrades um 50% gerechnet werden). Hohe Koppelwirkungsgrade lassen sich nur schwer erreichen. Ein letzter, besonders schwerwiegender Nachteil für beide Koppler ist ihre starke Modenabhängigkeit, d.h. die hohen Moden werden bevorzugt übergekoppelt. Dies wäre zunächst bedeutungslos, da die Lichtleistung, die im LWL geführt wird, auf alle Moden ungefähr gleichverteilt ist. Da jedoch mehrere Koppler hintereinander angeordnet sind, würden die hohen Moden bereits durch den ersten Koppler ausgekoppelt, so daß der Koppelwirkungsgrad des zweiten Kopplers stark verringert würde. Der letzte Koppler im Datenbussystem würde voraussichtlich überhaupt keine Koppeleigenschaften mehr aufweisen, da bereits alle überkoppelbaren hohen Moden ausgekoppelt wären. Durch Einsatz von Modenmischern (siehe Abschnitt 3.2.3) ließe sich dies vermeiden, doch würden die optischen Verluste zu stark ansteigen. Experimentell

10.3 Datenbussysteme

wurde mit beiden Kopplern ein Gesamtverlust von 1 dB erzielt, wenn 10% der Lichtleistung ausgekoppelt werden.

Kombiniert man beide Koppelmechanismen, indem man die LWL miteinander verdrillt und anschließend verschweißt (siehe Nr.13 in Tabelle 10.1), so erhält man wesentlich günstigere Eigenschaften [10.44]; auch die Modenabhängigkeit wird geringer. Ein Koppler für 100 einzelne LWL (d.h. Übergang von einem Kanal auf 100, so daß es sich im engeren Sinne nicht mehr um einen T-Koppler handelt) weist eine Gesamtdämpfung von 0,56 dB auf [10.45].

Ebenfalls stark modenabhängig ist die Auskopplung durch Abstrahlung, die man durch eine starke Krümmungen des LWL erzielt (siehe Nr.14 in Tabelle 10.1). Auch hierbei werden ausschließlich die höheren Moden ausgekoppelt. Außerdem ist das ausgekoppelte Licht nur schwer in einen anderen LWL einzukoppeln, da es über eine größere Länge abgestrahlt wird, und der Koppelwirkungsgrad ist gering.

Während bei diesen Methoden die optische Übertragungsstrecke nicht unterbrochen wird - es wird nur der LWL-Mantel bearbeitet -, gibt es eine andere Gruppe von T-Kopplern, bei denen eine Unterbrechung der optischen Strecke erfolgt. Beispiele sind die in Tabelle 10.1, Nr.1-7, gezeigten Ausführungsformen. Auch diese Koppler können modenabhängig sein. Diesbezüglich die besten Eigenschaften weist der mit Gradientenlinsen arbeitende Koppler (siehe Nr.7, Tabelle 10.1) auf. Die Kopplerverluste liegen alle um 1 dB oder höher. Dieser Wert scheint relativ gering, doch die nachfolgende Berechnung zeigt, daß dadurch die Anzahl der möglichen, aufeinanderfolgenden T-Koppler stark eingeschränkt wird.

In Bild 10.13 sind schematisch die Verhältnisse in einem optischen unidirektionalen Datenbussystem mit T-Kopplern dargestellt. Der Sender S_1 ist über einen Stecker an den Hauptstrang des Datenbussystems angekoppelt. Nach einer gewissen Entfernung folgt der erste T-Koppler. Aus praktischen Erwägungen wird vorausgesetzt, daß dieser Koppler ein eigenständiges optisches Bauelement ist und daher mit Hilfe von Steckern in den Hauptstrang des LWL eingebaut werden kann. An diesem ersten T-Koppler, der einen Eigenverlust von L_T aufweist, wird die Lichtleistung P_{ab} abgezweigt. Bis zum Ende des Datenbussystems folgen insgesamt N Koppler, die - der Einfachheit halber - die gleichen Eigenschaften wie der erste Koppler haben.

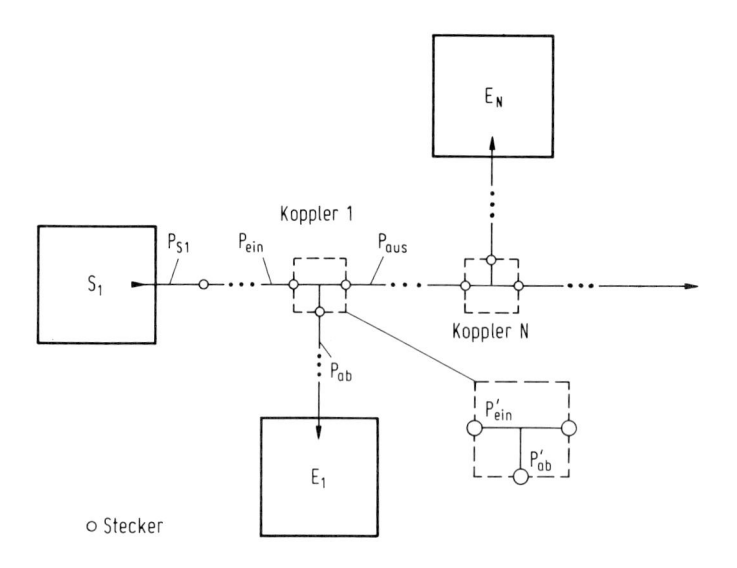

Bild 10.13
Schema eines optischen Datenbussystems mit T-Kopplern zur Berechnung der Systemverluste

Bei den folgenden Berechnungen bleibt die Dämpfung des LWL unberücksichtigt, da - wie sich zeigen wird - die Kopplerverluste groß dagegen sind, sofern LWL guter Qualität eingesetzt und die Streckenlängen nicht zu groß sind.

Nach Bild 10.13 bekommt der Empfänger E_N die geringste vom Sender S_1 abgegebene Lichtleistung. Die Gesamtdämpfung von S_1 nach E_N soll im weiteren berechnet werden: Die Durchgangsdämpfung L_T eines T-Gliedes ergibt sich aus der Eigendämpfung L_{Td} in Durchgangsrichtung (L_{Ta} in abgehender Richtung), dem der ausgekoppelten Lichtleistung entsprechenden Verlust $L_{ab} = 10 \lg (P'_{ein}/P'_{ab})$ dB und den beiden Steckerverlusten L_{St} (siehe Bild 10.13)

$$L_T = 10 \lg(P_{ein}/P_{aus}) \text{ dB} = 2 L_{St} + L_{ab} + L_{Td} . \qquad (10\text{-}11)$$

Der Gesamtstreckenverlust L_{N-1} bis vor den N-ten Koppler errechnet sich zu

$$L_{N-1} = 10 \lg(P_{S1}/P_{aus,N-1}) \text{ dB} = L_{St} + (N-1)L_T .$$

10.3 Datenbussysteme

Der bis zum Empfänger E_N auftretende Verlust L_{EN} ist dann gleich

$$L_{EN} = 10 \lg(P_{S1}/P_{EN}) \text{ dB} = L_{N-1} + 2L_{St} + L_{ab} + L_{Ta} =$$

$$= 3 L_{St} + L_{ab} + L_{Ta} + (N-1)L_T \,. \qquad (10-12)$$

Nach (10-12) wachsen die Verluste mit der Anzahl der Empfänger <u>linear</u> an. Einen quantitativen Eindruck ergibt das folgende Beispiel, in dem typische Verlustwerte zugrunde gelegt sind (L_{St} = 0,5 dB; L_{ab} = 0,1 dB; L_{Td} = 1 dB; L_{Ta} = 0,5 dB und mit (10-11) L_T = 2,1 dB). Um die zulässige Gesamtzahl der T-Abzweige und damit die Zahl der Empfänger berechnen zu können, müssen zwei Begrenzungen beachtet werden:

- Der Empfänger E_N besitzt eine minimale Empfindlichkeit; er benötigt daher eine Mindestlichtleistung P_{min}, um eine zulässige Fehlerrate nicht zu überschreiten.
- Da - aus Kostengründen - alle Empfänger gleich aufgebaut sind, ist ihre Dynamik eine wichtige Größe, da der Empfänger E_1 eine wesentlich höherer Lichtleistung vom Sender S_1 erhält als der Empfänger E_N.

Da die eingekoppelte Lichtleistung P_{S1} in solchen Datenbussystemen relativ hoch sein kann - man kann wegen der meist sehr geringen Übertragungsrate und der kurzen Übertragungsstrecken LWL mit großem Kernquerschnitt und hoher Numerischer Apertur wählen -, wird nicht die Grenzempfindlichkeit des Empfängers E_N, sondern die Gesamtdynamik der Empfänger die Anzahl N der aufeinanderfolgenden Abzweige einschränken.

Da (10-12) für alle N gültig ist, läßt sich daraus der Pegelunterschied zwischen dem ersten und dem N-ten Empfänger berechnen. Man erhält

$$L_{EN} - L_{E1} = 10 \lg(P_{E1}/P_{EN}) \text{ dB} = (N-1)L_T \,. \qquad (10-13)$$

Mit dem oben angegebenen Wert L_T = 2,1 dB und einer angenommenen Empfängerdynamik von 30 dB ergibt sich aus (10-13) eine maximale Empfängerzahl von N_{max} = 15. Nach (10-12) errechnet sich der Verlust bis zum Empfänger E_N zu L_{EN} = 31,5 dB. Mit einer in einen Stufenprofil-LWL großen Kerndurchmessers und großer NA von einer LED einkoppelbaren Lichtleistung von 200 µW ist dieser Verlust selbst bei höheren Übertragungsraten unproblematisch.

Der eigentliche Nachteil eines optischen T-Datenbussystems wird durch (10-12) bzw. (10-13) ausgedrückt: der lineare Zusammenhang zwischen Empfängerzahl und Gesamtverlust bzw. erforderlicher Dynamik. Für bestimmte Anwendungsfälle, selbst in Verbindung mit Monomode-LWL [10.46], lassen sich T-Datenbussysteme jedoch einsetzen.

Eine andere Systemkonfiguration, das sog. Sternsystem [10.47], vermeidet diesen Nachteil. Das Stern-Datenbussystem ist schematisch in Bild 10.14 gezeigt. Vom normalen T-System unterscheidet es sich nicht nur durch den anderen Aufbau, sondern auch dadurch, daß jede Endstation die Möglichkeit des Empfangens und des Sendens hat. Um dies bei einem normalen T-System zu ermöglichen, wäre ein weiterer Aufwand (gleichbedeutend mit weiteren Verlusten) notwendig. Die von den einzelnen Endgeräten abgesendeten Informationen (eine Synchronisation der Stationen untereinander z.B. im Zeitmultiplex muß gewährleistet sein) werden im sog. Sternpunkt zusammengeführt und dann auf alle abgehenden Leitungen verteilt.

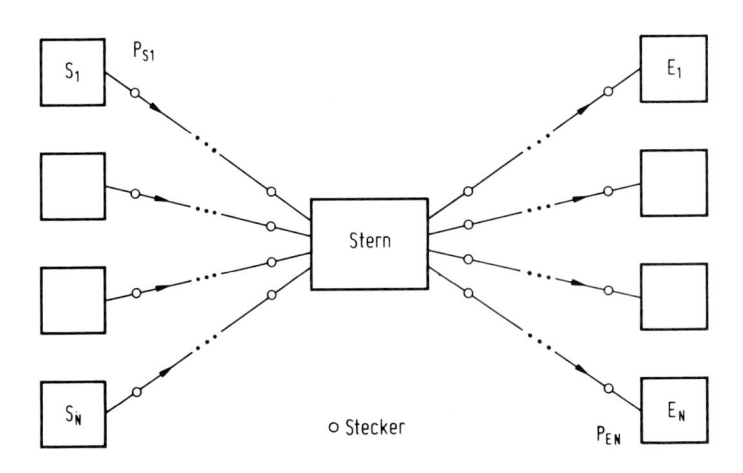

Bild 10.14
Optisches Datenbussystem mit Sternkoppler

Im folgenden sollen die bei diesem System auftretenden Verluste betrachtet werden. Sowohl die Sendebausteine als auch die Empfangsbausteine sollen über Stecker an den LWL ankoppelbar sein; auch der im Koppelpunkt erforderliche Mischer (Dämpfung L_{Stern}) soll steckbar sein. Vom Sender S_1 zum Empfänger E_N erhält man als Verlust

10.3 Datenbussysteme

$$L_{EN} = 10 \lg(P_{S1}/P_{EN}) \text{ dB} = 4 L_{St} + L_{Stern} + 10 \lg(N) \text{ dB} . \quad (10-14)$$

Der Vergleich zwischen dem T-System (10-12) und dem Sternsystem (10-14) zeigt, daß beim Sternsystem die Verluste <u>nur</u> logarithmisch mit der Anzahl der Empfangsstationen anwachsen. Dies ist ein erheblicher Vorteil bezüglich der maximal anschließbaren Teilnehmerzahl. Darüber hinaus sind die Empfänger E_1 bis E_N alle gleichberechtigt, d.h. daß sie alle die gleiche Empfangsleistung erhalten. Daher können hier Empfangsmodule verwendet werden, die eine Dynamik von nur wenigen dB haben, wodurch der elektronische Aufwand gering wird. Bei diesem System ist die minimal erforderliche Empfangsleistung an einem beliebigen Empfänger die Grenze für die maximale Anzahl der Teilnehmer.

Der Vergleich zwischen T-System und Stern-System ist in Bild 10.15 dargestellt, in dem der Systemverlust (also vom Sender S_1 zum Empfänger E_N) gegen die Anzahl der Empfänger aufgetragen ist. Der außerordentliche Vorteil des Sternsystems wird daraus deutlich.

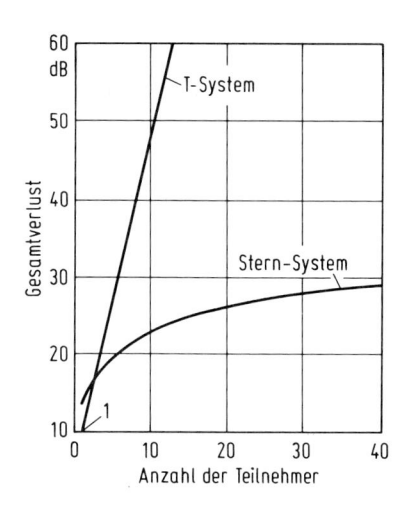

Bild 10.15
Gesamtverluste in einem T- bzw. einem Stern-Datenbussystem als Funktion der Anzahl der Teilnehmer

Die Vorteile des Sternsystems werden durch den Mehraufwand an LWL-Länge geringfügig geschmälert. Dies wirkt sich auf die Systemkosten und auf die Gesamtdämpfung aus, die im Einzelfall, um quantitative Angaben zu machen, mitberücksichtigt werden müßte.

Eine Möglichkeit der Realisierung des Sternkopplers oder Mischers wurde bereits erwähnt (Tabelle 10.1, Nr.13) und ist schematisch in Bild 10.16

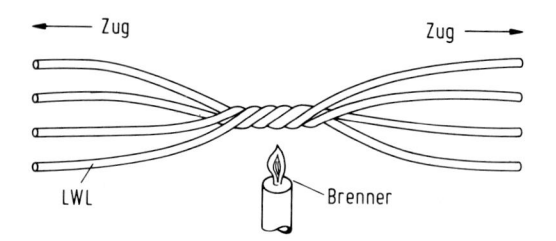

Bild 10.16
Realisierungsmöglichkeit eines
Sternkopplers [10.45]

gezeigt [10.45]. Neben geringen Verlusten weist dieser Koppler eine gute Gleichverteilung der Lichtleistung an allen Ausgängen auf (innerhalb ±5% bei 100 LWL). Weitere Sternkoppler werden in [10.48, 10.49] beschrieben.

Das Sternsystem nach Bild 10.15 läßt sich bezüglich der erforderlichen LWL-Länge verbessern, wenn eine bidirektionale Übertragung eingerichtet wird. Man erhält dann ein System nach Bild 10.17. 3-dB-Koppler, die ähnlich wie der Mischer nach Bild 10.16 aus zwei LWL hergestellt werden, müssen zusätzlich eingesetzt werden. Der Sternkoppler muß ebenfalls modifiziert werden; eine Realisierungsmöglichkeit ist in Bild 10.18 zu sehen.

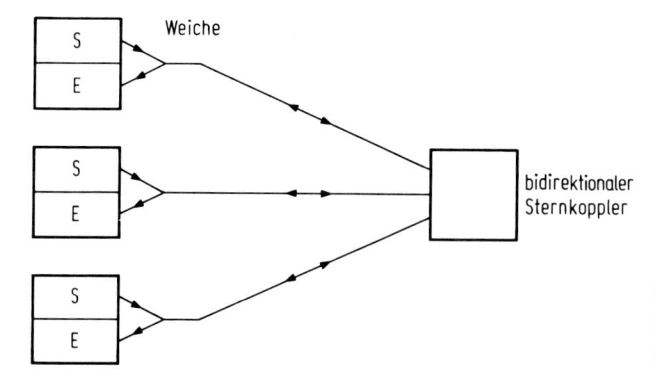

Bild 10.17
Beispiel eines bidirektionalen
Sternsystems

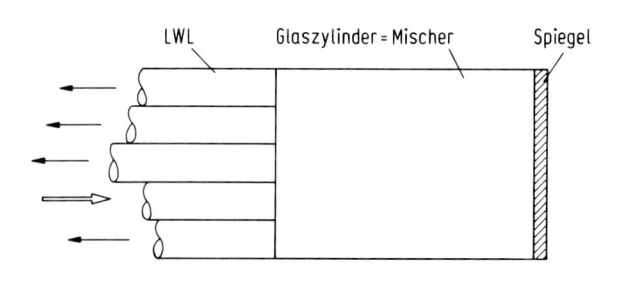

Bild 10.18
Sternkoppler für ein
bidirektionales Sternsystem

10.3 Datenbussysteme

Zusammenfassend können folgende Anwendungsbeispiele angeführt werden:

- Datenleitungen in Flugzeugen (Vorteile hinsichtlich Gewicht, Abmessung, Störunempfindlichkeit),
- Verbindungen zwischen Rechnern und Datenendgeräten (Vorteile hinsichtlich galvanischer Trennung, Erdungsproblemen, Störunempfindlichkeit) [10.50],
- Prozeßsteuerung/Datenerfassung (Vorteile hinsichtlich Störunempfindlichkeit) [10.51, 10.52],
- Kabelfernsehen (Vorteile hinsichtlich Übertragungsbandbreite, Abmessungen, Verlegbarkeit).

Für Datenbussysteme in bidirektionalem Betrieb werden auch optische WDM-Systeme eingesetzt, um die Übersprechdämpfung zu verbessern [10.53].

11 Einsatzmöglichkeiten

Auf spezielle Einsatzmöglichkeiten, bei denen spezifische Eigenschaften von LWL-Übertragungssystemen ausgenutzt werden, ist bereits in Kap. 10 hingewiesen worden. Trotz der sehr kurzen Entwicklungszeit optischer Nachrichtensysteme ist schon eine Vielzahl optischer Nachrichtenstrecken in Betrieb genommen worden [11.1-11.20]. Neben den in Kap. 10 genannten Sondersystemen (z.B. [11.21]) ist hier die große Zahl von Übertragungssystemen zu nennen, die im Fernsprech- und Datendienst eingesetzt wird. Es ist eine Eigenart der optischen Nachrichtentechnik, daß es kaum Teststrecken gegeben hat und die meisten Übertragungsstrecken sofort in das Netz übernommen wurden. Die heute vorliegenden Erfahrungen stammen daher meist aus den kommerziell betriebenen Systemen und nicht aus Laborexperimenten oder Teststrecken.

Faßt man diese Erfahrungen aus heutiger Sicht zusammen, so zeigen zwei Systemkonfigurationen bevorzugte Eigenschaften, und es ist anzunehmen, daß sie sich in Zukunft durchsetzen werden.

Innerhalb von Stadtgebieten (Orts- und Nahverkehr) können mit einer verstärkerlosen Übertragungslänge von 10 km ca. 95% aller Strecken realisiert werden [11.22]. Bei dieser Übertragungslänge kann bei nicht zu hohen Übertragungsraten (z.B. 140 Mbit/s) noch eine 1,3 µm-LED in Verbindung mit einem dämpfungsarmen Gradientenprofil-LWL eingesetzt werden. Versuche und Berechnungen hierzu wurden bereits durchgeführt [11.23, 11.24]. Als Empfänger dient eine (InGa)(AsP) FET-Kombination [11.25]. Vorteil dieses Systems ist der relativ geringe Kostenaufwand, da aufwendige Regelungen und Stabilisierungen beim Sender und Empfänger vermieden werden. Auch die hohe Zuverlässigkeit des Systems (praktisch unbegrenzte Lebensdauer der LED) und die Störunempfindlichkeit (kein Modenrauschen, da eine inkohärente Quelle eingesetzt wird) sind gerade für diesen Zweck besonders wichtig. Die Koppeltechnik ist ebenfalls einfach und verlustarm, was wiederum gerade in dichtbesiedelten Stadtgebieten (viele Spleiße) vorteilhaft ist.

Fraglich ist, ob bei diesen Kurzstreckensystemen Wellenlängenmultiplexsysteme sinnvoll sind [11.26, 11.27]. Wie bereits rechnerisch gezeigt wurde, weisen sie nur geringfügig höhere Übertragungskapazitäten auf; der Aufwand ist erheblich. Einen Sonderfall kann man bei bidirektionalem Verkehr sehen, bei dem man durch den Einsatz unterschiedlicher Lichtwellenlängen für die Übertragung das Übersprechen drastisch senken kann.

Bei Weitverkehrssystemen müssen die verstärkerlosen Übertragungsstrecken ca. 100 km lang sein, damit 50% des Bedarfs zu decken sind. Mit einer Übertragungslänge von 200 km kann man bereits 95% des Bedarfs befriedigen [11.22]. Der erste Schritt, diese Ansprüche zu erfüllen, wurde bereits gemacht: Unter Verwendung eines 1,3 µm (InGa)(AsP)-Halbleiterlasers und eines Monomode-LWL mit einer Dämpfung von 0,38 dB/km (inklusive Spleißverluste) konnten 101 km mit einer Übertragungsrate von 274 Mbit/s überbrückt werden [11.28]. Als Empfänger dient ein (InGa)(AsP)-pin-Photodetektor mit integriertem nachfolgenden FET-Verstärker. In anderen Versuchen - mit der gleichen Systemkonfiguration - hat man Impulsverbreiterungen von 30 ps auf 27 km gemessen [11.29]. Daher kann man bereits jetzt davon ausgehen, daß große, verstärkerlose Übertagungsstrecken mit relativ hoher Bitrate zu realisieren sind. 1,3 µm-Systeme (z.B. [11.30]) sind gegenüber 1,55 µm-Systemen zu bevorzugen [11.31, 11.32], da nur hier Monomode-LWL mit relativ großem Kerndurchmesser herstellbar sind, bei denen sich Material- und Wellenleiterdispersion kompensieren (siehe Bild 2.19).

Die hier genannten Verstärkerfeldlängen müssen denen gegenübergestellt werden, wie sie z.Z. mit elektrischen Übertragungssystemen (z.B. Koax-Leitung) erzielt werden: Sie liegen bei ca. 1,8...2 km.

Auch bei Monomode-Weitverkehrssystemen ist der Einsatz von Wellenlängenmultiplexsystemen fraglich [11.26, 11.27], da die Multiplexer sehr aufwendig und sehr verlustreich sind. Durch Einsatz integriert optischer Bauelemente könnte sich diese Situation allerdings ändern [11.33].

Die Verbesserung bei solchen Systemen durch den Einsatz von Heterodyn-Empfängern wurde bereits in Kap. 10 angesprochen. Da die Untersuchungen hierzu sich noch im Forschungsstadium befinden, wäre es verfrüht, eine Einschätzung der Möglichkeiten zu geben.

Nicht nur die technischen Vorteile der optischen gegenüber der herkömmlichen, elektrischen Nachrichtenübertragung sind für ihren sehr schnellen Einsatz verantwortlich, sondern auch ökonomische. Die vielverbreitete Argumentation, daß LWL aus Quarzglas bestehen (man benötigt ca. 5 Gramm pro Kilometer) und dieser Rohstoff buchstäblich wie Sand am Meer existiert, soll hier nur erwähnt werden, um sie abzuschwächen oder zu widerlegen: Da - wie in Kap. 2 gezeigt - LWL aus hochreinen Gasen hergestellt werden, ist nicht die Grundsubstanz, sondern die Herstellung der Ausgangsmaterialien von Bedeutung. Auch die Kosten der Dotierungsmittel (z.B. Germanium) ist nicht zu unterschätzen. Dennoch haben LWL-Kabel in den letzten Jahren einen deutlichen Preisverfall erlitten, auch wenn die Prognosen aus früheren Jahren sich nicht bewahrheitet haben. Der Preisrückgang betrifft auch die Sendeelemente. Lagen die Preise für 0,85 µm Halbleiterlaser 1980 noch bei ca. 2.000,-- DM, so bekommt man sie z.Z. bereits für 500,-- DM (Einzelpreis). Sollten große Stückzahlen benötigt werden, so ist mit einem weiteren Preisrückgang zu rechnen. Man sollte sich jedoch vergegenwärtigen, daß für die optische Nachrichtentechnik bei diesen Halbleiterbauelementen niemals die Stückzahlen notwendig sein werden, wie sie üblicherweise für z.B. digitale IC's auftreten.

Die Bedeutung und den steigenden Einsatz optischer Nachrichtensysteme mag man daran erkennen, daß dieser Markt z.Z. zu den wenigen stark expandierenden Bereichen mit Steigerungsraten von 25% und mehr pro Jahr gehört. So wird abgeschätzt, daß 1986 kostenmäßig ca. 15% des Gesamtvolumens für die Nachrichtenübertragung auf Komponenten der optischen Nachrichtentechnik entfallen; 1980 waren es ca. 5%.

Literaturverzeichnis

Monographien zum Thema "Optische Nachrichtentechnik"

Rieck, H.	Halbleiterlaser; G.Braun Verlag, Karlsruhe 1968
Kleen, W.; Müller, R.	Laser; Springer-Verlag, Berlin 1969
Pratt, W.K.	Laser Communications Systems; John Wiley & Sons, New York 1969
Pankove, J.I.	Optical Processes in Semiconductors; Prentice-Hall, London 1971
Riehl, N.	Einführung in die Lumineszenz; Thiemig Verlag, München 1971
Ross, M.	Laser Applications; Academic Press, New York 1971
Campbell, R.W.; Mims, F.M.	Semiconductor Diode Lasers; H.W.Sams & Co., New York 1972
Kapany, N.S.; Burke, J.J.	Optical Waveguides; Academic Press, New York 1972
Marcuse, D.	Light Transmission Optics; Van Nostrand Reinhold, New York 1972
Preston, K.	Coherent Optical Computers; McGraw-Hill, New York 1972
Allan, W.B.	Fibre Optics; Plenum Press, New York 1973
Barnoski, M.K.	Introduction to Integrated Optics; Plenum Press, New York 1973
Marcuse, D.	Integrated Optics; IEEE Press, New Jersey 1973
Marcuse, D.	Theory of Dielectric Optic Waveguides; Academic Press, New York 1974
Ross, M.	Integrated Optics; Academic Press, New York 1974
Basov, N.G.	Optical Properties of Semiconductors; Plenum Press, New York 1975
Clarricoats, P.J.B.	Optical Fiber Waveguidess; Peter Peregrinus Ltd., 1975
Ruge, I.	Halbleitertechnologie; Springer-Verlag, Berlin 1975
Tamir, T.	Integrated Optics; Springer-Verlag, Berlin 1975
Arnaud, J.A.	Beam and Fiber Optics; Academic Press, New York 1976

Barnoski, M.K.	Fundamentals of Optical Fiber Communications; Academic Press, New York 1976
Bergh, A.A.; Dean, P.J.	Light-Emitting Diodes; Clarendon Press, Oxford 1976
Bergh, A.A.; Dean, P.J.	Lumineszenzdioden; Hüthig Verlag, Heidelberg 1976
Gloge, D.	Optic Fiber Technology; IEEE Press, New Jersey 1976
Heywang, W.; Pötzl, H.W.	Bänderstruktur und Stromtransport; Springer-Verlag, Berlin 1976
Sapriel, J.	L'acousto-optique, Collection de Monographies de Physique; Masson, Paris 1976
Unger, H.G.	Optische Nachrichtentechnik; Elitera Verlag, Berlin 1976
Yariv, A.	Introduction to Optical Electronics; Holt, Rinehart and Winston, New York 1976
Harger, R.O.	Optical Communication Theory; Dowden, Hutchinson & Ross, Stroudsburg 1977
Keyes, R.J.	Optical and Infrared Detectors; Springer-Verlag, Berlin 1977
Kressel, H.; Butler, J.K.	Semiconductor and Heterojunction LEDs; Academic Press, New York 1977
Sodha, M.S.; Ghatak, A.K.	Inhomogenuous Optical Waveguides; Plenum Press, New York 1977
Barrekete, E.S., et al.	Optical Information Processing: Volume 2; Plenum Press, New York 1978
Casasent, D.	Optical Data Processing Applications; Springer-Verlag, Berlin 1978
Casey, H.C.; Panish, M.B.	Heterostructure Laser; Academic Press, New York 1978
Chapell, A.	Optoelectronics: Theory and Practice; McGraw-Hill, New York 1978
Driscoll, W.G.; Vaughan, W.	Handbook of Optics; McGraw-Hill, New York 1978
Elion, G.; Elion, H.R.	Fiber Optics in Communication Systems; Marcel-Dekker, New York 1978
Gagliardi, R.M.; Karp, S.	Optical Communications; Wiley & Sons, New York 1978
Gallawa, R.L.	A User's Manual for Optical Waveguide Communications; Information Gatekeepers, Inc., Brookline 1978
Kazovsky, L.G.	Transmission of Information in the Optical Waveband; Halstead Press, New York 1978
Kingston, R.H.	Detection of Optical and Infrared Radiation; Springer-Verlag, Berlin 1978

Literaturverzeichnis

O'Bryant, M; Polishuk, P.	Fiber Optics Handbook and Market Guide; Information Gatekeepers, Inc., Brookline 1978
O'Bryant, M.; Polishuk, P.	Fiber Optics and Communications; Proceedings of Exposition 1978, 1979, 1980; Information Gatekeepers, Inc., Brookline 1980
Unger, H.G.	Planar Optical Waveguides and Fibers; Oxford University Press, Oxford 1978
Bendow, B.; Mitra, S.S.	Fiber Optics – Advances in Research and Development; Plenum Press, New York 1979
Elion, G.; Elion, H.R.	Elion's Electro-Optics Handbook; Marcel-Dekker, 1979
Midwinter, J.E.	Optical Fibers for Transmission; Wiley-Interscience, Somerset 1979
Miller, S.E.; Chynoweth, A.G.	Optical Fiber Communications; Academic Press, New York 1979
Müller, R.	Grundlagen der Halbleiter-Elektronik; Springer-Verlag, Berlin 1979
Müller, R.	Bauelemente der Halbleiter-Elektronik; Springer-Verlag, Berlin 1979
Ostrowsky, D.B.	Fiber and Integrated Optics; Plenum Press, New York 1979
Tamir, T.	Integrated Optics; Springer-Verlag, Berlin 1979
Butler, J.K.	Semiconductors – Injection Lasers; Wiley Interscience, New York 1980
Catania, B.	Optical Fiber Communications; Centro Studi e Laboratori Telecommunicazioni, Torino 1980
Herman, M.A.	Semiconductor Optoelectronics; John Wiley & Sons, New York 1980
Huves, M.J.; Morgan, D.V.	Optical Fiber Communications Systems; John Wiley & Sons, New York 1980
Kressel, H.	Semiconductor Optoelectronics; John Wiley & Sons, New York 1980
Kuecken, J.A.	Fiberoptics; TAB Books, Inc., Blue Ridge Summit 1980
Personick, S.D.	Optical Fiber Transmission Systems; Plenum Press, New York 1980
Sandbank, C.P.	Optical Fiber Communications Systems; John Wiley & Sons, New York 1980
Sliney, D.; Wolbarsht, M.L.	Safety with Lasers and other Optical Sources – A Comprehensive Handbook; Plenum Press, New York 1980
Soroko, L.M.	Holography and Coherent Optics; Plenum Press, New York 1980
Thompson, G.H.B.	Physics of Semiconductor Laser Devices; John Wiley & Sons, New York 1980
Winstel, G.; Weyrich, C.	Optoelektronik I; Springer-Verlag, Berlin 1980

Grau, G.   Optische Nachrichtentechnik; Springer-Verlag, Berlin 1981

Marcuse, D.   Principles of Optical Fiber Measurements; Academic Press, New York 1981

Sharma, A.B.;
Halme, S.J;
Butusov, M.M.   Optical Fiber Systems and their Components; Springer-Verlag, Berlin 1981

Literatur zu Kapitel 0

0.1   Midwinter, J.E.   Potential broad-band services; Proc. IEEE, 68 (1980) 10, 1321-1327

0.2   Aschoff, V.   Optische Nachrichtenübertragung im klassischen Altertum; ntz 30 (1977) 1, 23-28

0.3   Aschoff, V.   Frühe nachrichtentechnische Vorschläge aus dem 17. Jahrhundert; ntz 32 (1979) 1, 50-54

0.4   Aischylos   Tragödien und Fragmente; Ernst Heimeran Verlag, München 1959

0.5   Polybios   Geschichte; Artemis-Verlag, Zürich und Stuttgart 1961, Kapitel 46-47

0.6   Versuche durch Studenten der Technischen Hochschule Aachen

0.7   Vegetius   Epitoma rei militaria; B.G.Teubner Verlag, Stuttgart 1967

0.8   Klemm, F.   Deutsches Museum, Abhandlungen und Berichte 45 (1977) 1

0.9   Bell, A.G.   Selenium and the photophone; Electrician (1880) 5, 214

0.10   Ruhmer, R.   Drahtlose Telegraphie; Verlag von Hochmeister und Thal, Leipzig 1907

0.11   Tyndall, J.   On the colour of water, and on the scattering of light in water and in air; Royal Institution of Great Britain Proceedings 6 (1870-1872), 188-199

0.12   Einstein, A.   Zur Quantentheorie der Strahlung; Phys.Z. 18 (1917) 6, 121-128

0.13   Maiman, T.H.   Optical Maser-Action in Ruby; Brit. Com. and Electron. 7 (1960) 9, 674-675

0.14   Maiman, T.H.   Optical and Microwave-Optical Experiments in Ruby; Phys. Rev.Lett. 4 (1960) 11, 564-566

Literaturverzeichnis

0.15	Gruß, R.	Übertragung von Laserstrahlen durch die Atmosphäre; ntz 22 (1969) 3, 184-192
0.16	Shah, B.R.	Experimental Optical Links; IEEE Trans. Commun. Techn. COM-15 (1967) 12, 870-871
0.17	Kao, K.C.; Hockham, G.A.	Dielectric Fiber Surface Waveguide for Optical Frequencies; Proc. IEE 113 (1966), 1151-1158
0.18	Quist, T.M., et al.	Semiconductor Maser of GaAs; Appl. Phys. Lett. 1 (1962), 91-92
0.19	Hall, R.N., et al.	Coherent Light Emission from GaAs-Junctions; Phys. Rev. Lett. 9 (1962), 366-368
0.20	Nathan, M.I., et al.	Stimulated emission of radiation from GaAs p-n junctions; Appl. Phys. Lett. 1 (1962) 11, 62
0.21	Holonyal Jr., N.; Bevacqua, S.F.	Coherent (visible) light emission from $Ga(As_{1-x}P_x)$ junctions; Appl. Phys. Lett. 1 (1962) 12, 82
0.22	Kapron, F.P.; Keck, D.B.; Maurer, R.D.	Radiation Losses in Glass Optical Waveguides; Appl. Phys. Lett. 17 (1970) 10, 423-425
0.23	Tomaru, S., et al.	VAD single mode fibre with 0.2 dB/km loss; Electron. Lett. 17 (1981) 2, 92-93
0.24	Hartmann, R.L., et al.	Continuous Operation of $GaAs-Ga_{1-x}Al_xAs$ Double-Heterostructure Lasers with 30 °C Half-Lives Exceeding 1000 h; Appl. Phys. Lett. 23 (1973) 4, 181-183
0.25	Hartmann, R.L.; Schumaker, N.E.; Dixon, R.W.	Continuously Operated (Al,Ga)As Double Heterostructure Lasers with 70 °C Lifetimes as Long as Two Years; Appl. Phys. Lett. 31 (1977) 11, 756-759
0.26	Frisius, J.	Vektorrechnung, kurz und bündig; Vogel-Verlag 1973
0.27	Hannakam, L.	Einführung in die Vektoranalysis; Skript zur Vorlesung an der Technischen Universität Berlin
0.28	Schmidt, W.; Feustel, O.	Optoelektronik; Vogel-Verlag 1975

Literatur zu Kapitel 1

1.1	Einstein, A.	Ann. d. Physik 17 (1905), 132
1.2	Born, M.	Optik; Springer-Verlag, Berlin 1965
1.3	Born, M.; Wolf, E.	Principles of Optics; Pergamon Press, 5.Aufl. 1975, 370-490
1.4	Planck, M.	Verh. dtsch. Phys. Ges. 2 (1900), 202
1.5	de Broglie, L.	Einführung in die Wellenmechanik; Leipzig 1929

1.6	Brillouin, L.	Wave Propagation and Group Velocity; Academic Press 1960
1.7	Bronstein, I.N.; Semendjajew, K.A.	Taschenbuch der Mathematik; Verlag Harri Deutsch, 19.Aufl. 1980, 560
1.8	Piefke, G.	Feldtheorie I; B.I.-Wissenschaftsverlag 1974
1.9	Piefke, G.	Feldtheorie II; B.I.-Wissenschaftsverlag 1973
1.10	Piefke, G.	Feldtheorie III; B.I.-Wissenschaftsverlag 1977
1.11	Meetz, K.; Engl, W.L.	Elektromagnetische Felder; Springer-Verlag, Berlin 1980
1.12	Jones, D.S.	The Theory of Electromagnetism; Pergamon Press 1964
1.13	Stratton, J.A.	Electromagnetic Theory; McGraw-Hill 1960
1.14	Loudon, R.	The Quantum Theory of Light; Clarendon Press, Oxford 1973
1.15	Jenkins, F.A.; White, H.E.	Fundamentals of Optics; McGraw-Hill, 4.Aufl. 1976, 320-322
1.16	Bergmann, L.; Schaefer, C.	Lehrbuch der Experimentalphysik III, Optik; Walter de Gruyter 1978
1.17	Lipson, S.G.; Lipson, H.L.	Optical Physics; Cambridge University Press 1969
1.18	Meyer-Arendt, J.R.	Introduction to Classical and Modern Optics; Prentice Hall 1972
1.19	Carlson, F.P.	Introduction to Applied Optics for Engineers; Academic Press 1977
1.20	Longhurst, R.S.	Geometric and Physical Optics; Longman 1976

Literatur zu Kapitel 2

2.1	Tien, P.K.	Light Waves in Thin Films and Integrated Optics; Appl. Opt. 10 (1971) 11, 2395-2413
2.2	Kapany, N.S.; Burke, J.J.	Optical Waveguides; Academic Press 1972
2.3	Collins, R.E.	Field Theory of Guided Waves, McGraw Hill 1960
2.4	Stratton, J.A.	Electromagnetic Field Theory, McGraw Hill 1960
2.5	Hondros, P.	Über elektromagnetische Drahtwellen; Ann. Phys. IV (1909) 30, 905-950
2.6	Debey, P.; Hondros, P.	Elektromagnetische Wellen an dielektrischen Drähten; Ann. Phys. IV (1910) 32, 465-476
2.7	Schriever, O.	Electromagnetic waves in dielectric wires; Annalen der Physik 63 (1920) 7, 645-673

2.8	Snitzer, E.	Cylindrical Dielectric Waveguide Modes; J. Opt. Soc. Am. 51 (1961) 5, 491-498
2.9	Krumpholz, O.	Modenreine Glasfaser-Lichtwellenleiter; Wiss. Ber. AEG-Telefunken 44 (1971) 2, 64-70
2.10	Gloge, D.	Weakly guiding fibers; Appl. Opt. 10 (1971) 10, 2251-2258
2.11	Wylie, C.R.	Advanced Engineering Mathematics; McGraw Hill 1975, 394
2.12	Richard, H.; Steffenhagen, K.	Die Besselschen Funktionen nebst Anwendungen in der Nachrichtentechnik; Der Fernmelde-Ingenieur 31 (1977) 8
2.13	Magnus, W., et al.	Formulas and Theorems for the Special Functions of Mathematical Physics; Springer-Verlag, Berlin 1966
2.14	Bronstein, I.; Semendjajew, K.	Taschenbuch der Mathematik; B.G.Teubner Verlagsges., 9.Aufl. 1968, 126
2.15	Kokubun, Y.; Iga, K.	Formulas for TE_{01} cutoff in optical fibers with arbitrary index profile; J. Opt. Soc. Am. 70 (1980) 1, 36-40
2.16	Snyder, A.W.	Asymptotic Expressions for Eigenfunctions and Eigenvalues of a Dielectric or Optical Waveguide; IEEE Trans. Microw. Theory and Techn. MTT-17 (1969) 11, 1130-1138
2.17	Marcuse, D.	Theory of Dielectric Optical Waveguides; Academic Press 1974, 73
2.18	Krumpholz, O; Brinkmeyer, E.; Neumann, E.G.	Core/cladding power distribution, propagation constant, and group delay. Simple relation for power-law graded-index fibers; J. Opt. Soc. Am. 70 (1980) 2, 179-183
2.19		Optical Fiber Cable; Techn. Rep. No. OTM-80010, Sumitomo Electric Ind., Ltd., Sept. 1980
2.20	Eickhoff, W.; Krumpholz, O.	Dispersion in Lichtleitfasern; Wiss. Ber. AEG-Telefunken 51 (1978) 2/3, 97-103
2.21	Chang, C.T.	Minimum Dispersion at 1.55 µm for Single-Mode Step-Index Fibers; Electron. Lett. 15 (1979) 23, 765-767
2.22	Yamada, J.I., et al.	Long-span single-mode fiber transmission characteristics in long wavelength regions; IEEE J. Quant. Electron. QE-16 (1980) 8, 874-884
2.23	Kimura, T.; Kanbe, H.	Long-wavelength single-mode fiber transmission systems; Dig. techn. pap., top. meet. on integrated and guided-wave optics 1980, Incline Village, USA
2.24	Kimura, T.	Single-Mode Digital Transmission Technology; Proc. IEEE 68 (1980) 10, 1263-1268
2.25	Snyder, A.W.	Understanding Monomode Fibers; Proc. IEEE 69 (1981) 1, 6-13
2.26	Sakai, J.; Kimura, T.	Birefringence and Polarization Characteristics of Single-Mode Optical Fibers under Elastic Deformations; IEEE J. Quant. Electron. QE-17 (1981) 6, 1041-1051
2.27	Okoshi, T.	Single Polarization Single-Mode Optical Fibers; IEEE J. Quant. Electron. QE-17 (1981) 6, 879-884

2.28	Ramaswamy, V.; French, W.G.; Shiever, J.W.	Borosilicate single polarization fibers; Dig. techn. pap. top. meet. integrated and guided-wave optics 1980, Incline Village, USA
2.29	Marcuse, D.; Lin, C.	Low Dispersion Single-Mode Fiber Transmission – The Question of Practical versus Theoretical Maximum Transmission Bandwidth; IEEE J. Quant. Electron. QE-17 (1981) 6, 869-878
2.30	Shibata, N.; Tateda, M.; Seikai, S.	Polarization Mode Dispersion Measurement in Elliptical Core Single-Mode Fibers by a Spatical Technique; IEEE J. Quant. Electron. QE-18 (1982) 1, 53-58
2.31	Garlichs, G.	Polarization Behaviour Fluctuations of a Single-Mode Fiber; Electron. Lett. 17 (1981) 23, 894-896
2.32	Sheems, S.K.; Giallorenzi, T.G.	Instability of single-mode communication systems due to interference and polarization effects; Dig. techn. pap., top. meet. on integrated and guided-wave optics 1980, Incline Village, USA
2.33	Ulrich, R.; Rashleigh, S.C.; Eickhoff, W.	Bending-Induced Birefringence in Single-Mode Fibers; Opt. Lett. 5 (1980) 6, 273-275
2.34	Alard, F.; Jeunhomme, L.; Sansonetti, P.	Fundamental Mode Spot-Size Measurement in Single-Mode Optical Fibers; Electron. Lett. 17 (1981) 25, 958-960
2.35	Murata, H.; Inagaki, N.	Low Loss Single-Mode Fiber Development and Splicing Research in Japan; IEEE J. Quant. Electron. QE-17 (1981) 6, 836-849
2.36	Miya, T., et al.	Fabrication of single-mode fibers for 1.5 µm wavelength region; Trans. of Inst. Electron. Commun. Eng. Japan, Part E, 63 (1980) 7, 514-519
2.37	Paek, U.C.; Peterson, G.E.; Carnevale, A.	Dispersionless Single-Mode Lightguides With α Index Profiles; Bell Syst. Techn. J. 60 (1981) 5, 583-598
2.38	Cohen, L.G.; Mammel, W.L.; Lumish, S.	Dispersion and Bandwidth Spectra in Single-Mode Fibers; IEEE J. Quant. Electron. QE-18 (1982) 1, 49-53
2.39	Uchida, T., el al.	A Light Focusing Guide; IEEE J. Quant. Electron. QE-5 (1969) 6, 331
2.40	Stone, J.; Burrus, C.A.	Reduction of the 1.38 µm Water Peak in Optical Fibers by Deuterium-Hydrogen Exchange; Bell Syst. Techn. J. 59 (1980) 8, 1541-1548
2.41	Hashimoto, M.	On the asymptotic eigenvalues of an inhomogeneous circular waveguide; Opt. Commun. 32 (1980) 3, 383-384
2.42	Okamoto, K.; Okoshi, T.	Analysis of wave propagation in optical fibers having core with α-power refractive-index distribution and uniform cladding; IEEE Trans. Microw. Theory and Techn. MTT-24 (1976) 7, 416-421
2.43	Olshansky, R.; Keck, D.B.	Pulse broadening in graded-index optical fibers; Appl. Opt. 15 (1976) 2, 483-491

2.44	Geckeler, S.	Gruppenlaufzeitdifferenz in Lichtwellenleitern mit Gradientenprofil; Frequenz 32 (1978) 3, 68-75
2.45	Peterson, G.E., et al.	Numerical Calculation of Optimum α for a Germania Doped Silica Lightguide; Bell Syst. Techn. J. 60 (1980) 4, 455-470
2.46	Bronstein, I.; Semendjajew, K.	Taschenbuch der Mathematik; B.G.Teubner Verlagsges., 9.Aufl. 1968, 277
2.47	Kaminow, I.P.; Marcuse, D.; Presby, H.M.	Multimode Fiber Bandwidth: Theory and Practice; Proc. IEEE 68 (1980) 10, 1209-1213
2.48	Marcuse, D.	Calculation of Bandwidth from Index Profiles of Optical Fibers. 1: Theory; Appl. Opt. 18 (1979) 12, 2073-2080
2.49	Presby, H.M.; Marcuse, D.; Cohen, L.G.	Calculation of Bandwidth from Index Profiles of Optical Fibers. 2: Experiment; Appl. Opt. 18 (1979) 19, 3249-3255
2.50	Barrell, K.F.; Pask, C.	Pulse Dispersion in Optical Fibers of Arbitrary Refractive-Index Profil; Appl. Opt. 19 (1980) 8, 1298-1305
2.51	Snyder, A.W.	Leaky-ray theory of optical waveguides of circular cross section; Appl. Phys. 4 (1974) 4, 273-298
2.52	Stone, F.T.; Tariyal, B.K.	Loss Reduction in Optical Fibers; J. of Non-Cryst. Solids 42 (1980) 1-3, 247-260
2.53	Cohen, L.G.; Lumish, S.	Effects of water absorption peaks on transmission characteristics of LED-based lightwave systems operating near 1.3 µm wavelength; IEEE J. Quant. Electron. QE-17 (1981) 7, 1270-1276
2.54	Schultz, P.C.	Optical absorption of the transition elements in vitreous silica; Am. Ceram. Soc. J. 57 (1974) 7, 309-313
2.55	Newns, G.R., et al.	Absorption Losses in Glasses and Glass Fiber Waveguides; Opto-Electron. 5 (1973) 4, 289-296
2.56	Uchida, T.	Preparation and Properties of Compound Glass Fibers; U.R.S.I. Gen. Assembly Commission VI, Lima 1975
2.57	Stewart, C.E.E., et al.	High-Purity Glasses for Optical-Fibre Communication Electron. Lett. 9 (1973) 21, 482-483
2.58	Moriyama, T., et al.	Ultimately low OH-content V.A.D. optical fibres; Electron. Lett. 16 (1980) 18, 698-699
2.59	Keck, D.B.; Maurer, R.D.; Schultz, P.C.	On the ultimate lower limit of attenuation in glass optical waveguides; Appl. Phys. Lett. 22 (1973) 7, 307-309
2.60	Kerker, M.	The Scattering of Light and Other Electromagnetic Radiation; Academic Press 1969, 31-39
2.61	Sakai, J.; Kimura, T.	Fields in a Curved Optical Fiber; IEEE J. Quant. Electron. QE-17 (1981) 1, 29-34
2.62	Fields, J.N.	Attenuation of a parabolic-index fiber with periodic bends; Appl. Phys. Lett. 36 (1980) 10, 799-801

2.63	Marcuse, D.	Mode conversion caused by surface imperfections of a dielectric slab waveguide; Bell Syst. Techn. J. 48 (1969) 10, 3187-4215
2.64	Stone, J.; Earl, H.E.	Surface effects and reflection refractometry of optical fibres; Opt. and Quant. Electron. 8 (1976) 5, 459-463
2.65	Di Vita, P.; Rossi, U.	A ray approach to scattering in optical fibres; Opt. and Quant. Electron. 12 (1980) 3, 221-230
2.66	Edahiro, T., et al.	OH-Ion Reduction in VAD Optical Fibers; Electron. Lett. 15 (1979) 16, 482-483
2.67	Chida, K., et al.	Simultaneous Dehydration with Consolidation for VAD-Method; Electron. Lett. 15 (1979) 25, 835-836
2.68	Siegl, G.H.; Evans, B.D.	Effects of ionizing radiation on transmission of optical fibers; Appl. Phys. Lett. 24 (1974) 9, 410-412
2.69	Maurer, R.D., et al.	Effects of Neutron- and Gamma-Radiation on Glass Optical Waveguides; Appl. Opt. 12 (1973) 9, 2024-2026
2.70	Geckeler, S.	Das Phasenraumdiagramm, ein vielseitiges Hilfsmittel zur Beschreibung der Lichtausbreitung in Lichtwellenleitern; Siemens Forsch.- u. Entw.-Ber. 10 (1081) 3, 162-171
2.71	Olshansky, R.	Propagation in Glass Optical Waveguides; Rev. Mod. Phys. 51 (1979), 341-367
2.72	Geckeler, S.	Berechnungsverfahren für die Lichtausbreitung in Glasfasern; Siemens Forsch.- u. Entw.-Ber. 6 (1977) 3, 143-151
2.73	Cohen, M.I.; Melliar-Smith	Recent advances in the fabrication of silica optical fibers; 16. Int. Conf. on Commun. (ICC'80), Seattle, USA, conf. report, 55.1.1-55.1.7
2.74	Endersz, G.	Optical fibre cables; Ericsson Rev. 57 (1980) 3, 86-91
2.75	Giertz, H.; Vucins, V.	34 Mbit/s optical fibre line system, ZAM34-1; Ericsson Rev. 57 (1980) 3, 104-108
2.76	Niizeki, N.	Recent Progress in Glass Fibers for Optical Communication; Japan J. Appl. Phys. 20 (1980) 8, 1347-1360
2.77	Li, T.	Structures, parameters, and transmission properties of optical fibers; Proc. IEEE 68 (1980) 10, 1175-1180
2.78	Maklad, M.S.; Asam, A.R.	Long length, high strength optical fibres; Wire Ind. 47 (1980) 1, 57-59
2.79	Maurer, R.D.	Glass Research for Optical Waveguides; J. of Non-Cryst. Solids 42 (1980) 1-3, 197-207
2.80	Beales, K.J., et al.	Multicomponent glassfibers for optical communications; Proc. IEEE 68 (1980) 10, 1191-1194
2.81	Smithgall, D.H.; Frazee, R.E.	High Speed Measurement and Control of Fiber-Coating Concentricity; Bell Syst. Techn. J. 60 (1981) 9, 2065-2080
2.82	Blyler, L.L.; Di Marcello, F.V.	Fiber Drawing, Coating, and Jacketing; Proc. IEEE 68 (1980) 10, 1194-1198

Literaturverzeichnis

2.83	Kawachi, M., et al.	Deposition properties of SiO_2-GeO_2 particles in the flame hydrolysis reaction for optical fiber fabrication; Japan Appl. Phys. 19 (1980) 2, L69-71
2.84	Mac Chesney, J.B.	Materials and processes for perform fabrication - Modified chemical vapor deposition and plasma chemical deposition; Proc. IEEE 68 (1980) 10, 1181-1184
2.85	Ainslie, B.J., et al.	Interplay of Design Parameters and Fabrication Conditions on the Performance of Monomode-Fibers Made by MCVD; IEEE J. Quant. Electron. QE-17 (1981) 6, 854-857
2.86	Yokota, H., et al.	Long piece-length single-mode fibers; J. of Opt. Commun. 1 (1980) 1, 5-9
2.87	Schultz, P.C.	Fabrication of Optical Waveguides by the Outside Vapor Deposition Process; Proc. IEEE 68 (1980) 10, 1187-1194
2.88	Izawa, T., et al.	Continuous Fabrication of High Silica Fiber Preform; Int. Conf. on Optical Commun. 1977, Tokyo, Vortrag C1.1
2.89	Koizumi, K., et al.	New Light-focusing fibers made by a continuous process; Appl. Opt. 13 (1974) 2, 255-260
2.90	Sudo, S., et al.	Transmission Properties of 30.4 km V.A.D. Fiber; Electron. Lett. 16 (1980) 8, 280-281
2.91	Imoto, K.; Sumi, M.	Modified VAD Method for Optical Fiber Fabrication; Electron. Lett. 17 (1981) 15, 525-526
2.92	Nakahara, M., et al.	Ultra Wide Bandwidth V.A.D. Fiber; Electron. Lett. 16 (1980) 10, 391-392
2.93	Kawachi, M., et al.	100 km single Mode VAD-Fibers; Electron. Lett. 17 (1981) 1, 57-58
2.94	Vacha, L., et al.	Manufacture of optical fibres by the double-crucible method; J. Non-Cryst. Solids 38/39 (1980) 2, 797-802
2.95	Gottwald, K.; Giehmann, L.	Messung von Einzugskräften von Lichtwellenleiterkabeln; ntz (1980) 12, 788-793
2.96	Mayr, E.; Schöber, G.; Sutor, N.	Eigenschaften der Lichtwellenleiterkabel; telcom report 4 (1981) 3, 210-221
2.97	Bark, P.R.; Oestreich, U.; Zeidler, G.	Fiber Optic Cable Design, Testing and Installation Experiences; 27th Int. Wire and Cable Symp. 1978, Cherry Hill, USA
2.98	Reeve, M.H.	Optical Fibre Cables; Radio and Electron. 51 (1981) 7/8, 327-332
2.99	Schlang, P.; Rautenberg, P.	Eigenschaften von Quarz-Lichtwellenleitern und ihre Berücksichtigung bei der Kabelkonstruktion; Techn. Mitt. AEG-Kabel (1980) 1, 1-4
2.100	Haag, H.; Hildebrand, H.	Herstellung und Eigenschaften von Kabeln mit Lichtwellenleitern; Techn. Mitt. AEG-Kabel (1980) 2, 1-4

2.101	Benndorf, H.; Dagefoerde, H.-G.	Erstes selbsttragendes Fernmelde-Luftkabel mit Lichtwellenleitern für eine Versuchsstrecke im EVU-Bereich; Techn. Mitt. AEG-Kabel (1980) 3, 1-12
2.102	Uchida, N.	Design and performance of optical cables; 16th Int. Conf. on commun. (ICC-80), Seattle, USA, conf. report 55.2.1-55.2.7
2.103	Schlang, P.; Rautenberg, P.; Haag, H.	Fortschritte bei der Herstellung von Lichtwellenleiterkabeln; ntz 33 (1980) 12, 778-780
2.104	Dagefoerde, H.-G.	Derzeitiger Stand der Technik von Lichtwellenleiterkabeln (LWL); Mikrow. Mag. (1980) 3, 180-181
2.105	Ishihara, K.; Mochizuki, S.; Nakatani, N.	Optical cable design considering a structural imperfection; Trans. Inst. Electron. Commun. Eng. Japan E, E63 (1980) 2, 146
2.106	Schwartz, M.I.; Gagen, P.F.; Santana, M.R.	Fibercable design and characterization; Proc. IEEE 68 (1980) 10, 1214-1219
2.107	Nakahara, T.; Uchida, N.	Optical cable design and characterization in Japan; Proc. IEEE 68 (1980) 10, 1220-1226
2.108	Bark, P.R.; Oestreich, U.; Zeidler, G.	Stress-Strain Behaviour of Optical Fiber Cables; 28th Int. Wire and Cable Symp. 1979, Cherry Hill, USA
2.109	Oestreich, U.; Aulich, H.A.	Tensile strength and static fatigue of optical glass fibers; Siemens Forsch.- u. Entw.-Ber. 9 (1980) 3, 123-127
2.110	Oestreich, U.	Aufbau der Lichtwellenleiterkabel; telcom report 4 (1981) 3, 204-209
2.111	Yamauchi, R.; Inada, K.	Residual stresses of fibers in tape-type optical cable and their reduction; Trans. Inst. Electron. Commun. Eng. Japan, Part E, E63 (1980) 8, 615-616
2.112	Zeidler, G., et al.	Reliability of Fiber Optic Cable System; Int. Conf. on Commun. 1980, Seattle, USA
2.113	Zeidler, G.	Realisierung von LWL-Kabelanlagen; Prof. Konf. d. Deutschen Bundespost, Darmstadt Nov. 1981
2.114	Horima, H., et al.	Characteristics of Jelly-Filled Optical Cables; J. of Opt. Commun. 1 (1980) 2, 58-63
2.115	Takeshima, M.; Ishida, Y.	Aging Characteristics of Coated Optical Fibers at High Temperature; Electr. Commun. Lab. Techn. J. (Japan) 29 (1980) 11, 1889-1898
2.116	Nakahara, M., et al.	Fabrication of Low-Loss and Wide-Bandwidth V.A.D. Optical Fibers at 1.3 µm Wavelength; Electron. Lett. 16 (1980) 3, 102-103

Literaturverzeichnis

Literatur zu Kapitel 3

3.1	Bondiek, R., et al.	Meßgeräte für die optische Nachrichtentechnik; Wiss. Ber. AEG-Telefunken 53 (1980) 1/2, 42-48
3.2	Kaiser, M.	Messung der Übertragungseigenschaften von Multimode-Lichtwellenleitern, ntz 34 (1981) 7, 418-422
3.3	Barnoski, M.K.; Personick, S.D.	Measurements in Fiber Optics, Proc. IEEE 68 (1978) 4, 429-441
3.4	Cherin, A.H.; Gardner, W.B.	Measurement Standards for Multimode Telecommunication Fibers; SPIE 224 (1980): Fiber Optics for Communications and Control, 144-148
3.5	Franzen, D.L.; Day, G.W.; Gallawa, R.L.	Standardizing Test Conditions for Characterizing Fibers; Laser Focus, August 1981, 103-105
3.6	Day, G.W.; Chamberlain, G.E.	Attenuation Measurements on Optical Fiber Waveguides: An Interlaboratory Comparison among Manufacturers; NBS-Report NBSIR 79-1608, Mai 1979
3.7	Love, R.E.	Waveguide Fiber Standards; Int. Fiber Opt. and Commun. Handbook and Buyers' Guide 1980-1981, 62-67
3.8	Bark, P.R.; Lawrence, D.O.	Emerging Standards in Fiber Optic Telecommunications cable; SPIE 224 (1980): Fiber Optics for Communications and Control, 149-158
3.9	Makuch, J.A.	Review and Update of Fiber Interconnect Standardization; SPIE 224 (1980): Fiber Optics for Communications and Control, 159-165
3.10	White, K.I.	A calorimetric method for the measurement of low optical absorption losses in communication fibers; Opt. and Quant. Electron. 8 (1976), 73-76
3.11	Heitmann, W.	Intrinsic attenuation in pure and doped silica for fibre optical waveguides; ntz 30 (1977) 6, 503-506
3.12	Kartzow, M.	Interferometrische Bestimmung von Laufzeiteffekten in Lichtleitfasern für die Nachrichtentechnik; Dipl.-Arb. 1978, TU Berlin
3.13	Strobel, D.	Untersuchungen der Dispersion und anderer charakteristischer Größen von Glasfasern zur Nachrichtenübertragung in einem Mach-Zehnder-Interferometer; Dipl.-Arb. 1980, TU Berlin
3.14	Marcuse, D.	Refractive Index Determination by the Focusing Method; Appl. Opt. 18 (1979) 1, 9-13
3.15	Presby, H.M.; Marcuse, D.	Optical Fiber Preform Diagnostics; Appl. Opt. 18 (1979) 1, 23-30
3.16	Presby, H.M.; Marcuse, D.	Preform Index Profiling (PIP); Appl. Opt. 18 (1979) 5, 671-677

3.17	Okoshi, T.; Nishimura, M.; Kosuge, M.	Nondestructive Measurement of Axially Nonsymmetric Refractive Index Distribution of Optical Fibre Preforms; Electron. Lett. 16 (1980) 19, 722-724
3.18	Okoshi, T.; Nishimura, M.	Automated Measurement of Refractive Index Profile of VAD Preforms by Fringe Counting Method; J. of Opt. Commun. 1 (1980) 1, 18-21
3.19	Iga, K.; Kokubun, Y.	Formulars for calculating the refractive index profile of optical fibers from their transverse interference pattern; Appl. Opt. 17 (1978) 12, 1972-1974
3.20	Okoshi, T.; Hotate, K.	Refractive-Index Profile of an Optical Fiber: Its Measurement by the Scattering-Pattern Method; Appl. Opt. 15 (1976) 11, 2756-2764
3.21	Presby, H.M.; Marcuse, D.	Refractive Index and Diameter Determination of Step-Index Optical Fibers and Preforms; Appl. Opt. 13 (1974) 12, 2882-2885
3.22	Marcuse, D.; Presby, H.M.	Light Scattering from Optical Fibers with Arbitrary Refractive Index Distributions; J. Opt. Soc. Am. 65 (1975) 4, 367-375
3.23	Saekeang, C.; Chu, P.L.	Non-Destructive Determinations of Refrative Index Profile of an Optical Fiber: Backward Light Scattering Method; Appl. Opt. 18 (1979) 7, 1110-1116
3.24	Chu, P.L.	Non-Destructive Measurement of Index Profile of an Optical-Fiber Preform; Electron. Lett. 13 (1977) 24, 336-738
3.25	Barrell, K.F.; Pask, C.	Nondestructive Index Profile Measurement of Non-Circular Optical Fiber Preforms; Opt. Commun. 27 (1978) 2, 230-234
3.26	Chu, P.L.	Nondestructive Refractive-Index Profile Measurement of Elliptical Optical Fiber or Preform; Electron. Lett. 15 (1979) 12, 357-358
3.27	Watkins, L.S.	Laser Beam Refraction Transversly through a Graded-Index Preform to Determine Refractive Index Ratio and Gradient Profile; Appl. Opt. 18 (1979) 13, 2214-2222
3.28	Boggs, L.M.; Presby, H.M.; Marcuse, D.	Rapid Automatic Index Profiling of Whole-Fiber Samples; Bell Syst. Techn. J. 58 (1979) 4, 867-902
3.29	Presby, H.M.; Kaminow, I.P.	Binary Silica Optical Fibers: Refractive Index and Profile Dispersion Measurements; Appl. Opt. 15 (1976) 12, 3029-3036
3.30	Presby, H.M.; Astle, H.W.	Optical Fiber Index Profiling by Video Analysis of Interference Fringes; Rev. Sci. Instrum. 49 (1978), 339
3.31	Francois, P.L.; Sasaki, I.; Adams, M.J.	Three Dimensional Fiber Preform Profiling; Electron. Lett. 17 (1981) 23, 876-878
3.32	Marcuse, D.; Presby, H.M.	Focusing Method for Nondestructive Measurement of Optical Fiber Index Profiles; Appl. Opt. 18 (1979) 1, 14-22

3.33	Presby, H.M.; Marcuse, D.; Astle, H.W.	Automated Refractive-Index Profiling of Optical Fibers; Appl. Opt. 17 (1978) 14, 2209-2214
3.34	Marcuse, D.; Presby, H.M.	Index Profile Measurements of Fibers and Their Evaluation; Proc. IEEE 68 (1980) 6, 666-688
3.35	Presby, H.M.; Marcuse, D.	The Index-Profile Characterization of Fiber Preforms and Drawn Fibers; Proc. IEEE 68 (1980) 10, 1198-1203
3.36	Sladen, F.M.E.; Payne, D.N.; Adams, M.J.	Determination of Optical Fiber Refractive Index Profiles by Near Field Scanning Techniques; Appl. Phys. Lett. 28 (1976) 5, 255-258
3.37	Kim, E.M.; Franzen, D.L.	Measurement of Far-Field and Near-Field Radiation Patterns for Optical Fibers; NBS Techn. Note (1981) Febr., No. 1032
3.38	Hazan, J.P.	Intensity Profile Distortion Due to Resolution Limitation in Fiber Index Profile Determination by Near Field; Electron. Lett. 14 (1978) 5, 158-160
3.39	Arnaud, J.A.; Derosier, R.M.	Novel Technique for Measuring the Index Profile of Optical Fibers; Bell Syst. Techn. J. 55 (1976) 12, 1489-1508
3.40	Stewart, W.J.	A New Technique for Measuring the Refractive Index Profiles of Graded Index Fibers; Int. Conf. on Integrated Optics and Optical Fiber Communication IOOC'77, Tokyo, Techn. Dig., Paper C2-2
3.41	Young, M.	Optical Fiber Index Profiles by the Refracted-Ray Method (Refracted Near-Field Scanning); Appl. Opt. 20 (1981) 19, 3415-3422
3.42	Young, M.	Refracted-Ray Scanning (Refracted Near-Field Scanning) for Measuring Index Profiles of Optical Fibers; NBS Techn. Note (1981) May, No. 1038
3.43	Geckeler, S.	Das Phasenraumdiagramm, ein vielseitiges Hilfsmittel zur Beschreibung der Lichtausbreitung in Lichtwellenleitern; Siemens Forsch.- u. Entw.-Ber. 10 (1981) 3, 162-171
3.44	Stone, J.; Derosier, R.M.	Elimination of Errors Due to Sample Polishing in Refractive Index Profile Measurements by Interferometry, Rev. Sci. Instrum. 47 (1976), 885
3.45	Ikeda, M.; Tatedo, M.; Yoshikiyo, H.	Refractive Index Profile of Graded Index Fiber: Measurement by Reflection Method; Appl. Opt. 14 (1975) 4, 814-815
3.46	Calzavara, M.; Costa, B.; Sordo, B.	Stability and Noise Improvement in Reflectometric Index Measurement; J. of Opt. Commun. 2 (1981) 2, 65-68
3.47	Presby, H.M.	Profile Characterization of Optical Fibers - A Comparative Study; Bell Syst. Techn. J. 60 (1981) 7, 1335-1362
3.48	Imai, M.	Average intensity distribution of far-field radiation patterns in a multimode optical fiber; Trans. Inst. Electron. Commun. Eng. Jap. E, E63 (1980) 1, 16-23

3.49	Kersten, R.Th.; Le Hiep, T.	Wavelength Dependence of the Numerical Aperture of Optical Fibers; Opt. Commun. 41 (1982) 2, 99-101
3.50	Holmes, G.T.; Hawk, R.M.	Limited Phase Space Attenuation Measurements of Low Loss Optical Waveguides; private Mitteilung
3.51	Kaiser, P.	Numerical-Aperture Dependent Spectral-Loss Measurements of Optical Fibers; Conf. on Integrated Optics and Optical Fiber Communication IOOC'77, Tokyo; Techn. Dig., Paper B6-2
3.52	Kaiser, P.	NA-Dependent Spectral Loss Measurements of Optical Fibers; Trans. IECE Jap. E-61 (1978) 3, 225-229
3.53	Cohen, L.G.; Kaiser, P.; Lin, C.	Experimental Techniques for Evaluation of Fiber Transmission Loss and Dispersion; Proc. IEEE 68 (1980) 10, 1203-1209
3.54	Stone, F.T.; Krawarik, P.H.	Mode Elimination in Fiber Loss Measurements; Appl. Opt. 18 (1979) 6, 756-758
3.55	Cohen, L.G., et al.	Fiber Characterization in: Opt. Fiber Telecommunication; Miller, St.E.; Chynoweth, A.G., eds., Academic Press 1980, 343-399
3.56	Heitmann, W., et al.	Broadband Spectral Attenuation Measurements on Optical Fibers: An Interlaboratory Comparison by Members of COST 208; Opt. Quant. Electron. 13 (1981) 1, 47-54
3.57	Cherin, A.H.; Gardner, W.B.	Fiber Measurements Standards; Laser Focus August 1980, 60-65
3.58	Kaiser, P.	Loss Measurements of Graded Index Fibers: Accuracy versus Convenience; Symp. on Optical Fiber Measurements; Boulder 1980, Techn. Dig.: NBS spec. publication 597, 11-14
3.59	Reitz, P.R.	Measuring Optical Waveguide Attenuation: The LPS Method; Opt. Spectra, August 1980, 48-52
3.60	Tateda, M., et al.	Optical loss measurements in graded index fibers using a dummy fiber; Appl. Opt. 18 (1979) 19, 3272-3275
3.61	Kitayama, K.; Ohashi, M.,; Seikai, S.	Mode conversion at splices in multimode graded-index fibers; IEEE J. Quant. Electron. QE-16 (1980) 9, 971-978
3.62	Kashima, N.	Splice Loss and Mode Conversion in a Multimode Fiber; Appl. Opt. 19 (1980) 15, 2597-2601
3.63	Miller, C.M.	Mode Coupling versus Wavelength Measurements in Graded Index Multimode Fibers; 7th European Conf. on Opt. Commun. ECOC'81, Kopenhagen; Techn. Dig., Paper 5.4
3.64	Ikeda, M.; Murakami, Y.; Kitayama, K.	Mode scrambler of optical fibers; Appl. Opt. 16 (1977) 4, 1045-1049
3.65	Ikeda, M., et al.	Multimode optical fibres: Steady state mode exciter; Appl. Opt. 15 (1976) 9, 2116-2120

3.66	Le Hiep, T.; Kersten, R.Th.	A combined mode-filter/mixer to determine spectral attenuation of graded index fibers; Opt. Commun. 40 (1981) 2, 111-116
3.67	Tokuda, M., et al.	Measurement of Baseband Frequency Response of Multimode Fiber by Using a New Type of Mode Scrambler; Electron. Lett. 13 (1977) 5, 146-147
3.68	Heitmann, W.	Messung der Kurven 1 und 3 im FTZ, FI der Deutschen Bundespost, Darmstadt
3.69	Fujii, Y.; Koyama, M.; Touge, T.	New optical power meter for optical fiber transmission system applications; IEEE Trans. Instrum. Meas. 29 (1980) 1, 71-73
3.70	Schlaak, H.F.; Gwiazdowski, M.	Optical Fiber Length Measurement by Pulsereflectometry; Frequenz 35 (1981) 9, 243-246
3.71	Danielson, B.L.	Backscatter Measurements on Optical Fibers; NBS Techn. Note (1981) Febr., No. 1034
3.72	Personnick, S.D.	Photon-Probe - An Optical-Fiber Time-Domain Reflectometer; Bell Syst. Techn. J. 56 (1977) 3, 355-366
3.73	Barnoski, M.K.; Rourke, M.D.; Jensen, S.M.	2nd European Conf. on Opt. Commun. ECOC'76, Paris; Techn. Dig.
3.74	Schicketanz, D.	Theorie der Rückstreumessung bei Glasfasern; Siemens Forsch.- u. Entw.-Ber. 9 (1980) 4, 242-248
3.75	Schicketanz, D.	Anwendung des Rückstreumeßplatzes in der Lichtwellenleitertechnik; Siemens Forsch.- u. Entw.-Ber. 10 (1981) 1, 53-59
3.76	Philen, D.L.; Day, G.W.; Franzen, D.L.	Optical Time Domain Reflectometry on Single Mode Fibers Using a Q-Switched ND: YAG-Laser; Symp. on Optical Fiber Measurements; Boulder 1980, Techn. Dig.: NBS spec. publication 597, 97-100
3.77	Piccari, L.	Optical fibre attenuation measurement by the backscattering method: Effects of noise; Opt. Quant. Electron. 12 (1980) 5, 413-418
3.78	Schlang, R.	Dämpfungsmessung an optischen Fasern; ntz 33 (1980) 1, 30-31
3.79	Conduit, A.J., et al.	An optimized technique for backscatter attenuation measurements in optical fibres; Opt. Quant. Electron. 12 (1980) 2, 169-178
3.80	Di Vita, P.; Rossi, U.	The backscattering technique: Its fields of applicability in fibre diagnostics and attenuation measurements; Opt. Quant. Electron. 12 (1980) 1, 17-22
3.81	Costa, B., et al.	Attenuation Measurements Performed by Backscattering Technique; Electron. Lett. 16 (1980) 10, 352-353
3.82	Neumann, E.G.	Analysis of the backscattering method for testing optical fiber cables; AEÜ 34 (1980) 4, 157-160

3.83	Bronstein, I.; Semendjajew, K.	Taschenbuch der Mathematik; B.G.Teubner Verlagsges. Leipzig 1968, 9.Aufl., 280
3.84	Eriksrud, M.; Mickelson, A.R.	Experimental Investigation of Variation of Backscattered Power Level with Numerical Aperture in Multimode Optical Fibers; Electron. Lett. 18 (1982) 3, 130-132
3.85	Shibata, N., et al.	Measurements of Waveguide Structure Fluctuation in a Multimode Optical Fiber by Backscattering Technique; IEEE J. Quant. Electron. QE-17 (1981) 1, 39-44
3.86	Andrews, J.R.	Inexpensive Laser Diode Pulse Generator for Optical Waveguides Studies; Rev. Sci. Instrum. 45 (1974), 22-24
3.87	Di Vita, P.; Rossi, U.	Backscattering Measurements in Optical Fibers: Separation of Power Decay from Imperfection Contribution; Electron. Lett. 15 (1979) 15, 467-469
3.88	Horimatsu, T.; Sasaki, M.; Aoyama, K.	Stabilization of Diode Laser Output by Beveled-End Fiber Coupling; Appl. Opt. 19 (1980) 12, 1984-1986
3.89	Kawasaki, B.S.; Hill, K.O.	Low-loss access coupler for multimode optical fiber distribution networks; Appl. Opt. 16 (1977) 7, 1794-1796
3.90	Lightstone, A.	Couplers for fibre optic communications; Electron. and Instrum. 11 (1980) 2, 75, 77, 87
3.91	Aoyama, K.; Nakagawa, K.; Itoh, T.	Optical Time Domain Reflectrometry in a Single Mode Fiber; IEEE J. Quant. Electron. QE-17 (1981) 6, 862-868
3.92	Rogers, A.J.	Polarisation Optical Time Domain Reflectrometry; Electron. Lett. 16 (1980) 13, 489-490
3.93		The Latest in Fiber Optic Directional Couplers; Canadian Electron. Eng. March 1979, 39-40
3.94		Signal Averagers; Firmenschrift der Firma Princeton Applied Research, 1976
3.95	Schlaak, H.F., et al.	Ein digitaler optischer Rückstreumeßplatz: DOTDR; NTG-Fachtagung: Meßtechnik in der optischen Nachrichtentechnik, Berlin, 1980
3.96	Kawasaki, B.S.; Hill, K.O.; Johnson, D.C.	Optical Time Domain Reflectometer for Single-Mode Fiber at Selectable Wavelengths; Appl. Phys. Lett. 38 (1981) 10, 740-742
3.97	Nakazawa, M., et al.	Marked Extension of Diagnosis Length in Optical Time Domain Reflectometry using 1.32 µm YAG-Laser; Electron. Lett. 17 (1981) 21, 783-784
3.98	Healey, P.	Multichannel Photon-Counting Backscatter Measurements on Monomode Fibers; Electron. Lett. 17 (1981) 20, 751-752
3.99	Sladen, F.M.E.; Payne, D.N.; Adams, M.J.	Definitive profile-dispersion data for germania-doped silica fibres over an extended wavelength range; Electron. Lett. 15 (1979) 15, 469-470

3.100	Sladen, F.M.E.; Payne, D.N.; Adams, M.J.	Measurement of profile dispersion in optical fibres: A direct technique; Electron. Lett. 13 (1977) 7, 212-213
3.101	Jinguji, K.; Okamoto, K.	Minimization of Modal Dispersion in Graded-Index Fibres over a Wide Wavelength Range; J. of Opt. Commun. 1 (1980) 1, 2-4
3.102	Geckeler, S.	Compensation of profile dispersion in graded-index optical fibres; Electron. Lett. 15 (1979) 21, 682-683
3.103	Cohen, L.G.; Mammel, W.L.	Tailoring the Shapes of Dispersion Spectra to Control Bandwidths in Single-Mode Fibers; European Conf. on Opt. Commun. ECOC'81, Kopenhagen, Vortrag 3.3
3.104	Franzen, D.L.; Day, G.W.	Measurement of optical fiber bandwidth in the time domain; NBS Techn. Note (1980) Febr., No. 1019, 1-65
3.105	Day, G.W.	Measurement of Optical Fiber Bandwidth in the Frequency Domain; NBS Techn. Note Sept. 1981, No. 1046
3.106	Nagano, K.; Kawakami, S.	Measurements of mode conversion coefficients in graded-index fibers; Appl. Opt. 19 (1980) 14, 2426-2434
3.107	Geckeler, S.	Pulse broadening in optical fibers with mode mixing; Appl. Opt. 18 (1979) 13, 2192-2198
3.108	Schicketanz, D.	Messung der komplexen Übertragungsfunktion von Glasfasern; Siemens Forsch.- u. Entw.-Ber. 6 (1977) 2, 92-98
3.109	Cohen, L.G.	Shuttle Pulse Measurements of Pulse Spreading in an Optical Fiber; Appl. Opt. 14 (1975) 6, 1351-1356
3.110	Tonifuji, T.; Ikeda, M.	Simple Method for Measuring Material Dispersion in Optical Fibers; Electron. Lett. 14 (1978) 12, 367-369
3.111	Lin, C., et al.	Measuring High Bandwidth Fibers in the 1.3 µm Region with Picosecond InGaAsP Injection Lasers and Ultrafast InGaAs Detectors; Electron. Lett. 17 (1981) 13, 438-439
3.112	Cohen, L.G.; Lin, C.	Pulse Delay Measurements in the Zero Material Dispersion Wavelength Region for Optical Fibers; Appl. Opt. 16 (1977) 12, 3136-3139
3.113	Stolen, R.H.; Ippen, E.P.; Tynes, A.R.	Raman oscillation in glass optical waveguide; Appl. Phys. Lett. 20 (1972) 2, 62-64
3.114	Lin, C.; Nguyen, V.T.; French, W.G.	Wideband Near-I.R. Continuum (0.7-2.1 µm) Generated in Low Loss Optical Fibers; Electron. Lett. 14 (1978) 25, 822-823
3.115	Lin, C., et al.	Pulse delay measurements in the zero-material-dispersion region for germanium- and phosphorus-doped silica fibres; Electron. Lett. 14 (1978) 6, 170-172
3.116	Hornung, S.; Reeve, M.H.	Single-Mode Optical Fiber Microbending Loss in a Loose Tube Coating; Eletron. Lett. 17 (1981) 21, 774-775
3.117	Ainslie, B.J., et al.	Interplay of Design Parameters and Fabrication Conditions on the Performance of Monomode Fibers Made by MCVD; IEEE J. Quant. Electron. QE-17 (1981) 6, 854-857

3.118 Osanai, H., et al. Effect of Dopants on Transmission Loss of Low-OH Content Optical Fibers; Electron. Lett. 12 (1976) 21, 549-550

3.119 Gardner, W.B., et al. The Effect of Optical Fiber Core and Cladding Diameter on the Loss Added by Packaging and Thermal Cycling; Bell Syst. Techn. J. 60 (1981) 6, 859-864

3.120 Tomaru, S., et al. VAD Single Mode Fiber with 0.2 dB/km Loss; Electron. Lett. 17 (1981) 2, 92-93

3.121 Miya, T., et al. Ultimate low-loss single-mode fibre at 1.55 µm; Electron Lett. 15 (1979) 4, 106-108

3.122 Huber, H.P., et al. Verkabelungsversuche mit Monomodefasern; ntz 33 (1980) 12, 782-786

3.123 Ishihara, K., et al. Determination of optimum structure in coated optical fiber and unit; Trans. Inst. Electron. Commun. Eng. Jap. E, E63 (1980) 1, 66-68

3.124 Horima, H., et al. Characteristics of Jelly-Filled Optical Cables; J. of Opt. Commun. 1 (1980) 2, 58-63

3.125 Gottwald, K.; Giehmann, L. Ein störungsunempfindliches Verfahren zur Messung von Einzugskräften am Lichtleitkabelkopf; NTG Fachber. 75, VDE-Verlag 1980

3.126 Katsuyama, Y., et al. Study on Mechanical and Transmission Characteristics of Optical Fiber Cable during Installation; J. of Opt. Commun., 3 (1982) 1, 2-7

3.127 Kimura, T., et al. Long-Term Mechanical Reliability of Optical Fibers; Electron. Commun. Lab. Techn. J. 29 (1980) 10, 1771-1782

Literatur zu Kapitel 4

4.1 Gooch, C.H. Injection Electroluminescent Devices; John Wiley & Sons 1973

4.2 Winstel, G.; Weyrich, C. Optoelektronik I; Springer-Verlag, Berlin 1981

4.3 Dyment, J.C. Properties of Optoelectronic Devices for Optical Communications, in: Semiconductor Optoelectronics; John Wiley & Sons, 597-620

4.4 Casey, H.C.; Panish, M.B. Hetrostructure Lasers, Part A and B; Academic Press 1978

4.5 Thompson, G.H.B. Physics of Semiconductor Laser Devices; John Wiley & Sons 1980

4.6 Kressel, H. Semiconductor Devices for Optical Communication; Springer-Verlag, Berlin 1980, 9-62 und 213-258

4.7	Bergh, A.A.; Copeland, J.A.	Optical Sources for Fiber Transmission Systems; Proc. IEEE 68 (1980) 10, 1240-1247
4.8	Burrus, C.A.; Casey, H.C.; Li, T.	Optical Sources, in: Optical Fiber Communications; Academic Press 1979, 499-556
4.9	Pankove, J.I.	Optical Processes in Semiconductors; Prentice Hall 1971
4.10	Adams, M.J.; Cross, M.	Electromagnetic theory of heterostructure injection laser, Solid State Electron. 14 (1971), 865-883
4.11	Grau, G.	Optische Nachrichtentechnik; Springer-Verlag, Berlin 1981, 109-177
4.12	Sharma, A.B.; Halme, S.J.; Butusov, M.M.	Optical Fiber Systems and their Components; Springer-Verlag, Berlin 1981, 5-30 und 116-125
4.13	Nuese, C.J.	III-V alloys for opto-electronic applications; J. of Electron. Materials 6 (1977) 3, 253-293
4.14	Selway, P.R.	Semiconductor lasers for optical communications; Proc. IEE 123 (1976) 6, 609-618
4.15	Dixon, R.W.	Current Directions in GaAs Laser Device Development; Bell Syst. Techn. J. 59 (1980) 5, 669-722
4.16	Kirkby, P.A.	Current Directions on GaAs Laser Development; Radio and Electron. Eng. 51 (1981) 7/8, 362-376
4.17	Kressel, H.	Semiconductor Laser Sources for Optical Communication; Radio Science 16 (1981) 4, 445-454
4.18	Müller, R.	Grundlagen der Halbleiterelektronik; Springer-Verlag, Berlin 1971
4.19	Becker, R.	Theorie der Elektrizität, 2.Bd.; Teubner-Verlag 1970
4.20	Wagemann, H.G.	Skriptum, TU Berlin
4.21	Lax, M.	Cascade Capture of Electrons in Solids; Phys. Rev. 119 (1960), 1502-1523
4.22	Benz, G.	Emissionsprozesse in III-V-Halbleitern oberhalb der Bandkante: Auger-Effekte und Intraband Lichtstreuung; Dissertation Univ. Stuttgart, 1975
4.23	Zschauer, K.H.	Auger Recombination in Heavily Doped p-type GaAs; Sol. State Commun. 7 (1969), 1709-1712
4.24	Conradt, R.	Auger-Rekombination in Halbleitern; Festkörperprobleme XII; Vieweg 1972, 449-464
4.25	Landsberg, P.T.; Adams, M.J.	Radiative and Auger Processes in Semiconductors; J. Lumin. 7 (1973) 1, 3-34
4.26	Peaker, A.R., et al.	Non-radiative recombination and structural defects in gallium phosphide; Inst. Phys. Conf. Ser. 33a (1977), 320-334

4.27   Hirao, M., et al.   Long Wavelength InGaAsP/InP Lasers for Optical Fiber Communication Systems; J. of Opt. Commun. 1 (1980) 1, 5-9

4.28   Hsieh, J.J.;   Laser Diodes for the 1.5 µm - 2.0 µm Wavelength Range; J. of Opt. Commun. 2 (1981) 1, 11-19

4.29   Hsieh, J.J.; Rossi, J.A.; Donnelly, J.P.   Room temperature cw operation of GaInAsP/InP double heterostructure diode lasers emitting at 1.1 µm; Appl. Phys. Lett. 28 (1976) 12, 709-711

4.30   Dolginov, L.M., et al.   Low Threshold Heterojunction AlGaAsSb/GaSb Lasers in the Wavelength Region of 1.5-1.8 µm, IEEE J. Quant. Electron. QE-17 (1981) 5, 593-597

4.31   Sugiyama, K.; Saito, H.   GaAsSb-AlGaAsSb double heterojunction lasers; Japan J. Appl. Phys. 11 (1972), 1057

4.32   Lee, T.P.   Recent Development in LED's for Optical Fiber Communication Systems; Int. Fiber Optics and Commun., Handbook and Buyers Guide 1980-1981, 6-16

4.33   Goodfellow, R.C., et al.   GaInAsP/InP Fast, High-Radiance, 1.05-1.3 µm Wavelength LED's with Efficient Lens Coupling to Small Numerical Aperture Silica Optical Fibers; IEEE Trans. Electron. Dev. ED-26 (1979) 8, 1215-1220

4.34   Okuda, H., et al.   High-Radiance Light Emitting Diodes for Optical Fiber Communications (GaAlAs Structure); Sumitomo Electr. Techn. Rev. 20 (1981) 1, 202-210

4.35   Carter, A.C.   Light-Emitting Diodes for Optical Fibre Systems; Radio and Electron. Eng. 51 (1981) 7/8, 341-348

4.36   Lastros-Martinez, A.   Internal Quantum Efficiency Measurements for GaAs Light Emitting Diodes; J. Appl. Phys. 49 (1978) 6, 3565-3570

4.37   Burrus, C.A.; Miller, B.I.   Small-Area, Double-Heterosturcture AlGaAs Electroluminescent Diode Sources for Optical-Fiber Transmission Lines; Opt. Commun. 4 (1971), 307-309

4.38   Botez, D.; Ettenberg, M.   Comparison of Surface and Edge-Emitting LED's Use in Fiber Optical Communications; IEEE Trans. Electr. Dev. ED-26 (1979) 8, 1230-1238

4.39   Kressel, H.; Ettenberg, M.   A New Edge-Emitting (Al,Ga)As Heterojunction LED for Fiber-Optic Communications; Proc. IEEE 63 (1975) 9, 1360-1361

4.40   Marcuse, D.   LED Fundamentals: Comparison of Front- and Edge-Emitting Diodes; IEEE J. Quant. Electr. QE-13 (1977) 10, 819-827

4.41   Asatani, K.; Kimura, T.   Analysis of LED Nonlinear Distortions; IEEE Trans. Electron. Dev. ED-25 (1978) 2, 199-207

4.42   Straus, J.   The Nonlinearity of High-Radiance Light-Emitting Diodes; IEEE J. Quant. Electron. QE-14 (1978) 11, 813-819

4.43   Lee, T.P.   The Nonlinearity of Double-Heterostructure LED's for Optical Communications; Proc. IEEE 65 (1977) 9, 1408-1410

4.44	Harth, W.	Influence of Bias Current on the Modulation Behaviour of GaAs-GaAlAs LEDs; AEÜ 35 (1981) 9, 373-376
4.45	Rocks, M.	Digitale Mehrstufenübertragung auf Lichtleitfasern mit Lumineszenzdioden; Der Fernmelde-Ingenieur 35 (1981) 1-4
4.46	Lee, T.P.; Dentai, A.G.	Power and Modulation Bandwidth of AlGaAs-GaAs High Radiance LED's for Optical Communication Systems; IEEE J. Quant. Electron. QE-14 (1978) 3, 150-159
4.47	Heinen, J.; Huber, W.; Harth, W.	Light Emitting Diodes with a Modulation Bandwidth of More than 1-GHz; Electron. Lett. 12 (1976) 21, 553-554
4.48	Yamaoka, T.; Abe, M.; Hasegawa, O.	GaAlAs LEDs for Fiber-Optical Communication Systems; Fujitsu Scient. Techn. J. 14 (1978) 3, 133-146
4.49	Muska, W.M., et al.	Material-Dispersion-Limited Operation of High-Bit-Rate Optical Fiber Data Links Using LEDs; Electron. Lett. 13 (1977) 13, 605-607
4.50	Klein, J.R.	Fiber Optic Light Source; telecommun. int. ed. 13 (1979) 9, 45-46
4.51	Yamakoshi, S., et al.	Reliability of High Radiance InGaAsP/InP LED's Operating in the 1.2 - 1.3 µm Wavelength; IEEE J. Quant. Electr. QE-17 (1981) 2, 167-173
4.52	Yamakoshi, S., et al.	Degradation of High Radiance InGaAsP/InP LED's at 1.2 - 1.3 µm Wavelength; Techn. Dig., Int. Electron. Dev. Meet. 1979, 122-125
4.53	Hersee, S.D.	Long Lived High Radiance LEDs for Fiber Optic Communication Systems; Techn. Dig.; Int. Electr. Dev. Meet. 1977, 567-569
4.54	Burrus, C.A.; Dawson, R.W.	Small-Area High-Current-Density GaAs Electroluminescent Diodes and a Method of Operation for Improved Degradation Characteristics; Appl. Phys. Lett. 17 (1970) 3, 97-99
4.55	Goodwin, A.R., et al.	The effects of processing stresses on residual degration in long lived $Ga_{1-x}Al_xAs$ lasers; Appl. Phys. Lett. 34 (1979) 10, 647-649
4.56	Kobayashi, T.; Kawakami, T.; Furukawa, J.	Thermal diagnosis of dark lines in degraded GaAs-GaAlAs double heterostructure lasers; Japan J. Appl. Phys. 14 (1975), 508
4.57	Mettler, K.	Effect or Dislocations on the Degradation of Silicon-Doped GaAs Luminescent Diodes; Siemens Forsch.-u. Entw. Ber. 1 (1972) 3, 274-278
4.58	Einstein, A.	Zur Quantentheorie der Strahlung; Phys. Z. 18 (1917) 6, 121-128
4.59	Maiman, T.H.	Optical and Microwave-Optical Experiments in Ruby; Phys. Rev. Lett. 4 (1960) 11, 564-566
4.60	Welker, H.	Über neue halbleitende Verbindungen; Z. Naturf. 7a (1952), 744-749

4.61	Braunstein, R.	Radiative Transitions in Semiconductors; Phys. Rev. 99 (1955), 1892-1893
4.62	Nathan, M.I., et al.	Stimulated Emission Radiation from GaAs pn-junctions; Appl. Phys. Lett. 1 (1962) 3, 62-64
4.63	Hall, R.N., et al.	Coherent Light Emission from GaAs-Junctions; Phys. Rev. Lett. 9 (1962), 366-368
4.64	Quist, T.M., et al.	Semiconductor Maser of GaAs; Appl. Phys. Lett. 1 (1962) 5, 91-92
4.65	Holonyak, N.; Bevacqua, D.F.	Coherent (Visible) Light Emission from $Ga(As_{1-x}P_x)$ Junctions; Appl. Phys. Lett. 1 (1962) 4, 82-83
4.66		Special issue on light sources and detectors; IEEE Trans. Electron. Dev. ED-28 (1981) 4
4.67		Special issue: Int. Laser Conf. 1981; IEEE J. Quant. Electr. QE-17 (1981) 5
4.68		Special issue on quaternary III-V compounds; IEEE J. Quant. Electr. QE-17 (1981) 2
4.69	Hayashi, I.; Panish, M.B.; Foy, P.W.	A low threshold room temperature injection laser; IEEE J. Quant. Electron. QE-5 (1969) 4, 211-212
4.70	Botez, D.	Single-Mode AlGaAs Diode Lasers; J. of Opt. Commun. 1 (1980) 2, 42-50
4.71	Botez, D.	Constricted Double-Heterojunction AlGaAs Diode Lasers: Structures and Electrooptical Characteristics; IEEE J. Quant. Electron. QE-17 (1981) 12, 2290-2309
4.72	Tsang, W.T.; Logan, R.A.	$GaAs-Al_xGa_{1-x}As$ Strip Burried Heterostructure Lasers; IEEE J. Quant. Electron. QE-15 (1979) 6, 451-469
4.73	Nakamura, M.; Tsuji, S.	Single-Mode Semiconductor Injection Lasers for Optical Fiber Communications; IEEE J. Quant. Electron. QE-17 (1981) 6, 994-1005
4.74	Wölk, C., et al.	Criteria for Designing V-Groove Lasers; IEEE J. Quant. Electr. QE-17 (1981) 5, 756-759
4.75	Arnold, G., et al.	Long-Term Behaviour of V-Groove Lasers at Elevated Temperatures; IEEE J. Quant. Electron. QE-17 (1981) 5, 759-762
4.76	Streifer, W.; Scifres, D.R.; Burnham, R.D.	Coupled wave analysis of DFB and DBR Lasers; IEEE J. Quant. Electron. QE-13 (1977) 4, 134-141
4.77	Streifer, W.; Scifres, D.R.; Burnham, R.D.	Analysis of grating-coupled radiation in GaAs:GaAlAs lasers and waveguides; IEEE J. Quant. Electron. QE-12 (1976) 7, 422-428
4.78	Yariv, A.	Coupled-mode theory for guided-wave optics; IEEE J. Quant. Electron. QE-9 (1973) 9, 919-933
4.79	Wang, S.	Principles of distributed feedback and distributed Bragg-reflector lasers; IEEE J. Quant. Electron. QE-10 (1974) 4, 413-427

4.80	Kogelnik, H.; Shank, C.V.	Coupled-wave theory of distributed feedback lasers; J. Appl. Phys. 43 (1972), 2327
4.81	Nakamura, M., et al.	GaAs-Ga$_{1-x}$Al$_x$As double heterostructure distributed feedback diode lasers; Appl. Phys. Lett. 25 (1974) 9, 487-488
4.82	Scifres, D.R.; Burnham, R.D.; Streifer, W.	Distributed feedback single heterojunction diode laser; Appl. Phys. Lett. 25 (1974) 4, 203-206
4.83	Shank, C.V.; Schmidt, R.V.; Miller, B.I.	Double-Heterostructure GaAs Distributed-Feedback Laser; Appl. Phys. Lett. 25 (1977) 4, 200-201
4.84	Shams, M.; Wang, S.	GaAs-(GaAl)As LOC-DBR laser with high differential quantum efficiency; Appl. Phys. Lett. 33 (1978) 2, 170-173
4.85	Reinhart, F.K.; Logan, R.A.; Shank, C.V.	GaAs-Al$_x$Ga$_{x-1}$As injection lasers with distributed Bragg reflectors; Appl. Phys. Lett. 27 (1975) 1, 45-48
4.86	Tsang, W.; Wang, S.	GaAs-Ga$_{x-1}$Al$_x$As double heterostructure injection lasers with distributed Bragg reflectors; Appl. Phys. Lett. 28 (1976) 10, 596-598
4.87	Namizaki, H.; Shams, M.K.; Wang, S.	Large-optical cavity GaAs-(GaAl)As injection laser with low-loss distributed Bragg reflectors; Appl. Phys. Lett. 31 (1977) 2, 122-124
4.88	Tsang, W.T., et al.	Strip Burried Heterostructure Lasers with Passive Distributed Bragg Reflectors; IEEE J. Quant. Electron. QE-15 (1979) 10, 1091-1093
4.89	Utaka, K.; Kobayashi, K.; Suematsu, Y.	Lasing Characteristics of 1.5 - 1.6 µm GaInAsP/InP Integrated Twin-Guide Lasers with First-Order Distributed Bragg Reflectors; IEEE J. Quant. Electron. QE-17 (1981) 5, 651-658
4.90	Sakakibara, Y., et al.	Single-mode oscillation under high-speed direct modulation in GaInAsP/InP integrated twin guide lasers with distributed Bragg reflectors; Electron. Lett. 16 (1980) 12, 456-457
4.91	Akhmedov, D., et al.	InGaAsP/InP Heterojunction Laser with Corrugated Waveguide Laser; Pis'ma V Zh. Tekh. Fiz. 6 (1980) 11/12, 708-712
4.92	Wang, S.	Design considerations for the DBR injection laser and the waveguiding structure for integrated optics; IEEE J. Quant. Electron. QE-13 (1977) 4, 176-186
4.93	Chang, W.S.	Periodic Structures and Their Applications in Integrated Optics; IEEE Trans. Microw. Theory and Techniques MTT-21 (1973) 12, 775-785
4.94	Dumke, W.P.	Current thresholds in stripe contact lasers; Sol. State Electron. 16 (1973), 1279-1281

4.95	Ettenberg, M.; Nuese, C.J.; Kressel, H.	The Temperature Dependence of Threshold Current for Double Heterojunction Lasers; J. Appl. Phys. 50 (1979) 4, 2949-2950
4.96	Hayakawa, T., et al.	Temperature Dependence of Threshold Current in (GaAl)As Double-Heterostructure Lasers with Emission Wavelengths of 0.74 - 0.9 µm; IEEE J. Quant. Electron. QE-17 (1981) 11, 2205-2210
4.97	Pawlik, J.R., et al.	Reduced Temperature Dependence of Threshold of (Al,Ga)As Lasers Grown by Molecular Beam Epitaxy; Appl. Phys. Lett. 38 (1981) 12, 974-976
4.98	Asada, M., et al.	The Temperature Dependence of the Threshold Current of GaInAsP/InP DH Lasers; IEEE J. Quant. Electron. QE-17 (1981) 5, 611-619
4.99	Ikegami, T.	Reflectivity of mode at facet and oscillation mode in double heterostructure injection lasers; IEEE J. Quant. Electron. QE-8 (1972) 6, 470-476
4.100	Kirkby, P.A.; Thompson, G.H.B.	The effect of double heterojunction waveguide parameters on the far field emission pattern of lasers; Opto-electronics 4 (1972), 323
4.101	Reinhart, F.K.; Hayashi, I.; Panish, M.B.	Mode reflectivity and waveguide properties of double heterostructure injection lasers; J. Appl. Phys. 42 (1971), 4466
4.102	Großkopf, G.; Küller, L.	Measurement of Nonlinear Distortions in Index- and Gain-Guiding GaAlAs Lasers; J. of Opt. Commun. 1 (1980) 1, 15-17
4.103	Sato, K.; Asatani, K.	A study on analog video transmission using semiconductor laser diodes; Trans. of Inst. Electron. Commun. Eng. Jap., Part E, E6, 63 (1980) 11, 818
4.104	Petermann, K.; Storm, H.	Nichtlineare Verzerrungen bei der Modulation von Halbleiterlasern; Wiss. Ber. AEG-Telefunken 52 (1979) 5, 238-242
4.105	Lang, R.; Kobayashi, K.	External Optical Feedback Effects on Semiconductor Injection Laser Properties; IEEE J. Quant. Electron. QE-16 (1980) 3, 347-355
4.106	Horimatsu, T.; Sasaki, M.; Aoyama, K.	Stabilization of diode laser output by beveled-end fiber coupling; Appl. Opt. 19 (1980) 12, 1984-1986
4.107	Hirota, O.; Suematsu, Y.; Kwok, K.	Properties of Intensity Noises of Laser Diodes due to Reflected Waves from Single-Mode Optical Fibers and Its Reduction; IEEE J. Quant. Electron. QE-17 (1981) 6, 1014-1020
4.108	Kobayashi, K.; Seki, M.	Microoptic grating multiplexers and optical isolators for fiber-optic communications; IEEE J. Quant. Electron. QE-16 (1980) 1, 11-22
4.109	Shibukawa, A., et al.	Compact optical isolator for near infrared radiation; Electron. Lett. 13 (1977) 24, 721-722

4.110	Kobayashi, K., et al.	Stabilized 1.3 micron laser diode-isolator module for a hybrid optical integrated circuit; Digest of techn. papers, Top. Meet. on Integrated and Guided-Wave Optics, Incline Village 1980, USA, paper MD3
4.111	Kuwahara, H.	Optical isolator for semiconductor lasers; Appl. Opt. 19 (1980) 2, 319-323
4.112	Arnold, G.; Petermann, K.	Intrinsic noise of semiconductor lasers in optical communication; Opt. and Quant. Electron. 12 (1980) 3, 207-219
4.113	Baack, C., et al.	Modulation behaviour in the Gbit/s range of several GaAlAs lasers; Frequenz 32 (1978) 12, 346-350
4.114	Brouwer, P.P.; Velzel, C.H.F.; Yeh, B.S.	Lateral Modes and Self Oscillations in Narrow-Stripe Double-Heterostructure GaAlAs Injection Lasers; IEEE J. Quant. Electron. QE-17 (1981) 5, 694-701
4.115	van der Ziel, J.P.	Self-Focusing Effects in Pulsating $Al_xGa_{1-x}As$ Double-Heterostructure Lasers; IEEE J. Quant. Electron. QE-17 (1981) 1, 60-68
4.116	Channin, D.J.; Olsen, G.H.; Ettenberg, M.	Self Oscillations and Dynamic Behaviour of Aged InGaAsP Laser Diodes; IEEE J. Quant. Electron. QE-17 (1981) 2, 207-210
4.117	Streifer, W.; Scifres, D.R.; Burnham, R.D.	Longitudinal Mode Spectra of Diode Lasers; Appl. Phys. Lett. 40 (1982) 4, 305-307
4.118	Hori, K.; Imai, H.; Tokugasawa, M.	Long-Lived GaAlAs-GaAs DH-Laser Diodes for Optical Communications; Fujitsu Scient. & Techn. J. 15 (1979) 4, 95-109
4.119	Nannichi, Y.; Hayashi, I.	Degradation of (Ga,Al)As Double Heterostructure Diode Lasers; J. Cryst. Growth 27 (1974), 126-132
4.120	Petroff, P.; Hartmann, R.L.	Rapid Degradation Phenomenon in Heterojunction GaAlAs--GaAs Lasers; J. Appl. Phys. 45 (1974), 3899
4.121	Chinone, N.; Nakashima, H.; Ito, R.	Long term degradation of $GaAs-Ga_{1-x}Al_xAs$ DH lasers due to facet erosion; J. Appl. Phys. 48 (1977) 3, 1160-1162
4.122	Ladany, I.; Lockwood, H.F.; Kressel, H.	Al_2O_3 half-wave films for long-life c.w. lasers; Appl. Phys. Lett. 30 (1977) 2, 87-88
4.123	Willardson, R.K.; Goering, H.L.	Compound Semiconductors, Vol.I: Preparation of III-V Compounds; Reinhold Publ. Corp. 1962
4.124	von Münch, W.	Technologie der Galliumarsenid-Bauelemente; Springer-Verlag, Berlin 1969
4.125	Gremmelmaier, R.	Preparation of Single Crystals of InAs and GaAs; Z. Naturforsch. 11A (1956), 511-513
4.126	Gatos, H.C.	Properties of Compound and Elemental Semiconductors; Interscience Publ. New York 1960

4.127	Zschauer, K.H.	Liquid-Phase Epitaxy of GaAs and the Incorporation of Impurities; Festkörperprobleme XV; Pergamon/Vieweg 1975, 1-20
4.128	Köster, W.; Thoma, B.	The Systems Ga-Sb, Ga-As, and Al-As; Z. Metallk. 46 (1955), 291-293
4.129	Nakajima, K.; Kusunoki, T.; Akita, K.	InGaAsP Phase Diagram and LPE Growth Conditions for Lattice Matching on InP; Fujitsu Scient. & Techn. J. 16 (1980) 4, 59-83
4.130	Ng, W.; Dapkus, P.D.	Growth and Characterization of 1.3 µm CW GaInAsP/InP Lasers by Liquid-Phase Epitaxy; IEEE J. Quant. Electron. QE-17 (1981) 1, 193-198
4.131	Tamari, N.	Liquid Phase Epitaxial Growth of Cadmium-Doped InGaAsP/InP Double Heterostructure Lasers; Appl. Phys. Lett. 39 (1981) 10, 792-794
4.132	Bhattacharga, P.B., et al.	LPE and VPE $In_{1-x}Ga_xAs_yP_{1-y}$/InP: Transport Properties, Defects, and Device Considerations; IEEE J. Quant. Electron. QE-17 (1981) 2, 150-161
4.133	Hsieh, J.J.	Phase Diagram for LPE Growth of GaInAsP Layers Lattice Matched to InP Substrates; IEEE J. Quant. Electron. QE-17 (1981) 2, 118-122
4.134	Ladany, I.; Smith, R.T.; Magee, C.W.	Meltback and Pullover as Causes of Disturbances in Liquid-Phase Epitaxial Growth of InGaAsP/InP 1.3 µm Laser Material; J. Appl. Phys. 52 (1981) 10, 6064-6067
4.135	Olsen, G.H.; Zamerowski, T.J.	Vapor-Phase Growth of (In,Ga)(As,P) Quaternary Alloys; IEEE J. Quant. Electron. QE-17 (1981) 2, 128-138
4.136	Olsen, G.H.; Nuese, C.J.; Ettenberg, M.	Reliability of vapor-grown InGaAs and InGaAsP heterojunction laser structures; IEEE J. Quant. Electron. QE-15 (1979) 8, 688-693
4.137	Susa, N., et al.	Vapor-phase epitaxial growth of InGaAs on (100) InP substrate; Jap. J. Appl. Phys. 19 (1980) 1, L17-20, 4S
4.138	Susa, N.; Yamauchi, Y.; Kanbe, H.	Punch-Through Type InGaAs Photodetector Fabricated by Vapor-Phase Epitaxy; IEEE J. Quant. Electron. QE-16 (1980) 5, 542-545
4.139	Susa, N.; Yamauchi, Y.; Kanbe, H.	Vapor phase epitaxially grown InGaAs photodiodes; IEEE Trans. Electron. Dev. ED-27 (1980) 1, 92-98
4.140	Stringfellow, G.B.; Hall, H.T.	VPE Growth of $Al_xGa_{1-x}As$; J. Cryst. Growth 43 (1978), 47-60
4.141	Burnham, R.D.; Scifres, D.R.; Streifer, W.	Low-Threshold Stripe Geometry Lasers by Metalorganic Chemical Vapour Deposition (MOCVD); Electron. Lett. 17 (1981) 19, 714-715
4.142	Ploog, K.	Molekular Beam Epitaxy in: Freyhardt, H.C. (ed.), Crystals, III-V Semiconductors, Springer-Verlag, Berlin 1980, 73-162

4.143	Tsang, W.T.	Extension of lasing wavelengths beyond 0.87 µm in GaAs/Al_xGa_{x-1}As double-heterosturcture lasers by In incorporation in the GaAs active layers during molecular beam epitaxy; Appl. Phys. Lett. 38 (1981) 9, 661-663
4.144	Lee, T.P., et al.	Zn-diffused back-illuminated p-i-n photodiodes in InGaAs/InP grown by molecular beam epitaxy; Appl. Phys. Lett. 37 (1980) 8, 730-731
4.145	Tsang, W.T.	Extremely Low Threshold (AlGa)As Modified Multiquantum Well Heterostructure Lasers Grown by Molecular-Beam Epitaxy; Appl. Phys. Lett. 39 (1981) 10, 786-788
4.146	Cho, A.Y.; Arthur, J.R.	Molecular Beam Epitaxy; Progr. in Sol. State Chem. 10 (1975), 157-191
4.147	Lee, T.P.; Cho, A.Y.	Single-transverse-mode injection lasers with embedded stripe layer grown by molecular beam epitaxy; Appl. Phys. Lett. 29 (1976) 3, 164-166
4.148	Winstel, G.; Weyrich, C.	Optoelektronik I, Springer-Verlag, Berlin 1981, 31
4.149	Casey, H.C.; Trumbore, F.A.	Single Crystal Electroluminescent Materials; Mater. Sci. Eng. 6 (1970), 69-109
4.150	King, F.D.; Springthorpe, A.J.; Szentesi, O.I.	High Power Long-Lived Double Heterostructure LED's for Optical Communications; IEDM Washington 1975, 480-483
4.151	Kressel, H.	Semiconductor Devices for Optical Communication; Springer-Verlag, Berlin 1982
4.152	Iwamoto, K., et al.	Efficient Light Emitting Diodes for Optical Communications Systems; NEC Res. & Devel. 51 (1978) Oct., 69-78
4.153	Chinone, N., et al.	Highly efficient (GaAl)As buried heterostructure lasers with buried optical guide; Appl. Phys. Lett. 35 (1979) 7, 513-516
4.154	Namizaki, H., et al.	Transverse-Junction-Stripe-Geometry Double-Heterostructure Lasers with Very Low Threshold Current; J. Appl. Phys. 45 (1975), 2785-2786
4.155	Kumabe, H., et al.	High Temperature Single-Mode cw Operation with a Junction-Up TJS Laser; Appl. Phys. Lett. 33 (1978) 1, 38-39
4.156	Nagano, M.; Kasahara, K.	Dynamic Properties of Transverse Junction Stripe Lasers; IEEE J. Quant. Electron. QE-13 (1977) 8, 632-637
4.157	Aiki, K., et al.	Channeled-Substrate Planar Structure (AlGa)As Junction Laser; Appl. Phys. Lett. 30 (1977) 12, 649-651
4.158	Botez, D.; Tsang, W.T.; Wang, S.	Growth Characteristics of GaAs-$Ga_{1-x}Al_x$As Structures Fabricated by Liquid Phase Epitaxy over Preferentially Etched Channels; Appl. Phys. Lett. 28 (1976) 4, 234-237
4.159	Botez, D.	cw high-power single-mode operation of constricted double-heterojunction AlGaAs lasers with a large optical cavity; Appl. Phys. Lett. 36 (1980) 3, 190-192
4.160	Itoh, R.	Laser Application Manual; Firmenschrift Hitachi 1979

4.161 Maslowski, S. Neue optische Sender-und Empfängerkonzepte; Professorenkonferenz der Deutschen Bundespost, Darmstadt Nov. 1981

4.162 Boers, P.M.; Vlaardingerbrock, M.T.; Danielsen, M. Dynamic Behaviour of Semiconductor Lasers; Electron. Lett. 11 (1975) 11, 206-208

Literatur zu Kapitel 5

5.1 Horimatsu, T.; Sasaki, M.; Aoyama, K. Stabilization of Diode Laser Output by Beveled-End Fiber Coupling; Appl. Opt. 19 (1980) 12, 1984-1986

5.2 Chen, Y.C. Noise Characteristics of Semiconductor Laser Diodes Coupled to Short Optical Fibers; Appl. Phys. Lett. 37 (1980) 7, 587-589

5.3 Wenke, G.; Elze, G. Investigation of Optical Feedback Effects on Laserdiodes in Broad-Band Optical Transmission Systems; J. of Opt. Commun. 2 (1981) 4, 128-133

5.4 Joyce, W.B.; Dixon, R.W. Thermal Resistance of Heterostructure Lasers; J. Appl. Phys. 46 (1975), 855-862

5.5 Kobayashi, T.; Iwane, G. Three Dimensional Thermal Analysis of Double-Heterostructure Semiconductor Lasers; Jap. J. Appl. Phys. 16 (1977), 1403-1408

5.6 Großkopf, G.; Küller, L. Measurement of Nonlinear Distortions in Index- and Gain-Guiding GaAlAs Lasers; J. of Opt. Commun. 1 (1980) 1, 15-17

5.7 Peled, S. Near- and Far-Field Characterization of Diode Lasers; Appl. Opt. 19 (1980) 2, 324-328

5.8 Kressel, H., et al. Laser Diodes and LEDs for Fiber Optical Communications, in: Semiconductor Devices for Optical Communications; Springer-Verlag, Berlin 1980, 30-33

5.9 Thompson, G.H.B. Physics of Semiconductor Laser Devices; John Wiley & Sons, 1980, 181-193

5.10 Arnold, G.; Petermann, K. Intrinsic noise of semiconductor lasers in optical communication systems; Opt. and Quant. Electron. 12 (1980), 207-219

5.11 Paoli, T.L. Noise characteristics of stripe-geometry double-heterostructure junction lasers operating continuously - I. Intensity noise at room temperature; IEEE J. Quant. Electron. QE-11 (1975) 6, 276-283

5.12 Ito, T., et al. Intensity Fluctuation in Each Longitudinal Mode of a Multimode AlGaAs Laser; IEEE J. Quant. Electron. QE-13 (1977) 8, 574-579

5.13 Goldberg, L., et al. Noise Characteristics in Line-Narrowed Semiconductor Lasers with Optical Feedback; Electron. Lett. 17 (1981) 19, 677-678

Literaturverzeichnis

5.14	Miles, R.O.; Burns, W.K.; Giallorenzi, T.G.	Low frequency noise in fiber coupled diode lasers; Techn. Dig., top. meet. on integrated and guided-wave optics 1980, Incline Village, USA, TuC3
5.15	Hirota, O.; Suematsu, Y.	Noise porperties of injection lasers due to reflected waves; IEEE J. Quant. Electron. QE-15 (1979) 3, 142-149
5.16	Klein, H.J.	Measurement of the dynamic emission spectrum of semiconductor laser diodes in the ps region; NTG-Fachber. 75, 1980, 159-162
5.17	Dandridge, A.; Miles, R.O.	Spectral characteristics of semiconductor laser diodes coupled to optical fibres; Electron. Lett. 17 (1981) 7, 273-275
5.18	Longhurst, R.S.	Geometrical and Physical Optics; Longman 1976, 261-273
5.19	Okoshi, T.; Kikuchi, K.; Nakayama, A.	Novel method for high-resolution measurement of laser output spectrum; Electron. Lett. 16 (1980) 16, 630-631
5.20	Okoshi, T.; Kikuchi, K.	Heterodyn-Type Optical Fiber Communications; J. of Opt. Commun. 2 (1981) 3, 82-88
5.21	Shimano, N.	The effects of thermal stress on the temperature dependence of degradation in $GaAs_{0.9}P_{0.1}$ LEDs operating at high current densities; J. Appl. Phys. 51 (1980) 3, 1818-1824
5.22	Hirao, M., et al.	Long Wavelength InGaAsP/InP Lasers for Optical Fiber Communication Systems; J. of Opt. Commun. 1 (1980) 1, 10-14
5.23	Paoli, T.L.	Intrinsic fluctuations in the output intensity of double heterostructure junction laser operating continuously at 300 K; Appl. Phys. Lett. 24 (1974) 4, 187-190
5.24		Laserdioden mit sehr kleiner Alterung; Siemens-Pressemitteilung, Mai 1981

Literatur zu Kapitel 6

6.1	Mischel, P.	Fotoelektronische Detektoren; Funkschau 52 (1980) 6, 79-82
6.2	Metz, S.	Eigenschaften und Entwicklungstendenzen schneller Photodetektoren für die optische Nachrichtentechnik; ntz 29 (1976) 2, 127-133
6.3	Pearsall, T.P.	Photodetectors for Optical Communication; J. of Opt. Commun. 2 (1981) 2, 42-48
6.4	Smith, R.G.	Photodetectors for Fiber Transmission Systems; Proc. IEEE 68 (1980) 10, 1247-1253
6.5	Carni, P.L.	Photodetectors; in: CSELT 1980, 472-497

6.6	Schinke, D.P.; Smith, R.G.; Hartmann, A.R.	Photodetectors, in: Semiconductor Devices; ed. H. Kressel, Springer-Verlag, Berlin 1980, 63-88
6.7	Lee, T.P.; Li, T.	Photodetectors, in: Optical Fiber Communications; Academic Press 1979, 593-626
6.8	Mikawa, T.; Kagawa, S.; Kaneda, T.	Germanium Avalanche Photodiodes for Optical Communication Systems; Fujitsu Scient. & Techn. J. 16 (1980) 2, 95-118
6.9	Ando, H.; Kanbe, H.; Kimura, T.	Ge-Avalanche Photodiode; Rev. Electr. Commun. Lab. 27 (1979) 7-8, 586-598
6.10	Campbell, J.C., et al.	Small Area High Speed InP/InGaAs Phototransistor; Appl. Phys. Lett. 39 (1981) 10, 820-821
6.11	Campbell, J.C., et al.	InP/InGaAs Heterojunction Phototransistors; IEEE J. Quant. Electron. QE-17 (1981) 2, 264-269
6.12	Beneking, H., et al.	GaAs-GaAlAs phototransistor/laser light amplifier; Electron. Lett. 16 (1980) 15, 602-603
6.13	Campbell, J.C.; Ogawa, K.	Heterojunction Phototransistors for Long-Wavelength Optical Receivers; J. Appl. Phys. 53 (1982) 2, 1203-1208
6.14	Eden, R.C.	Heterojunction III-V alloys photodetectors for high sensitivity 1.06 µm optical receivers; Proc. IEEE 63 (1975) 1, 32-37
6.15		Special issue on quaternary III-V components; IEEE J. Quant. Electron. QE-17 (1981) 2
6.16	Chin, R., et al.	Schottky barrier $Ga_{1-x}Al_xAs_{1-y}Sb_y$ alloy avalanche photodetectors; Appl. Phys. Lett. 37 (1980) 6, 550-551
6.17	Moon, R.L.	The effects of mismatch on the performance of GaAsSb photodiodes; J. Appl. Phys. 51 (1980) 10, 5561-5564
6.18	Law, H.D.; Nakano, K.; Tomasetta, L.R.	III-V alloy heterostructure high speed avalanche photodiodes; IEEE J. Quant. Electron. QE-15 (1979) 7, 549-558
6.19	Heinlein, W.	Empfindlichkeit digitaler optischer Empfänger; Forsch.-Ber. Univ. Kaiserslautern 1980, 1-36
6.20	Capasso, F., et al.	Very high quantum efficiency GaSb mesa photodetectors between 1.3 and 1.6 µm; Appl. Phys. Lett. 36 (1980) 2, 165-167
6.21	Chin, R.; Hill, C.M.	Low Dark Current GaAlAsSb Photodiodes; Appl. Phys. Lett. 40 (1982) 4, 332-333
6.22	Olsen, G.H.	Low-Leakage, High Efficiency, Reliable VPE InGaAs 1.0 - 1.7 µm Photodiodes; IEEE Electron. Dev. Lett. EDL-2 (1981) 9, 217-219
6.23	Lee, T.; Burrus, C.A.; Dentai, A.G.	InGaAs/InP pin-Photodiodes for Lightwave Communications at the 0.95-1.65 µm Wavelength; IEEE J. Quant. Electron. QE-17 (1981) 2, 232-238

6.24	Susa, N.; Yamauchi, Y.; Kanbe, H.	Vapor phase epitaxially grown InGaAs photodiodes; IEEE Trans. Electron. Dev. ED-27 (1980) 1, 92-98
6.25	Susa, N.; Yamauchi, Y.; Kanbe, H.	Punch-through type InGaAs photodetector fabricated by vapor-phase epitaxy; IEEE J. Quant. Electron. QE-16 (1980) 5, 542-545
6.26	Sakai, S.; Umeno, M.; Ameniya, Y.	Optimum Designing of InGaAsP/InP Wavelength Demultiplexing Photodiodes; Trans. Inst. Electron. Commun. Eng. Jap. E-63 (1980) 3, 192-197
6.27	Mikawa, T., et al.	A Low-Noise n^+np Germanium Avalanche Photodiode; IEEE J. Quant. Electron. QE-17 (1981) 2, 210-216
6.28	Burrus, C.A.; Dentai, A.G.; Lee, T.P.	InGaAsP PIN Photodiodes with Low Dark Current and Small Capacitance; Electron. Lett. 15 (1979) 20, 655-657
6.29	Webb, P.P.; McIntyre, R.J.; Conradi, J.	Properties of avalanche photodiodes; RCA Rev. 35 (1974) 2, 234-278
6.30	van Vliet, K.M.; Rucker, L.M.;	Theory of carrier multiplication and noise in avalanche devices, Part I: One-carrier processes, Part II: Two carrier processes; IEEE Trans. Electron. Dev. ED-26 (1979) 5, 746-764
6.31	Berchthold, K.; Krumpholz, O.; Suri, J.	Avalanche Photodiodes with a Gain-Bandwidth Product of more than 200 GHz; Appl. Phys. Lett. 26 (1975) 10, 585-587
6.32	Conradi, J.	Temperature Effects in Silicon Avalanche Diodes; Sol. State Electron. 17 (1974), 99-106
6.33	Lee, T.P.; Li, T.	Photodetectors, in: Optical Fiber Communications; Academic Press 1979, 609-611
6.34	McIntyre, R.J.	The Distribution of Gains in Uniformly Multiplying Avalanche Photodiodes: Theory; IEEE Trans. Electron. Dev. ED-19 (1972) 6, 703-713
6.35	McIntyre, R.J.	Multiplication Noise in Uniform Avalanche Diodes; IEEE Trans. Electron. Dev. ED-13 (1966) 1, 164-168
6.36	Schlachetzki, A.; Müller, J.	Photodiodes for Optical Communication; Frequenz 33 (1979) 10, 283-290
6.37	Takanashi, Y.; Horikoshi, Y.	1.3 µm (InGa)(AsP) Avalanche Photodiodes; J. of Opt. Commun. 1 (1980) 2, 51-57
6.38	Shirai, T., et al.	Multiplication Noise of InP Avalanche Photodiodes; Appl. Phys. Lett. 39 (1981) 2, 168-169
6.39	Krumpholz, O.; Maslowski, S.	Schnelle Photodioden mit wellenlängenabhängigen Demodulationseigenschaften; Z. f. Angew. Phys. 25 (1968), 156
6.40	Krumpholz, O.; Maslowski, S.	Avalanche Mesaphotodioden mit Quereinstrahlung; Wiss. Ber. AEG-Telefunken 44 (1971) 2, 73-79
6.41	Yeats, R.; von Dessonneck, K.	Detailed Performance Characteristics of Hybrid InP-InGaAsP APD's; IEEE Electron. Dev. Lett. EDL-2 (1981) 10, 268-271

6.42	Takanashi, Y.; Horikoshi, Y.	Effect of impurity diffusion on the characteristics of avalanche photodiode; Jap. J. Appl. Phys. 19 (1980) 4, 687-691
6.43	Yeats, R.; Chiao, S.H.	Leakage current in InGaAsP avalanche photodiodes; Appl. Phys. Lett. 36 (1980) 2, 167-170
6.44	Susa, N., et al.	Characteristics in InGaAs/InP Avalanche Photodiodes with Separated Absorption and Multiplication Regions; IEEE J. Quant. Electron. QE-17 (1981) 2, 243-250
6.45	Ando, H., et al.	InGaAs/InP Separated Absorption and Multiplication Regions Avalanche Photodiode Using Liquid- and Vapor-Phase Epitaxies; IEEE J. Quant. Electron. QE-17 (1981) 2, 250-254
6.46	Takanashi, Y.; Kawashima, M.; Horikoshi, Y.	Required donor concentration of epitaxial layers for efficient InGaAsP avalanche photodiodes; Jap. J. Appl. Phys. 19 (1980) 4, 693-701
6.47	Susa, N., et al.	New InGaAs/InP avalanche photodiode structure for the 1-1.6 micrometer wavelength region; IEEE J. Quant. Electron. QE-16 (1980) 8, 864-870
6.48	Kanbe, H.; Susa, N.; Ando, H.	Structures of InGaAs avalanche photodiodes; Dig. techn. pap., top. meet. on integrated and guided-wave optics 1980, Incline Village, USA, paper WD1
6.49	Lee, T.P., et al.	InGaAs PIN Photodetector and GaAs FET Amplifiers used at 1.3 µm Wavelength in 45- and 274 Mbit/s Experimental Repeaters; Conf. on Laser and Electrooptical Systems 1980, San Diego, USA, paper TUGG2
6.50	Ahmad, K.; Mabbit, A.W.	$Ga_{1-x}In_xAs$ Photodetectors for 1.3 µm PIN-FET Receiver; Dig., Int. Electron. Dev. Meet. 1978, 646-648
6.51	Lee, T.P., et al.	Small Area InGaAs/InP PIN Photodiodes: Fabrication Characteristics and Performance of Devices in 274 Mb/s and 45 Mb/s Lightwave Receivers at 1.31 µm Wavelength; Electron. Lett. 16 (1980) 4, 155-156
6.52	Smith, D.R., et al.	p-i-n FET hybrid optical receiver for 1.1-1.6 µm optical communication systems; Electron. Lett. 16 (1980) 19, 750-751
6.53	Leheny, R.F., et al.	In(0.53)Ga(0.47)As PIN-FET photo-receiver for 1.0-1.7 micrometer wavelength fiber optic systems; Dig. techn. pap., top. meet. on integrated and guided-wave optics 1980, Incline Village, USA
6.54	O'Neil, V.P., II	Using integrated detector/pre-amplifiers in fiber optics systems; Electro-Opt. Syst. Des. 13 (1981) 1, 35-39
6.55	Burgess, J.W.; Mabbitt, A.W.; Monham, K.L.	PIN-FET Receivers for 1.3 Micron Fiber Optic Systems; Microelectron. J. 12 (1981) 3, 9-13
6.56	O'Mahony, M.J.	Duobinary transmission with p-i-n FET optical receivers; Electron. Lett. 16 (1980) 19, 752-753
6.57	Leheny, R.F., et al.	Integrated $In_{0.53}Ga_{0.47}As$ p-i-n FET photoreceivers; Electron. Lett. 16 (1980) 10, 353-355

6.58	Mikawa, T.; Kagawa, S.; Kaneda, T.	Germanium Avalanche Photodiodes for Optical Communication Systems; Fujitsu Scient. & Techn. J. 16 (1980) 6, 95-117
6.59		Special issue on light sources and detectors; IEEE Trans Electron. Dev. ED-28 (1981) 4
6.60	Green, S.I.	Testing High Speed Detectors; Laser Focus 14 (1978) 9, 60-66
6.61	Piccari, L.; Spano, P.	New Method for Measuring Ultrawide Frequency Response of Optical Detectors; Electron. Lett. 18 (1982) 3, 116-118
6.62	Andersson, T.; Johnston, A.R.; Eklund, H.	Temporal and Frequency Response of Avalanche Photodiodes from Noise Measurements; Appl. Opt. 19 (1980) 20, 3496-3499
6.63	Melchior, H.	Sensitive High Speed Photodetectors for the Demodulation of Visible and Near Infrared Light; J. Lumin. 7 (1973), 390
6.64	Melchior, H.	Demodulation and Photodetection Techniques, in: Laser Handbook; Elsevier 1972, Amsterdam, 725
6.65	Melchior, H.; Hartmann, A.R.	Epitaxial Silicon $n^+p\pi p^+$-Avalanche Photodiode for Optical Fiber Communications at 800 to 900 Nanometers; Dig., Int. Electron. Dev. Meet. 1976, 412

Literatur zu Kapitel 7

7.1	Bowen, T.; Gempe, H.	Impact of coupling efficiency on fiber optic system performance; Electro-Opt. Syst. Des. 12 (1980) 8, 35-43
7.2	Grossmann, M.	Focus on fiber-optic connectors: Low-cost linking still a challenge; Electron. Des. 29 (1981) 23, 255-262, 264, 266-268
7.3	Williford, T.L.; Jackson, K.W.; Scholly, C.	Interconnection for lightguide fibers. Part 1: Cable splice hardware and single fiber connectors. Theory of optical coupling; Western Electric Eng. 24 (1980) 1, 86-95
7.4	Böttcher, U.	Jointing of Optical Fiber Cables; Ericsson Rev. 3 (1980) 92-96
7.5	Saruwatari, M.; Nawata, K.	Semiconductor Laser to Single-Mode Fiber Coupler; Appl. Opt. 18 (1979) 11, 1847-1856
7.6	Geckeler, S.	Bestimmung des Koppelwirkungsgrades zwischen Lumineszenzdioden und Lichtwellenleitern mit Hilfe des Phasenraumdiagramms; private Mitteilung
7.7	Saruwatari, M.; Sugie, T.	Efficient Laser Diode to Single-Mode Fiber Coupling Using a Combination of Two Lasers in Confocal Condition; IEEE J. Quant. Electron. QE-17 (1981) 6, 1021-1027
7.8	Ackenhusen, J.G.	Microlenses to Improve LED-to-Fiber Optical Coupling and Alignment Tolerance; Appl. Opt. 18 (1979) 21, 3694-3699

7.9	Abram, R.A.; Allen, R.W.; Goodfellow, R.C.	The Coupling of Light Emitting diodes to Optical Fibers Using Spherical Lenses; J. Appl. Phys. 46 (1975), 3468-3474
7.10	Weidel, E.	New coupling method for GaAs laser-fibre coupling; Electron. Lett. 11 (1975) 18, 436-437
7.11	Kato, D.	Light Coupling from a Strip-Geometry GaAs Diode Laser into an Optical Fiber with Spherical End; J. Appl. Phys. 44 (1973), 2756-2758
7.12	Kawachi, M.; Edahiro, T.; Toba, H.	Microlens Formation on VAD Single-Mode Fiber Ends; Electron. Lett. 18 (1982) 2, 71-72
7.13	Cheng, W.	The Optimum Coupling from GaAs Lasers into Spherical-Ended Fibers; Proc. IEEE 69 (1981) 3, 396-397
7.14	Odemar, N.; Steinmann, P.	Lichtwellenleiter-Verbindungstechnik; telcom report 4 (1981) 4, 300-307
7.15	Guttmann, J.; Krumpholz, O.	Theoretische und experimentelle Untersuchungen zur Verkopplung zweier Glasfaser-Lichtwellenleiter; Wiss. Ber. AEG-Telefunken 46 (1973) 1, 8-15
7.16	Di Vita, P.	Mismatches in optical fibres for communications; Laser u. Elektro-Opt. 13 (1981) 3, 16-18
7.17	Di Vita, P.; Rossi, U.	Evaluation of splice losses induced by mismatch in fibre parameters; Opt. and Quant. Electron. 13 (1981) 1, 91-94
7.18	Kashima, N.	Splice Loss and Mode Conversion via Multimode Fiber; Appl. Opt. 19 (1980) 15, 2597-2601
7.19	Dalgleish, J.F.	Splices, Connectors, and Power Couplers for Field and Office Use; Proc. IEEE 68 (1980) 10, 1226-1232
7.20	Gloge, D.	Offset and Tilt Loss in Optical Fiber Splices; Bell Syst. Techn. J. 55 (1976) 7, 905-927
7.21	Miller, C.M.; Mettler, S.C.	A Loss Model for Parabolic-Profile Fiber Splices; Bell Syst. Techn. J. 57 (1978) 9, 3167-3180
7.22	Mettler, S.C.	A General Characterization of Splice Loss for Multimode Optical Fibers; Bell Syst. Techn. J. 58 (1979) 10, 2163-2183
7.23	Bond, D.J.; Hensel, P.	The effects on joint losses of tolerances in some geometrical parameters of optical fibres; Opt. and Quant. Electron. 13 (1981) 1, 11-18
7.24	Kashima, N.	Transmission Characteristics of Splices in Graded-Index Multimode Fibers; Appl. Opt. 20 (1981) 22, 3859-3866
7.25	Geckeler, S.	Verluste bei Kopplung von Gradientenfasern mit unterschiedlichem Kerndurchmesser und unterschiedlicher numerischer Apertur; private Mitteilung
7.26	Zielinski, H.G.; Klinger, S.	Lichtwellenleiter-Verbindungstechnik und Kabelzubehör; Wiss. Ber. AEG-Telefunken 53 (1980) 1/2, 34-41

7.27	Woods, J.G.	Optical Fiber Communications Cable Connector; TRW, Inc., Philidephia; Army Commun. Res. and Developm. Command; Fort Monmouth, NJ, final report 1 May 79 - 17 Feb. 81
7.28	Best, S.	Optische Nachrichtentechnik, Teil II: Lösbare Verbindungen (2); Nachr. Elektron. 35 (1981) 5, 182, 184
7.29	Millar, C.A.; Mallinson, S.R.	Optical-Fibre Connectors for Telecommunication; Electron. and Power 27 (1981) 9, 637-639
7.30	Nagasawa, S.; Murata, H.	Optical fibre connectors using a fused and drawn multi-glass-rod arrangement; Electron. Lett. 17 (1981) 7, 268-270
7.31	van der Wiel, A.F.	Optical interconnection; New Electron. 13 (1980) 2, 116
7.32	Turley, W.	Demountable connections for optical fibres; Electron. and Instrum. 11 (1980) 2, 83, 85, 87
7.33		Field-installable fiber optic connecting devices developed; Electron. Pack. and Prod. 20 (1980) 2, 14, 18, 20
7.34	Payne, D.B.; Millar, C.A.	Triple-ball connector using fibre-bead location; Electron. Lett. 16 (1980) 1, 11-12
7.35	Knoblauch, G.	Lichtwellenleiter Steckverbinder; Siemens Bauteile Rep. 18 (1980) 1, 1-7
7.36	Furuta, H.; Oguro, S.; Kudo, T.	Optical Fiber Connector; Fujitsu Scient. & Techn. J. 14 (1978) 3, 119-132
7.37	Makuch, J.A.	Review and Update Interconnect Standardization; SPIE Vol 224 (1980): Fiber Optics for Communications and Control, 159-165
7.38	Cheung, N.K.	Transfer-Molded Biconical Connector for Single-Mode Fiber Interconnections; Int. Conf. on Integrated Optics and Optical Fiber Communication IOOC'81, San Francisco, Techn. Dig., 98-99
7.39	Shimizu, N.; Tsuchiya, H.	Single-mode-fibre connectors; Electron. Lett. 14 (1978) 19, 611-613
7.40	Kaiser, M.	Optische Stecker; Elektronik 28 (1979), 90-96
7.41	Hirai, M.; Uchida, N.	Melt Splice of Multimode Optical Fiber with an Electric Arc; Electron. Lett. 13 (1977) 5, 123-125
7.42	Hatakeyama, I.; Tsuchiya, H.	Fusion Splices for Optical Fibers by Discharge Heating; Appl. Opt. 17 (1978) 12, 1959-1964
7.43	Pacey, G.K.; Dalgleish, J.F.	Fusion Splicing of Optical Fibers; Electron. Lett. 15 (1979) 1, 32-34
7.44	Khoe, K.D.	Practical Machine for Electric Arc Splicing of Optical Fiber in the Field; Electron. Lett. 15 (1979) 5, 152-153
7.45	Bisbee, D.L.	Splicing silica fibres with an electric arc; Appl. Opt. 15 (1976) 3, 796-798
7.46	Hatakeyama, I.; Tsuchiya, H.	Fusion splices for single-mode optical fibers; IEEE J. Quant. Electron. QE-14 (1978) 8, 614-619

7.47		Research on Optical fiber Transmission Systems in ECL, NTT; The Electrical Communication Laboratories, NTT 1978
7.48	Stueflotten, S.	Protection of Optical Fiber Arc Fusion Splices; J. Opt. Commun. 3 (1982) 1, 19-25
7.49	Payne, D.B.; McCartey, D.J.; Healey, P.	Fusion Splicing of a 31.6 km Monomode Optical Fiber System; Electron. Lett. 18 (1982) 2, 82-84
7.50	Tachikura, M.	Fusion Mass-Splicing for Optical Fibers by Discharge Heating; Eletron. Lett. 17 (1981) 19, 694-695
7.51	Light, W.D.; Smolka, F.M.	Optical Characteristics of a Clear Epoxy; Appl. Opt. 17 (1978) 22, 3518-3519
7.52	Epworth, R.E.	The Phenomenon of Modal Noise in Analogue and Digital Optical Fiber Systems; Proc. 4th European Conference on Optical Communications; Genova, 12-15 Sep. 1978, 492-501
7.53	Crosignani, B.; Daino, B.; diPorto, P.	Interference of Mode Patterns in Optical Fibers; Opt. Commun. 11 (1974) 2, 178-179
7.54	Imai, M.; Asakura, T.	Speckle Contrast of Laser Light Transmitted through Multimode Optical Fibers; Optik 48 (1977) 3, 335-340
7.55	Imai, M.; Tida, M.; Asakura, T.	Off-Axis Speckle Contrast of Laser Light Transmitted through Multimode Optical Fibers; Optik 51 (1978) 4, 429-434
7.56	Crosignani, B.; Daino, B.; diPorto, P.	Speckle-Pattern Visibility of Light Transmitted through a Multimode Optical Fiber; J. Opt. Soc. Am. 66 (1976) 11, 1312-1313
7.57	Goodman, J.W.	Statistical Properties of Laser Speckle Patterns, in: Laser Speckle and Related Phenomena, Springer-Verlag, Berlin 1975
7.58	Piazzolla, S.; de Marchis, G.	Spatial coherence in optical fibers; Opt. Commun. 32 (1980) 3, 380-382
7.59	Imai, M.; Ohtsuka, Y.	Speckle-pattern contrast of semiconductor laser; Opt. Commun. 33 (1980) 1, 4-8
7.60	Petermann, K.	Wavelength-Dependent Transmission at Fiber Connectors; Electron. Lett. 15 (1979) 22, 706-708
7.61	Petermann, K.	Nonlinear distortions and noise in optical communication systems due to fiber connectors; IEEE J. Quant. Electron. QE-16 (1980) 7, 761-770
7.62	Culshaw, B.	Minimization of Modal Noise on Optical Fiber Connectors; Electron. Lett. 15 (1979) 17, 529-531
7.63	Pask, C.	Analysis of Optical Fiber Connectors and Modal Noise Generation; Proc. IEE 127 (1980) 5, 282-286
7.64	Oleson, H.	Dependence of Modal Noise on Source Coherence and Fiber Length; Electron. Lett. 16 (1980) 6, 217-218

7.65 Rawson, E.G.; Goodman, J.W.; Norton, R.E. — Frequency Dependence of Modal Noise in Multimode Optical Fibers; J. Opt. Soc. Am. 70 (1980) 8, 968-976

7.66 Daino, B.; de Marchis, G.; Piazzolla, S. — Analysis and Measurement of Modal Noise in an Optical Fiber; Electron. Lett. 15 (1979) 23, 755-765

7.67 Daino, B.; de Marchis, G.; Piazzolla, S. — Speckle and Modal Noise in Optical Fibers: Theory and Experiment; Optica Acta 27 (1980) 8, 1151-1159

7.68 Hill, K.O.; Tremblay, Y.; Kawasaki, B.S. — Modal Noise in Multimode Fibers: Theory and Experiment; Opt. Lett. 5 (1980) 1, 270-272

7.69 Rawson, E.G.; Norton, R.E.; Goodman, J.W. — Temporal Frequency Dependence of Modal Noise in Fibers; Electron. Lett. 16 (1980) 8, 301-303

7.70 Epworth, R.E. — Modal Noise: Causes and Cures; Laser Focus Sept. 1981, 109-115

7.71 Baack, C., et al. — Modal Noise and Optical Feedback in High-Speed Optical Systems at 0.85 µm; Electron. Lett. 16 (1980) 15, 592-593

Literatur zu Kapitel 8

8.1 Personick, S.D. — Receiver design for digital fiber optic communication systems, I und II; Bell Syst. Techn. J. 52 (1973) 6, 843-886

8.2 Personick, S.D. — Receiver design for optical fiber systems; Proc. IEEE 65 (1977) 12, 1670-1678

8.3 Smith, R.G.; Personick, S.D. — Receiver design for optical fiber communication systems, in: Kressel, H. (ed.), Semiconductor devices for optical communication; Springer-Verlag, Berlin 1980, Abschnitt 4.3.2

8.4 Mirtich, V.L. — Designers' Guide to Fiber Optic Data Links: Part 1-3; EDN 25 (1980) 15, 103-110

8.5 Garrett, I. — Receivers for optical fibre communications; Radio and Electron. Eng. 51 (1981) 7/8, 349-361

8.6 Netzer, Y. — Simplify Fiber-Optic Receivers with a High-Quality Preamp; EDN Sep. 1980, 161-164

8.7 Paladin, G.; Pietroiusti, R. — Considerations on the receivers of optical fiber digital transmission systems; Alta Frequenza 49 (1980) 1, 8-17

8.8 Smith, D.R.; Garrett, I. — A Simplified Approach to Digital Optical Receiver Design; Opt. Quant. Electron. 10 (1978), 211-221

8.9 Grau, G. — Quantenelektronik; F. Vieweg Verlag 1978

8.10	Krumpholz, O.	Signal/Rausch-Verhältnis bei Avalanche-Photodioden; Wiss. Ber. AEG-Telefunken 44 (1971) 2, 80-84
8.11	Okano, Y; Miki, T.	SNR Analysis for Digital Optical Transmission; Rev. of Electrical Commun. Lab. 26 (1978), 701-711
8.12	Russer, P.; Hillbrand, H.	Rauschanalyse von linearen Netzwerken; Wiss. Ber. AEG-Telefunken 49 (1976) 4/5, 127-138
8.13	Personick, S.D., et al.	A Detailed Comparison of Four Approaches to the Calculation of Sensitivity of Optical Fiber System Receivers; IEEE Trans. Commun. COM-25 (1977) 5, 541-548
8.14	Gagliardi, R.M.; Prati, G.	On Gaussian error probabilities in optical receivers; IEEE Trans. Commun. COM-28 (1980) 9/II, 1742-1747
8.15	Rugemalira, R.A.M.	The calculation of average error probability in a digital fibre optical communication system; Opt. Quant. Electron. 12 (1980) 2, 131-141
8.16	Rugemalira, R.A.M.	Calculation of error probability in an optical communication channel in the presence of intersymbol interference, using a characteristic function method; Opt. Quant. Eletron. 12 (1980) 2, 119-129
8.17	Hauck, W.; Bross, F.; Ottka, M.	Zur Berechnung der Fehlerwahrscheinlichkeit von Lichtleitfasersystemen; NTG-Fachber. 65 (1978), 288-292
8.18	Jenq, Y.C.	Probability of Error in Digital Fiber Optic Systems with Inter-Symbol Interference and Signal Dependent Additive Noise; J. of the Franklin Inst. 307 (1979) 5, 291-303
8.19	Wiesmann, T.	A Comparison of the Noise Properties of Receiving Amplifiers for Digital Optical Transmission Systems up to 300 Mbit/s; Frequenz 32 (1978) 12, 340-346
8.20	Hullett, J.L.; Moustakas, S.	Optimum transimpedance broadband optical preamplifier design; Opt. Quant. Electron. 13 (1981) 1, 65-69
8.21	Goell, J.E.	An optical repeater with high-impedance input amplifier; Bell Syst. Techn. J. 53 (1974) 4, 629-643
8.22	Ogawa, K.	Noise Caused by GaAs MESFETs in Optical Receivers; Bell Syst. Techn. J. 60 (1981) 6, 923-928
8.23	Rocks, M.	Digitale Mehrstufenübertragung auf Lichtleitfasern mit Lumineszenzdioden; Der Fernmelde-Ingenieur 35 (1981) 1-4

Literatur zu Kapitel 9

9.1	Keil, H.; Pascher, H.	Telekommunikation mit Licht. Lichtwellenleiter als Alternative zum Kupferkabel; Siemens-Z. 54 (1980) 2, 7-10
9.2	Hölzler, E.; Holzwarth, H.	Pulstechnik, Bd.I: Grundlagen; Springer-Verlag 1981 Pulstechnik, Bd.II: Anwendungen und Systeme, Springer-Verlag, Berlin 1976

Literaturverzeichnis

9.3	Drullmann, R.; Kammerer, W.	Leitungscodierung und betriebliche Überwachung bei regenerativen Lichtleitkabel-Übertragungssystemen; Frequenz 34 (1980) 2, 45-52
9.4	Bolleter, W.; Steffen, W.	Sender für optische Datenübertragung; Elektroniker 1 (1979) 11, 30-32

Literatur zu Kapitel 10

10.1	Nomura, Y., et al.	1.3 µm, 400 Mbit/s Undersea Optical Repeater Sea Trial; Electron. Lett. 17 (1981) 23, 889-891
10.2	Kojina, N., et al.	Design and Characteristics of Submarine Optical Cable; Proc. IEE 128 (1981) 6, 290-298
10.3	Zeidler, G.H.	Application of Fiber Optic Cables in Local Subscriber Networks; Int. Conf. on Communications, June 1981, 48.3.1-48.3.3
10.4	Aiki, K.; Nakamura, M.; Umeda, J.	Frequency multiplexing light source with monolithically integrated DFB diode lasers; Appl. Phys. Lett. 29 (1976) 8, 506-508
10.5	Tien, P.K.	Integrated Optics - Present and Future; J. Jap. Soc. Appl. Phys. 43 (1974), 119-124
10.6	Tamir, T.	Integrated Optics; Springer-Verlag, Berlin 1981
10.7	Jinguji, K.; Okamoto, K.	Minimization of Modal Dispersion in Graded-Index Fibers over a Wide Wavelength Range; J. of Opt. Commun. 1 (1980) 1, 2-4
10.8	Miya, T., et al.	Fabrication of Low Dispersion Single-Mode Fibers over a Wide Spectral Range; IEEE J. Quant. Electron. QE-17 (1981) 6, 858-851
10.9	Winzer, G.	Wavelength-Division Multiplex, a Favourable Principle? Siemens Forsch.- und Entw.-Ber. 10 (1981) 6, 362-370
10.10	Hashimoto, K.; Nosu, K.	Low-Loss Optical Multi/Demultiplexer Using Interference Filters; Proc. 5th European Conf. on Opt. Commun., Amsterdam 1979
10.11	Ishikawa, S.; Takahashi, K.; Doi, K.	Wavelength-division multiplexers/demultiplexers; NEC Res. a. Dev. (1980) 59, 65-71
10.12	Parriaux, O.; Bernoux, F.; Chartier, G.	Wavelength Selective Distributed Coupling between Single-Mode Optical Fibers for Multiplexing; J. of Opt. Commun. 2 (1981) 3, 105-109
10.13	Watanabe, R., et al.	Optical Multi/Demultiplexers for Single-Mode Fiber Transmission; IEEE J. Quant. Electron. QE-17 (1981) 6, 974-981
10.14	Sheem, S.K.; Moeller, R.P.	Single-mode fiber wavelength multiplexer; J. of Appl. Phys. 51 (1980) 8, 4050-4052

10.15 Miyauchi, E., et al. — Compact wavelength multiplexer using optical-fiber pieces; Opt. Lett. 5 (1980) 7, 321-322

10.16 Straus, J. — Wavelength division multiplexing: new application for fibre optics; Can. Electron. Eng. 24 (1980) 10, 39, 43-44, 46

10.17 Watanabe, R., et al. — Optical demultiplexer using a pin photodiode detector array; Trans. Inst. Electron. a. Commun. Eng. Jap. Sect. E E64 (1981) 2, 92-93

10.18 Horner, J.L.; Ludman, J.E. — Single Holographic Element Wavelength Demultiplexer; Appl. Opt. 20 (1981) 10, 1845-1847

10.19 Karavanskii, V.A., et al. — Investigation of a frequency-division data channel multiplexer; Sov. J. of Quant. Electron. 10 (1980) 6, 783-784

10.20 Ormond, T. — Wavelength multiplex, demultiplex devices emerge from fiber-optic research; Electr. Des. News 26 (1981) 3, 73-74

10.21 Fujii, Y.; Aoyama, K.I.; Minowa, J.I. — Optical demultiplexer using a silicon echelette grating; IEEE J. Quant. Electron. QE-16 (1980) 2, 165-169

10.22 Mahlein, H.F. — Design of beam splitters for optical fiber tapping elements; Siemens Forsch.- und Entw.-Ber. 8 (1979) 3, 136-140

10.23 Mahlein, H.F. — Designing of edge interference filters for wavelength-division multiplex transmission over multimode optical fibers; Siemens Forsch.- und Entw.-Ber. 9 (1980) 3, 142-150

10.24 Winzer, G.; Reichelt, A. — Wavelength-division multiplex transmission over multimode optical fibers: Comparison of multiplexing principles; Siemens Forsch.- und Entw.-Ber. 9 (1980) 4, 217-226

10.25 Rocks, M. — Digitale Mehrstufenübertragung auf Lichtleitfasern mit Lumineszenzdioden; Der Fernmelde-Ing. 35 (1981) 1-4, 1-117

10.26 Krick, W.; Baack, C. — Vergleich von "Nyquist"- und "Partial Response"-Übertragungsverfahren für digitale Lichtwellenleitersysteme; AEÜ 35 (1981) 7/8, 265-274

10.27 Rocks, M. — The Effect of Splices and Equidistant Amplitude Level Spacings in Digital Multi-Level Optical Waveguide Systems; J. of Opt. Commun. 2 (1981) 2, 49-53

10.28 Rocks, M.; Kersten, R.Th. — Increase of Fiber Bandwidth for Digital Systems by Means of Multiplexers; Dig. of ICC Conf., Washington, 1980

10.29 Yamamoto, Y.; Kimura, T. — Coherent Optical Fiber Transmission Systems; IEEE J. Quant. Electron. QE-17 (1981) 6, 919-935

10.30 Favre, F., et al. — Progress Towards Heterodyne-Type Single-Mode Fiber Communication Systems; IEEE J. Quant. Electron. QE-17 (1981) 6, 897-906

10.31	Okoshi, T.; Kikuchi, K.	Heterodyne-Type Optical Fiber Communications; J. of Opt. Commun. 2 (1981) 3, 82-88
10.32	Okoshi, T., et al.	Computation of Bit-Error Rate of Various Heterodyne and Coherent-Type Optical Communication Systems; J. of Opt. Commun. 2 (1981) 3, 89-96
10.33	Kikuchi, K.; Okoshi, T.; Kitano, J.	Measurement of Bit-Error Rate of Heterodyne-Type Optical Communication System - A Simulation Experiment; IEEE J. Quant. Electron. QE-17 (1981) 12, 2266-2267
10.34	Saito, S.; Yamamoto, Y.; Kimura, T.	Optical heterodyne detection of directly frequency modulated semiconductor laser signals; Electron. Lett. 16 (1980) 22, 826-827
10.35	Saito, S., et al.	Optical FSK Heterodyne Detection Experiments Using Semiconductor Laser Transmitter and Local Oscillator; IEEE J. Quant. Electron. QE-17 (1981) 935-941
10.36	Koester, W.; Mohr, F.	Optische Zweiwegübertragung; Elektr. Nachrichtenwesen 55 (1980) 4, 342-349
10.37	Kajitani, M., et al.	Single-Fiber Bidirectional Data Bus Loop; NEC Res. and Dev. Jap. 60 (1981), 1-4
10.38	Bender, A.D.	Fiber Optic Data Bus Status and Applications; International Fiber Optics and Communications Handbook and Buyers' Guide 1980-1981, 57-61
10.39	Weidel, E.; Wengel, J.	T-Koppler für die optische Datenübertragung; Wiss. Ber. AEG-Telefunken 53 (1980) 1-2, 17-22
10.40	Auracher, F.	Prinzipien und Eigenschaften von Abzweigen für Multimodefasern; Frequenz 34 (1980) 2, 52-57
10.41	Reichelt, A., et al.	Improved optical tapping elements for graded-index optical fibers; Siemens Forsch.- und Entw.-Ber. 8 (1979) 3, 130-135
10.42	Weidel, G.; Gruchmann, D.	Tee-Coupler for Single-Mode Fibers; Electron. Lett. 15 (1979) 23, 737-738
10.43	Duck, G.S.	Applications of passive couplers in fiber optic systems; Electron. Pack. and Production 20 (1980) 2, 111-112
10.44		The Latest in Fiber Optic Directional Couplers; Can. Electron. Eng. (1979) March, 39-40
10.45	Rawson, E.G.; Bailey, M.D.	Bitaper Star Couplers with up to 100 Fiber Channels; Electron. Lett. 15 (1979) 14, 432-433
10.46	Villarruel, C.A.; Moeller, P.P.; Burns, W.K.	Tapped Tee Single-Mode Data Distribution System; IEEE J. Quant. Electron. QE-17 (1981) 6, 941-946
10.47	Hudson, M.C.; Thiel, F.L.	The star coupler: A unique interconnection component for multimode optical waveguide communications systems; Appl. Opt. 13 (1974) 11, 2540-2545

10.48	Ramer, O.G.	Design of planar star couplers for fiber optic systems; Appl. Opt. 19 (1980) 8, 1294-1297
10.49	Nosu, K.; Watanabe, R.	Slab waveguide star coupler for multimode optical fibres; Electron. Lett. 16 (1980) 15, 608-609
10.50	Rawson, E.G.; Metcalfe, R.M.	Fibernet: Multimode Optical Fibers for Local Computer Networks; IEEE Trans. Commun. COM-26 (1978) 7, 983-990
10.51	Saito, S.; Eguchi, M.	Applications of optical-fiber transmission to computer-network systems; Mitsubishi Denki Giho (Jap.) 55 (1981) 3, 16-20
10.52	Medved, D.; Keating, J.	Fiber computer links; Laser Focus 16 (1980) 4, 66
10.53	Sugimoto, S.; Usui, T.; Ueki, A.	Bidirectional Wavelength-Division-Multiplexing Transmission System Using LEDs with the Same Wavelength; Trans. IECE Jap. E63 (1980) 10, 770-771
10.54	Murata, H.	The Review of Recent Development of Optical Fiber and Cable in Japan; Rep. TI-80049, Furukawa Electr. Co. 1980
10.55	Ogawa, K.; McCormick, A.R.	Multimode fiber coupler; Appl. Opt. 17 (1978) 13; 2077-2079

Literatur zu Kapitel 11

11.1	Sell, D.D.; Maione, T.L.	Experimental fibre optic transmission system for interoffice trunks; IEEE Trans. Comm. Com-25 (1977)5, 517-523
11.2	Pan, J.J.; Fischler, S.	The eight hundred megabit connection (optical fibre link); Commun. Intern. 7 (1980) 1, 26-30
11.3	Shimada, S.	Systems engineering for lang-haul optical-fiber transmission; Proc. IEEE 68 (1980) 10, 1304-1309
11.4	Anderson, C.D., et al.	An undersea communication system using fiberguide cables; Proc. IEEE 68 (1980) 10, 1299-1303
11.5	Chang, K.Y.	Fiberguide systems in the subscriber loop; Proc. IEEE 68 (1980) 10, 1291-1299
11.6	Jacobs, I.; Stauffer, J.R.	FT3 - A metropolitan trunk lightwave system; Proc. IEEE 68 (1980) 10, 1286-1290
11.7	van Etten, W.C.; Lammers, T.M.	Transmission of FM-modulated audiosignals in the 87.5-108 MHz broadcast band over a fiber optic sytem; Forsch.-Ber. Eindhoven Univ. of Technology (1980), 1-20
11.8	Yanagimoto, K., et al.	Field Trials of Fiber Optic Subscriber Loops in Yokosuka; Int. Conf. on Communications 1981, Denver, USA
11.9	De Vecchis, M.; Desormiere, B.	34 Mbit/s Optical Fibre Test link between Two Paris Telephone Exchanges; Commutat. and Transm. 3 (1981) 1, 13-24

11.10	Thayer, D.R., et al.	Fabrication, Assembly, and Calibration of a 144-Fiber Signal Transmission System; CLEO'81, Washington, USA
11.11	Stach, R.M.; Tischer, F.C.	34-Mbit/s-Lichtwellenleiter-System; ntz 33 (1980) 12, 794-799
11.12	McCallum, B.B.	Fiberoptic Subscriber Loops. A Look at the Elie System; Laser Focus 16 (1980) 11, 64, 66-67
11.13	Rauth, F.	Aufbau und Funktion des neuen Breitbandkommunikationssystems mit Lichtwellenleitern in Berlin; Ing. d. Dt. Bundespost 30 (1981) 2, 51-52
11.14	Gobl, G.; Hoegberg, S.	Field trial with optical communication; Ericsson Rev. 57 (1980) 3, 109-116
11.15	Krägenow, H.	Die 1. LWL-Ortskabelanlage für die DBP - Zielsetzung, Probleme, Lösungswege; nzt 33 (1980) 9, 608-610
11.16	Effing, W.; Krull, K.; Sperlich, J.	Das 34-Mbit/s-Lichtleitfasersystem im Ortsnetz Berlin - Systemauslegungen und Betriebserfahrungen; Wiss. Ber. AEG-Telefunken 53 (1980) 1/2, 49-55
11.17		Hi-OVIS, Informationsbroschüre der Visual Information System Development Ass., Tokyo
11.18	Lentiez, G.	The Fibering of Biarritz; Fiberoptic Technology (1981) Nov., 125-128
11.19	Niquil, M.	The wired city of Biarritz; Optical Spectra (1981) Aug., 38-40
11.20	Goldmann, H., et al.	Die 1. LWL-Ortskabelanlage für die DBP (2. Teil) - Beschreibung, Montage, Ergebnis; ntz 33 (1980) 10, 674-677
11.21	Barnoski, M.K.	Fiber systems for the military environment; Proc. IEEE 68 (1980) 10, 1315-1320
11.22	Giallorenzi, T.G.	Optical Communications Research and Technology: Fiber Optics; Proc. IEEE 66 (1978) 7, 744-780
11.23	Gloge, D.; Ogawa, K.; Cohen, L.G.	Baseband Characteristics of Long-Wavelength L.E.D. Systems; Electron.Lett. 16 (1980) 10, 366-367
11.24	Grothe, H., et al.	Transmission Experiments and System Calculations for a 1,3 µm LED System; J. of Opt. Commun. 3 (1982) 2, 63-66
11.25	Ogawa, K., et al.	System Experiments using 1.3 µm LEDs; Electron. Lett. 17 (1981) 2, 71-72
11.26	Kersten, R.Th.; Rocks, M.	Wavelength Division Multiplex Systems; J. of Opt. Commun. 3 (1982) 3
11.27	Rocks, M.; Kersten, R.Th.	Optische Wellenlängenmultiplex-Systeme; Frequenz (1982)
11.28		Bell demonstrates undersea technology with 101-km link; Laser Focus (1982) June, 4

11.29	Liu, C., et al.	Dispersionless picosecond transmission; Techn. Digest, CLEO'82, postdeadline paper
11.30	Yamada, J.I., Machida, S.; Kimura, T.	2 Gbit/s optical transmission experiments at 1.3 µm with 44 km single-mode fibre; Electron. Lett. 17 (1981) 13, 479-480
11.31	Carraro, F.; Pellegrini, G.	Economic evaluations and forecasts for optical fibre transmission systems at 1.2 - 1.5 µm; Opt. and Quant. Electron. 12 (1980) 4, 273-279
11.32	Edahiro, T., et al.	Transmission characteristics of 116.3 km and 65.1 km graded index VAD fibres at 1.55 µm and 1.3 µm; Electron. Lett. 16 (1980) 12, 478-480
11.33	Miller, S.E.	Integrated Optics: An Introduction; Bell Syst. Techn. J. 48 (1969) 7, 2059-2069

Sachverzeichnis

Abscheiderate 163
Abschneidemethode 186f.
Absorption 140f., 240
–, Eigen- 141
–, IR- 149
–, UV- 149
Absorptions-koeffizient 304
– -zone 305
Abstrahlcharakteristik 229f.
–, Messung der 288f.
Abstrahlung 139
Abstrahlungsverlust 113
Abstrahlwinkel 96
Abtasttheorem 365
Abzweig, T- 392f.
Äußerer Quantenwirkungsgrad 227
Aktivierungsenergie 237
Akzeptanzwinkel 150, 190, 328
– für Leckwellen 155
Akzeptor 220, 226f.
– -niveau 220
Alterung 149
– von Detektoren 324
– von Halbleiterlasern 267f.
– von LWL 170
–, beschleunigte 300
–, Langzeit- 323
Alterungs-mechanismen 238f., 267
– -messung 300f.
Amplitude 20, 21

–, komplexe 20
Amplituden-modulation 362, 364
– -vektor 22
Anregung, 70%- 184f.
Anregungsmethoden 184f.
Ansprechzeit 306
– von LED 236
Antireflexionsschicht 318
Antistokes-Linien 207
Arrhenius-Beziehung 237
ASK 388
Auger-Effekt 223
Ausbreitungskonstante 85, 87, 90, 94, 101, 114, 120, 128f., 149
–, azimutale 121
Ausbreitungsrichtung 21
Ausfallswinkel 31, 34
Ausstrahlung, spezifische 14, 17, 335
Außenraum 75, 78, 97
Axialer Modus 244f.

Bändermodell, pn-Übergang 221
Balkentelegraf 5f.
Band-Band-Übergang 222
– -abstandsenergie 303
– -breite-Verstärkungs-Produkt 313f.
– -struktur 214f.
– – direkter Halbleiter 218
– – indirekter Halbleiter 218
Bauelemente, integriert optische 391

Besetzungs-inversion 241f., 243
− -wahrscheinlichkeit 219, 221f.
Besselfunktion 80f.
− zweiter Art, modifizierte 76f., 80f.
−, Näherung der 124
Bessel'sche Differentialgleichung 73f.
− −, modifizierte 76
Bestrahlung 16, 17
Bestrahlungsstärke 16, 17
Bidirektionale Übertragung 391, 403
Bilanzgleichung 240, 241, 261
Bild-schirmzeitung 2
− -telefon 2
Binäre Verbindung 224
Bitfehlerquote 387
Bloch-Funktion 214
− -Welle 215
Bloch'sches Theorem 214
Blockcode 369
Bodenradioaktivität 149
Boltzmann-konstante 146
− -Statistik 219, 240
Boroxid 160
Boxcar-Verstärker 197
Bragg-Bedingung 254
Brechungsgesetz, Snellius'sches 30f.
Brechzahl 20, 22
− von GaAs 37
− von normalem Glas 37
−, Dispersion der 120
−, effektive 58
−, veränderliche 120
− -differenz 104, 113, 114
− −, normierte 117, 120
− -profil 126, 132
− − -messung 177f.
− -verlauf 117
−, parabolischer 131
− -verteilung, dreidimensionale 176

− -wert, absoluter 176
Breite, spektrale 51, 108, 298f., 389
Brewster'sches Gesetz 38
Brewsterwinkel 38, 45
Brillouin-Zone 217
Bruch-festigkeit 209
− -wahrscheinlichkeit 165
− −, reduzierte 167
Burrus-LED 231f.

Code 366
−, AMI- 369
−, HDB3- 369
−, 5B6B- 369
− -buch 372f.
Codierung, Leitungs- 368f.
−, Quellen- 366f.
Codierungsverfahren 362f.
CO_2-Gaslaser 159
Cutoff 88, 92f., 97, 114, 126
− -Dicke 66
− -Wellenlänge 66f.
− -Werte 88
CVD-Verfahren 160
Czochralski-Verfahren 271

Dämpfung, LWL- 140f.
−, polarisationsabhängige 196
−, Spleiß- 195, 345
−, Stecker- 195
Dämpfungs-belag 194
− -koeffizient 141, 147
− -messung 184
dark-lines 238
Datenbussystem 391f.
Dauerdehnung 165
DBR-Laser 253f.
de-Broglie-Wellenlänge 212
Defekte, LWL- 195

Dehydrierverfahren 142
Dejustierung 340
Demultiplexer 382f.
Detektor 302f.
—, pin-FET- 320
Detektoren, Rauschen von 315f.
—, Übersicht 321f.
DFB-Laser 253f.
Dickenmeßgerät 159
Dielektrikum 27
Dielektrizitätskonstante 26
—, relative 26
Differentieller Quantenwirkungsgrad 266f., 284
Diffusionsgeschwindigkeit 306
Dirac-Stoß 109
Direkter Halbleiter 220
Dispersion der Brechzahl 120
—, Material- 109f., 119, 199, 403
—, Moden- 104f., 131, 199
—, Null- 110, 113
—, Profil- 120, 199f.
—, Wellenleiter- 112f., 119, 199, 403
Divergenz 11f.
D-Linie 153, 157
Donator 220, 226f.
— -niveau 220
Doppelheterostrukturlaser 195, 249f.
Doppeltiegel-Verfahren 163f.
Dotierung für LWL 182
Drei-Niveau-Schema 241
Driftgeschwindigkeit 221f., 306, 309, 312
Dunkelstromrauschen 316f., 351
Durchbruchspannung 310
Durchmesserschwankung 159
Dynamik 397

Effekt, Auger- 223

—, photoelektrischer 303
—, photovoltaischer 6, 18
EH-Welle 87, 90, 93
Eigenabsorption 141
Eigenleitende Zone 306
Eigenwertgleichung 84f., 87, 94
— für LWL 83
— für Schichtleiter 58
—, allgemeine 97
—, angenäherte 88f., 97, 106
Einfalls-ebene 33f.
— -winkel 31, 34
Einheiten, photometrische 14
—, radiometrische 14f.
Einheitszelle 217
Einkopplung 157
Einkoppeloptik 297
Einstrahlung, seitliche 318
EMD 184
Emission, spontane 240
—, stimulierte 239f.
Emissionswellenlänge 298f.
Empfänger 349f.
—, frequenzselektiver 384
—, pin-FET- 357, 402
Empfindlichkeit, örtliche 323f.
—, spektrale 308, 322
Energie, Bandabstands- 303
—, Fermi- 219
—, kinetische 213
—, potentielle 213
— -dichte 39
Entscheiderschwelle 353, 361
Entzerrer 358
Epitaxie-Prozesse 277f.
Ersatzschaltung der Photodiode 307
Euler'sche Formel 23
Externer Resonator 389
Extinktionskoeffizient 141, 145, 190

Exzitonen 220, 222

Fabry-Perot-Interferometer 390
— — -Resonator 243, 299
Faltung 202
Fehlanpassung, optische 337f.
Fehler-funktion, Gauß'sche 354
— -korrektur 368
— -wahrscheinlichkeit 350, 354f.
Feld-extrema 64
— -komponente, longitudinale 85
— -komponenten 60, 97
— -konstante, elektrische 26
— —, magnetische 26
— -nullstellen 64
— -stärke, elektrische 22, 25
— —, magnetische 22, 25
— -verteilung 64f., 118, 123
Fermi-Energie 219
— -Niveau 219
— -Statistik 219
Fernfeld 182
—, Messung des 290
FFT 203
Flüssigkeit, erstarrte 142
Flüssigphasenepitaxie 231, 271f.
Fokussiermethode 173
Formel, Euler'sche 23
Fouriertransformation 202
Frequenz-bandbreite 383
— -bereich, Messung im 204f.
— -modulation 362, 364
— -umtastung 388
Fresnel'sche Gleichungen 37f., 42
Fronteinstrahlung 318
FSK 388
Fünf-Schicht-Heterostrukturlaser 250f.
Funkelrauschen 291

Galvanische Trennung 391
Gasphasen-abscheidung, axiale 142
— -epitaxie 273f.
Gaußimpuls 203
Gauß'sches Rauschen 385
Germanium-APD 357
— -Photodiode 304, 320
— -oxid 160
Gesetz, Brewster'sches 38
Gitter-konstante 225, 295
— -spektrometer 294f.
— -struktur 212
Glan-Thompson-Prisma 196
Gleichgewichtszustand 184
Gleichlichtpegel 351
Gleichungen, Fresnel'sche 37f., 42
Gradient 10f., 13
Gradientenprofil-LWL 110f.
Graphitofen 158
Grenzempfindlichkeit 349f.
Grundmodus 59, 66, 67, 85, 87, 135, 158
Gruppen-brechzahl 102f., 193, 244
— -geschwindigkeit 23f., 118
— -laufzeit 101, 106, 131f., 195

Halbleiter, direkter 220
—, Verbindungs- 211
—, III-V- 211f., 224f.
— -laser 2, 8, 239f.
— —, Doppelheterostruktur- 249f.
— —, Eigenschaften 268f.
— —, Grundlagen 239f.
— —, Homodioden- 247f.
— —, LOC- 251f.
— —, Singleheterostruktur- 248f.
— —, Streifen- 250f.
Halide-Prozeß 273
Harmonische Verzerrung 287f.
Hauptkeule 289

Sachverzeichnis

Hauptstrahlrichtung 16
Helixstrahl 127, 153
Herstellung von LWL 157f.
Heterodyn-Empfang 383f., 403
— -verfahren 388
Heterostruktur-LED 231
— -laser, Fünf-Schicht- 250f.
HE-Welle 87, 90, 93
Hierarchie, PCM- 368
Hintergrundlicht 351
Hochimpedanz-Vorverstärker 359
Homodioden-Laser 247f.
Hydrid-Prozeß 273

Impuls-antwort 136f., 202
— -verbreiterung 135
Induktion, magnetische 25
Induktionsofen 158
Inhomogenitäten des LWL 195
Injektionswirkungsgrad 227
Innenraum 72, 78, 97
Innerer Quantenwirkungsgrad 227
Integriert optische Bauelemente 391
Intensitäts-modulation 362
— -multiplex 383f.
Interferenz, destruktive 50
— -mikroskopie 182
Interferometrie, direkte 175
Intermodulation 287f.
Intraband-Übergang 223
Ionisationskoeffizient 311f.
IR-Absorption 149
Isotropie 83
III-V-Halbleiter 211f., 224f.

Joulesche Wärme 27

Kabel-fernsehen 2
— -herstellung 165

Kantenstrahler, LED- 232
Kapstan-Antrieb 160
Kartesische Koordinaten 12f.
Kaustik 123, 125, 152
— -radius 152, 154
Kern 72
— -durchmesser 114
— -gebiet 68
Kinetische Energie 213
Knallgasbrenner 159
Kohärenz 50f.
— -länge 51
— -zeit 51
Kompressibilität 146
Kontamination 270, 277
Koordinaten, kartesische 12f.
—, Zylinder- 11f., 69, 97
Koppler, LWL- 197
—, Stern- 399f.
Kopplung, LWL-Detektor 326
—, LWL-LWL 326, 333f.
—, Sender-LWL 326f.
—, Stoß-auf-Stoß- 328
Kopplungs-länge 200
— -wirkungsgrad 326
Korpuskulartheorie 18
Kreisfrequenz 20
Kristallflächen 217
Krümmungsverlust 114
Kurzstreckensystem 391, 403

Ladung, elektrische 27
Ladungsträgermultiplikation 309
Längenabhängigkeit der Übertragungsbandbreite 200
Lambert-Strahler 233, 327, 332
Lambert'sches Gesetz 141
Langzeit-alterung 323
— -verhalten von LWL 210f.

Laplace-Operator 13f., 28, 70
Laser 239f.
—, DBR- 253f.
—, DFB- 253f.
—, Rubin- 241
— -spiegel, Passivieren von 270
Lateraler Modus 244f., 298
Laufzeit, relative 137
— -berechnung 101
— -differenz 108, 134
Lawinen-photodiode 302, 309f.
— —, Aufbau 319f.
— —, RAPD- 319
— -zone 312
Lebensdauer von LED 234, 237
— -messungen 237
Leckwelle 139f., 155, 178, 180, 335
—, Akzeptanzwinkel 155
Leistung, rückgestreute 193
Leitfähigkeit, spezifische 26
Leitungs-codierung 368f.
— -überwachung 368
Licht, sichtbares 19
— -geschwindigkeit 20
— -leistung, Gleichgewichtsverteilung 156
— —, Gleichverteilung 156
— —, mittlere 352
— —, rückreflektierte 293
— -verstärker 243
— -wellen-länge, maximale 66
— — -leiter 2, 8, 68, 96f., 108, 129, 150
— — —, Dotierung 182
— — —, Gradientenprofil- 110f.
— — —, Herstellung 157
— — —, gekrümmte 139
— — —, Messung 177f.
— — —, Monomode- 87, 97, 112f.
— — —, Potenzprofil 192

— — —, Dämpfung 140f.
— — —, Defekte 195
— — —, Hülle 169
— — —, Inhomogenitäten 195
— — —, Kabel 164f.
— — — —, Messung an 207f.
— — —, Koppler 197
— — —, Schwänzchen 334
Linearität von LED 235f.
Linienspektrum 299
Longitudinale Feldkomponente 85
Longitudinaler Modus 244f., 265
Lumineszenzdiode 226f.
—, Burrus- 231f.
—, diffundierte 230
—, epitaktische 231

Mantelgebiet 68
Material, isotropes 27
— -dispersion 109f., 119, 199, 403
— -streuung 140
MCVD-Verfahren 160f.
Medium, optisch dichtes 31
—, optisch dünnes 31
Meridionalstrahl 126, 153
Messung an LWL 177f.
— an LWL-Kabeln 207f.
— an Vorformen 172f.
— der Numerischen Apertur 182f.
— der Übertragungsbandbreite 199f.
— im Frequenzbereich 204f.
— im Zeitbereich 201f.
—, Brechzahlprofil- 177f.
—, Dämpfungs- 184f.
—, interferometrische 173
—, kalorimetrische 173
—, Lebensdauer- 237
Metall-Ionen 141
Methode, refracted-near-field- 179

Sachverzeichnis

—, Stab/Rohr- 160
—, WKBJ- 124f.
Mie-Streuung 146
Millerindex 217

Mischkristall 224
MOCVD-Verfahren 274f.
modal-noise 346f.
mode-competition-noise 293
— -hopping 265, 266
— -partition-noise 293
Moden, Anzahl der ausbreitungsfähigen 94f., 128, 131, 151
— -abhängigkeit von Kopplern 394f.
— -abstreifer 177
— -art 85
— -dispersion 104f., 131, 199
— -filter 185f.
— -konversion 156
— -mischer 394
— -ordnungszahl 64
— -parameter 79, 83, 94, 123
— -rauschen 346f., 402
— -sprung 265, 266, 300
— -typen 88
— -zahl 67, 84, 93, 121, 123
Modulation, Amplituden- 362, 364
—, Frequenz- 362, 364
—, Intensitäts- 362
—, Phasen- 362, 363
—, Pulsamplituden- 365
—, Pulscode- 366
—, Pulsdauer- 365
—, Pulsfrequenz- 365
—, Pulsphasen- 365
—, Rausch- 384
—, wertdiskrete 366
—, wertkontinuierliche 363, 365
—, zeitdiskrete 365, 366
—, zeitkontinuierliche 363

Modulations-bandbreite 261f., 285f.
— -hub 364
— -index 364
— -strom 285
— -verfahren 362f.
Modus, axialer 244f.
—, lateraler 244f., 298
—, longitudinaler 244f., 265
—, transversaler 244f.
Molekül-rotation 149
— -schwingung 142, 149
Molekularstrahlepitaxie 256, 275f.
Monomode-LWL 87, 97, 112f., 403
Multimode-LWL 97
Multiplexer 379f., 403
Multiplexsystem 376f.
Multiplikations-faktor 310f.
— -zone 310

Nahfeld 182
—, Messung des 290
— -methode 177, 335
— —, modifizierte 178
Nichtlineare Effekte 206
Nichtlinearitäten 258
Niveau, Akzeptor- 220
—, Donator- 220
—, Fermi- 219
—, Quasi-Fermi- 219
— -Schema, Drei- 241
— —, Vier- 242
— —, Zwei- 241
NRZ-Signal 371
Nulldispersion 110, 113, 114
Numerische Apertur 95f., 149, 328, 337f.
— —, Messung der 182f.
— —, Wellenlängenabhängigkeit der 183

Oberflächen-beschichtung 324
- -strahler, LED- 232
- -strom 317
Ofen, Graphit- 158
-, Induktions- 158
OOK 388
Optischer Wirkungsgrad 227
Ordnungszahl 59f.
Oszillator, lokaler 385f.
OTDR 188f., 345
-, digitaler 198
OVD-Verfahren 162f.

Paar-Rekombination 223
Parabel-funktion 155
- -profil 150, 152
Passivieren 270
Pauli-Prinzip 221
PCM 366
- -Hierarchie 368
Peltier-Kühler 282
Periodendauer 20
Permeabilität 26
-, relative 26
Permittivität 26
Phase 20, 21
Phasen-ausbreitungskonstante 20, 57
- -diagramm 271
- -differenz 44
- -ebene 21f.
- -front 54
- -gang 20
- -geschwindigkeit 23f.
- -konstante 20
- -modulation 362f.
- -raumdiagramm 149f., 181, 332
- -sprung 44
- -umtastung 388
Phononen 220, 222

Photodiode, Lawinen- 302, 309f.
-, pin- 302, 306f.
-, pn- 302, 305f.
Photoelastischer Koeffizient 146
Photoelektrischer Effekt 303
Photometrische Einheiten 14
Phototransistor 302
Photovoltaischer Effekt 6, 18
P/i-Kennlinie 234, 257f.
- - im Pulsbetrieb 282
- -, Bestimmung der 279f.
pin-FET-Empfänger 320, 357, 402
pn-Übergang, Bändermodell 221
Poisson-Verteilung 349
Polarisation 46f., 85
-, elliptische 48
-, lineare 48
-, rechts-linksdrehende 48
-, zirkulare 48
Polarisationsoptik 196
Potentielle Energie 213
Potentialverlauf 215
Potenzprofil-LWL 130, 133, 136, 192
Poynting-Vektor 100, 118f.
Primärbeschichtung 149, 160
Prinzip, Pauli- 221
Produkt, Vektor- 9f.
-, skalares 9f.
Profil-dispersion 120, 199f.
- -exponent 133, 135
- -funktion 120f., 132, 151
Prozesse, Epitaxie-277f.
PSK 388
Puls-amplitudenmodulation 365
- -codemodulation 366
- -dauermodulation 365
- -frequenzmodulation 365
- -phasenmodulation 365
Pumpband 241

Sachverzeichnis

π-Schicht 310

Quanten-ausbeute 308f., 350
– –, Bestimmung der 322
– -grenze 350
– -rauschen 291
– -wirkungsgrad 284
– –, äußerer 227
– –, differentieller 266f., 284
– –, innerer 227
Quantisierung 366
Quarzglas 141, 157, 160
Quasi-Fermi-Niveau 219
Quaternäre Verbindung 224
Quellencodierung 366f.

Radiometrische Einheiten 14f.
Raman-LWL-Laser 206
Raum-multiplex 377f.
– -winkel 14f.
Rauschbandbreite 350f.
Rauschen von Laserdioden 291f.
– – Photodetektoren 315f.
–, Dunkelstrom- 316f., 351
–, Funkel- 291
–, Gauß'sches 385
–, Moden- 346f.
–, Quanten- 291
–, Schrot- 315, 351, 386
–, thermisches 351
Rausch-leistung 350f.
– –, äquivalente 317
– -modulation 384
– -verminderung 197
Rayleigh-Streuung 143f., 188
– –, Strahlungsdiagramm 144
– –, Streukoeffizient 145
Redundanz 368
Reflexion in die aktive Zone 261f.

Reflexions-gitter 295
– -koeffizient 38f., 45
– -verhältnis 37f.
Reibungsschwingungen 209
Rekombination 219, 222f.
–, Paar- 223
–, strahlende 224f.
Rekombinations-rate 240
– -wirkungsgrad 227
Repeater 2, 3
Resonator, externer 389
–, Fabry-Perot- 243, 299
– -länge 244
– -verlust 245
RFN-Methode 179
Rotation 11f.
Rubin-Laser 241
Rückreflexion 196
Rückschmelzen von InP 273
Rückstreukurve 194

Schicht-dicke, minimale 66
– -wellenleiter 53f., 64, 85
– –, Eigenwertgleichung 58
Schiebeepitaxie-Einrichtung 272
Schrödinger-Gleichung 212f.
Schrotrauschen 315, 351, 386
Schutzringdiode 319
Schwellenstrom 245f., 255f.
– -dichte 245f., 256f.
Schwingung 20
Selbst-Pulsationen 263
Sellmeier-Koeffizient 102f.
– -Reihe 102f.
Sendeelemente 211f.
Signal-Rauschverhältnis 352f.
Singleheterostrukturlaser 195, 248f.
Sintern der Vorform 162

Sinusbedingung 333
Skalares Produkt 9f.
Snellius'sches Brechungsgesetz 30f.
soft-Verkabelung 169
soot 162
Spalten von Kristallen 277
Spektrale Breite 298f., 389
– – von LED 236
– Empfindlichkeit 308, 322
Spektrales Verhalten 264f.
– –, dynamisches 266, 294, 299f.
– –, statisches 294
Spektrometer, Auflösung des 295
–, Dispersion des 296
Spektrum 19f.
Spleiß 343f.
– -dämpfung 195, 345
– -verlust 114
Spontane Emission 240
Stab/Rohr-Methode 160
Standardabweichung 354
Statisik, Boltzmann- 219, 240
–, Fermi- 219
Stecker 343f.
– -dämpfung 195
Stern-koppler 399f.
– -system 398f.
Sterradiant 14
Stetigkeitsbedingung 62, 79
Stimulierte Emission 239, 240
Störung, elektromagnetische 391
Stokes-Linien 207
Stoßionisation 309, 311, 313
Strahl, Helix- 127, 153
–, Meridional- 126, 153
– -dichte 15, 17, 327
Strahlende Rekombination 224f.
Strahler, Lambert'scher 233
Strahlstärke 14, 17

Strahlungs-energie 14
– -fluß 17
– -leistung 14, 17
– -menge 17
– -verlust 139, 140, 146f.
Strahlverfolgung 175
Streifenlaser 250f.
– mit passiver Wellenleitung 250
–, BH- 252, 263
–, CHD- 252
–, CSP- 252, 258, 263
–, gewinngeführter 251
–, Oxid- 251
–, TJS- 252
–, V-Nut- 251
Streuanteil 190
Streukoeffizient 145
– der Rayleigh-Streuung 190
Streuung, Material- 140
–, Mie- 146
–, Rayleigh- 143f.
–, Vorwärts- 146
Strom-dichte 25, 234
– -quelle 280f.
Strukturkonstante 83f., 106, 112, 118
Stützelemente 170
Stufenprofil-LWL 68, 96, 108, 129, 150
Substrat 53
– -wellen 53
Subträger 363f.
Summe, laufende digitale 368, 373
Superstrat 53
System, Kurzstrecken- 403
–, Stern- 398f.
–, Weitverkehrs- 403
–, Wellenlängenmultiplex- 403

Sachverzeichnis

T-Abzweig 392f.
Taktenergie 368
Tangentialkomponente 35
Technologie der III-V-Verbindungen 270f.
Temperatur-abhängigkeit 314
– -drift 320, 390
– -koeffizient 298
– -problem 256
– -regelung 283f.
Ternäre Verbindung 218, 224
TE-Welle 60, 67, 87, 90, 93
Theorie, Korpuskular- 18
–, Wellen- 18
Thermisches Rauschen 351
tight-Verkabelung 169
TM-Welle 59, 67, 90, 93
Totalreflexion 44f.
Trägerfrequenz 383
Transimpedanz-Vorverstärker 358
Transmissionskoeffizient 39f.
Transversaler Modus 244f.

Übergang, Band-Band- 222
–, indirekter 222
–, Intraband- 223
Übertragung 106, 109, 173, 381
Übertragungs-bandbreite 119, 131, 138
– –, Längenabhängigkeit 200
– –, Messung der 199f.
– –, 3-dB- 203
– -funktion 202, 359
Ulbricht-Kugel 279
Umweltbedingungen 208
Unidirektionale Übertragung 391
Unterseekabel, LWL- 376
UV-Absorption 149

VAD-Verfahren 160, 162f.
Vektor, Amplituden- 22
–, Poynting- 100, 118f.
– -produkt 9f.
Verarmungszone 305
Verbindung, binäre 224
–, quaternäre 224
–, ternäre 218, 224
Verbindungshalbleiter 211
Verfahren, CVD- 160
–, Doppeltiegel- 163f.
–, MCVD- 160f.
–, OVD- 162f.
–, VAD- 160, 162f.
Verkabelung, soft- 169
–, tight- 169
Verlust, Abstrahlungs- 113
–, Krümmungs- 114
–, Spleiß- 114
–, Strahlungs- 139, 146f.
–, Zusatz- 141
Versatz, axialer 342
–, seitlicher 342
Verschiebung, dielektrische 25
Verseilung 169
Verstärkerfeldlänge 388, 403
Verstärkung, frequenzabhängige 313
–, optimale 353f.
Verstärkungs-bandbreite 244
– -faktor 246
Verteilung, Poisson- 349
Verunreinigung 141
Verzerrung, harmonische 235, 236, 287f.
Vier-Niveau-Schema 242
V-Nut-Streifenlaser 251, 256
Volumen-dichte elektrischer Ladungen 25
– -strom 317
Vorform 157
–, Messung an 172f.
Vorlauf-LWL 184f.
Vorstrom 285

Vorverstärker 358
—, Hochimpedanz- 359
—, Transimpedanz- 358
Vorwärtsstreuung 146

Wahrscheinlichkeit 349
Wahrscheinlichkeitsdichtefunktion 384f.
Wasser-Ionen 141f.
— -gehalt von LWL 141
Weibull-Verteilung 166f.
Weitverkehrssystem 403
Welle 20
—, ebene 21
—, geführte 53
—, hybride 87
—, Substrat- 53
Wellen-gleichung 21, 29f., 61, 70, 72, 124, 213, 244
— -länge 20
— —, azimutale 121f.
— —, de-Broglie- 18
— -längenmultiplex 378f., 403
— -leiter, asymmetrischer 66
— — -dispersion 112f., 119, 199, 403
— —, periodisch gestörter 253
— —, symmetrischer 66
— -leitung, eindimensionale 68

— -theorie 18
— -typ 59f., 87f.
— —, orthogonaler 73, 95
— —-vektor 20
Winkel, Akzeptanz- 150
—, Zickzack- 64, 67
Wirkungsgrad, Injektions- 227
—, LED- 227f.
—, optischer 227
—, Rekombinations- 227

Zeitbereich, Messung im 201f.
Zick-Zack-Ausbreitung 53
Zickzackwinkel 64, 67
Ziehapparatur 158
Ziehgeschwindigkeit 159
Ziehprozeß 158
Zinkblende-Gitter 212, 217
Zirkon-Induktionsofen 158
Zusatz-rauschfaktor 316f.
— -verlust 141, 208
Zustandsdichte 221f.
Zwei-Niveau-Schema 241
— -tonverfahren 287
Zwischenverstärker 376
Zylinder-funktionen 76
— -koordinaten 11f., 69, 97